案例资源

视觉设计：色彩色调的调整技巧——色彩的校正

色彩的校正可以参阅第 58 页“3.2.1 ‘RGB 曲线’特效”的内容，了解利用 RGB 曲线校正色彩的方法

案例资源

完美过渡：编辑与设置转场效果——转场效果的编辑

转场效果的编辑可以参阅第 98 页“4.2.1 添加转场效果”的内容，了解编辑转场效果的方法

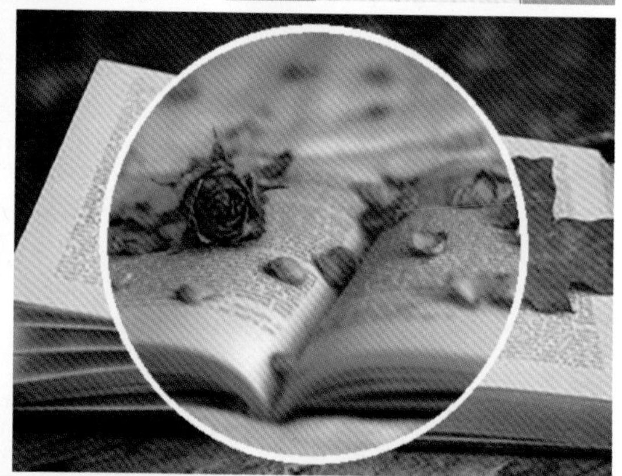

酷炫特效：精彩视频特效的制作——制作常用视频特效

制作常用视频特效可以参阅第 129 页“5.3.1　添加‘键控’特效”的内容，了解制作常用视频特效的方法

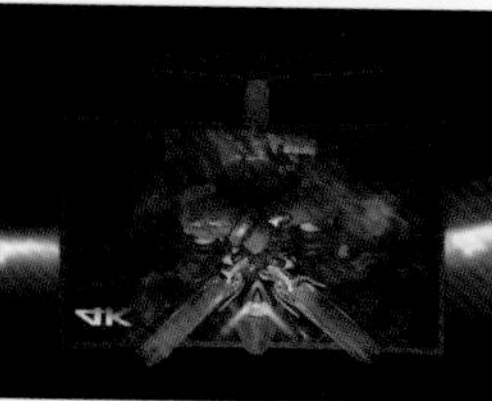

案例资源

玩转字幕：编辑与设置影视字幕——编辑字幕样式

编辑字幕样式可以参阅第 147 页“6.2.1　创建水平字幕”的内容，了解编辑字幕样式的方法

打造大片：创建与制作字幕特效——制作精彩字幕特效

制作精彩字幕特效可以参阅第 177 页“7.3.1　制作路径字幕效果”的内容，了解制作精彩字幕特效的方法

案例资源

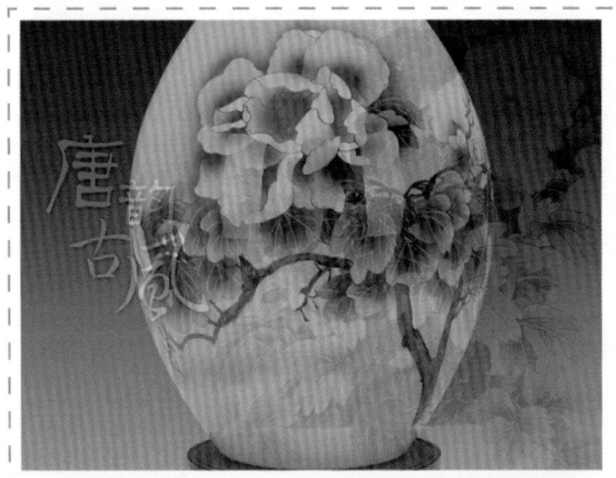

拼接瞬间：影视覆叠特效的制作——常用叠加效果的应用

常用叠加效果的应用可以参阅第 244 页“10.2.1 应用‘不透明度’效果”的内容，了解应用常用叠加效果的方法

中文版

Premiere Pro CC 完全自学一本通

谭俊杰　等编著

電子工業出版社
Publishing House of Electronics Industry
北京·BEIJING

内容简介

本书是初学者全面自学Premiere Pro CC的经典畅销教程。全书从实用角度出发，全面、系统地讲解了Premiere Pro CC的应用功能，基本上涵盖了Premiere Pro CC所有的工具、面板和菜单命令。本书在介绍软件功能的同时，还精心安排了具有针对性的实例，帮助读者经松掌握软件使用技巧和具体应用，以做到学用结合。书中实例都配有教学视频，详细演示案例制作过程。此外，还提供了用于查询软件功能和实例的索引。

本书的特点是把Premiere Pro CC的知识点融入到实例中，读者可以从实例中学到视频剪辑基础、视频特效制作、视频过渡效果、字幕制作技巧、音频编辑、影视特技编辑、影视调色技巧、影视照片处理技巧等，以及戒指广告、婚纱纪念相册和儿童生活相册等不同专业影视动画片头的制作方法。

本书既适合视频处理、影像处理、多媒体设计的从业人员，也适合新闻采编用户、节目栏目编导、影视制作人、婚庆视频编辑及音频处理人员，也可以作为各类计算机培训中心、中职中专、高职高专等院校相关专业的辅导教材。

本书配套光盘提供了书中实例的素材文件、效果文件和教学视频。

图书在版编目（CIP）数据

中文版Premiere Pro CC完全自学一本通 / 谭俊杰等编著. — 北京：电子工业出版社, 2019.4

ISBN 978-7-121-35327-7

Ⅰ. ①中… Ⅱ. ①谭… Ⅲ. ①视频编辑软件 Ⅳ. ①TN94

中国版本图书馆CIP数据核字（2018）第245518号

责任编辑：田 蕾 特约编辑：刘红涛

印 刷：中国电影出版社印刷厂

装 订：中国电影出版社印刷厂

出版发行：电子工业出版社

北京市海淀区万寿路173信箱 邮编：100036

开 本：787×1092 1/16 印张：22 字数：645.3千字 彩插：2

版 次：2019年4月第1版

印 次：2020年9月第7次印刷

定 价：99.00元（含光盘1张）

参与本书编写的有：柏松、谭贤、谭俊杰、徐茜、刘嫔、苏高、周旭阳、袁淑敏、谭中阳、杨端阳、李四华、刘伟、卢博、柏承能、刘桂花、刘胜璋、刘向东、刘松异、柏慧。

凡所购买电子工业出版社图书有缺损问题，请向购买书店调换。若书店售缺，请与本社发行部联系，联系及邮购电话：（010）88254888，88258888。

质量投诉请发邮件至 zlts@phei.com.cn，盗版侵权举报请发邮件至dbqq@phei.com.cn。

本书咨询联系方式：（010）88254161～88254167转1897。

前言

软件简介

Premiere 是美国Adobe公司出品的视/音频非线性编辑软件，是视频编辑爱好者和专业人士必不可少的编辑工具，可以支持当前所有标清和高清格式的实时编辑。它提供了采集、剪辑、调色、音频美化、字幕添加、输出、DVD刻录一整套流程，并和其他Adobe软件高效集成，满足用户创建高质量作品的要求。目前，这款软件广泛应用于影视编辑、广告制作和电视节目制作中。

写作驱动

全书内容均以实例为主线，在此基础上适当扩展知识点，真正实现学以致用；本书排版紧凑，图文并茂，既美观大方，又能够突出重点、难点；所有实例的每一步操作，均配有对应的插图和注释，以便读者在学习过程中能够直观、清晰地看到操作过程和效果，提高学习效率；每章以"专家指点"的形式为读者提炼了各种高级操作技巧与细节问题；配套的多媒体教学光盘与书中知识紧密结合并互相补充，详细讲解每个实战案例的操作过程及关键步骤，帮助读者更轻松地掌握书中所有的知识内容和操作技巧。

本书根据众多设计人员及教学人员的经验，精心设计了非常系统的学习体系。主要内容包括项目文件、影视素材、色彩色调、转场效果、视频特效、影视字幕、音频文件、覆叠效果、运动特效、导出视频文件等，以及商业广告、婚纱相册等综合实战案例。

本书特色

- 完备的功能查询：工具、按钮、菜单、命令、快捷键、理论、范例等应有尽有，内容详细、具体，不仅是一本自学手册，更是一本即查、即学、即用手册。
- 全面的内容介绍：新增功能、基本操作、调整素材、色彩色调、转场效果、视频特效、影视字幕、字幕特效、音频特效、覆叠效果、运动特效、导出文件等。
- 细致的操作讲解：210多个技能实例演练，90多个专家指点放送，1 200多张图片全程图解，让软件学习如庖丁解牛，通俗易懂。
- 超值赠送的光盘：350分钟书中实例操作重现的演示视频，多款与书中同步的素材与效果源文件，可以随调随用。

细节特色

- 3个综合实例设计：书中最后布局了3个综合实例，其中包括商业宣传——戒指广告、纪念相册——婚纱相册、生活相册——儿童相册。
- 90多个专家指点放送：作者在编写时，将软件中各个方面的实战技巧、设计经验，毫无保留地奉献给读者，不仅大大丰富和提高了本书的含金量，更方便读者提升实战技巧与经验，提高学习与工作效率。
- 210多个技能实例演练：本书是一本全操作性的实用实战书，书中的步骤讲解详细，其中有210多个实例进行了步骤分解，与同类书相比，读者可以省去学习理论的时间，掌握超出同类书大量的实用技能。
- 350分钟实操视频播放：书中所有技能实例，以及最后的综合案例，全部录制带语音讲解的视频，时间长度达350分钟，全程同步重现书中所有技能实例操作，读者可以结合书本学习，也可以独立观看视频。
- 180多个素材效果奉献：全书使用素材制作的效果共达180多个文件，涉及商业广告、风景展示、婚纱摄影、儿童写真、影视特效等，应有尽有。
- 1 200多张图片全程图解：本书采用了1 200多张图片，对软件技术、实例进行了全程式图解，通过这些辅助的图片，让实例内容变得更加通俗易懂，读者可以一目了然，快速领会，从而大大提高了学习效率。

本书内容

篇　章	主 要 内 容
第1～2章	包括Premiere Pro CC 2018的工作界面、Premiere Pro CC 2018的操作界面、项目文件的基本操作、素材文件的基本操作、素材文件的编辑操作、影视素材的添加、影视素材的编辑、调整影视素材，以及剪辑影视素材等理论知识和实操内容
第3～5章	包括了解色彩的基础知识、色彩的校正、图像色彩的调整、转场的基础知识、转场效果的编辑、转场效果的属性设置、应用常用转场特效、视频效果的操作、视频效果参数的设置，以及制作常用视频特效等内容
第6～7章	包括了解字幕简介和面板、编辑字幕样式、字幕属性的设置、设置字幕外观效果、了解字幕运动特效、创建字幕遮罩动画、制作精彩字幕特效等内容
第8～9章	包括数字音频的定义、音频的基本操作、音频效果的编辑、认识音轨混合器、音频效果的处理、制作立体声音频的效果、常用音频的精彩应用，以及其他音频效果的制作等内容
第10～11章	包括Alpha通道与遮罩、常用叠加效果的应用、制作其他叠加方式、运动关键帧的设置、制作运动特效，以及制作画中画特效等制作影视覆叠特效等内容
第12～13章	包括视频参数的设置、设置影片导出参数和导出影视文件等视频导出设置内容，以及综合案例实战：制作戒指广告、制作婚纱相册和制作儿童相册，让读者可以从新手快速成为影像编辑高手

版权声明

特别提醒

本书采用Premiere Pro CC 2018软件编写，请用户一定要使用同版本软件。直接打开光盘中的效果时，会弹出重新链接素材的提示，如音频、视频、图像素材，甚至提示丢失信息等，这是因为每个用户安装的Premiere Pro CC 2018及素材与效果文件的路径不一致，发生了改变，这属于正常现象，用户只需要重新链接素材文件夹中的相应文件，即可链接成功。用户也可以将光盘复制至计算机中，需要某个.prproj文件时，第一次链接成功后，就将文件进行保存，后面打开就不需要再重新链接了。

编　者

2019年1月

读 者 服 务

读者在阅读本书的过程中如果遇到问题，可以关注“有艺”公众号，通过公众号与我们取得联系。此外，通过关注“有艺”公众号，您还可以获取更多的新书资讯、书单推荐、优惠活动等相关信息。

投稿、团购合作：请发邮件至art@phei.com.cn。

扫一扫关注“有艺”

目录

第1章　快速上手：Premiere Pro CC 2018入门

在使用Premiere Pro CC 2018非线性影视编辑软件编辑视频和音频文件之前，首先需要了解Premiere Pro CC 2018的选项面板并掌握软件的基本操作，包括了解Premiere Pro CC 2018的菜单栏、“项目”面板、创建项目文件、导入素材文件及工具应用等内容，从而为用户制作绚丽的影视作品奠定良好的基础，通过本章的学习，读者可以掌握视频编辑知识。

本章学习重点

Premiere Pro CC 2018 的工作界面
Premiere Pro CC 2018 的操作界面
项目文件的基本操作
素材文件的基本操作
素材文件的编辑操作

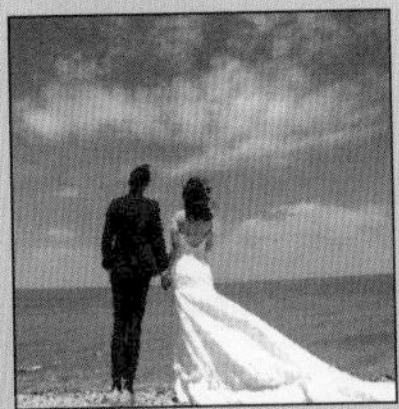

1.1 Premiere Pro CC 2018的工作界面

在启动Premiere Pro CC 2018之后，便可以看到Premiere Pro CC 2018简洁的工作界面。界面中主要包括标题栏、监视器面板及“历史记录”面板等。本节将对Premiere Pro CC 2018工作界面的一些常用内容进行介绍。

1.1.1 标题栏

标题栏位于Premiere Pro CC 2018软件窗口的最上方，显示了系统当前正在运行的程序名及文件名等信息。

Premiere Pro CC 2018默认的文件名称为“未命名”，单击标题栏右侧的按钮 ，可以最小化、最大化或关闭Premiere Pro CC 2018应用程序窗口。

1.1.2 监视器面板的显示模式

启动Premiere Pro CC 2018软件并任意打开一个项目文件后，默认的监视器面板分为“源监视器”和“节目监视器”两部分，如图1-1所示，用户也可以将其设置为“浮动窗口”模式，如图1-2所示。

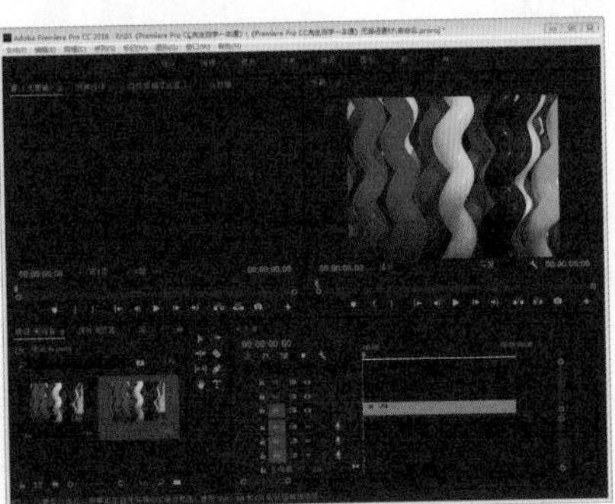

图1-1 默认显示模式

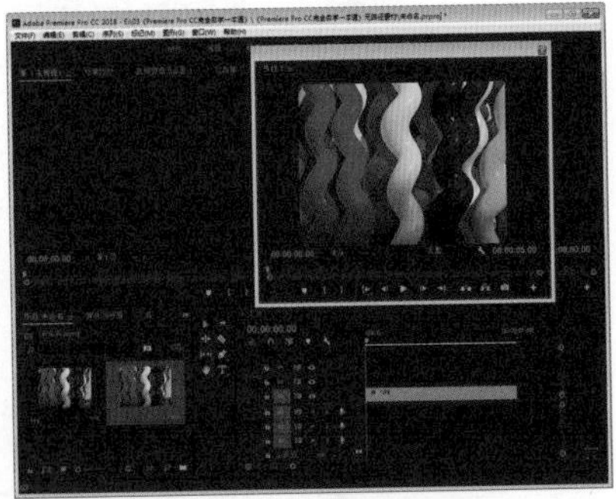

图1-2 “浮动窗口”模式

1.1.3 监视器面板中的工具

监视器面板可以分为两种，下面分别介绍。

- “源监视器”面板：在该面板中可以对项目进行剪辑和预览。
- “节目监视器”面板：在该面板中可以预览项目素材，如图1-3所示。

下面介绍“节目监视器”面板中各个图标的含义。

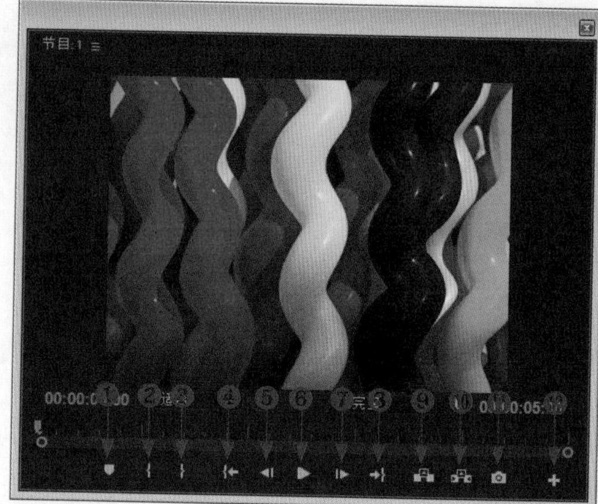
图1-3 “节目监视器”面板

❶ **添加标记**：单击该按钮可以显示隐藏的标记。

❷ **标记入点**：单击该按钮可以将时间轴标尺所在的位置标记为素材入点。

❸ **标记出点**：单击该按钮可以将时间轴标尺所在的位置标记为素材出点。

❹ **转到入点**：单击该按钮可以跳转到入点。

❺ **逐帧后退**：每单击该按钮一次可将素材后退一帧。

❻ **播放-停止切换**：单击该按钮可以播放所选的素材，再次单击该按钮，则会停止播放所选素材。

❼ **逐帧前进**：每单击该按钮一次可将素材前进一帧。

❽ **转到出点**：单击该按钮可以跳转到出点。

❾ **提升**：单击该按钮可以将在播放窗口中标注的素材从“时间轴”面板中提出，其他素材的位置不变。

❿ **提取**：单击该按钮可以将在播放窗口中标注的素材从“时间轴”面板中提取出来，后面的素材位置自动向前对齐填补间隙。

⓫ **导出帧**：单击该按钮可以将在窗口中正在播放的素材导出为静止的画面，并保存在计算机文件夹中，在“导出帧”对话框中选中“导入到项目中”复选框，可以将静止的画面导入到项目中进行相应的编辑。

⓬ **按钮编辑器**：单击该按钮将弹出“按钮编辑器”面板，在该面板中可以重新布局监视器面板中的按钮。

专家指点

在“节目监视器”面板中，各个按钮都有其快捷键，例如“导出帧”按钮的快捷键为【Ctrl+Shift+E】。

1.1.4 “历史记录”面板

在Premiere Pro CC 2018中，“历史记录”面板主要用于记录编辑操作时执行的每一个命令。用户可以通过在“历史记录”面板中删除指定的命令，来还原之前的编辑操作，如图1-4所示。当用户选择“历史记录”面板中的历史记录后，单击“历史记录”面板右下角的“删除重做操作”按钮，即可将当前历史记录删除。

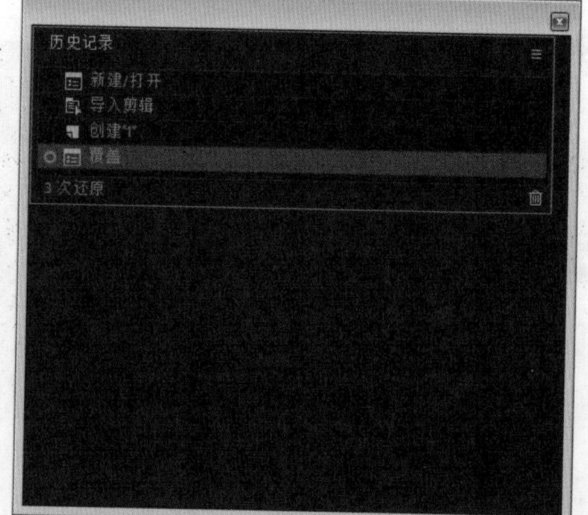

图1-4 “历史记录”面板

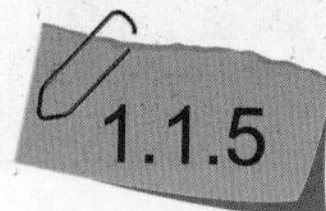

1.1.5 “信息”面板

“信息”面板用于显示所选素材，以及当前序列中素材的信息。“信息”面板中包括素材本身的帧速率、分辨率、素材长度和素材在序列中的位置等，如图1-5所示。在Premiere Pro CC 2018中，不同的素材类型，在“信息”面板中所显示的内容也会不一样。

1.1.6 Premiere Pro CC 2018的菜单栏

与Adobe公司其他产品一样，标题栏位于Premiere Pro CC 2018工作界面的最上方，菜单栏提供了8组菜单选项，位于标题栏的下方。Premiere Pro CC 2018的菜单栏由“文件”“编辑”“剪辑”“序列”“标记”“图形”“窗口”和“帮助”菜单组成。下面将对各菜单的含义进行介绍。

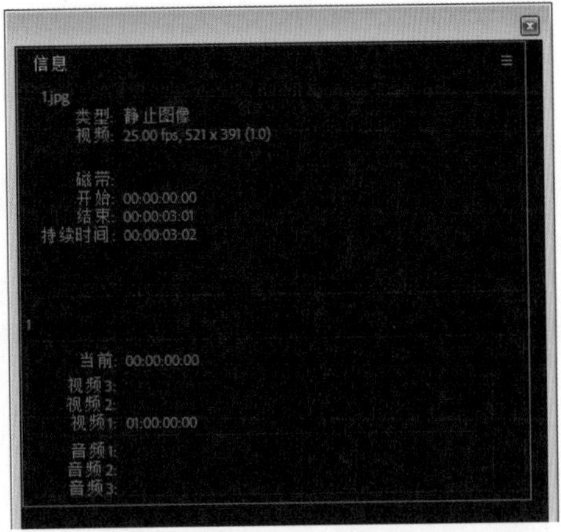

图1-5 “信息”面板

- “文件”菜单：“文件”菜单主要用于对项目文件进行操作。在“文件”菜单中包含“新建”“打开项目”“关闭项目”“保存”“另存为”“保存副本”“捕捉”“批量捕捉”“导入”“导出”及“退出”等命令，如图1-6所示。

新建(N) ▸
打开项目(O)... Ctrl+O
打开团队项目...
打开最近使用的内容(E) ▸
转换 Premiere Clip 项目(C)...
关闭(C) Ctrl+W
关闭项目(P) Ctrl+Shift+W
关闭所有项目
刷新所有项目
保存(S) Ctrl+S
另存为(A)... Ctrl+Shift+S
保存副本(Y)... Ctrl+Alt+S
全部保存
还原(R)
同步设置 ▸
捕捉(T)... F5
批量捕捉(B)... F6
链接媒体(L)...
设为脱机(O)...
Adobe Dynamic Link(K) ▸
Adobe Story(R) ▸
从媒体浏览器导入(M) Ctrl+Alt+I
导入(I)... Ctrl+I
导入最近使用的文件(F) ▸
导出(E) ▸
获取属性(G) ▸
项目设置(P) ▸
项目管理(M)...
退出(X) Ctrl+Q

图1-6 “文件”菜单

- “编辑”菜单：“编辑”菜单主要用于一些常规编辑操作。在“编辑”菜单中包含“撤销”“重做”“剪切”“复制”“粘贴”“清除”“波纹删除”“全选”“查找”“标签”“快捷键”及“首选项”等命令，如图1-7所示。

撤消(U) Ctrl+Z
重做(R) Ctrl+Shift+Z
剪切(T) Ctrl+X
复制(Y) Ctrl+C
粘贴(P) Ctrl+V
粘贴插入(I) Ctrl+Shift+V
粘贴属性(B)... Ctrl+Alt+V
删除属性(R)...
清除(E) 删除
波纹删除(T) Shift+删除
重复(C) Ctrl+Shift+/
全选(A) Ctrl+A
选择所有匹配项
取消全选(D) Ctrl+Shift+A
查找(F)... Ctrl+F
查找下一个(N)
标签(L) ▸
移除未使用资源(R)
团队项目 ▸
编辑原始(O) Ctrl+E
在 Adobe Audition 中编辑 ▸
在 Adobe Photoshop 中编辑(H)
快捷键(K)... Ctrl+Alt+K
首选项(N) ▸

图1-7 “编辑”菜单

专家指点

当用户将鼠标指针移至菜单中带有三角标志的命令时，该命令将会自动弹出子菜单；如果命令呈灰色显示，表示该命令在当前状态下无法使用；选择带有省略号的命令，将会弹出相应的对话框。

- “剪辑”菜单：“剪辑”菜单用于实现对素材的具体操作，Premiere Pro CC 2018中剪辑影片的大多数命令都位于该菜单中，如“重命名”“修改”“视频选项”“捕捉设置”“覆盖”及“替换素材”等命令，如图1-8所示。

重命名(R)...
制作子剪辑(M)... Ctrl+U
编辑子剪辑(D)...
编辑脱机(O)...
源设置...
修改
视频选项(V)
音频选项(A)
速度/持续时间(S)... Ctrl+R
捕捉设置(C)
插入(I) ,
覆盖(O) .
替换素材(F)...
替换为剪辑(P)
渲染和替换(R)...
恢复未渲染的内容(E)
更新元数据...
生成音频波形
自动匹配序列(A)...
启用(E) Shift+E
链接(L)
编组(G) Ctrl+G
取消编组(U) Ctrl+Shift+G
同步(Y)...
合并剪辑...
嵌套(N)...
创建多机位源序列(Q)...
多机位(T)

图1-8 “剪辑”菜单

- “序列”菜单：Premiere Pro CC 2018中的“序列”菜单主要用于对当前项目中的序列进行编辑和处理。在“序列”菜单中包含“序列设置”“渲染音频”“提升”“提取”“放大”“缩小”“添加轨道”及“删除轨道”等命令，如图1-9所示。

序列设置(Q)...
渲染入点到出点的效果 Enter
渲染入点到出点
渲染选择项(R)
渲染音频(R)
删除渲染文件(D)
删除入点到出点的渲染文件
匹配帧(M) F
反转匹配帧(F) Shift+R
添加编辑(A) Ctrl+K
添加编辑到所有轨道(A) Ctrl+Shift+K
修剪编辑(T) Shift+T
将所选编辑点扩展到播放指示器(X) E
应用视频过渡(V) Ctrl+D
应用音频过渡(A) Ctrl+Shift+D
应用默认过渡到选择项(Y) Shift+D
提升(L) ;
提取(E) '
放大(I) =
缩小(O) -
封闭间隙(C)
转到间隔(G)
✓ 对齐(S) S
✓ 链接选择项(L)
选择跟随播放指示器(P)
显示连接的编辑点(U)
标准化主轨道(N)...
制作子序列(M) Shift+U
添加轨道(T)...
删除轨道(K)...

图1-9 “序列”菜单

- “标记”菜单：“标记”菜单用于对素材和场景序列的标记进行编辑处理。在“标记”菜单中包含“标记入点”“标记出点”“转到入点”“转到出点”“添加标记”及“清除所选标记”等命令，如图1-10所示。

- “图形”菜单：“图形”菜单主要用于创建图形对象和标题、调整图层及属性。在“图形”菜单中包含“从Typekit添加字体”“安装动态图形模板”“新建图层”“选择下一个图形”“选择上一个图形”“升级为主图”及“导出为动态图形模板”等命令，如图1-11所示。

- “窗口”菜单：“窗口”菜单主要用于实现对各种编辑窗口和控制面板的管理操作。在“窗口”菜单中包含“工作区”“扩展”“事件”“信息”“字幕”及“效果控件”等命令，如图1-12所示。

标记入点(M) I
标记出点(M) O
标记剪辑(C) X
标记选择项(S) /
标记拆分(P)
转到入点(G) Shift+I
转到出点(G) Shift+O
转到拆分(O)
清除入点(L) Ctrl+Shift+I
清除出点(L) Ctrl+Shift+O
清除入点和出点(N) Ctrl+Shift+X
添加标记 M
转到下一标记(N) Shift+M
转到上一标记(P) Ctrl+Shift+M
清除所选标记(K) Ctrl+Alt+M
清除所有标记(A) Ctrl+Alt+Shift+M
编辑标记(I)...
添加章节标记...
添加 Flash 提示标记(F)...
波纹序列标记

图1-10 “标记”菜单

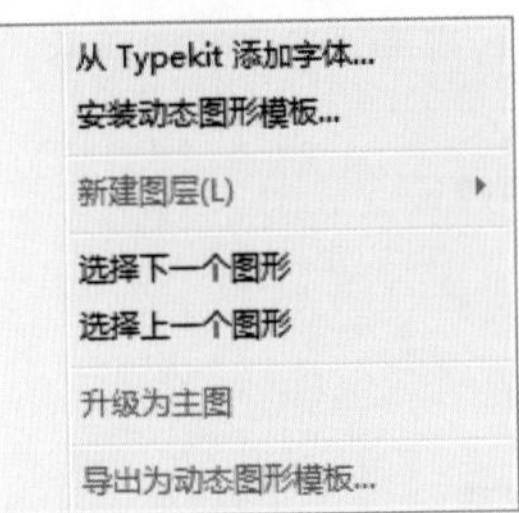

图1-11 “图形”菜单

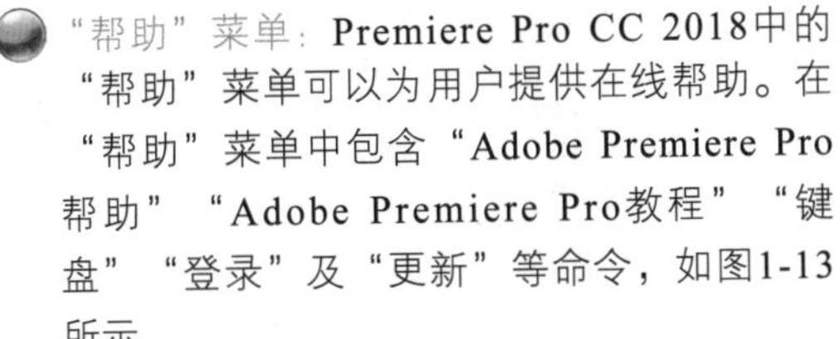

“帮助”菜单：Premiere Pro CC 2018中的“帮助”菜单可以为用户提供在线帮助。在“帮助”菜单中包含“Adobe Premiere Pro帮助”“Adobe Premiere Pro教程”“键盘”“登录”及“更新”等命令，如图1-13所示。

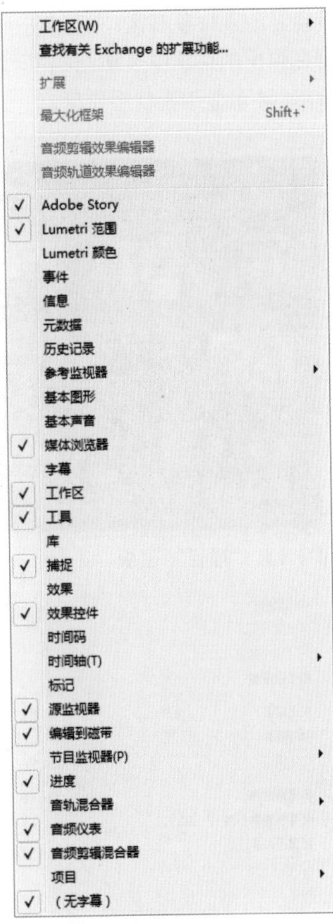

图1-12 “窗口”菜单

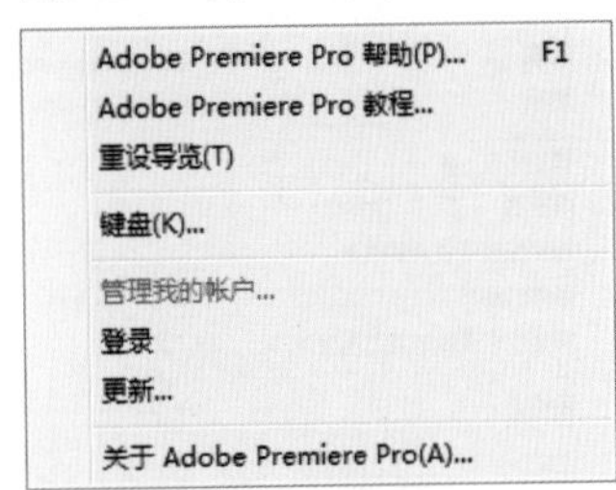

图1-13 “帮助”菜单

1.2 Premiere Pro CC 2018的操作界面

除了菜单栏与标题栏，“项目”面板、“效果”面板、“时间轴”面板等都是Premiere Pro CC 2018操作界面中十分重要的组成部分。

1.2.1 “项目”面板

Premiere Pro CC 2018的“项目”面板主要用于输入和存储供“时间轴”面板编辑合成的素材文件。“项目”面板由3个部分构成，最上面的一部分为查找区；位于查找区下方的是素材目录栏；最下面是工具栏，也就是菜单命令的快捷按钮，单击这些按钮可以很方便地实现一些常用操作，如图1-14所示。在默认情况下，“项目”面板不会显示素材预览区，只有单击面板右上角的☰按钮，在弹出的菜单中选择“预览区域”命令，如图1-15所示，才可显示素材预览区。

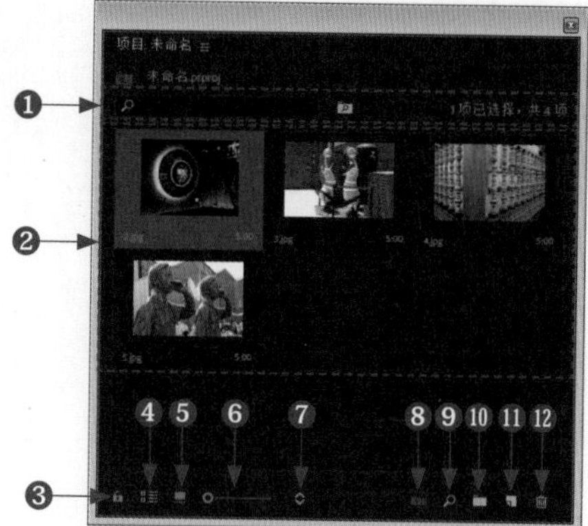

图1-14 “项目”面板

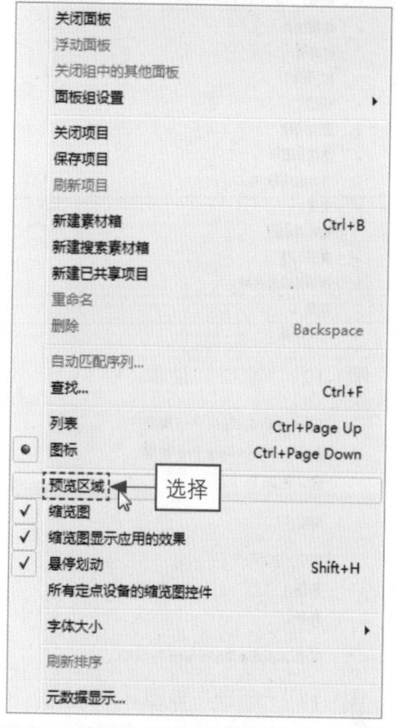

图1-15 选择“预览区域”命令

下面介绍“项目”面板中各个图标的含义。

❶ **查找区域：**该选项区域主要用于查找需要的素材。

❷ **素材目录栏：**该选项区域的主要作用是将导入的素材按目录的方式编排起来。

❸ **“项目可写”按钮：**单击该按钮可以将项目更改为只读模式，将项目锁定为不可编辑状态，同时按钮颜色会由绿色变为红色。

❹ **“列表视图”按钮：**单击该按钮可以将素材以列表的形式显示，如图1-16所示。

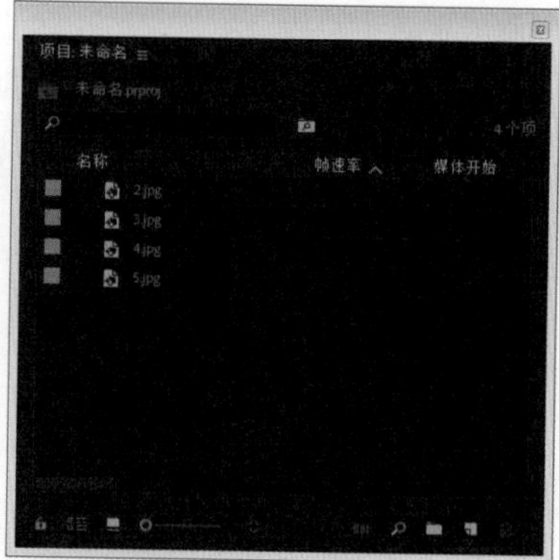
图1-16 将素材以列表形式显示

❺ **“图标视图”按钮：**单击该按钮可以将素材以图标的形式显示。

❻ **“调整图标和缩览图的大小”滑块：**按住鼠标左键左右拖动此滑块，可以调整素材目录栏中的图标和缩览图显示的大小。

❼ **“排序图标”按钮：**单击该按钮可以弹出“排序图标”下拉列表，选择相应的选项可以按一定顺序将素材进行排序，如图1-17所示。

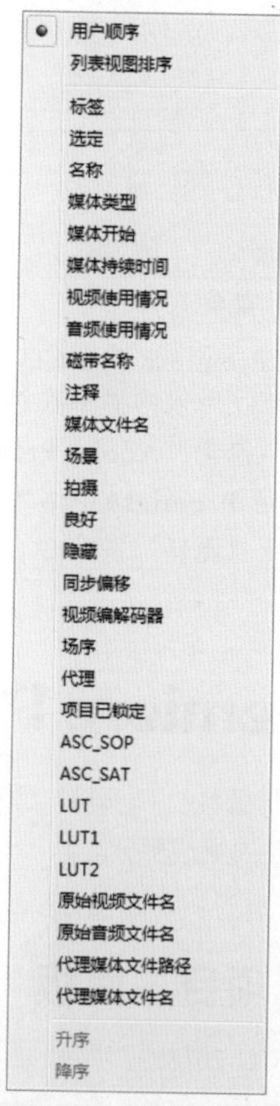

图1-17 “排序图标”下拉列表

❽ **“自动匹配序列”按钮：**单击该按钮可以将“项目”面板中所选的素材自动排列到“时间轴”面板中。单击“自动匹配序列”按钮，将弹出“序列自动化”对话框，如图1-18所示。

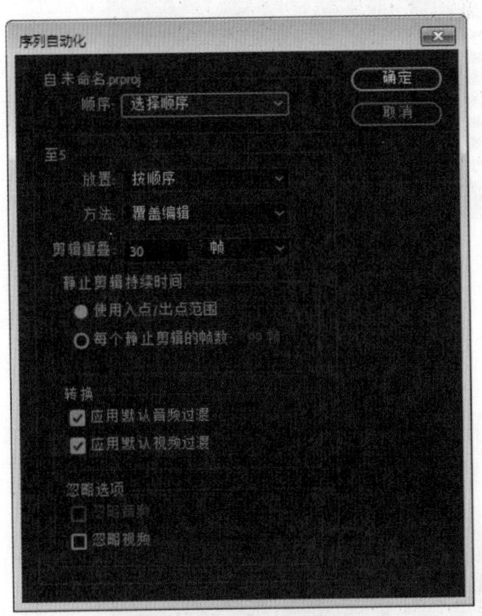

图1-18 “序列自动化”对话框

❾ **“新建素材箱”按钮：**单击该按钮可以在素材目录栏中新建素材箱，如图1-19所示，在素材箱下面的文本框中输入文字，单击空白处即可确认素材箱的名字。

❿ **“查找”按钮：**单击该按钮可以根据名称、标签或入/出点在“项目”面板中定位素材。单击“查找”按钮，将弹出“查找”对话框，如图1-20所示，在该对话框的“查找目标”下方的文本框中输入需要查找的内容，单击“查找”按钮即可。

图1-19 新建素材箱

⓫ **“新建项”按钮：**单击该按钮即可弹出快捷菜单，其中包含“序列”“已共享项目”“脱机文件”“调整图层”“线条”“字幕”及“透明视频”等选项。

⓬ **“清除”按钮：**在目录栏中选中不需要的素材，然后单击该按钮，可以将已选中的素材删除。

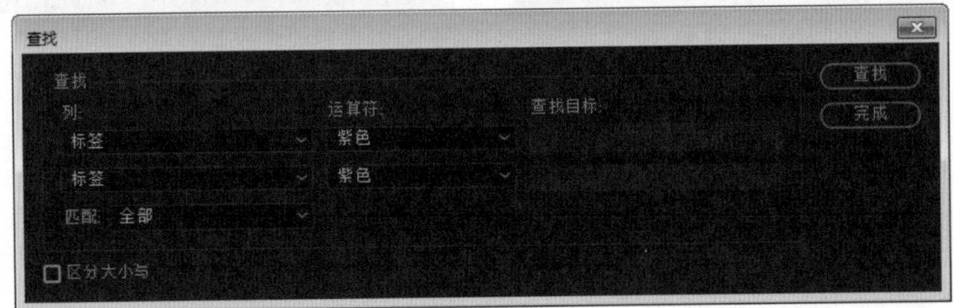

图1-20 “查找”对话框

1.2.2 “效果”面板

在Premiere Pro CC 2018中，“效果”面板中包括“预设”“视频效果”“音频效果”“音频过渡”和“视频过渡”选项。

在“效果”面板中，各种选项以效果类型分组的方式存放视频、音频的效果和转场。通过对素材应用视频效果，可以调整素材的色调、明度等效果，应用音频效果可以调整素材音频的音量和均衡等效果，如图1-21所示。在“效果”面板中，单击“视频过渡”效果前面的三角形，即可展开“视频过渡”效果列表，如图1-22所示。

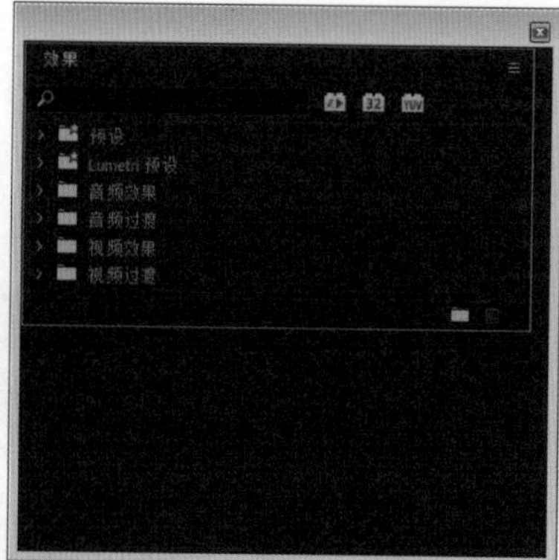

图1-21 “效果”面板

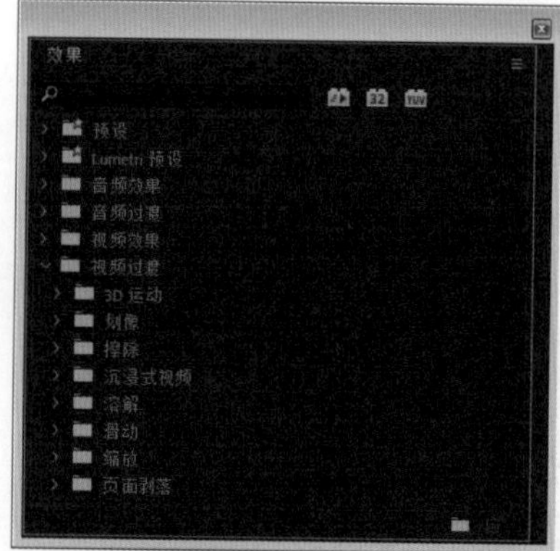

图1-22 “视频过渡”效果列表

1.2.3 “效果控件”面板

“效果控件”面板主要用于控制对象的运动、不透明度、切换效果及改变效果的参数等，如图1-23所示，如图1-24所示为设置视频效果属性的界面。

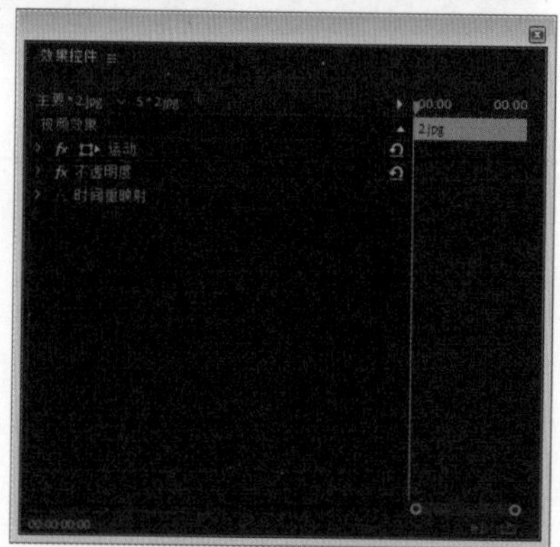

图1-23 “效果控件”面板

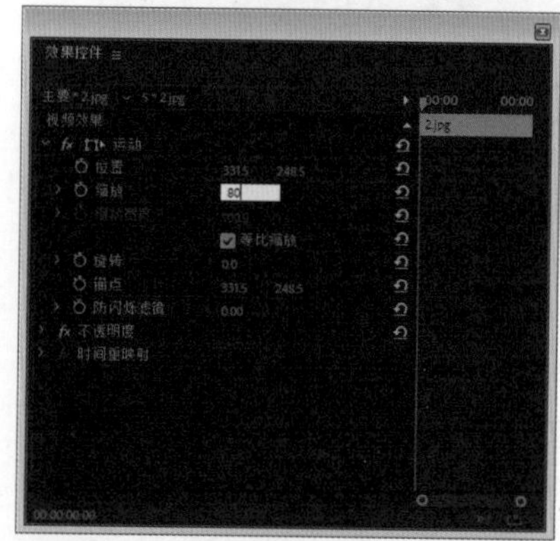

图1-24 设置视频效果的属性

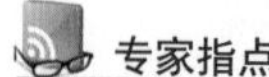

专家指点

在“效果”面板中选择需要的视频效果，将其添加至视频素材上，然后选择视频素材，进入“效果控件”面板，就可以为添加的效果设置属性。如果用户在工作界面中没有找到“效果控件”面板，可以选择“窗口”|“效果控件”命令，显示“效果控件”面板。

1.2.4 工具箱

工具箱位于“时间轴”面板的左侧，主要包括选择工具、向前选择轨道工具、波纹编辑工具、剃刀工具、外滑工具、钢笔工具、手形工具、文字工具，如图1-25所示，下面将介绍各工具的含义。

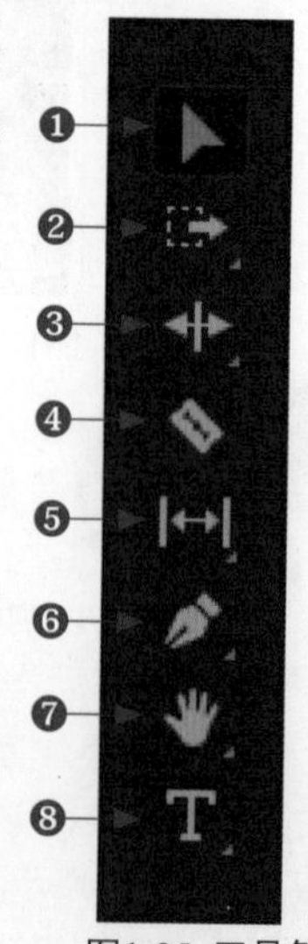

图1-25 工具箱

❶ **选择工具**：该工具主要用于选择素材、移动素材及调节素材关键帧。选择该工具后，将鼠标指针移至素材的边缘，鼠标指针将变成拉伸图标，可以拉伸素材，为素材设置入点和出点。

❷ **向前选择轨道工具**：该工具主要用于选择某一轨道上的所有素材，按住

【Shift】键可以选择单独轨道。

❸ **波纹编辑工具**：该工具主要用于拖动素材的出点，改变所选素材的长度，而轨道上其他素材的长度不受影响。

❹ **剃刀工具**：该工具主要用于分割素材，将素材分割为两段，产生新的入点和出点。

❺ **外滑工具**：选择此工具时，可同时更改“时间轴”内某剪辑的入点和出点，并保留入点和出点之间的时间间隔不变。例如，如果将“时间轴”内的一个10秒剪辑修剪到了5秒，可以使用“外滑工具”来确定将剪辑的哪个5秒部分显示在“时间轴”内。

❻ **钢笔工具**：该工具主要用于调整素材的关键帧。

❼ **手形工具**：该工具主要用于改变“时间轴”面板的可视区域，在编辑一些较长的素材时，使用该工具非常方便。

❽ **文字工具**：选择此工具可以为素材添加字幕文件。

专家指点

工具箱中的“选择工具”用于对“时间轴”面板中的素材进行编辑、添加或删除。因此，默认状态下工具箱将自动激活“选择工具”。

1.2.5 “时间轴”面板

“时间轴”面板是Premiere Pro CC 2018进行视频、音频编辑的重要窗口之一，如图1-26所示，在此面板中可以轻松实现对素材的剪辑、插入、调整及添加关键帧等操作。

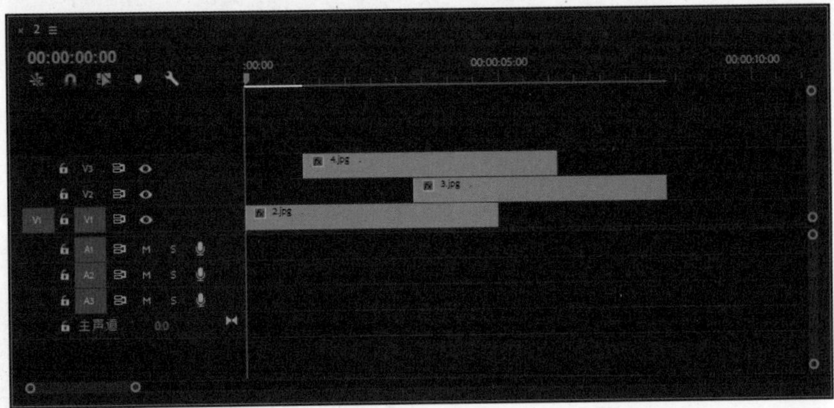

图1-26 “时间轴”面板

专家指点

在Premiere Pro CC 2018中，“时间轴”面板经过了重新设计，用户可以自定义“时间轴”的轨道头，并可以确定显示哪些控件。由于视频和音频轨道的控件各不相同，因此每种轨道类型各有单独的按钮编辑器。在视频或音频轨道上单击鼠标右键，在弹出的快捷菜单中选择“自定义”命令，然后可以根据需要拖放按钮。

1.3 项目文件的基本操作

本节主要介绍创建项目文件、打开项目文件、保存和关闭项目文件等内容，以供读者掌握项目文件的基本操作。

1.3.1 创建项目文件

在启动Premiere Pro CC 2018之后，用户首先需要做的就是创建一个新的工作项目。为此，Premiere Pro CC 2018提供了多种创建项目的方法。在“欢迎使用Adobe Premiere Pro”对话框中，可以执行相应的操作进行项目创建。

当用户启动Premiere Pro CC 2018以后，系统将自动弹出欢迎界面，界面中有“新建项目”“打开项目”“新建团队项目”“打开团队项目”等不同的功能按钮，如图1-27所示，此时用户可以单击“新建项目”按钮，即可创建一个新的项目。

用户除了通过欢迎界面新建项目，也可以进入到Premiere主界面中，通过“文件”菜单进行创建，下面介绍具体的操作方法。

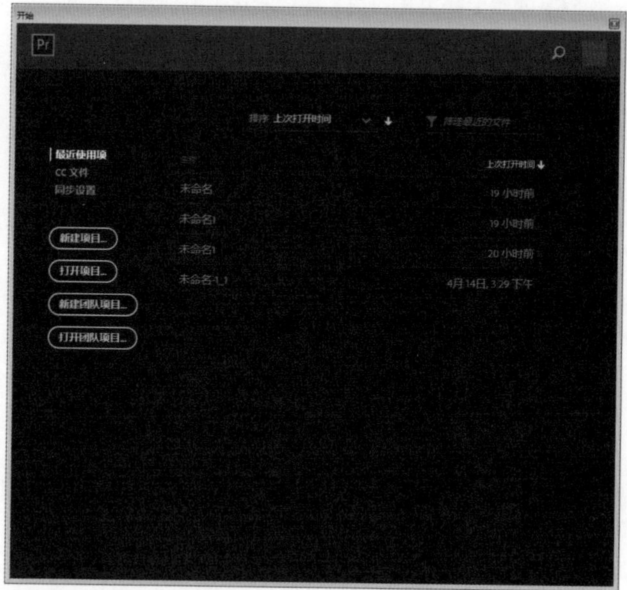

图1-27 “开始”对话框

应用案例

创建项目文件

素材文件：无　效果文件：无　视频：视频\第1章\1.3.1 创建项目文件.mp4

STEP 01 选择“文件”|“新建”|“项目”命令，如图1-28所示。

STEP 02 弹出“新建项目”对话框，单击“浏览”按钮，如图1-29所示。

STEP 03 弹出“请选择新项目的目标路径”对话框，选择合适的文件夹，如图1-30所示。

STEP 04 单击“选择文件夹”按钮，回到“新建项目”对话框，设置“名称”为“新建项目”，如图1-31所示。

图1-28 选择“项目”命令

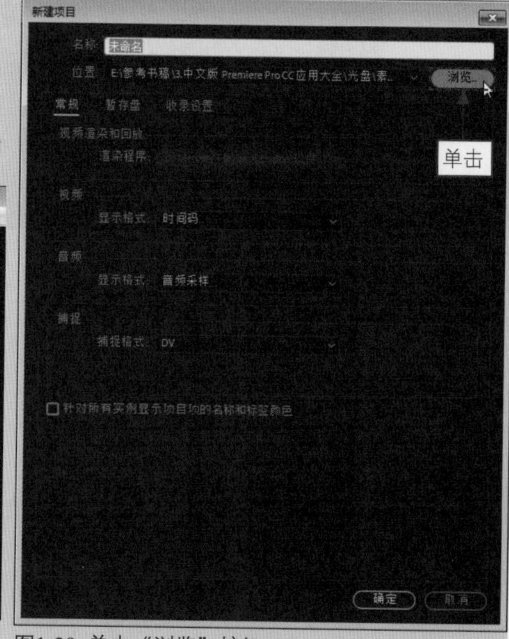

图1-29 单击“浏览”按钮

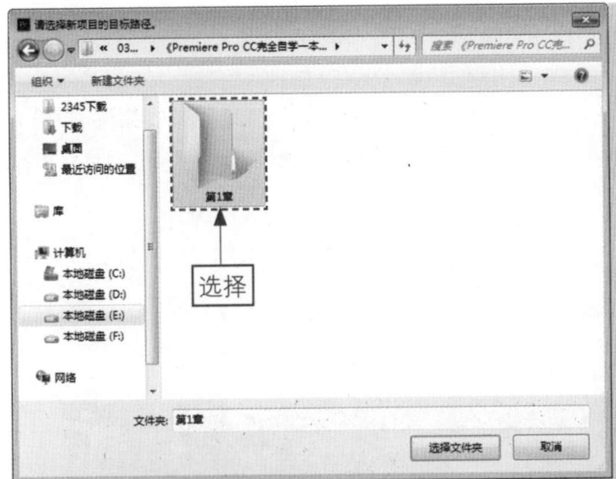

图1-30 选择合适的文件夹

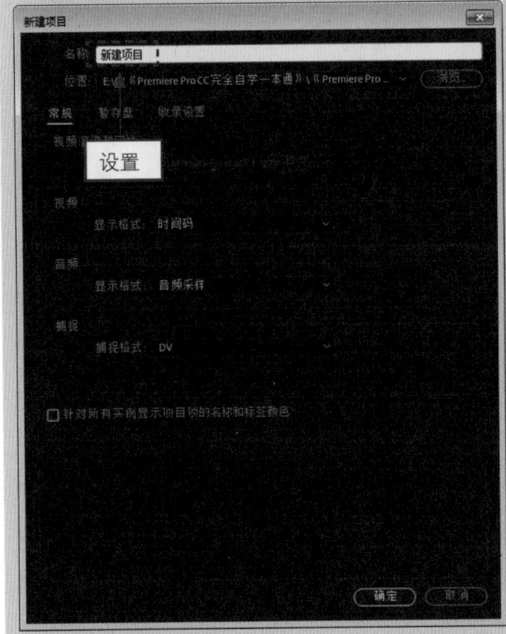

图1-31 设置项目名称

STEP 05 单击“确定”按钮，创建新项目。此外，选择“文件”|“新建”|“序列”命令，弹出“新建序列”对话框，单击“确定”按钮，如图1-32所示，也可以完成使用“文件”菜单创建项目文件的操作。

图1-32 “新建序列”对话框

专家指点

除了应用案例中介绍的两种创建新项目的方法，用户还可以使用快捷键【Ctrl + Alt + N】，实现快速创建一个项目文件。

1.3.2 打开项目文件

当用户启动Premiere Pro CC 2018之后，可以选择打开一个项目的方式进入应用程序。在欢迎界面中除了可以创建项目文件，还可以打开项目文件。当用户启动Premiere Pro CC 2018之后，系统将自动弹出欢迎界面。此时，用户可以单击“打开项目”按钮，如图1-33所示，即可弹出“打开项目”对话框，选择需要编辑的项目，单击“打开项目”按钮即可。在Premiere Pro CC 2018中，用户可以根据需要打开保存的项目文件。

下面介绍使用“文件”菜单打开项目的操作方法。

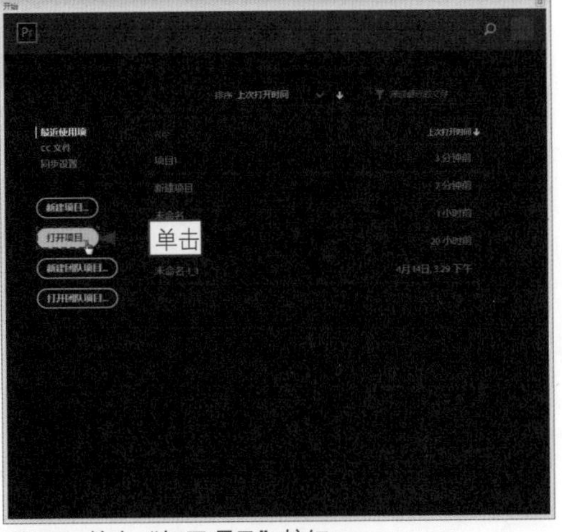

图1-33 单击“打开项目”按钮

应用案例

打开项目文件

素材：素材\第1章\项目1.prproj　效果文件：无　视频：视频\第1章\1.3.2 打开项目文件.mp4

STEP 01 选择“文件”|“打开项目”命令，如图1-34所示。

图1-34 选择“打开项目”命令

STEP 02 弹出“打开项目”对话框，选择相应的项目文件，如图1-35所示。

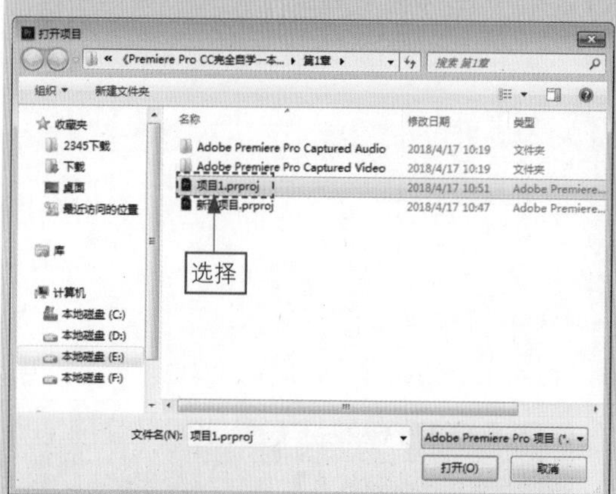

图1-35 选择项目文件

STEP 03 单击“打开”按钮，即可打开项目文件，如图1-36所示。

专家指点

启动软件后，❶用户可以单击位于“开始”对话框中间位置的“名称”来打开上次编辑的项目，如图1-37所示。另外，用户还可以进入Premiere Pro CC 2018操作界面，❷通过选择“文件”|“打开最近使用的内容”命令，如图1-38所示，在弹出的子菜单中选择需要打开的项目。

用户还可通过以下方式打开项目文件：

通过按快捷键【Ctrl + Alt + O】，打开Bridge浏览器，在浏览器中选择需要打开的项目或者素材文件；使用快捷键【Ctrl + O】进行项目文件的打开操作，在弹出的“打开项目”对话框中选择需要打开的文件，单击“打开”按钮，即可打开当前选择的项目。

图1-36 打开项目文件

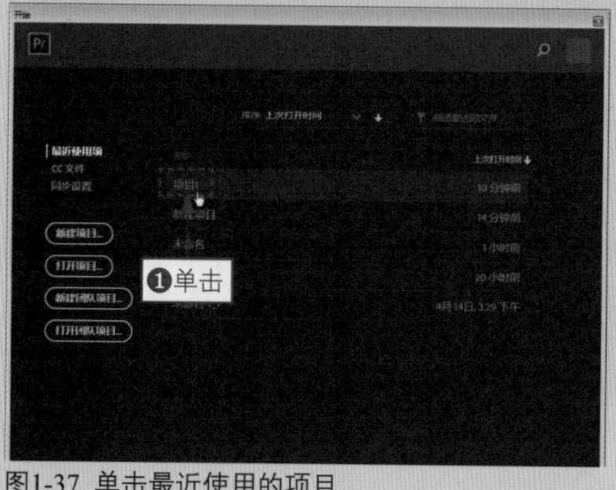

图1-37 单击最近使用的项目

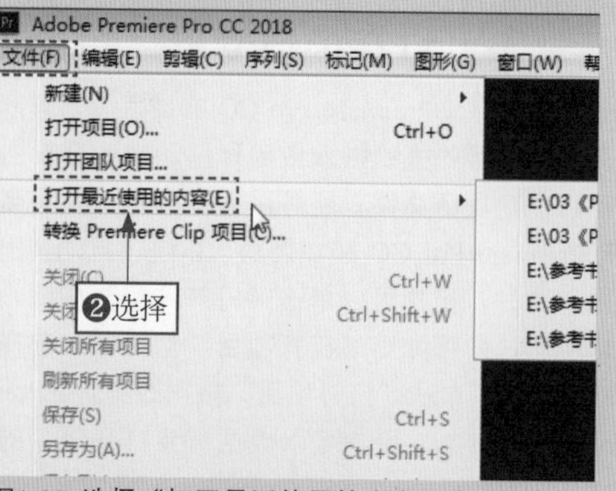

图1-38 选择“打开最近使用的内容”命令

1.3.3 保存项目文件

为了确保用户所编辑的项目文件不会丢失，当用户编辑完当前项目文件后，可以将项目文件进行保存，以便下次进行修改操作。

应用案例 保存项目文件

素材：素材\第1章\项目2.prproj　　效果：效果\第1章\项目2.prproj

视频：视频\第1章\1.3.3 保存项目文件.mp4

STEP 01 按快捷键【Ctrl+O】，打开一个项目文件，如图1-39所示。

图1-39 打开项目文件

STEP 02 在“时间轴”面板中调整素材的长度，持续时间为00:00:03:00，如图1-40所示。

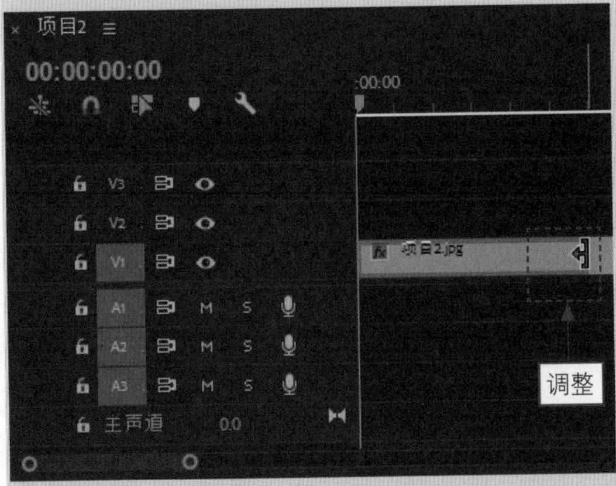

图1-40 调整素材长度

STEP 03 选择“文件”|“保存”命令，如图1-41所示。

STEP 04 弹出“保存项目”对话框，显示保存进度，即可保存项目，如图1-42所示。

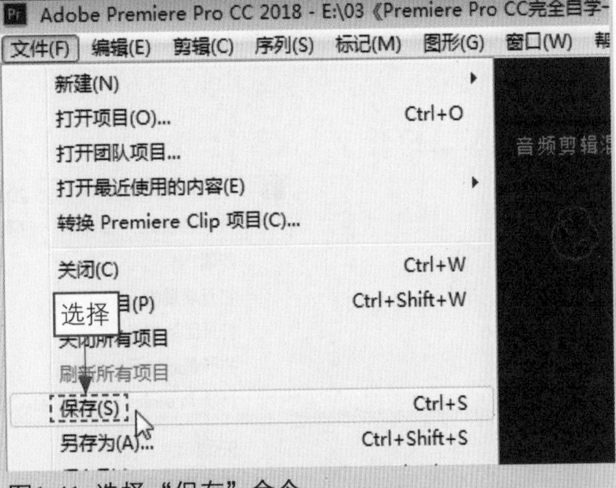

图1-41 选择“保存”命令

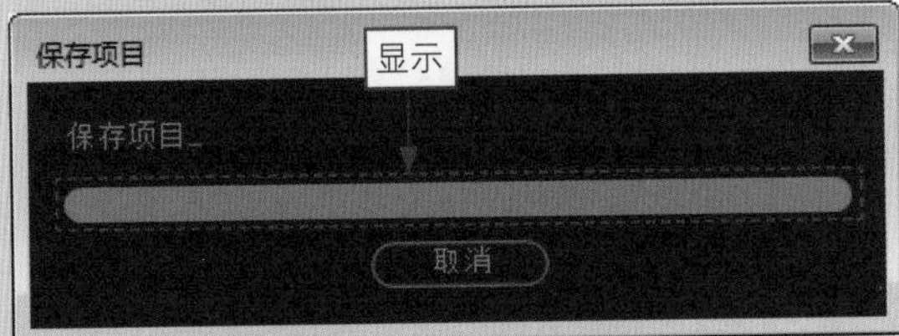

图1-42 显示保存进度

使用快捷键【Ctrl+S】保存项目是一种快捷的保存文件的方法，此时会弹出“保存项目”对话框。如果用户已经对文件进行过一次保存操作，则再次保存文件时将不会弹出“保存项目”对话框。

用户也可以按快捷键【Ctrl+Alt+S】，在弹出的“保存项目”对话框中将项目作为副本保存，如图1-43所示。

当用户完成所有的编辑操作并将文件进行保存以后，可以将当前项目关闭。下面将介绍关闭项目的3种方法。

- 如果需要关闭项目，可以选择“文件”|“关闭”命令，如图1-44所示。

图1-43 “保存项目”对话框

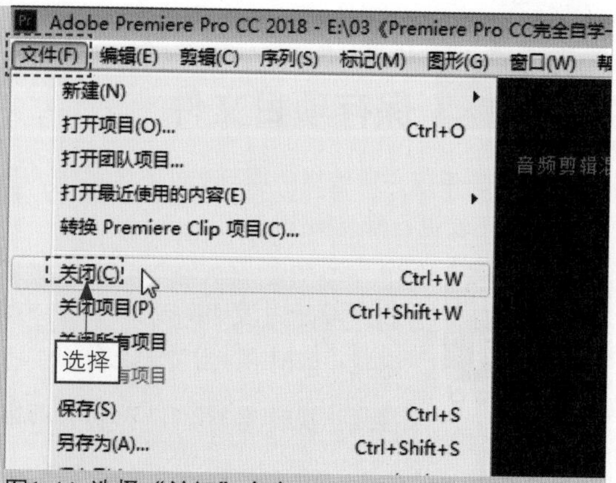

图1-44 选择“关闭”命令

- 选择“文件”|“关闭项目”命令，如图1-45所示。
- 按快捷键【Ctrl+W】或者【Ctrl+Alt+W】，即可执行关闭项目的操作。

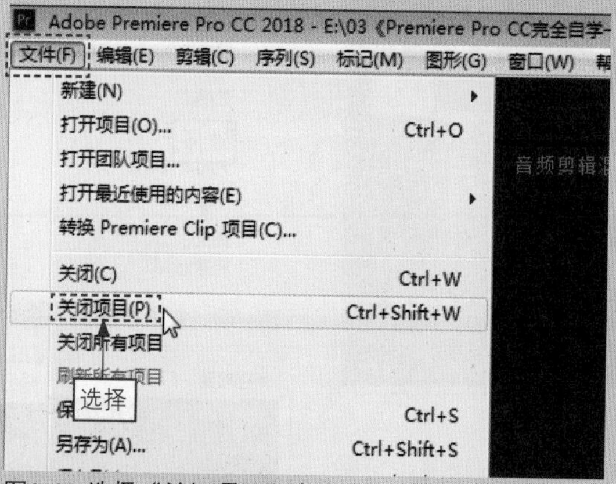

图1-45 选择“关闭项目”命令

1.4 素材文件的基本操作

在Premiere Pro CC 2018中，掌握了项目文件的创建、打开、保存和关闭操作以后，用户还可以在项目文件中进行素材文件的基本操作。

1.4.1 导入素材文件

导入素材是在Premiere Pro CC 2018中进行编辑操作的首要前提，通常所指的素材包括视频文件、音频文件和图像文件等。

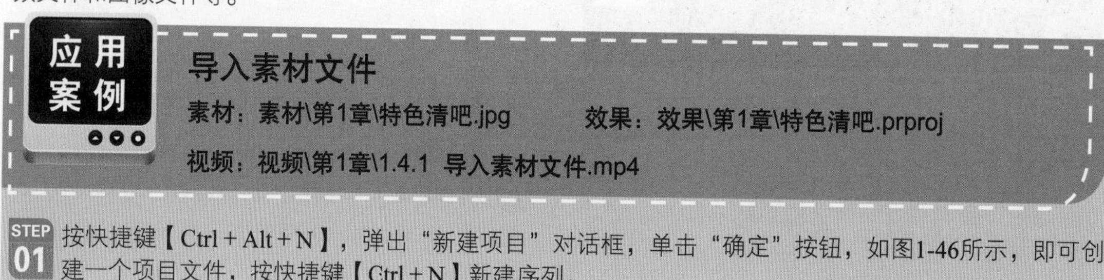

应用案例

导入素材文件

素材：素材\第1章\特色清吧.jpg　　效果：效果\第1章\特色清吧.prproj

视频：视频\第1章\1.4.1　导入素材文件.mp4

STEP 01 按快捷键【Ctrl+Alt+N】，弹出“新建项目”对话框，单击“确定”按钮，如图1-46所示，即可创建一个项目文件，按快捷键【Ctrl+N】新建序列。

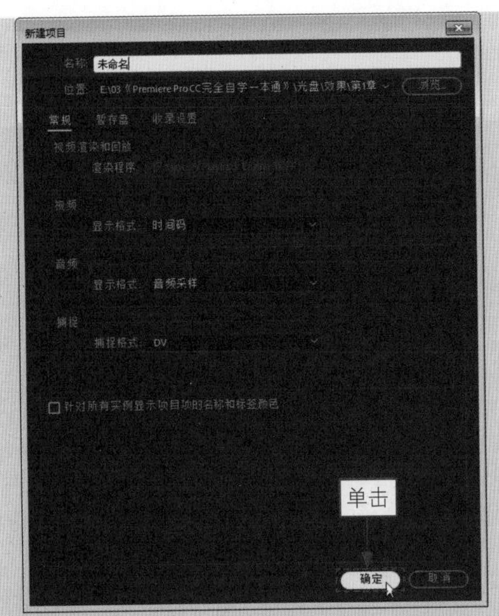

图1-46 单击“确定”按钮

STEP 02 选择“文件”|“导入”命令，如图1-47所示。

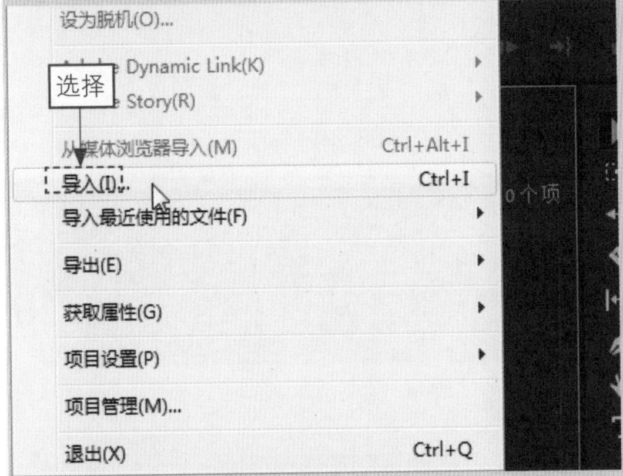

图1-47 选择“导入”命令

STEP 03 弹出“导入”对话框，在该对话框中，❶选择相应的项目文件，❷单击“打开”按钮，如图1-48所示。

STEP 04 执行上述操作后，即可在“项目”面板中查看导入的素材图像文件缩略图，如图1-49所示。

STEP 05 将素材图像拖至“时间轴”面板中，并预览图像效果，如图1-50所示。

图1-48 单击“打开”按钮

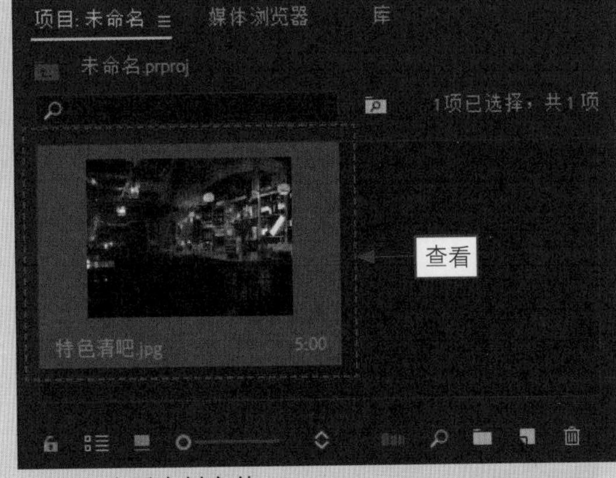

图1-49 查看素材文件

图1-50 预览图像效果

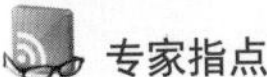
专家指点

当用户使用的素材数量较多时，除了可以使用“项目”面板来对素材进行管理，还可以将素材进行统一规划，并将其归纳于同一文件夹内。

打包项目素材的具体方法如下：

首先，❶ 选择“文件”|“项目管理”命令，如图 1-51 所示，在弹出的“项目管理器”对话框中，选择需要保留的序列；接下来在“生成项目”选项区域设置项目文件的归档方式，❷ 单击“确定”按钮，如图 1-52 所示。

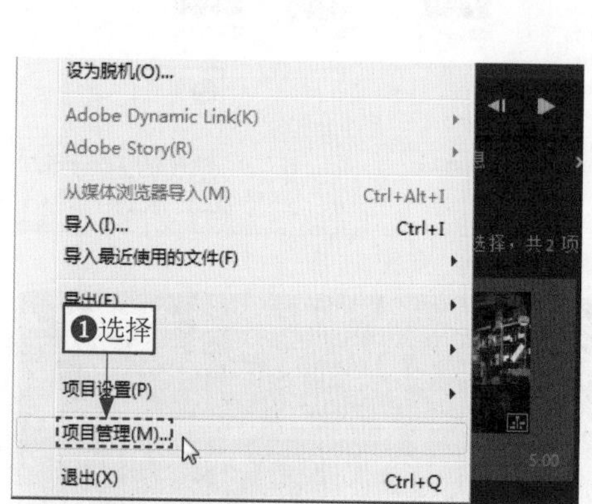

图1-51 选择“项目管理”命令

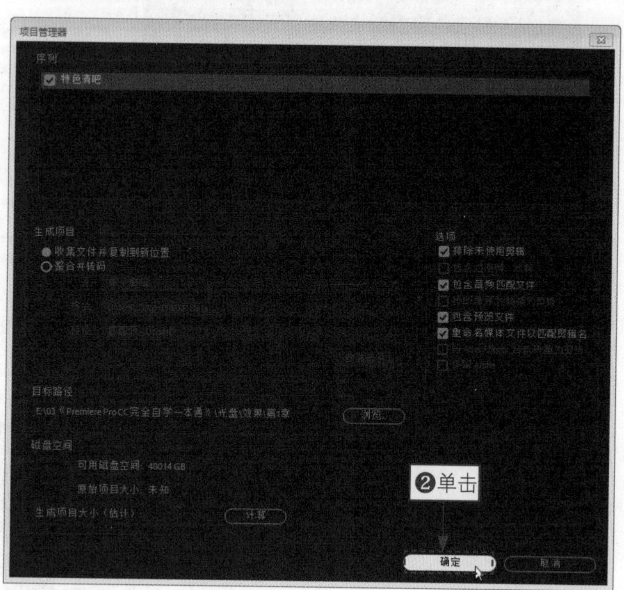

图1-52 单击“确定”按钮

1.4.2 播放项目文件

在Premiere Pro CC 2018中导入素材文件后，用户可以根据需要播放导入的素材。

应用案例

播放项目文件

素材：素材\第1章\项目3.prproj　　效果：无

视频：视频\第1章\1.4.2 播放项目文件.mp4

STEP 01 按快捷键【Ctrl+O】，打开一个项目文件，如图1-53所示。

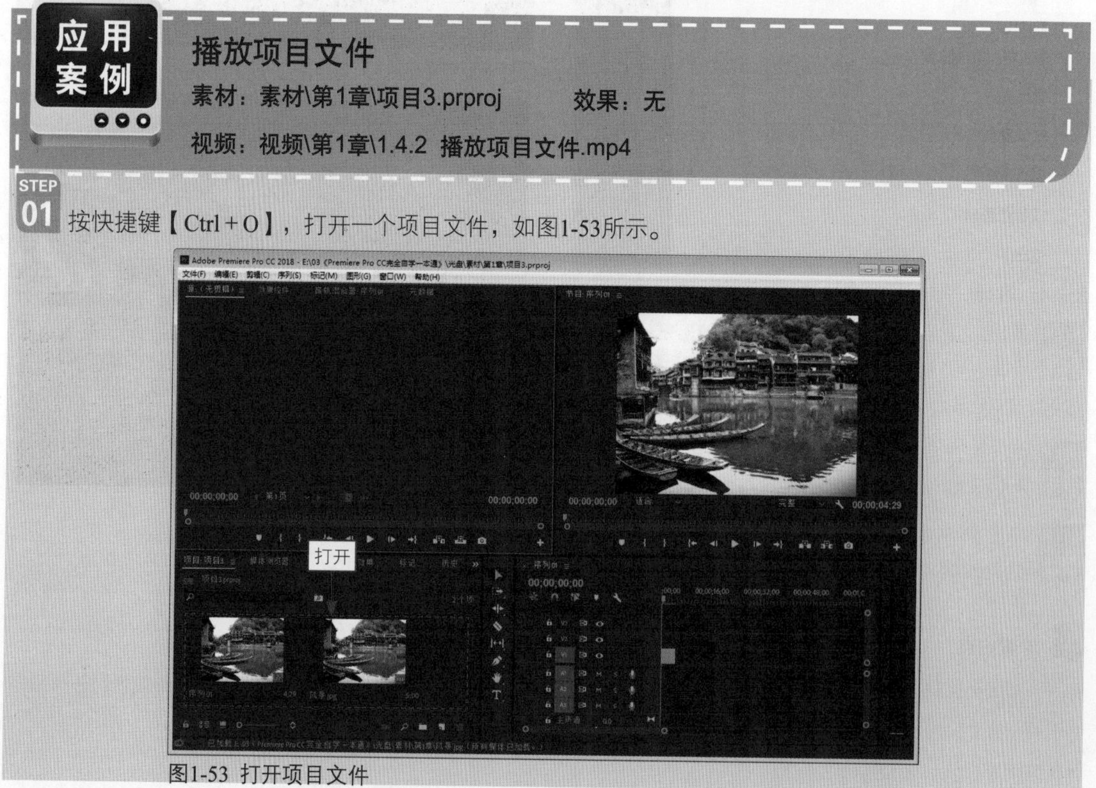

图1-53 打开项目文件

STEP 02 在“节目监视器”面板中，单击“播放-停止切换”按钮，如图1-54所示。

STEP 03 执行操作后，即可播放导入的素材，在“节目监视器”面板中可以预览图像素材效果，如图1-55所示。

图1-54 单击“播放-停止切换”按钮

图1-55 预览图像素材效果

1.4.3 编组素材文件

当用户在Premiere Pro CC 2018中添加两个或两个以上的素材文件时，可能会同时对多个素材进行整体编辑操作。

应用案例

编组素材文件

素材：素材\第1章\项目4.prproj　　效果：效果\第1章\项目4.prproj

视频：视频\第1章\1.4.3 编组素材文件.mp4

STEP 01 按快捷键【Ctrl+O】，打开一个项目文件，选择两个素材，如图1-56所示。

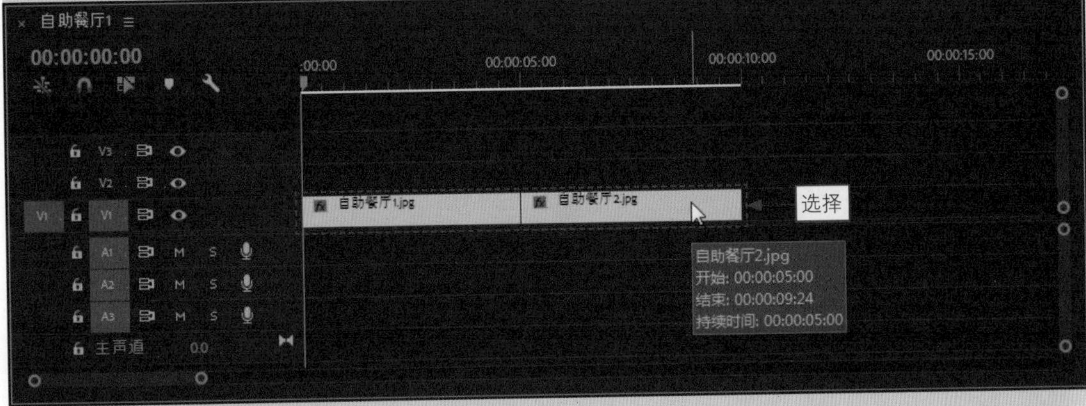

图1-56 选择两个素材

STEP 02 在“时间轴”面板的素材上单击鼠标右键，在弹出的快捷菜单中选择“编组”命令，如图1-57所示。执行操作后，即可编组素材文件。

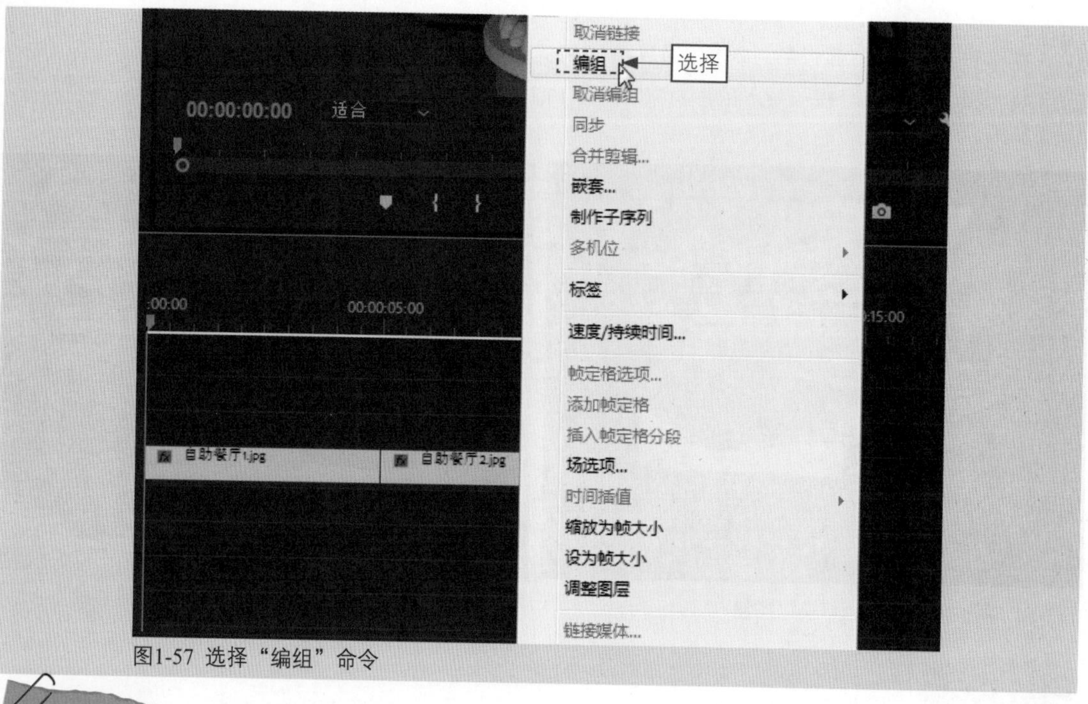

图1-57 选择"编组"命令

1.4.4 嵌套素材文件

Premiere Pro CC 2018中的嵌套功能是将一个时间线嵌套至另一个时间线中，成为一整段素材使用，并且在很大程度上提高了工作效率，下面介绍具体的操作方法。

应用案例

嵌套素材文件

素材：素材\第1章\项目5.prproj　　效果：项目\第1章\项目5.prproj

视频：视频\第1章\1.4.4 嵌套素材文件.mp4

STEP 01 按快捷键【Ctrl+O】，打开一个项目文件，选择两个素材，如图1-58所示。

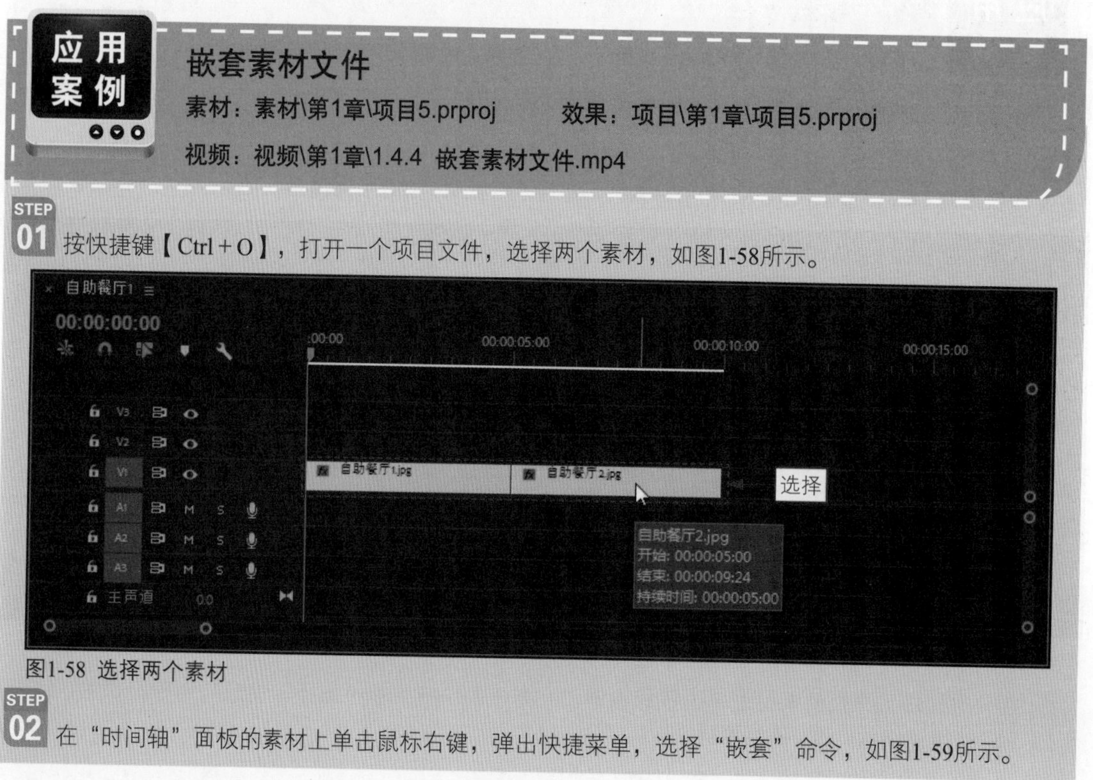

图1-58 选择两个素材

STEP 02 在"时间轴"面板的素材上单击鼠标右键，弹出快捷菜单，选择"嵌套"命令，如图1-59所示。

STEP 03 执行操作后，即可嵌套素材文件，在“项目”面板中将新增一个“嵌套序列01”文件，如图1-60所示。

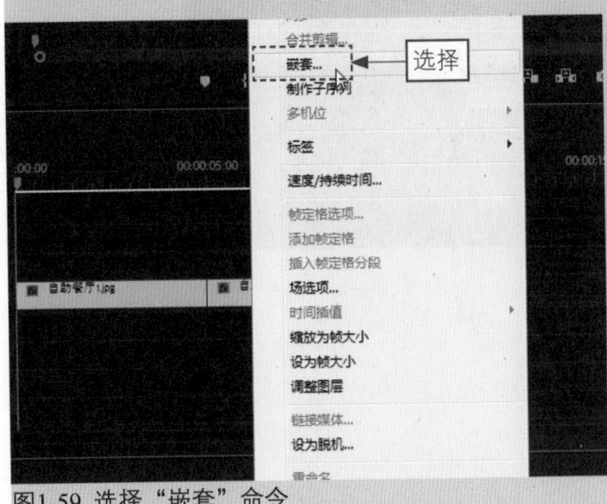

图1-59 选择“嵌套”命令

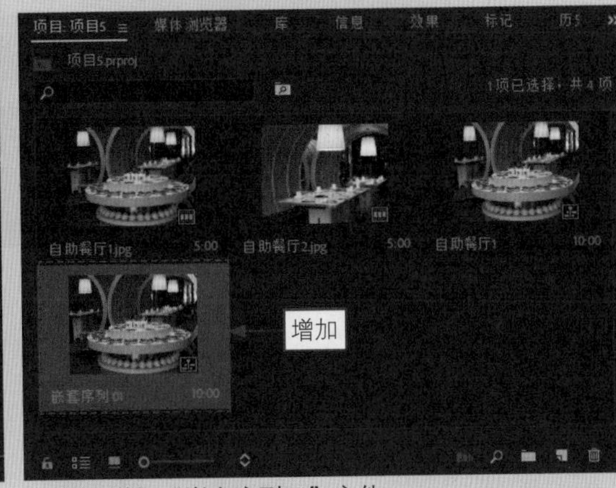

图1-60 增加“嵌套序列01”文件

专家指点

当用户为一个嵌套的序列应用特效时，Premiere Pro CC 2018 将自动将特效应用于嵌套序列内的所有素材中，这样可以将复杂的操作简单化。

1.4.5 在“源监视器”面板中插入素材

插入素材是在当前“时间轴”面板中没有该素材的情况下，使用“源监视器”面板中的“插入”功能向“时间轴”面板中插入素材。

应用案例

在“源监视器”面板中插入素材

素材：素材\第1章\项目6.prproj　　效果：项目\第1章\项目6.prproj

视频：视频\第1章\1.4.5 在“源监视器”面板中插入素材.mp4

STEP 01 按快捷键【Ctrl+O】，打开一个项目文件，将时间线移至“时间轴”面板中已有素材的中间，单击“源监视器”面板中的“插入”按钮，如图1-61所示。

STEP 02 执行操作后，即可将“时间轴”面板中的素材一分为二，并将“源监视器”面板中的素材插入至两素材之间，如图1-62所示。

图1-61 单击“插入”按钮

专家指点

覆盖编辑是指用新的素材文件替换原有的素材文件。当“时间轴”面板中已经存在一段素材文件时，在“源监视器”面板中调出“覆盖”按钮，❶然后单击“覆盖”按钮，如图 1-63 所示，执行操作后，❷“时间轴”面板中原有素材内容将被覆盖，如图 1-64 所示。

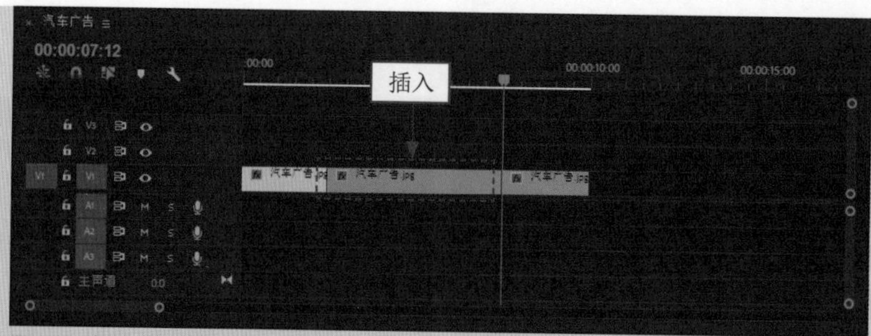

图1-62 插入素材效果

图1-63 单击“覆盖”按钮

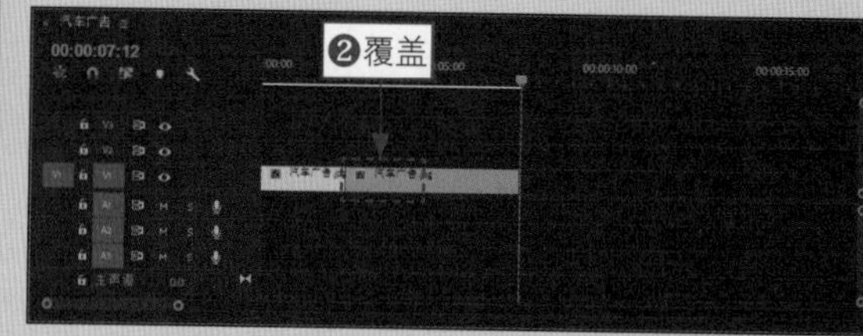

图1-64 覆盖素材效果

当“监视器”面板底部放置按钮的空间不足时，软件会自动隐藏一些按钮。用户可以单击右下角的按钮，在弹出的下拉列表中选择被隐藏的按钮。

1.5 素材文件的编辑操作

Premiere Pro CC 2018为用户提供了各种实用的工具，并将其集中在工具栏中。用户只有熟练地掌握各种工具的操作方法，才能够更加熟练地掌握Premiere Pro CC 2018的编辑技巧。

1.5.1 使用“选择工具”选择素材

“选择工具”作为Premiere Pro CC 2018使用最为频繁的工具之一，其主要功能是选择一个或多个片段。❶如果用户需要选择单个片段，直接单击相应的片段即可，如图1-65所示；如果用户需要选择多个片段，可以按住鼠标左键拖动，❷框选需要选择的多个片段，如图1-66所示。

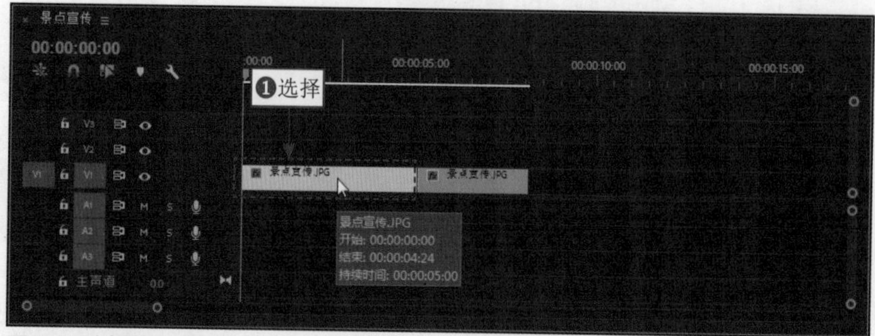

图1-65 选择单个素材

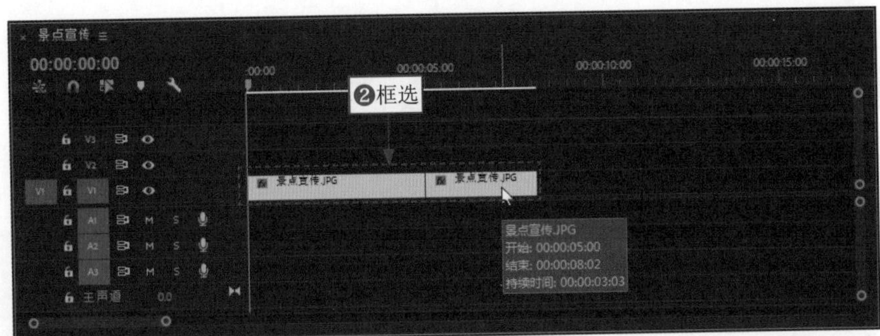

图1-66 选择多个素材

1.5.2 使用“剃刀工具”剪切素材

使用“剃刀工具”可以将一段选中的素材文件进行剪切，将其分成两段或几段独立的素材片段。

应用案例

运用“剃刀工具”剪切素材

素材：素材\第1章\项目7.prproj　　效果：项目\第1章\项目7.prproj

视频：视频\第1章\1.5.2 使用“剃刀工具”剪切素材.mp4

STEP 01 按快捷键【Ctrl+O】，打开一个项目文件，如图1-67所示。

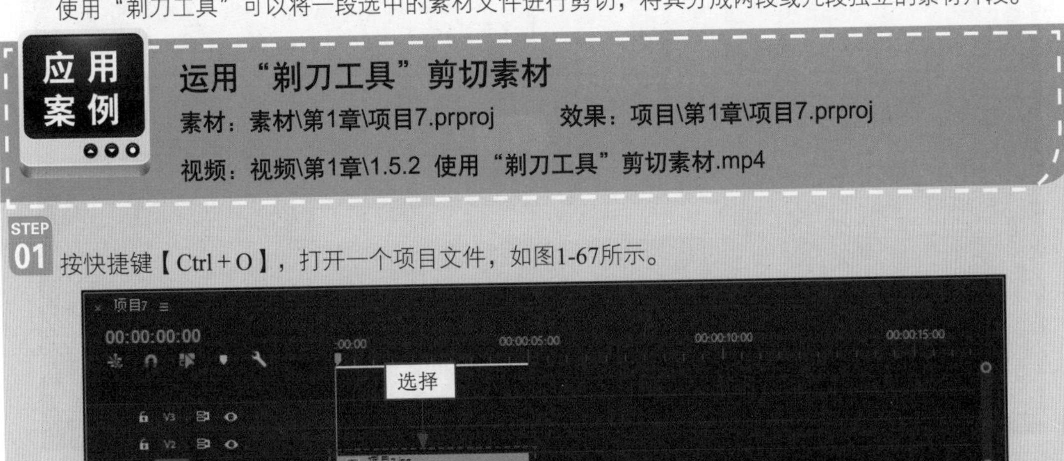

图1-67 打开项目文件

STEP 02 选择“剃刀工具”，在“时间轴”面板的素材上依次单击，即可剪切素材，如图1-68所示。

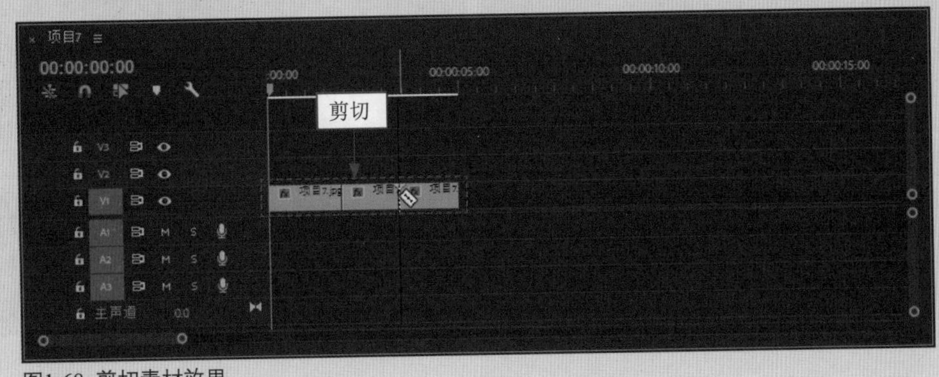

图1-68 剪切素材效果

1.5.3 使用“外滑工具”移动素材

“外滑工具”用于移动“时间轴”面板中的素材，该工具会影响相邻素材片段的出/入点和长度。使用“外滑工具”时，可以同时更改“时间轴”面板内某剪辑的入点和出点，并保留入点和出点之间的时间间隔不变。

应用案例

使用“外滑工具”移动素材

素材：素材\第1章\项目8.prproj　　效果：无

视频：视频\第1章\1.5.3 使用“外滑工具”移动素材.mp4

STEP 01 按快捷键【Ctrl+O】，打开一个项目文件，如图1-69所示。

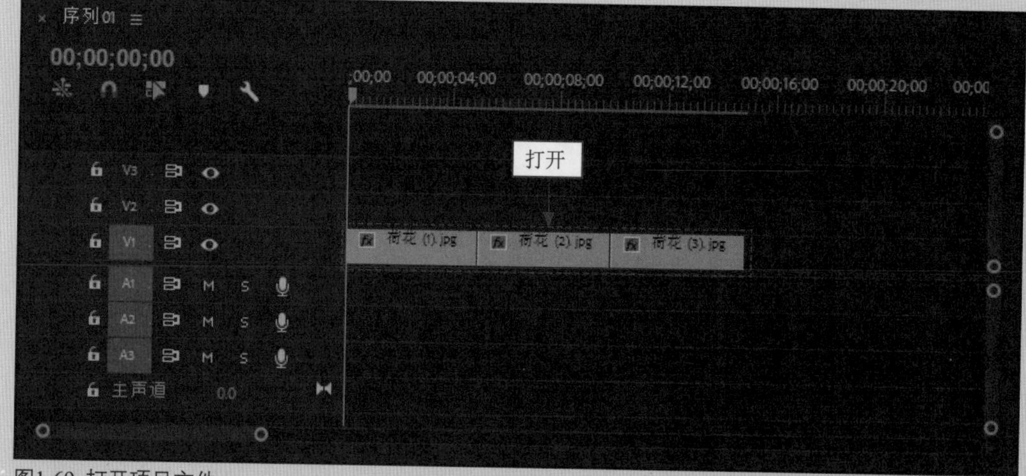

图1-69 打开项目文件

STEP 02 选择“外滑工具”，如图1-70所示。

STEP 03 在V1轨道上的“荷花（2）”素材对象上单击并按住鼠标左键拖动，在“节目监视器”面板中显示更改素材入点和出点的效果，如图1-71所示。

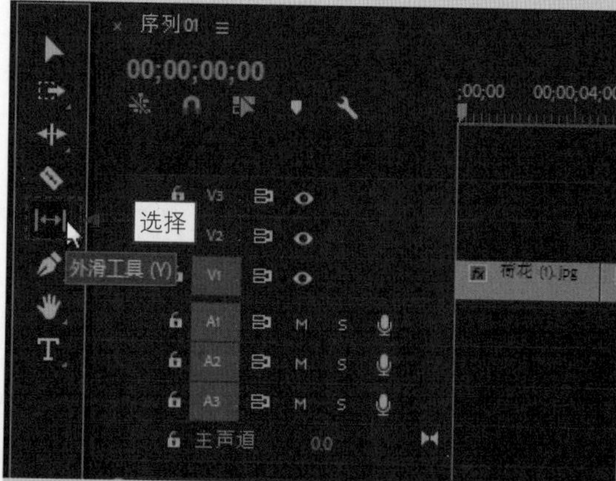

图1-70 选择“外滑工具”

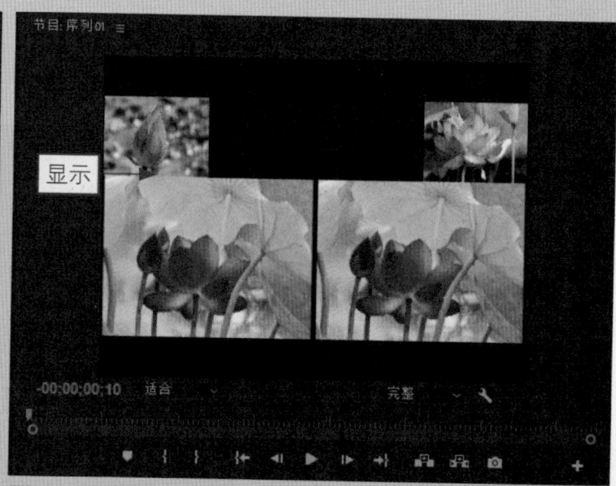

图1-71 显示更改素材入点和出点的效果

1.5.4 使用“波纹编辑工具”改变素材长度

使用“波纹编辑工具”拖动素材的出点可以改变所选素材的长度，而轨道上其他素材的长度不受影响。

应用案例 使用“波纹编辑工具”改变素材长度

素材：素材\第1章\项目9.prproj　　效果：效果\第1章\项目9.prproj

视频：视频\第1章\1.5.4 使用“波纹编辑工具”改变素材长度.mp4

STEP 01 按快捷键【Ctrl+O】，打开一个项目文件，选择工具箱中的“波纹编辑工具”，如图1-72所示。

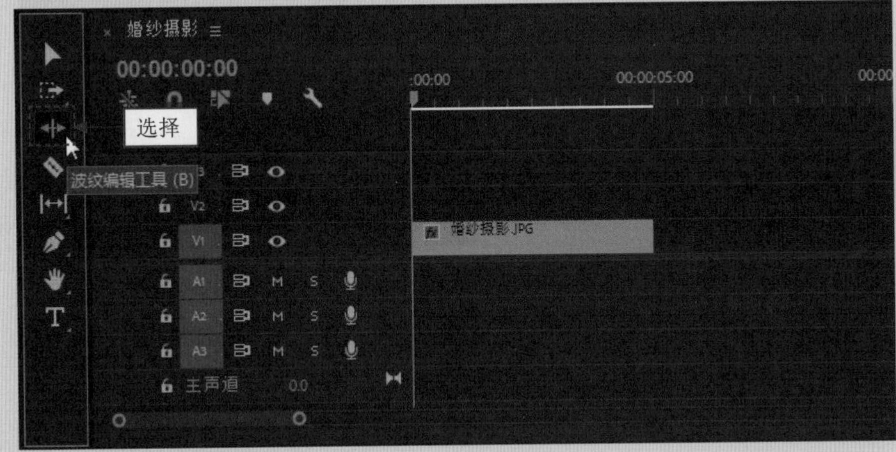

图1-72 选择“波纹编辑工具”

STEP 02 选择素材，向右拖至合适的位置，即可改变素材的长度，如图1-73所示。

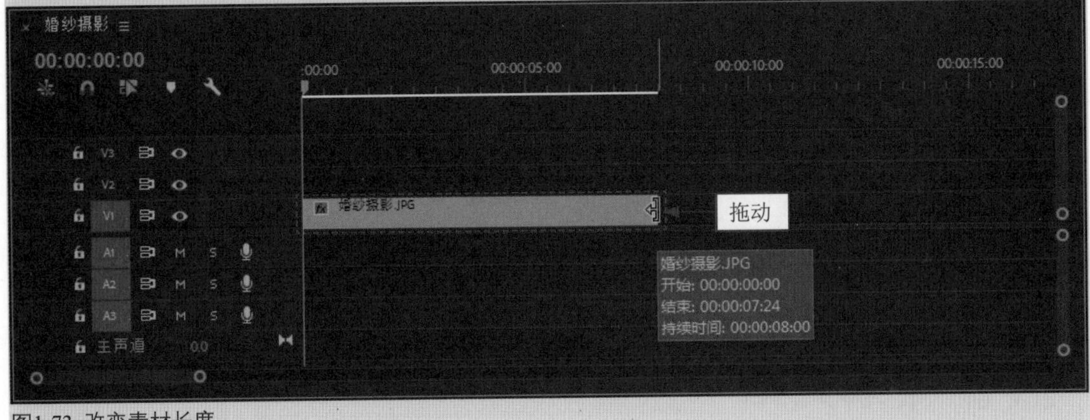

图1-73 改变素材长度

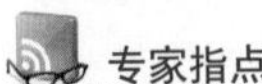

专家指点

“轨道选择工具”用于选择某一轨道上的所有素材，当用户按住【Shift】键的同时，可以切换到“多轨道选择工具”。

❶ 选择工具箱中的“向前轨道选择工具”，如图1-74所示；在最上方的轨道上单击，❷ 即可选择轨道上的素材，如图1-75所示。执行上述操作后，即可在“节目监视器”面板中查看视频效果，如图1-76所示。

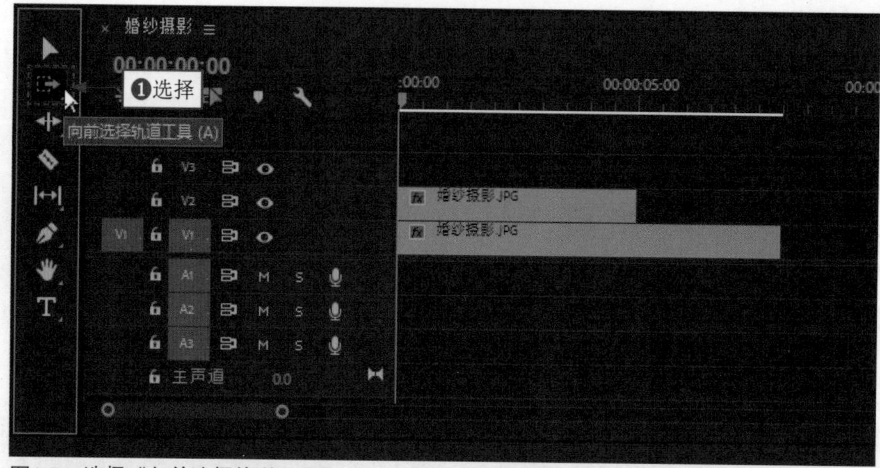

图1-74 选择“向前选择轨道工具”

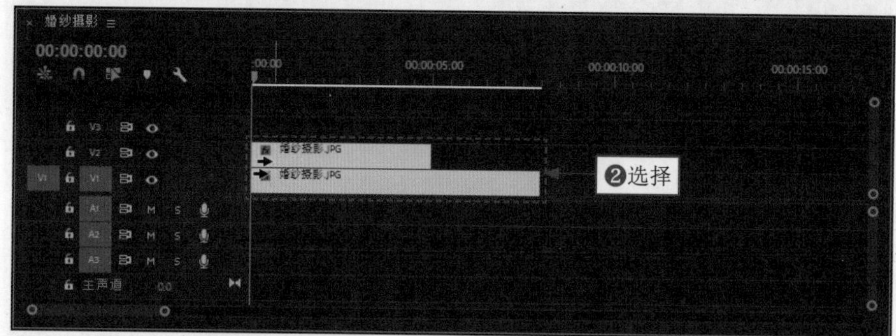

图1-75 选择轨道上的素材

图1-76 视频效果

1.6 专家支招

在Premiere Pro CC 2018软件中，支持的格式主要有3种，分别是图像格式、视频格式及音频格式。掌握这些格式，用户可以很好地选用Premiere Pro CC 2018素材，制作出理想的影视文件。

Premiere Pro CC 2018支持的图像格式包括JPEG、PNG、BMP、PCX、GIF、TIF、TGA、EXIF、FPX、PSD及CDR，用户可以将需要的图像格式导入到“时间轴”面板的视频轨道中。

数字视频是用于压缩图像和记录声音数据及回放过程的标准，同时包含DV格式的设备和数字视频压缩技术本身。在捕获视频的过程中，必须通过特定的编码方式对数字视频文件进行压缩，在尽可能地保证影像质量的同时，有效地减小文件大小，否则会占用大量的磁盘空间，对数字视频进行压缩的方法有很多，也因此产生了多种数字视频格式。Premiere Pro CC 2018支持的视频格式主要包括AVI、MJPEG、MPEG、MOV、RM/RMVB、WMV及FLV。

数字音频是用来表示声音强弱的数据序列，由模拟声音经抽样、量化和编码后得到。简单地说，数字音频的编码方式就是数字音频格式，不同的数字音频设备对应着不同的音频文件格式，如MP3格式、WAV格式、MIDI及WMA等。

1.7 总结拓展

本章对Premiere Pro CC 2018的选项面板、基本操作等基础知识进行了详细的讲解，Premiere Pro CC 2018的菜单栏、“项目”面板、“时间轴”面板、工具箱、项目文件的基本操作以及素材文件的基本操作等知识内容，可以为用户之后运用Premiere Pro CC 2018进行编辑工作打下良好的基础。

1.7.1 本章小结

本章主要引领读者快速入门，熟悉Premiere Pro CC 2018的基础知识，认识并了解Premiere Pro CC 2018，学完本章内容，相信大家能够基本掌握Premiere Pro CC 2018的操作，在之后的章节中，还可以学习到更多的知识和操作技巧，希望大家可以学以致用，制作出更多优秀的影视文件。

1.7.2 举一反三——启动Premiere Pro CC 2018

在计算机中安装Premiere Pro CC 2018以后，就可以启动Premiere Pro CC 2018程序进行影视编辑操作了。

应用案例

举一反三——启动Premiere Pro CC 2018

素材文件：无　　效果文件：无

视频：视频\第1章\1.7.2 举一反三——启动Premiere Pro CC 2018.mp4

STEP 01 双击桌面上的Adobe Premiere Pro CC 2018程序图标，如图1-77所示。

STEP 02 启动Premiere Pro CC 2018程序，稍等片刻，弹出“开始”对话框，单击“新建项目”按钮，如图1-78所示。

图1-77 双击程序图标

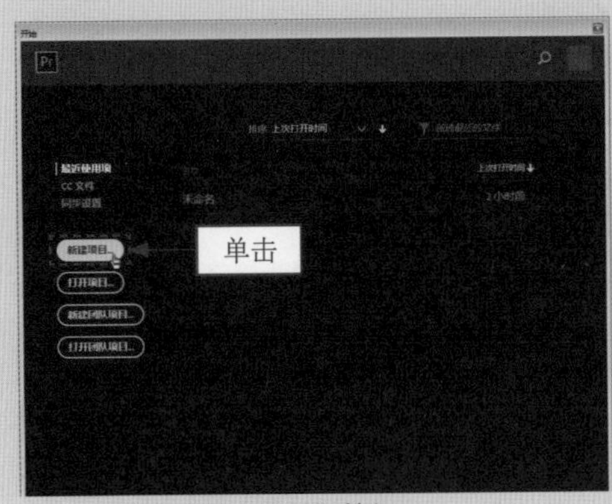

图1-78 单击“新建项目”按钮

专家指点

在安装 Adobe Premiere Pro CC 2018 时，软件默认不在桌面上创建快捷方式。用户可以在计算机左下方的“开始”菜单中，选择“Adobe Premiere Pro CC 2018”命令，将其拖至桌面上的空白位置，即可在桌面上创建 Premiere Pro CC 2018 的快捷方式；或者在该选项上单击鼠标右键，选择“发送到‘桌面快捷方式’”命令，以后在桌面上双击 Adobe Premiere Pro CC 2018 快捷方式，即可启动 Premiere Pro CC 2018 程序。

STEP 03 弹出“新建项目”对话框，❶设置项目名称与位置，❷然后单击“确定”按钮，如图1-79所示。

STEP 04 执行操作后，即可新建项目，进入Premiere Pro CC 2018工作界面，如图1-80所示。

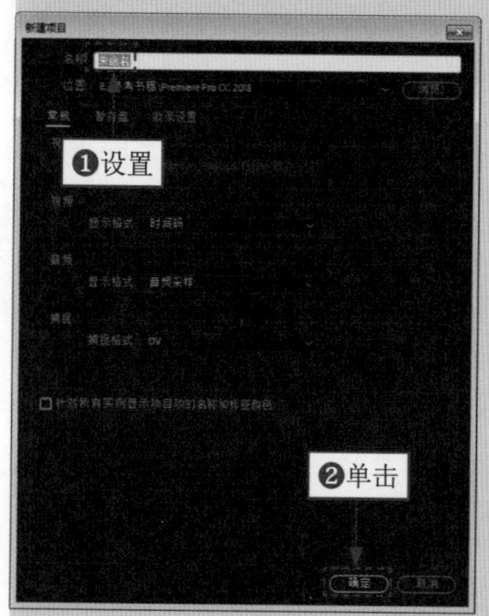

图1-79 单击“确定”按钮

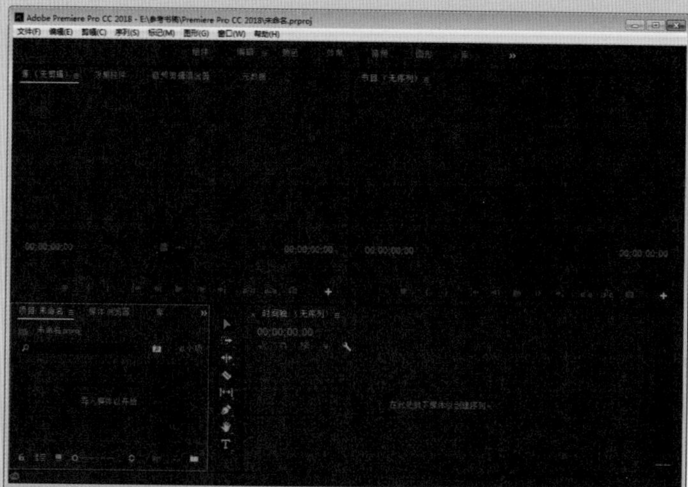
图1-80 Premiere Pro CC 2018工作界面

专家指点

用户还可以通过以下 3 种方法启动 Premiere Pro CC 2018。

- 程序菜单：单击“开始”按钮，在弹出的“开始”菜单中，选择“Adobe”|“Adobe Premiere Pro CC 2018”命令。
- 快捷菜单：在桌面上选择 Premiere Pro CC 2018 快捷方式，单击鼠标右键，在弹出的快捷菜单中，选择“打开”命令。
- 用户也可以在计算机中双击 .prproj 格式的项目文件，启动 Adobe Premiere Pro CC 2018 应用程序并打开项目文件。

读书
笔记

第2章　基础操作：添加与调整素材文件

通过学习第1章的内容，相信读者对Premiere Pro CC 2018的基础知识已有了了解，并对“时间轴”面板这一影视剪辑常用的对象有了一定的认识。本章将从添加与调整视频素材的操作方法与技巧讲起，包括添加视频素材、复制/粘贴影视视频、设置素材标记、调整播放时间及应用编辑工具等内容，逐渐提升读者对Premiere Pro CC 2018的熟练度。

本章学习重点

- 影视素材的添加
- 影视素材的编辑
- 调整影视素材
- 剪辑影视素材

2.1 影视素材的添加

制作影片的首要操作就是添加素材，本节主要介绍在Premiere Pro CC 2018中添加影视素材的方法，包括添加视频素材、音频素材及静态图像等。

2.1.1 添加视频素材

添加一段视频素材是一个将源素材导入到素材库，并将素材库的源素材添加到“时间轴”面板中的视频轨道上的过程。

应用案例

添加视频素材

素材：素材\第2章\古董赏析.mpg　效果：效果\第2章\古董赏析.prproj

视频：视频\第2章\2.1.1　添加视频素材.mp4

STEP 01 在Premiere Pro CC 2018中，新建一个项目文件，选择“文件”|“导入”命令，如图2-1所示。

STEP 02 弹出“导入”对话框，选择所需的视频素材，如图2-2所示。

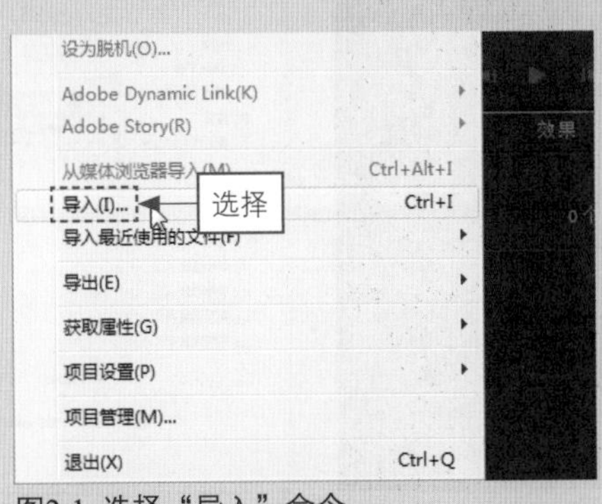

图2-1 选择“导入”命令

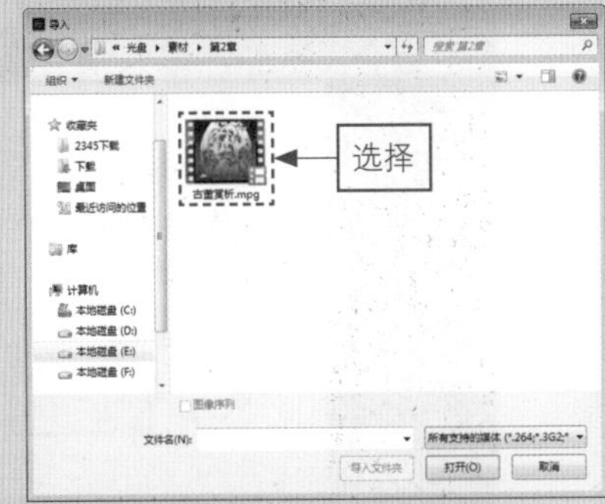

图2-2 选择视频素材

STEP 03 单击“打开”按钮，将视频素材导入“项目”面板中，如图2-3所示。

STEP 04 在“项目”面板中，选择视频，将其拖至“时间轴”面板的V1轨道中，如图2-4所示，执行上述操作后，即完成了添加视频素材的操作。

图2-3 导入视频素材

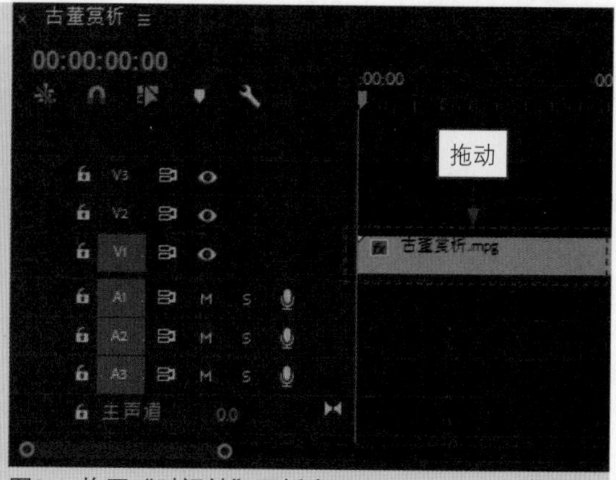

图2-4 拖至“时间轴”面板中

2.1.2 添加音频素材

为了使影片更加完善，用户可以根据需要为影片添加音频素材。

应用案例

添加音频素材

素材：素材\第2章\MV音乐.wma　　效果：效果\第2章\MV音乐.prproj

视频：视频\第2章\2.1.2 添加音频素材.mp4

STEP 01 新建一个项目文件，在“项目”面板中单击鼠标右键，在弹出的快捷菜单中选择“导入”命令，如图2-5所示。

STEP 02 弹出“导入”对话框，选择需要添加的音频素材，如图2-6所示。

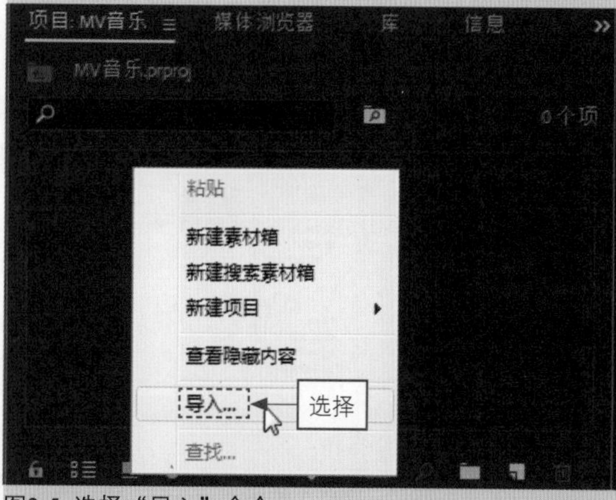

图2-5 选择“导入”命令

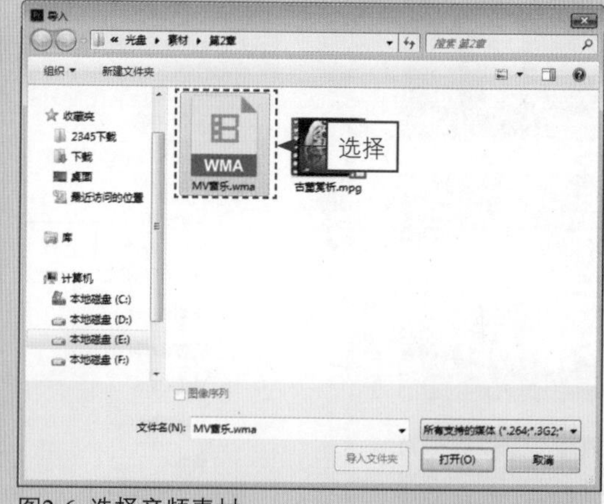

图2-6 选择音频素材

STEP 03 单击“打开”按钮，将音频素材导入“项目”面板中，如图2-7所示。

STEP 04 选择素材文件，将其拖至“时间轴”面板的A1轨道中，即可添加音频素材，如图2-8所示。

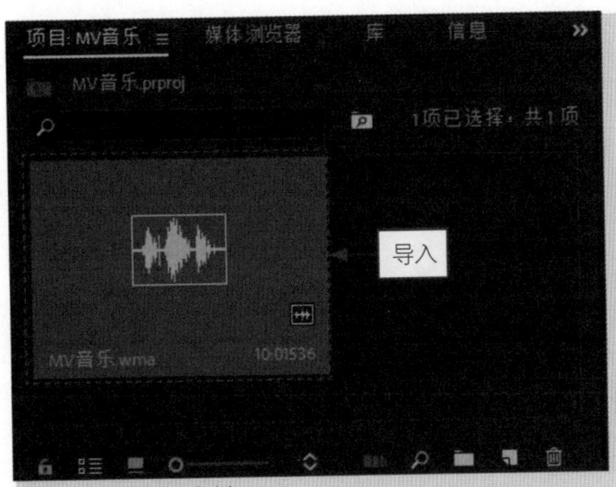

图2-7 导入音频素材

图2-8 拖至“时间轴”面板中

2.1.3 添加静态图像

为了使影片内容更加丰富多彩，在进行影片编辑的过程中，用户可以根据需要添加各种静态图像。

添加音频素材

素材：素材\第2章\钻石戒指.jpg　　效果：效果\第2章\钻石戒指.prproj

视频：视频\第2章\2.1.3 添加静态图像.mp4

STEP 01 在Premiere Pro CC 2018中，新建一个项目文件，选择“文件”|“导入”命令，如图2-9所示。

STEP 02 弹出“导入”对话框，❶在其中选择需要添加的静态图像，❷单击“打开”按钮，如图2-10所示。

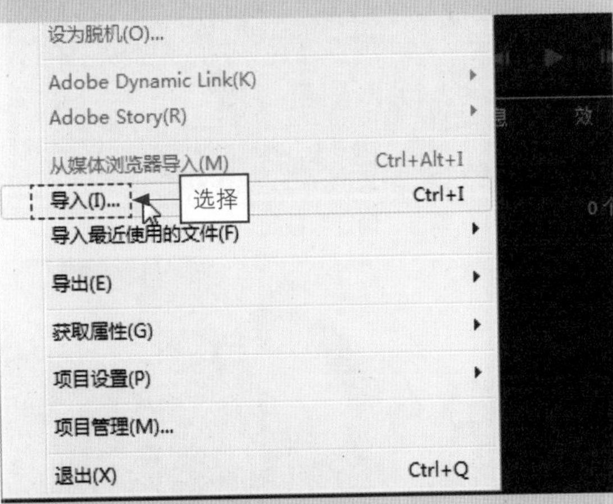

图2-9 选择“导入”命令

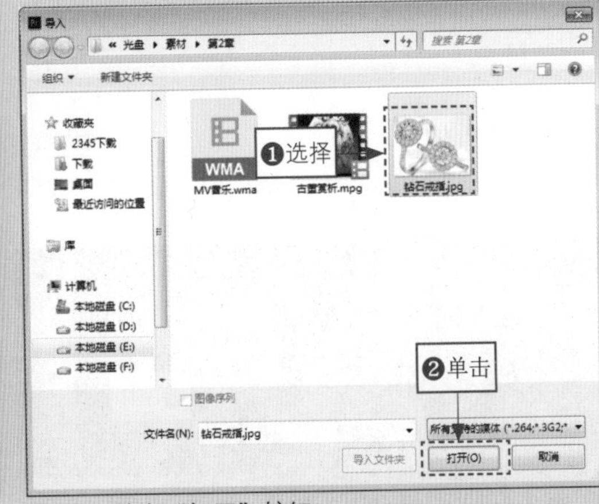

图2-10 单击“打开”按钮

STEP 03 将图像素材导入“项目”面板中，如图2-11所示。

STEP 04 选择素材文件，将其拖至“时间轴”面板的V1轨道中，如图2-12所示。执行上述操作后，即可添加静态图像。

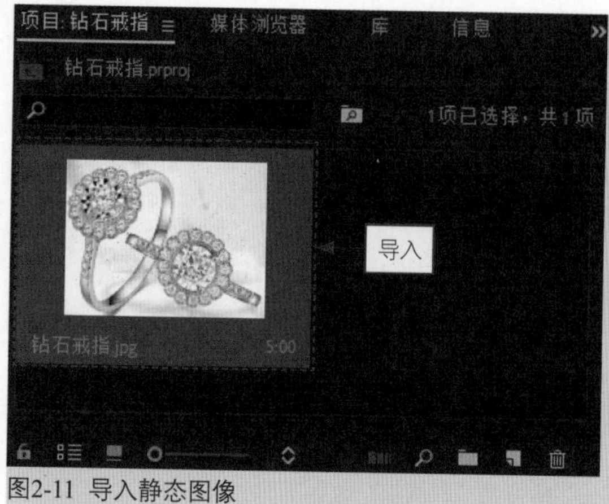

图2-11 导入静态图像

图2-12 拖至“时间轴”面板

专家指点

在 Premiere Pro CC 2018 中，不仅可以导入视频、音频及静态图像素材，还可以导入图层图像素材，选择“文件”|“导入”命令，弹出“导入”对话框，❶选择需要的素材文件，如图 2-13 所示，❷单击“打开”按钮。弹出“导入分层文件：图像 2”对话框，❸单击“确定”按钮，如图 2-14 所示，将所选择的 PSD 文件导入“项目”面板中，选择导入的 PSD 图像，将其拖至“时间轴”面板的 V1 轨道中，❹即可添加图层图像，如图 2-15 所示。执行操作后，在“节目监视器”面板中可以调整图层图像的大小并预览添加的图层图像效果，如图 2-16 所示。

图2-13 选择需要的素材文件

图2-14 单击“确定”按钮

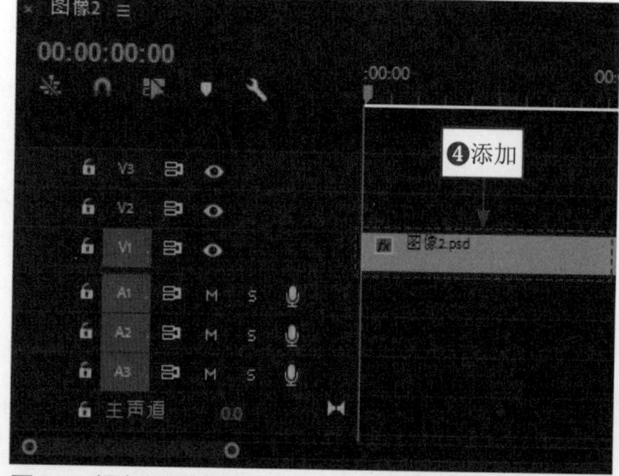

图2-15 添加图层图像

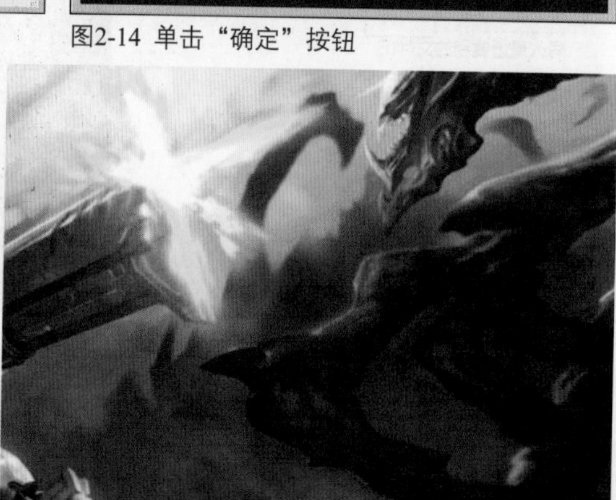

图2-16 预览图层图像效果

2.2 影视素材的编辑

对影片素材进行编辑是整个影片编辑过程中的一个重要环节，同样也是Premiere Pro CC 2018的功能体现。本节将详细介绍编辑影视素材的操作方法。

2.2.1 复制/粘贴影视视频

复制是指将文件从一处复制一份完全一样的到另一处，而原来的一份依然保留。复制影视视频的具体方法是：在“时间轴”面板中，选择需要复制的视频文件，选择“编辑”|“复制”命令即可复制视频文件。粘贴素材可以为用户省去许多不必要的重复操作，使用户的工作效率得到提高。

应用案例

复制粘贴影视视频

素材：素材\第2章\幸运项链.prproj　　效果：效果\第2章\幸运项链.prproj

视频：视频\第2章\2.2.1 复制粘贴影视视频.mp4

STEP 01 按快捷键【Ctrl+O】，打开一个项目文件，在视频轨道上选择素材，如图2-17所示。

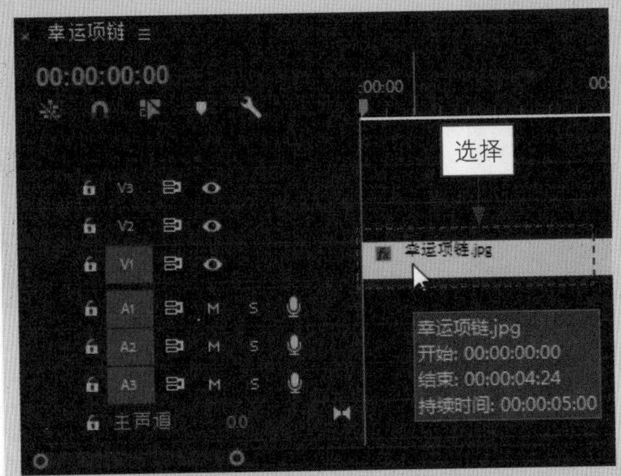

图2-17 选择素材

STEP 02 将时间线移至00:00:05:00的位置，选择“编辑”|“复制”命令，如图2-18所示。

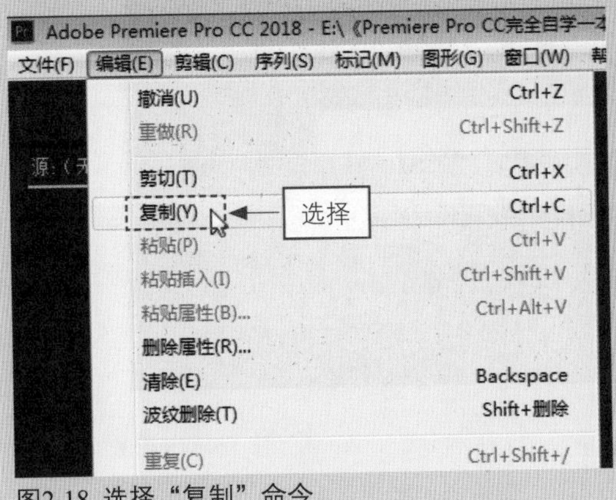

图2-18 选择“复制”命令

STEP 03 执行操作后，即可复制文件，按快捷键【Ctrl+V】，即可将复制的视频粘贴至V1轨道的时间线上，如图2-19所示。

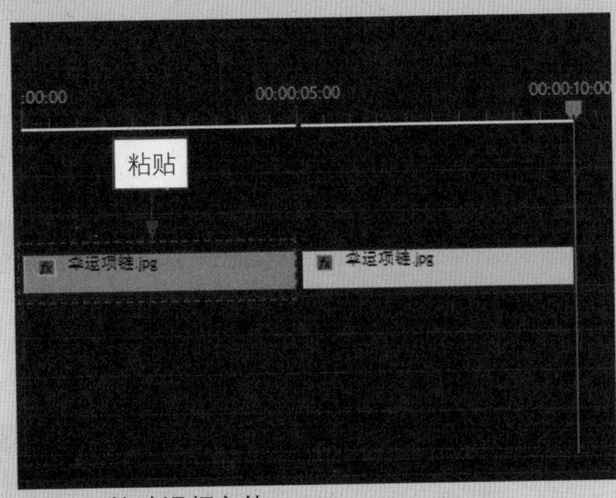

图2-19 粘贴视频文件

STEP 04 将时间线移至视频的开始位置，单击“播放-停止切换”按钮，即可预览视频效果，如图2-20所示。

图2-20 预览视频效果

2.2.2 分离影视视频

为了使影视文件具有更好的音乐效果，人们经常会在后期给影视视频重新配音，此时就会用到分离影视视频的操作。

应用案例 分离影视视频

素材：素材\第2章\命运之夜.prproj　　效果：效果\第2章\命运之夜.prproj

视频：视频\第2章\2.2.2 分离影视视频.mp4

STEP 01 按快捷键【Ctrl+O】，打开一个项目文件，如图2-21所示。

STEP 02 选择V1轨道上的视频素材，选择"剪辑" | "取消链接"命令，如图2-22所示。

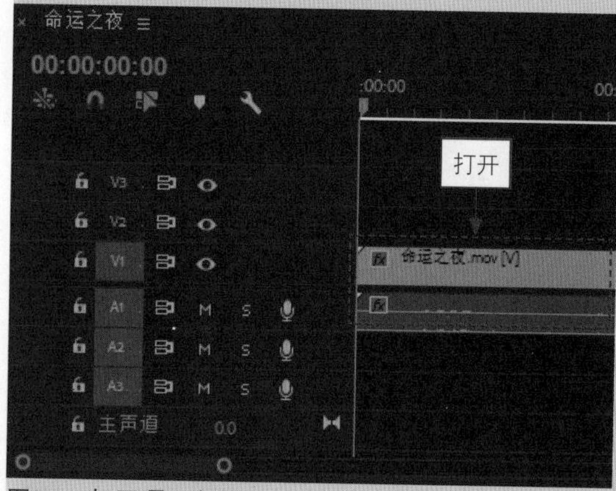

图2-21 打开项目文件

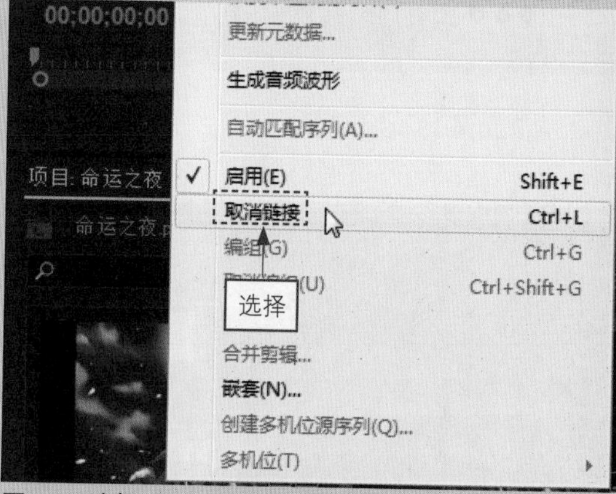

图2-22 选择"取消链接"命令

STEP 03 此时，即可将视频与音频分离，选择V1轨道上的视频文件，按下鼠标拖动，即可单独移动视频文件，如图2-23所示。

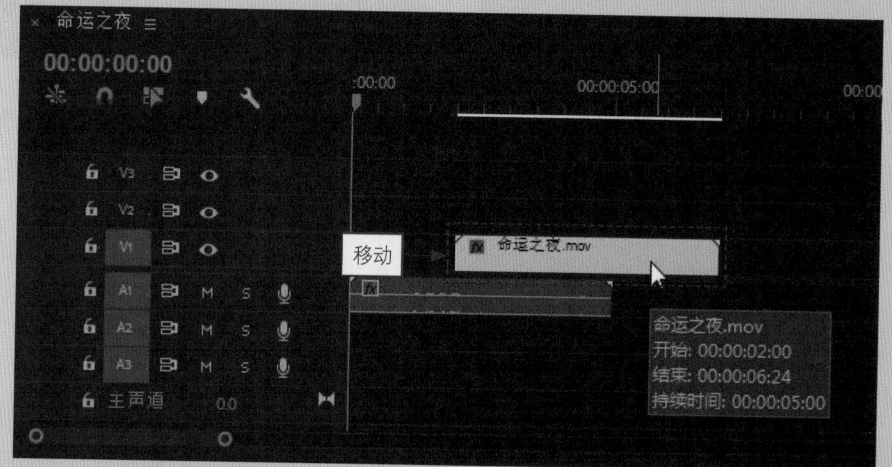

图2-23 移动视频文件

STEP 04 在"节目监视器"面板中，单击"播放-停止切换"按钮，预览视频效果，如图2-24所示。

图2-24 预览视频效果

专家指点

使用“取消链接”命令可以将视频与音频分离后单独进行编辑，防止在编辑视频时，音频也被修改。

2.2.3 组合影视视频

在对视频文件和音频文件重新进行编辑后，可以将它们进行组合。下面介绍组合影视视频的操作步骤。

应用案例

组合影视视频

素材：素材\第2章\简约家装.prproj　　效果：效果\第2章\简约家装.prproj

视频：视频\第2章\2.2.3 组合影视视频.mp4

STEP 01 按快捷键【Ctrl+O】，打开“素材\第2章\简约家装.prproj”文件，如图2-25所示。

STEP 02 在“时间轴”面板中，选择所有的素材，如图2-26所示。

图2-25 打开项目文件

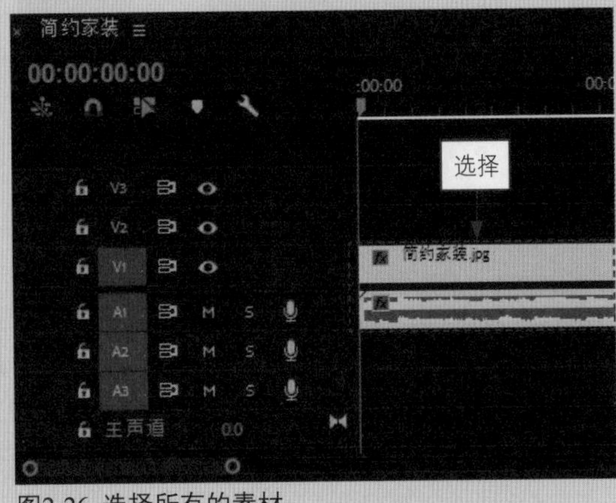

图2-26 选择所有的素材

STEP 03 选择“剪辑”|“链接”命令，如图2-27所示。

STEP 04 执行操作后，即可组合影视视频，在视频轨中，照片素材的名称后方会自动添加一个字符，如图2-28所示。

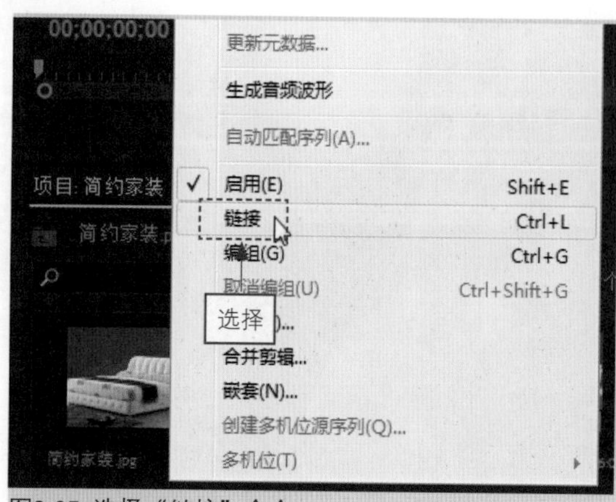

图2-27 选择“链接”命令

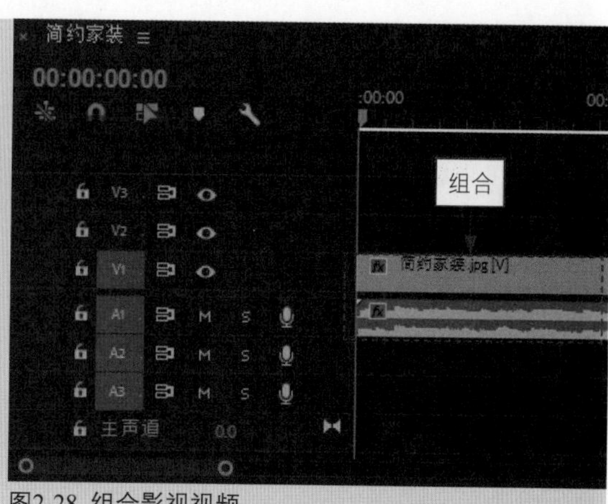

图2-28 组合影视视频

2.2.4 删除影视视频

在进行影视素材编辑的过程中，用户可能需要删除一些不需要的视频素材。

应用案例

删除影视视频

素材：素材\第2章\精品汽车.prproj　　效果：效果\第2章\精品汽车.prproj

视频：视频\第2章\2.2.4 删除影视视频.mp4

STEP 01 按快捷键【Ctrl+O】，打开“素材\第2章\精品汽车.prproj”文件，如图2-29所示。

图2-29 打开项目文件

STEP 02 在“时间轴”面板中，选择中间的素材文件，选择“编辑”|“清除”命令，如图2-30所示。

STEP 03 执行上述操作后，即可删除目标素材，在V1轨道上选择左侧的素材文件，如图2-31所示。

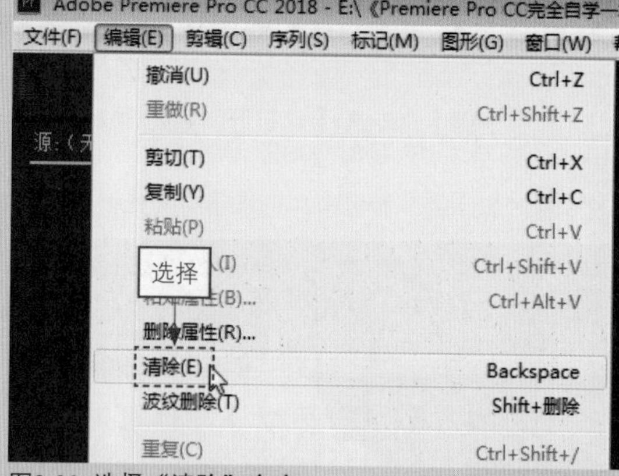

图2-30 选择“清除”命令

STEP 04 单击鼠标右键，在弹出的快捷菜单中选择“波纹删除”选择，如图2-32所示。

STEP 05 执行上述操作后，即可在V1轨道上删除素材文件，此时，第3段素材将被移动到第2段素材的位置，如图2-33所示。

STEP 06 在“节目监视器”面板上，单击“播放-停止切换”按钮，预览视频效果，如图2-34所示。

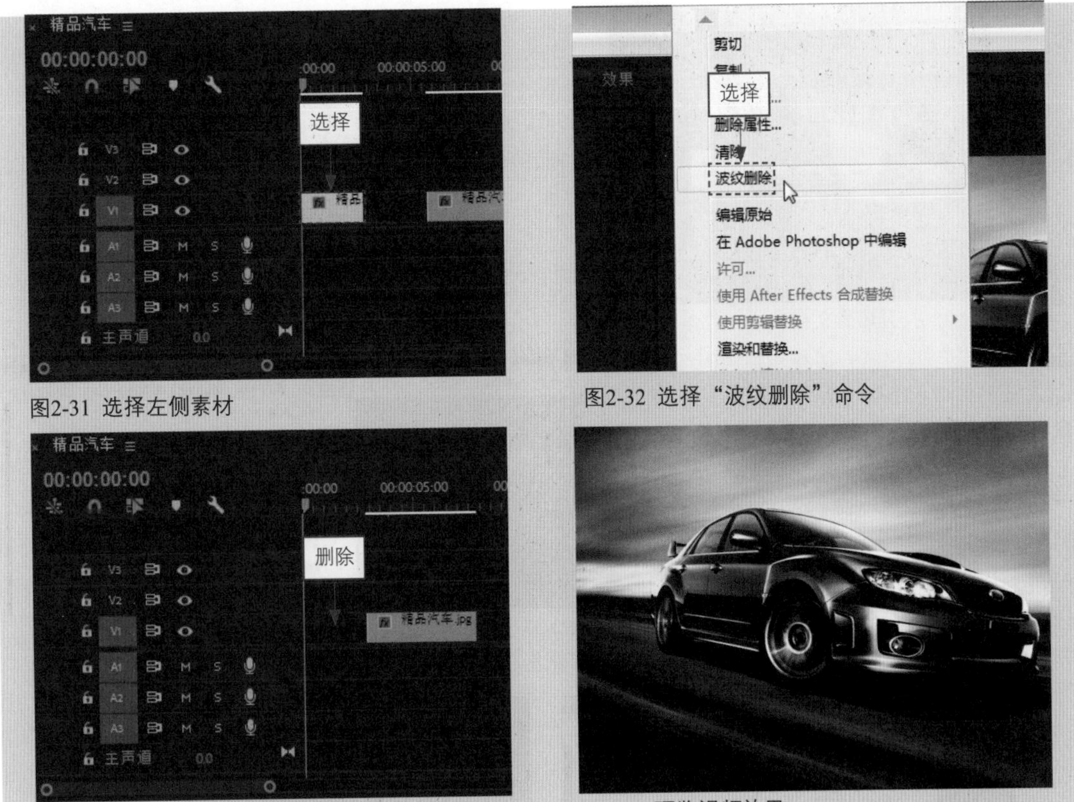

图2-31 选择左侧素材

图2-32 选择“波纹删除”命令

图2-33 删除“闪光”素材

图2-34 预览视频效果

专家指点

在 Premiere Pro CC 2018 中，除了使用上述方法删除素材对象，用户还可以在选择素材对象后，使用以下快捷键：

- 【Delete】：快速删除选择的素材对象。
- 【Backspace】：快速删除选择的素材对象。
- 【Shift + Delete】：快速对素材进行波纹删除操作。
- 【Shift + Backspace】：快速对素材进行波纹删除操作。

2.2.5 设置素材入点

在Premiere Pro CC 2018中，设置素材的入点可以标记素材起始点时间的可用部分。

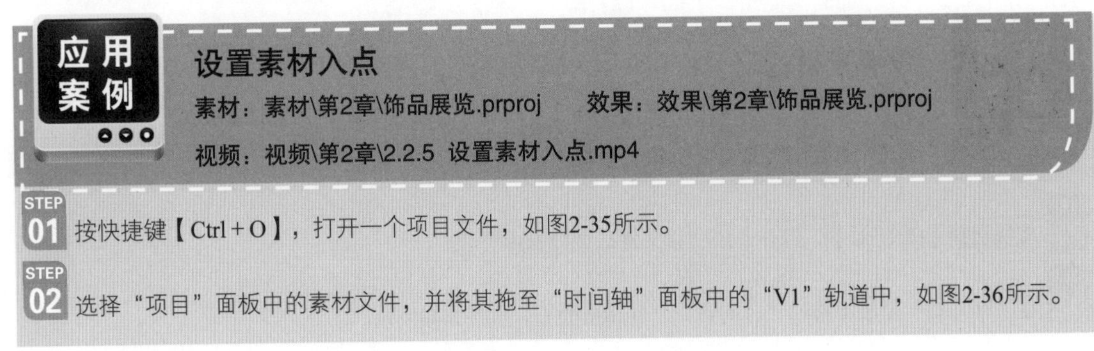

应用案例

设置素材入点

素材：素材\第2章\饰品展览.prproj　　效果：效果\第2章\饰品展览.prproj

视频：视频\第2章\2.2.5 设置素材入点.mp4

STEP 01 按快捷键【Ctrl+O】，打开一个项目文件，如图2-35所示。

STEP 02 选择“项目”面板中的素材文件，并将其拖至“时间轴”面板中的“V1”轨道中，如图2-36所示。

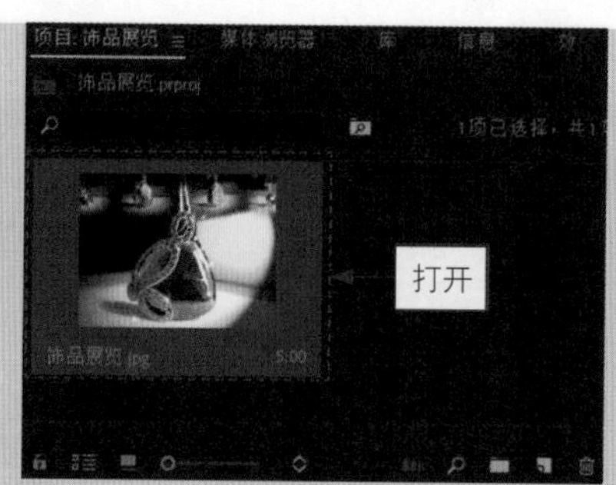

图2-35 打开项目文件

图2-36 拖至“V1”轨道中

STEP 03 在“节目监视器”面板中拖动时间线至合适的位置，选择“标记”|“标记入点”命令，如图2-37所示，即可为素材添加入点。

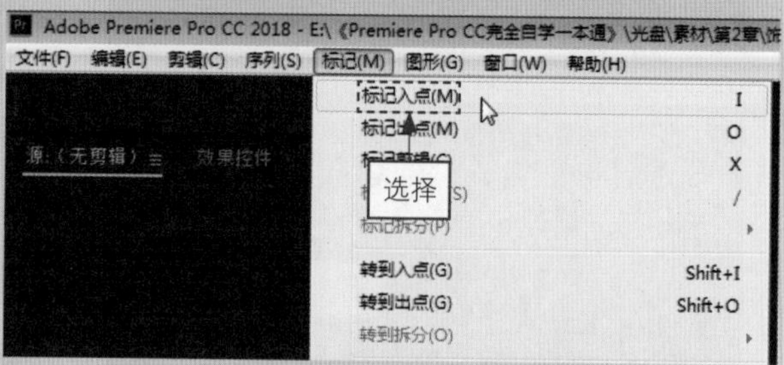

图2-37 选择“标记入点”命令

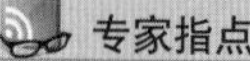

专家指点

素材的入点和出点可以作为素材可用部分的起始时间与结束时间，其作用是让用户在添加素材之前，将素材内符合影片需求的部分挑选出来。在“节目监视器”面板中拖动“时间线”至合适的位置，选择“标记”|“标记出点”命令，如图2-38所示，即可为素材添加出点。

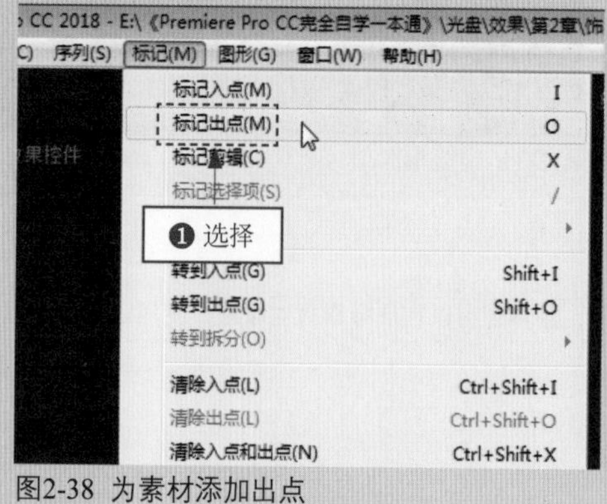

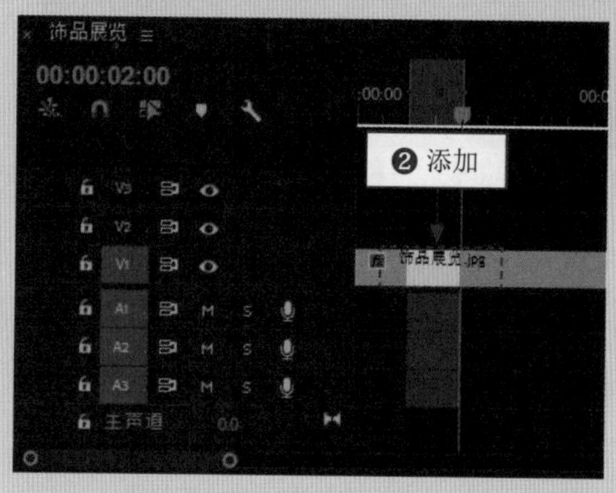

图2-38 为素材添加出点

2.2.6 设置素材标记

用户在编辑视频时，可以在素材或“时间轴”面板中添加标记。在为素材设置标记后，可以快速切换至标记的位置，从而快速查询视频画面所在帧。

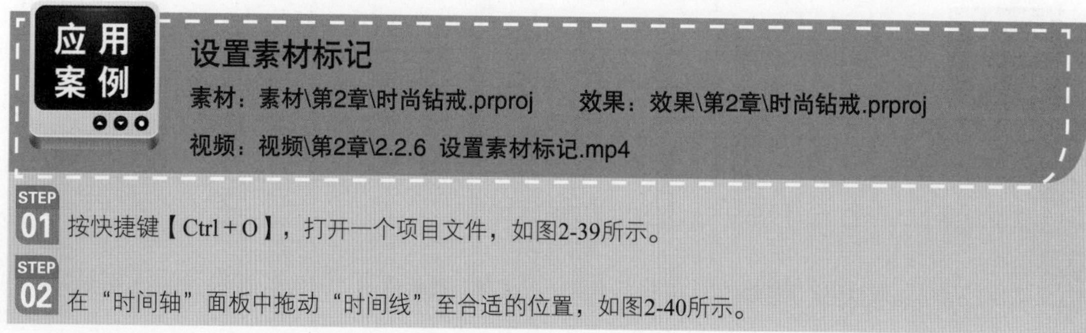

应用案例

设置素材标记

素材：素材\第2章\时尚钻戒.prproj　　效果：效果\第2章\时尚钻戒.prproj

视频：视频\第2章\2.2.6 设置素材标记.mp4

STEP 01 按快捷键【Ctrl+O】，打开一个项目文件，如图2-39所示。

STEP 02 在“时间轴”面板中拖动“时间线”至合适的位置，如图2-40所示。

图2-39 打开项目文件

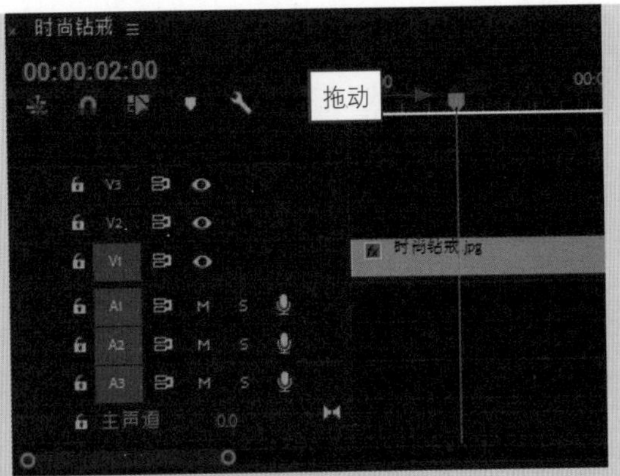

图2-40 拖动时间线

专家指点

标记能用来确定序列或素材中重要的动作或声音，有助于定位和排列素材。使用标记不会改变素材内容，标记的作用是在素材或时间轴上添加一个可以快速查找视频帧的记号，还可以快速对齐其他素材。在含有相关联系的音频和视频素材中，用户添加的编号标记将同时作用于素材的音频部分和视频部分。

STEP 03 选择“标记”|“添加标记”命令，如图2-41所示。

STEP 04 执行操作后，即可设置素材标记，如图2-42所示。

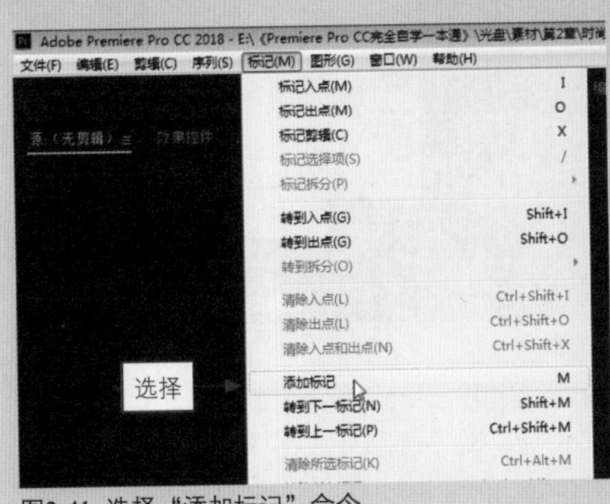

图2-41 选择“添加标记”命令

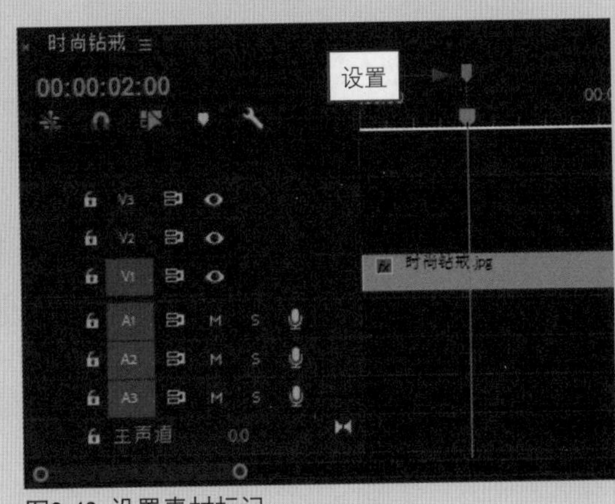

图2-42 设置素材标记

专家指点

在 Premiere Pro CC 2018 中，除了可以运用上述方法为素材添加标记，还可以使用以下两种方法添加标记：

- 在“时间轴”面板中将播放指示器拖至合适的位置，然后单击面板左上角的“添加标记”按钮，可以设置素材标记。
- 在“节目监视器”面板中单击“按钮编辑器”按钮，弹出“按钮编辑器”面板，在其中将“添加标记”按钮拖至“节目监视器”面板的下方，即可在“节目监视器”面板中使用“添加标记”按钮为素材设置标记。

2.3 调整影视素材

在编辑影片时，有时需要调整项目尺寸来放大显示素材，有时需要调整播放时间或播放速度，这些操作都可以在Premiere Pro CC 2018中实现。

2.3.1 调整素材显示方式

在编辑影片时，可以通过单击“切换轨道输出”旁边的空白位置，来调整素材的显示方式。

应用案例

调整素材显示方式

素材：素材\第2章\女士手表.jpg　　效果：效果\第2章\女士手表.prproj

视频：视频\第2章\2.3.1 调整素材显示方式.mp4

STEP 01 在Premiere Pro CC 2018的“开始”界面中，单击“新建项目”按钮，弹出“新建项目”对话框，❶设置项目的名称及保存位置，❷单击“确定”按钮，如图2-43所示，即可新建一个项目文件。

STEP 02 按快捷键【Ctrl＋N】，弹出“新建序列”对话框，单击“确定”按钮，即可新建“序列01”，如图2-44所示。

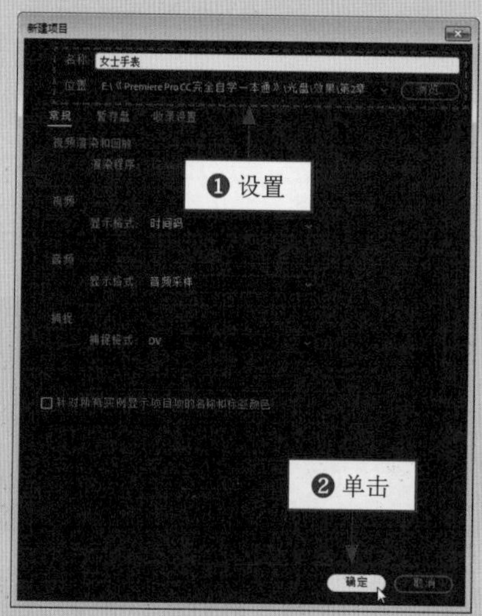

图2-43 单击“确定”按钮

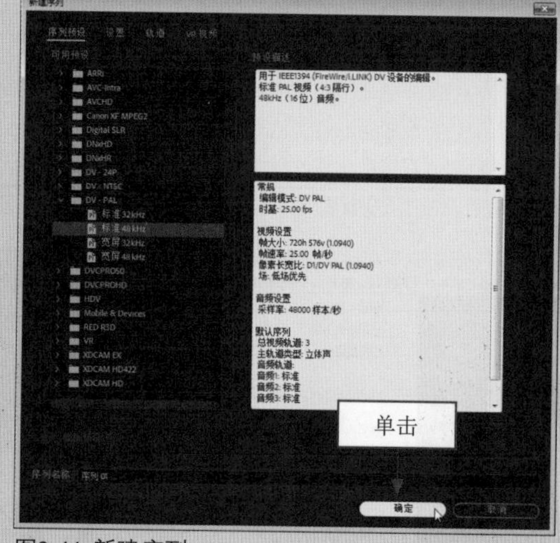

图2-44 新建序列

STEP 03 选择“文件”|“导入”命令，弹出“导入”对话框，选择相应的文件，如图2-45所示。

STEP 04 单击“打开”按钮，导入素材文件，如图2-46所示。

图2-45 “导入”对话框

图2-46 打开素材

STEP 05 选择“项目”面板中的素材文件，并将其拖至“时间轴”面板的V1轨道中，如图2-47所示。

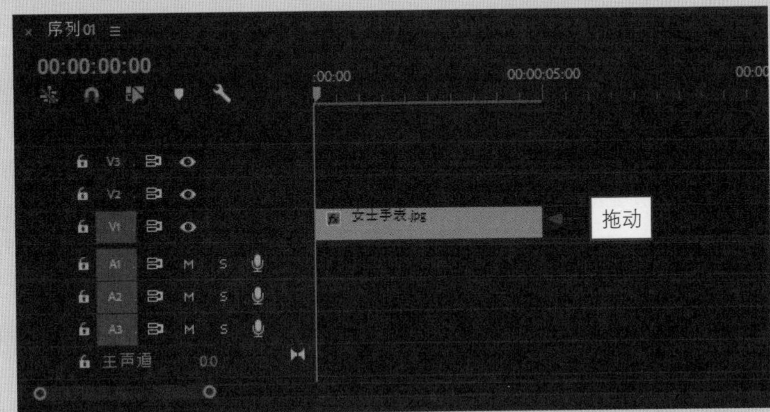

图2-47 将素材拖到“时间轴”面板中

STEP 06 ❶选择素材文件，❷将鼠标指针移至“切换轨道输出”旁边的空白位置，如图2-48所示。

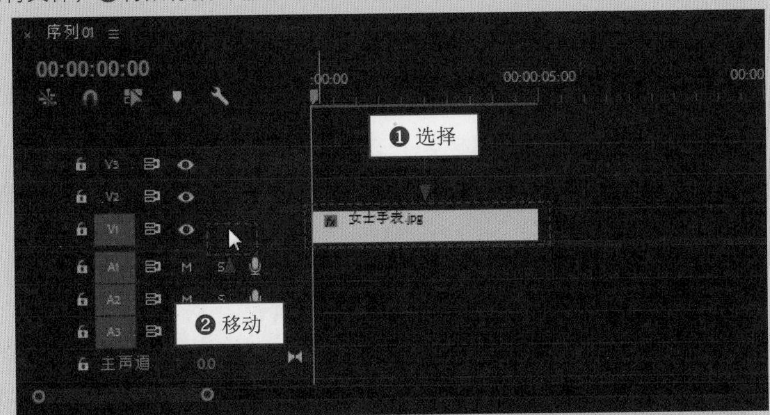

图2-48 移至空白位置

STEP 07 执行上述操作后，双击鼠标左键，即可调整项目的尺寸，如图2-49所示。

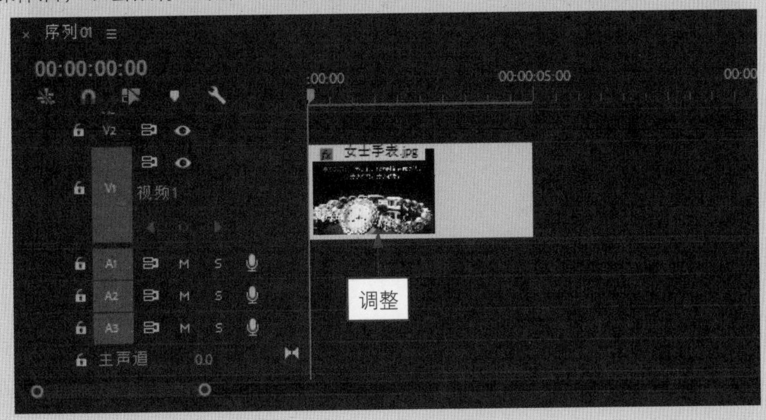

图2-49 调整素材的显示方式

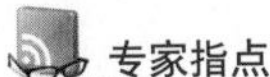

专家指点

“时间轴”面板由“时间标尺”“时间线”“时间显示”“查看区域栏”“工作区栏”及“设置无编号标记”6部分组成，下面对“时间轴”面板中的各选项进行介绍。

- 时间标尺：时间标尺是一种可视化时间间隔显示工具。时间标尺位于“时间轴”面板的上部。时间标尺的单位为“帧”，即素材画面数。在默认情况下，以每秒所播放画面的数量来划分时间线，从而对应于项目的帧速率。
- 时间线：时间线是一个蓝色的三角形图标。时间线用于查看当前视频的帧，以及视频的帧在当前序列中的位置。用户可以直接在时间标尺中拖动时间线来查看内容。
- 时间显示：“时间显示”区域显示时间线所在位置的时间。拖动“时间显示”区域时，则时间线图标也会发生改变。当用户在“时间轴”面板的“时间显示”区域上左右拖动时，时间线图标的位置也会随之改变。
- 查看区域栏：在查看区域栏中，可以确定在“时间轴”面板中的视频帧数量。用户可以通过拖动查看区域两端的锚点，改变时间线上的时间间隔，同时改变显示视频帧的数量。
- 工作区栏：工作区栏位于查看区域栏和时间线之间。工作区栏是导出或渲染的项目区域，用户可以通过拖动工作区栏任意一端的方式进行调整。
- “设置无编号标记”按钮：单击“设置无编号标记”按钮可以添加相应的标记对象，可以在编辑素材时快速跳转到这些点所在位置的视频帧上。

2.3.2 调整播放时间

在编辑影片的过程中，很多时候需要对素材本身的播放时间进行调整。调整播放时间的具体方法如下：

选择“选择工具”，再选择视频轨道上的素材，并将鼠标指针移至素材右端的结束点，当鼠标指针呈双向箭头形状时，按住鼠标左键拖动，即可调整素材的播放时间，如图2-50所示。

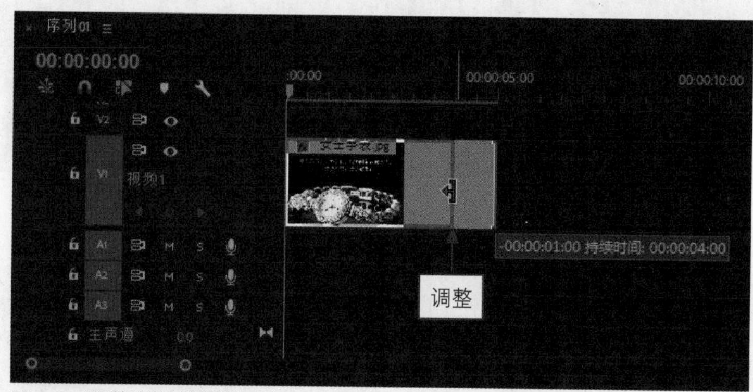

图2-50 调整素材的播放时间

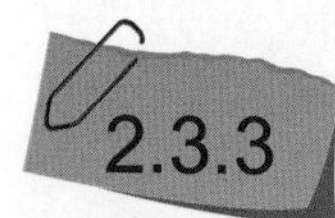

2.3.3 调整播放速度

每种素材都具有特定的播放速度，对于视频素材，可以通过调整视频素材的播放速度来制作快镜头或慢镜头效果。

应用案例 调整播放速度

素材：素材\第2章\视频片头.wmv　　效果：效果\第2章\视频片头.prproj

视频：视频\第2章\2.3.3 调整播放速度.mp4

STEP 01 在Premiere Pro CC 2018的“开始”界面中，单击“新建项目”按钮，弹出“新建项目”对话框，❶设置“名称”为“视频片头”，❷单击“确定”按钮新建项目文件，如图2-51所示。

STEP 02 按快捷键【Ctrl＋N】，弹出“新建序列”对话框，新建“序列01”，单击“确定”按钮即可创建序列，如图2-52所示。

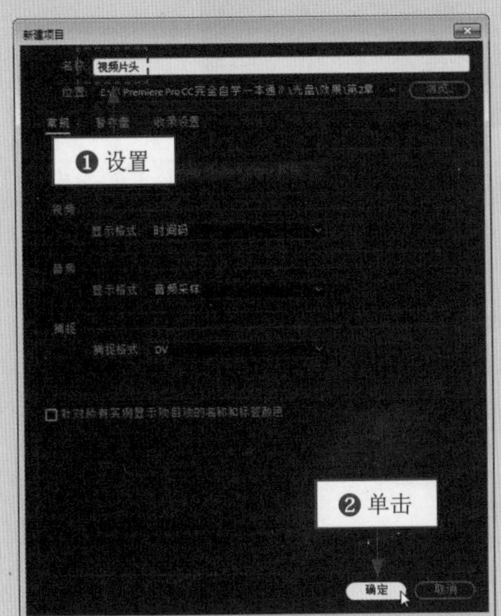

图2-51 新建项目文件

图2-52 新建序列

STEP 03 按快捷键【Ctrl＋I】，弹出“导入”对话框，选择相应的文件，如图2-53所示。

STEP 04 单击“打开”按钮，导入素材文件，如图2-54所示。

图2-53 “导入”对话框

图2-54 打开素材

STEP 05 选择“项目”面板中的素材文件，并将其拖至“时间轴”面板的V1轨道中，如图2-55所示。

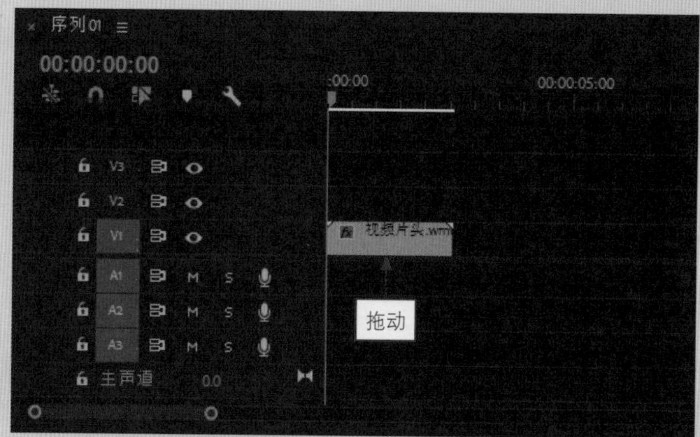

图2-55 将素材拖到“时间轴”面板中

STEP 06 ❶选择V1轨道上的素材，单击鼠标右键，在弹出的快捷菜单中，❷选择“速度/持续时间”命令，如图2-56所示。

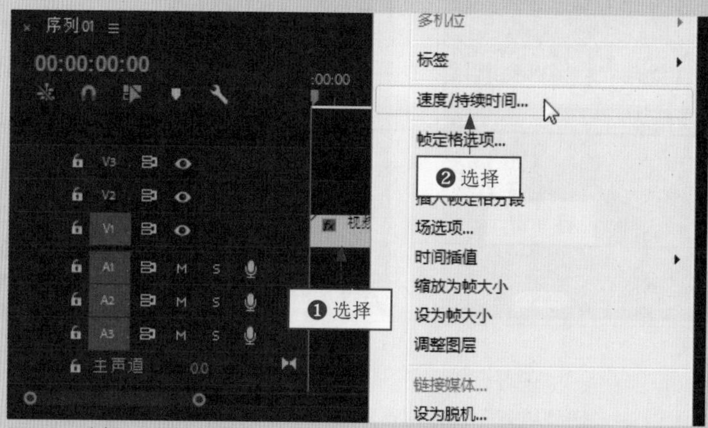

图2-56 选择“速度/持续时间”命令

STEP 07 弹出“剪辑速度/持续时间”对话框，设置“速度”为220%，如图2-57所示。

STEP 08 设置完成后，单击“确定”按钮，即可在“时间轴”面板中查看调整播放速度后的效果，如图2-58所示。

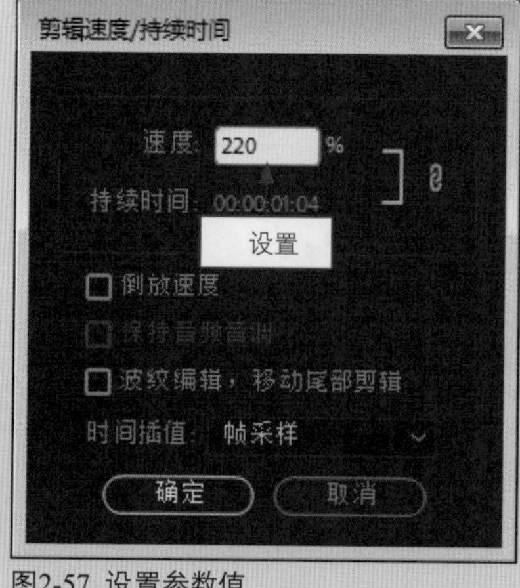

图2-57 设置参数值

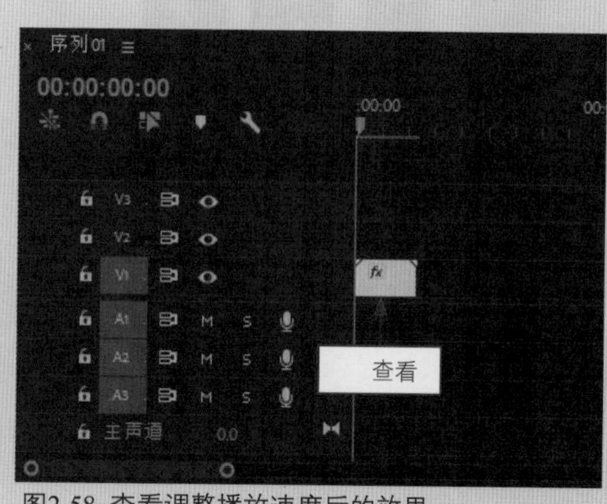

图2-58 查看调整播放速度后的效果

专家指点

在“剪辑速度 / 持续时间”对话框中，可以设置“速度”值来控制剪辑的播放时间。当将“速度”值设置为 100% 以上时，值越大则速度越快，播放时间就越短；当将“速度”值设置为 100% 以下时，值越大则速度越慢，播放时间就越长。

2.3.4 调整播放位置

如果对添加到视频轨道上的素材位置不满意，可以根据需要对其进行调整，并且可以将素材调整到不同的轨道中。

应用案例

调整播放位置

素材：素材\第2章\记录时光.jpg　　效果：效果\第2章\记录时光.prproj

视频：视频\第2章\2.3.4 调整播放位置.mp4

STEP 01 在Premiere Pro CC 2018的“开始”界面中，单击“新建项目”按钮，弹出“新建项目”对话框，设置“名称”为“记录时光”，单击“确定”按钮，即可新建一个项目文件，如图2-59所示。

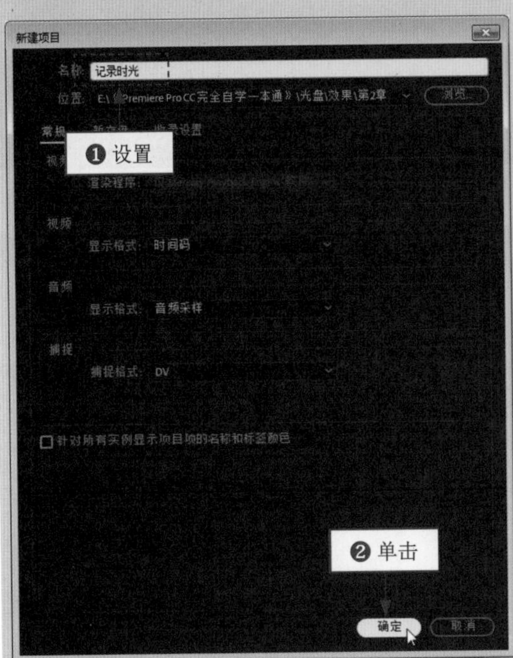

图2-59 单击“确定”按钮

STEP 02 按快捷键【Ctrl+N】，弹出“新建序列”对话框，单击“确定”按钮，即可新建“序列01”，如图2-60所示。

STEP 03 按快捷键【Ctrl+I】，弹出“导入”对话框，在对话框中选择相应的文件，如图2-61所示。

STEP 04 单击“打开”按钮，导入素材文件，如图2-62所示。

STEP 05 选取工具箱中的“选择工具”，选择“项目”面板中导入的素材文件，按住鼠标左键，拖动至“时间轴”面板中的合适位置，如图2-63所示。

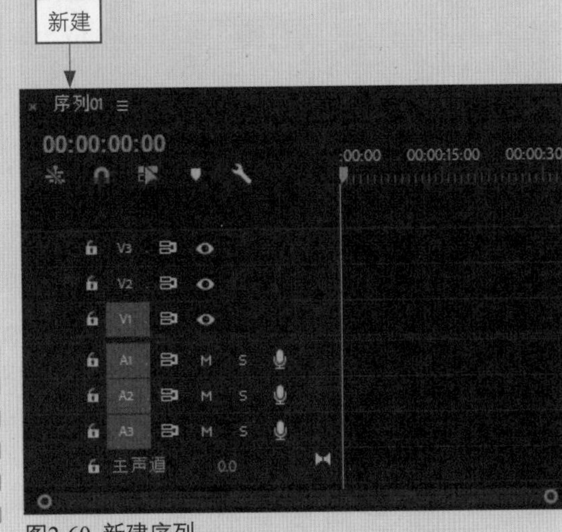

图2-60 新建序列

图2-61 选择相应的文件

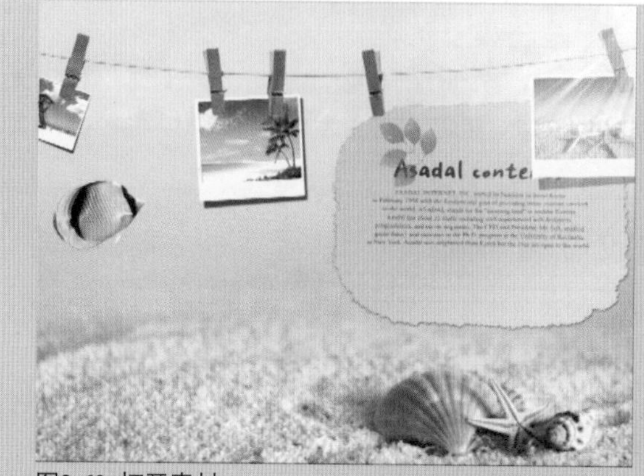
图2-62 打开素材

STEP 06 执行上述操作后，选择V1轨道中的素材文件，并将其拖至V2轨道中，如图2-64所示。

图2-63 拖动素材的位置

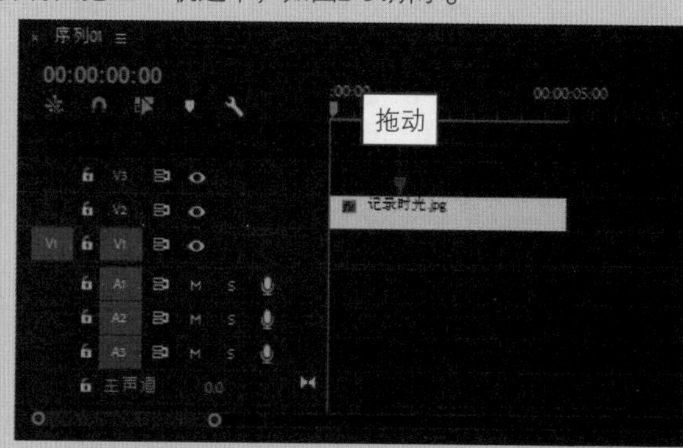

图2-64 拖至其他轨道

2.4 剪辑影视素材

剪辑就是通过为素材设置出点和入点，来截取其中较好的片段，然后将截取的影视片断与新的素材片段组合。三点剪辑和四点剪辑便是专业视频影视编辑工作中经常使用的编辑方法。本节主要介绍在Premiere Pro CC 2018中剪辑影视素材的方法。

2.4.1 三点剪辑技术

三点剪辑技术是用素材中的部分内容替换影片剪辑中的部分内容。在进行剪辑操作时，需要三个重要的点，下面将分别进行介绍。

- 素材的入点：是指素材在影片剪辑内部首先出现的帧。
- 剪辑的入点：是指剪辑内被替换部分在当前序列上的第一帧。
- 剪辑的出点：是指剪辑内被替换部分在当前序列上的最后一帧。

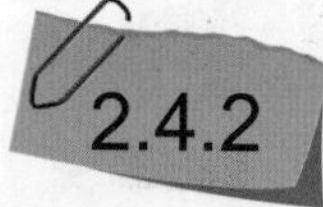

2.4.2 三点剪辑素材

下面介绍运用三点剪辑技术剪辑素材的操作方法。

应用案例

三点剪辑素材

素材：素材\第2章\龙凤呈祥.mpg　　效果：效果\第2章\龙凤呈祥.prproj

视频：视频\第2章\2.4.2 三点剪辑素材.mp4

STEP 01 在Premiere Pro CC 2018的“开始”界面中，单击“新建项目”按钮，弹出“新建项目”对话框，❶设置“名称”为“龙凤呈祥”，如图2-65所示，❷单击“确定”按钮，即可新建一个项目文件。

STEP 02 按快捷键【Ctrl＋N】，弹出“新建序列”对话框，单击“确定”按钮，即可新建“序列01”，如图2-66所示。

STEP 03 按快捷键【Ctrl＋I】，弹出“导入”对话框，在对话框中，选择相应的文件，如图2-67所示。

STEP 04 单击“打开”按钮，导入素材文件，如图2-68所示。

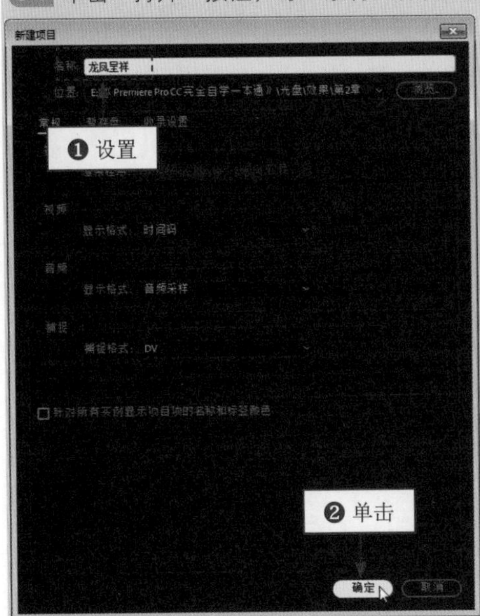

图2-65 新建项目文件

图2-66 单击“确定”按钮

图2-67 选择相应的文件

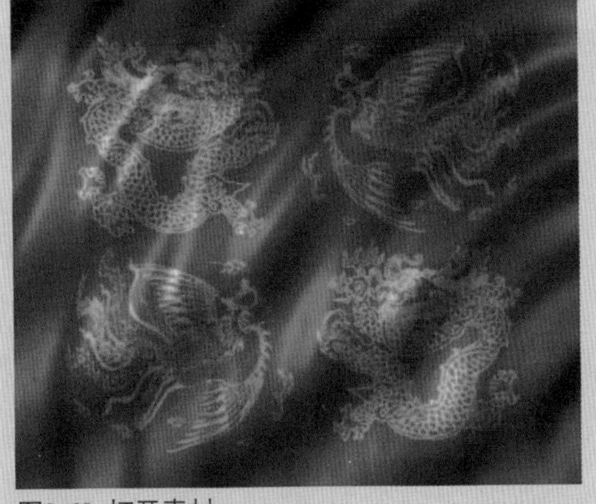
图2-68 打开素材

STEP 05 选择“项目”面板中的视频素材文件，并将其拖至“时间轴”面板的V1轨道中，如图2-69所示。

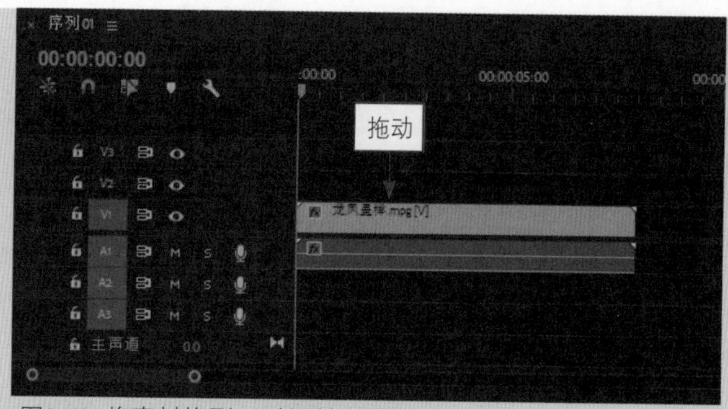

图2-69 将素材拖到"时间轴"面板中

STEP 06 设置时间为00:00:02:02，单击"标记入点"按钮，添加标记，如图2-70所示。

STEP 07 在"节目监视器"面板中设置时间为00:00:04:00，并单击"标记出点"按钮，如图2-71所示。

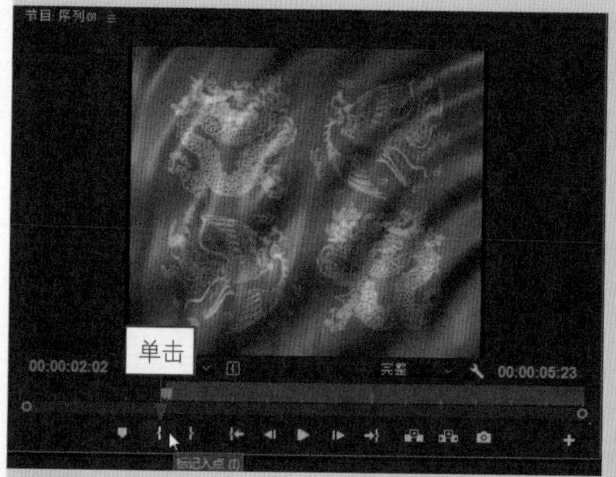

图2-70 单击"标记入点"按钮

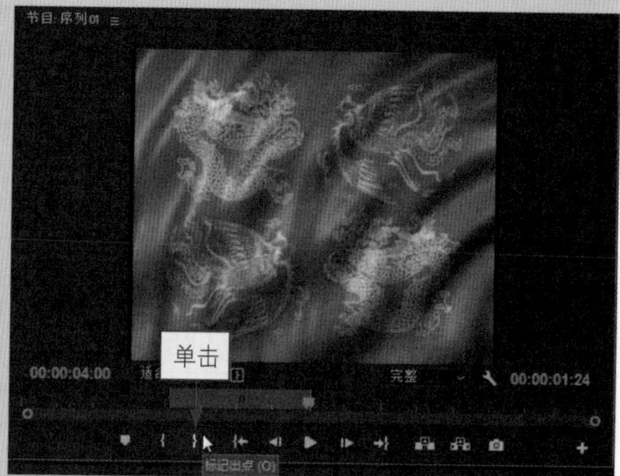

图2-71 单击"标记出点"按钮

STEP 08 在"项目"面板中双击视频，在"源监视器"面板中设置时间为00:00:01:12，并单击"标记入点"按钮，如图2-72所示。

STEP 09 执行操作后，单击"源监视器"面板中的"覆盖"按钮，即可将当前序列的00:00:02:02—00:00:04:00时间段的内容替换为从00:00:01:12为起始点至对应时间段的素材内容，如图2-73所示。

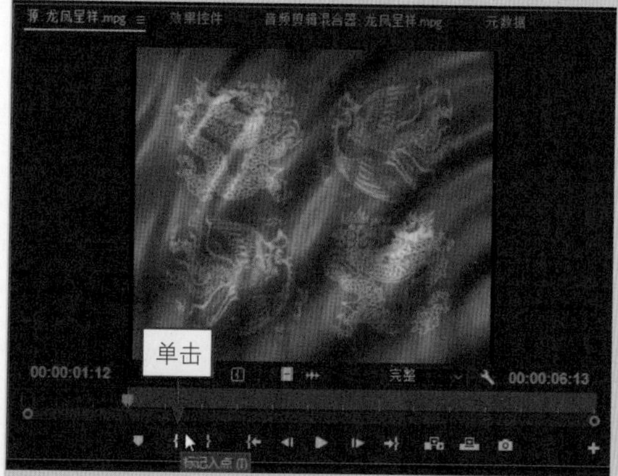

图2-72 单击"标记入点"按钮

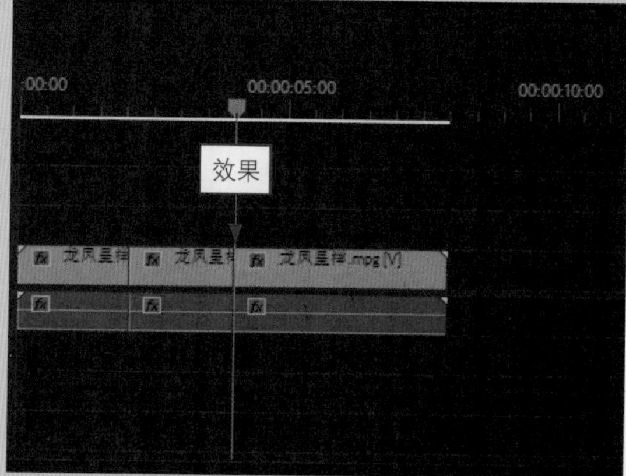

图2-73 三点剪辑素材效果

2.4.3 外滑编辑工具

在Premiere Pro CC 2018中，使用“外滑工具”时，可以同时更改“时间轴”面板内某剪辑的入点和出点，并保留入点和出点之间的时间间隔不变。下面介绍运用“外滑工具”剪辑素材的操作方法。

应用案例　外滑编辑工具

素材：素材\第2章\聆听音乐.prproj　　效果：效果\第2章\聆听音乐.prproj

视频：视频\第2章\2.4.3 外滑编辑工具.mp4

STEP 01 按快捷键【Ctrl+O】，打开一个项目文件，如图2-74所示。

STEP 02 选择“项目”面板中的“聆听音乐”素材文件，并将其拖至“时间轴”面板的V1轨道中，如图2-75所示。

图2-74 打开素材文件

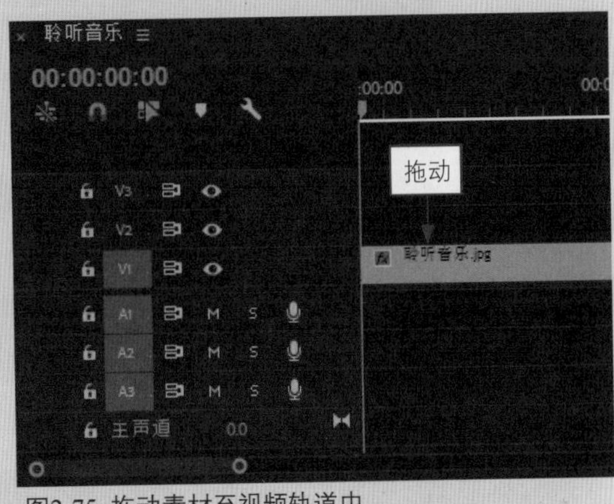

图2-75 拖动素材至视频轨道中

STEP 03 在“时间轴”面板上，将时间线定位在“聆听音乐”素材对象的中间，如图2-76所示。

STEP 04 在“项目”面板中双击“聆听音乐”素材文件，在“源监视器”面板中显示素材，单击“覆盖”按钮，如图2-77所示。

STEP 05 执行操作后，即可在V1轨道上的时间线上添加“聆听音乐”素材，并覆盖该位置上的原素材，如图2-78所示。

STEP 06 将“背景素材”文件拖至“时间轴”面板上的“聆听音乐”素材后面，并覆盖部分“聆听音乐”素材，如图2-79所示。

STEP 07 释放鼠标后，即可在V1轨道上添加“背景素材”文件，并覆盖部分“聆听音乐”素材，在工具箱中选择“外滑工具”，如图2-80所示。

STEP 08 在V1轨道上的“聆听音乐”素材对象上单击并拖动，在“节目监视器”面板中显示更改素材入点和出点的效果，如图2-81所示。

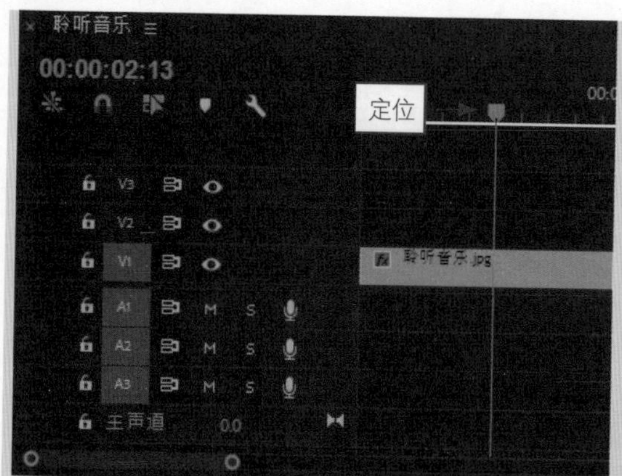

图2-76 定位时间线

图2-77 单击“覆盖”按钮

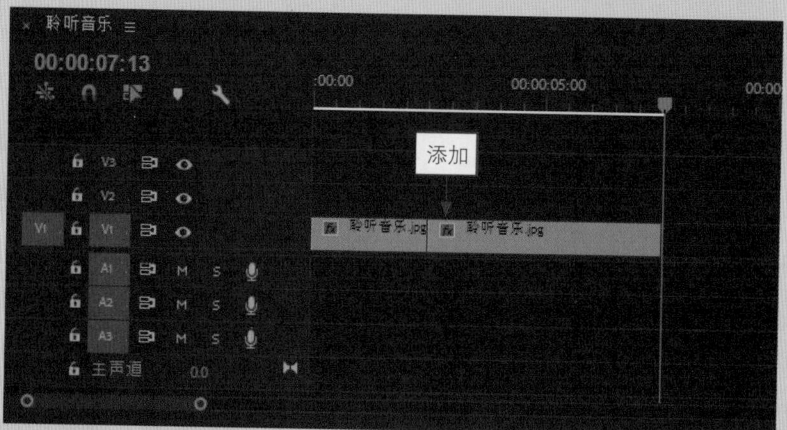

图2-78 添加相应素材1

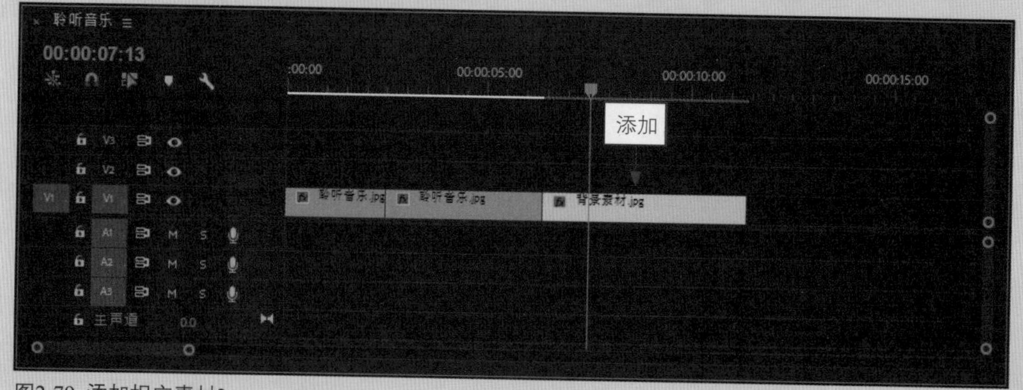

图2-79 添加相应素材2

STEP 09 确认更改“聆听音乐”素材的入点和出点，将时间线定位在“聆听音乐”素材的开始位置，在“节目监视器”面板中单击“播放”按钮，即可观看更改入点和出点的视频效果，如图2-82所示。

STEP 10 在工具箱中选择“选择工具”，在V1轨道上的“聆听音乐”素材对象上按住鼠标左键拖动，即可将“聆听音乐”素材向左或向右移动，同时修剪其周围的两个视频文件，如图2-83所示。

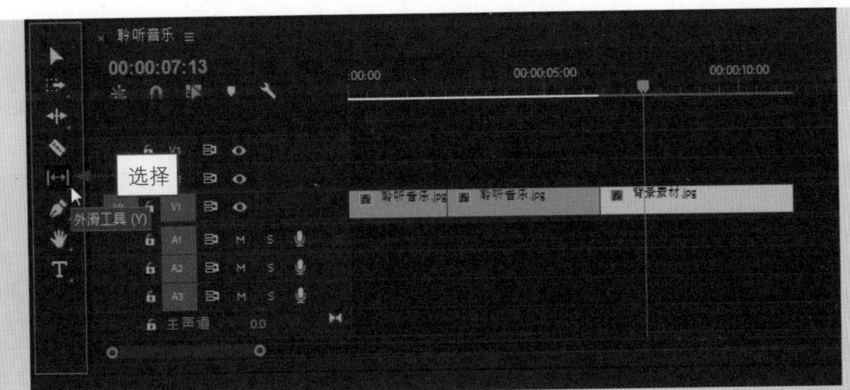

图2-80 选择“外滑工具”

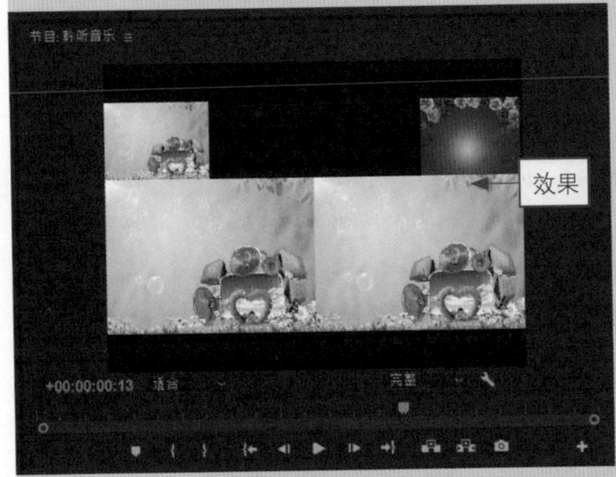

图2-81 显示更改素材入点和出点的效果

图2-82 观看更改入点和出点的视频效果

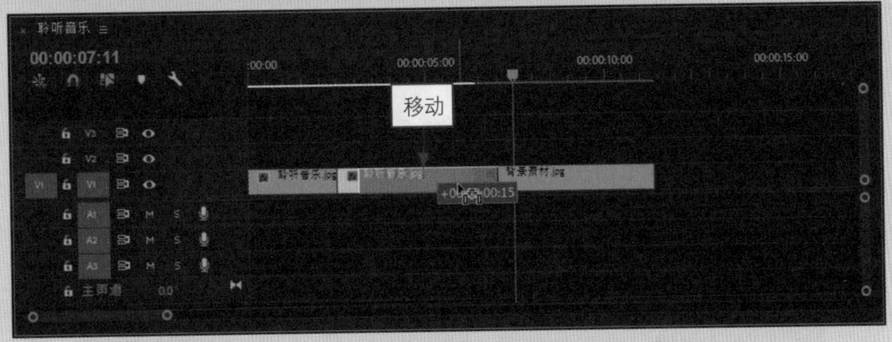

图2-83 移动素材文件

2.4.4 波纹编辑工具

使用“波纹编辑工具”拖动素材的出点可以改变所选素材的长度，而轨道上其他素材的长度不受影响。下面介绍使用“波纹编辑工具”编辑素材的操作方法。

波纹编辑工具

素材：素材\第2章\亲近自然.prproj　　效果：效果\第2章\亲近自然.prproj

视频：视频\第2章\2.4.4 波纹编辑工具.mp4

STEP 01 按快捷键【Ctrl+O】，打开一个项目文件，如图2-84所示。

STEP 02 在“项目”面板中选择两个素材文件，❶并将其拖至“时间轴”面板中的V1轨道上，❷在工具箱中选择“波纹编辑工具”，如图2-85所示。

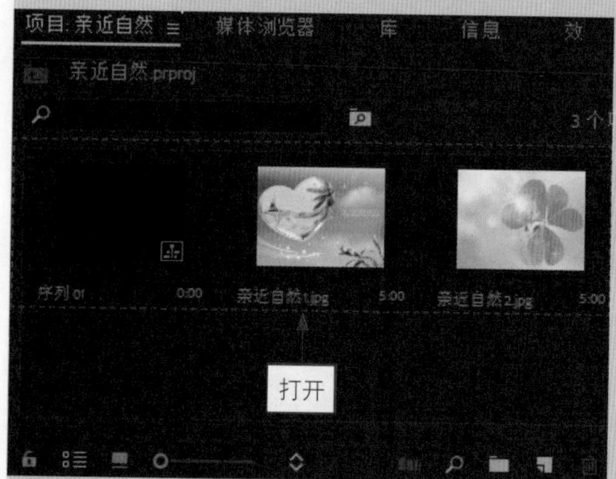

图2-84 打开项目文件

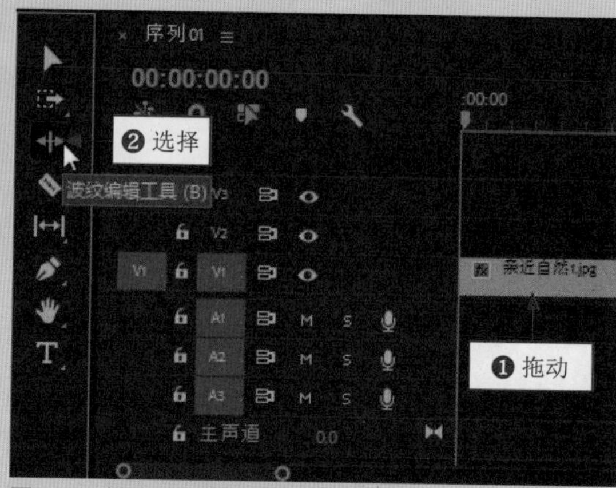

图2-85 选取“波纹编辑工具”

STEP 03 将鼠标指针移至“亲近自然1”素材对象的开始位置，当鼠标指针变成波纹编辑图标时，按住鼠标左键向右拖动，如图2-86所示。

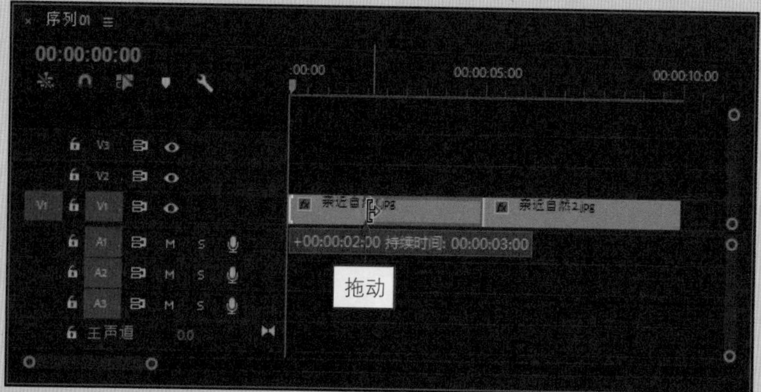

图2-86 向右拖动鼠标

STEP 04 至合适位置后释放鼠标，即可使用“波纹编辑工具”剪辑素材，轨道上的其他素材则同步进行移动，如图2-87所示。

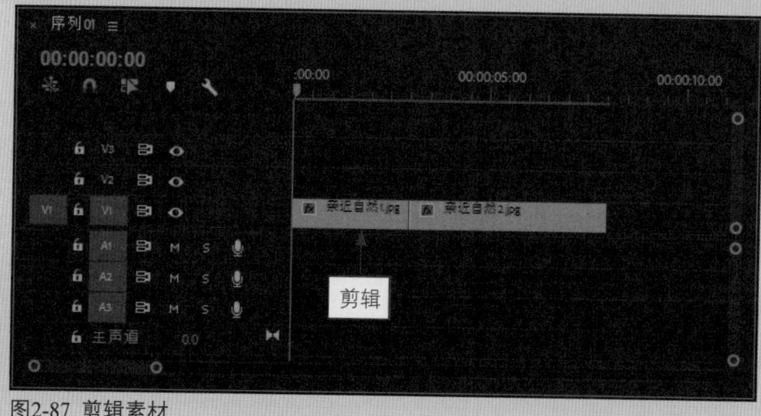

图2-87 剪辑素材

STEP 05 执行上述操作后，得到最终效果，如图2-88所示。

图2-88 使用“波纹编辑工具”编辑视频的效果

专家指点

用户了解了素材的添加与编辑后，还需要对各种素材进行筛选，并根据不同的素材来选择对应的主题。

主题素材的选择：**当用户确定一个主题后，接下来就要选择相应的素材。在通常情况下，应该选择与主题相符的素材图像或者视频，这样能够使视频的最终效果更加突出，主题更加明显。**

素材主题的设置：**很多用户习惯先收集大量的素材，并根据素材来选择接下来编辑的内容。这是一个好的习惯，不仅扩大了选择的范围，还能扩展视野，对于素材与主题之间的选择，用户首先要确定手中所拥有素材的内容，再根据素材来设置对应的主题。**

2.5 专家支招

用户在编辑视频时，可以在素材或“时间轴”面板中添加标记。为素材设置标记后，可以快速切换至标记的位置，从而快速查询视频帧。

❶在“时间轴”面板中选择“V1”轨道中的素材文件，❷然后单击轨道左侧的“切换轨道锁定”按钮，即可锁定该轨道，如图2-89所示。

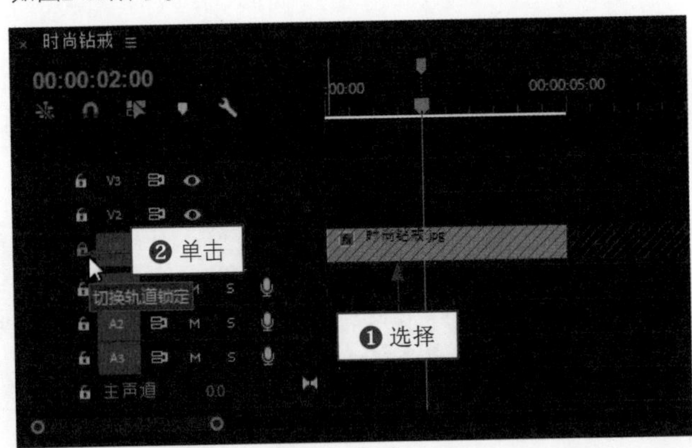

图2-89 锁定该轨道

当用户需要解除对V1轨道的锁定时，可以再次单击“切换轨道锁定”按钮，即可解除轨道的锁定，如图2-90所示。

图2-90 解除轨道的锁定

虽然无法对已被锁定轨道中的素材进行修改，但是当用户预览或导出序列时，这些素材也将包含在其中。锁定轨道的作用是防止编辑后的特效被修改，因此用户常常将确定不需要修改的轨道进行锁定。当用户需要再次修改被锁定的轨道时，可以将轨道解锁。

2.6 总结拓展

在Premiere Pro CC 2018的“时间轴”面板中，添加素材文件，并对素材文件进行调整、设置、剪辑等，都是使用Premiere Pro CC 2018的最基础的操作，在之后的视频剪辑中会经常使用这些操作技能，古人云“磨刀不误砍柴工”，只有熟练掌握这些基础操作，才能快速、有效地制作出精美的影视文件。

2.6.1 本章小结

本章详细地讲解了在Premiere Pro CC 2018的“时间轴”面板中添加和调整素材文件的方法。在“时间轴”面板中，用户可以添加相应的素材文件、复制/粘贴视频、分离视频、删除视频、设置素材入点、调整素材显示方式和播放速度，并可以应用编辑工具对素材进行剪辑操作，掌握了这些基础知识，就能熟练掌握Premiere Pro CC 2018的基础操作。

2.6.2 举一反三——重命名影视素材

影视素材名称是用来方便用户查询的，用户可以通过重命名操作来更改素材默认的名称，以方便用户快速查找。

应用案例

举一反三——重命名影视素材

素材：素材\第2章\可爱卡通.prproj 效果：效果\第2章\可爱卡通.prproj

视频：视频\第2章\2.6.2 重命名影视素材.mp4

STEP 01 按快捷键【Ctrl+O】，打开一个项目文件，如图2-91所示。

STEP 02 在“时间轴”面板中选择“可爱卡通”素材文件，如图2-92所示。

图2-91 打开项目文件

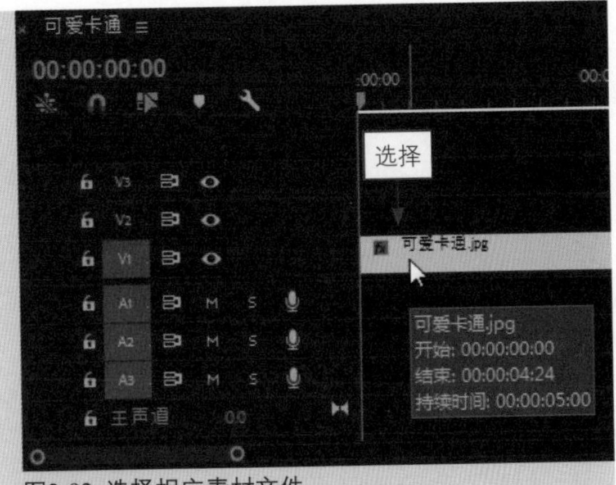

图2-92 选择相应素材文件

STEP 03 选择“剪辑”|“重命名”命令，如图2-93所示。

STEP 04 弹出“重命名剪辑”对话框，将“剪辑名称”更改为“可爱女孩”，如图2-94所示。

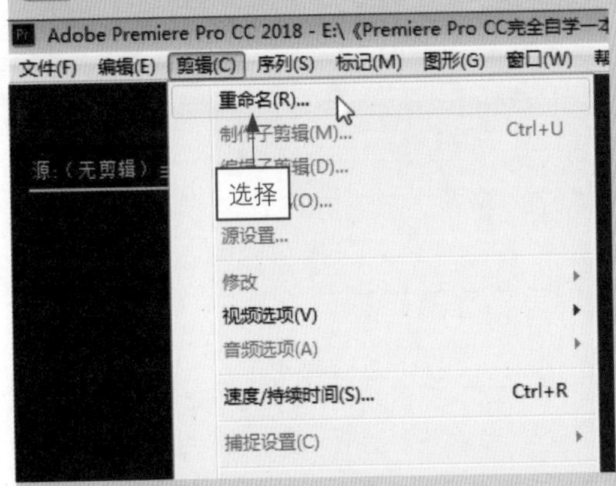

图2-93 选择相应命令

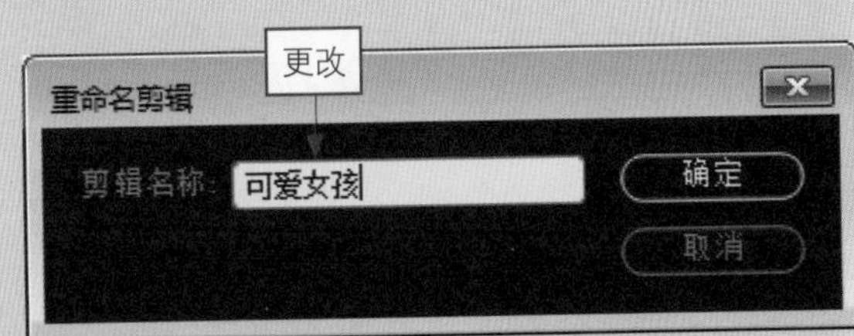

图2-94 更改剪辑名称

专家指点

在 Premiere Pro CC 2018 中，除了可以使用上述方法可以重命名素材对象，还可以在选择素材对象后，双击素材名称进入编辑状态，此时即可重新设置视频素材的名称，输入新的名称，并按【Enter】键确认，即可重命名影视素材。

STEP 05 单击“确定”按钮，即可在V1轨道上重命名素材文件，如图2-95所示。

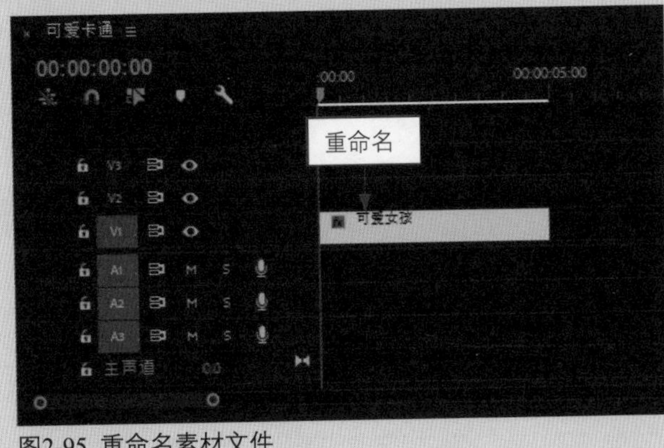

图2-95 重命名素材文件

读书
笔记

第3章　视觉设计：色彩的调整技巧

对视频文件来说，色彩往往可以给观众留下第一印象，并在某种程度上抒发一种情感。但由于在拍摄和采集素材的过程中，经常会遇到一些很难控制的环境光照，使拍摄出来的源素材色感欠缺、层次不明。因此，本章将详细介绍色彩的调整技巧。

本章学习重点

了解色彩的基础知识

色彩的校正

图像色彩的调整

3.1 了解色彩的基础知识

色彩在视频的编辑中是必不可少的一个重要元素，合理的色彩搭配加上靓丽的色彩总能为视频增添亮点。因此，用户在学习调整视频素材的颜色之前，必须对色彩的基础知识有一个基本的了解。

3.1.1 色彩的概念

色彩是由于光线刺激人的眼睛而产生的一种视觉效应，因此光线是影响色彩明亮度和鲜艳度的重要因素。

从物理角度来讲，可见光是电磁波的一部分，其波长范围大致在400nm～700nm，位于该范围内的光线被称为可视光线。自然光线可以分为红、橙、黄、绿、青、蓝和紫7种不同的色彩，如图3-1所示。

图3-1 颜色的划分

专家指点

在红、橙、黄、绿、青、蓝和紫 7 种不同的光谱色中，黄色的明度最高（最亮）；橙色和绿色的明度低于黄色；红色和青色的明度低于橙色和绿色；紫色的明度最低（最暗）。

自然界中的大多数物体都拥有吸收、反射和透射光线的特性，由于其本身并不能发光，因此人们看到的大多是剩余光线的混合色彩，如图3-2所示。

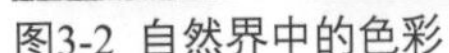

图3-2 自然界中的色彩

3.1.2 色相

色相是指颜色的“相貌”，主要用于区别色彩的种类和名称。

每一种颜色都表示一种具体的色相，其区别在于它们之间的色相差别。不同的颜色可以让人产生温暖和寒冷的感觉，如红色能给人带来温暖、激情的感觉；蓝色则带给人寒冷、平稳的感觉，如图3-3所示。

图3-3 色环中的冷暖色

专家指点

当人们看到红色和橙红色时，很自然地便联想到太阳、火焰，因而会感到温暖，青色、蓝色、紫色等颜色称为冷色，其中青色最“冷”。

3.1.3 亮度和饱和度

亮度是指色彩的明暗程度，几乎所有的颜色都具有亮度属性；饱和度是指色彩的鲜艳程度，并由颜色的波长来决定。

要表现出物体的立体感与空间感，则需要通过不同亮度的对比来实现。简单地说，色彩的亮度越高，颜色就越淡；反之，亮度越低，颜色就越重，并最终表现为黑色。从色彩的成分来讲，饱和度取决于色彩中含色成分与消色成分的比例。含色成分越多，则饱和度越高；反之，消色成分越多，则饱和度越低，如图3-4所示。

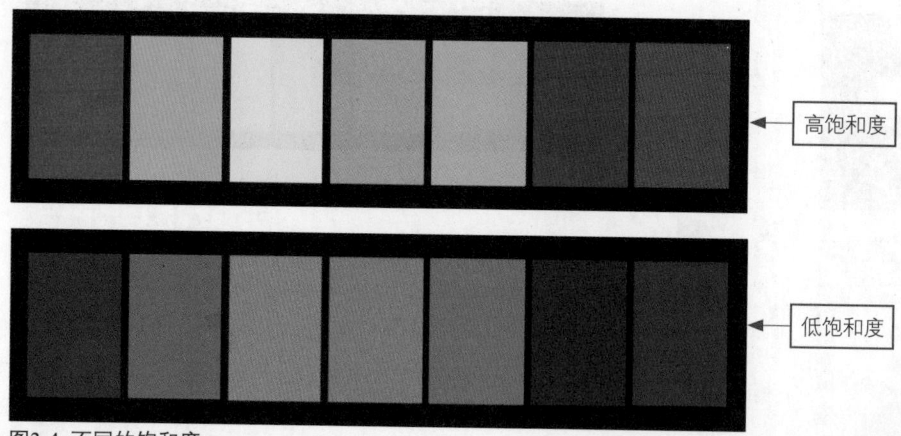

图3-4 不同的饱和度

3.1.4 RGB色彩模式

RGB是指由红、绿、蓝三原色组成的色彩模式，三原色中的每一种色彩都包含256种亮度，合成三个通道即可显示完整的色彩图像。在Premiere Pro CC 2018中，可以通过对红、绿、蓝三个通道的数值调整，来调整对象的色彩。如图3-5所示为RGB色彩模式的视频画面。

图3-5 RGB色彩模式的视频画面

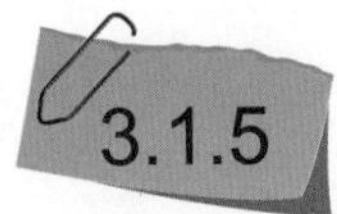

3.1.5 灰度模式

灰度模式的图像不包含颜色，将彩色图像转换为该模式后，色彩信息都会被删除。灰度模式是一种无色模式，其中含有256种亮度级别和一个Black通道。因此，用户看到的图像都是由256种不同强度的黑色所组成的。如图3-6所示为灰度模式的视频画面。

图3-6 灰度模式的视频画面

3.1.6 Lab色彩模式

Lab色彩模式是由一个亮度通道和两个色度通道组成的，该色彩模式被作为彩色测量的国际标准之一。

Lab颜色模式的色域最广，是唯一不依赖于设备的颜色模式。Lab颜色模式由三个通道组成，一个通道是亮度（L），另外两个是色彩通道，用a和b来表示。a通道包含的颜色是从深绿色到灰色再到红色；b

通道包含的颜色则是从亮蓝色到灰色再到黄色。因此，这种色彩混合后将产生明亮的色彩。如图3-7所示为Lab颜色模式的视频画面。

图3-7 Lab颜色模式的视频画面

3.1.7 HLS色彩模式

HSL色彩模式是一种颜色标准，是通过对色调、饱和度、亮度三个颜色通道的变化，以及它们相互之间的叠加来得到各式各样的颜色的。

HLS色彩模式基于人对色彩的心理感受，将色彩分为色相（Hue）、饱和度（Saturation）、亮度（Luminance）三个要素，这种色彩模式更符合人的主观感受，让用户觉得画面更加直观。

专家指点

当用户需要使用灰色时，由于已知任何饱和度为0的HLS颜色均为中性灰色，因此用户只需要调整亮度即可。

3.2 色彩的校正

在Premiere Pro CC 2018中编辑视频时，往往需要对视频素材的色彩进行校正，调整视频素材的颜色。本节主要介绍校正视频色彩的技巧。

3.2.1 “RGB曲线”特效

“RGB曲线”特效主要是通过调整画面的明暗关系和色彩变化来实现对画面的校正的。

应用案例

校正“RGB曲线”

素材：素材\第3章\水中倒影.proproj　效果：效果\第3章\水中倒影.proproj

视频：视频\第3章\3.2.1 “RGB曲线”特效.mp4

STEP 01 在Premiere Pro CC 2018中，按快捷键【Ctrl+O】，打开一个项目文件，如图3-8所示。

图3-8 打开项目文件

STEP 02 选择“项目”面板中的素材文件，并将其拖至“时间轴”面板的V1轨道中，如图3-9所示。

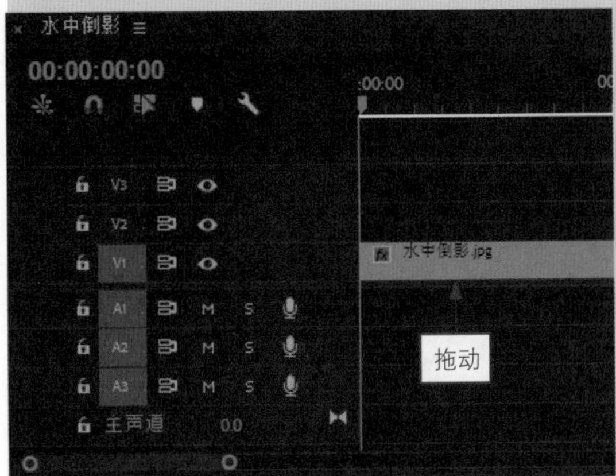

图3-9 拖动素材文件至“时间轴”面板

专家指点

“RGB 曲线”效果是针对每个颜色通道使用曲线来调整剪辑的颜色的，每条曲线允许在整个图像的色调范围内调整多达 16 个不同的点。通过使用“辅助颜色校正”控件，还可以指定要校正的颜色范围。

STEP 03 在“时间轴”面板中添加素材后，在“节目监视器”面板中可以查看素材画面，如图3-10所示。

STEP 04 在“效果”面板中，依次展开“视频效果”|“过时”选项，在其中选择“RGB曲线”视频特效，如图3-11所示。

STEP 05 接下鼠标左键拖动“RGB曲线”特效至“时间轴”面板中的素材文件上，如图3-12所示，释放鼠标即可添加视频特效。

图3-10 查看素材画面

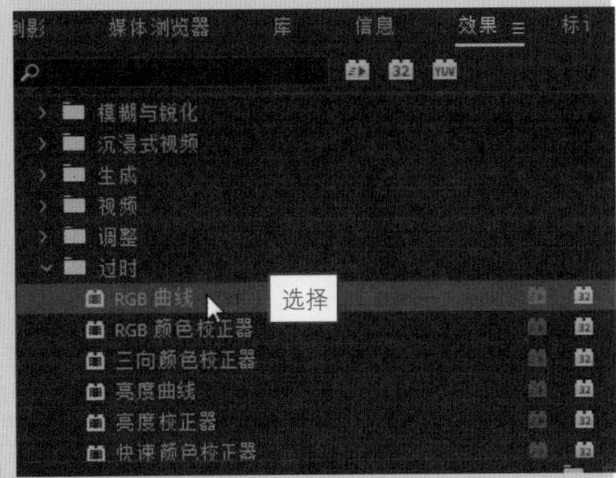

图3-11 选择“RGB曲线”视频特效

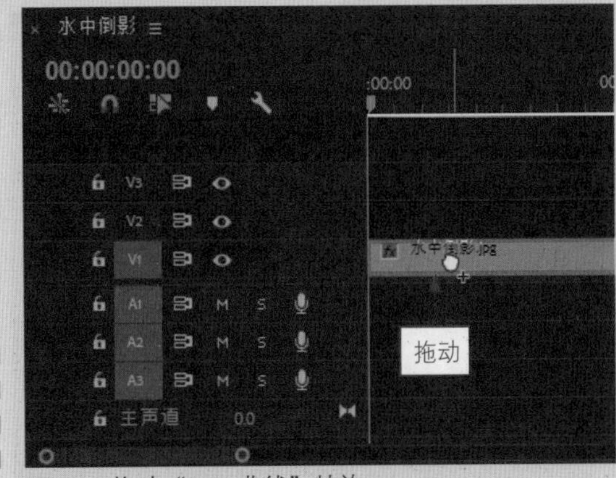

图3-12 拖动“RGB曲线”特效

STEP 06 选择V1轨道上的素材，在“效果控件”面板中，展开“RGB曲线”选项，如图3-13所示。

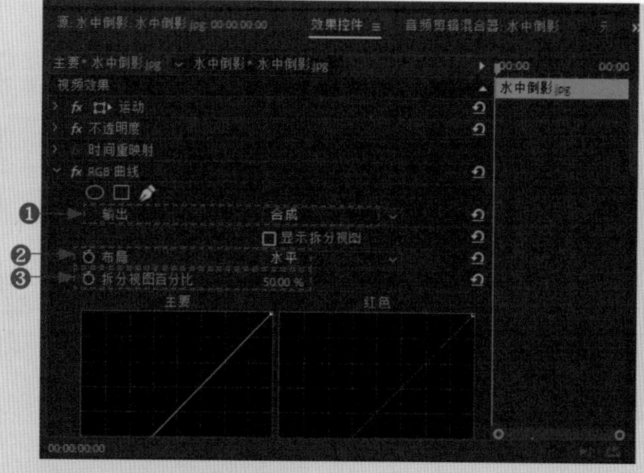

图3-13 展开“RGB曲线”选项

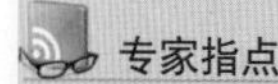

专家指点

在“RGB 曲线”选项列表中，用户还可以设置以下选项。

- 显示拆分视图：将图像的一部分显示为校正视图，而将其他图像的另一部分显示为未校正视图。

❶ **输出**：选择“合成”选项，可以在“节目监视器”面板中查看调整的最终结果，选择“亮度”选项，可以在“节目监视器”面板中查看色调值调整的显示效果。

❷ **布局**：确定“拆分视图”图像是并排（水平）还是上下（垂直）布局。

❸ **拆分视图百分比**：调整校正视图的大小，默认值为50%。

STEP 07 在红色矩形区域中，按住鼠标左键拖动，创建并移动控制点，如图3-14所示。

STEP 08 执行上述操作后，即可运用“RGB曲线”校正色彩，如图3-15所示。

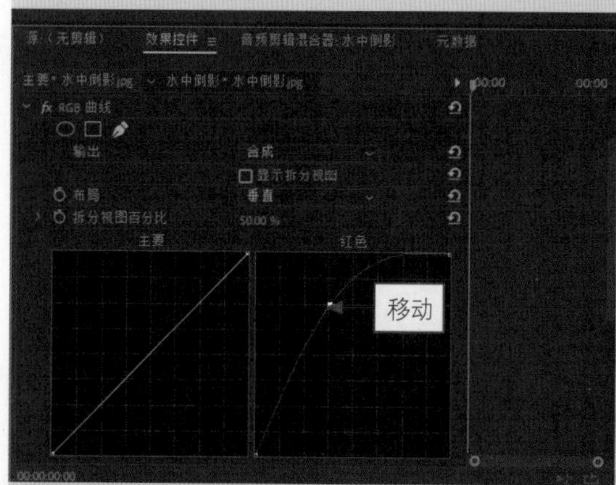

图3-14 创建并移动控制点

图3-15 运用“RGB曲线”校正色彩

STEP 09 双击“项目”面板中的原素材文件，在“源监视器”面板和“节目监视器”面板中查看运用“RGB曲线”校正颜色前后效果对比，如图3-16所示。

图3-16 “RGB曲线”调整的前后效果对比

专家指点

“辅助颜色校正”属性用来指定使用效果校正的颜色范围，可以通过色相、饱和度和明亮度指定颜色或颜色范围，将颜色校正效果隔离到图像的特定区域。这类似于在 Photoshop 中执行选择或遮蔽图像操作，“辅助颜色校正”属性可供“亮度校正器”“亮度曲线”“RGB 颜色校正器”“RGB 曲线”及“三向颜色校正器”等效果使用。

3.2.2 “RGB颜色校正器”特效

“RGB颜色校正器”特效可以通过色调调整图像，还可以通过通道调整图像。下面介绍具体的操作步骤。

应用案例 “RGB颜色校正器”特效

素材：素材\第3章\记忆橱窗.prproj　效果：效果\第3章\记忆橱窗.prproj

视频：视频\第3章\3.2.2 “RGB颜色校正器”特效.mp4

STEP 01 在Premiere Pro CC 2018中，按快捷键【Ctrl+O】，打开一个项目文件，如图3-17所示。

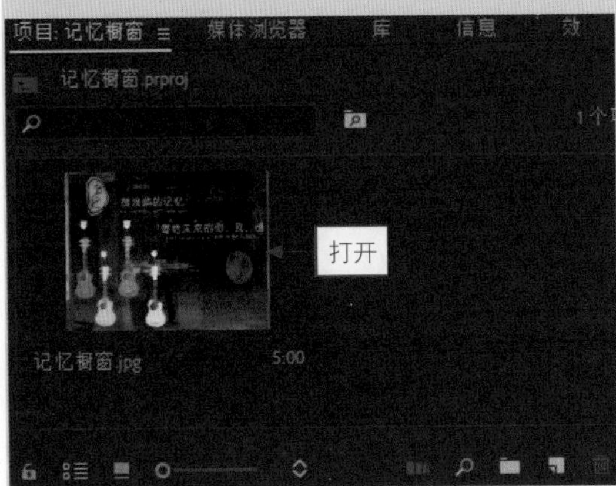

图3-17 打开项目文件

STEP 02 选择“项目”面板中的素材文件，并将其拖至“时间轴”面板的V1轨道中，如图3-18所示。

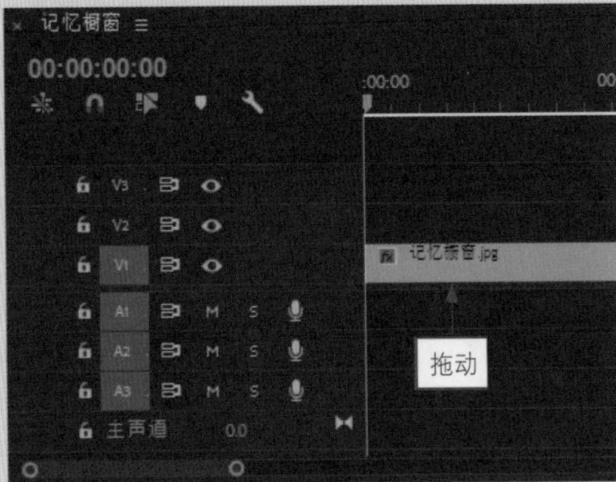

图3-18 拖动素材文件至“时间轴”面板

STEP 03 在“时间轴”面板中添加素材后，在“节目监视器”面板中可以查看素材画面，如图3-19所示。

图3-19 查看素材画面

STEP 04 在“效果”面板中，依次展开“视频效果”|“过时”选项，在其中选择“RGB颜色校正器”选项，如图3-20所示。

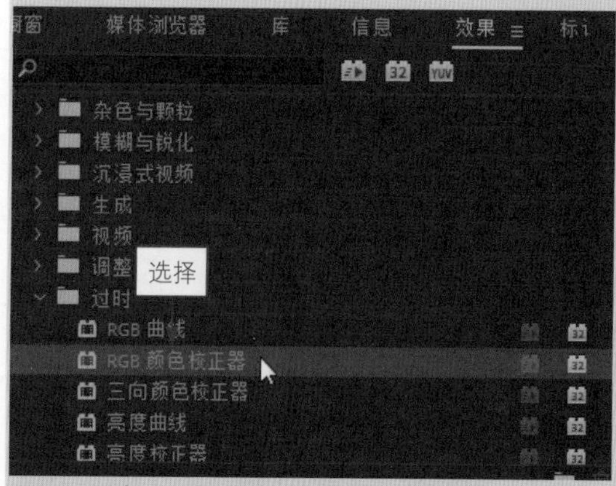

图3-20 选择“RGB颜色校正器”视频特效

STEP 05 按住鼠标左键拖动“RGB颜色校正器”特效至“时间轴”面板中的素材文件上，如图3-21所示，释放鼠标即可添加视频特效。

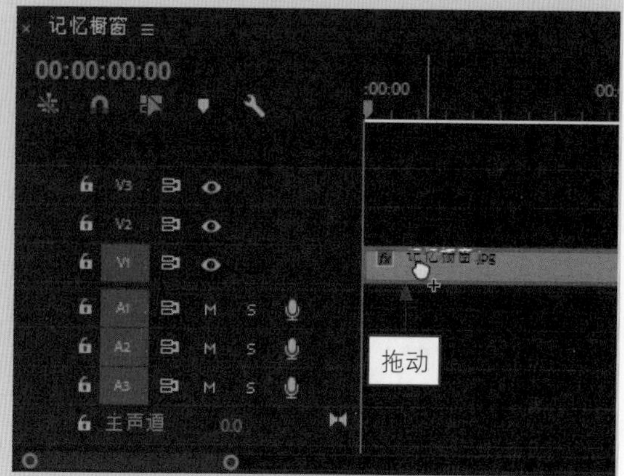

图3-21 拖动“RGB颜色校正器”特效

STEP 06 选择V1轨道上的素材，在“效果控件”面板中，展开“RGB颜色校正器”选项，如图3-22所示。

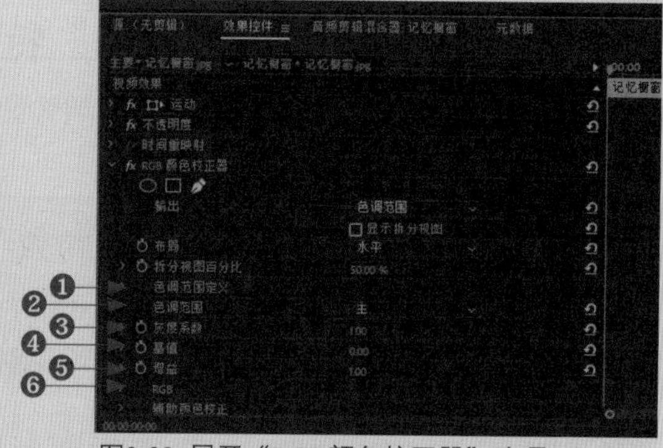

图3-22 展开“RGB颜色校正器”选项

❶ **色彩范围定义**：使用“阈值”和“衰减”控件来定义阴影和高光的色调范围。“阴影阈值”能确定阴影的色调范围；“阴影柔和度”能使用衰减确定阴影的色调范围；“高光阈值”可以确定高光的色调范围；“高光柔和度”使用衰减确定高光的色调范围。

❷ **色彩范围**：用于指定将颜色校正应用于整个图像（主）、仅高光、仅中间调还是仅阴影。

❸ **灰度系数**：在不影响黑白色阶的情况下调整图像的中间调值，使用此控件可在不扭曲阴影和高光的情况下调整太暗或太亮的图像。

❹ **基值**：通过将固定偏移添加到图像的像素值中来调整图像。此控件与“增益”控件结合使用可增加图像的总体亮度。

❺ **增益**：通过乘法调整亮度值，从而影响图像的总体对比度，较亮的像素受到的影响大于较暗的像素受到的影响。

❻ **RGB**：允许分别调整每个颜色通道的中间调、对比度和亮度。单击三角形可展开用于设置每个通道的灰度系数、基值和增益等选项。“红色灰度系数”“绿色灰度系数”和“蓝色灰度系数”在不影响

黑白色阶的情况下调整红色、绿色或蓝色通道的中间调；“红色基值”“绿色基值”和“蓝色基值”通过将固定的偏移添加到通道的像素中来调整红色、绿色或蓝色通道的色调。此控件与“增益”控件结合使用可增加通道的总体亮度；“红色增益”“绿色增益”和“蓝色增益”通过乘法调整红色、绿色或蓝色通道的亮度，使较亮的像素受到的影响大于较暗的像素受到的影响。

专家指点

在Premiere Pro CC 2018中，“RGB颜色校正器”视频特效主要用于调整图像的颜色和亮度。用户使用“RGB颜色校正器”特效来调整RGB颜色各通道的中间调、色调及亮度，修改画面的高光、中间调和阴影定义的色调范围，从而调整剪辑中的颜色。

STEP 07 为V1轨道添加选择的特效，在“效果控件”面板中，设置“灰度系数”为2.0，如图3-23所示。

STEP 08 执行上述操作后，即可运用“RGB颜色校正器”校正色彩，如图3-24所示。

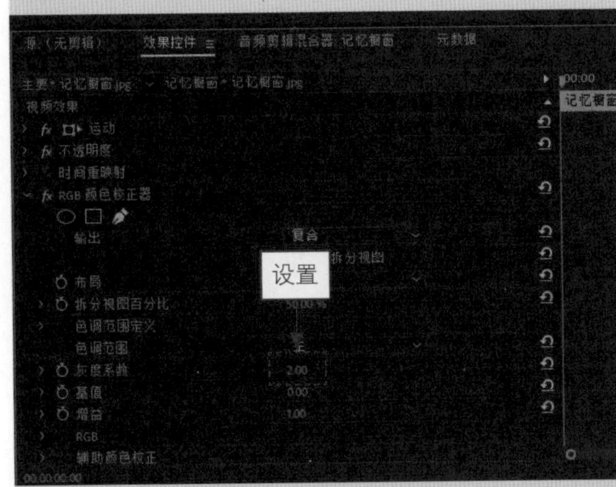

图3-23 设置“灰度系数”为2.0

图3-24 运用“RGB颜色校正器”校正色彩

STEP 09 双击“项目”面板中的原素材文件，在“源监视器”面板和“节目监视器”面板中查看应用“RGB颜色校正器”特效前后效果对比，如图3-25所示。

图3-25 应用“RGB颜色校正器”特效前后效果对比

3.2.3 “三向颜色校正器”特效

“三向颜色校正器”特效的主要作用是调整暗度、中间色和亮度的颜色，用户可以通过精确调整参数来指定颜色范围。

应用案例 “三向颜色校正器”特效

素材：素材\第3章\小加湿器.prproj 效果：效果\第3章\小加湿器.prproj

视频：视频\第3章\3.2.3 “三向颜色校正器”特效.mp4

STEP 01 按快捷键【Ctrl+O】，打开“素材\第3章\小加湿器.prproj”文件，如图3-26所示。

STEP 02 打开项目文件后，在“节目监视器”面板中，单击“播放-停止切换”按钮，可以查看素材画面，如图3-27所示。

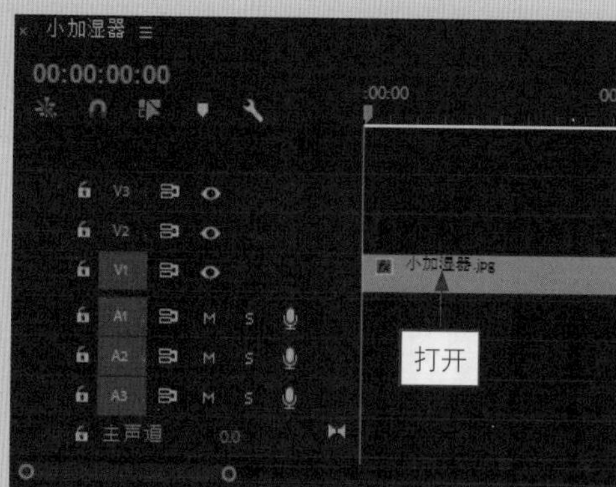

图3-26 打开项目文件

图3-27 查看素材画面

STEP 03 在“效果”面板中，依次展开“视频效果”|“过时”选项，在其中选择“三向颜色校正器”选项，如图3-28所示。

STEP 04 按住鼠标左键拖动“三向颜色校正器”特效至“时间轴”面板中的素材文件上，如图3-29所示，释放鼠标即可添加视频特效。

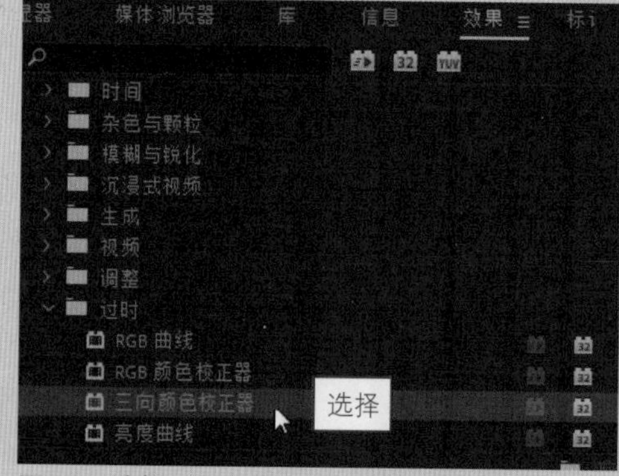

图3-28 选择“三向颜色校正器”视频特效

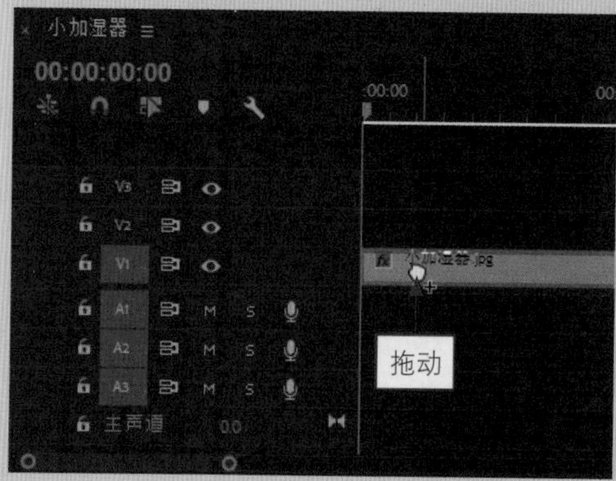

图3-29 拖动“三向颜色校正器”特效

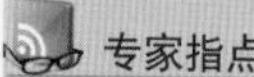
专家指点

色彩的三要素分别为色相、亮度及饱和度。色相是指色彩的“相貌”，用于区别色彩的种类和名称；饱和度是指色彩的鲜艳程度，并由色彩的波长来决定；亮度是指色彩的明暗程度。调色就是通过调节色相、亮度与饱和度来调节影视画面的色彩。

STEP 05 选择V1轨道上的素材，在“效果控件”面板中，展开“三向颜色校正器”选项，如图3-30所示。

STEP 06 展开“三向颜色校正器”|“主要”选项，设置“主色相角度”为16.0°、“主平衡数量级”为50.00、“主平衡增益”为80.00，如图3-31所示。

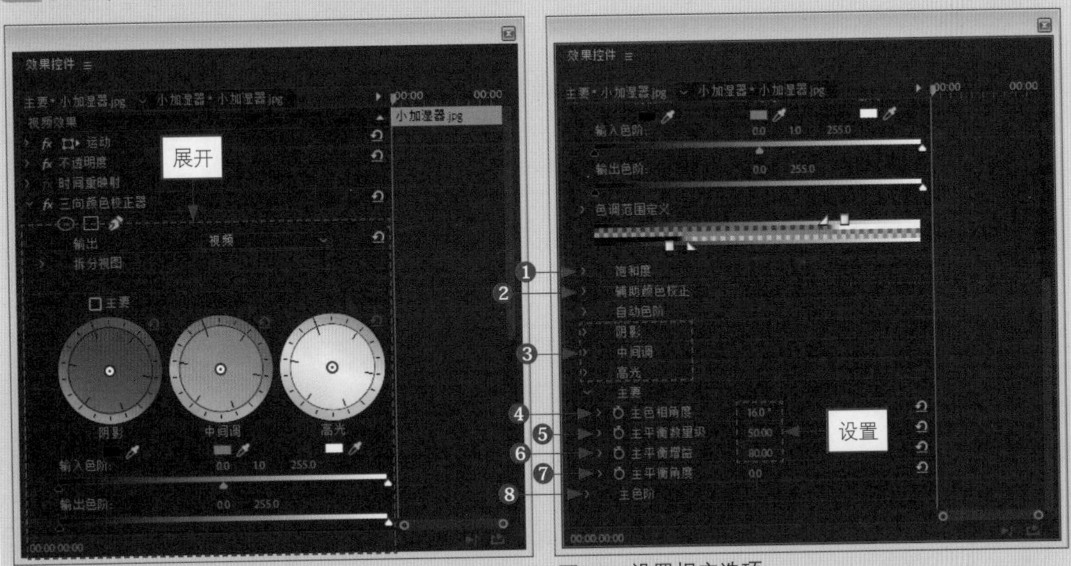

图3-30 展开“三向颜色校正器”选项

图3-31 设置相应选项

❶ **饱和度：** 调整阴影、中间调或高光的颜色饱和度。默认值为100，表示不影响颜色。小于100的值表示降低饱和度，而0表示完全移除颜色。大于100的值将产生饱和度更高的颜色。

❷ **辅助颜色校正：** 指定由效果校正的颜色范围，可以通过色相、饱和度和明亮度定义颜色。通过“柔化”“边缘细化”“反转限制颜色”调整校正效果。“柔化”选项使指定区域的边界模糊，从而使校正更大程度地与原始图像混合，较高的值会增加柔和度；“边缘细化”选项使指定区域有更清晰的边界，校正显得更明显，较高的值会增加指定区域的边缘清晰度；“反转限制颜色”校正所有颜色，用户使用“辅助颜色校正”设置指定的颜色范围除外。

❸ **阴影/中间调/高光：** 通过调整“色相角度”“平衡数量级”“平衡增益”及“平衡角度”控件调整相应的色调范围。

❹ **主色相角度：** 控制高光、中间调或阴影的色相旋转，默认值为0。负值向左旋转色轮，正值则向右旋转色轮。

❺ **主平衡数量级：** 控制由“平衡角度”确定的颜色平衡校正量，可对高光、中间调和阴影进行调整。

❻ **主平衡增益：** 通过乘法调整亮度，使较亮的像素受到的影响大于较暗的像素受到的影响，可对高光、中间调和阴影进行调整。

❼ **主平衡角度：** 控制高光、中间调或阴影的色相转换。

❽ **主色阶：** “输入黑色阶”“输入灰色阶”“输入白色阶”用来调整高光、中间调或阴影的黑场、中间调和白场输入色阶。“输出黑色阶”“输出白色阶”用来调整输入黑色对应的映射输出色阶，以及高光、中间调或阴影对应的输入白色阶。

在“三向颜色校正器”选项列表中，用户还可以设置以下选项。

- 三向色相平衡和角度：使用对应于阴影（左轮）、中间调（中轮）和高光（右轮）的3个色轮来控制色相和饱和度。圆形缩略图围绕色轮中心移动，并控制色相（UV）转换；缩略图上的垂直手柄控制平衡数量级，而平衡数量级将影响控件的相对粗细度；色轮的外环控制色相旋转；左上角像素颜色：删除图像左上角像素颜色的区域。
- 输入色阶：外面的两个输入色阶滑块将黑场和白场映射到输出滑块的设置。中间输入滑块用于调整图像中的灰度系数。此滑块改变中间调并更改灰色调的中间范围的强度值，但不会显著改变高光和阴影。
- 输出色阶：将黑场和白场输入色阶滑块映射到指定值。在默认情况下，输出滑块分别位于色阶0（此时阴影是全黑的）和色阶255（此时高光是全白的）上。因此，在输出滑块的默认位置，移动黑色输入滑块会将阴影值映射到色阶0，而移动白场滑块会将高光值映射到色阶255。其余色阶将在色阶0和255之间重新分布。这种重新分布将会增加图像的色调范围，实际上也是提高图像的总体对比度。
- 色调范围定义：定义剪辑中的阴影、中间调和高光的色调范围。拖动方形滑块可调整阈值；拖动三角形滑块可调整柔和度（羽化）。
- 自动黑色阶：提升剪辑中的黑色阶，使最黑的色阶高于3.5IRE。阴影的一部分会被剪切，而中间像素值将按比例重新分布。因此，使用自动黑色阶会使图像中的阴影变亮。
- 自动对比度：同时应用自动黑色阶和自动白色阶。这将使高光变暗，而阴影部分变亮。
- 自动白色阶：降低剪辑中的白色阶，使最亮的色阶不超过100IRE。高光的一部分会被剪切，而中间像素值将按比例重新分布。因此，使用自动白色阶会使图像中的高光变暗。
- 黑色阶、灰色阶、白色阶：使用不同的吸管工具来采样图像中的目标颜色或监视器桌面上的任意位置，以设置最暗阴影、中间调灰色和最亮高光的色阶。也可以单击色板打开Adobe拾色器，然后选择颜色来定义黑色、中间调灰色和白色。
- 输入黑色阶、输入灰色阶、输入白色阶：指定由效果校正的颜色范围。可以通过色相、饱和度和明亮度定义颜色。单击三角形可以访问控件调整高光、中间调或阴影的黑场、中间调和白场输入色阶。

STEP 07 执行上述操作后，即可运用“三向颜色校正器”校正色彩，如图3-32所示。

STEP 08 在“效果控件”界面中，单击“三向颜色校正器”选项左侧的“切换效果开关”按钮，如图3-33所示，即可隐藏“三向颜色校正器”的校正效果，方便用户对比查看校正前后的视频画面效果。

图3-32 预览视频效果

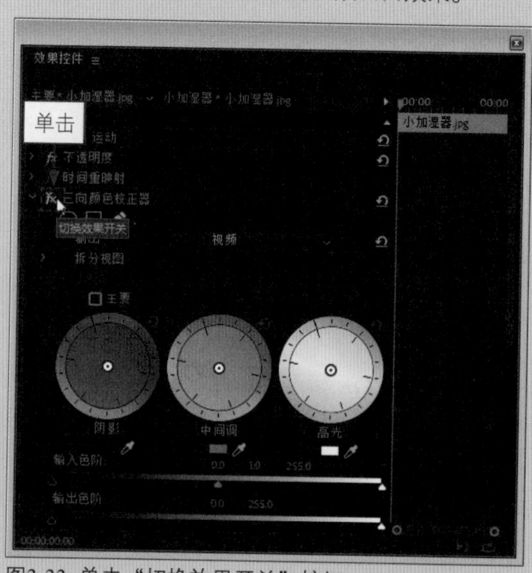

图3-33 单击“切换效果开关”按钮

专家指点

在 Premiere Pro CC 2018 中，使用色轮进行相应调整的方法如下。

- 色相角度：将颜色向目标颜色旋转。向左移动外环会将颜色向绿色旋转；向右移动外环会将颜色向红色旋转。
- 平衡数量级：控制引入视频的颜色强度。从中心向外移动圆形会增加数量级（强度），而通过移动“平衡增益”手柄可以微调强度。
- 平衡增益：影响“平衡数量级”和“平衡角度”调整的相对粗细度。保持此控件的垂直手柄靠近色轮中心会使调整非常精细；向外环移动手柄会使调整非常粗略。
- 平衡角度：向目标颜色移动视频颜色。向特定色相移动“平衡数量级”圆形会相应地移动颜色，移动的强度取决于“平衡数量级”和“平衡增益”的共同调整。

STEP 09 单击“播放-停止切换”按钮，预览视频效果，如图3-34所示。

图3-34 利“三向颜色校正器”调整的前后效果对比

专家指点

在 Premiere Pro CC 2018 中，使用“三向颜色校正器”可以进行以下调整。

- 快速消除色偏：“三向颜色校正器”拥有一些控件，可以快速平衡颜色，使白色、灰色和黑色保持中性。
- 快速进行明亮度校正：“三向颜色校正器”具有可快速调整剪辑明亮度的自动控件。
- 调整颜色平衡和饱和度：“三向颜色校正器”提供了“色相平衡和角度”色轮和“饱和度”控件，用于平衡视频中的颜色。顾名思义，颜色平衡可平衡红色、绿色和蓝色的分量，从而在图像中产生所需的白色和中性灰色，也可以为特定的场景设置特殊色调。
- 替换颜色：使用“三向颜色校正器”中的“辅助颜色校正”控件可以帮助用户将更改应用于单个颜色或一系列颜色。

3.2.4 “亮度曲线”特效

“亮度曲线”特效可以通过单独调整画面的亮度，让整个画面的明暗得到统一控制。这种调整方法无法单独调整每个通道的亮度。

应用案例

“亮度曲线”特效

素材：素材\第3章\天空之美.prproj　　效果：效果\第3章\天空之美.prproj

视频：视频\第3章\3.2.4 “亮度曲线”特效.mp4

STEP 01 按快捷键【Ctrl+O】，打开"素材\第3章\天空之美.prproj"文件，如图3-35所示。

STEP 02 打开项目文件后，在"节目监视器"面板中可以查看素材画面，如图3-36所示。

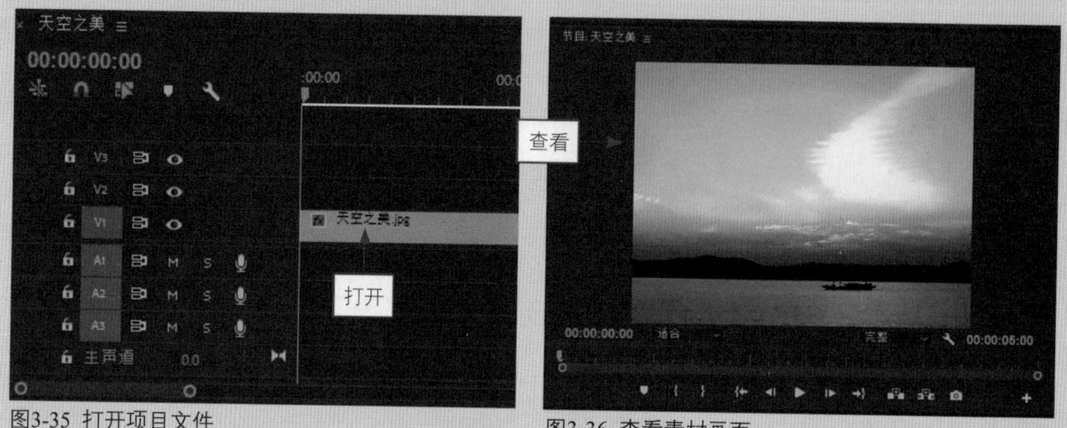

图3-35 打开项目文件

图3-36 查看素材画面

专家指点

在 Premiere Pro CC 2018 中，利用"亮度曲线"和"RGB 曲线"可以调整视频剪辑中的整个色调范围或仅调整选定的颜色范围。但与色阶不同，色阶只有 3 种调整（黑色阶、灰色阶和白色阶），而"亮度曲线"和"RGB 曲线"允许在整个图像的色调范围内调整多达 16 个不同的点（从阴影到高光）。

STEP 03 在"效果"面板中，依次展开"视频效果"|"过时"选项，在其中选择"亮度曲线"视频特效，如图3-37所示。

STEP 04 按住鼠标左键，拖动"亮度曲线"特效至"时间轴"面板中的素材文件上，如图3-38所示，释放鼠标，即可添加视频特效。

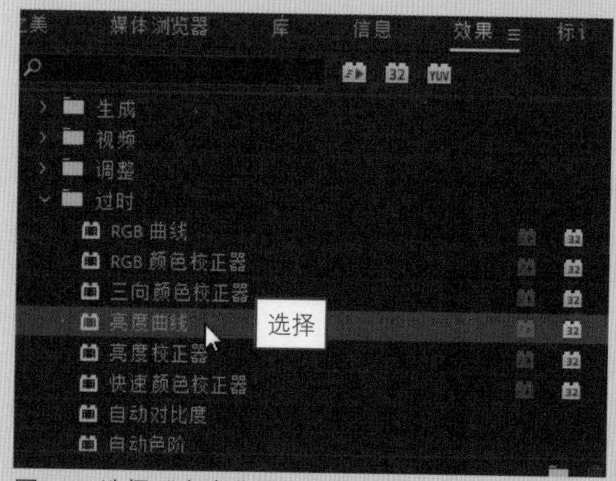

图3-37 选择"亮度曲线"视频特效

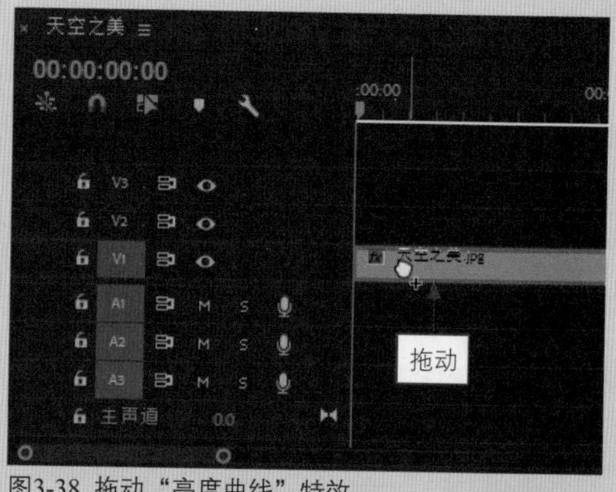

图3-38 拖动"亮度曲线"特效

STEP 05 选择V1轨道上的素材，在"效果控件"面板中，展开"亮度曲线"选项，如图3-39所示。

STEP 06 将鼠标指针移至"亮度波形"矩形区域中，在曲线上按住鼠标左键拖动，❶添加控制点并调整控制点的位置。重复以上操作，❷添加第二个控制点并调整位置，如图3-40所示。

STEP 07 执行上述操作后，即可运用"亮度曲线"校正色彩，单击"播放-停止切换按钮"，预览视频效果，如图3-41所示。

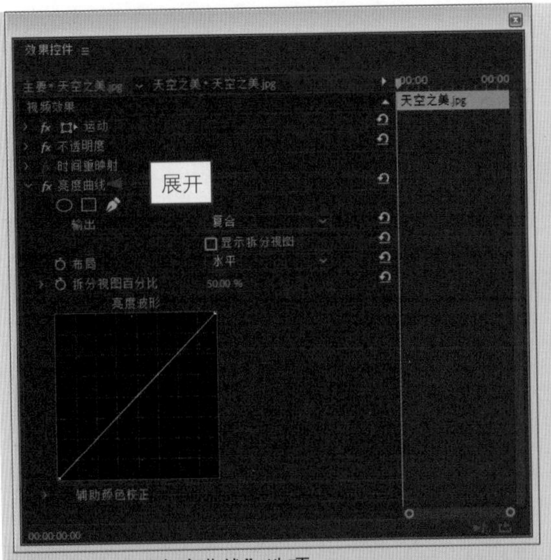

图3-39 展开“亮度曲线”选项

❶ 添加

❷ 添加

图3-40 添加控制点并调整位置

图3-41 利用“亮度曲线”特效调整视频的前后效果对比

3.2.5 “亮度校正器”特效

利用“亮度校正器”特效可以调整素材的高光、中间值、阴影状态下的亮度与对比度参数，也可以使用“辅助颜色校正”来指定色彩范围。

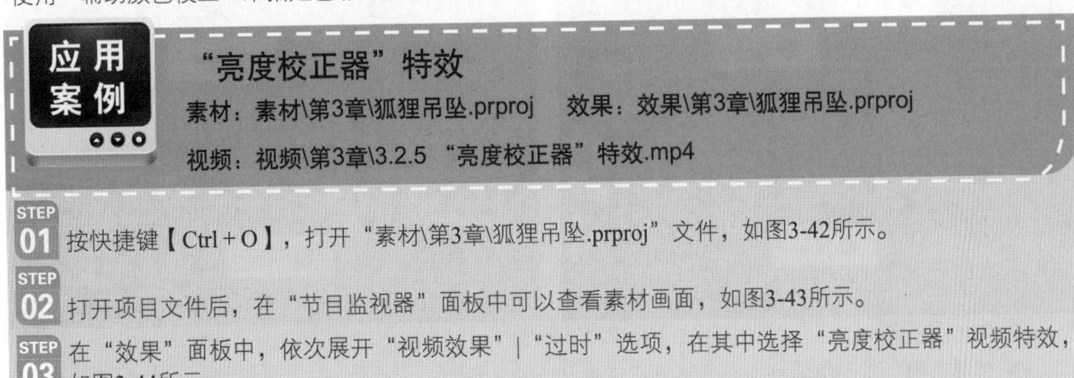

应用案例

“亮度校正器”特效

素材：素材\第3章\狐狸吊坠.prproj　效果：效果\第3章\狐狸吊坠.prproj

视频：视频\第3章\3.2.5 “亮度校正器”特效.mp4

STEP 01 按快捷键【Ctrl+O】，打开“素材\第3章\狐狸吊坠.prproj”文件，如图3-42所示。

STEP 02 打开项目文件后，在“节目监视器”面板中可以查看素材画面，如图3-43所示。

STEP 03 在“效果”面板中，依次展开“视频效果”|“过时”选项，在其中选择“亮度校正器”视频特效，如图3-44所示。

STEP 04 将“亮度校正器”特效拖至“时间轴”面板中的素材文件上，选择V1轨道上的素材，如图3-45所示。

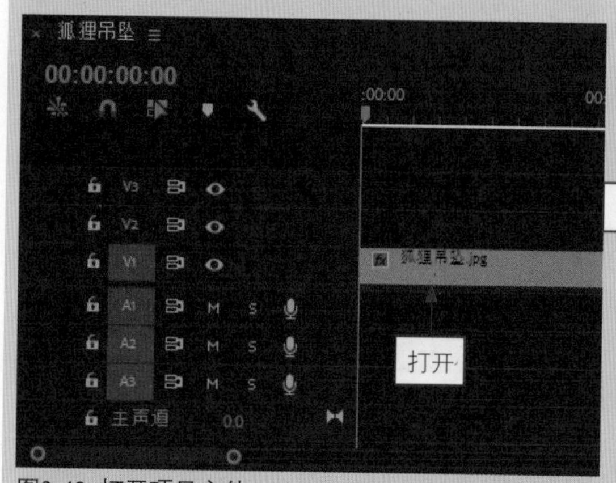

图3-42 打开项目文件

图3-43 查看素材画面

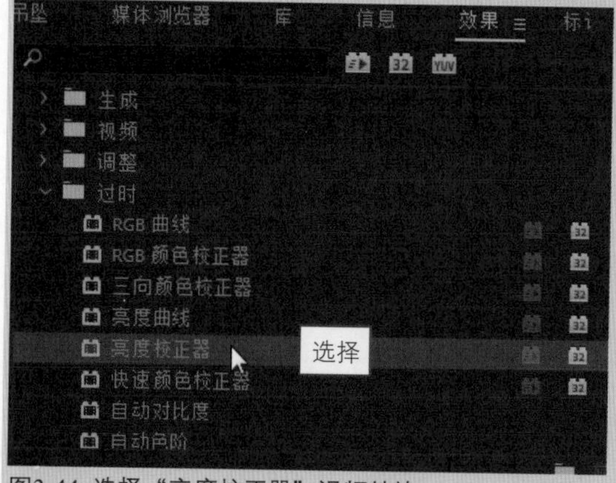

图3-44 选择“亮度校正器”视频特效

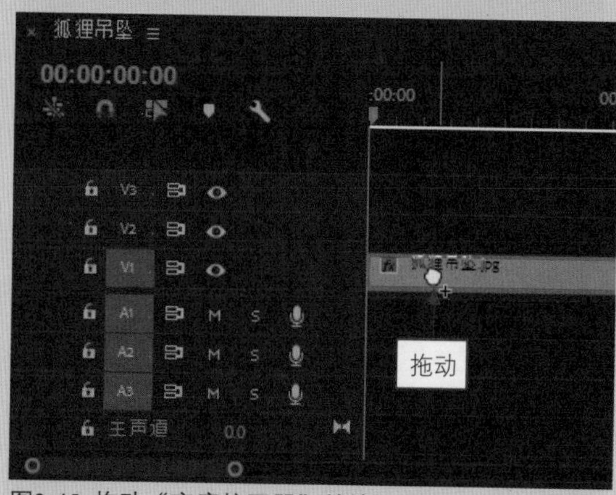

图3-45 拖动“亮度校正器”特效

STEP 05 在“效果控件”面板中，❶展开“亮度校正器”选项，❷单击“色调范围”右侧的下拉按钮，在弹出的下拉列表中选择“主”选项，❸设置“亮度”为40.00、“对比度”为10.00，如图3-46所示。

STEP 06 单击“色调范围”右侧的下拉按钮，❶在弹出的下拉列表中选择“阴影”选项，❷设置“亮度”为-4.00、“对比度”为-10.00，如图3-47所示。

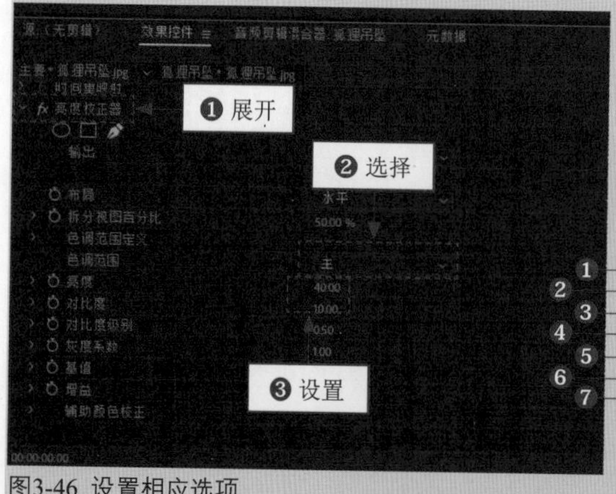

图3-46 设置相应选项

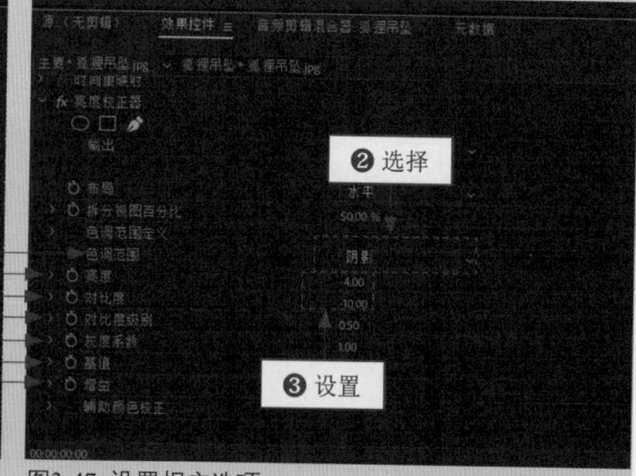

图3-47 设置相应选项

❶ **色调范围：**用于指定将明亮度调整应用于整个图像（主）、仅高光、仅中间调、仅阴影。

❷ **亮度**：调整剪辑中的黑色阶。使用此控件可以确保剪辑中的黑色画面内容显示为黑色。

❸ **对比度**：通过调整相对于剪辑原始对比度值的增益来影响图像的对比度。

❹ **对比度级别**：设置剪辑的原始对比度。

❺ **灰度系数**：在不影响黑白色阶的情况下调整图像的中间调。此控件会导致对比度发生变化，非常类似于在“亮度曲线”效果中更改曲线的形状。使用此控件可以在不扭曲阴影和高光的情况下调整太暗或太亮的图像。

❻ **基值**：通过将固定偏移添加到图像的像素值中来调整图像。此控件与“增益”控件结合使用可增加图像的总体亮度。

❼ **增益**：通过乘法调整亮度值，从而影响图像的总体对比度。较亮的像素受到的影响大于较暗的像素受到的影响。

STEP 07 执行上述操作后，即可运用“亮度校正器”特效调整色彩，单击“播放-停止切换”按钮，预览视频效果，如图3-48所示。

图3-48 利用“亮度校正器”特效调整视频的前后效果对比

3.2.6 “快速颜色校正器”特效

“快速颜色校正器”特效不仅可以通过调整素材的色调和饱和度校正素材的颜色，还可以调整素材的白平衡。

应用案例

“快速颜色校正器”特效

素材：素材\第3章\镜头相框.prproj　　效果：效果\第3章\镜头相框.prproj

视频：视频\第3章\3.2.6 “快速颜色校正器”特效.mp4

STEP 01 按快捷键【Ctrl+O】，打开“素材\第3章\镜头相框.prproj”文件，如图3-49所示。

STEP 02 打开项目文件后，在“节目监视器”面板中可以查看素材画面，如图3-50所示。

STEP 03 在“效果”面板中，❶依次展开“视频效果”|“过时”选项，❷在其中选择“快速颜色校正器”视频特效，如图3-51所示。

STEP 04 按住鼠标左键，拖动“快速颜色校正器”特效至“时间轴”面板中的素材文件上，如图3-52所示，释放鼠标，即可添加视频特效。

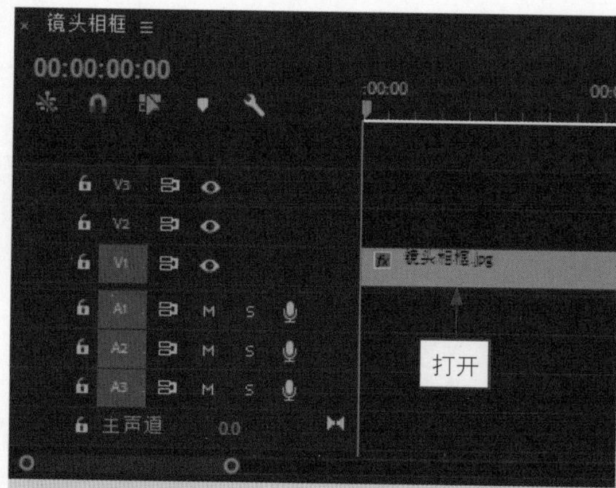

图3-49 打开项目文件

图3-50 查看素材画面

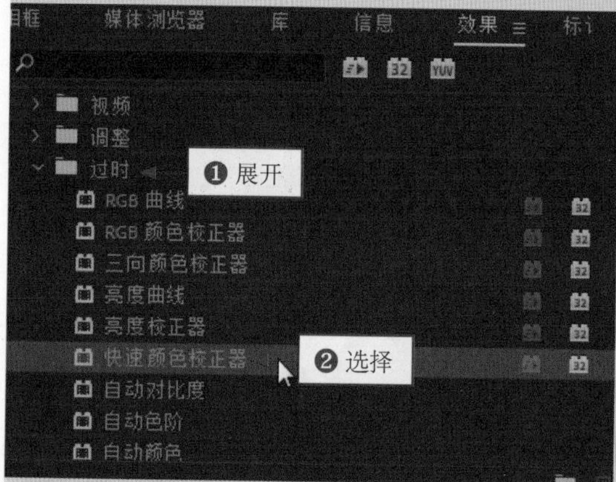

图3-51 选择“快速颜色校正器”特效

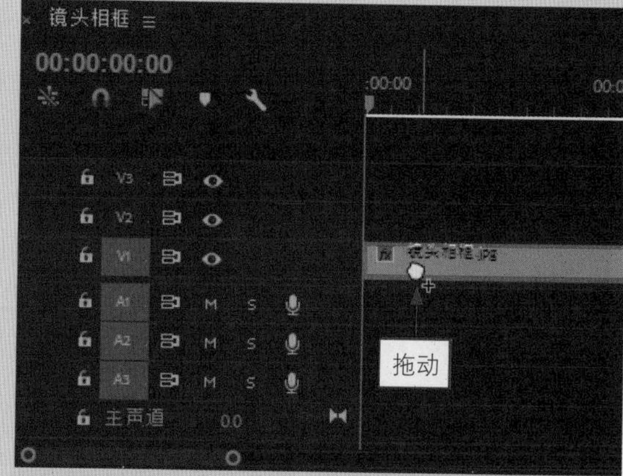

图3-52 拖动“快速颜色校正器”特效

STEP 05 选择V1轨道上的素材，在“效果控件”面板中，❶展开“快速颜色校正器”选项，❷单击“白平衡”选项右侧的色块，如图3-53所示。

STEP 06 在弹出的“拾色器”对话框中，设置RGB参数值分别为119、198、187，如图3-54所示。

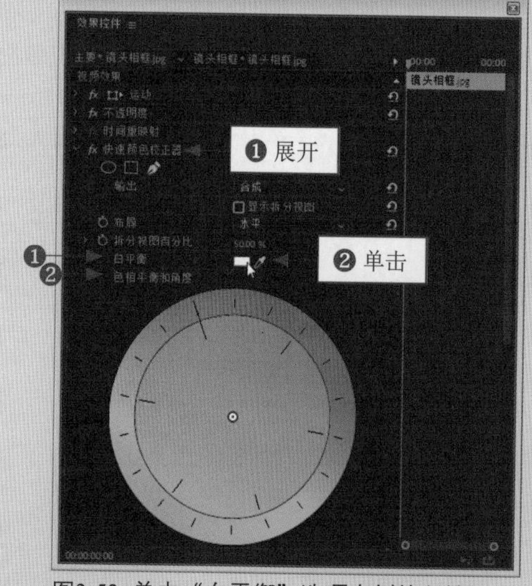

图3-53 单击“白平衡”选项右侧的色块

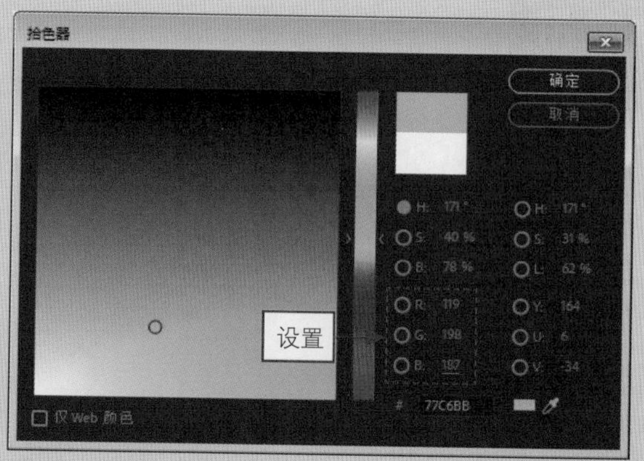

图3-54 设置RGB参数值

❶ **白平衡：** 通过使用吸管工具来采样图像中的目标颜色或监视器桌面上的任意位置，将白平衡分配给图像。也可以单击色板打开Adobe拾色器，然后选择颜色来定义白平衡。

❷ **色相平衡和角度：** 使用色轮控制色相平衡和色相角度，小圆形围绕色轮中心移动，并控制色相（UV）转换，这将会改变平衡数量级和平衡角度，小垂线可以设置控件的相对粗细度，而此控件控制平衡增益。

专家指点

在“快速颜色校正器”设置界面中，用户还可以设置以下选项。

- 色相角度：控制色相旋转，默认值为0，向左旋转色轮是负值，向右旋转色轮是正值。
- 平衡数量级：控制由“平衡角度”确定的颜色平衡校正量。
- 平衡增益：通过乘法来调整亮度值，使较亮的像素受到的影响大于较暗的像素受到的影响。
- 平衡角度：控制所需的色相值的选择范围。
- 饱和度：调整图像的颜色饱和度，默认值为100，表示不影响颜色，小于100的值表示降低饱和度，而0表示完全移除颜色，大于100的值将产生饱和度更高的颜色。

STEP 07 单击“确定”按钮，即可运用“快速颜色校正器”调整色彩，单击“播放-停止切换”按钮，预览视频效果，如图3-55所示。

图3-55 应用“快速颜色校正器”特效的前后效果对比

专家指点

在Premiere Pro CC 2018中，用户也可以单击“白平衡”吸管，然后通过单击的方式对“节目监视器”中的区域进行采样，最好对本应为白色的区域采样。“快速颜色校正器”特效将会对采样的颜色向白色调整，从而校正素材画面的白平衡。

3.2.7 “更改颜色”特效

“更改颜色”特效是指通过指定一种颜色，然后用另一种新的颜色来替换用户指定的颜色，达到色彩转换的效果。

“更改颜色”特效

素材：素材\第3章\蝴蝶与花.prproj　效果：效果\第3章\蝴蝶与花.prproj

视频：视频\第3章\3.2.7 “更改颜色”特效.mp4

STEP 01 按快捷键【Ctrl+O】，打开"素材\第3章\蝴蝶与花.prproj"文件，如图3-56所示。

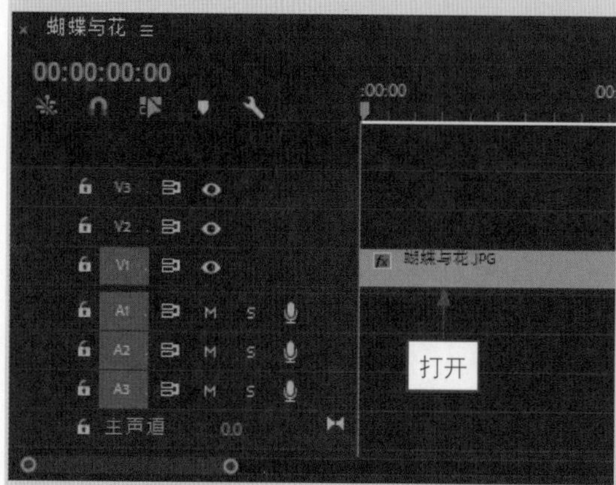

图3-56 打开项目文件

STEP 02 打开项目文件后，在"节目监视器"面板中可以查看素材画面，如图3-57所示。

图3-57 查看素材画面

STEP 03 在"效果"面板中，❶依次展开"视频效果"|"颜色校正"选项，❷在其中选择"更改颜色"视频特效，如图3-58所示。

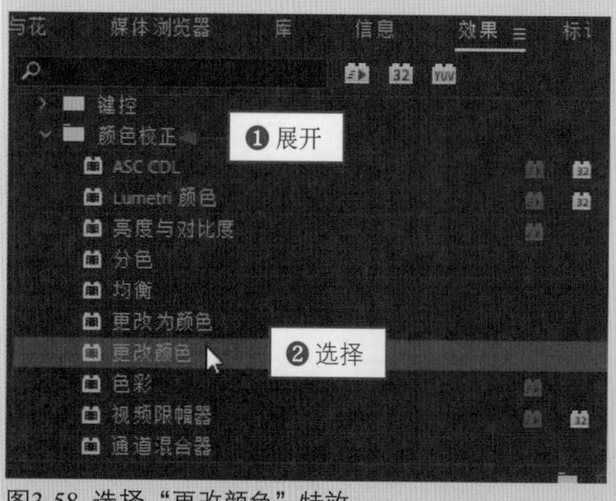

图3-58 选择"更改颜色"特效

STEP 04 按住鼠标左键，拖动"更改颜色"特效至"时间轴"面板中的素材文件上，如图3-59所示，释放鼠标，即可添加视频特效。

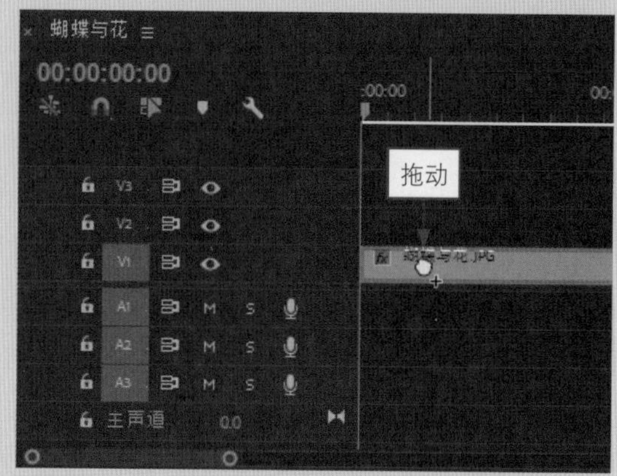

图3-59 拖动"更改颜色"特效

STEP 05 选择V1轨道上的素材，❶在"效果控件"面板中，展开"更改颜色"选项，❷单击"要更改的颜色"选项右侧的吸管图标，如图3-60所示。

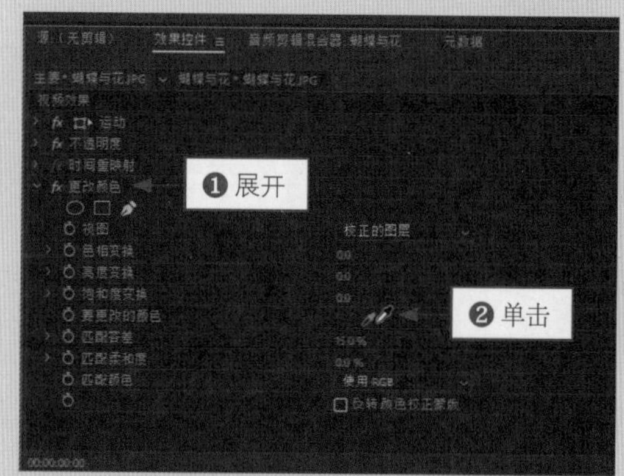

图3-60 单击吸管图标

STEP 06 在"节目监视器"面板中的合适位置单击，进行采样，如图3-61所示。

图3-61 进行采样

STEP 07 取样完成后，在“效果控件”面板中，展开“更改颜色”选项，设置“色相变换”为80.0、“亮度变换”为8.0、“匹配容差”为28.0%，如图3-62所示。

STEP 08 执行上述操作后，即可运用“更改颜色”特效调整色彩，如图3-63所示。

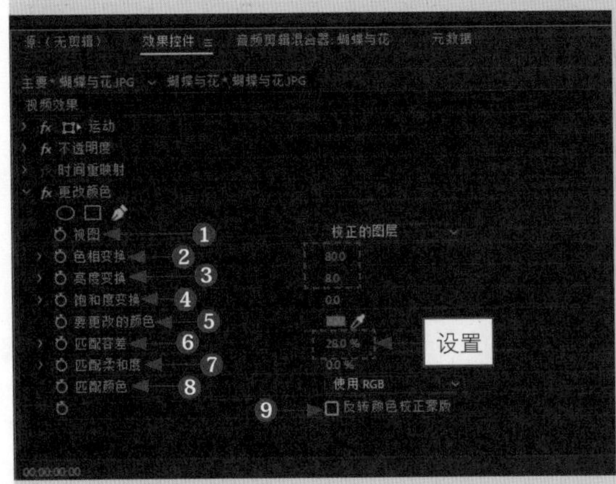

图3-62 设置相应的选项

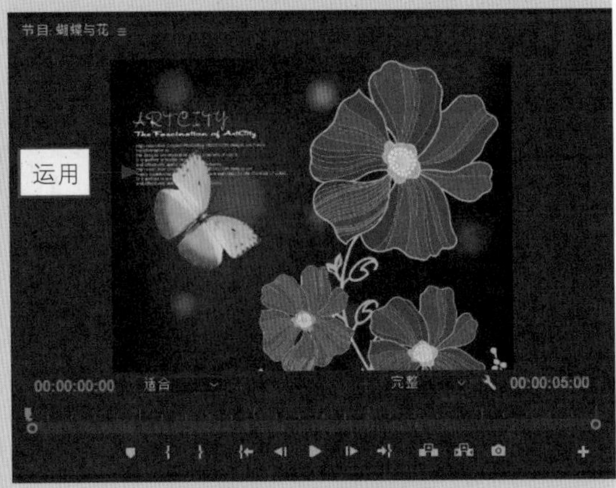

图3-63 运用“更改颜色”特效调整色彩

❶ **视图：**“校正的图层”显示更改颜色的结果；“颜色校正遮罩”显示将要更改的图层的区域。颜色校正遮罩中白色区域的变化最大，黑暗区域变化最小。

❷ **色相变换：**色相的调整量（读数）。

❸ **亮度变换：**正值使匹配的像素变亮，负值使它们变暗。

❹ **饱和度变换：**正值增加匹配的像素的饱和度（向纯色移动），负值降低匹配的像素的饱和度（向灰色移动）。

❺ **要更改的颜色：**范围中要更改的中央颜色。

❻ **匹配容差：**设置颜色可以在多大程度上不同于“要匹配的颜色”并且仍然匹配。

❼ **匹配柔和度：**不匹配像素受效果影响的程度，与“要匹配的颜色”的相似性成比例。

❽ **匹配颜色：**确定一个在其中比较颜色以确定相似性的色彩空间。选择“使用RGB”选项，则在RGB色彩空间中比较颜色；选择“色相”选项，则在颜色的色相上做比较，忽略饱和度和亮度：因此鲜红和浅粉匹配；选择“色度”选项，则使用两个色度分量来确定相似性，忽略明亮度（亮度）。

❾ **反转颜色校正蒙版：**用于确定哪些颜色受影响的蒙版。

专家指点

当用户第一次确认需要修改的颜色时，只需要选择近似的颜色即可，因为在了解颜色替换效果后才能精确调整替换的颜色。“更改颜色”特效是通过调整素材色彩范围内色相、亮度及饱和度的数值，来改变色彩范围内的颜色的。

STEP 09 单击“播放-停止切换”按钮，预览视频效果，最终效果如图3-64所示。

在Premiere Pro CC 2018中，用户也可以使用“更改为颜色”特效，利用色相、亮度和饱和度（HLS）值将用户在图像中选择的颜色更改为另一种颜色，保持其他颜色不受影响。

“更改为颜色”提供了“更改颜色”效果未能提供的灵活性和选项。这些选项包括用于精确颜色匹配的色相、亮度和饱和度容差滑块，以及选择用户希望更改成的目标颜色的精确RGB值的功能，“更改为颜色”选项界面如图3-65所示。

将素材添加到“时间轴”面板的轨道上后，为素材添加“更改为颜色”特效，在“效果控件”面板中，展开“更改为颜色”选项，单击“自”右侧的色块，在弹出的“拾色器”对话框中设置RGB参数分别为3、231、72；单击“至”右侧的色块，在弹出的“拾色器”对话框中设置RGB参数分别为251、275、80；设置“色相”为20、“亮度”为60、“饱和度”为20、“柔和度”为20，调整效果如图3-66所示。

图3-64 更改颜色调整的前后对比效果

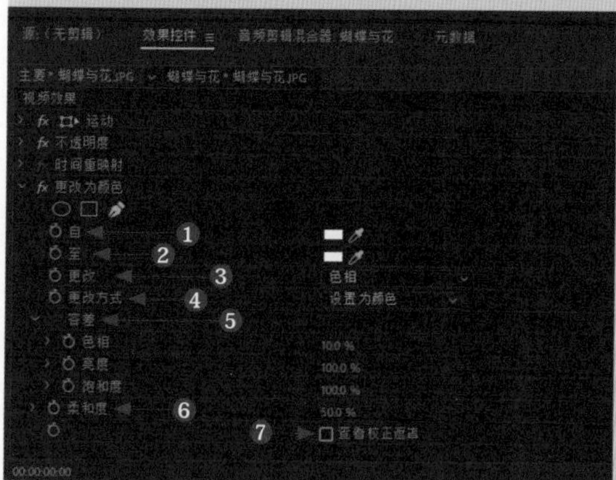

图3-65 “更改为颜色”选项设置界面

图3-66 调整效果

❶ **自**：用于设置要更改的颜色范围的中心。

❷ **至**：用于设置将匹配的像素更改成的颜色（要使动画有颜色变化，请为“至”颜色设置关键帧）。

❸ **更改**：用于选择受影响的通道。

❹ **更改方式**：确定如何更改颜色，“设置为颜色”将受影响的像素直接更改为目标颜色；“变换为颜色”使用HLS插值向目标颜色变换受影响的像素值，每个像素的更改量取决于像素的颜色与“自”颜色的接近程度。

❺ **容差**：确定颜色可以在多大程度上不同于“自”颜色并且仍然匹配，展开此控件可以显示色相、亮度与饱和度的单独滑块。

❻ **柔和度**：用于校正遮罩边缘的羽化量，较高的值将在受颜色更改影响的区域与不受影响的区域之间创建更平滑的过渡。

❼ **查看校正遮罩**：显示灰度遮罩，表示效果影响每个像素的程度，白色区域的变化最大，黑暗区域的变化最小。

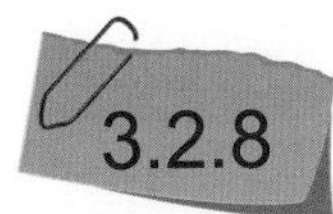

“颜色平衡（HTS）”特效

HLS分别是色相、亮度及饱和度3个颜色通道的简称。“颜色平衡（HLS）”特效能够通过调整画面的色相、饱和度及亮度来达到平衡素材颜色的效果。

“更改颜色”特效

素材：素材\第3章\蛋香奶茶.prproj　效果：效果\第3章\蛋香奶茶.prproj

视频：视频\第3章\3.2.8 “颜色平衡（HTS）”特效.mp4

STEP 01 按快捷键【Ctrl+O】，打开“素材\第3章\蛋香奶茶.prproj”文件，如图3-67所示。

STEP 02 打开项目文件后，在“节目监视器”面板中可以查看素材画面，如图3-68所示。

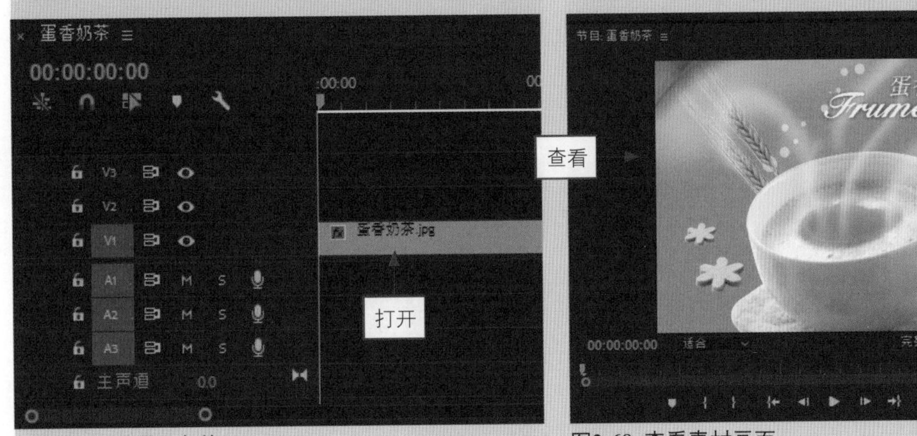

图3-67 打开项目文件　图3-68 查看素材画面

STEP 03 在“效果”面板中，依次展开“视频效果”|“颜色校正”选项，在其中选择“颜色平衡（HLS）”特效，如图3-69所示。

STEP 04 按住鼠标左键，拖动“颜色平衡（HLS）”特效至“时间轴”面板中的素材文件上，如图3-70所示，释放鼠标，即可添加视频特效。

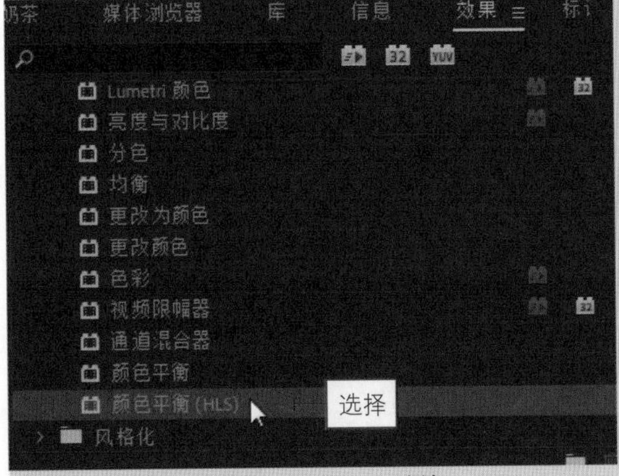

图3-69 选择“颜色平衡（HLS）”特效

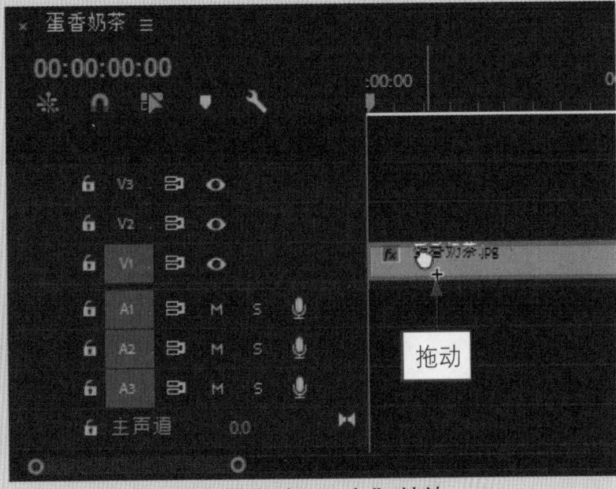

图3-70 拖动“颜色平衡（HLS）”特效

STEP 05 选择V1轨道上的素材，在“效果控件”面板中，展开“颜色平衡（HLS）”选项，如图3-71所示。

STEP 06 在“效果控件”面板中，设置“色相”为10.0°、“亮度”为20.0、“饱和度”为25.0，如图3-72所示。

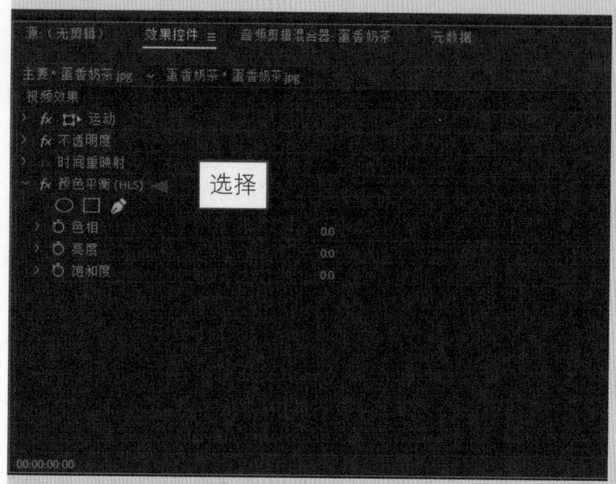

图3-71 展开“颜色平衡（HLS）”选项

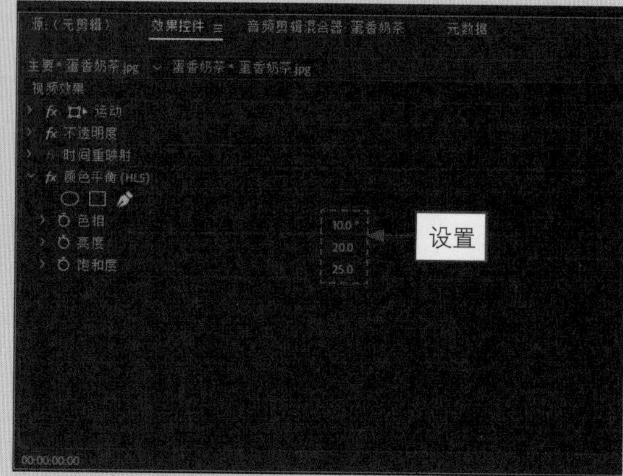

图3-72 设置相应的数值

STEP 07 执行以上操作后，即可运用“颜色平衡（HLS）”特效调整色彩，单击“播放-停止切换”按钮，预览视频效果，如图3-73所示。

图3-73 利用“颜色平衡（HLS）”特效调整素材的前后效果对比

3.2.9 “分色”特效

“分色”特效可以将素材中除选中颜色及类似色以外的颜色分离，并以灰度模式显示。

应用案例 “分色”特效

素材：素材\第3章\数字字幕.prproj　效果：效果\第3章\数字字幕.prproj

视频：视频\第3章\3.2.9 “分色”特效.mp4

STEP 01 按快捷键【Ctrl+O】，打开“素材\第3章\数字字幕.prproj”文件，如图3-74所示。

STEP 02 打开项目文件后，在“节目监视器”面板中可以查看素材画面，如图3-75所示。

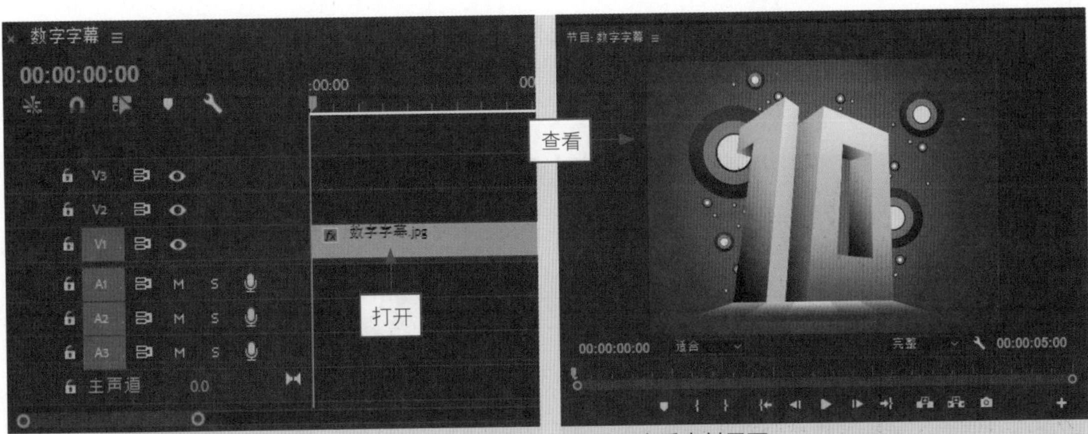

图3-74 打开项目文件　　图3-75 查看素材画面

STEP 03 在“效果”面板中，❶依次展开“视频效果”|“颜色校正”选项，❷在其中选择“分色”特效，如图3-76所示。

STEP 04 按住鼠标左键，拖动“分色”特效至“时间轴”面板中的素材文件上，如图3-77所示，释放鼠标，即可添加视频特效。

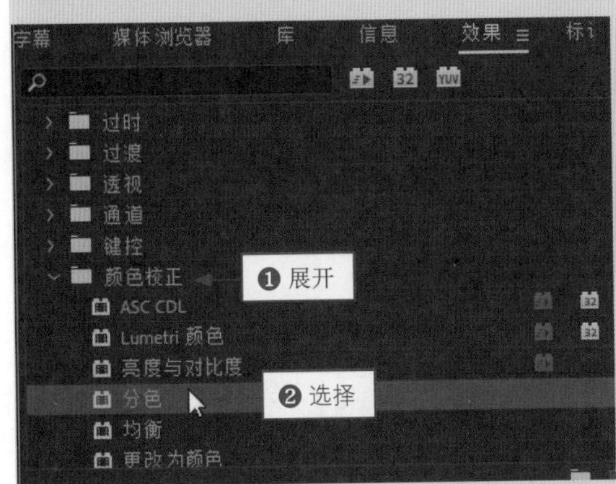

图3-76 选择“分色”特效

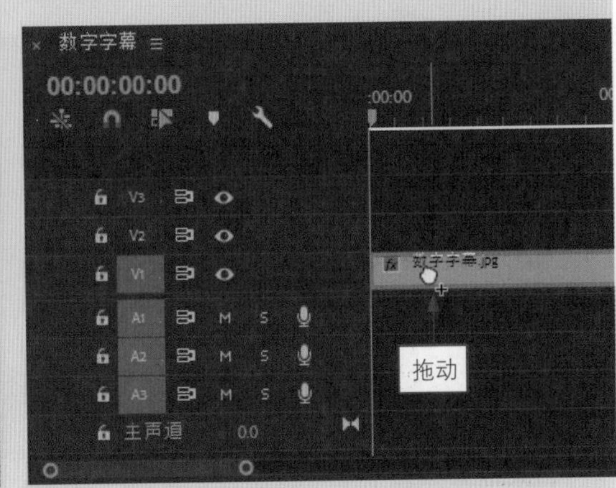

图3-77 拖动“分色”特效

STEP 05 选择V1轨道上的素材，在“效果控件”面板中，❶展开“分色”选项，❷单击“要保留的颜色”选项右侧的吸管图标，如图3-78所示。

STEP 06 在“节目监视器”中的素材背景中单击，进行采样，如图3-79所示。

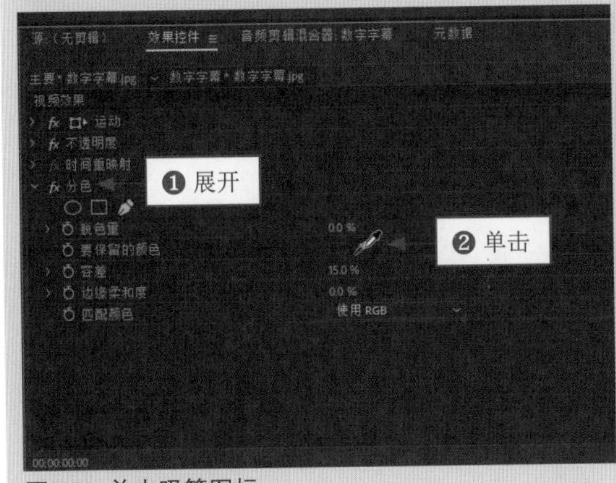

图3-78 单击吸管图标

图3-79 进行采样

STEP 07 取样完成后，在“效果控件”面板中，展开“分色”选项，设置“脱色量”为100.0%、“容差”为33.0%，如图3-80所示。

STEP 08 执行上述操作后，即可运用“分色”特效调整色彩，如图3-81所示。

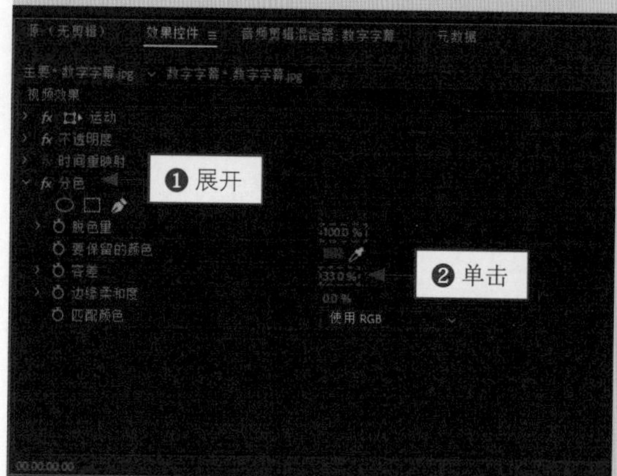

图3-80 设置相应的选项

图3-81 运用“分色”特效调整色彩

STEP 09 单击“播放-停止切换”按钮，预览视频效果，最终效果如图3-82所示。

图3-82 应用“分色”特效的前后效果对比

3.3 图像色彩的调整

色彩的调整主要是针对素材中的对比度、亮度、颜色及通道等进行特殊的处理。Premiere Pro CC 2018为用户提供了多种效果，本节将对其中几种常用的特效进行介绍。

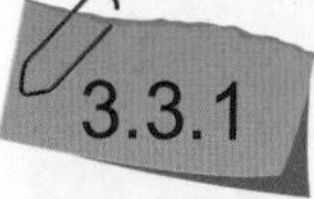

3.3.1 “自动颜色”特效

在Premiere Pro CC 2018中，用户可以根据需要运用“自动颜色”特效调整图像的色彩。下面介绍运用“自动颜色”特效调整图像的操作方法。

应用案例

“自动颜色”特效

素材：素材\第3章\精美饰品.prproj　效果：效果\第3章\精美饰品.prproj

视频：视频\第3章\3.3.1 “自动颜色”特效.mp4

STEP 01 选择“文件”|“打开项目”命令，打开“素材\第3章\精美饰品.prproj”文件，如图3-83所示。

STEP 02 打开项目文件后，在“节目监视器”面板中可以查看素材画面，如图3-84所示。

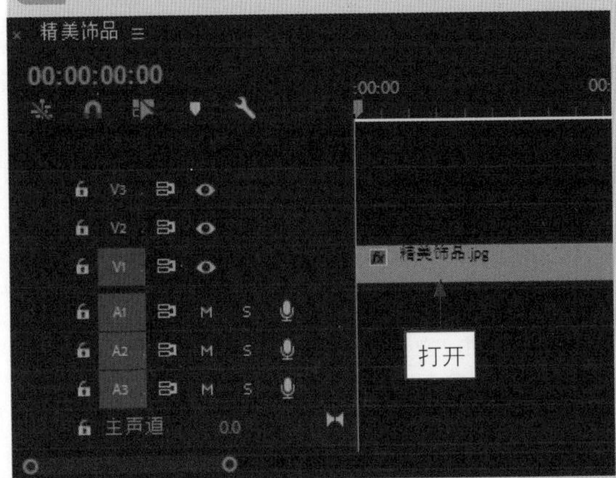

图3-83 打开项目文件

查看

图3-84 查看素材画面

STEP 03 在“效果”面板中，❶依次展开“视频效果”|“过时”选项，❷在其中选择“自动颜色”特效，如图3-85所示。

STEP 04 按住鼠标左键，拖动“自动颜色”特效至“时间轴”面板中的素材文件上，如图3-86所示，释放鼠标，即可添加视频特效。

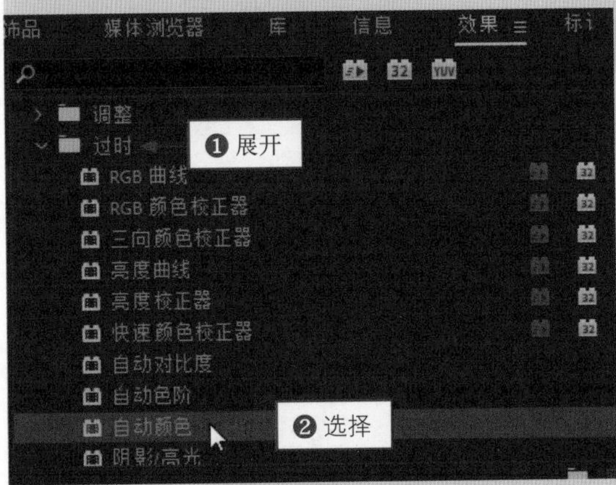

图3-85 选择“自动颜色”特效

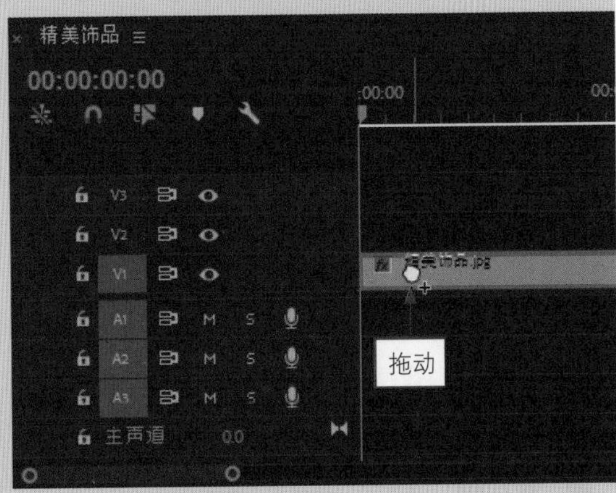

图3-86 拖动“自动颜色”特效

专家指点

在 Premiere Pro CC 2018 中，使用“自动颜色”视频特效，可以通过搜索图像的方式，来标记暗调、中间调和高光，以调整图像的对比度和颜色。

STEP 05 选择V1轨道上的素材，在“效果控件”面板中，展开“自动颜色”选项，如图3-87所示。

STEP 06 在“效果控件”面板中，设置“减少黑色像素”和“减少白色像素”均为10.00%，如图3-88所示。

STEP 07 执行以上操作后，即可运用“自动颜色”特效调整色彩，单击“播放-停止切换”按钮，预览视频效果，如图3-89所示。

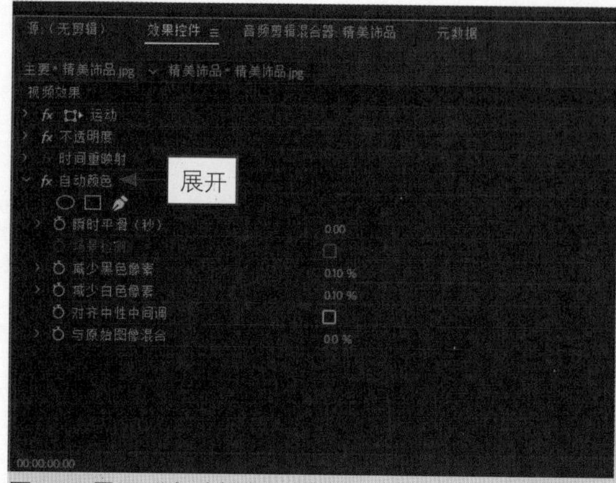

图3-87 展开“自动颜色”选项

图3-88 设置相应的数值

图3-89 预览视频效果

3.3.2 “自动色阶”特效

在Premiere Pro CC 2018中，应用“自动色阶”特效可以自动调整素材画面的高光、阴影，并可以调整每一个位置的颜色。下面介绍运用“自动色阶”特效调整图像的操作方法。

应用案例

“自动色阶”特效

素材：素材\第3章\心形花朵.prproj　效果：效果\第3章\心形花朵.prproj

视频：视频\第3章\3.3.2 “自动色阶”特效.mp4

STEP 01 选择“文件”|“打开项目”命令，打开“素材\第3章\心形花朵.prproj”文件，如图3-90所示。

STEP 02 打开项目文件后，在“节目监视器”面板中可以查看素材画面，如图3-91所示。

STEP 03 在“效果”面板中，❶依次展开“视频效果”|“过时”选项，❷在其中选择“自动色阶”特效，如图3-92所示。

STEP 04 按住鼠标左键，拖动“自动色阶”特效至“时间轴”面板中的素材文件上，如图3-93所示，释放鼠标，即可添加视频特效。

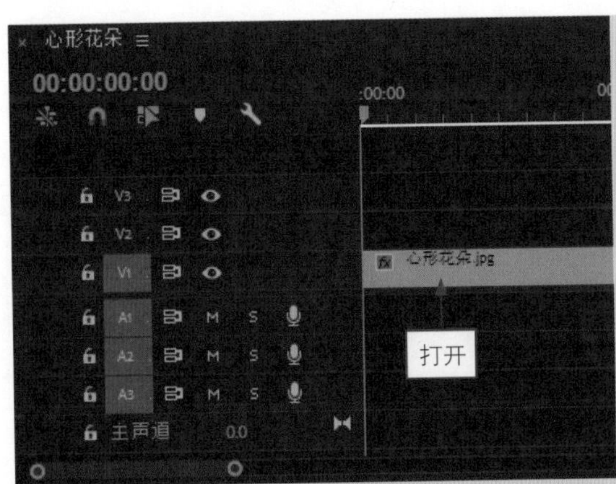

图3-90 打开项目文件

图3-91 查看素材画面

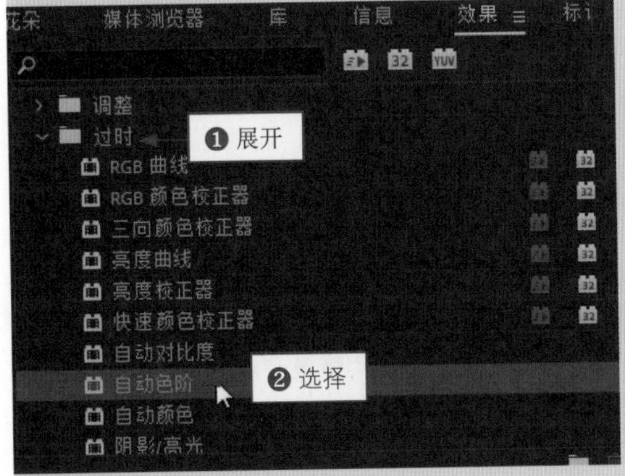

图3-92 选择“自动色阶”特效

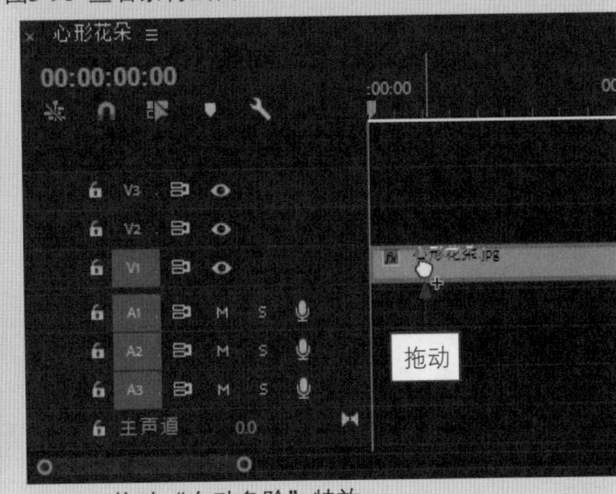

图3-93 拖动“自动色阶”特效

STEP 05 选择V1轨道上的素材，在“效果控件”面板中，展开“自动色阶”选项，如图3-94所示。

STEP 06 在“效果控件”面板中，设置“减少白色像素”为10.00%、“与原始图像混合”为20.0%，如图3-95所示。

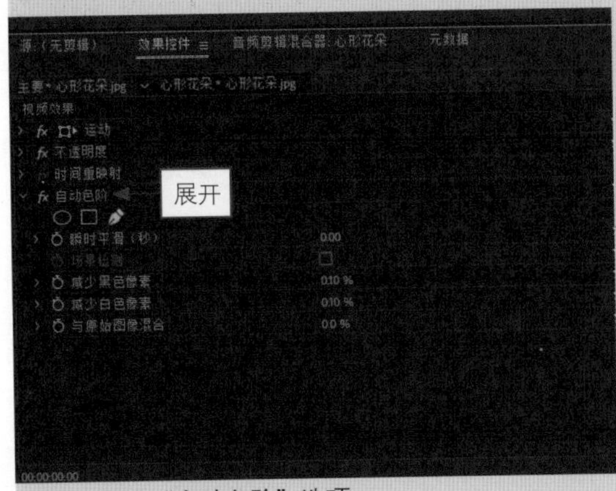

图3-94 展开“自动色阶”选项

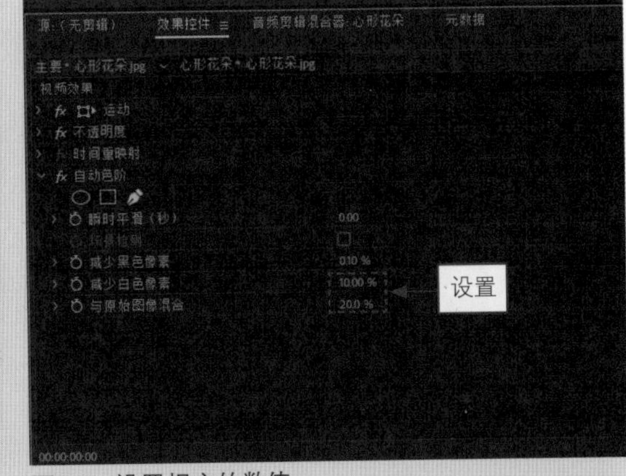

图3-95 设置相应的数值

STEP 07 执行以上操作后，即可运用“自动色阶”特效调整色彩，单击“播放-停止切换”按钮，预览视频效果，如图3-96所示。

图3-96 应用"自动色阶"特效调整素材的前后效果对比

3.3.3 "卷积内核"特效

在Premiere Pro CC 2018中，"卷积内核"特效可以根据数学卷积分的运算来改变素材中的每一个像素。下面介绍运用"卷积内核"特效调整图像的操作方法。

应用案例

"卷积内核"特效

素材：素材\第3章\彩色铅笔.prproj　效果：效果\第3章\彩色铅笔.prproj

视频：视频\第3章\3.3.3 "卷积内核"特效.mp4

STEP 01 选择"文件"|"打开项目"命令，打开"素材\第3章\彩色铅笔.prproj"文件，如图3-97所示。

STEP 02 执行上述操作，打开项目文件后，在"节目监视器"面板中可以查看素材画面，其效果如图3-98所示。

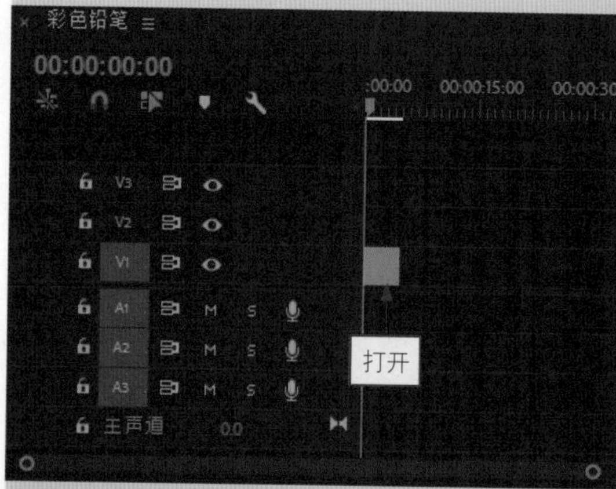

图3-97 打开项目文件

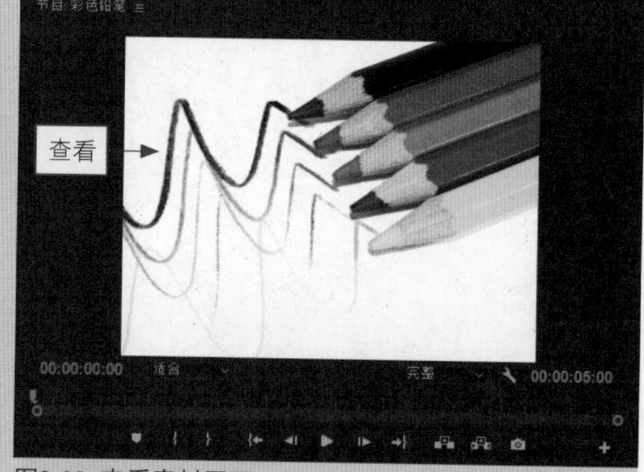

图3-98 查看素材画面

STEP 03 在"效果"面板中，❶依次展开"视频效果"|"调整"选项，❷在其中选择"卷积内核"特效，如图3-99所示。

STEP 04 按住鼠标左键，拖动"卷积内核"特效至"时间轴"面板中的素材文件上，如图3-100所示，释放鼠标，即可添加视频特效。

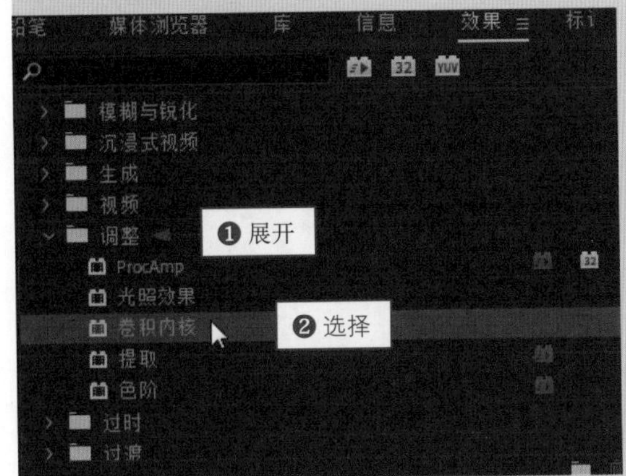

图3-99 选择“卷积内核”特效

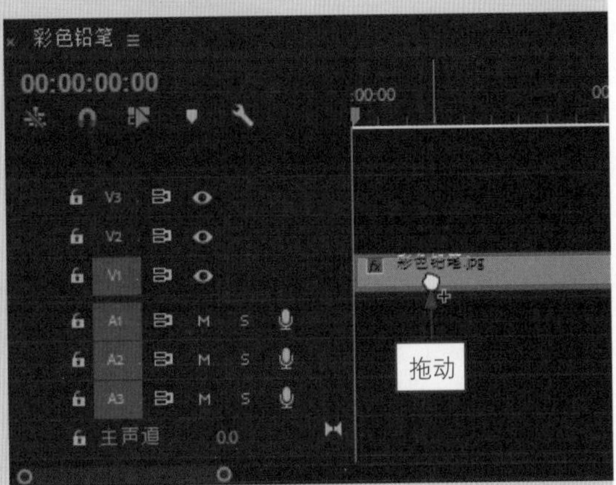

图3-100 拖动“卷积内核”特效

专家指点

在 Premiere Pro CC 2018 中，“卷积内核”视频特效是以某种预先指定的数字计算方法来改变图像中像素的亮度值，从而得到丰富的视频效果的。在“效果控件”面板的“卷积内核”选项下，单击各选项前的三角形按钮，在其下方可以通过拖动滑块来调整数值。

STEP 05 选择V1轨道上的素材，在“效果控件”面板中，展开“卷积内核”选项，如图3-101所示。

STEP 06 在“效果控件”面板中，设置M11为-1，如图3-102所示。

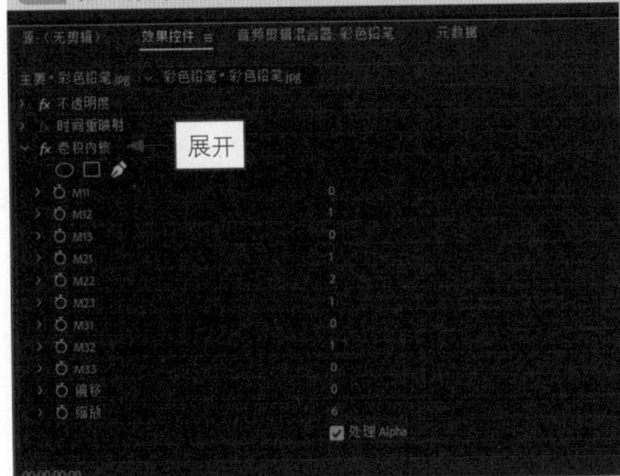

图3-101 展开“卷积内核”选项

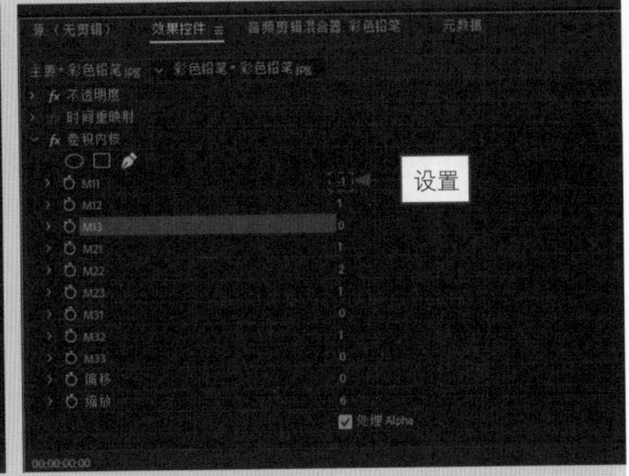

图3-102 设置相应的数值

专家指点

在“卷积内核”选项设置界面，以字母 M 开头的设置均表示 3x3 矩阵中的一个单元格，例如，M11 表示第 1 行第 1 列的单元格，M22 表示矩阵中心的单元格。单击任何单元格设置旁边的数字，可以输入要作为该像素亮度值的倍数的值。在“卷积内核”设置界面，单击“偏移”选项旁边的数字并输入一个值，此值将与缩放计算的结果相加，单击“缩放”选项旁边的数字并输入一个值，计算中的像素亮度值总和将除以此值。

STEP 07 执行以上操作后，即可运用“卷积内核”特效调整色彩，单击“播放-停止切换”按钮，预览视频效果，如图3-103所示。

图3-103 应用“卷积内核”特效调整素材的前后效果对比

3.3.4 利用“光照效果”

利用“光照效果”可以在图像中制作并应用多种照明效果。

应用案例

利用“光照效果”

素材：素材\第3章\珠宝广告.prproj　效果：效果\第3章\珠宝广告.prproj

视频：视频\第3章\3.3.4 利用“光照效果”.mp4

STEP 01 选择“文件”|“打开项目”命令，打开“素材\第3章\珠宝广告.prproj”文件，如图3-104所示。

STEP 02 打开项目文件后，在“节目监视器”面板中可以查看素材画面，如图3-105所示。

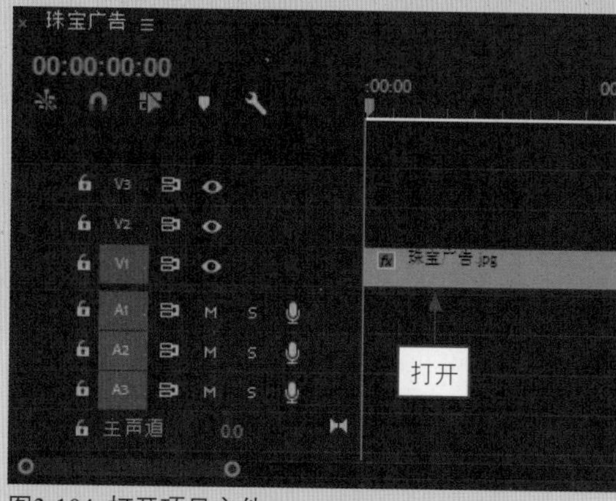

图3-104 打开项目文件

图3-105 查看素材画面

STEP 03 在“效果”面板中，依次展开“视频效果”|“调整”选项，在其中选择“光照效果”，如图3-106所示。

STEP 04 按住鼠标左键，拖动“光照效果”至“时间轴”面板中的素材文件上，如图3-107所示，释放鼠标，即可添加视频特效。

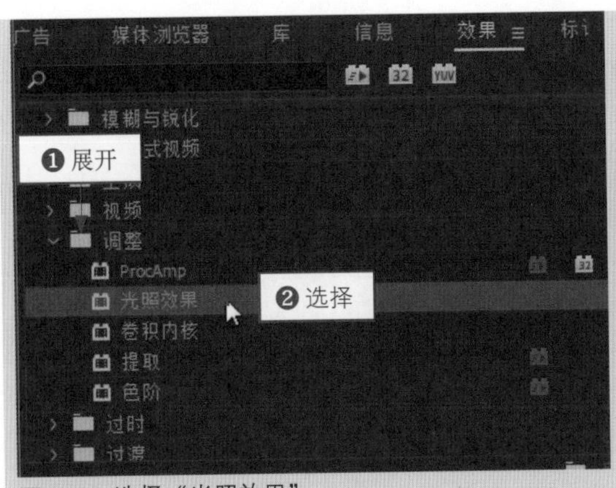

图3-106 选择“光照效果”

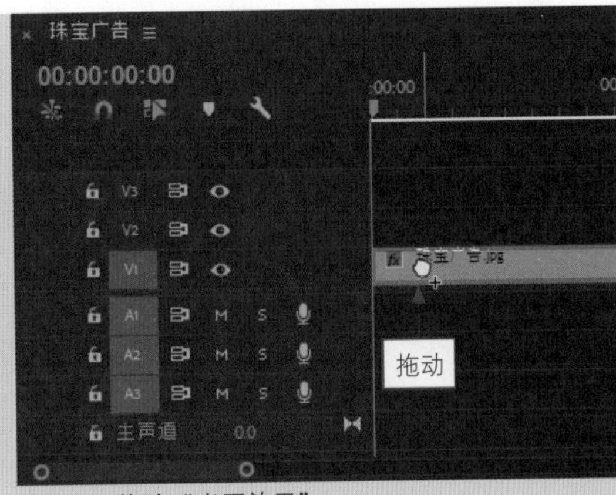

图3-107 拖动“光照效果”

STEP 05 选择V1轨道上的素材，在“效果控件”面板中，❶展开“光照效果”选项，❷单击“光照1”左侧的下拉按钮，展开相应的面板，如图3-108所示。

STEP 06 在“效果控件”面板中，设置“光照类型”为“点光源”、“中央”为（16.0，126.0）、“主要半径”为85.0、“次要半径”为85.0、“角度”为123.0°、“强度”为18.0、“聚焦”为16.0，如图3-109所示。

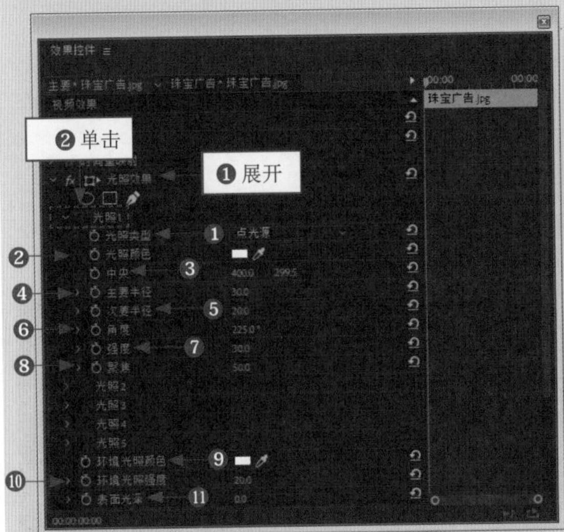

图3-108 展开相应的选项

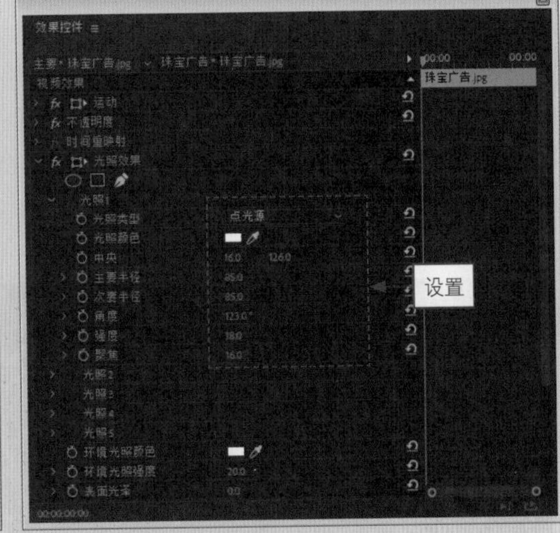

图3-109 设置相应的数值

专家指点

在 Premiere Pro CC 2018 中，对剪辑应用“光照效果”时，最多可采用 5 个光照来产生有创意的光照效果。“光照效果”可以控制光照属性，如光照类型、方向、强度、颜色、光照中心和光照传播。Premiere Pro CC 2018 中还有一个“凹凸层”控件可以使用其他素材中的纹理或图案产生特殊光照效果，例如类似 3D 表面的效果。

❶ **光照类型：**用于选择光照类型以指定光源。“无”用来关闭光照；“方向型”从远处提供光照，使光线角度不变；“全光源”直接在图像上方提供四面八方的光照，类似于灯泡照在一张纸上的情形；“聚光”投射椭圆形光束。

❷ **光照颜色：**用来指定光照颜色。可以单击色板使用Adobe拾色器选择颜色，然后单击“确定”按钮；也可以单击吸管图标，然后单击计算机桌面上的任意位置以选择颜色。

❸ **中央**：使用光照中心的X和Y坐标值移动光照，也可以通过在“节目监视器”面板中拖动中心圆来定位光照。

❹ **主要半径**：调整全光源或点光源的长度，也可以在“节目监视器”面板中拖动手柄来调整。

❺ **次要半径**：用于调整点光源的宽度。当光照变为圆形后，增加次要半径也就会增加主要半径，也可以在“节目监视器”面板中拖动手柄之一来调整此属性。

❻ **角度**：用于更改平行光或点光源的方向。通过指定度数值可以调整此项控制，也可以在“节目监视器”面板中将指针移至控制柄之外，直至其变成双头弯箭头，再进行拖动以旋转光照。

❼ **强度**：该选项用于控制光照的明亮强度。

❽ **聚焦**：该选项用于调整点光源最明亮区域的大小。

❾ **环境光照颜色**：该选项用于更改环境光的颜色。

❿ **环境光照强度**：提供漫射光，就像该光照与室内其他光照（如日光或荧光）相混合一样。选择值100表示仅使用光源，或选择值-100表示移除光源，要更改环境光的颜色，可以单击颜色框并使用出现的拾色器进行设置。

⓫ **表面光泽**：决定表面反射多少光（类似在一张照相纸的表面上），值在-100（低反射）～100（高反射）范围内。

专家指点

在“光照效果”选项设置界面，用户还可以设置以下选项。

- 表面材质：用于确定反射率较高者是光本身还是光照对象。值为 –100 表示反射光的颜色，值为 100 表示反射对象的颜色。
- 曝光：用于增加（正值）或减少（负值）光照的亮度。光照的默认亮度值为 0。

STEP 07 执行以上操作后，即可运用“光照效果”调整色彩，单击“播放-停止切换”按钮，预览视频效果，如图3-110所示。

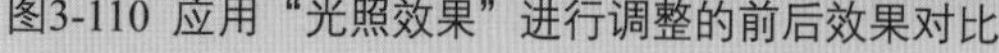

图3-110 应用“光照效果”进行调整的前后效果对比

3.3.5 调整图像的“黑白”效果

“黑白”特效主要用于将素材画面转换为灰度图像，下面将介绍调整图像“黑白”效果的方法。

应用案例

调整图像的“黑白”效果

素材：素材\第3章\海底世界.prproj　效果：效果\第3章\海底世界.prproj

视频：视频\第3章\3.3.5 调整图像的“黑白”效果.mp4

STEP 01 选择“文件”|“打开项目”命令，打开“素材\第3章\海底世界.prproj”文件，如图3-111所示。

STEP 02 打开项目文件后，在“节目监视器”面板中可以查看素材画面，如图3-112所示。

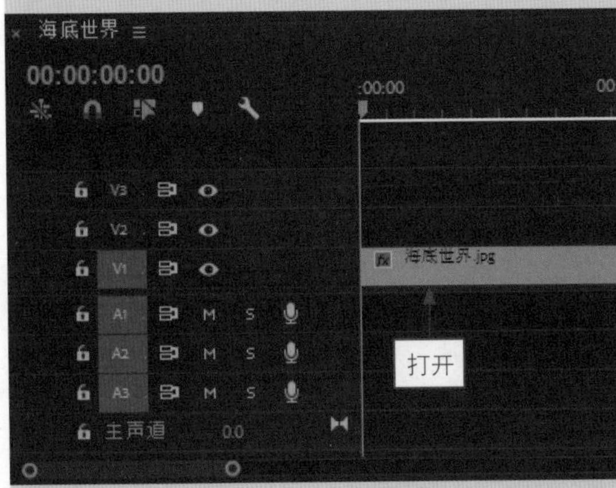

图3-111 打开项目文件

图3-112 素材画面

STEP 03 在“效果”面板中，❶依次展开“视频效果”|“图像控制”选项，❷在其中选择“黑白”特效，如图3-113所示。

STEP 04 按住鼠标左键，拖动“黑白”特效至“时间轴”面板中的素材文件上，如图3-114所示，释放鼠标，即可添加视频特效。

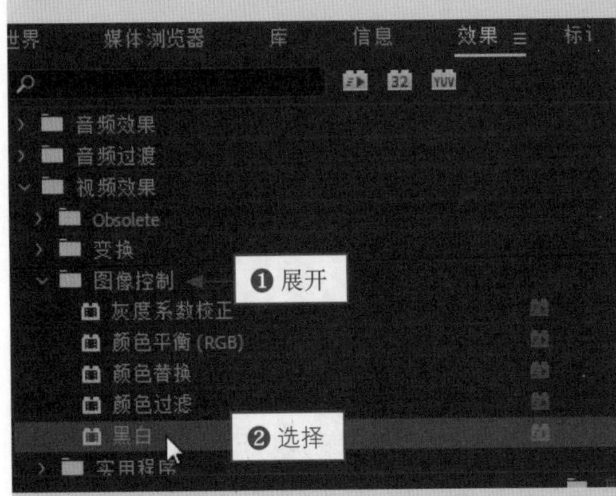

图3-113 选择“黑白”特效

图3-114 拖动“黑白”特效

STEP 05 选择V1轨道上的素材，在“效果控件”面板中，展开“黑白”选项，保持默认设置即可，如图3-115所示。

STEP 06 执行以上操作后，即可运用“黑白”效果调整图像色彩，单击“播放-停止切换”按钮，预览视频效果，如图3-116所示。

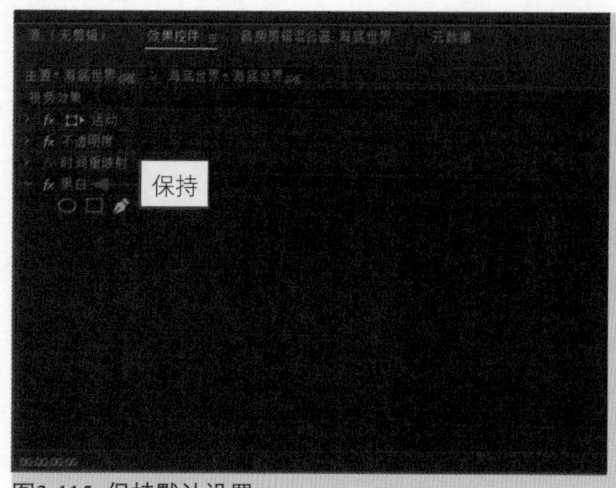

图3-115 保持默认设置

图3-116 预览视频效果

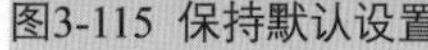

3.3.6 图像的“颜色过滤”效果

在Premiere Pro CC 2018中，“颜色过滤”特效主要用于将图像中某一指定单一颜色外的其他部分转换为灰度图像。

应用案例

图像的“颜色过滤”效果

素材：素材\第3章\小花盆.prproj　效果：效果\第3章\小花盆.prproj

视频：视频\第3章\3.3.6 图像的“颜色过滤”效果.mp4

STEP 01 选择“文件”|“打开项目”命令，打开“素材\第3章\小花盆.prproj”文件，如图3-117所示。

STEP 02 打开项目文件后，在“节目监视器”面板中可以查看素材画面，如图3-118所示。

图3-117 打开项目文件

图3-118 查看素材画面

STEP 03 在“效果”面板中，❶依次展开“视频效果”|“图像控制”选项，❷在其中选择“颜色过滤”特效，如图3-119所示。

STEP 04 按住鼠标左键，拖动“颜色过滤”特效至“时间轴”面板中的素材文件上，如图3-120所示，释放鼠标，即可添加视频特效。

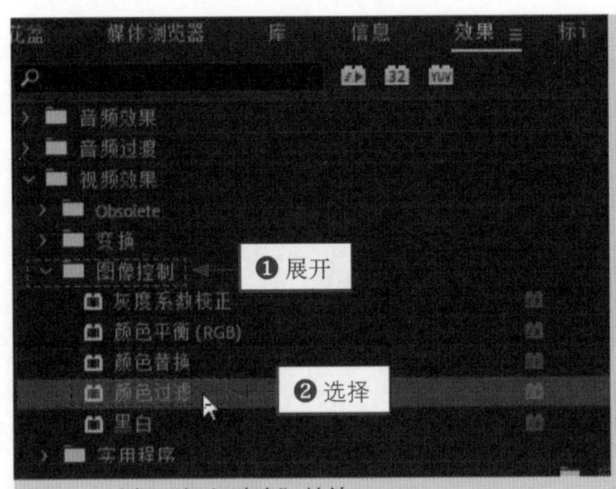

图3-119 选择“颜色过滤”特效

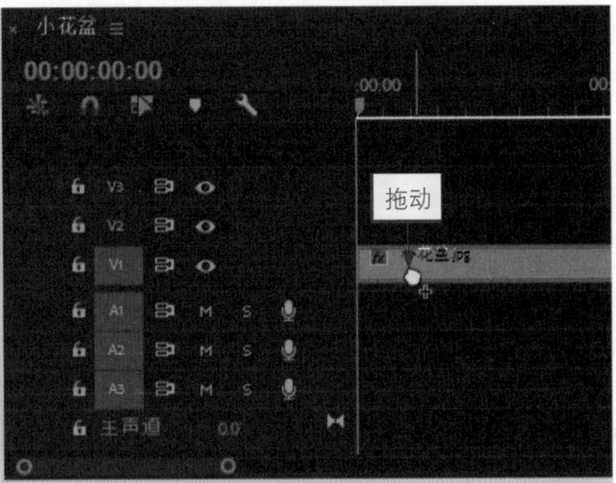

图3-120 拖动“颜色过滤”特效

STEP 05 选择V1轨道上的素材，在“效果控件”面板中，展开“颜色过滤”选项，如图3-121所示。

STEP 06 在“效果控件”面板中，单击“颜色”右侧的吸管图标，在“节目监视器”面板中的素材背景的紫色上单击，进行采样，如图3-122所示。

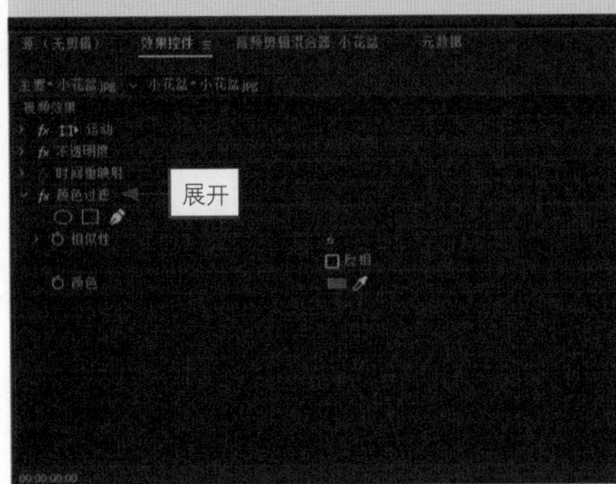

图3-121 展开“颜色过滤”选项

图3-122 采样

STEP 07 取样完成后，在“效果控件”面板中，设置“相似性”为20，如图3-123所示。

STEP 08 执行以上操作后，即可运用“颜色过滤”特效调整色彩，如图3-124所示。

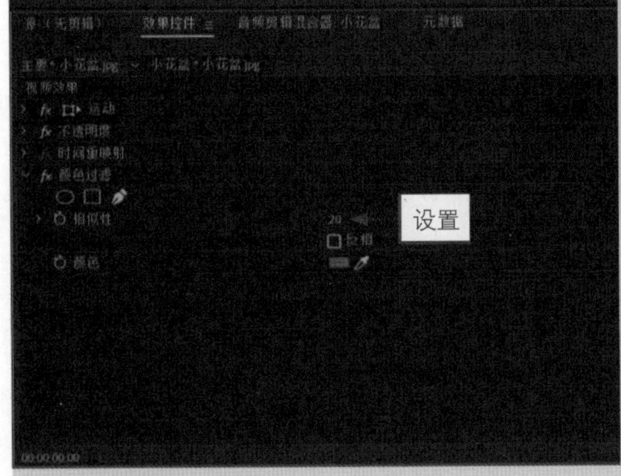

图3-123 设置相应选项

图3-124 运用“颜色过滤”特效调整色彩

STEP 09 单击“播放-停止切换”按钮，预览视频效果，最终效果如图3-125所示。

图3-125 应用“颜色过滤”特效的前后效果对比

3.3.7 图像的“颜色替换”效果

“颜色替换”特效主要是通过目标颜色来改变素材中的颜色的，下面将介绍应用“颜色替换”特效的方法。

应用案例

图像的“颜色替换”效果

素材：素材\第3章\摆拍花朵.prproj　效果：效果\第3章\摆拍花朵.prproj

视频：视频\第3章\3.3.7 图像的“颜色替换”效果.mp4

STEP 01 选择“文件”|“打开项目”命令，打开“素材\第3章\摆拍花朵.prproj”文件，如图3-126所示。

STEP 02 打开项目文件后，在“节目监视器”面板中可以查看素材画面，如图3-127所示。

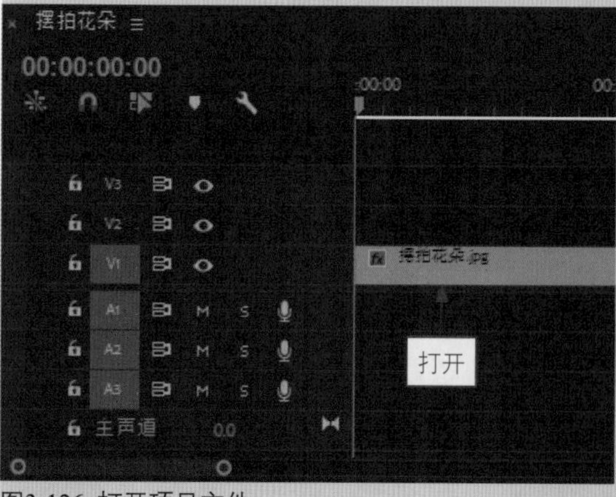

图3-126 打开项目文件

图3-127 查看素材画面

STEP 03 在“效果”面板中，依次展开“视频效果”|“图像控制”选项，选择“颜色替换”特效，如图3-128所示。

STEP 04 按住鼠标左键，拖动“颜色替换”特效至“时间轴”面板中的素材文件上，如图3-129所示，释放鼠标，即可添加视频特效。

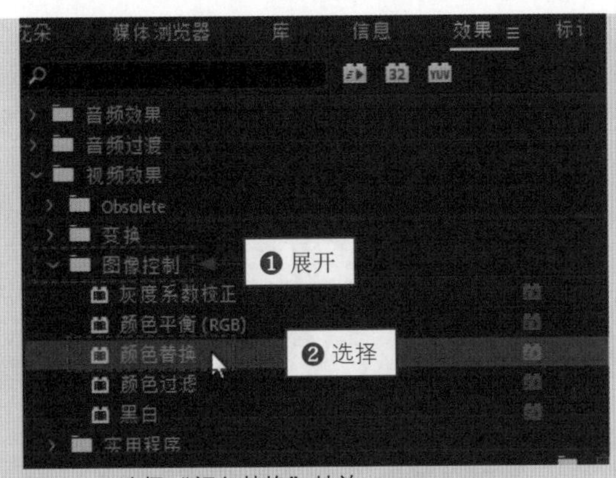

图3-128 选择“颜色替换”特效

图3-129 拖动“颜色替换”特效

STEP 05 选择V1轨道上的素材，在“效果控件”面板中，展开“颜色替换”选项，如图3-130所示。

STEP 06 在“效果控件”面板中，单击“目标颜色”右侧的吸管图标，并在“节目监视器”的素材背景中吸取枝干颜色，进行采样，如图3-131所示。

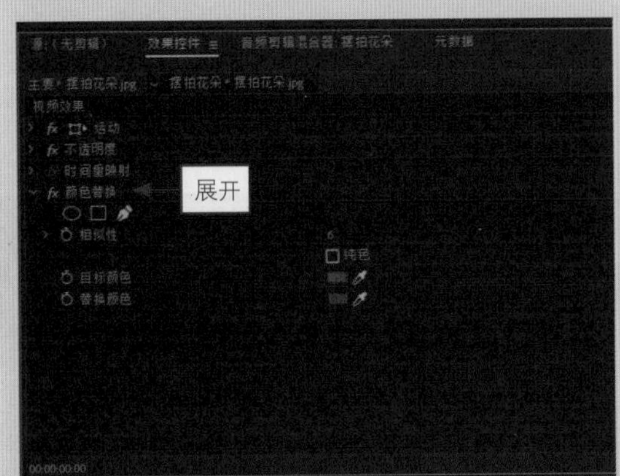

图3-130 展开“颜色替换”选项

图3-131 采样

STEP 07 采样完成后，在“效果控件”面板中，设置“替换颜色”为黑色，设置“相似性”为30，如图3-132所示。

STEP 08 执行以上操作后，即可运用“颜色替换”特效调整色彩，效果如图3-133所示。

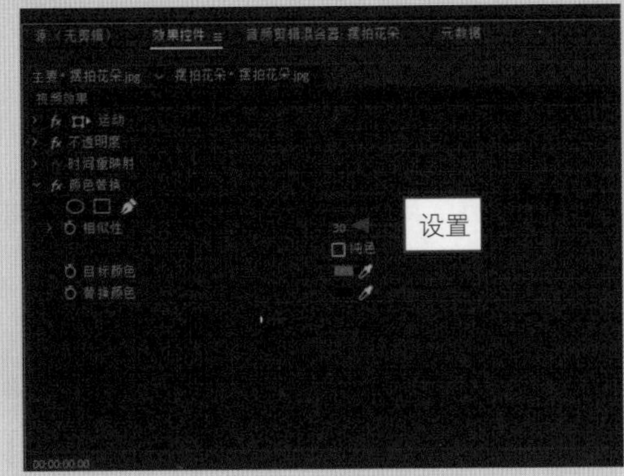

图3-132 设置“相似性”为30

图3-133 调整色彩的效果

STEP 09 单击“播放-停止切换”按钮，预览视频效果，前后效果对比如图3-134所示。

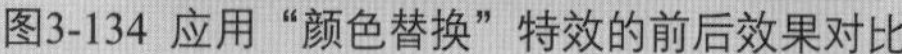

图3-134 应用“颜色替换”特效的前后效果对比

3.4 专家支招

在Premiere Pro CC 2018中，用户在为影视文件调整色彩时，需要在“效果”面板中，❶逐一打开文件夹，选择相应的特效，如图3-135所示。除了这个方法，❷用户还可以在“效果”面板中的搜索栏文本框中，输入关键字进行搜索，如图3-136所示，在下方会显示含有关键字的特效，可以节省在子面板中逐一查找特效的时间。

图3-135 逐一打开特效文件夹选择特效

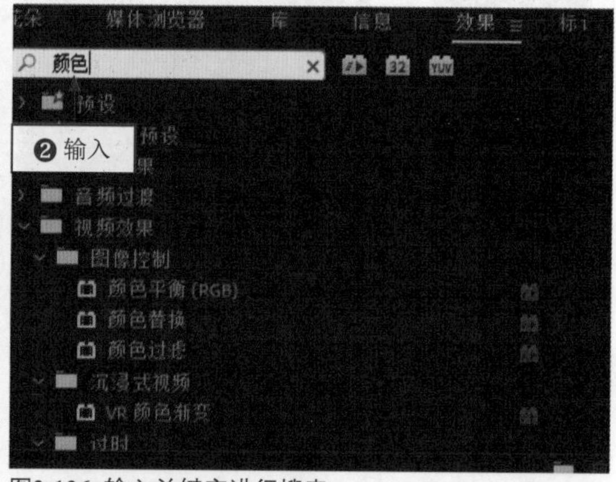

图3-136 输入关键字进行搜索

专家指点

在 Premiere Pro CC 2018 中，“效果”面板中许多原有的特效都已被升级优化，有的被删除了，有的被合并进了其他文件夹中，用户如果找不到该特效，可以通过在搜索栏中输入关键字进行搜索，如果没有找到，那就是被删除了，用户可以使用别的特效，也能制作出具有独特效果的作品。

3.5 总结拓展

在Premiere Pro CC 2018的“效果”面板中，提供了多种多样的特效，用户可以根据需要，为素材文件添加所需的特效。在“时间轴”面板中，选择已添加特效的素材文件，在“效果控件”面板中，用户可以根据需要，在其中为素材文件设置相应参数，制作出具有特殊效果的影视文件，制作完成后，即可将项目文件保存。

3.5.1 本章小结

本章详细讲解了在Premiere Pro CC 2018中调整色彩的技巧，包括了解色彩基础、色彩的校正及图像色彩的调整等内容。通过学习本章内容，读者可以熟练掌握“效果”面板中每个特效的使用方法和作用。设置的参数不同，最终呈现的效果也各有不同。学完本章内容，读者可以学以致用，为日后熟练地应用各个特效打下坚实的基础。

3.5.2 举一反三——“视频限幅器”效果

“视频限幅器”效果用于限制剪辑中的明亮度和颜色，使它们位于用户定义的参数范围，这些参数可用于使视频信号满足广播限制的情况下尽可能保留视频。

应用案例

“视频限幅器”效果

素材：素材\第3章\多彩光线.prproj　　效果：效果\第3章\多彩光线.prproj

视频：视频\第3章\3.5.2　“视频限幅器”效果.mp4

STEP 01 按快捷键【Ctrl+O】，打开“素材\第3章\多彩光线.prproj”文件，如图3-137所示。

STEP 02 打开项目文件后，在“节目监视器”面板中可以查看素材画面，如图3-138所示。

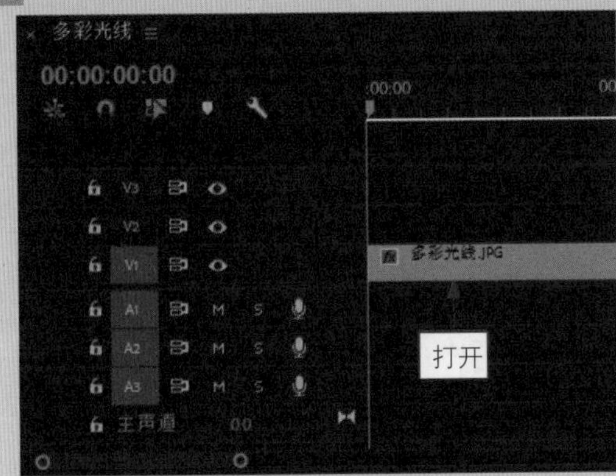

图3-137 打开项目文件

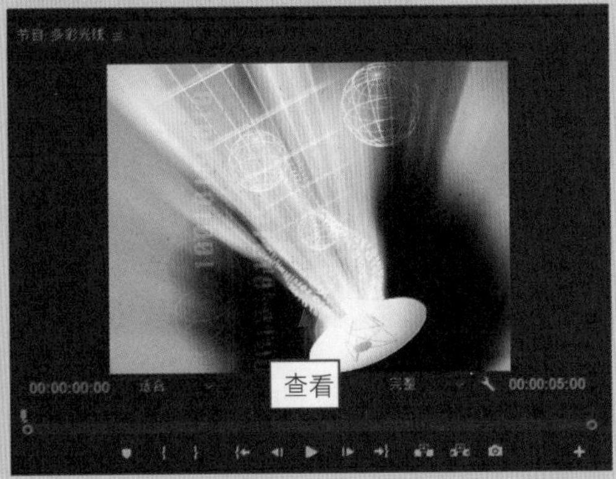

图3-138 查看素材画面

STEP 03 在“效果”面板中，依次展开“视频效果”|“颜色校正”选项，在其中选择“视频限幅器”特效，如图3-139所示。

STEP 04 按住鼠标左键，拖动“视频限幅器”特效至“时间轴”面板中的素材文件上，如图3-140所示，释放鼠标，即可添加视频特效。

STEP 05 选择V1轨道上的素材，在“效果控件”面板中，展开“视频限幅器”选项，如图3-141所示。

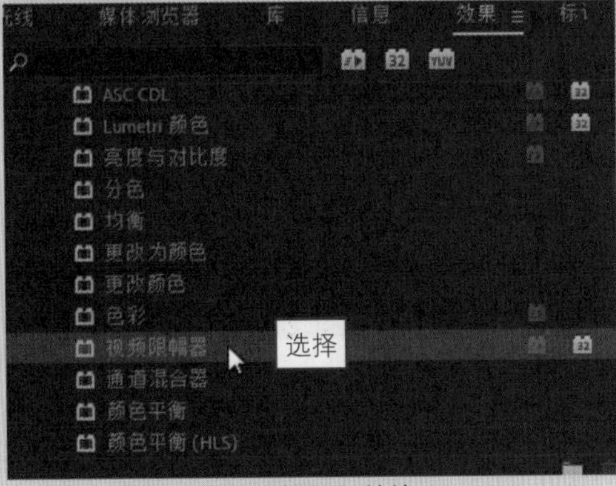

图3-139 选择“视频限幅器”特效

STEP 06 在“效果控件”面板中，设置“信号最大值”为70.00%，如图3-142所示。

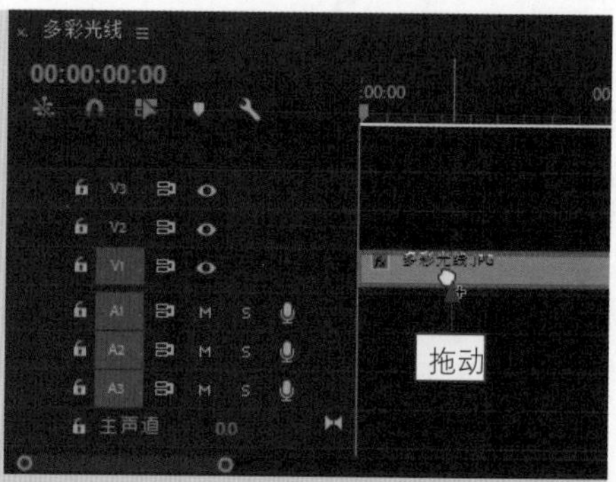

图3-140 拖动“视频限幅器”特效

❶ **拆分视图百分比**：将图像的一部分显示为校正视图，而将图像的另一部分显示为未校正视图。

❷ **缩小轴**：允许设置多项限制，以定义明亮度的范围（亮度）、颜色（色度）或总体视频信号（智能限制）。“最小”和“最大”控件的可用性取决于用户选择的“缩小轴”选项。

❸ **信号最小值**：指定最小的视频信号，包括亮度和饱和度。

❹ **信号最大值**：指定最大的视频信号，包括亮度和饱和度。

❺ **缩小方式**：允许压缩特定的色调范围以保留重要色调范围中的细节（“高光压缩”“中间调压缩”“阴影压缩”“高光和阴影压缩”）或压缩所有的色调范围（“压缩全部”）。默认值为“压缩全部”。

❻ **色调范围定义**：定义剪辑中的阴影、中间调和高光的色调范围，拖动方形滑块可以调整阈值，拖动三角形滑块可以调整柔和度（羽化）。阴影阈值、阴影柔和度、高光阈值、高光柔和度等用于确定剪辑中的阴影、中间调和高光的阈值及柔和度。输入值或单击选项名称旁边的三角形并拖动滑块来改变其值。

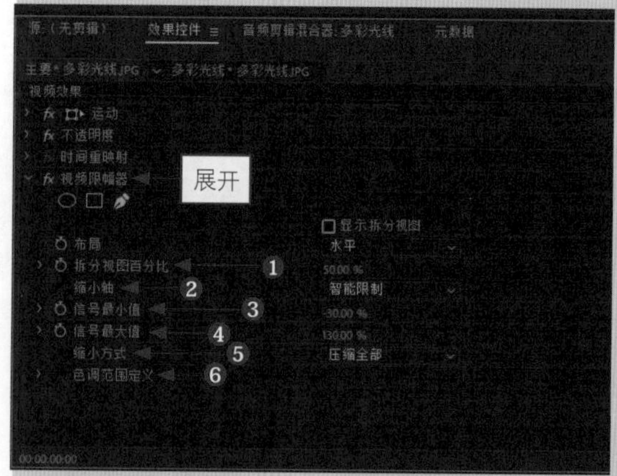

图3-141 展开“视频限幅器”选项

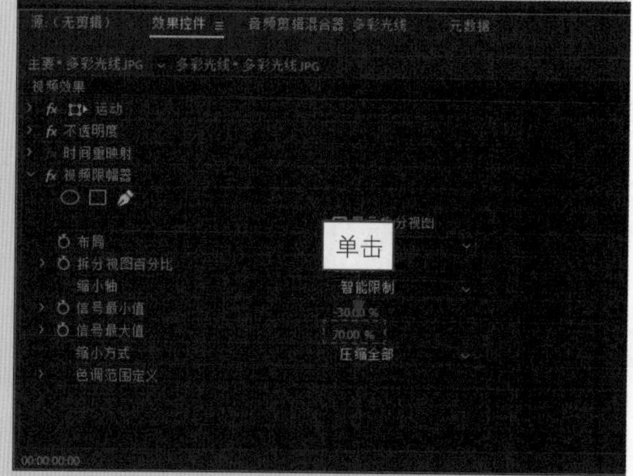

图3-142 设置相应的数值

STEP 07 执行以上操作后，即可运用“视频限幅器”特效调整色彩，单击“播放-停止切换”按钮，预览视频效果，如图3-143所示。

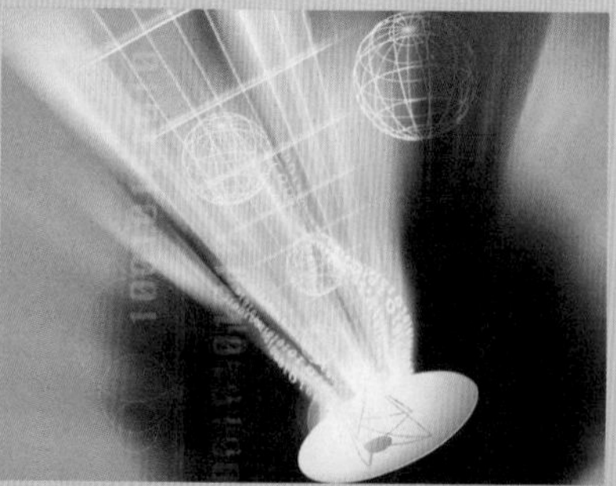
图3-143 应用“视频限幅器”特效的前后效果对比

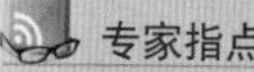
专家指点

进行颜色校正之后，应用“视频限幅器”效果，使视频信号符合广播标准，同时尽可能保持较高的图像质量。建议使用YC波形范围，以确保视频信号在3.5IRE ~ 100IRE等级范围内。

第4章　完美过渡：编辑与设置转场效果

转场主要是利用某些特殊的效果，在素材与素材之间产生自然、平滑、美观及流畅的过渡效果，可以让画面更富有表现力。合理地运用转场效果，可以制作出令人赏心悦目的影视片段。本章将详细介绍编辑与设置转场效果的方法，帮助用户掌握可以制作出更多影视转场特效的操作技巧。

本章学习重点

转场的基础知识

转场效果的编辑

转场效果的属性设置

应用常用转场特效

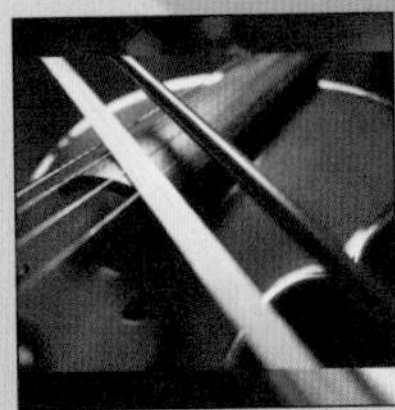

4.1 转场的基础知识

在两个镜头之间添加转场效果，可以使镜头与镜头之间的过渡更为平滑。本节将对转场的基础知识进行介绍。

4.1.1 认识转场功能

视频影片是由镜头与镜头之间的连接组建起来的，因此在许多镜头与镜头之间的切换过程中，难免会显得过于僵硬。因此，在许多镜头之间需要选择不同的转场来达到过渡效果，如图4-1所示。转场除了平滑两个镜头的过渡，还能起到画面和视角之间的切换作用。

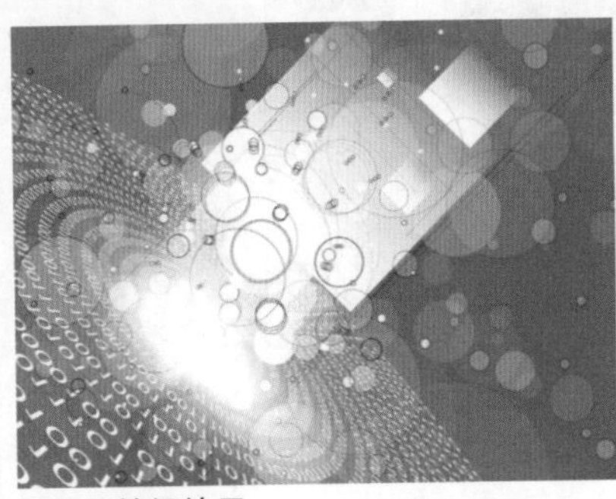

图4-1 转场效果

4.1.2 认识转场分类

Premiere Pro CC 2018提供了多种多样的典型转换效果，根据不同的类型，系统将其分别归类在不同的文件夹中。

Premiere Pro CC 2018中包含的转场效果分别为3D运动效果、划像效果、擦除效果、沉浸式视频效果、溶解效果、滑动效果、缩放效果、页面剥落效果及其他的特殊效果等。如图4-2所示为“页面剥落”转场效果。

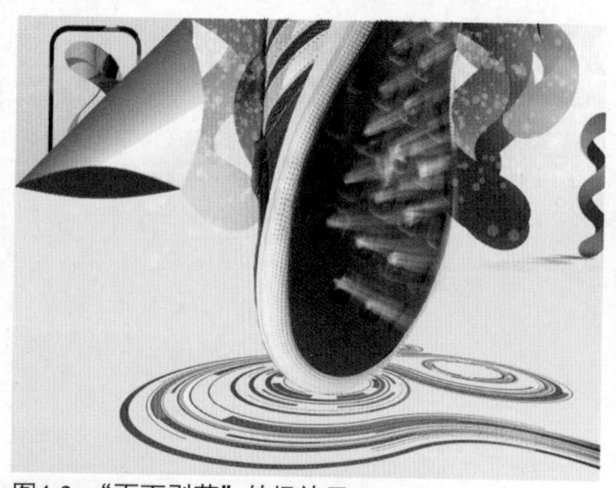

图4-2 “页面剥落”转场效果

4.1.3 转场效果的应用

构成影片的最小单位是镜头，一个个镜头连接在一起形成的镜头序列叫作段落。每个段落都具有某个单一的、相对完整的内容。而段落与段落之间、场景与场景之间的过渡或转换，就叫作转场。在不同的领域应用不同的转场效果，可以使其效果更佳，如图4-3所示。

图4-3 “百叶窗”转场效果

在影视科技不断发展的今天，转场的应用已经从单纯的影视效果发展到许多商业动态广告、游戏开场动画及一些网络视频的制作中，如3D运动转场中的“翻转”转场，多用于娱乐节目的MTV中，让节目看起来更加生动。溶解转场中的“渐隐为白色”与“渐隐为黑色”转场效果就常用在影视节目的片头和片尾处，这种缓慢的过渡可以避免让观众产生过于突然的感觉。

4.2 转场效果的编辑

本节主要介绍编辑转场效果的基本方法。

4.2.1 添加转场效果

在Premiere Pro CC 2018中，转场效果被放置在“效果”面板的“视频过渡”选项中，用户只需将转场效果拖入视频轨道中即可。下面介绍添加转场效果的方法。

应用案例

添加转场效果

素材：素材\第4章\童话世界.prproj　效果：效果\第4章\童话世界.prproj

视频：视频\第4章\4.2.1 添加转场效果.mp4

STEP 01 选择“文件”|“打开项目”命令，打开“素材\第4章\童话世界.prproj”项目文件，如图4-4所示。

STEP 02 在“效果控件”面板中调整素材的缩放比例，在“效果”面板中展开“视频过渡”选项，如图4-5所示。

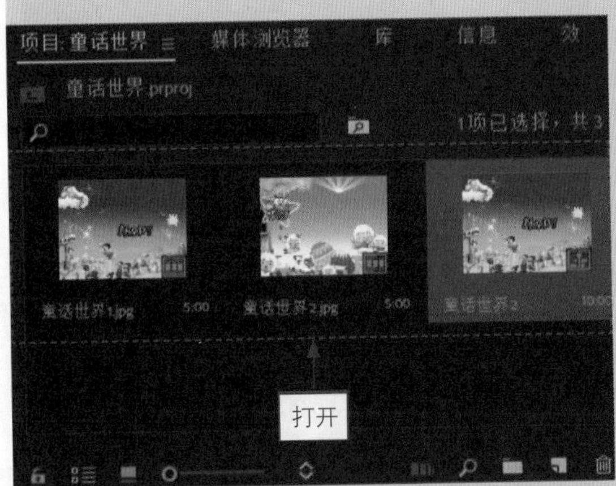

图4-4 打开项目文件

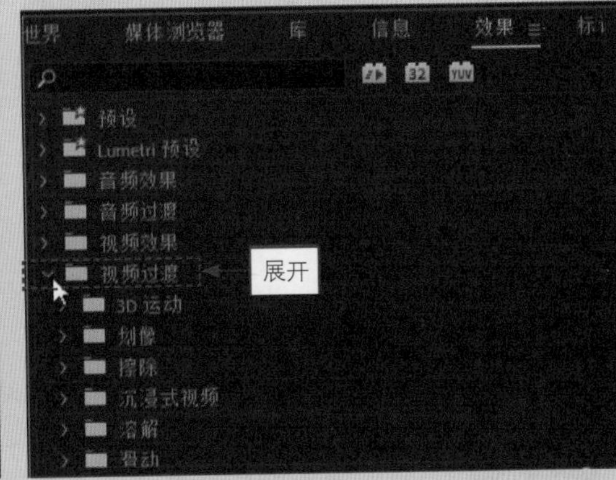

图4-5 展开“视频过渡”选项

STEP 03 执行上述操作后，❶在其中展开“划像”选项，❷在下方选择“圆划像”转场效果，如图4-6所示。

STEP 04 按住鼠标左键，将其拖至V1轨道的两个素材之间，添加转场效果，如图4-7所示。

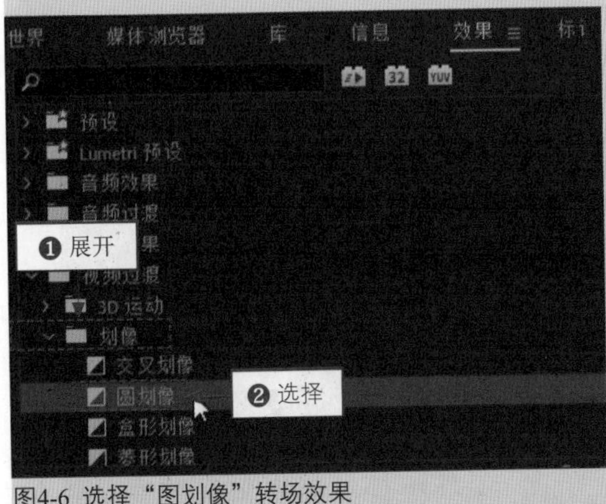

图4-6 选择“图划像”转场效果

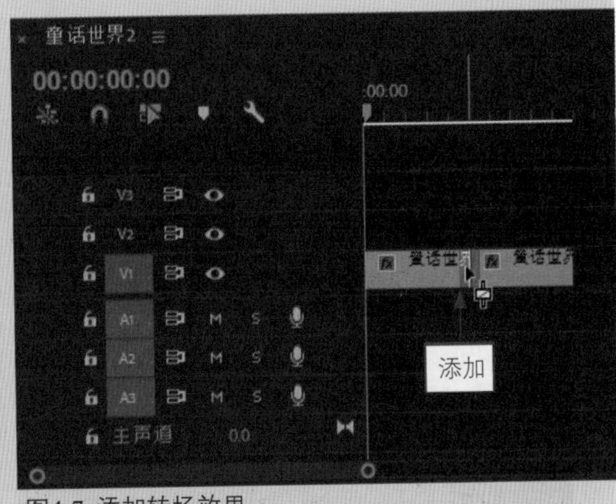

图4-7 添加转场效果

STEP 05 执行上述操作后，单击“节目监视器”面板中的“播放-停止切换”按钮，即可预览转场效果，如图4-8所示。

图4-8 预览转场效果

专家指点

在 Premiere Pro CC 2018 中，添加完转场效果后，按空格键，也可播放转场效果。

4.2.2 为不同的轨道添加转场

在Premiere Pro CC 2018中，不仅可以在同一个轨道中添加转场效果，还可以在不同的轨道中添加转场效果。下面介绍为不同的轨道添加转场效果的方法。

应用案例

为不同的轨道添加转场

素材：素材\第4章\动画特效.prproj　效果：效果\第4章\动画特效.prproj

视频：视频\第4章\4.2.2 为不同的轨道添加转场.mp4

STEP 01 选择“文件”|“打开项目”命令，打开“素材\第4章\动画特效.prproj”项目文件，如图4-9所示。

STEP 02 拖动“项目”面板中的素材至V1轨道和V2轨道上，并调整素材与素材之间的交叉，如图4-10所示，在“效果控件”面板中调整素材的缩放比例。

图4-9 打开项目文件

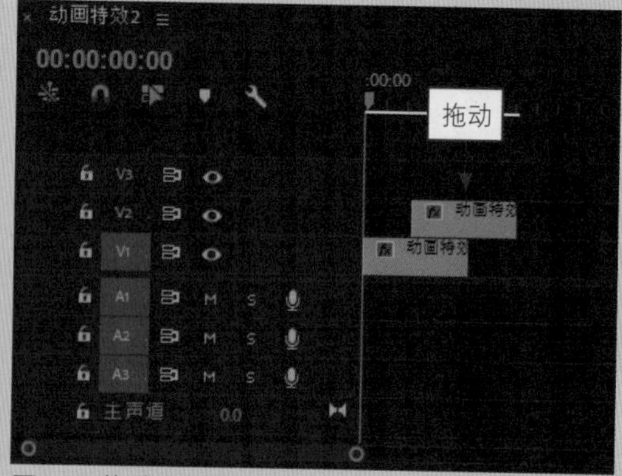

图4-10 拖动素材

STEP 03 ❶在“效果”面板中展开“视频过渡”|“滑动”选项，❷选择“推”转场效果，如图4-11所示。

STEP 04 按住鼠标左键将其拖动至V2轨道的素材上，即可添加转场效果，如图4-12所示。

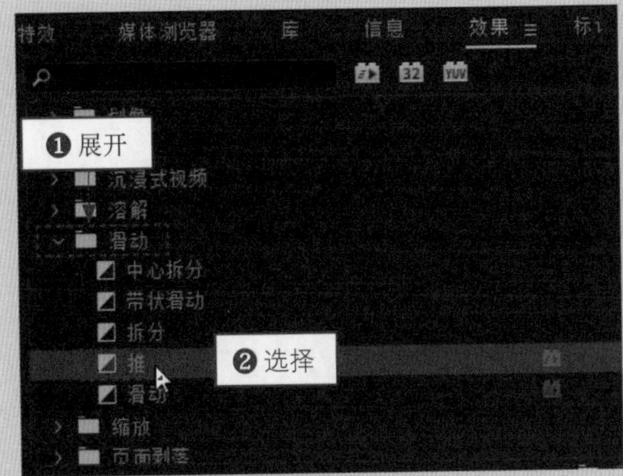

图4-11 选择“推”转场效果

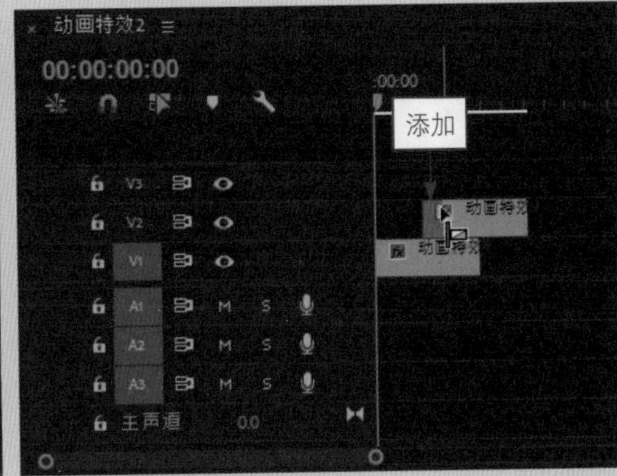

图4-12 添加转场效果

专家指点

在 Premiere Pro CC 2018 中为不同的轨道添加转场效果时，需要注意将不同轨道的素材与素材进行合适的交叉，否则会出现黑屏过渡效果。

STEP 05 执行上述操作后，单击“节目监视器”面板中的“播放-停止切换”按钮，即可预览转场效果，如图4-13所示。

图4-13 预览转场效果

专家指点

在 Premiere Pro CC 2018 中，依次在轨道中连接多个素材的时候，注意前一个素材的最后一帧与后一个素材的第一帧之间的衔接，两个素材一定要紧密地连接在一起。如果中间留有时间空隙，则在最终的影片播放中会出现黑场。

4.2.3 替换和删除转场效果

在Premiere Pro CC 2018中，当用户对添加的转场效果并不满意时，可以替换或删除转场效果。下面介绍替换和删除转场效果的方法。

应用案例

替换和删除转场效果

素材：素材\第4章\演奏乐器.prproj　　效果：效果\第4章\演奏乐器.prproj

视频：视频\第4章\4.2.3 替换和删除转场效果.mp4

STEP 01 选择“文件”|“打开项目”命令，打开“素材\第4章\演奏乐器.prproj”项目文件，如图4-14所示。

STEP 02 在“时间轴”面板的V1轨道中可以查看转场效果，如图4-15所示。

专家指点

在 Premiere Pro CC 2018 中，如果用户不再需要某个转场效果，可以在“时间轴”面板中选择该转场效果，按【Delete】键将其删除。

STEP 03 在“效果”面板中，❶展开“视频过渡”|“划像”选项，❷选择“盒形划像”转场效果，如图4-16所示。

STEP 04 按住鼠标左键，将其拖至V1轨道的原转场效果所在位置，即可替换转场效果，如图4-17所示。

图4-14 打开项目文件

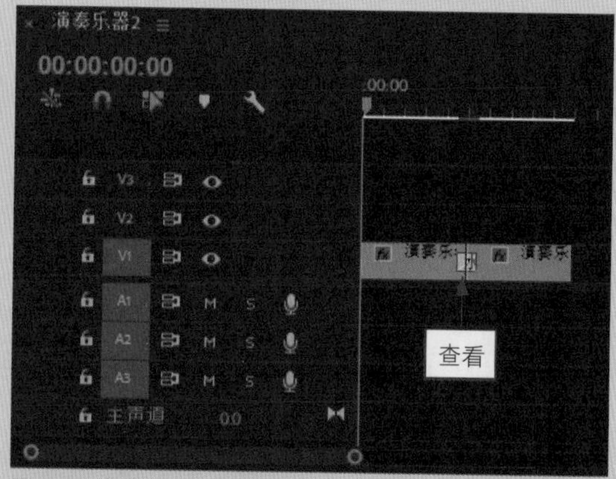

图4-15 查看转场效果

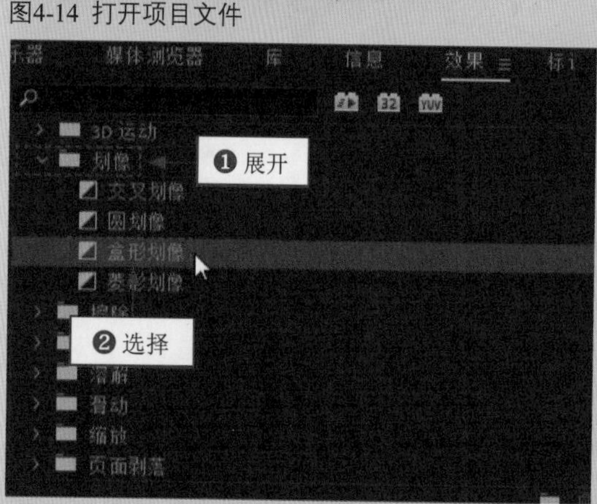

图4-16 选择“盒形划像”转场效果

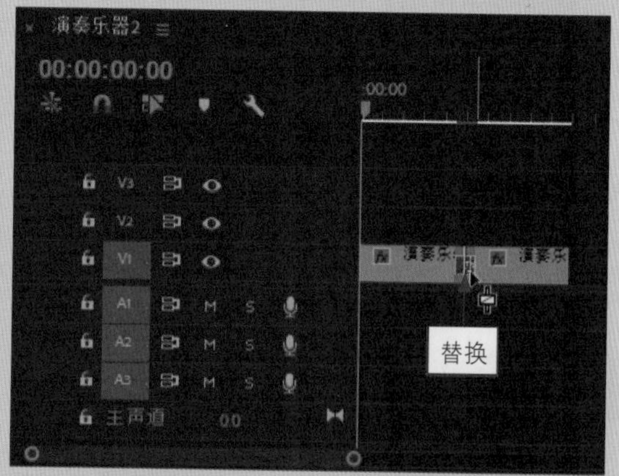

图4-17 替换转场效果

STEP 05 执行上述操作后，单击“节目监视器”面板中的“播放-停止切换”按钮，即可预览替换后的转场效果，如图4-18所示。

STEP 06 在“时间轴”面板中选择转场效果，单击鼠标右键，在弹出的快捷菜单中选择“清除”命令，如图4-19所示，即可删除转场效果。

图4-18 预览转场效果

图4-19 选择“清除”命令

4.3 转场效果的属性设置

在Premiere Pro CC 2018中，可以对添加的转场效果进行相应属性设置，从而达到美化转场效果的目的。本节主要介绍设置转场效果属性的方法。

4.3.1 设置转场时间

在默认情况下，添加的视频转场效果默认为播放1秒，用户可以根据需要对转场的播放时间进行调整。下面介绍设置转场播放时间的方法。

应用案例

设置转场时间

素材：素材\第4章\清凉夏日.prproj　效果：效果\第4章\清凉夏日.prproj

视频：视频\第4章\4.3.1 设置转场时间.mp4

STEP 01 在Premiere Pro CC 2018中，选择“文件”|“打开项目”命令，打开一个项目文件，如图4-20所示。

STEP 02 在“效果控件”面板中调整素材的缩放比例，❶在“效果”面板中展开“视频过渡”|“划像”选项，❷选择“交叉划像”转场效果，如图4-21所示。

图4-20 打开项目文件

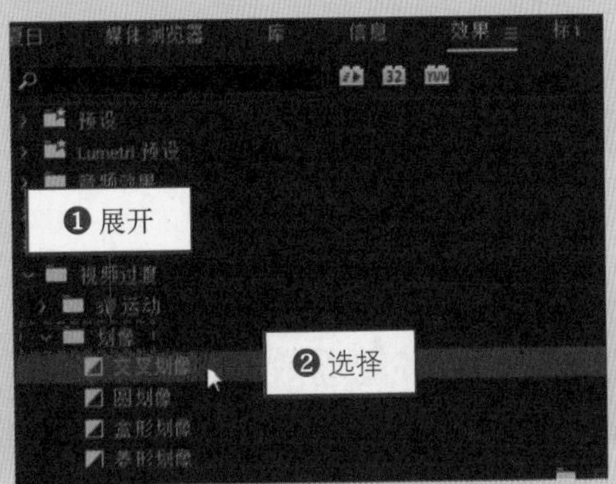

图4-21 选择“交叉划像”转场效果

STEP 03 按住鼠标左键，将其拖至V1轨道的两个素材之间，即可添加转场效果，如图4-22所示。

STEP 04 在“时间轴”面板的V1轨道中选择添加的转场效果，在“效果控件”面板中设置“持续时间”为00:00:03:00，如图4-23所示。

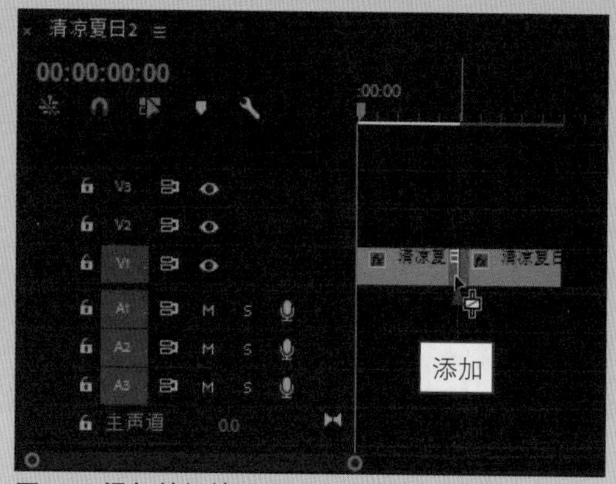

图4-22 添加转场效果

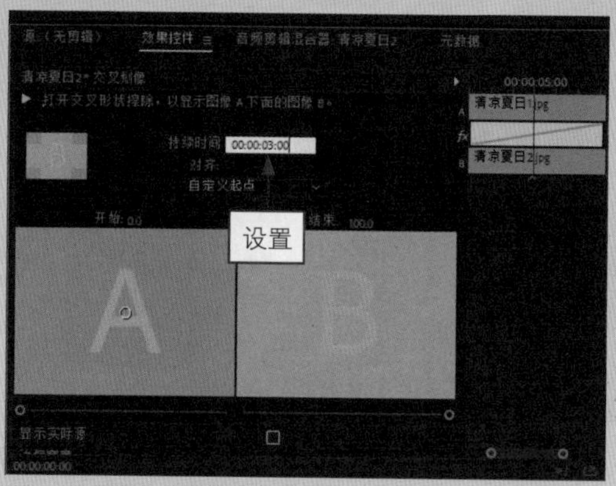

图4-23 设置“持续时间”

STEP 05 执行上述操作后，即设置了转场时间，单击“节目监视器”面板中的“播放-停止切换”按钮，即可预览转场效果，如图4-24所示。

图4-24 预览转场效果

 专家指点

在 Premiere Pro CC 2018 的“效果控件”面板中，不仅可以设置转场效果的持续时间，还可以显示素材的实际来源、边框、边色、反向及抗锯齿品质等。

4.3.2 对齐转场效果

在Premiere Pro CC 2018中，用户可以根据需要对添加的转场效果设置对齐方式。下面介绍对齐转场效果的方法。

应用案例

对齐转场效果

素材：素材\第4章\春秋之景.prproj 效果：效果\第4章\春秋之景.prproj

视频：视频\第4章\4.3.2 对齐转场效果.mp4

STEP 01 在Premiere Pro CC 2018中，选择“文件”|“打开项目”命令，打开“素材\第4章\春秋之景.prproj”项目文件，如图4-25所示。

图4-25 打开项目文件

STEP 02 在“项目”面板中拖动素材至V1轨道中，在“效果控件”面板中调整素材的缩放比例，❶在“效果”面板中展开“视频过渡”|“擦除”选项，❷选择“插入”转场效果，如图4-26所示。

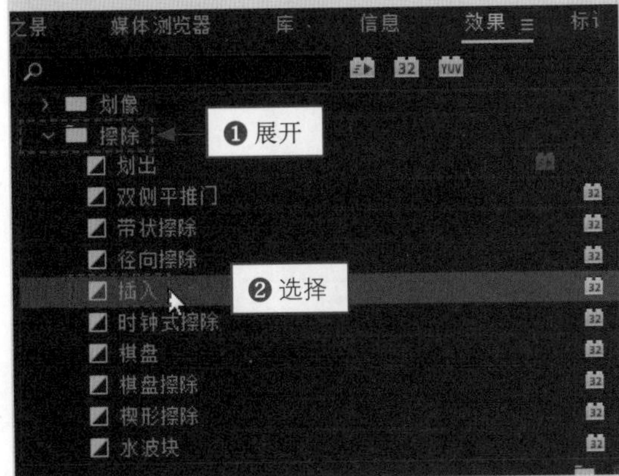

图4-26 选择“插入”转场效果

STEP 03 按住鼠标左键，将其拖至V1轨道的两个素材之间，即可添加转场效果，如图4-27所示。

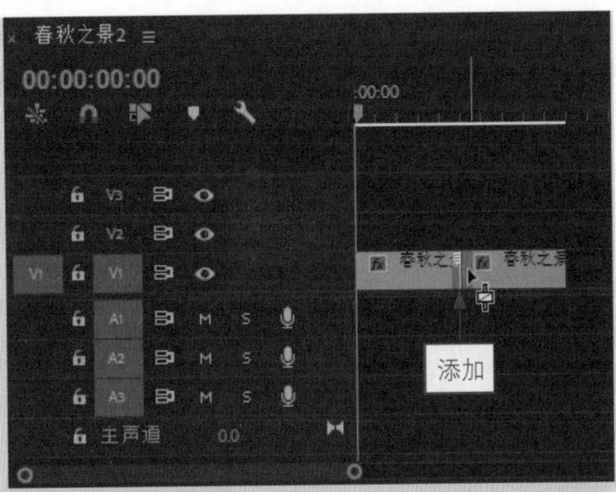

图4-27 添加转场效果

STEP 04 双击添加的转场效果，在“效果控件”面板中单击“对齐”下方下拉列表框的下拉按钮，在弹出的下拉列表中选择“起点切入”选项，如图4-28所示。

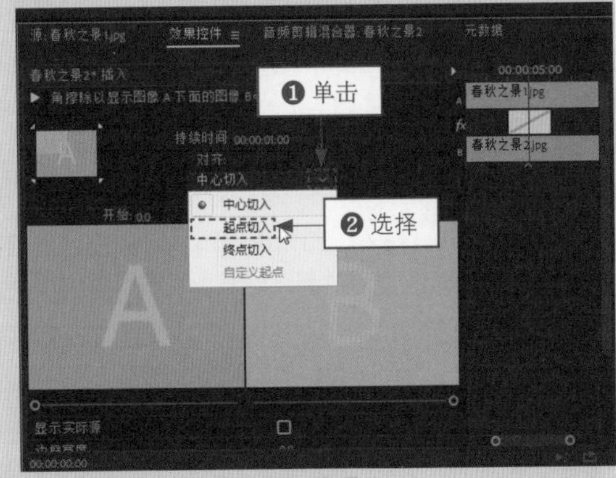

图4-28 选择“起点切入”选项

STEP 05 执行上述操作后，即可将V1轨道上的转场效果对齐到“起点切入”位置，如图4-29所示。

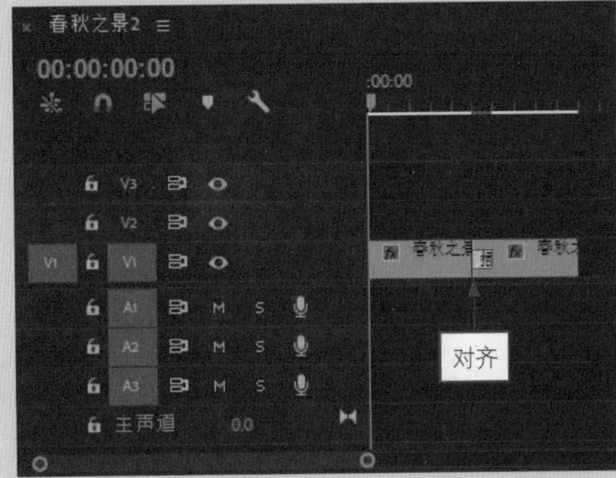

图4-29 对齐转场效果

专家指点

在 Premiere Pro CC 2018 的"效果控件"面板中，系统默认的对齐方式为"中心切入"，用户还可以设置对齐方式为"起点切入"或者"终点切入"，设置完成后，"时间轴"面板中的素材文件会随即发生变化。

STEP 06 单击"节目监视器"面板中的"播放-停止切换"按钮，即可预览转场效果，如图4-30所示。

图4-30 预览转场效果

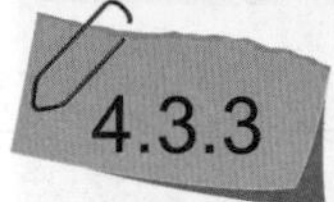

4.3.3 反向转场效果

在Premiere Pro CC 2018中，用户可以在"项目控件"面板中，将转场效果反向，预览转场效果时可以反向预览显示效果。下面介绍反向转场效果的方法。

应用案例

反向转场效果

素材：素材\第4章\水果缤纷.prproj　效果：效果\第4章\水果缤纷.prproj

视频：视频\第4章\4.3.3 反向转场效果.mp4

STEP 01 在Premiere Pro CC 2018中，选择"文件"|"打开项目"命令，打开一个项目文件，如图4-31所示。

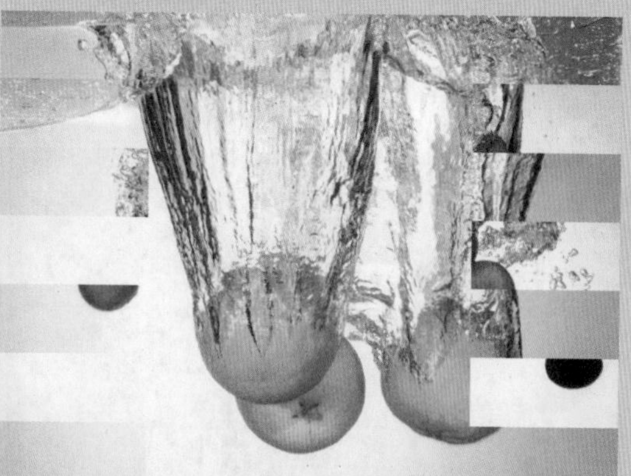

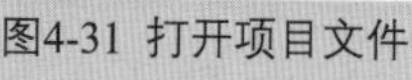

图4-31 打开项目文件

STEP 02 在“时间轴”面板中选择转场效果，如图4-32所示。

STEP 03 执行上述操作后，展开“效果控件”面板，如图4-33所示。

STEP 04 向下拖动面板右侧的滑块，或滑动鼠标滑轮，在“效果控件”面板中，选中“反向”复选框，如图4-34所示。

STEP 05 执行上述操作后，单击“节目监视器”面板中的“播放-停止切换”按钮，即可预览反向转场效果，如图4-35所示。

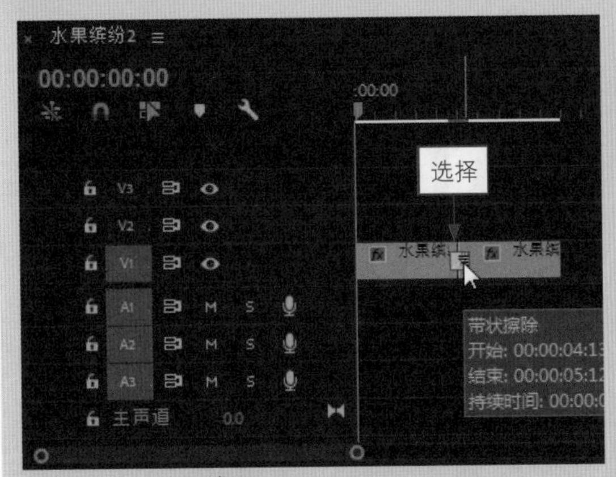

图4-32 选择转场效果

图4-33 展开“效果控件”面板

图4-34 选中“反向”复选框

图4-35 预览反向转场效果

显示素材实际来源

在Premiere Pro CC 2018中，系统默认的转场效果并不会显示原始素材，用户可以通过设置“效果控件”面板来显示素材来源。下面介绍显示素材实际来源的方法。

显示素材实际来源

素材：素材\第4章午后咖啡.prproj　效果：效果\第4章\午后咖啡.prproj

视频：视频\第4章\4.3.4 显示素材实际来源.mp4

STEP 01 在Premiere Pro CC 2018中，选择“文件”|“打开项目”命令，打开一个“素材\第4章\午后咖啡.prproj”项目文件，如图4-36所示。

专家指点

在“效果控件”面板中选中“显示实际源”复选框，则大写 A 和 B 两个预览区中显示的分别是视频轨道上第 1 段素材转场的开始帧和第 2 段素材的结束帧。

STEP 02 在“时间轴”面板的V1轨道中选择转场效果，展开“效果控件”面板，如图4-37所示。

STEP 03 在其中选中“显示实际源”复选框，执行上述操作后，即可显示实际来源，查看到转场的开始与结束点，如图4-38所示。

图4-36 打开项目文件

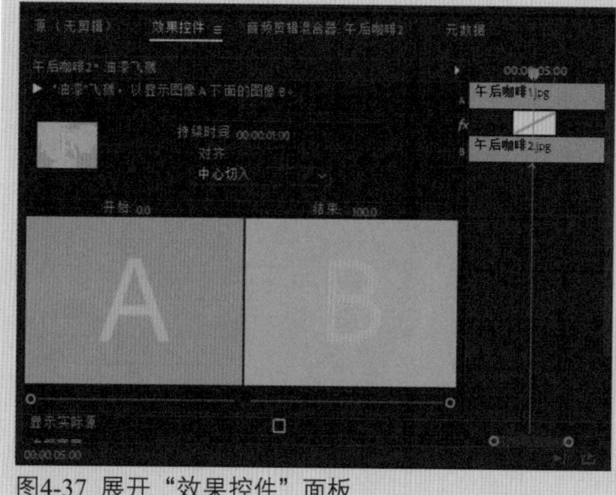

图4-37 展开“效果控件”面板

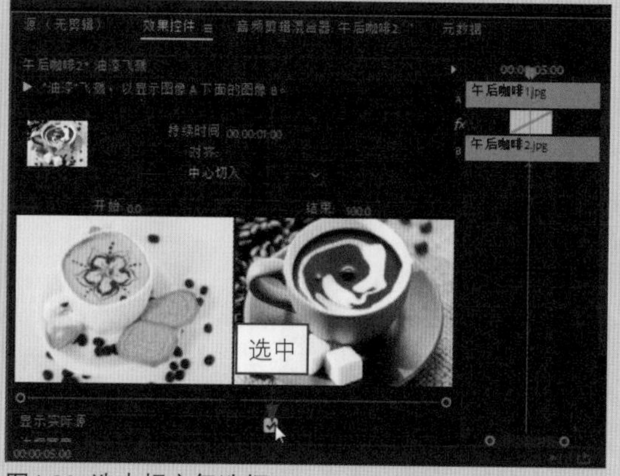

图4-38 选中相应复选框

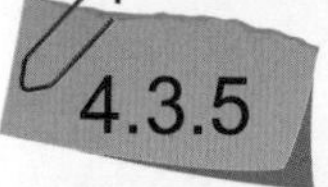

4.3.5 设置转场边框

在Premiere Pro CC 2018中，不仅可以对齐转场、设置转场播放时间、反向效果等，还可以设置边框宽度及边框颜色。下面介绍设置边框与颜色的操作方法。

应用案例

设置转场边框

素材：素材\第4章\书有花香.prproj　效果：效果\第4章\书有花香.prproj

视频：视频\第4章\4.3.5 设置转场边框.mp4

STEP 01 在Premiere Pro CC 2018中，选择“文件”|“打开项目”命令，打开一个项目文件，如图4-39所示。

STEP 02 在“时间轴”面板中，选择转场效果，如图4-40所示。

STEP 03 在“效果控件”面板中，单击“边框颜色”右侧的色块，弹出“拾色器”对话框，在其中设置RGB颜色值为248、252、247，如图4-41所示。

STEP 04 设置完成后，单击“确定”按钮，在“效果控件”面板中设置“边框宽度”为5.0，如图4-42所示。

图4-39 打开项目文件

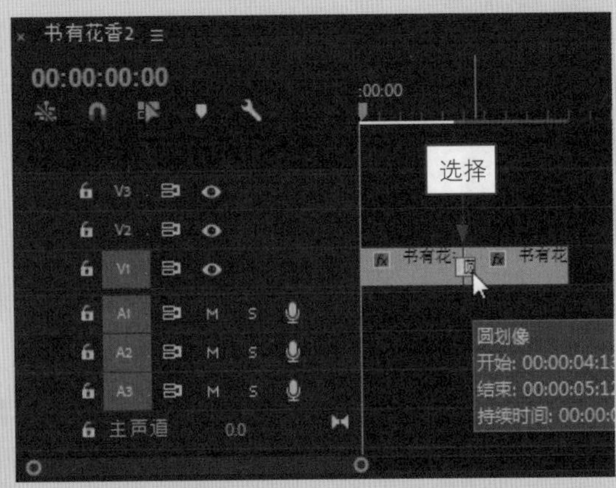

图4-40 选择转场效果

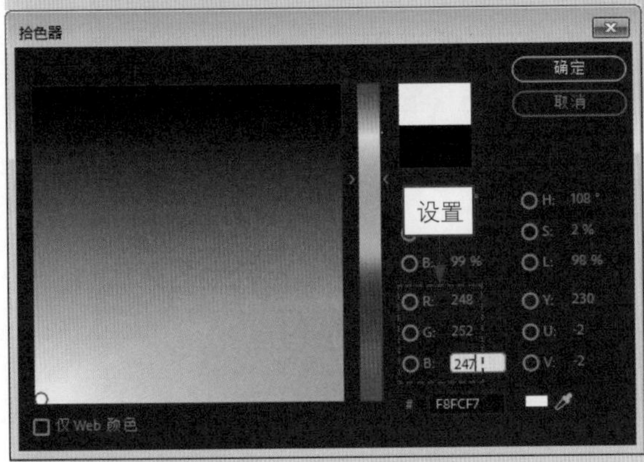

图4-41 设置RGB颜色值

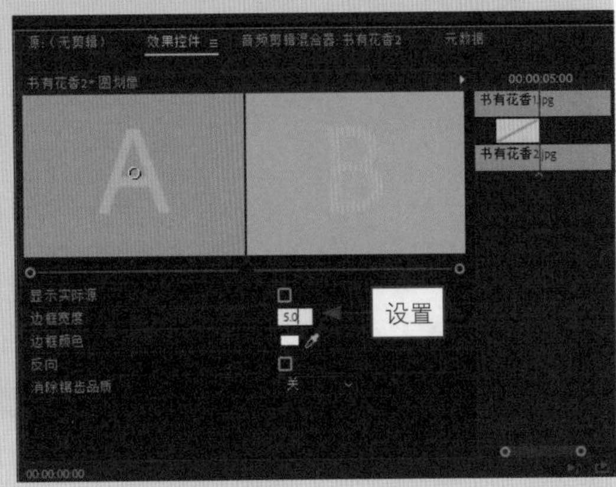

图4-42 设置边框宽度值

STEP 05 执行上述操作后，单击“节目监视器”面板中的“播放-停止切换”按钮，即可预览设置边框颜色和宽度值后的转场效果，如图4-43所示。

图4-43 预览转场效果

4.4 应用常用转场特效

4.4.1 叠加溶解

"叠加溶解"转场效果是第1个镜头的画面融化消失，而第2个镜头的画面同时出现的转场效果。

应用案例

叠加溶解

素材：素材\第4章\美丽新娘.prproj　　效果：效果\第4章\美丽新娘.prproj

视频：视频\第4章\4.4.1　叠加溶解.mp4

STEP 01 在Premiere Pro CC 2018中，按快捷键【Ctrl＋O】，打开一个项目文件，如图4-44所示。

STEP 02 打开项目文件后，在"节目监视器"面板中可以查看素材画面，如图4-45所示。

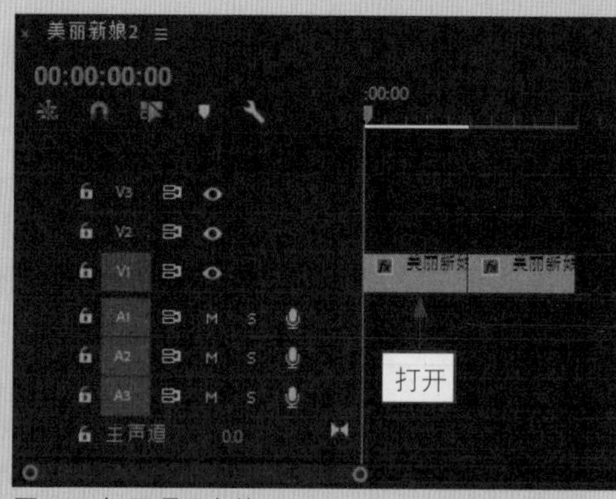

图4-44 打开项目文件

图4-45 查看素材画面

STEP 03 在"效果"面板中，❶依次展开"视频过渡"|"溶解"选项，❷在其中选择"叠加溶解"视频过渡效果，如图4-46所示。

STEP 04 将"叠加溶解"视频过渡效果添加到"时间轴"面板中相应的两个素材文件之间，如图4-47所示。

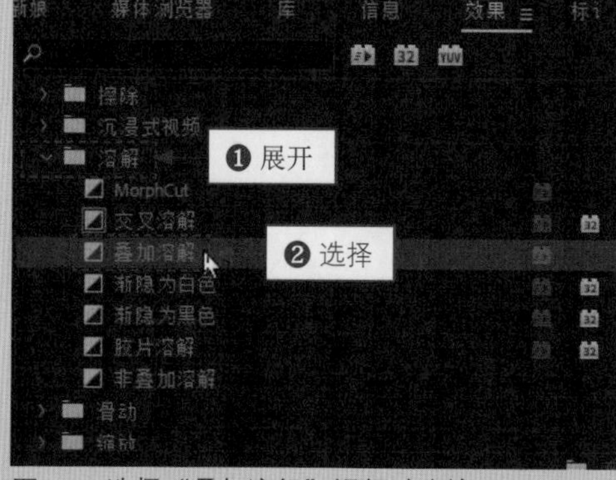

图4-46 选择"叠加溶解"视频过渡效果

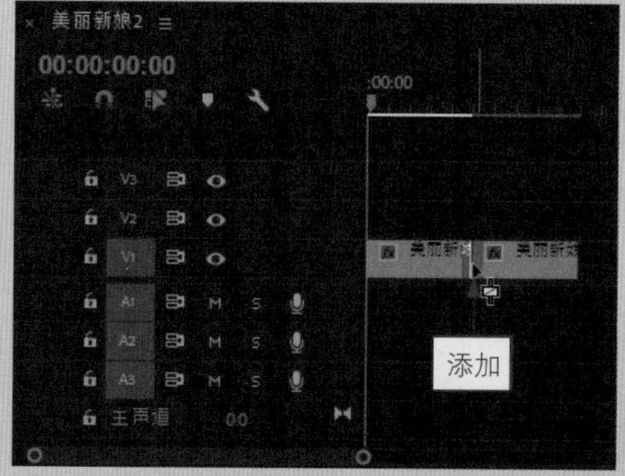

图4-47 添加视频过渡效果

STEP 05 在“时间轴”面板中选择“叠加溶解”视频过渡效果，切换至“效果控件”面板，将鼠标指针移至效果图标fx右侧的视频过渡效果上，当鼠标指针呈红色拉伸形状时，按住鼠标左键向右拖动，如图4-48所示，即可调整视频过渡的播放时间。

STEP 06 执行上述操作后，添加的“叠加溶解”转场效果如图4-49所示。

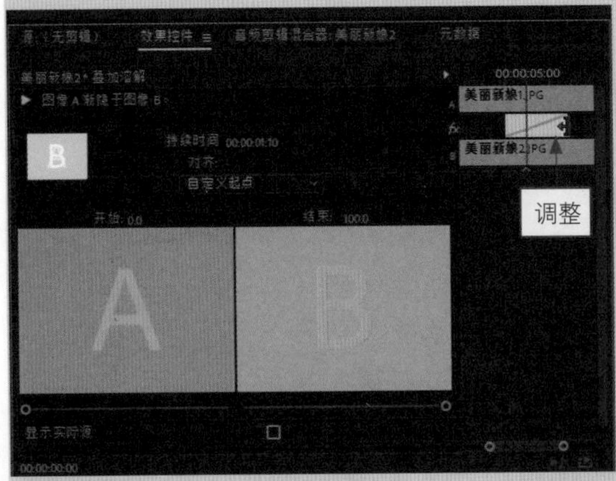

图4-48 调整视频过渡的播放时间

图4-49 添加“叠加溶解”转场效果

STEP 07 在“节目监视器”面板中，单击“播放-停止切换”按钮，预览视频效果，如图4-50所示。

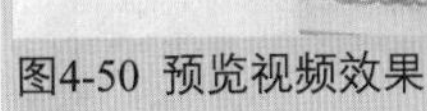

图4-50 预览视频效果

专家指点

在“时间轴”面板中也可以对视频过渡效果进行简单的设置，将鼠标指针移至视频过渡效果图标上，当鼠标指针呈白色三角形时，按住鼠标左键并拖动，可以调整视频过渡效果的切入位置；将鼠标指针移至视频过渡效果图标的一侧，当鼠标指针呈红色拉伸形状时，按住鼠标左键并拖动，可以调整视频过渡效果的播放时间。

4.4.2 中心拆分

“中心拆分”转场效果是将第1个镜头的画面从中心拆分为4个画面，并向4个角落移动，逐渐过渡至第2个镜头的转场效果。

应用案例

中心拆分

素材：素材\第4章\周年庆典.prproj　　效果：效果\第4章\周年庆典.prproj

视频：视频\第4章\4.4.2 中心拆分.mp4

STEP 01 在Premiere Pro CC 2018中，按快捷键【Ctrl+O】，打开“素材\第4章\周年庆典.prproj”项目文件，如图4-51所示。

STEP 02 打开项目文件后，在“节目监视器”面板中可以查看素材画面，如图4-52所示。

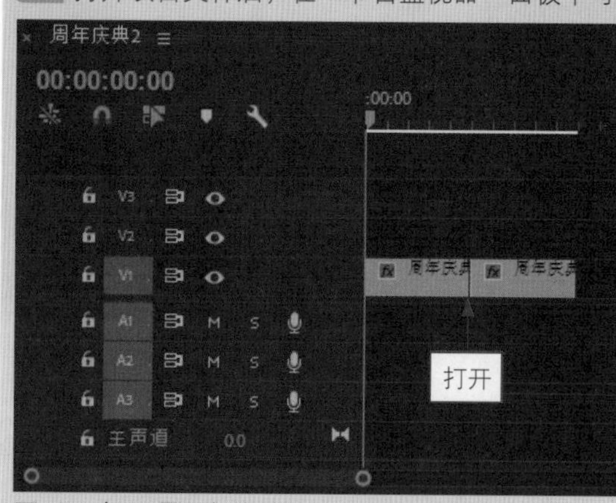

图4-51 打开项目文件

图4-52 查看素材画面

STEP 03 在“效果”面板中，❶依次展开“视频过渡”|“滑动”选项，❷在其中选择“中心拆分”视频过渡效果，如图4-53所示。

STEP 04 将“中心拆分”视频过渡效果添加到“时间轴”面板中相应的两个素材文件之间，如图4-54所示。

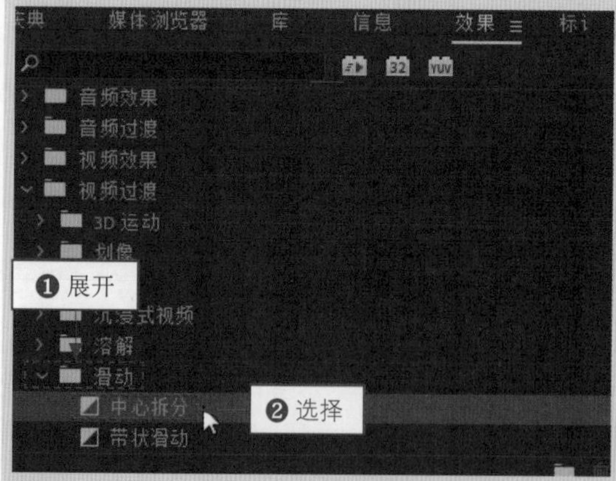

图4-53 选择“中心拆分”视频过渡效果

图4-54 添加视频过渡效果

STEP 05 在“时间轴”面板中选择“中心拆分”视频过渡效果，切换至“效果控件”面板，设置“边框宽度”为2.0、“边框颜色”为白色，如图4-55所示。

STEP 06 执行上述操作后，即设置了“中心拆分”转场效果，如图4-56所示。

STEP 07 在“节目监视器”面板中，单击“播放-停止切换”按钮，预览视频效果，如图4-57所示。

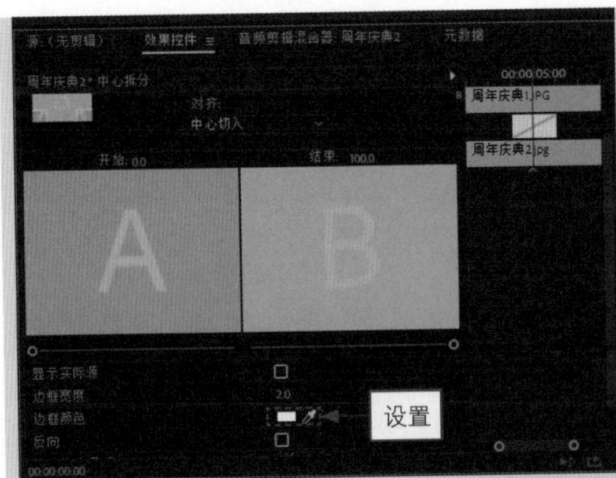

图4-55 设置边框颜色为白色

图4-56 设置“中心拆分”转场效果

图4-57 预览视频效果

4.4.3 渐变擦除

“渐变擦除”转场效果是用第2个镜头的画面以渐变的方式逐渐取代第1个镜头的转场效果。

渐变擦除

素材：素材\第4章\最美枫叶. prproj　效果：效果\第4章\最美枫叶.prproj

视频：视频\第4章\4.4.3 渐变擦除.mp4

STEP 01 在Premiere Pro CC 2018中，按快捷键【Ctrl＋O】，打开“素材\第4章\最美枫叶.prproj”项目文件，如图4-58所示。

STEP 02 打开项目文件后，在“节目监视器”面板中，单击“播放-停止切换”按钮可以查看素材画面，如图4-59所示。

STEP 03 在“效果”面板中，依次展开“视频过渡”|“擦除”选项，选择“渐变擦除”视频过渡效果，如图4-60所示。

STEP 04 将“渐变擦除”视频过渡效果拖到“时间轴”面板中相应的两个素材文件之间，如图4-61所示。

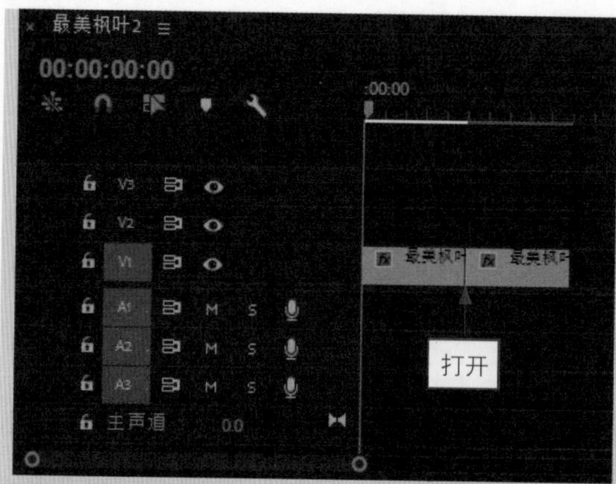

图4-58 打开项目文件

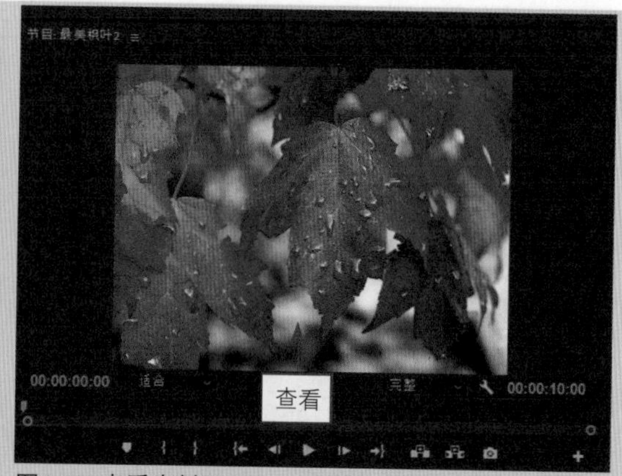

图4-59 查看素材画面

图4-60 选择“渐变擦除”视频过渡效果

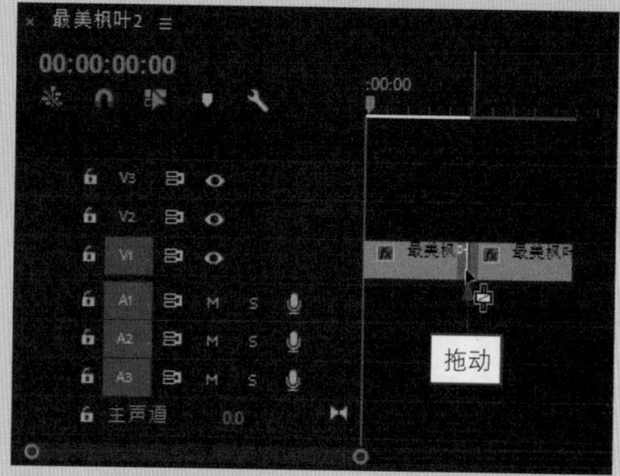

图4-61 拖动视频过渡效果

STEP 05 释放鼠标，弹出“渐变擦除设置”对话框，在对话框中设置“柔和度”为0，如图4-62所示。

STEP 06 单击“确定”按钮，即设置了“渐变擦除”视频过渡效果，如图4-63所示。

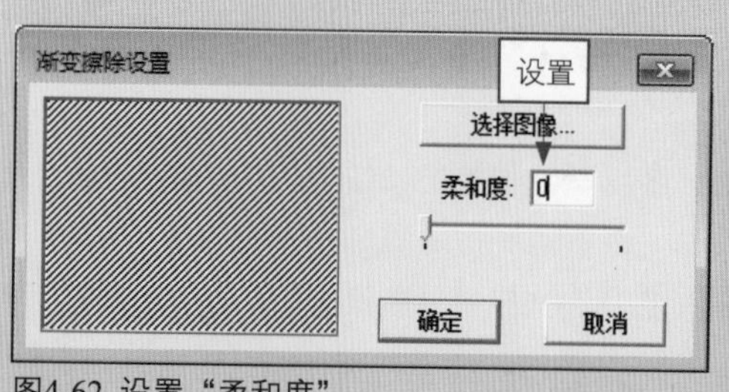

图4-62 设置“柔和度”

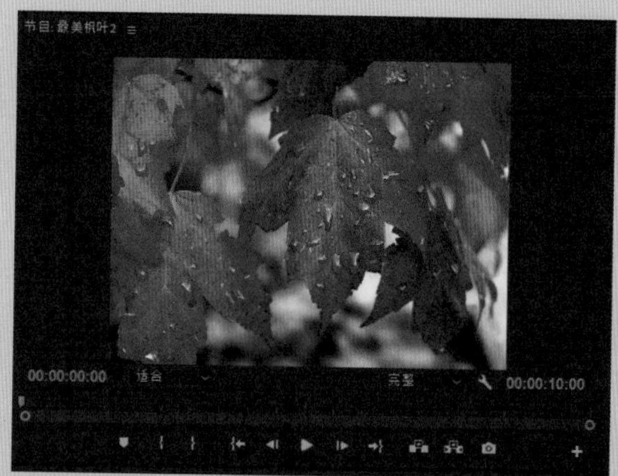

图4-63 设置“渐变擦除”视频过渡效果

STEP 07 单击“播放-停止切换”按钮，预览视频效果，如图4-64所示。

图4-64 预览视频效果

4.4.4 翻页

"翻页"转场效果是将第1幅图像以翻页的形式从一角卷起，最终将第2幅图像显示出来的效果。

应用案例

翻页

素材：素材\第4章\电影海报. prproj　　效果：效果\第4章\电影海报.prproj

视频：视频\第4章\4.4.4 翻页.mp4

STEP 01 按快捷键【Ctrl+O】，打开"素材\第4章\电影海报.prproj"项目文件，如图4-65所示。

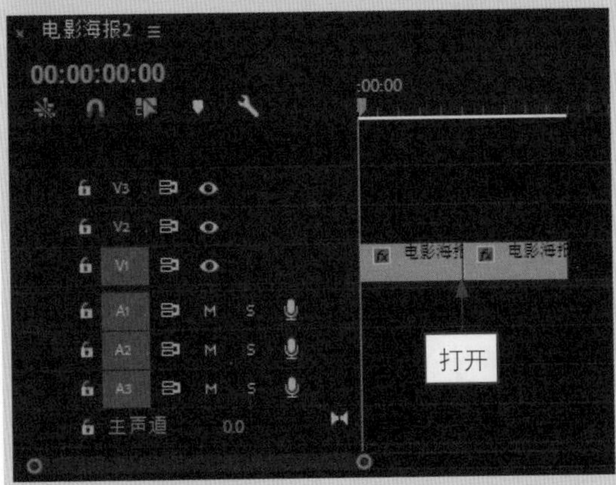

图4-65 打开项目文件

STEP 02 打开项目文件后，在"节目监视器"面板中可以查看素材画面，如图4-66所示。

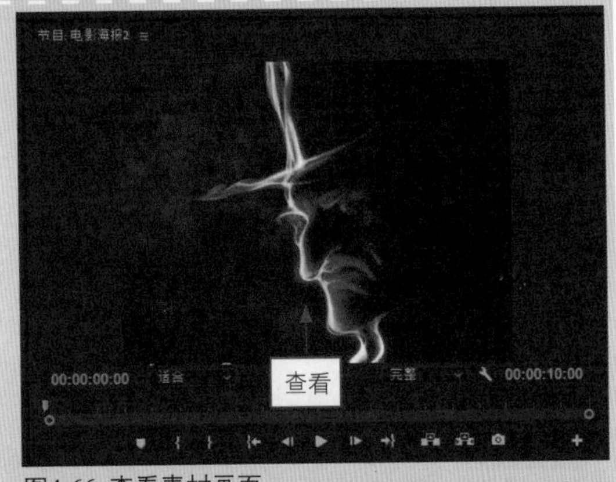

图4-66 查看素材画面

STEP 03 在"效果"面板中，❶依次展开"视频过渡"|"页面剥落"选项，❷在其中选择"翻页"视频过渡效果，如图4-67所示。

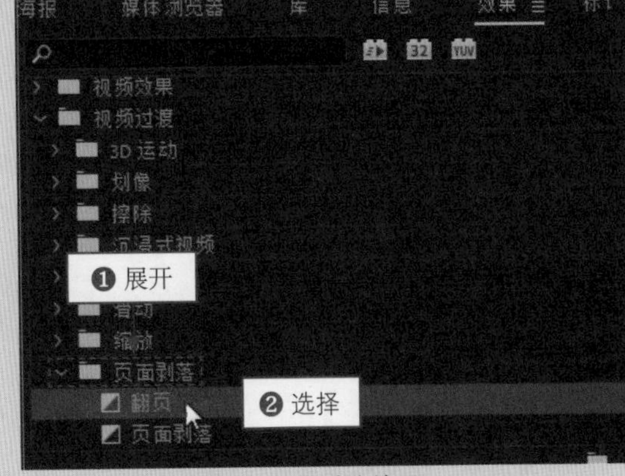

图4-67 选择"翻页"视频过渡效果

STEP 04 将"翻页"视频过渡效果拖到"时间轴"面板中相应的两个素材文件之间，如图4-68所示。

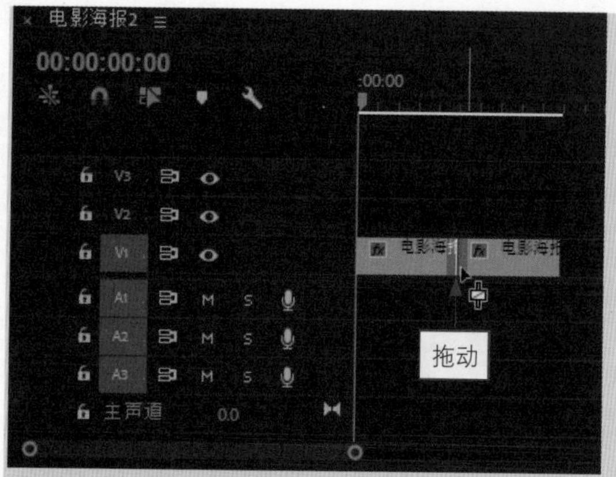

图4-68 添加视频过渡效果

STEP 05 执行操作后，即添加了“翻页”转场效果，在“节目监视器”面板中，单击“播放-停止切换”按钮，预览添加转场效果后的视频文件，如图4-69所示。

专家指点

用户在“效果”面板的“页面剥落”选项中，选择“翻页”转场效果后，可以单击鼠标右键，弹出快捷菜单，选择“设置所选择为默认过渡”命令，即可将“翻页”转场效果设置为默认转场效果。

图4-69 预览视频效果

4.4.5 带状滑动

“带状滑动”转场效果能够将第2个镜头画面从预览窗口中的左右两边以带状形式向中间滑动拼接显示出来。

应用案例

带状滑动

素材：素材\第4章\魅力春天. prproj　效果：效果\第4章\魅力春天.prproj

视频：视频\第4章\4.4.5 带状滑动.mp4

STEP 01 按快捷键【Ctrl+O】，打开“素材\第4章\魅力春天.prproj”项目文件，如图4-70所示。

STEP 02 打开项目文件后，在“节目监视器”面板中可以查看素材画面，如图4-71所示。

STEP 03 在“效果”面板中，❶依次展开“视频过渡”|“滑动”选项，❷在其中选择“带状滑动”视频过渡效果，如图4-72所示。

STEP 04 将“带状滑动”视频过渡效果拖到“时间轴”面板中相应的两个素材文件之间，如图4-73所示。

STEP 05 在添加的视频过渡上单击鼠标右键，在弹出的快捷菜单中选择“设置过渡持续时间”命令，如图4-74所示。

STEP 06 在弹出的“设置过渡持续时间”对话框中，设置“持续时间”为00:00:03:00，如图4-75所示。

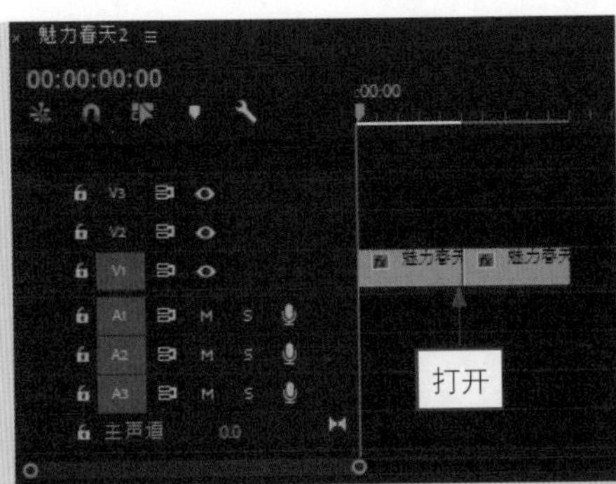

图4-70 打开项目文件

图4-71 查看素材画面

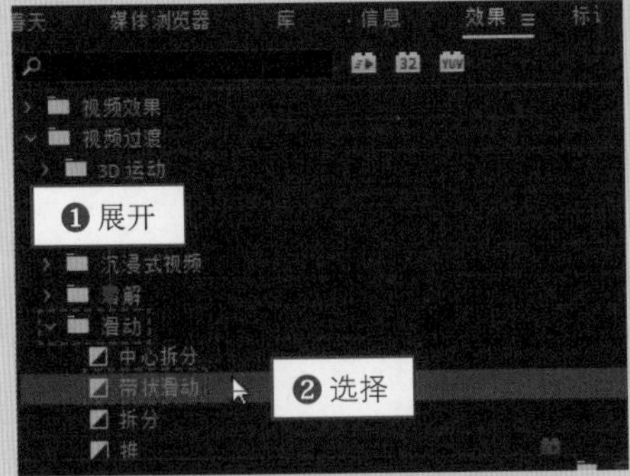

图4-72 选择“带状滑动”视频过渡效果

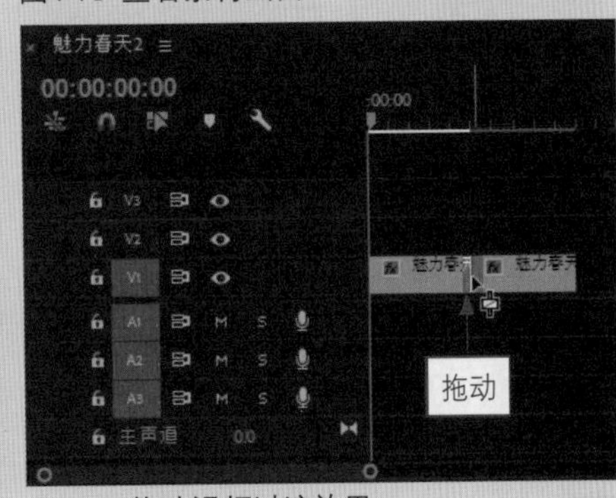

图4-73 拖动视频过渡效果

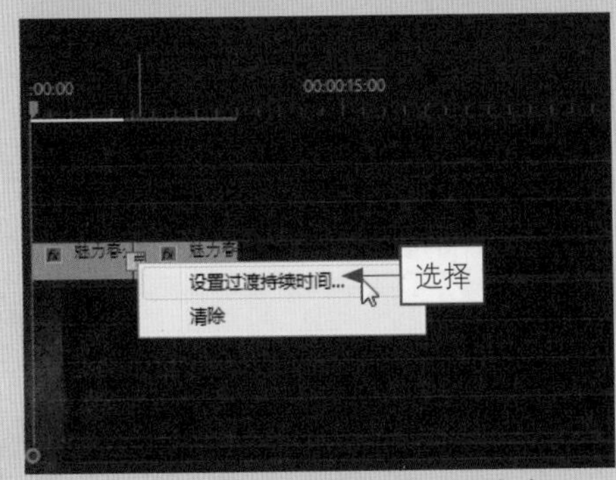

图4-74 选择“设置过渡持续时间”命令

图4-75 设置过渡持续时间

STEP 07 单击“确定”按钮，确定设置的过渡持续时间，如图4-76所示。

STEP 08 执行上述操作后，设置的“带状滑动”转场效果如图4-77所示。

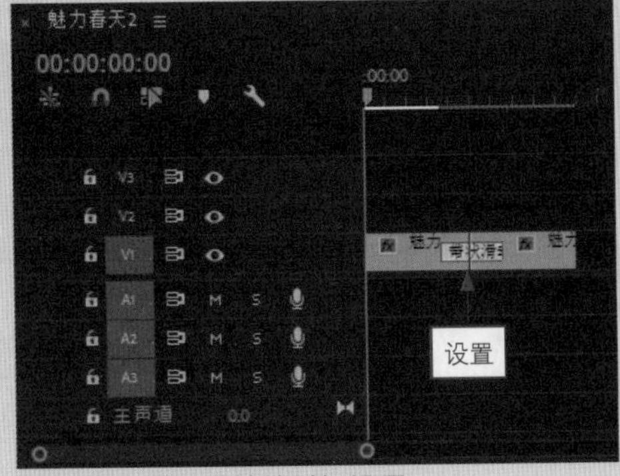

图4-76 完成过渡持续时间设置

图4-77 设置的“带状滑动”转场效果

STEP 09 在“节目监视器”面板中，单击“播放-停止切换”按钮，预览添加转场效果后的视频文件，如图4-78所示。

图4-78 预览视频效果

4.4.6 滑动

“滑动”转场效果不改变第1个镜头画面，而是直接将第2个画面滑入第1个镜头画面中。

应用案例

滑动

素材：素材\第4章\口红广告.prproj　效果：效果\第4章\口红广告.prproj

视频：视频\第4章\4.4.6 滑动.mp4

STEP 01 打开一个项目文件，在“效果”面板的“滑动”文件夹中选择“滑动”选项，如图4-79所示。

STEP 02 按住鼠标左键将“滑动”视频过渡效果拖到“时间轴”面板中相应的两个素材文件之间，如图4-80所示。

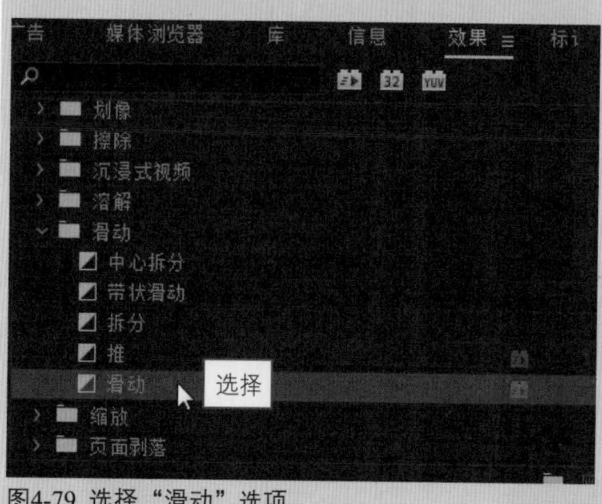

图4-79 选择“滑动”选项

图4-80 添加转场效果

STEP 03 执行操作后，即添加了“滑动”转场效果，在“节目监视器”面板中，单击“播放-停止切换”按钮，预览添加转场效果后的视频文件，如图4-81所示。

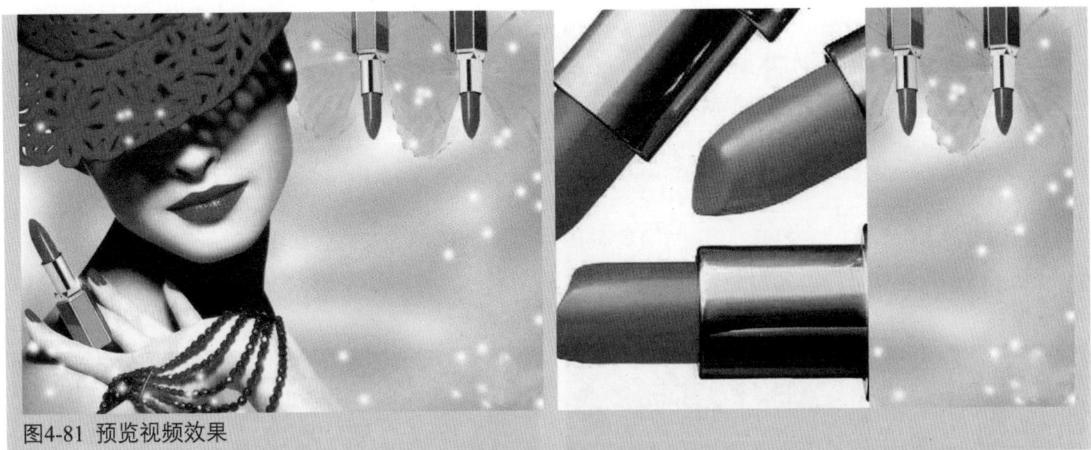

图4-81 预览视频效果

4.5 专家支招

在Premiere Pro CC 2018的“时间轴”面板中，视频过渡效果通常应用于同一轨道上相邻的两个素材文件之间，也可以应用在素材文件的开始或者结尾处，在结尾处添加的较为常用的转场通常为“渐隐为黑色”转场效果。

在已添加视频过渡效果的素材文件上，会出现相应的视频过渡图标，图标的宽度会根据视频过渡的持续时间长度而变化，选择相应的视频过渡图标，此时图标变成灰色，切换至“效果控件”面板，可以对视频过渡效果进行详细设置，选中“显示实际源”复选框，即可在面板中的预览区内预览实际素材效果。

4.6 总结拓展

在Premiere Pro CC 2018的“效果”|“视频过渡”面板中，提供了多种转场特效，包括“翻转”“交叉划像”“双侧平推门”“百叶窗”“螺旋框”“风车”“交叉溶解”“渐隐为白色”“交叉缩放”“页面脱落”等，这些转场效果在两个影视素材文件之间起到过渡作用，可以使素材画面之间的切换不显得生硬，运用这些转场效果，可以让素材与素材之间过渡得更加完美、自然和流畅，从而制作出绚丽多彩的影视作品。

4.6.1 本章小结

本章详细讲解了在Premiere Pro CC 2018中转场效果的基础知识，包括转场效果的添加、编辑及设置等内容，具体包括认识转场功能、添加转场效果、替换和删除转场效果、设置转场时间、设置转场边框及应用常用转场特效等。通过学习本章内容，读者可以熟练掌握“视频过渡”各个转场的使用，以及调整转场时长及添加边框等操作技巧。除本章所述内容外，Premiere Pro CC 2018中还有更多转场效果有待用户自行探索和发掘。学完本章内容，希望读者可以利用掌握的转场效果的方法，制作更多漂亮的影视作品。

4.6.2 举一反三——制作立方体旋转特效

“立方体旋转”转场效果是将第1个镜头和第2个镜头画面以立体旋转的方式显示，将两幅图像映射在立方体的两个面的过渡效果。

应用案例

制作立方体旋转特效

素材：素材\第4章\动画片段.prproj　效果：效果\第4章\动画片段.prproj

视频：视频\第4章\4.6.2 制作立方体旋转特效.mp4

STEP 01 按快捷键【Ctrl+O】，打开“素材\第4章\动画片段.prproj”项目文件，如图4-82所示。

STEP 02 在“效果”面板中，依次展开“视频过渡”|“3D运动”选项，在其中选择“立方体旋转”，并将其拖到“时间轴”面板中相应的两个素材文件之间，如图4-83所示。

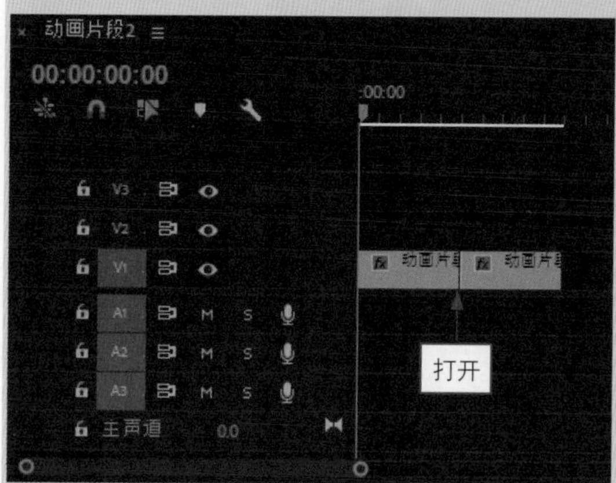

图4-82 打开项目文件

图4-83 添加转场效果

STEP 03 执行操作后，即添加了“立方体旋转”转场效果，在“节目监视器”面板中，单击“播放-停止切换”按钮，预览添加转场后的视频效果，如图4-84所示。

图4-84 预览视频效果

读书笔记

第5章　酷炫特效：精彩视频特效的制作

随着数字时代的发展，添加影视效果这一复杂的工作已经得到了简化。在Premiere Pro CC 2018强大的视频效果的帮助下，可以对视频、图像及音频等多种素材进行处理和加工，从而得到令人满意的影视文件。本章将讲解Premiere Pro CC 2018提供的多种视频效果的添加与设置方法。

本章学习重点

视频效果的基本操作

视频效果参数的设置

常用视频特效

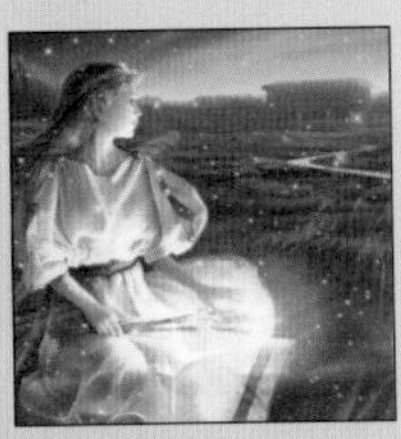

5.1 视频效果的基本操作

Premiere Pro CC 2018根据视频效果的作用，将软件自带的130多种视频效果分为“Obsolete”“变换”“图像控制”“实用程序”“扭曲”“时间”“杂色与颗粒”“模糊与锐化”“沉浸式视频”“生成”“视频”“调整”“过时”“过渡”“透视”“通道”“键控”“颜色校正”及“风格化”19个文件夹，放置在“效果”面板中的“视频效果”项目文件夹中，如图5-1所示。为了更好地应用这些绚丽的效果，用户首先需要掌握对视频效果的基本操作。

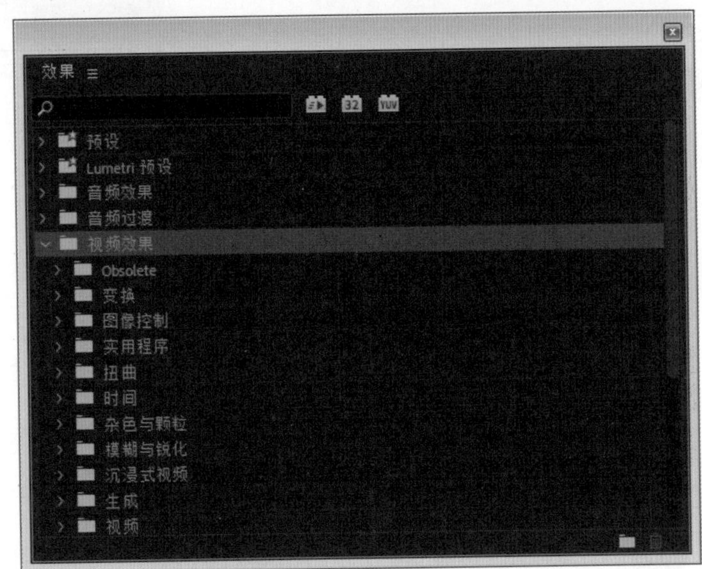

图5-1　“视频效果”文件夹

5.1.1 单个视频效果的添加

已添加视频效果的素材右侧的“不透明度”按钮fx都会变成紫色fx，以便用户区分是否给素材添加了视频效果，在“不透明度”按钮fx上单击鼠标右键，即可在弹出的快捷菜单中查看添加的视频效果，如图5-2所示。

在Premiere Pro CC 2018中，添加到“时间轴”面板的每个视频都会预先应用或内置固定效果。固定效果可以控制剪辑的固有属性，用户可以在“效果控件”面板中调整所有的固定效果属性来激活它们。

- 运动：包括多种属性，用于旋转和缩放视频，调整视频的防闪烁属性，或将这些视频与其他视频进行合成。
- 不透明度：允许降低视频的不透明度，用于实现叠加、淡化和溶解之类的效果。
- 时间重映射：允许针对视频的任何部分减速、加速、倒放或者将帧冻结。通过提供微调控制，使这些变化加速或减速。

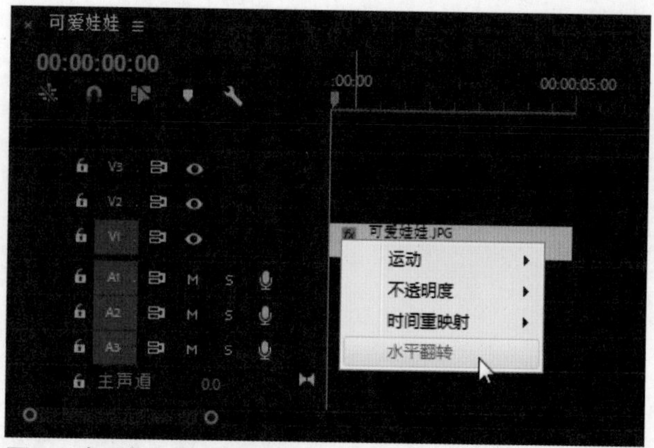

图5-2 查看添加的视频效果

为素材添加视频效果之后，用户还可以在“效果控件”面板中展开相应的效果选项，为添加的特效设置相关参数，如图5-3所示。

在Premiere Pro CC 2018的“效果控件”面板中，如果添加的效果右侧出现“设置”按钮，单击该按钮可以弹出相应的对话框，用户可以根据需要运用对话框中的参数设置视频效果，如图5-4所示。

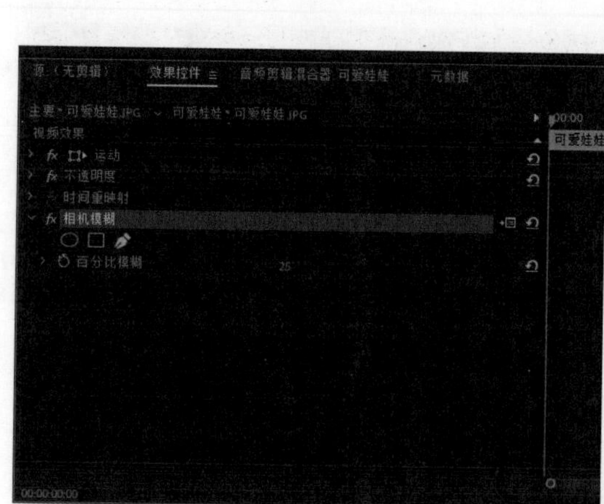

图5-3 设置视频效果相关参数

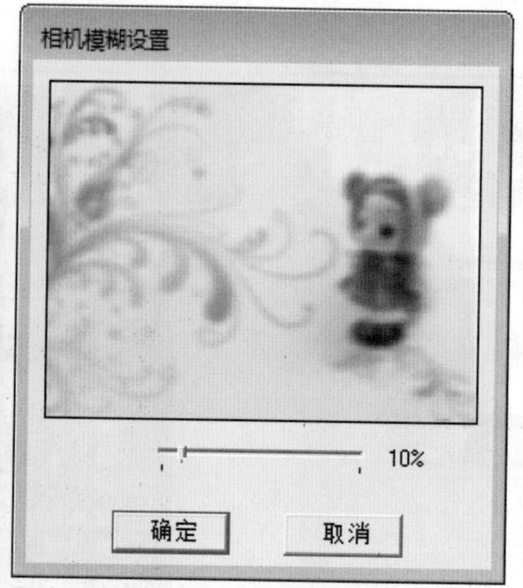

图5-4 运用对话框设置视频效果

专家指点

Premiere Pro CC 2018 在应用视频的所有标准效果之后渲染固定效果，标准效果会按照从上往下出现的顺序进行渲染，可以在“效果控件”面板中将标准效果拖到新的位置来更改它们的顺序，但是不能重新排列固定效果的顺序。这些操作可能会影响视频的最终效果。

5.1.2 添加多个视频效果

在Premiere Pro CC 2018中，将素材拖入“时间轴”面板后，可以将“效果”面板中的视频效果依次拖至“时间轴”面板的素材中，实现多个视频效果的添加。下面介绍添加多个视频效果的方法。

选择“窗口”|“效果”命令，展开“效果”面板，如图5-5所示。展开“视频效果”文件夹，为素材添加“扭曲”选项中的“放大”视频效果，如图5-6所示。

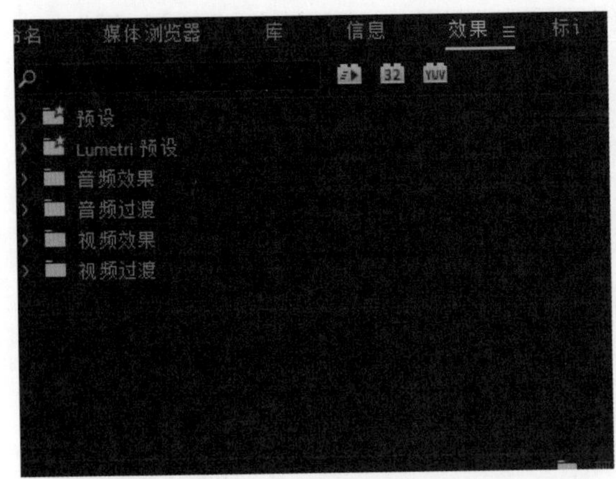

图5-5 “效果”面板

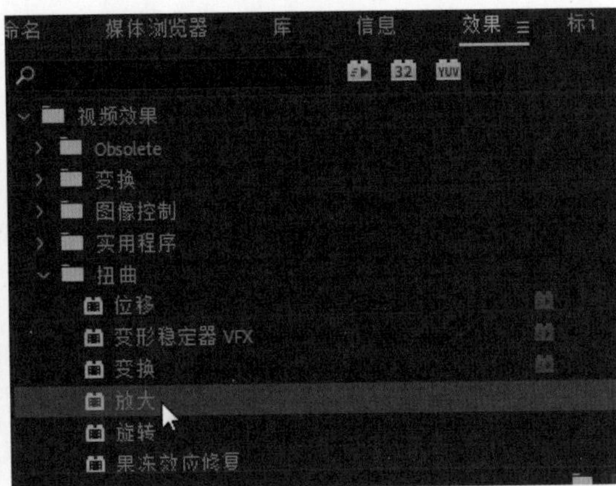

图5-6 “放大”特效

当用户完成单个视频效果的添加后，可以在“效果控件”面板中查看已添加的视频效果，如图5-7所示。接下来，用户可以继续拖动其他视频效果来完成多个视频效果的添加，执行操作后，“效果控件”面板中即可显示添加的其他视频效果，如图5-8所示。

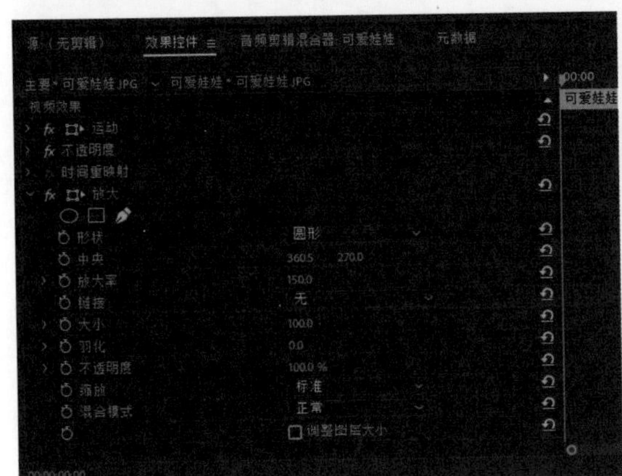

图5-7 查看已添加的单个视频效果

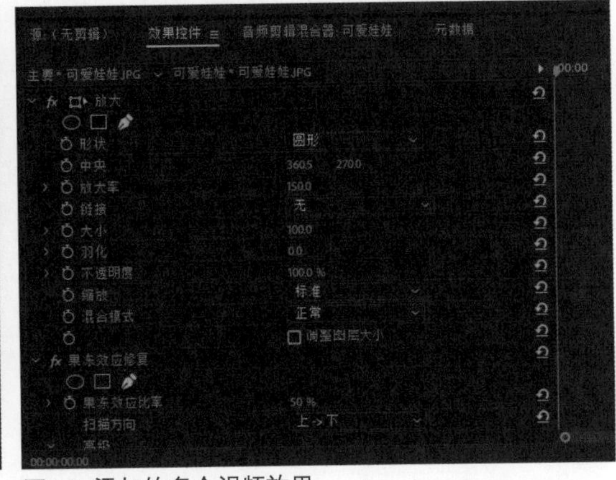

图5-8 添加的多个视频效果

5.1.3 复制与粘贴视频

使用“复制”功能可以对重复使用的视频效果进行复制操作。在执行复制操作时，首先在“时间轴”面板中选择要添加视频效果的源素材，并在“效果控件”面板中，选择视频效果，单击鼠标右键，在弹出的快捷菜单中选择“复制”命令即可。

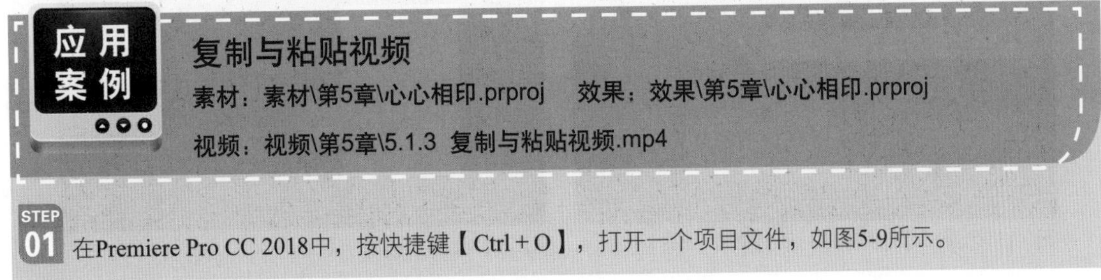

应用案例

复制与粘贴视频

素材：素材\第5章\心心相印.prproj　效果：效果\第5章\心心相印.prproj

视频：视频\第5章\5.1.3 复制与粘贴视频.mp4

STEP 01 在Premiere Pro CC 2018中，按快捷键【Ctrl+O】，打开一个项目文件，如图5-9所示。

STEP 02 打开项目文件后，在“节目监视器”面板中可以查看素材画面，如图5-10所示。

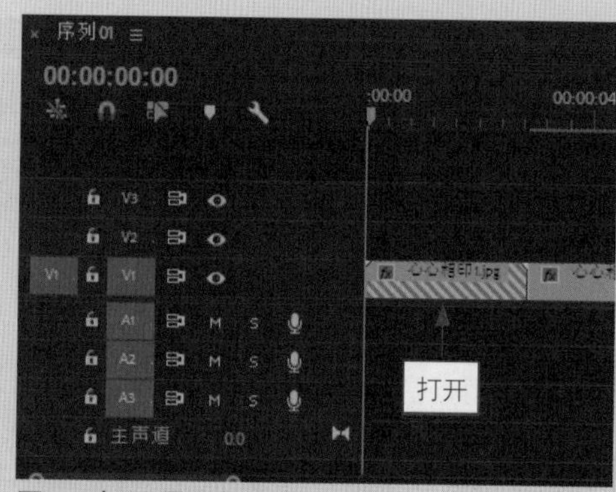

图5-9 打开项目文件

图5-10 查看素材画面

STEP 03 在“效果”面板中，❶依次展开“视频效果”|“调整”选项，❷在其中选择ProcAmp视频效果，如图5-11所示。

STEP 04 将ProcAmp视频效果拖至“时间轴”面板中的“心心相印1”素材上，切换至“效果控件”面板，设置“亮度”为1.0、“对比度”为108.0、“饱和度”为155.0，在ProcAmp选项上单击鼠标右键，在弹出的快捷菜单中选择“复制”命令，如图5-12所示。

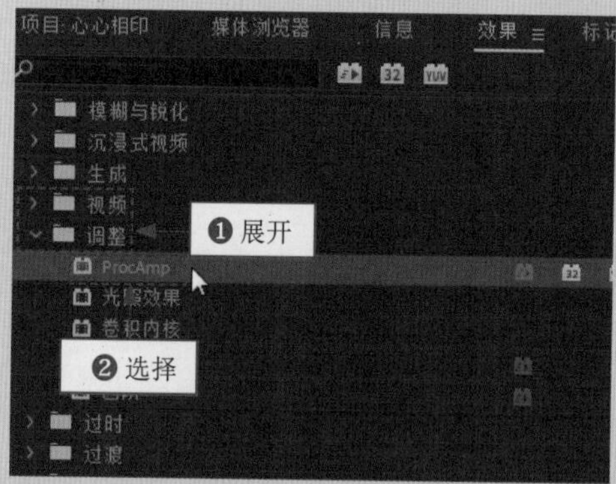

图5-11 选择相应视频效果

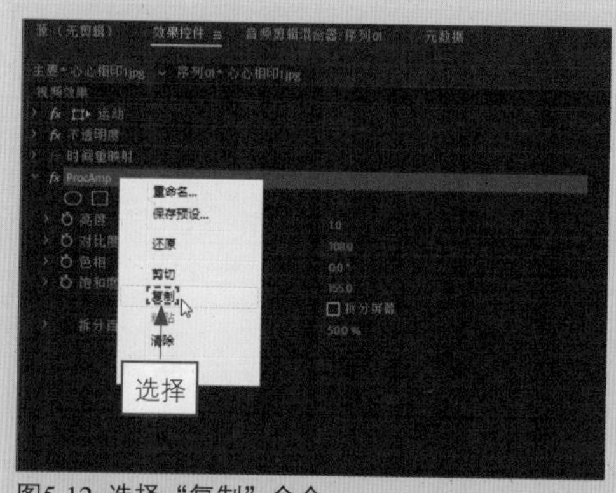

图5-12 选择“复制”命令

STEP 05 在“时间轴”面板中，选择“心心相印2”素材文件，如图5-23所示。

STEP 06 在“效果控件”面板中的空白位置单击鼠标右键，在弹出的快捷菜单中选择“粘贴”命令，如图5-14所示。

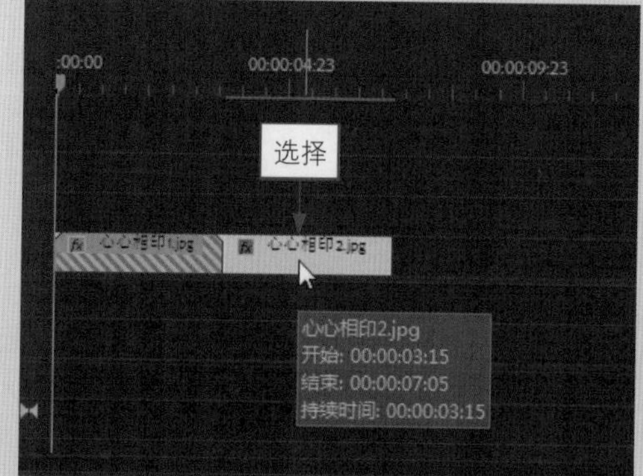

图5-13 选择“心心相印2”素材文件

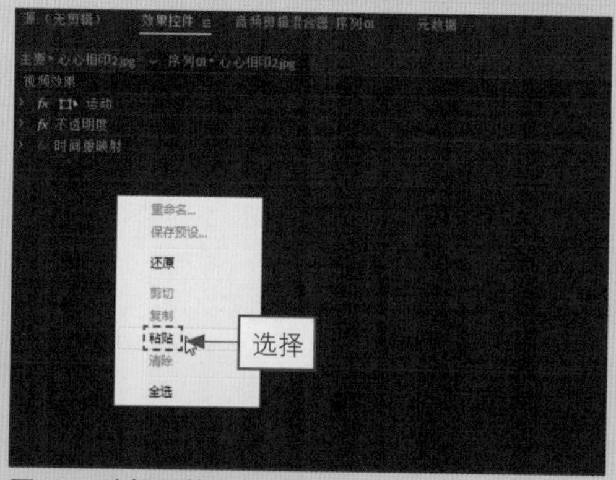

图5-14 选择“粘贴”命令

STEP 07 执行上述操作后，即已将复制的视频效果粘贴到“心心相印2”素材中，如图5-15所示。

STEP 08 单击“播放-停止切换”按钮，预览视频效果，如图5-16所示。

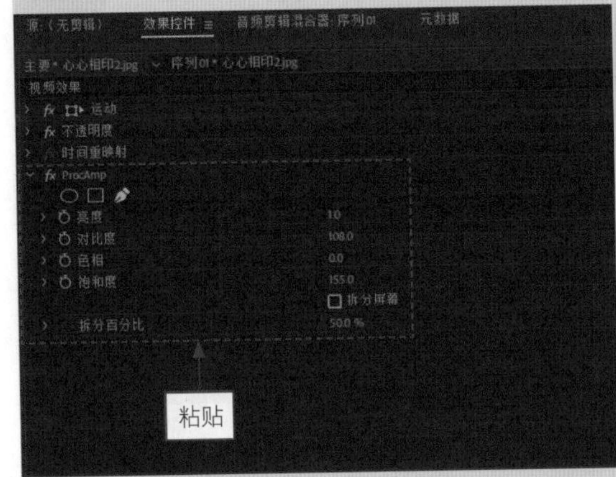

图5-15 粘贴视频效果

图5-16 预览视频效果

5.1.4 删除视频效果

用户在进行视频效果添加的过程中，如果对添加的视频效果不满意，可以通过“清除”命令来删除效果。

应用案例

删除视频效果

素材：素材\第5章\儿童服装.prproj 效果：效果\第5章\儿童服装.prproj

视频：视频\第5章\5.1.4 删除视频效果.mp4

STEP 01 在Premiere Pro CC 2018中，按快捷键【Ctrl+O】，打开“素材\第5章\儿童服装.prproj”项目文件，如图5-17所示。

STEP 02 打开项目文件后，在“节目监视器”面板中可以查看素材画面，如图5-18所示。

图5-17 打开项目文件

图5-18 查看素材画面

STEP 03 切换至"效果控件"面板，在"紊乱置换"选项上单击鼠标右键，在弹出的快捷菜单中选择"清除"命令，如图5-19所示。

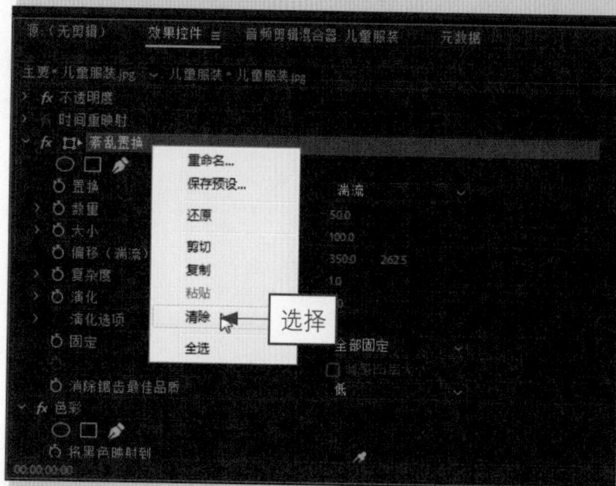

图5-19 选择"清除"命令

STEP 04 执行上述操作后，即可清除"紊乱置换"视频效果，选择"色彩"选项，如图5-20所示。

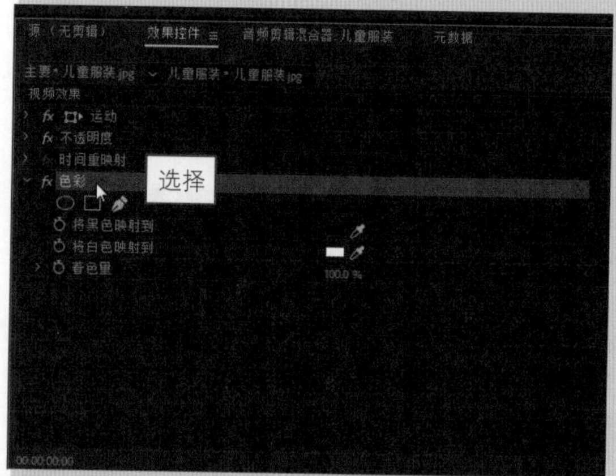

图5-20 选择"色彩"选项

STEP 05 在菜单栏中选择"编辑"|"清除"命令，如图5-21所示。

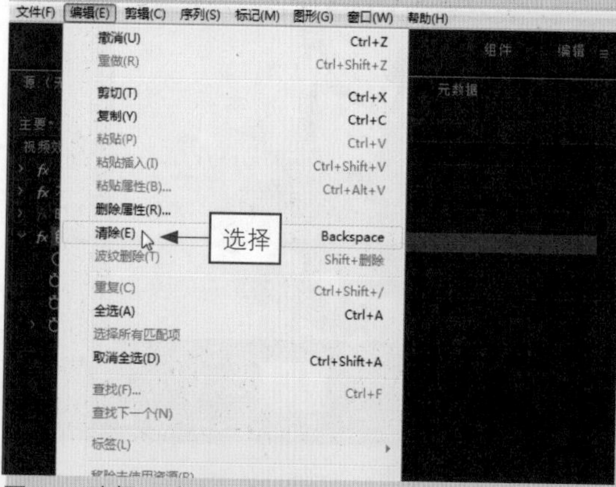

图5-21 选择"清除"命令

STEP 06 执行操作后，即可清除"色彩"视频效果，如图5-22所示。

图5-22 清除"色彩"视频效果

STEP 07 单击"播放-停止切换"按钮，预览视频效果，如图5-23所示。

图5-23 删除视频效果前后效果对比

专家指点

除了上述方法可以删除视频效果外，用户还可以选中相应的视频效果，按【Delete】键将其删除。

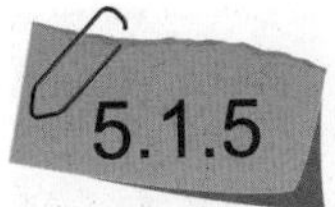

5.1.5 关闭视频效果

关闭视频效果是指将已添加的视频效果暂时隐藏，如果需要再次显示该效果，用户可以重新启用，而无须再次添加。

在Premiere Pro CC 2018中，用户可以单击“效果控件”面板中的“切换效果开关”按钮，如图5-24所示，即可隐藏该素材的视频效果。当用户再次单击“切换效果开关”按钮以后，即可重新显示视频效果，如图5-25所示。

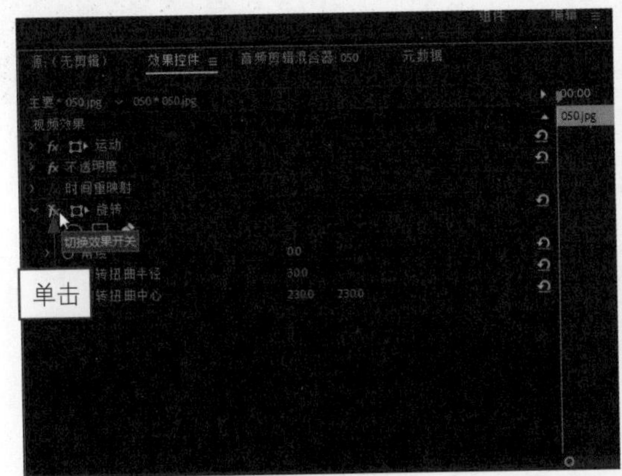

图5-24 单击“切换效果开关”按钮

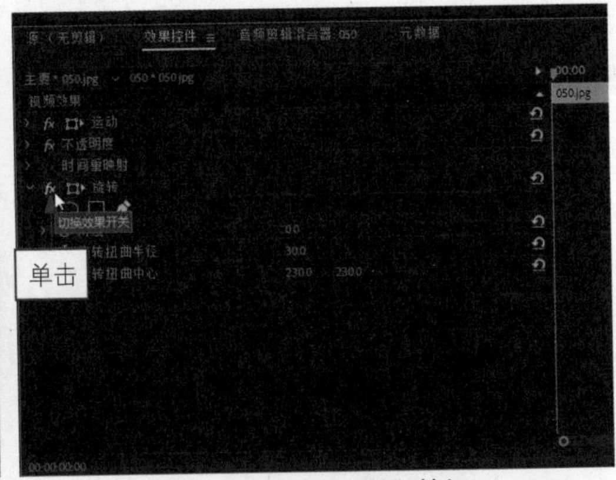

图5-25 再次单击“切换效果开关”按钮

5.2 视频效果参数的设置

在Premiere Pro CC 2018中，每一个独特的效果都具有各自的参数，用户可以通过合理设置这些参数，让这些效果达到最佳。本节主要介绍视频效果参数的设置方法。

5.2.1 利用对话框设置效果参数

在Premiere Pro CC 2018中，用户可以根据需要利用对话框设置视频效果的参数。下面介绍利用对话框设置效果参数的操作方法。

应用案例

利用对话框设置效果参数

素材：素材\第5章\特色壁钟.prproj　效果：效果\第5章\特色壁钟.prproj

视频：视频\第5章\5.2.1 利用对话框设置效果参数.mp4

STEP 01 按快捷键【Ctrl+O】，打开“素材\第5章\特色壁钟.prproj”项目文件，如图5-26所示，在V1轨道上，选择素材文件。

STEP 02 展开“效果控件”面板，在其中单击“相机模糊”效果右侧的“设置”按钮，如图5-27所示。

STEP 03 弹出“相机模糊设置”对话框，向左拖动滑块，直至参数显示为3%，单击“确定”按钮，如图5-28所示。

STEP 04 执行操作后，即完成通过对话框设置参数的操作，预览视频效果如图5-29所示。

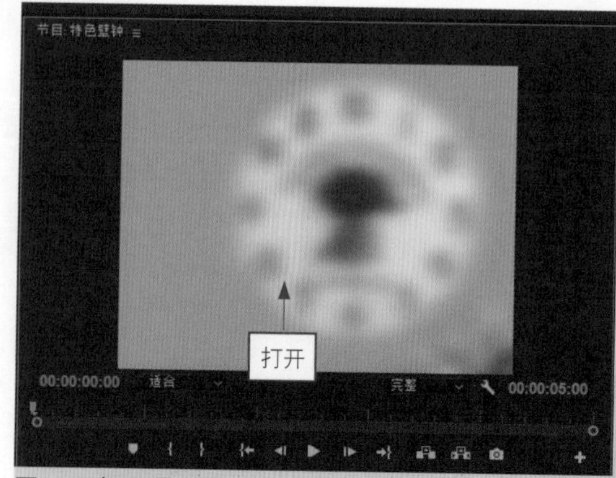

图5-26 打开项目文件

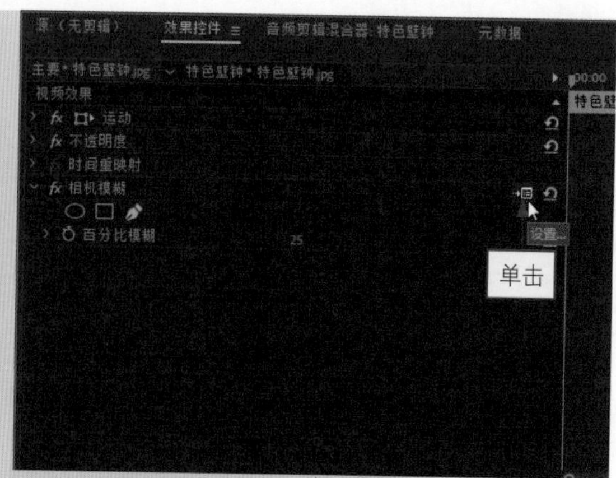

图5-27 单击“设置”按钮

图5-28 单击“确定”按钮

图5-29 预览视频效果

5.2.2 利用“效果控件”面板设置效果参数

在Premiere Pro CC 2018中，除了可以使用对话框设置视频效果的参数，用户还可以利用“效果控件”面板设置视频效果的参数。

应用案例

利用效果控件设置效果参数

素材：素材\第5章\牛奶广告.prproj　效果：效果\第5章\牛奶广告.prproj

视频：视频\第5章\5.2.2 设置效果控件参数.mp4

STEP 01 按快捷键【Ctrl+O】，打开“素材\第5章\牛奶广告.prproj”项目文件，如图5-30所示，在V1轨道上，选择素材文件。

STEP 02 展开“效果控件”面板，单击“Cineon转换器”效果前的三角形按钮，展开“Cineon转换器”效果，如图5-31所示。

STEP 03 ❶单击“转换类型”右侧的下拉按钮，在弹出的下拉列表中，❷选择“对数到对数”选项，设置“灰度系数”参数为5.00，如图5-32所示。

STEP 04 执行操作后，即运用效果控件设置了效果参数，预览视频效果如图5-33所示。

图5-30 打开项目文件

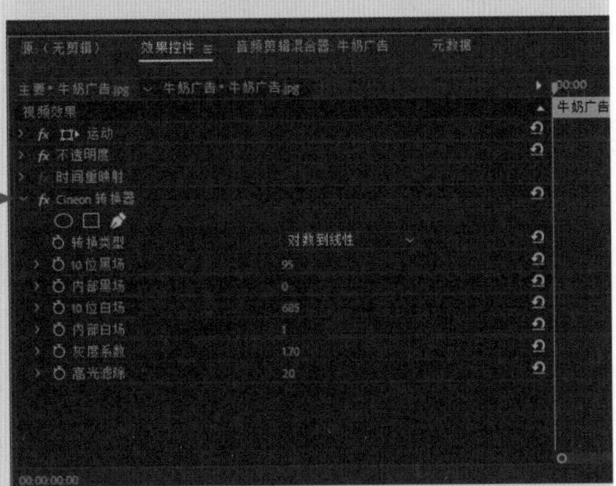

图5-31 展开“Cineon转换器”效果

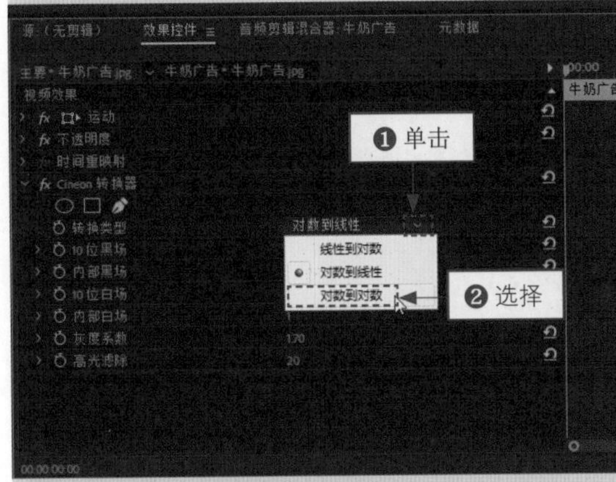

图5-32 选择“对数到对数”选项

图5-33 预览视频效果

5.3 常用视频特效

根据视频效果的作用和不同显示效果，Premiere Pro CC 2018将视频效果分为“变换”“视频控制”“实用”“扭曲”“时间”等多种类别。接下来介绍几种常用视频特效的添加方法。

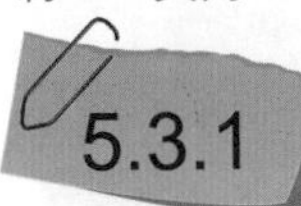

5.3.1 添加“键控”特效

“键控”视频效果主要针对视频图像的特定键进行处理。下面介绍“键控”下的“颜色键”视频效果的添加方法。

添加“键控”特效

素材：素材\第5章\电视节目.prproj　效果：效果\第5章\电视节目.prproj

视频：视频\第5章\5.3.1 添加“键控”特效.mp4

STEP 01 按快捷键【Ctrl+O】，打开一个项目文件，如图5-34所示。

STEP 02 打开项目文件后，在“节目监视器”面板中可以查看素材画面，如图5-35所示。

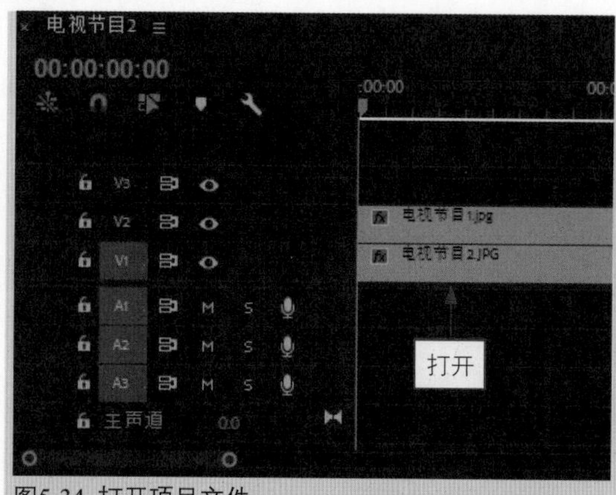

图5-34 打开项目文件

图5-35 查看素材画面

STEP 03 在“效果”面板中，❶依次展开“视频效果”|“键控”选项，❷在其中选择“颜色键”视频效果，如图5-36所示。

STEP 04 将“颜色键”效果拖至“时间轴”面板中的“电视节目1”素材文件上，效果如图5-37所示。

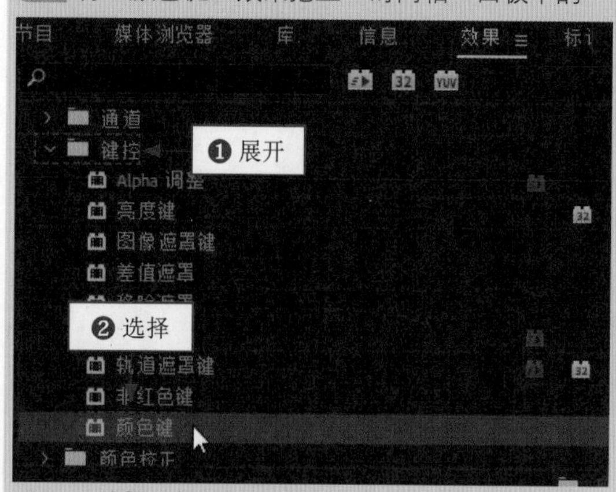

图5-36 选择“颜色键”视频效果

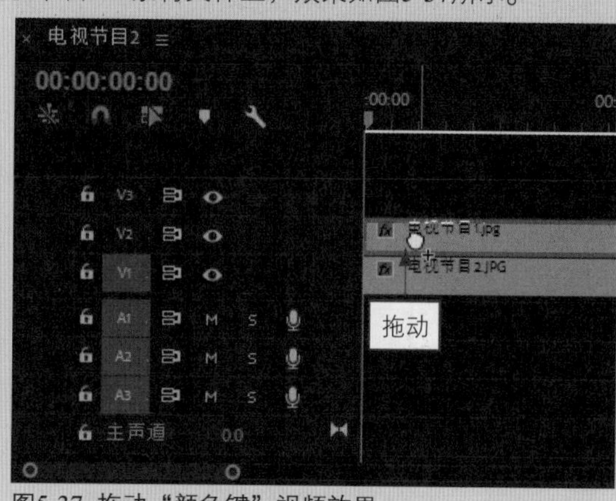

图5-37 拖动“颜色键”视频效果

STEP 05 在“效果控件”面板中，❶展开“颜色键”选项，❷单击吸管图标，如图5-38所示。

STEP 06 在“节目监视器”面板中，将变成吸管状的鼠标指针移至画面中的白色区域上，如图5-39所示。

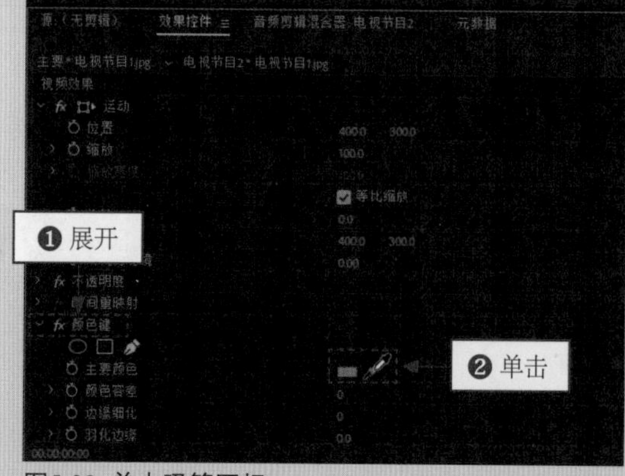

图5-38 单击吸管图标

图5-39 移动吸管状鼠标指针

专家指点

在“键控”文件夹中，用户可以设置多种视频特效，下面分别介绍。

- Alpha 调整：需要更改固定效果的默认渲染顺序时，可使用“Alpha 调整”效果代替“不透明度”效果，更改不透明度百分比可以创建不透明度级别。
- 亮度键：“亮度键”效果可以抠出图层中指定明亮度或亮度的所有区域。
- 图像遮罩键：“图像遮罩键”效果根据静止视频剪辑（充当遮罩）的明亮度值抠出剪辑视频的区域。透明区域显示下方轨道上的剪辑产生的视频，可以指定项目中要充当遮罩的任何静止视频剪辑，不必位于序列中。
- 差值遮罩：“差值遮罩”效果创建透明效果的方法是将源剪辑和差值剪辑进行比较，然后在源视频中抠出与差值视频中的位置和颜色均匹配的像素。此效果通常用于抠出移动物体后面的静态背景，然后放在不同的背景上。
- 移除遮罩：“移除遮罩”效果即从某种颜色的剪辑中移除颜色边纹。将 Alpha 通道与独立文件中的填充纹理相结合时，此效果很有用。如果导入具有预乘 Alpha 通道的素材，或使用 After Effects 创建 Alpha 通道，则可能需要从视频中移除光晕。光晕源于视频的颜色和背景之间或遮罩与颜色之间较大的对比度，移除或更改遮罩的颜色可以移除光晕。
- 超级键：“超级键”效果在具有支持 NVIDIA 显卡的计算机上使 GPU 加速，从而提高播放和渲染性能。
- 轨道遮罩键：使用“轨道遮罩键”可以移动或更改透明区域。“轨道遮罩键”通过一个剪辑（叠加的剪辑）显示另一个剪辑（背景剪辑），此过程中使用第三个文件作为遮罩，在叠加的剪辑中创建透明区域。此效果需要两个剪辑和一个遮罩，每个剪辑位于自身的轨道上。遮罩中的白色区域在叠加的剪辑中是不透明的，以防止底层剪辑显示出来。遮罩中的黑色区域是透明的，而灰色区域是部分透明的。
- 非红色键：非红色键效果基于绿色或蓝色背景创建透明度。此键类似于蓝屏键效果，但是它还允许用户混合两个剪辑。此外，非红色键效果有助于减少不透明对象边缘的边纹。在需要控制混合时，或者在蓝屏键效果无法产生满意的结果时，可使用“非红色键”效果来抠出绿色屏。
- 颜色键：“颜色键”效果用于抠出所有类似于指定的主要颜色的视频像素。

STEP 07 单击鼠标左键，吸取颜色，即可运用“键控”特效编辑素材，如图5-40所示。

STEP 08 单击“播放-停止切换”按钮，预览视频效果，如图5-41所示。

图5-40 运用“键控”特效编辑素材

图5-41 预览视频效果

5.3.2 添加“垂直翻转”特效

“垂直翻转”视频效果用于将视频上下垂直反转。下面将介绍添加“垂直翻转”效果的操作方法。

应用案例

添加“垂直翻转”特效

素材：素材\第5章\4k电视.prproj　效果：效果\第5章\4k电视.prproj

视频：视频\第5章\5.3.2 添加“垂直翻转”特效.mp4

STEP 01 按快捷键【Ctrl+O】，打开一个项目文件，如图5-42所示。

STEP 02 打开项目文件后，在“节目监视器”面板中可以查看素材画面，如图5-43所示。

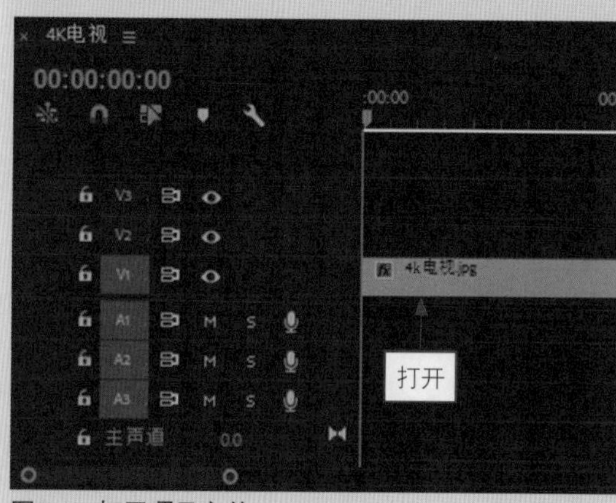

图5-42 打开项目文件

图5-43 查看素材画面

STEP 03 在“效果”面板中，❶依次展开“视频效果”|“变换”选项，❷在其中选择“垂直翻转”视频效果，如图5-44所示。

STEP 04 将“垂直翻转”特效拖至“时间轴”面板中的素材文件上，如图5-45所示。

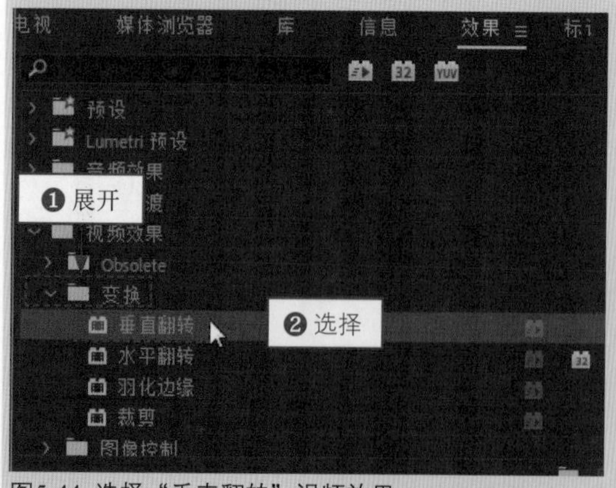

图5-44 选择“垂直翻转”视频效果

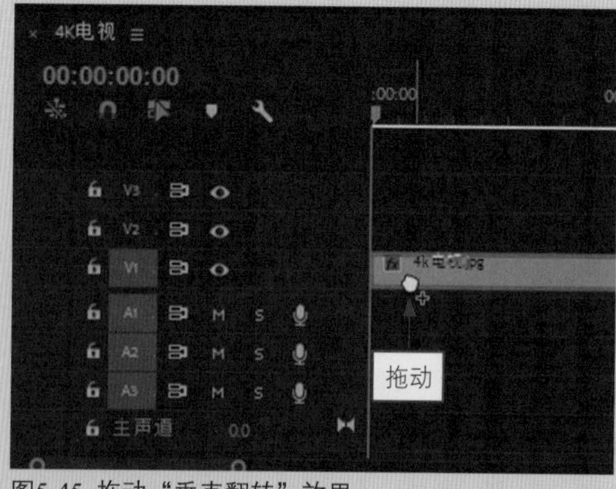

图5-45 拖动“垂直翻转”效果

STEP 05 在“节目监视器”面板中，单击“播放-停止切换”按钮，预览视频效果，如图5-46所示。

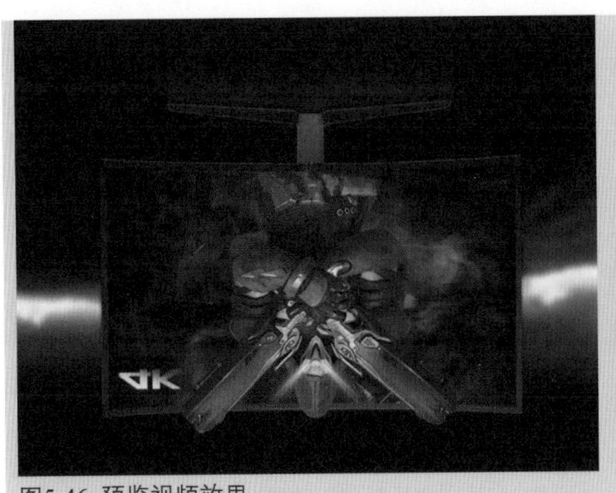

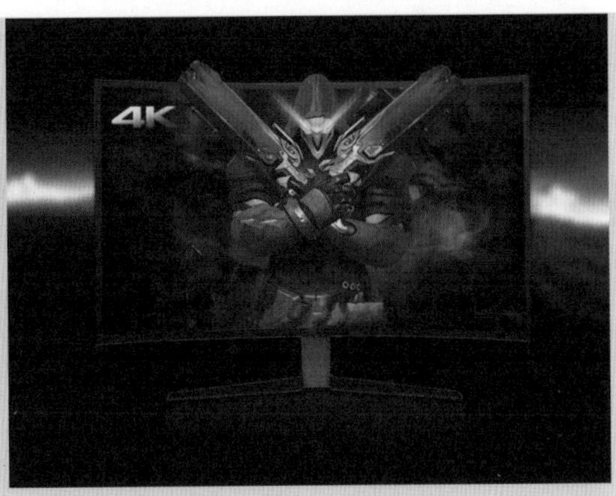

图5-46 预览视频效果

5.3.3 添加“水平翻转”特效

“水平翻转”视频效果用于将视频中的每一帧从左向右翻转。下面将介绍添加“水平翻转”效果的操作方法。

应用案例

添加“水平翻转”特效

素材：素材\第5章\放飞梦想.prproj　效果：效果\第5章\放飞梦想.prproj

视频：视频\第5章\5.3.3 添加水平翻转特效.mp4

STEP 01 按快捷键【Ctrl+O】，打开一个项目文件，如图5-47所示。

STEP 02 打开项目文件后，在“节目监视器”面板中可以查看素材画面，如图5-48所示。

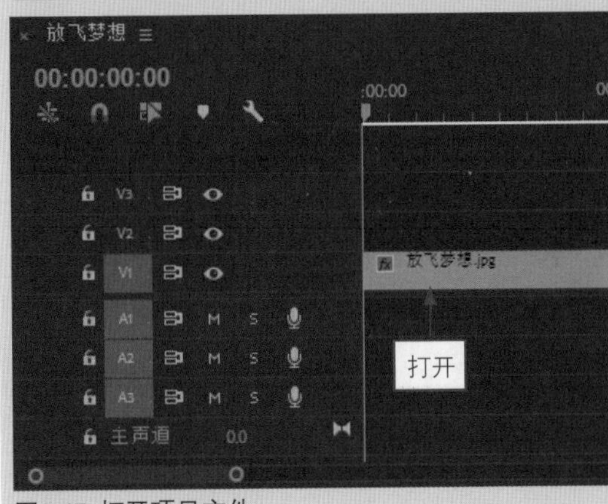

图5-47 打开项目文件

图5-48 查看素材画面

STEP 03 在“效果”面板中，❶依次展开“视频效果”|“变换”选项，❷在其中选择“水平翻转”视频效果，如图5-49所示。

STEP 04 按住鼠标左键，将“水平翻转”特效拖至“时间轴”面板中的素材文件上，如图5-50所示。

STEP 05 在“节目监视器”面板中，单击“播放-停止切换”按钮，预览视频效果，如图5-51所示。

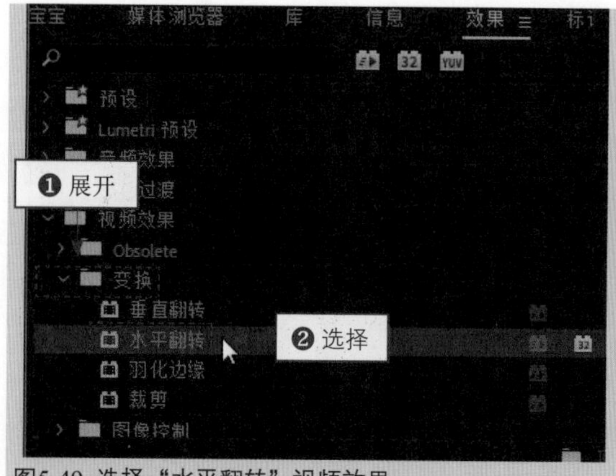

图5-49 选择“水平翻转”视频效果

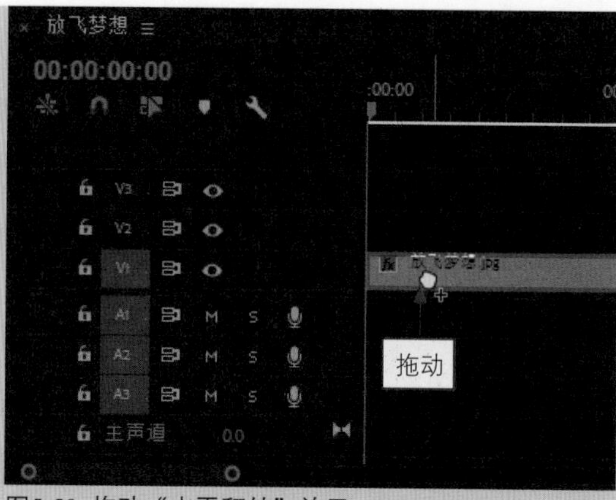

图5-50 拖动“水平翻转”效果

图5-51 预览视频效果

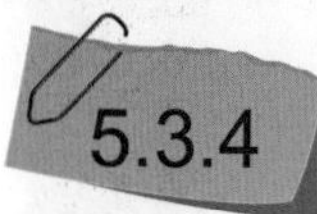
专家指点

在 Premiere Pro CC 2018 中，“变换”文件夹中的视频效果主要是使素材产生二维或者三维的变化，其效果包括“垂直翻转”“水平翻转”“羽化边缘”“裁剪”等。

5.3.4 添加“高斯模糊”特效

“高斯模糊”视频效果用于修改明暗分界点的差值，以产生模糊效果。

应用案例 添加“高斯模糊”特效

素材：素材\第5章\信手涂鸦.prproj　效果：效果\第5章\信手涂鸦.prproj

视频：视频\第5章\5.3.4 添加“高斯模糊”特效.mp4

STEP 01 按快捷键【Ctrl+O】，打开一个项目文件，如图5-52所示。

STEP 02 在“模糊与锐化”文件夹中选择“高斯模糊”选项，如图5-53所示，并将其拖至V1轨道上。

STEP 03 展开“效果控件”面板，设置“模糊度”值为20.0，如图5-54所示。

STEP 04 执行操作后，添加“高斯模糊”视频效果后的效果如图5-55所示。

图5-52 打开项目文件

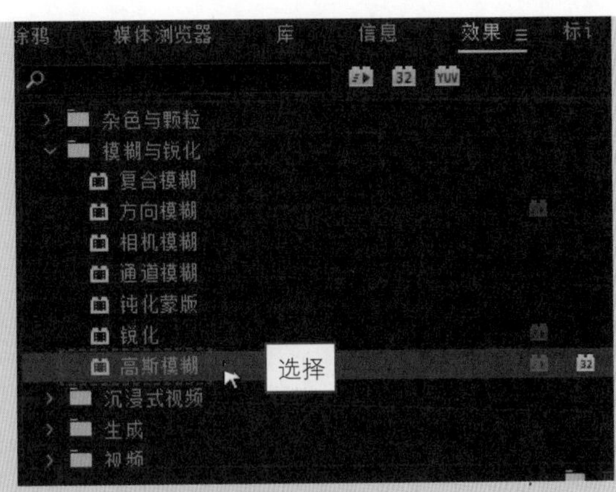

图5-53 选择“高斯模糊”选项

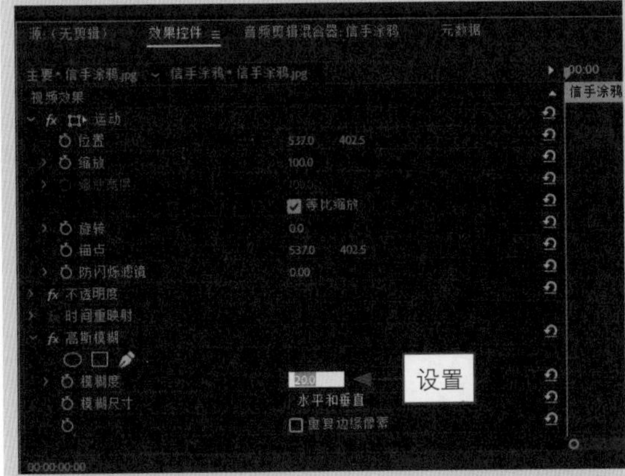

图5-54 设置“模糊度”值

图5-55 添加高斯模糊视频效果后的效果

5.3.5 添加“镜头光晕”特效

“镜头光晕”视频效果用于修改明暗分界点的差值，以产生模糊效果。下面介绍添加“镜头光晕”特效的操作步骤。

应用案例

添加“镜头光晕”特效

素材：素材\第5章\人鱼之恋.prproj　效果：效果\第5章\人鱼之恋.prproj

视频：视频\第5章\5.3.5 添加“镜头光晕”特效.mp4

STEP 01 按快捷键【Ctrl+O】，打开一个项目文件，如图5-56所示。

STEP 02 在“生成”文件夹中，选择“镜头光晕”选项，如图5-57所示，按住鼠标左键，将其拖至V1轨道上。

专家指点

在 Premiere Pro CC 2018 中，“生成”文件夹中的视频效果主要用于在素材上创建具有特色的图形或渐变颜色，并可以与素材合成。

图5-56 打开项目文件

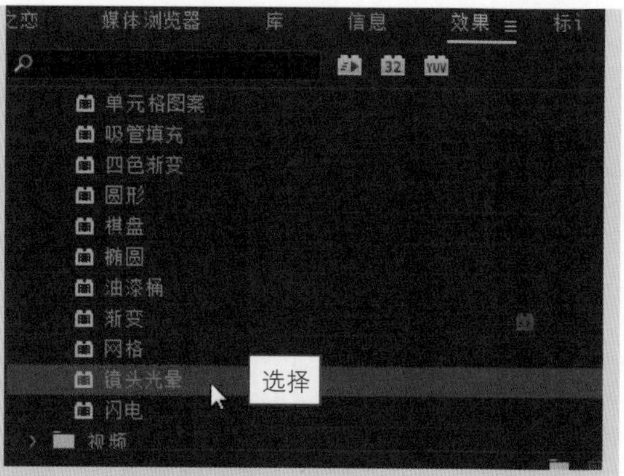

图5-57 选择“镜头光晕”选项

STEP 03 展开“效果控件”面板，设置“光晕中心”为（600.0，500.0）、“光晕亮度”为136%，如图5-58所示。

STEP 04 执行操作后，添加的“镜头光晕”视频预览效果如图5-59所示。

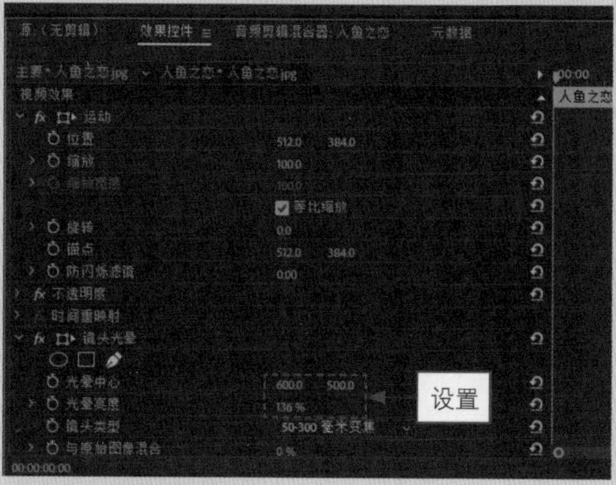

图5-58 设置参数值

图5-59 视频预览效果

5.3.6 添加“波形变形”特效

“波形变形”视频特效用于给视频添加波浪式的变形效果。下面将介绍添加“波形变形”特效的操作方法。

应用案例

添加“波形变形”特效

素材：素材\第5章\字母特效.prproj　　效果：效果\第5章\字母特效.prproj

视频：视频\第5章\5.3.6 添加“波形变形”特效.mp4

STEP 01 按快捷键【Ctrl+O】，打开一个项目文件，如图5-60所示。

STEP 02 在“扭曲”文件夹中，选择“波形变形”选项，如图5-61所示，并将其拖至V1轨道上。

STEP 03 执行上述操作后，展开“效果控件”面板，在其中设置“波形宽度”值为50，如图5-62所示。

STEP 04 此时，即添加了“波形变形”特效，预览视频效果如图5-63所示。

图5-60 打开项目文件

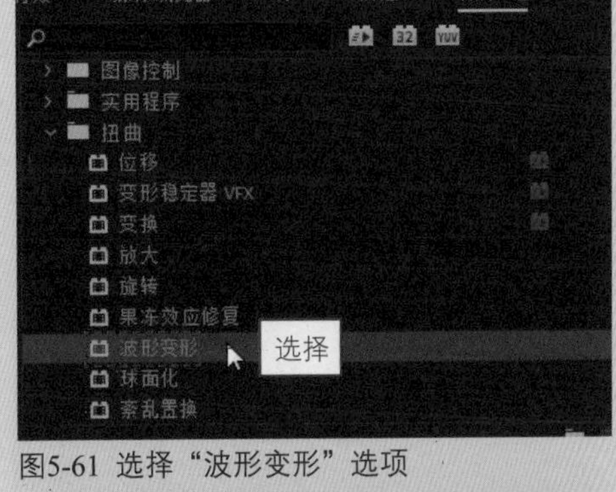

图5-61 选择“波形变形”选项

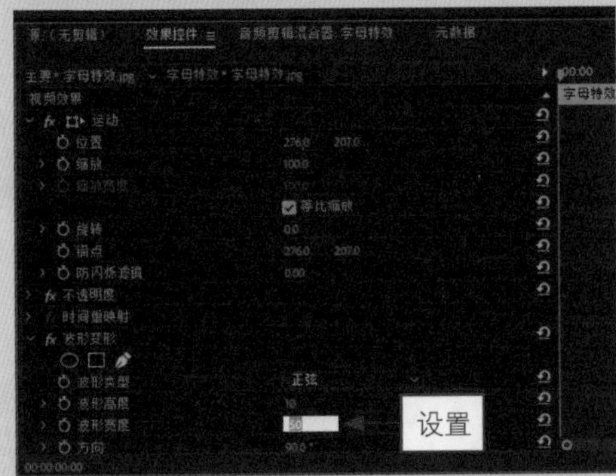

图5-62 设置“波形宽度”值

图5-63 预览视频效果

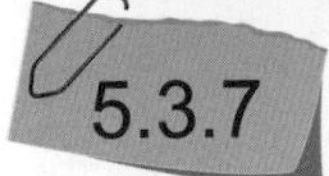

5.3.7 添加“纯色合成”特效

“纯色合成”特效是指将一种颜色与视频混合的效果。下面将介绍添加“纯色合成”特效的操作方法。

应用案例

添加“纯色合成”特效

素材：素材\第5章\电影片段.prproj　　效果：效果\第5章\电影片段.prproj

视频：视频\第5章\5.3.7 添加“纯色合成”特效.mp4

STEP 01 按快捷键【Ctrl+O】，打开一个项目文件，如图5-64所示。

STEP 02 在“通道”文件夹中，选择“纯色合成”选项，如图5-65所示。

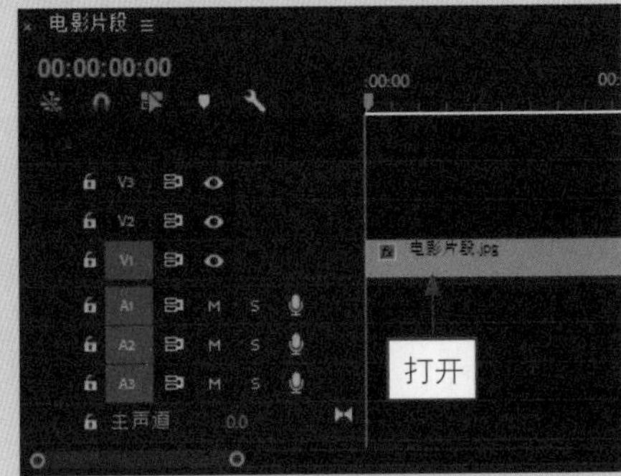

图5-64 打开项目文件

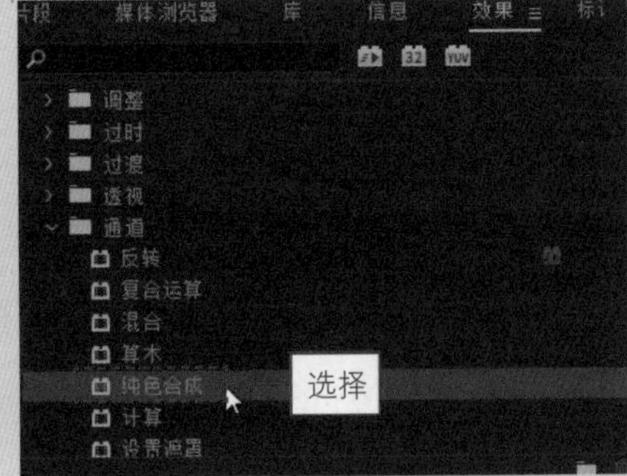

图5-65 选择“纯色合成”选项

STEP 03 将其拖至V1轨道素材上，展开“效果控件”面板，依次单击“源不透明度”和“颜色”所对应的“切换动画”按钮，如图5-66所示。

STEP 04 设置时间为00:00:03:00、“源不透明度”值为50.0%、“颜色”RGB参数值为（0、204、255），如图5-67所示。

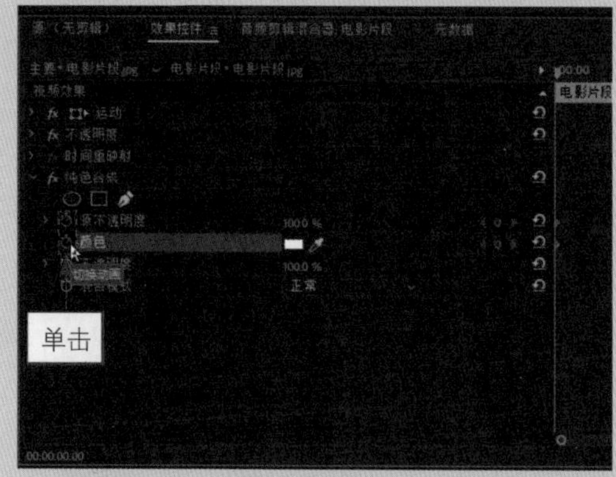

图5-66 单击“切换动画”按钮

图5-67 设置参数值

STEP 05 执行操作后，即已添加“纯色合成”特效，单击“播放-停止切换”按钮，即可查看视频效果，如图5-68所示。

图5-68 查看视频效果

5.3.8 添加“蒙尘与划痕”特效

“蒙尘与划痕”特效用于给视频添加一种朦胧的模糊效果。下面将介绍添加“蒙尘与划痕”特效的操作方法。

应用案例

添加“蒙尘与划痕”特效

素材：素材\第5章\梦幻少女.prproj　　效果：效果\第5章\梦幻少女.prproj

视频：视频\第5章\5.3.8 添加“蒙尘与划痕”特效.mp4

STEP 01 按快捷键【Ctrl+O】，打开一个项目文件，如图5-69所示。

STEP 02 在“杂色与颗粒”文件夹中选择“蒙尘与划痕”选项，如图5-70所示，并将其拖至V1轨道上。

图5-69 打开项目文件

图5-70 选择“蒙尘与划痕”选项

STEP 03 展开“效果控件”面板，设置“半径”值为5，如图5-71所示。

STEP 04 执行操作后，即已添加“蒙尘与划痕”效果，预览视频效果，如图5-72所示。

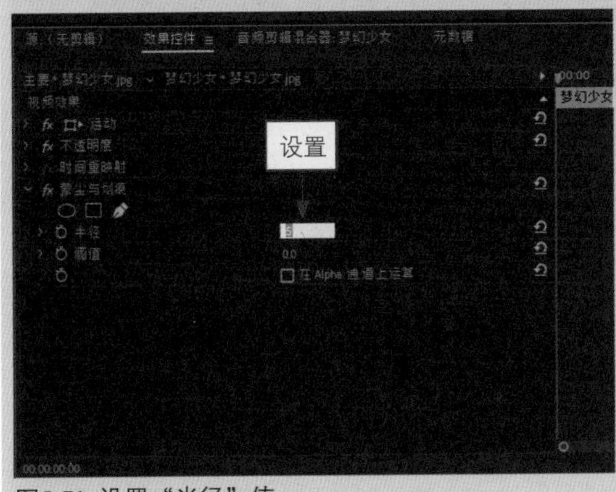

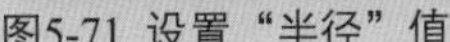

图5-71 设置“半径”值

图5-72 预览视频效果

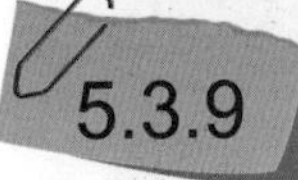

5.3.9 添加“基本3D”特效

“基本3D”特效主要用于在视频画面上添加透视效果。下面介绍“基本3D”视频效果的添加方法。

添加“基本3D”特效

素材：素材\第5章\酒杯交错.prproj　　效果：效果\第5章\酒杯交错.prproj

视频：视频\第5章\5.3.9 添加“基本3D”特效.mp4

STEP 01 按快捷键【Ctrl+O】，打开一个项目文件，如图5-73所示。

STEP 02 打开项目文件后，在“节目监视器”面板中可以查看素材画面，如图5-74所示。

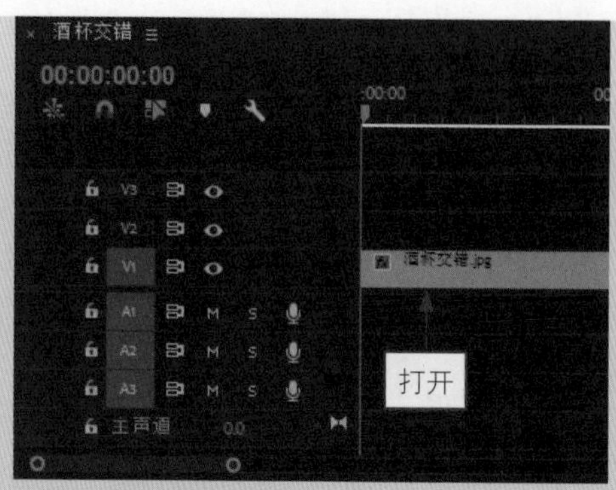

图5-73 打开项目文件

图5-74 查看素材画面

STEP 03 在“效果”面板中，❶依次展开“视频效果”|“透视”选项，❷在其中选择“基本3D”视频效果，如图5-75所示。

STEP 04 将“基本3D”视频效果拖至“时间轴”面板中的素材文件上，如图5-76所示，选择V1轨道上的素材。

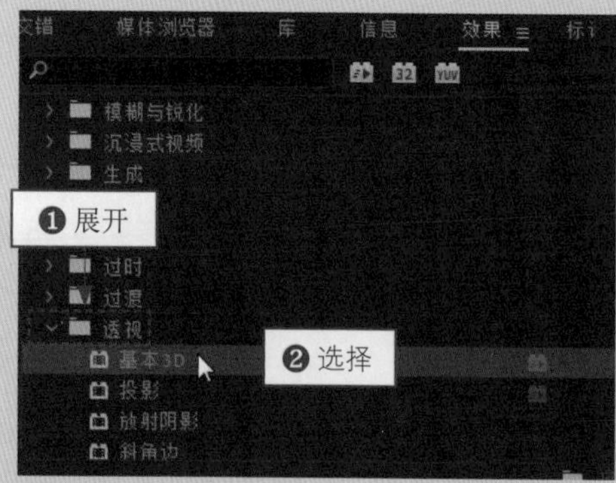

图5-75 选择“基本3D”视频效果

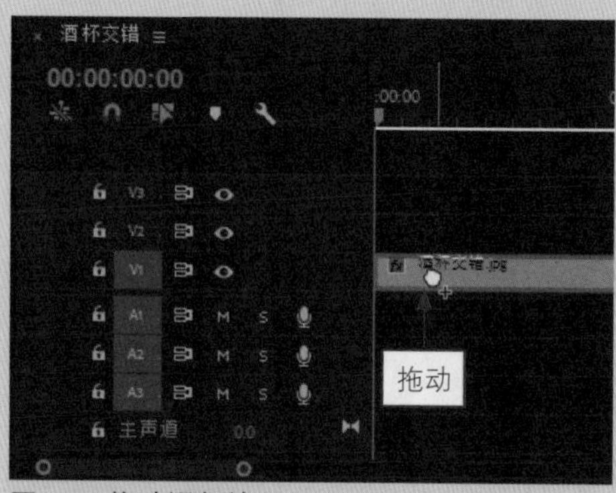

图5-76 拖动视频效果

STEP 05 在“效果控件”面板中，展开“基本3D”选项，如图5-77所示。

STEP 06 设置“旋转”选项值为-100.0°，单击“旋转”选项左侧的“切换动画”按钮，如图5-78所示。

展开

图5-77 展开“基本3D”选项

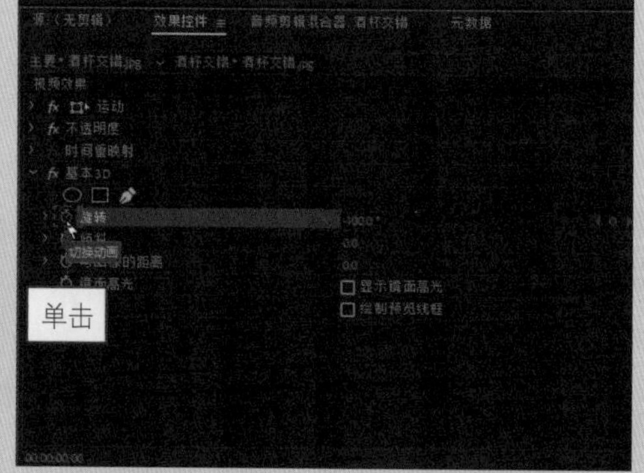

图5-78 单击“切换动画”按钮

 专家指点

在“透视”文件夹中，有5种视频特效。

- 基本 3D：“基本 3D”效果在 3D 空间中操控剪辑，可以围绕水平和垂直轴旋转视频，以及朝靠近或远离用户的方向移动剪辑。此外，还可以创建镜面高光来表现由旋转表面反射的光感。
- 投影：“投影”效果用于添加出现在剪辑后面的阴影，投影的形状取决于剪辑的 Alpha 通道。
- 放射阴影：该效果可在剪辑上创建来自点光源的阴影，而不是来自无限光源的阴影（如同投影效果）。此阴影是从源剪辑的 Alpha 通道投射的，因此在光透过半透明区域时，该剪辑的颜色可影响阴影的颜色。
- 斜角边：该效果为视频边缘提供凿刻和光亮的 3D 外观，边缘位置取决于源视频的 Alpha 通道。与“斜面 Alpha”不同，在此效果中创建的边缘始终为矩形，因此具有非矩形 Alpha 通道的视频无法形成适当的外观。所有的边缘具有同样的厚度。
- 斜面 Alpha：该效果将斜缘光添加到视频的 Alpha 边界，通常可使 2D 元素呈现 3D 外观，如果剪辑没有 Alpha 通道或者剪辑完全不透明，则此效果将应用于剪辑的边缘。此效果所创建的边缘比斜角边效果创建的边缘柔和，此效果适用于包含 Alpha 通道的文本。

STEP 07 ❶拖动时间线至00:00:03:00的位置，❷设置“旋转”值为0.0°，如图5-79所示。

STEP 08 执行上述操作后，即可运用“基本3D”特效调整视频，如图5-80所示。

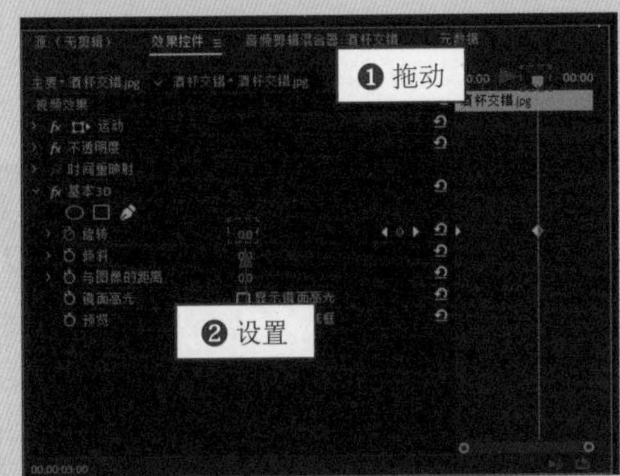

图5-79 设置“旋转”值为0.0°

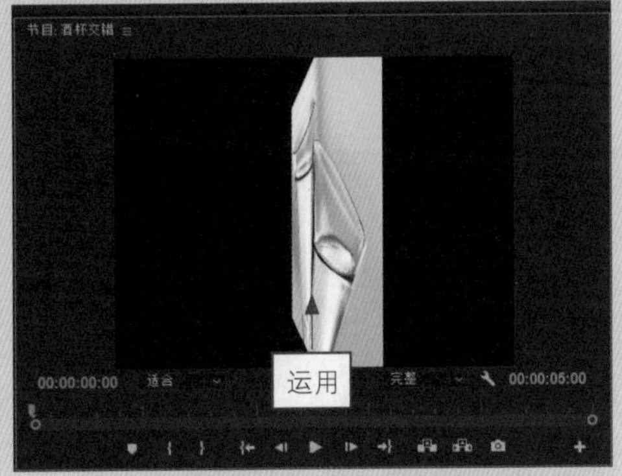

图5-80 运用“基本3D”特效调整视频

STEP 09 单击“播放-停止切换”按钮，预览视频效果，如图5-81所示。

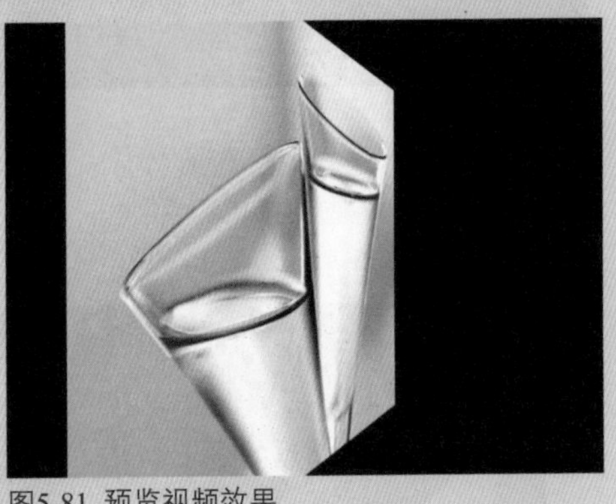

图5-81 预览视频效果

专家指点

在“效果控件”面板的“基本 3D”选项区域，用户可以设置以下选项。

- 旋转：控制水平旋转（围绕垂直轴旋转），可以旋转 90° 以上来查看视频的背面（前方的镜像视频）。
- 倾斜：控制垂直旋转（围绕水平轴旋转）。

- 与图像的距离：指定视频离观看者的距离。随着距离变大，视频会后退。
- 镜面高光：添加闪光来反射所旋转视频的表面，就像在表面上方有一盏灯照亮。在选中“绘制预览线框”复选框的情况下，如果镜面高光在剪辑上不可见（高光的中心与剪辑不相交），则以红色加号（+）作为指示，而如果镜面高光可见，则以绿色加号（+）作为指示。“镜面高光”效果在“节目监视器”中变为可见之前，必须渲染一个预览。
- 预览：绘制 3D 视频的线框轮廓，线框轮廓可快速渲染。要查看最终结果，在完成操控线框视频时取消选中“绘制预览线框”复选框。

5.3.10 添加“时间码”特效

“时间码”效果可以在视频画面中添加一个时间码，用于表示小时、分钟、秒钟和帧数。下面介绍具体的操作步骤。

应用案例

添加“时间码”特效

素材：素材\第5章\感恩教师节.prproj　　效果：效果\第5章\感恩教师节.prproj

视频：视频\第5章\5.3.10 添加“时间码”特效.mp4

STEP 01 按快捷键【Ctrl+O】，打开一个项目文件，如图5-82所示。

图5-82 打开项目文件

STEP 02 在“效果”面板中，❶展开“视频”文件夹，❷在“视频”文件夹中选择“时间码”选项，如图5-83所示，将其拖至V1轨道上。

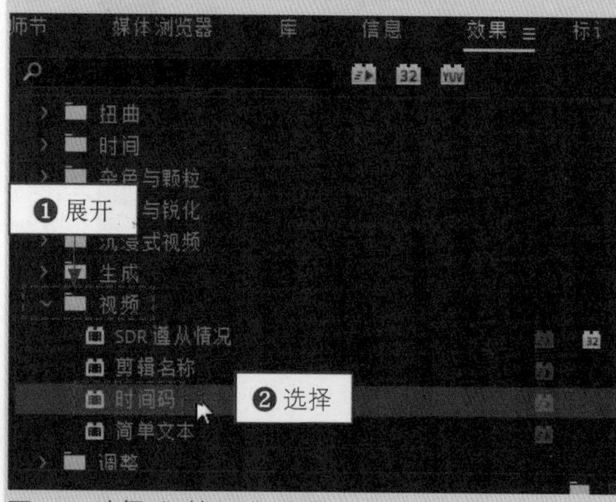

图5-83 选择“时间码”选项

STEP 03 展开“效果控件”面板，设置“位置”值为（399.0，50.0），如图5-84所示。

图5-84 设置“位置”值

STEP 04 执行操作后，即已添加“时间码”视频效果，单击“播放-停止切换”按钮，即可查看视频效果，如图5-85所示。

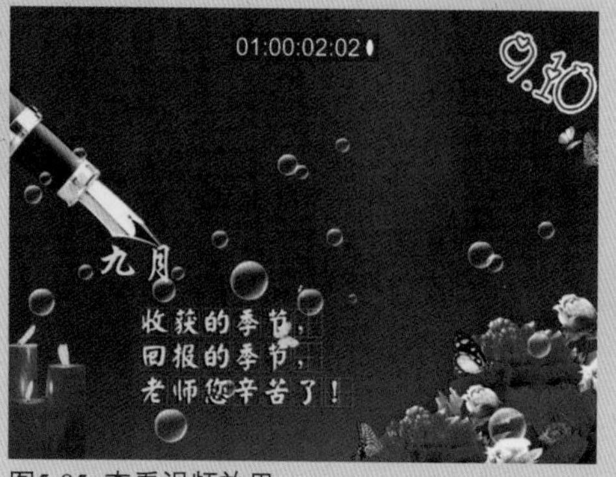

图5-85 查看视频效果

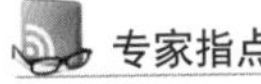专家指点

在后期处理工作中，正确地使用"时间码"效果能高效地同步并合并视频及语音文件，以节省时间。一般来说，时间码是一系列数字，通过定时系统形成控制序列，而且无论这个定时系统是集成在了视频、音频中，还是集成在其他装置中。尤其是在视频项目中，时间码可以加到录制中，帮助实现同步、文件组织和搜索等。

5.4 专家支招

在Premiere Pro CC 2018的"效果控件"面板中，将时间线拖至适当的位置后，❶通过单击"切换动画"按钮，❷可以为素材文件添加关键帧节点，为效果添加动画属性，关键帧显示的位置与时间线一致，如图5-86所示，将鼠标指针移至关键帧上，左右拖动关键帧，可以调整关键帧的时间线位置，如果不需要关键帧，再次单击"切换动画"按钮，弹出"警告"对话框，提示用户是否删除现有关键帧，单击"确定"按钮，即可将添加的关键帧删除。

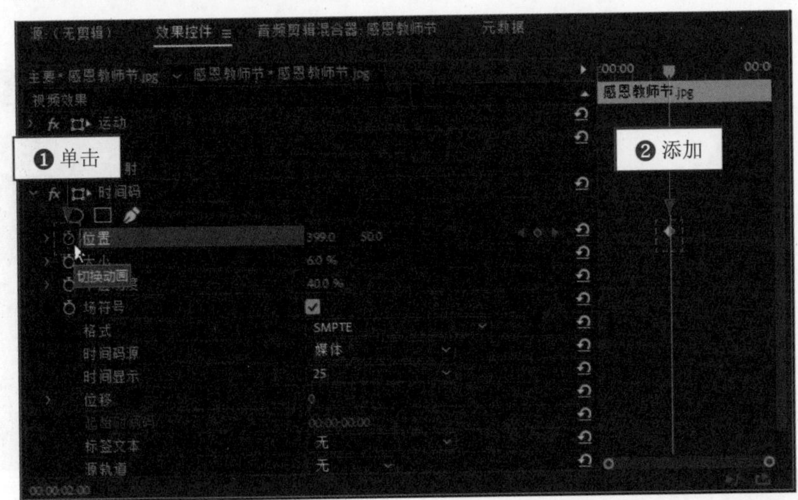

图5-86 添加关键帧

5.5 总结拓展

在Premiere Pro CC 2018中，使用"视频效果"面板中的特效，可以有效地修补有瑕疵或缺陷的素材文件，还可以为素材添加多种多样、变幻莫测的效果。Premiere Pro CC 2018提供了上百种特效，在给素材文件添加特效后，通过设置特效属性，可以使制作出来的影片更加绚丽多彩、引人注目，熟练掌握特效的添加，可以帮助用户快速制作出与众不同的影片。

5.5.1 本章小结

本章详细讲解了在Premiere Pro CC 2018中添加、复制/粘贴、删除视频特效的方法，以及特效的参数设置和一些常用视频特效的制作方法等，添加不同的特效可以制作出各种不同的视觉效果。Premiere Pro CC 2018所提供的特效，根据特性不同被分配在了19个文件夹中，因此需要熟知每一种特效的作用及其所在的文件夹位置，才能将其合理地应用到相应的素材文件中，制作出令人满意的影片。通过学习本章内容，读者可以熟练地掌握视频特效的作用、特点和使用方法，从而制作出精彩的影视文件。

5.5.2 举一反三——添加“彩色浮雕”特效

“彩色浮雕”视频效果用于生成彩色的浮雕效果，视频中颜色对比越强烈，浮雕效果越明显。下面介绍具体的操作步骤。

应用案例

举一反三——添加“彩色浮雕”特效

素材：素材\第5章\金鱼跳跃. prproj　效果：效果\第5章\金鱼跳跃.prproj

视频：视频\第5章\5.5.2 添加“彩色浮雕”特效.mp4

STEP 01 按快捷键【Ctrl+O】，打开一个项目文件，如图5-87所示。

STEP 02 在“风格化”文件夹中选择“彩色浮雕”选项，如图5-88所示，将其拖至V1轨道上。

图5-87 打开项目文件

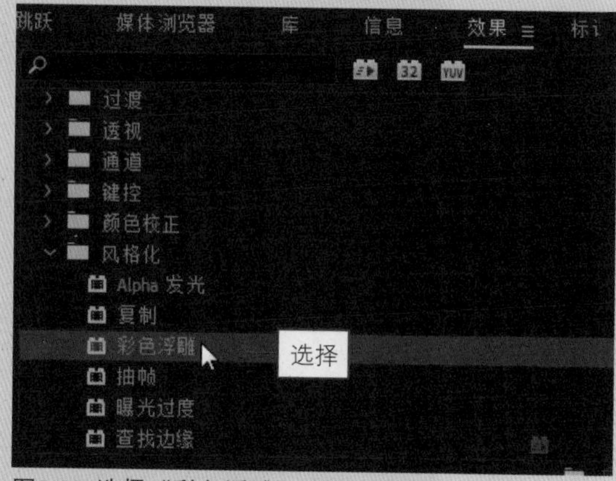

图5-88 选择“彩色浮雕”选项

STEP 03 展开“效果控件”面板，设置“起伏”值为15.00，如图5-89所示。

STEP 04 执行操作后，即已添加“彩色浮雕”视频效果，单击“播放-停止切换”按钮，即可预览视频效果，如图5-90所示。

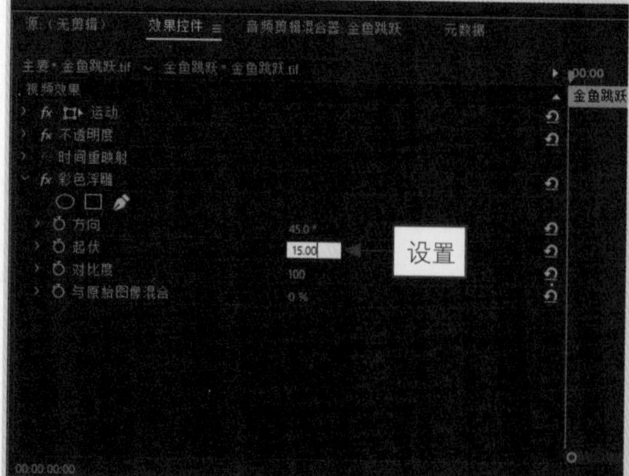

图5-89 设置“起伏”值

图5-90 预览视频效果

第6章　玩转字幕：编辑与设置影视字幕

在各种影视画面中，字幕是不可缺少的一个重要组成部分，起着解释画面、补充内容的作用，有画龙点睛之效。在Premiere Pro CC 2018中可以制作出各种不同样式的字幕效果。本章将向读者详细介绍编辑与设置影视字幕的操作步骤，希望大家可以学以致用，制作出精彩的影视文件。

本章学习重点

了解字幕简介和面板

编辑字幕样式

字幕属性的设置

设置字幕外观效果

6.1 了解字幕简介和面板

字幕是以各种字体、样式和动画等形式出现在画面中的文字总称。在现代影片中，字幕的应用越来越频繁，这些精美的标题字幕不仅可以起到为影片增色的作用，还能够很好地向观众传递影片信息或制作理念。Premiere Pro CC 2018提供了便捷的字幕编辑功能，可以使用户在短时间内制作出专业的标题字幕。

6.1.1 标题字幕简介

字幕可以以各种字体、样式和动画等形式出现在影视画面中，如电视或电影的片头、演员表、对白及片尾字幕等，字幕设计与书写是影视造型的艺术手段之一。在通过实例学习创建字幕之前，首先要了解标题字幕的效果，如图6-1所示。

图6-1 制作的标题字幕效果

6.1.2 了解字幕属性面板

在Premiere Pro CC 2018的“效果控件”面板中，展开“源文本”属性面板，如图6-2所示，可以设置字幕的“字体”“字体大小”“字距调整”“基线位移”“填充”“描边”“阴影”“位置”“缩放”“旋转”及对齐方式等属性，熟悉这些设置对制作标题字幕有着事半功倍的作用。

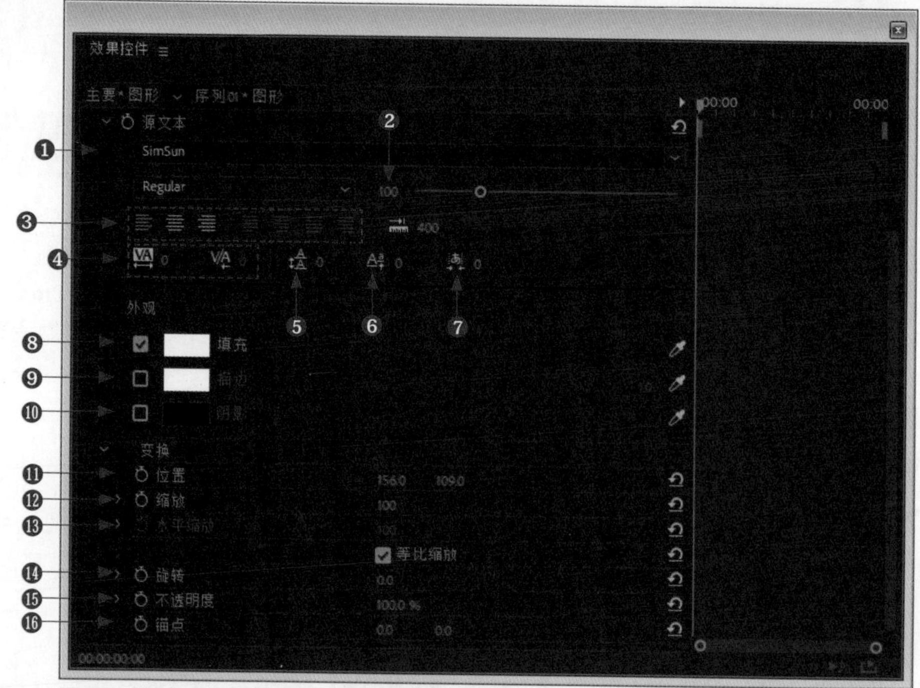

图6-2 “源文本”属性面板

❶**字体**：单击“字体”右侧的按钮，在弹出的下拉列表中可选择所需要的字体。

❷**字体大小**：用于设置当前选择的文本字体大小。

❸**对齐方式**：用于设置文本的对齐方式，主要有7种：“左对齐文本”“居中对齐文本”“右对齐文本”“最后一行左对齐”“最后一行居中对齐”“对齐”“最后一行右对齐”。

❹**字距调整/字偶间距**：用于设置文本的字距，数值越大，文字之间的距离越大。

❺**行距**：用于设置文本行与行之间的距离，数值越大，行距越大。

❻**基线位移**：在保持文本行距和大小不变的情况下，改变文本在文本块内的位置，或使文本更远地偏离路径。

❼**比例间距**：用于设置文本的字距，数值越大，文字的间距越小。

❽**填充**：单击色块，可以调整文本的颜色，单击右侧的吸管图标，可以吸取相应的颜色更改字幕文本的颜色。

❾**描边**：可以为字幕添加描边效果。

❿**阴影**：选中“阴影”复选框，将激活“阴影”选项的各项参数，为字幕设置阴影属性。

⓫**位置**：用于设置字幕在X和Y轴的位置。

⓬**缩放**：可以将文本缩小或放大显示，当取消选中“水平缩放”下方的“等比缩放”复选框后，其

名称自动跳转为“垂直缩放”，可以将文本垂直放大或缩小。

⑬**水平缩放：**取消选中下方的“等比缩放”复选框，在数值框中输入参数，可以将文本横向拉长或缩短。

⑭**旋转：**用于设置字幕的旋转角度。

⑮**不透明度：**用于设置字幕的不透明度。

⑯**锚点：**默认为图像的中心坐标，设置相应参数，字幕会相应地移动。

6.2 编辑字幕样式

标题字幕的设计与书写是视频编辑的重要手段之一，Premiere Pro CC 2018提供了完善的标题字幕编辑功能，用户可以对文本或其他字幕对象进行编辑和美化。本节主要介绍添加标题字幕的操作步骤。

6.2.1 创建水平字幕

水平字幕是指沿水平方向分布的字幕类型，用户可以使用工具箱中的“文字工具”进行创建。

应用案例

创建水平字幕

素材：素材\第6章\舞动夕阳.prproj　　效果：效果\第6章\舞动夕阳.prproj

视频：视频\第6章\6.2.1 创建水平字幕.mp4

STEP 01 按快捷键【Ctrl＋O】，打开一个项目文件，如图6-3所示。

图6-3 打开项目文件

STEP 02 单击“时间轴”面板左侧工具箱中的“文字工具”，如图6-4所示。

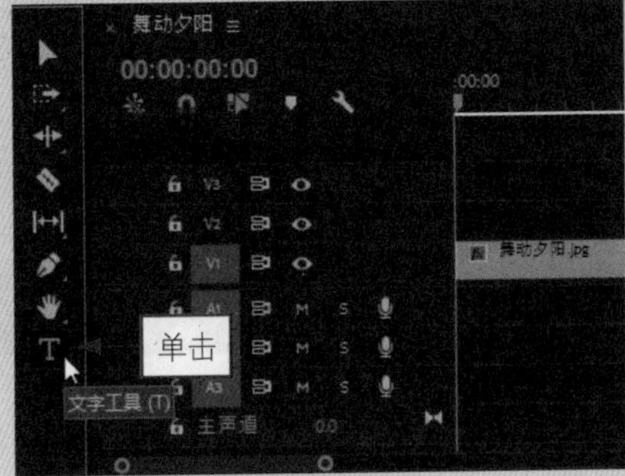

图6-4 单击“文字工具”

STEP 03 在“节目监视器”面板中的合适位置单击鼠标左键，在文本框中输入标题字幕，如图6-5所示。

图6-5 输入标题字幕

STEP 04 输入完成后，在“时间轴”面板的V2轨道中会显示一个字幕文件，在“节目监视器”面板中可以查看创建的水平字幕效果，如图6-6所示。

图6-6 查看创建的水平字幕效果

6.2.2 创建垂直字幕

用户在了解了如何创建水平文本字幕后，创建垂直文本字幕就变得十分简单了。下面介绍创建垂直字幕的操作步骤。

应用案例

创建垂直字幕

素材：素材\第6章\花开并蒂.prproj　　效果：效果\第6章\花开并蒂.prproj

视频：视频\第6章\6.2.2 创建垂直字幕.mp4

STEP 01 按快捷键【Ctrl+O】，打开一个项目文件，如图6-7所示。

STEP 02 在“时间轴”面板左侧工具箱中的“文字工具”按钮上长按鼠标左键，如图6-8所示。

图6-7 打开项目文件

图6-8 长按鼠标左键

STEP 03 执行操作后，在弹出的工具组中，选择“垂直文字工具”，如图6-9所示。

STEP 04 在“节目监视器”面板中的合适位置单击鼠标左键，在文本框中输入标题字幕，如图6-10所示。

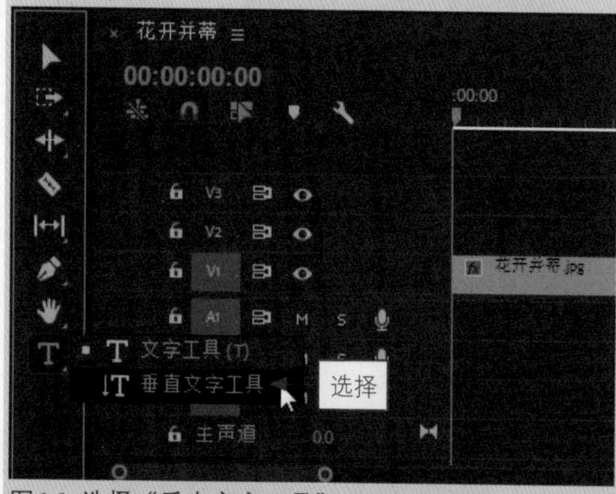

图6-9 选择“垂直文字工具”

图6-10 输入标题字幕

STEP 05 执行操作后，在工具箱中单击“选择工具”，如图6-11所示。

STEP 06 在“节目监视器”面板中可以使用“选择工具”调整字幕位置，完成操作后，即可查看制作的垂直字幕，如图6-12所示。

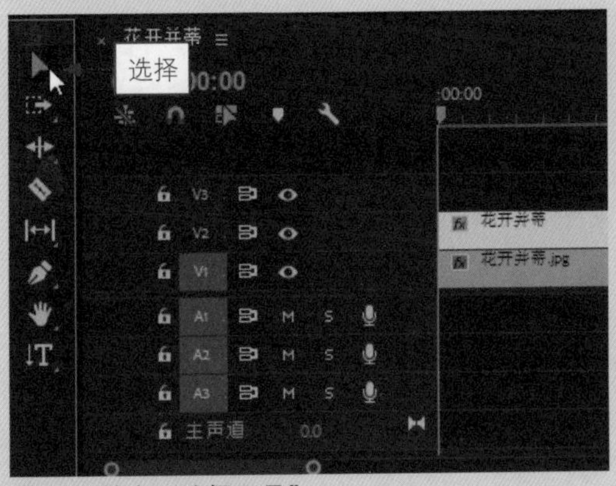

图6-11 单击“选择工具”

图6-12 查看制作的垂直字幕

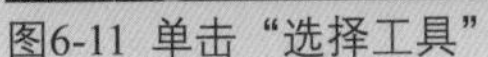

专家指点

单击工具箱中的“文字工具”，在“节目监视器”面板中的文本框为红色，单击工具箱中的“选择工具”后，“节目监视器”中的面板文本框则会变为蓝色。

6.2.3 创建多个文本

在Premiere Pro CC 2018中，除了可以创建单个标题字幕文本，还可以创建多个字幕文本，使影视文件效果更加丰富。

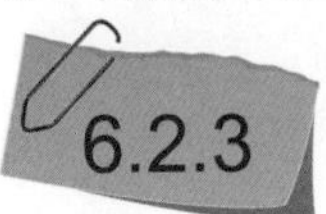

应用案例

创建多个文本

素材：素材\第6章\时光旅途.prproj　效果：效果\第6章\时光旅途.prproj

视频：视频\第6章\6.2.3 创建多个文本.mp4

STEP 01 按快捷键【Ctrl＋O】，打开一个项目文件，如图6-13所示。

STEP 02 选择工具箱中的“文字工具”，在“节目监视器”面板中的合适位置单击鼠标左键，在文本框中输入标题字幕，如图6-14所示。

图6-13 打开项目文件

图6-14 输入字幕内容

STEP 03 用与上面相同的方法，在合适的位置再次单击鼠标左键，并在文本框中输入相应的字幕内容，如图6-15所示。

STEP 04 输入完成后，即可完成多个字幕文本的创建，如图6-16所示。最后，保存字幕文件。

图6-15 输入字幕内容

图6-16 多个字幕文本的效果

6.3 字幕属性的设置

为了让字幕的整体效果更加具有吸引力和感染力，用户需要对字幕属性进行精心调整。本节将介绍字幕属性的作用与调整字幕属性的技巧。

6.3.1 设置字体样式

在Premiere Pro CC 2018中，提供了多种字体，让用户能够制作出贴合心意的影视文件。

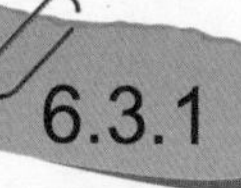

应用案例 设置字体样式

素材：素材\第6章\海阔天空.prproj　　效果：效果\第6章\海阔天空.prproj

视频：视频\第6章\6.3.1 设置字体样式.mp4

STEP 01 按快捷键【Ctrl+O】，打开一个项目文件，如图6-17所示。

STEP 02 在“节目监视器”面板中，查看打开的项目文件，如图6-18所示。

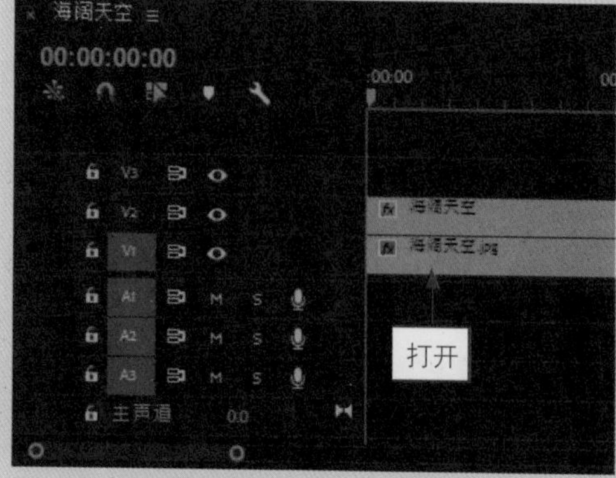

图6-17 打开项目文件

图6-18 查看打开的项目文件

STEP 03 在“时间轴”面板中，选择V2轨道中的字幕文件，如图6-19所示。

STEP 04 ❶切换至“效果控件”面板，❷单击“源文本”左侧的下拉按钮，❸展开“源文本”设置界面，如图6-20所示。

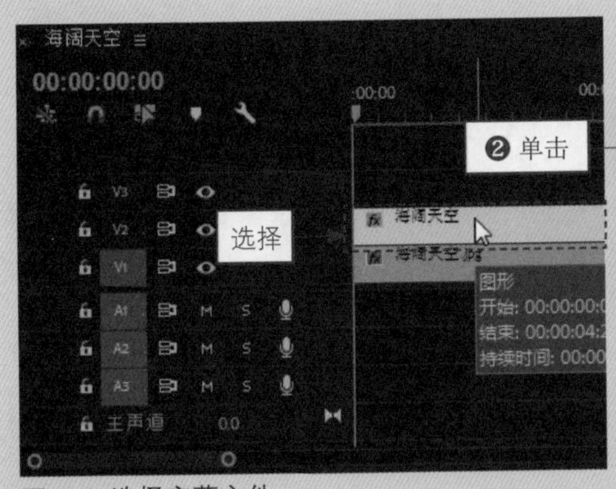

图6-19 选择字幕文件

图6-20 展开“源文本”设置界面

STEP 05 在“源文本”设置界面，单击“字体”右侧的下拉按钮，如图6-21所示。

STEP 06 在弹出的下拉列表中，选择STKaiti选项，如图6-22所示。

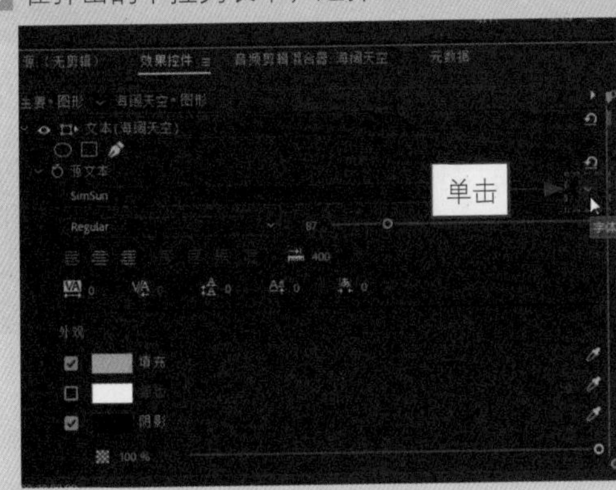

图6-21 单击下拉按钮

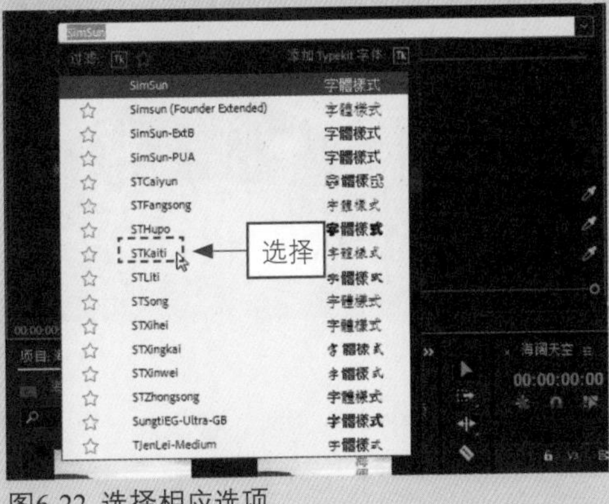

图6-22 选择相应选项

STEP 07 执行操作后，即可更改字体样式，如图6-23所示。

STEP 08 在“节目监视器”面板中，可以查看所选择的字体样式的效果，如图6-24所示。

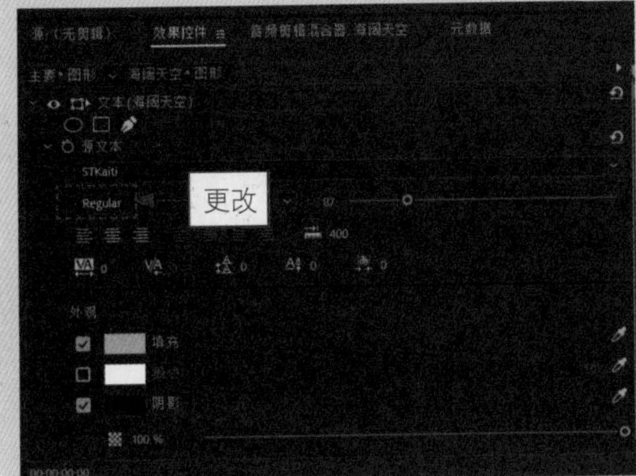

图6-23 更改字体样式

图6-24 查看所选择的字体样式的效果

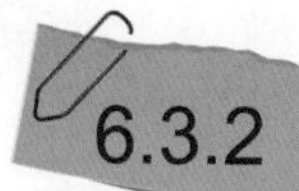

6.3.2 设置字体大小

在Premiere Pro CC 2018中，如果字幕中的字体太小，可以对其进行设置，下面介绍设置字幕字体大小的操作步骤。

应用案例

设置字体大小

素材：素材\第6章\节日快乐.prproj　　效果：效果\第6章\节日快乐.prproj

视频：视频\第6章\6.3.2 设置字体大小.mp4

STEP 01 按快捷键【Ctrl+O】，打开“素材\第6章\节日快乐.prproj”文件，如图6-25所示。

STEP 02 在“时间轴”面板中的V2轨道中，选择字幕文件，如图6-26所示。

图6-25 打开项目文件

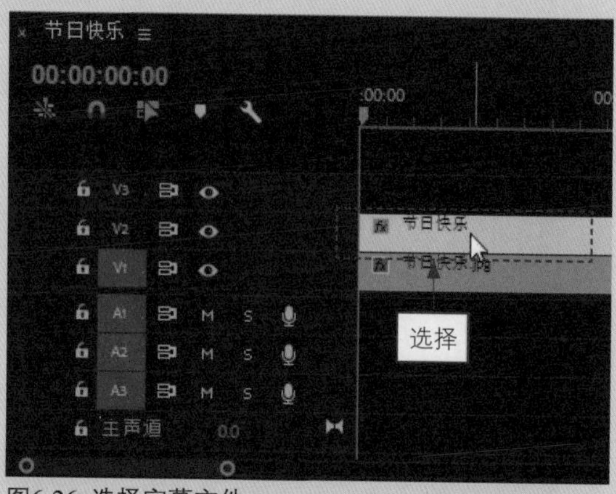

图6-26 选择字幕文件

STEP 03 ❶切换至“效果控件”面板，❷展开“源文本”选项面板，❸在其中拖动“字体”滑块至130，或者直接输入130，如图6-27所示。

STEP 04 执行操作后，即可完成字体大小的设置，其效果如图6-28所示。

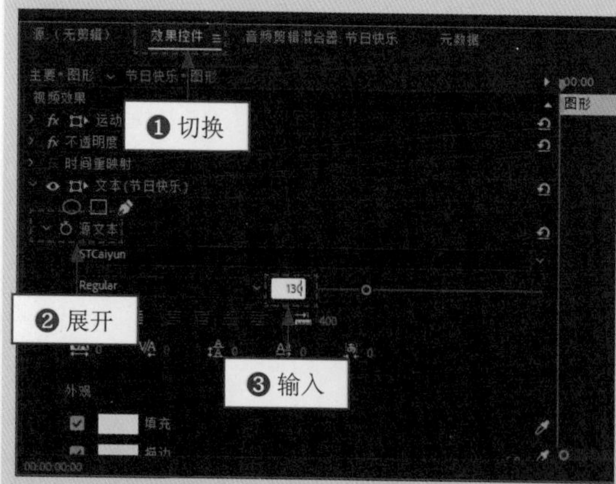

图6-27 输入字体大小值

图6-28 设置字体大小后的效果

设置字幕间距

字幕间距主要是指字幕文字之间的间隔距离，下面介绍设置字幕间距的操作步骤。

应用案例

设置字幕间距

素材：素材\第6章\童话故事.prproj　　效果：效果\第6章\童话故事.prproj

视频：视频\第6章\6.3.3 设置字幕间距.mp4

STEP 01 按快捷键【Ctrl+O】，打开“素材\第6章\童话故事.prproj”文件，如图6-29所示。

STEP 02 在“时间轴”面板中的V2轨道中，使用鼠标左键选择字幕文件，如图6-30所示。

图6-29 打开项目文件

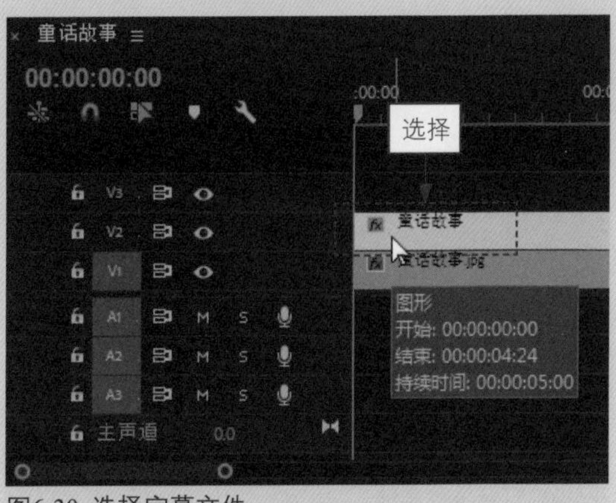

图6-30 选择字幕文件

STEP 03 ❶打开“效果控件”面板，❷在“源文本”选项区域设置“字距调整”参数值为80，如图6-31所示。

STEP 04 执行操作后，即可修改字幕文本的间距，效果如图6-32所示。

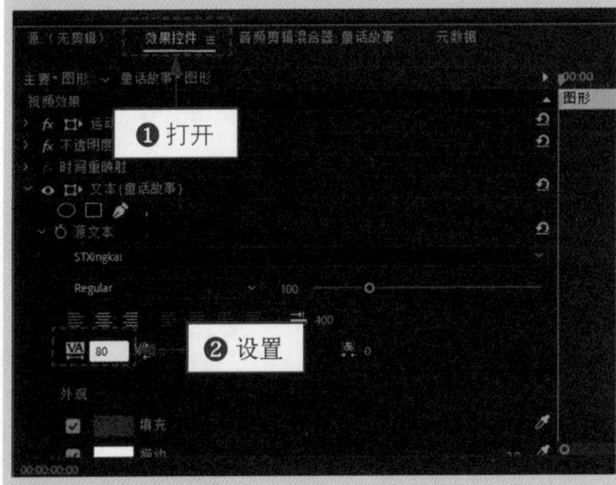

图6-31 设置字距值

图6-32 视频效果

6.3.4 设置字幕行距

在“源文本”选项区域，可以重新设置字幕文本的行间距，下面介绍设置字幕文本行间距的操作步骤。

应用案例

设置字幕行距

素材：素材\第6章\爱心抱枕.prproj　　效果：效果\第6章\爱心抱枕.prproj

视频：视频\第6章\6.3.4 设置字幕行距.mp4

STEP 01 按快捷键【Ctrl+O】，打开一个项目文件，如图6-33所示。

STEP 02 在“时间轴”面板中的V2轨道中，使用鼠标左键选择字幕文件，如图6-34所示。

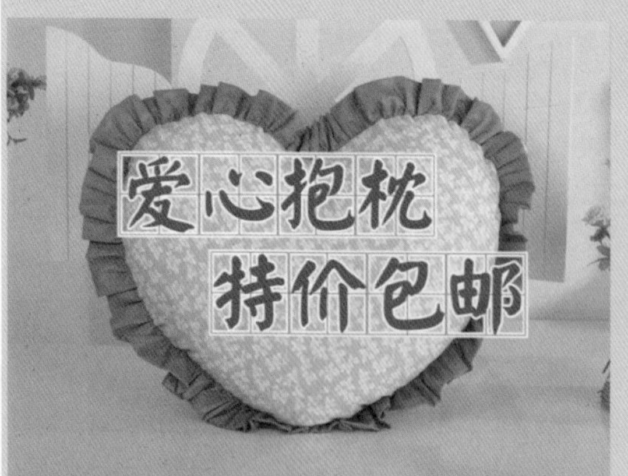

图6-33 打开项目文件

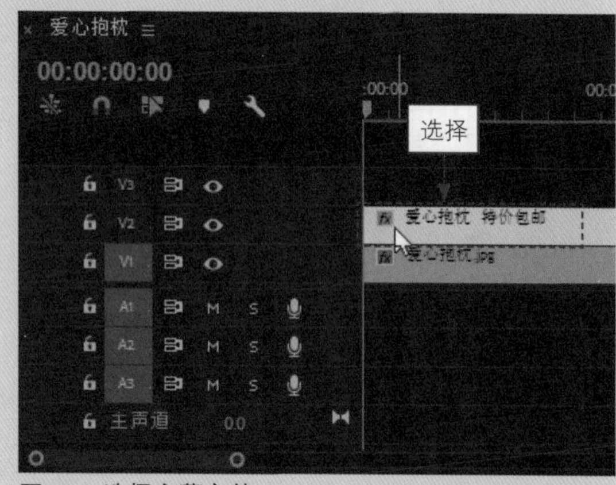

图6-34 选择字幕文件

STEP 03 ❶打开“效果控件”面板，❷在“源文本”选项区域设置“行距调整”参数值为40，如图6-35所示。

STEP 04 执行操作后，即可修改字幕文本间的行距，效果如图6-36所示。

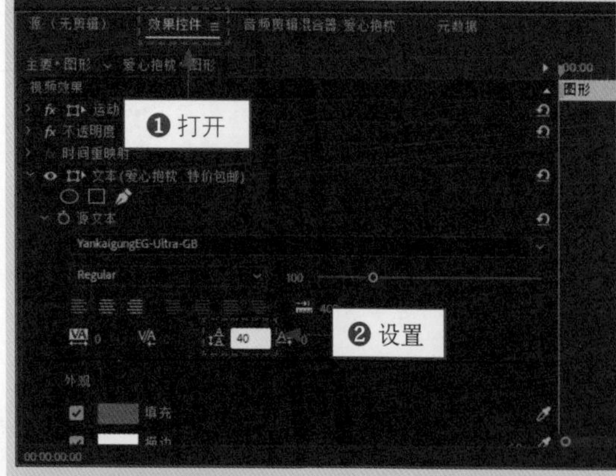

图6-35 设置行距值

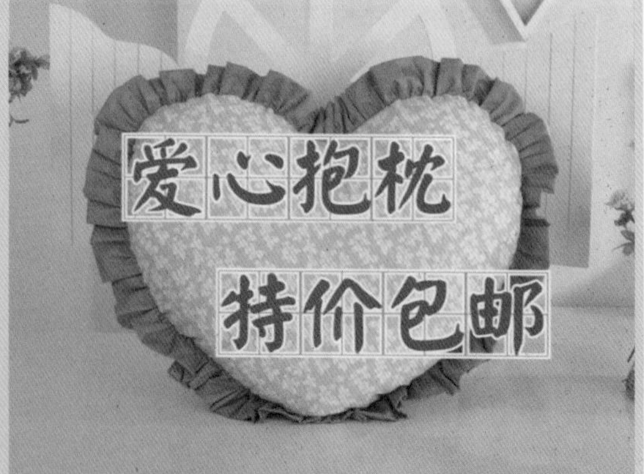

图6-36 视频效果

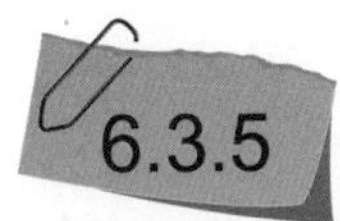

6.3.5 设置字幕对齐方式

在创建字幕对象后，可以调整字幕文本的对齐方式，以得到更好的字幕效果。

应用案例

设置字幕对齐方式

素材：素材\第6章\舒适座椅.prproj　　效果：效果\第6章\舒适座椅.prproj

视频：视频\第6章\6.3.5　设置字幕对齐方式.mp4

STEP 01 按快捷键【Ctrl+O】，打开一个项目文件，如图6-37所示。

STEP 02 在“时间轴”面板中的V2轨道中，使用鼠标左键选择字幕文件，如图6-38所示。

图6-37 打开项目文件

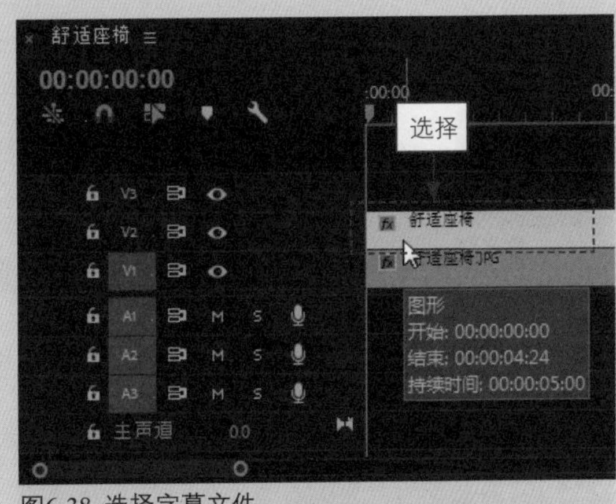

图6-38 选择字幕文件

STEP 03 ❶打开“效果控件”面板，❷在“源文本”选项区域单击“右对齐文本”按钮，如图6-39所示。

STEP 04 执行操作后，即可修改设置字幕对齐方式，效果如图6-40所示。

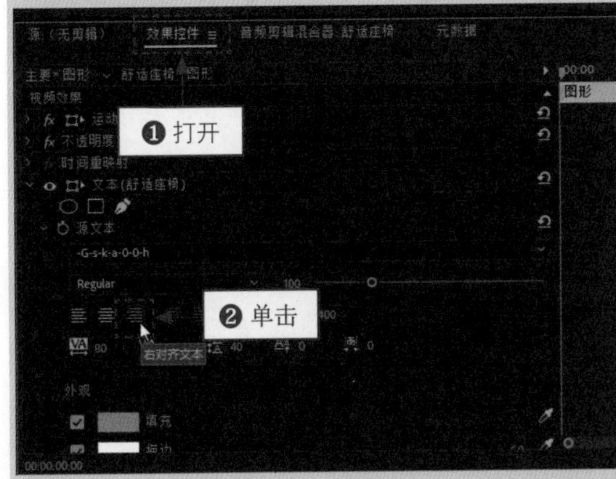

图6-39 单击“右对齐文本”按钮

图6-40 字幕文本的对齐效果

专家指点

在 Premiere Pro CC 2018 中，“锚点”是图像的中心坐标，是设置对齐、旋转等动作属性的中心，所有动作都会围绕“锚点”变化，所以当用户在对字幕文件进行对齐或其他属性设置时，首先需要确定“锚点”所在的位置，或在“效果控件”面板中设置好“锚点”的坐标再进行操作，否则可能达不到预想的效果。

6.4 设置字幕外观效果

在Premiere Pro CC 2018中，如果对默认的字幕文本不满意，可以在“源文本”下方的“外观”选项区域，更改字幕文本的外观样式。在“外观”选项区域，共有3个设置选项，分别是“填充”“描边”“阴影”，本节将详细介绍设置字幕外观效果的操作步骤。

6.4.1 设置字幕颜色填充

在默认状态下，创建的字幕文本的字体颜色为白色，用户可以在“外观”选项区域，设置字幕文本的颜色，在字体内填充一种单独的颜色。下面介绍设置字幕颜色填充的操作步骤。

应用案例

设置字幕颜色填充

素材：素材\第6章\儿童时光.prproj　　效果：效果\第6章\儿童时光.prproj

视频：视频\第6章\6.4.1 设置字幕颜色填充.mp4

STEP 01 按快捷键【Ctrl+O】，打开一个项目文件，如图6-41所示。

STEP 02 打开项目文件后，在“节目监视器”面板中查看素材画面，如图6-42所示。

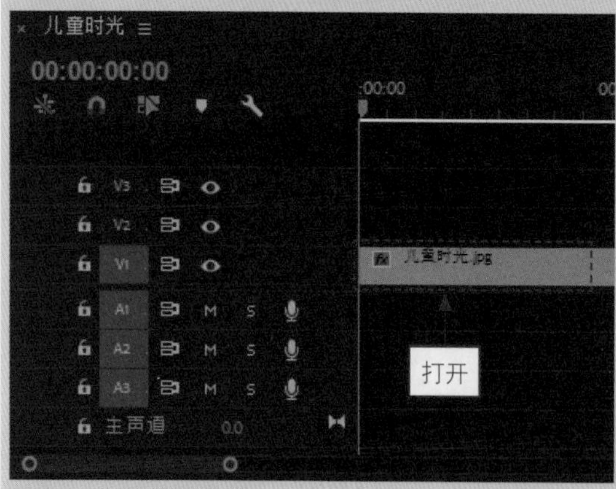

图6-41 打开项目文件

图6-42 查看素材画面

STEP 03 单击“时间轴”面板左侧工具箱中的“文字工具”按钮，如图6-43所示。

STEP 04 在“节目监视器”面板中画面的合适位置单击鼠标左键，如图6-44所示。

STEP 05 在红色文本框中，输入相应的文本内容，如图6-45所示。

STEP 06 ❶打开“效果控件”面板，❷在其中展开“源文本”选项区域，如图6-46所示。

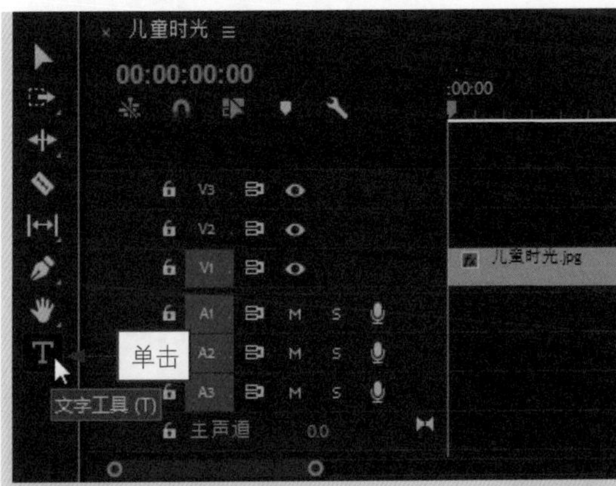

图6-43 单击“文字工具”按钮

图6-44 单击鼠标左键

图6-45 输入文本内容

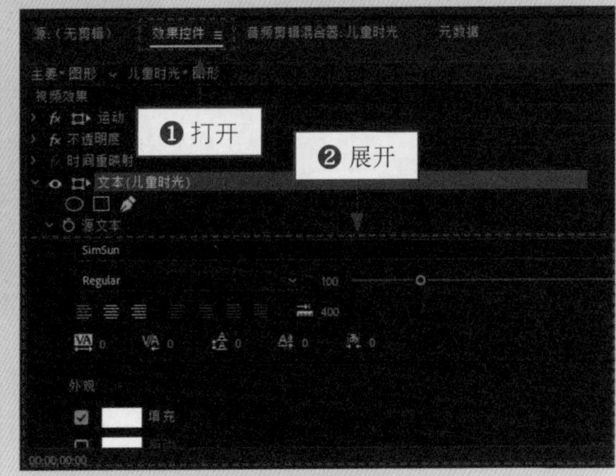

图6-46 展开“源文本”选项区域

专家指点

在“字幕编辑”窗口中输入文字时，有时由于使用的字体样式不支持该文字，导致输入的汉字无法显示，此时用户可以选择输入的文字，将字体样式设置为常用的汉字字体，即可解决该问题。

STEP 07 在面板下方的“外观”选项区域，单击“填充”左侧的色块，如图6-47所示。

STEP 08 执行操作后，弹出“拾色器”对话框，如图6-48所示。

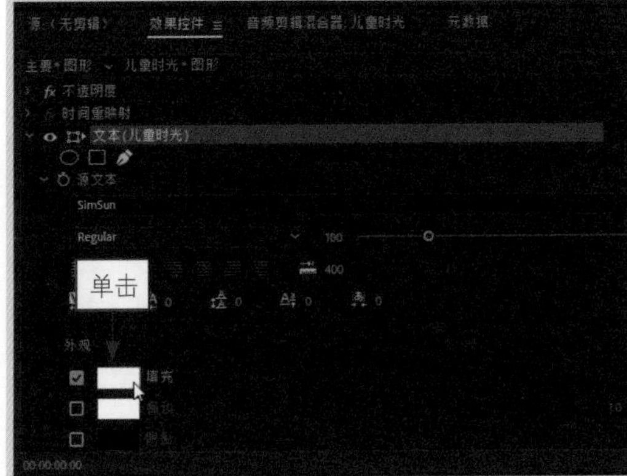

图6-47 单击色块

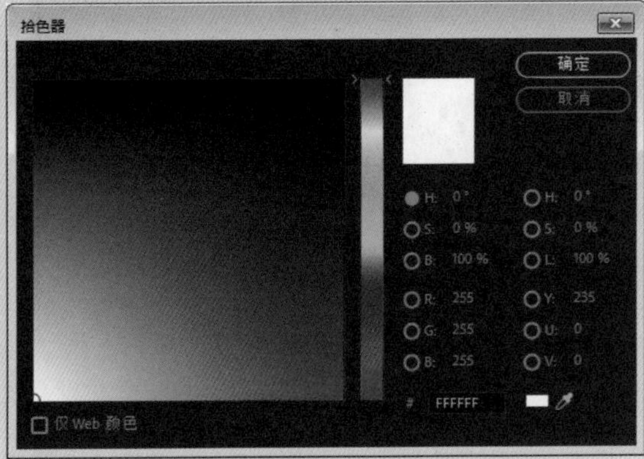

图6-48 “拾色器”对话框

专家指点

Premiere Pro CC 2018 会以从上至下的顺序渲染视频，如果将字幕文件添加到 V1 轨道，将影片素材文件添加到 V2 及以上的轨道，将会导致渲染的影片素材挡住字幕文件，从而无法显示字幕。

STEP 09 在弹出的“拾色器”对话框中，设置颜色RGB参数值分别为59、92、166，如图6-49所示。

STEP 10 单击“确定”按钮应用设置，在“节目监视器”面板中，可以查看设置字幕填充颜色后的效果，如图6-50所示。

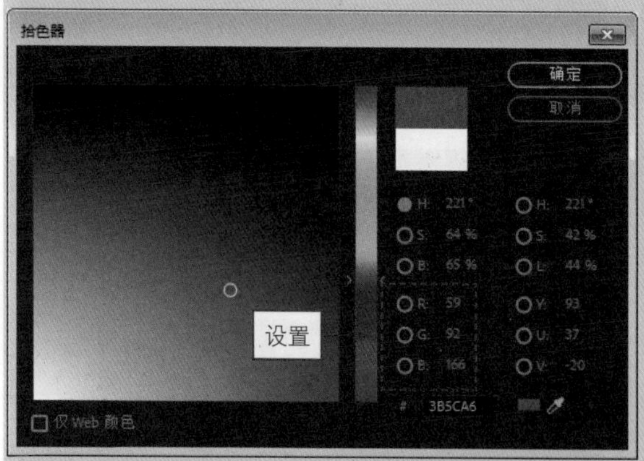

图6-49 设置RGB参数值

图6-50 设置字幕填充颜色的效果

STEP 11 在工具箱中，单击“选择工具”按钮，如图6-51所示。

STEP 12 在“节目监视器”面板中，选择字幕文件并调整其位置，执行操作后，即可查看最终效果，如图6-52所示。

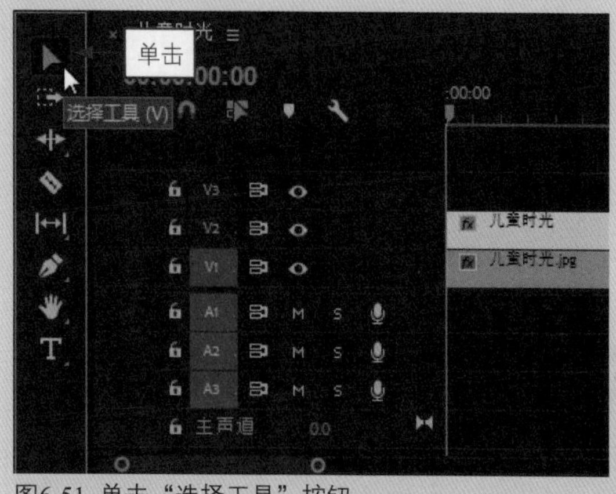

图6-51 单击“选择工具”按钮

儿童时光

图6-52 最终效果

专家指点

在 Premiere Pro CC 2018 中，为文本填充颜色时，除了在“拾色器”对话框中输入参数进行调整外，也可以直接在对话框左侧的颜色面板中直接选取，或使用对话框右下角的“吸管工具”选取颜色。

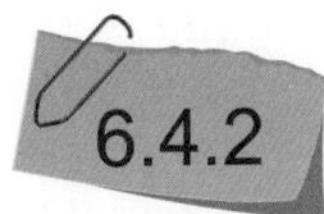

6.4.2 设置字幕描边效果

在Premiere Pro CC 2018中，字幕的“描边”选项可以给文本添加一件“外衣”，使字幕更加吸引眼球，不显单调。因此，用户可以有选择性地添加或者删除字幕中的描边效果。

应用案例

设置字幕描边效果

素材：素材\第6章\沙滩爱情.prproj　　效果：效果\第6章\沙滩爱情.prproj

视频：视频\第6章\6.4.2 设置字幕描边效果.mp4

STEP 01 按快捷键【Ctrl+O】，打开一个项目文件，如图6-53所示。

STEP 02 打开项目文件后，在“节目监视器”面板中查看素材画面，如图6-54所示。

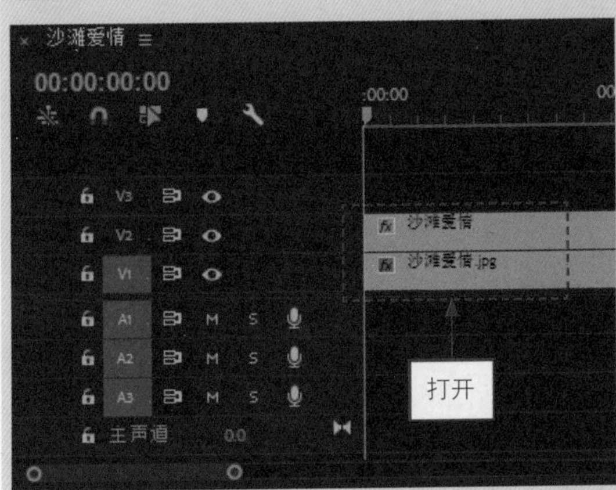

图6-53 打开项目文件

图6-54 查看素材画面

STEP 03 在“时间轴”面板中，选择V2轨道中的字幕文件，如图6-55所示。

STEP 04 ❶打开“效果控件”面板，❷在“源文本”选项区域选中“描边”复选框，如图6-56所示。

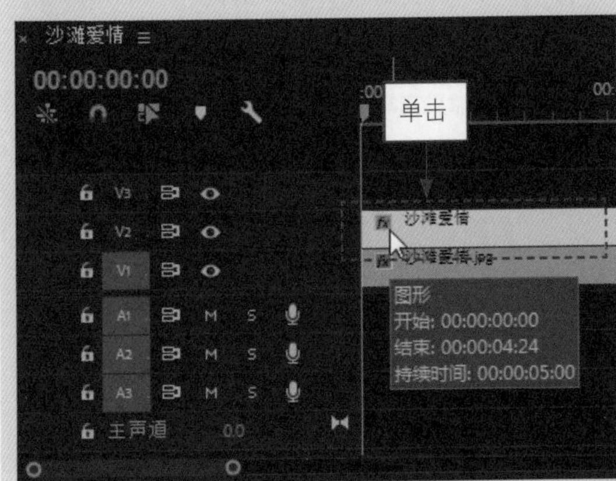

图6-55 选择字幕文件

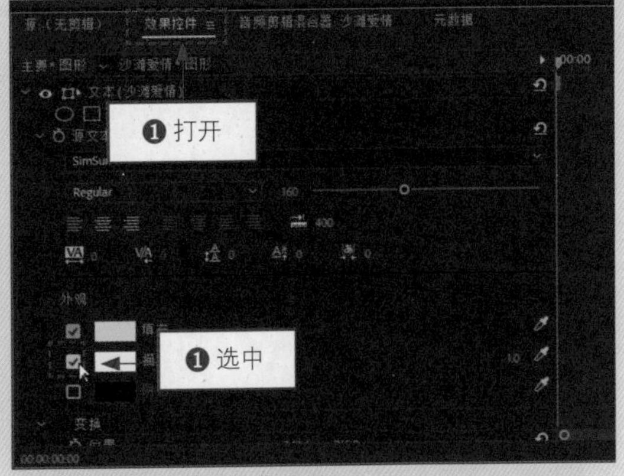

图6-56 选中“描边”复选框

STEP 05 执行操作后，单击“描边”左侧的色块，如图6-57所示。

STEP 06 在弹出的“拾色器”对话框中，设置颜色RGB参数值分别为194、59、59，如图6-58所示。

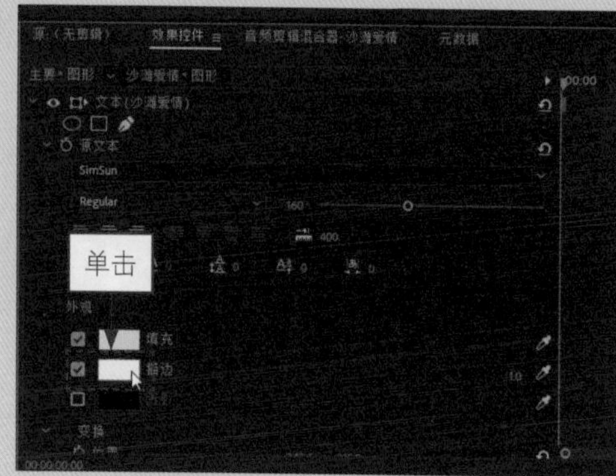

图6-57 单击色块

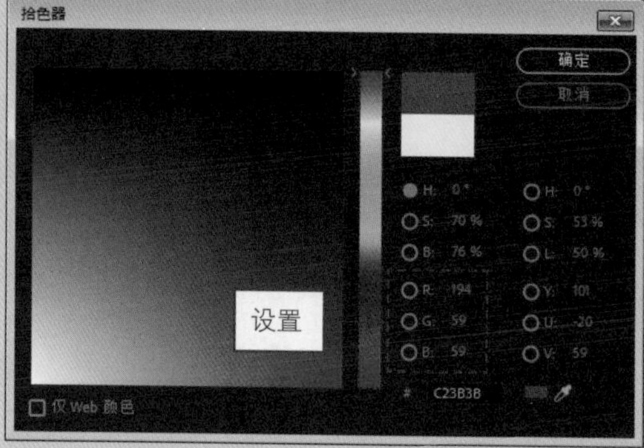

图6-58 设置RGB参数值

STEP 07 单击“确定”按钮应用设置，在“节目监视器”面板中，可以查看为字幕添加描边后的效果，如图6-59所示。

STEP 08 在“描边”选项的右侧，设置“描边宽度”为8.0，如图6-60所示。

图6-59 查看为字幕添加描边后的效果

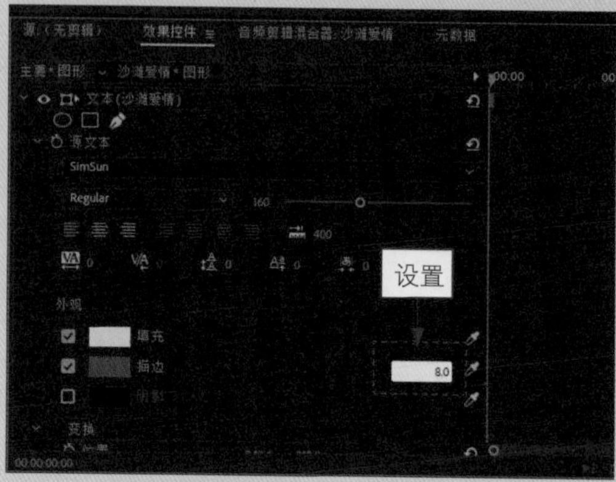

图6-60 设置“描边宽度”

STEP 09 在工具箱中，单击“选择工具”按钮，如图6-61所示。

STEP 10 在“节目监视器”面板中，选择字幕文件并调整其位置，执行操作后，即可查看描边效果，如图6-62所示。

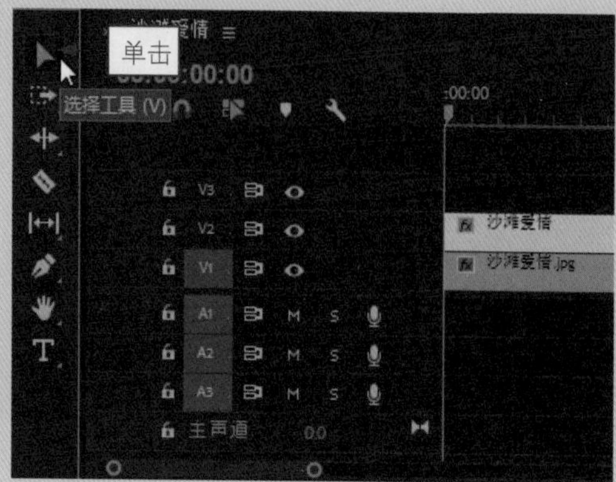

图6-61 单击“选择工具”按钮

图6-62 查看描边效果

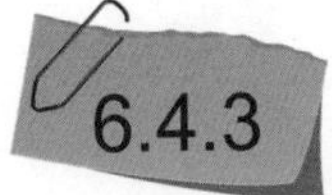

6.4.3 设置字幕阴影效果

在Premiere Pro CC 2018中，为字幕文本设置阴影效果，可以使字幕在影视画面中更加突出、明显，下面介绍设置字幕阴影效果的操作步骤。

应用案例

设置字幕阴影效果

素材：素材\第6章\成功起点.prproj　　效果：效果\第6章\成功起点.prproj

视频：视频\第6章\6.4.3 设置字幕阴影效果.mp4

STEP 01 按快捷键【Ctrl+O】，打开一个项目文件，如图6-63所示。

STEP 02 打开项目文件后，在“节目监视器”面板中查看素材画面，如图6-64所示。

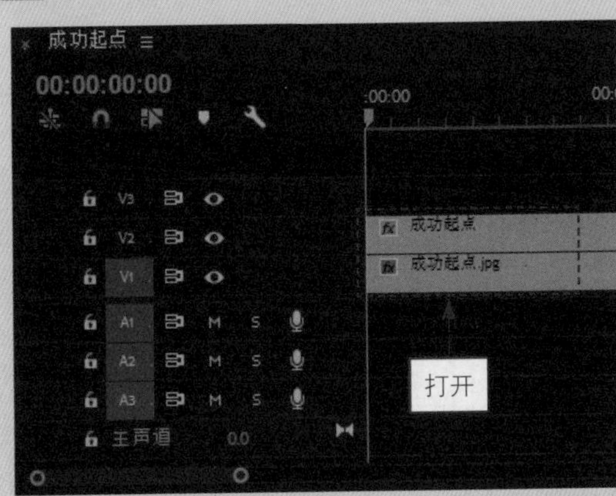

图6-63 打开项目文件

图6-64 查看素材画面

STEP 03 在“时间轴”面板中，选择V2轨道中的字幕文件，如图6-65所示。

STEP 04 ❶打开“效果控件”面板，❷在“源文本”选项区域选中“阴影”复选框，如图6-66所示。

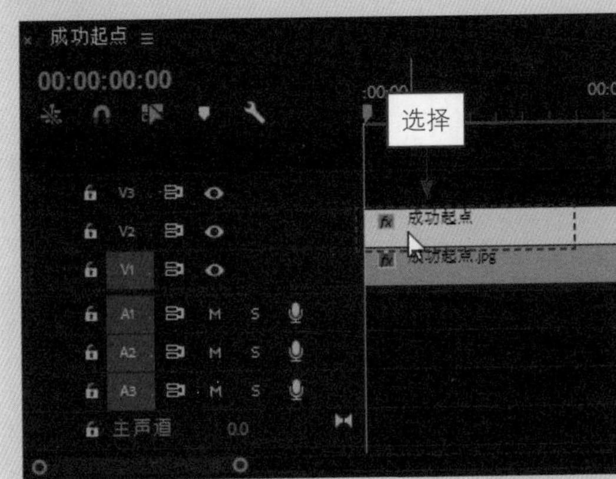

图6-65 选择字幕文件

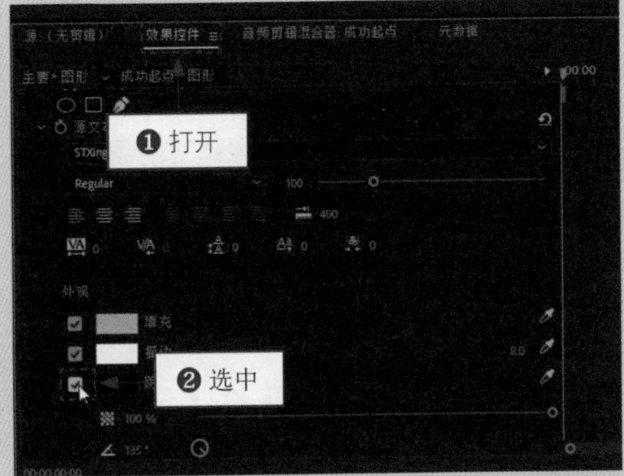

图6-66 选中“阴影”复选框

STEP 05 执行操作后，单击“阴影”左侧的色块，如图6-67所示。

STEP 06 在弹出的“拾色器”对话框中，设置颜色RGB参数值分别为211、157、40，如图6-68所示。

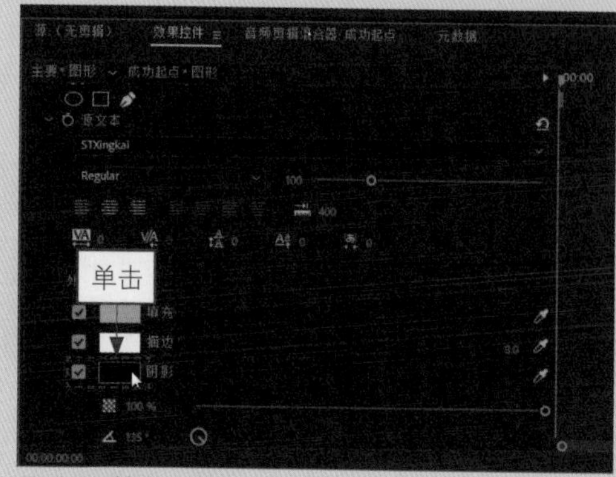

图6-67 单击色块

图6-68 设置RGB参数值

STEP 07 单击“确定”按钮应用设置，在“节目监视器”中，可以查看添加阴影后的字幕效果，如图6-69所示。

STEP 08 在“阴影”选项区域，拖动“距离”右侧的滑块，直至参数显示为7.9，如图6-70所示，调整阴影偏离距离。

图6-69 查看添加阴影后的字幕效果

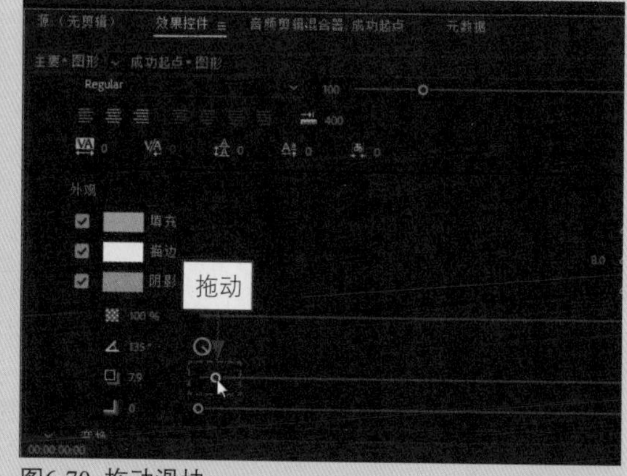

图6-70 拖动滑块

STEP 09 在工具箱中，单击“选择工具”按钮，在“节目监视器”面板中，选择字幕文件并调整其位置，如图6-71所示。

STEP 10 执行操作后，即可查看最终的添加阴影的效果，如图6-72所示。

图6-71 调整字幕位置

图6-72 查看添加阴影后的最终效果

专家指点

在“阴影”选项区域，有4个选项用于设置“阴影”属性，用户可以根据画面效果进行设置。

- 不透明度：可以调整阴影的不透明度，参数越小，阴影越淡。
- 角度：可以调整阴影的投射角度。
- 距离：可以调整阴影与文字的偏移距离，参数值越大，距离越远，参数值越小，距离越近。
- 模糊：可以调整阴影的背景模糊度，参数值越大，阴影背景越模糊。

6.5 专家支招

在Premiere Pro CC 2018中，如果一行字幕在窗口中显示不完整，可以制作多行同框字幕文本。首先打开一个项目文件，然后在“节目监视器”面板的素材画面上，创建一个字幕文本，输入第一行内容后，按【Enter】键另起一行，继续输入第二行字幕内容，即可制作多行同框字幕文本，如图6-73所示。

图6-73 制作多行同框字幕文本

6.6 总结拓展

在任何一个影视作品中，字幕都是不可或缺的存在，没有字幕的影视作品是不完整的。在影视作品中，字幕可以将作品所要表达的意思准确无误地传达给观看者，漂亮的字幕设计可以使影片更具有吸引力和感染力，Premiere Pro CC 2018高质量的字幕功能，让用户使用起来更加得心应手。

6.6.1 本章小结

字幕制作在视频编辑中是一种重要的艺术手段，好的标题字幕不仅可以传达画面以外的信息，还可以增强影片的艺术效果。本章详细讲解了在Premiere Pro CC 2018中编辑与设置字幕的操作步骤，包括创建水平字幕、创建垂直字幕、设置字体样式、设置字体大小、设置字幕间距、设置字幕行距、设置字幕对齐方式、设置字幕颜色填充、设置字幕描边效果及设置字幕阴影效果等内容。学完本章内容，读者可以熟练掌握字幕文件的编辑操作与字幕属性的设置方法，并能够合理地运用到影视作品的制作当中。

6.6.2 举一反三——调整字幕阴影投射角度

在Premiere Pro CC 2018中，选中“阴影”复选框即可显示用户添加的字幕阴影效果。在添加字幕阴影效果后，可以对“阴影”选项区域中的各项参数进行设置，以得到更好的阴影效果。

应用案例

调整字幕阴影投射角度

素材：素材\第6章\含苞待放. prproj　　效果：效果\第6章\含苞待放.prproj

视频：视频\第6章\6.6.2 举一反三——调整字幕阴影投射角度.mp4

STEP 01 按快捷键【Ctrl+O】，打开一个项目文件，如图6-74所示。

STEP 02 打开项目文件后，在“节目监视器”面板中查看素材画面，如图6-75所示。

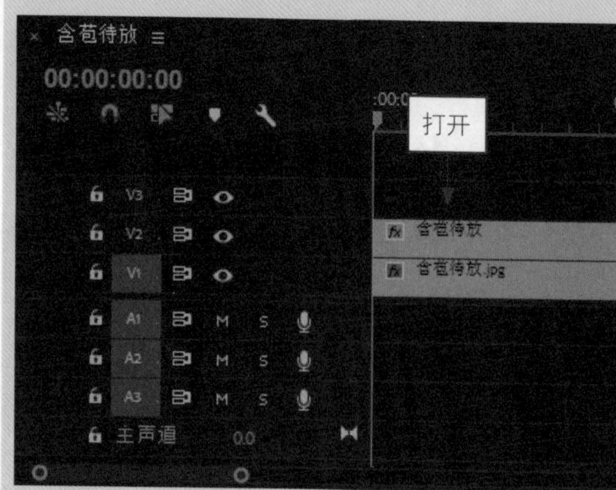

图6-74 打开项目文件

图6-75 查看素材画面

STEP 03 在“时间轴”面板中的V2轨道中，选择字幕文件，如图6-76所示。

STEP 04 ❶切换至“效果控件”面板，❷在其中展开“源文本”选项区域，如图6-77所示。

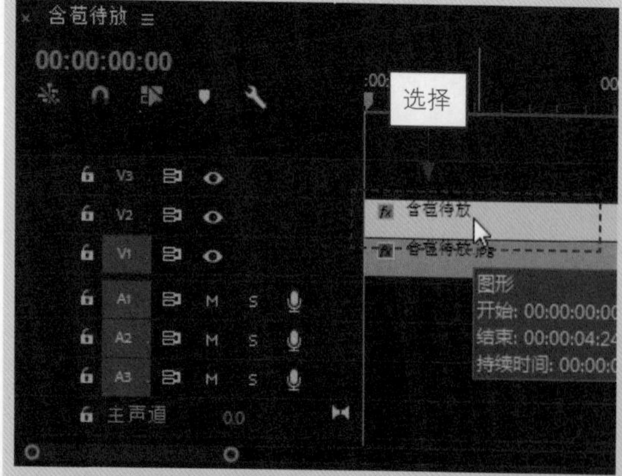

图6-76 选择字幕文件

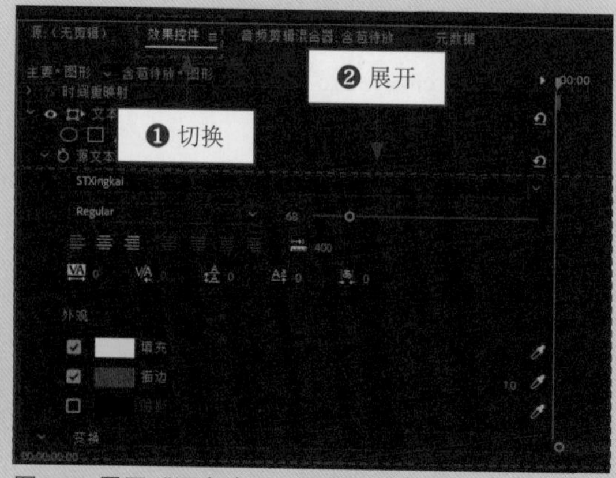

图6-77 展开“源文本”选项区域

STEP 05 在“外观”选项区域，选中“阴影”复选框，如图6-78所示。

STEP 06 在“节目监视器”面板中查看添加阴影后的字幕效果，如图6-79所示。

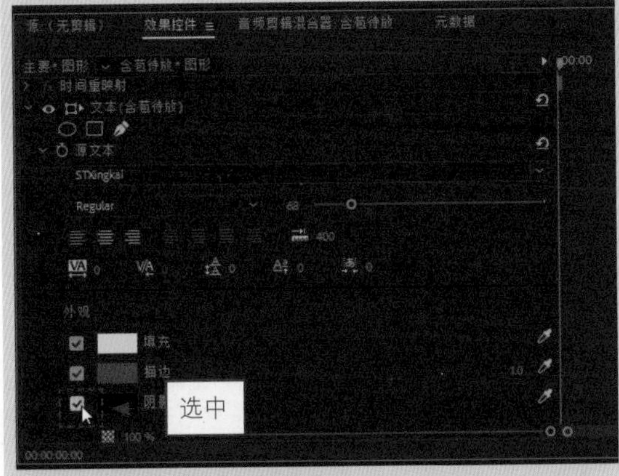

图6-78 选中“阴影”复选框

图6-79 查看添加阴影后的字幕效果

STEP 07 执行上述操作后，在“阴影”下方的选项区域，单击“角度”右侧的数值框，在其中输入210，更改字幕阴影投射角度，如图6-80所示。

STEP 08 设置完成后，即可查看调整字幕阴影投射角度后的效果，如图6-81所示。

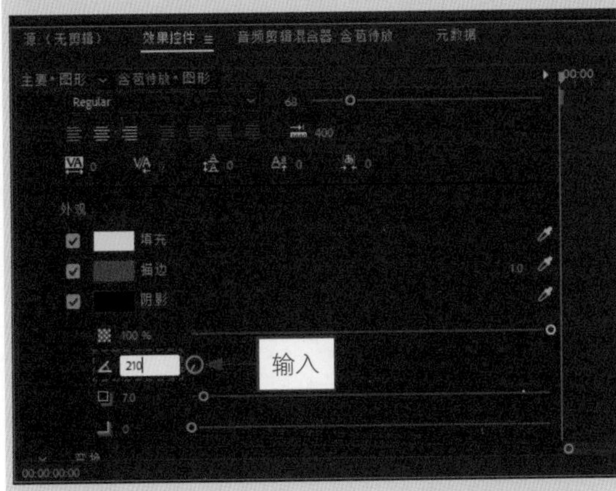

图6-80 输入210

图6-81 查看更改阴影投射角度的字幕效果

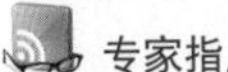

专家指点

用户还可以通过以下 3 种方法调整字幕阴影投射角度：

- 将鼠标指针移至“阴影”右侧的圆形图标上，滑动鼠标滚轮，圆形图标内的指针会相应转动，用户可以根据需要调整至合适的位置。
- 在“阴影”右侧的圆形图标上的任意一个角度单击，圆形内的指针会跳转至相应位置，同时更改阴影投射角度。
- 单击“阴影”右侧的圆形图标内的指针，按住鼠标左键以圆心为轴心旋转，在合适的角度释放鼠标左键，即可调整阴影投射角度。

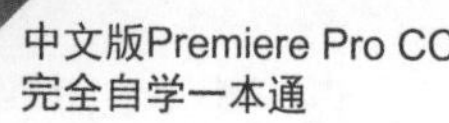

读书
笔记

第7章　打造大片：创建与制作字幕特效

在影视节目中，字幕起着解释画面、补充内容等作用。由于字幕本身是静止的，因此在某些时候无法完美地表达画面的主题。本章将运用Premiere Pro CC 2018制作各种文字特效，让画面中的文字更加生动。

本章学习重点

了解字幕运动特效

创建字幕遮罩动画

制作精彩字幕特效

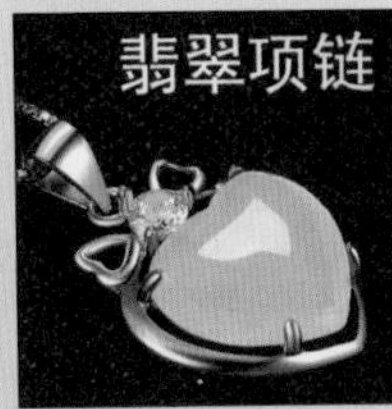

7.1 了解字幕运动特效

字幕是影片重要的组成部分，不仅可以传达画面以外的文字信息，还可以有效地帮助观众理解影片。在Premiere Pro CC 2018中，字幕包括“静态字幕”和“动态字幕”两大类型。通过前面章节的学习，相信读者已经可以轻松地创建出静态字幕及静态的复杂图形。本节将介绍如何在Premiere Pro CC 2018中创建动态的字幕。

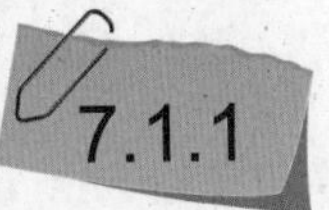

7.1.1 字幕运动原理

字幕的运动是通过关键帧实现的，为对象指定的关键帧越多，所产生的运动变化越复杂。在Premiere Pro CC 2018中，可以通过关键帧在不同的时间点引导目标运动、缩放、旋转等，并在计算机中随着时间点的改变而发生变化，如图7-1所示。

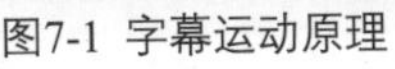
图7-1 字幕运动原理

7.1.2 “运动”参数设置界面

在Premiere Pro CC 2018中，项目文件的运动是通过“效果控件”面板中相关参数的设置来实现的。当用户将素材拖入轨道后，可以切换到“效果控件”面板，此时可以看到Premiere Pro CC 2018的“运动”设置界面。为了使文字在画面中运动，用户必须为字幕添加关键帧，然后，通过设置字幕的关键帧得到一个运动的字幕效果。如图7-2所示为“运动”参数设置界面。

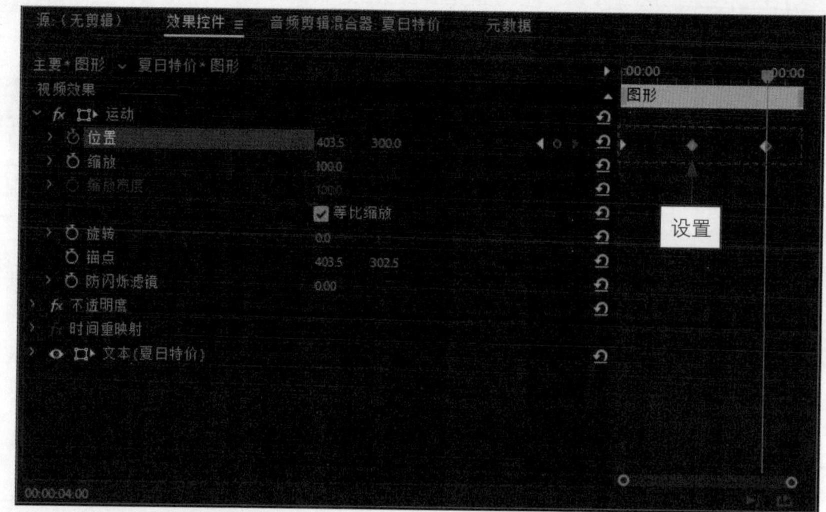

图7-2 “运动”参数设置界面

 专家指点

在 Premiere Pro CC 2018 中，用户在制作动态字幕时，除了在“效果控件”面板中添加“运动”特效关键帧，还可以添加缩放、旋转、不透明度等选项的关键帧。添加完成后，用户可以通过设置关键帧的各项参数，制作出更具丰富动态、生动有趣的字幕效果。

7.2 创建字幕遮罩动画

随着动态视频的越来越受欢迎，动态字幕的应用也越来越频繁了，这些精美的字幕特效不仅能够点明影视片段的主题，让影片更加生动，具有感染力，还能够为观众传递一种艺术信息。在Premiere Pro CC 2018中，通过蒙版工具可以创建字幕的遮罩动画效果。本节主要介绍创建字幕遮罩动画的制作方法。

7.2.1 创建椭圆形蒙版动画

在Premiere Pro CC 2018中，使用“创建椭圆形蒙版”工具，可以为字幕创建椭圆形蒙版动画效果。

创建椭圆形蒙版动画

素材：素材\第7章\夏日特价.prproj　　效果：效果\第7章\夏日特价.prproj

视频：视频\第7章\7.2.1 创建椭圆形蒙版动画.mp4

STEP 01 按快捷键【Ctrl+O】，打开一个项目文件，如图7-3所示。

STEP 02 打开项目文件后，在“节目监视器”面板中查看素材画面，如图7-4所示。

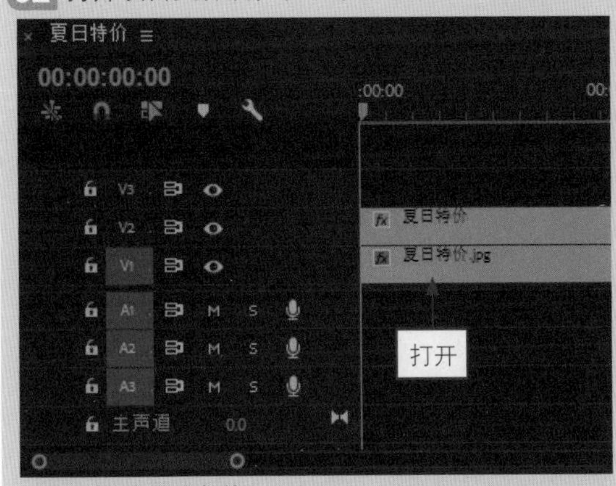

图7-3 打开项目文件

图7-4 查看素材画面

STEP 03 在“时间轴”面板中，选择字幕文件，如图7-5所示。

STEP 04 ❶切换至“效果控件”面板，❷在“文本（夏日特价）”选项区域单击“创建椭圆形蒙版”按钮，如图7-6所示。

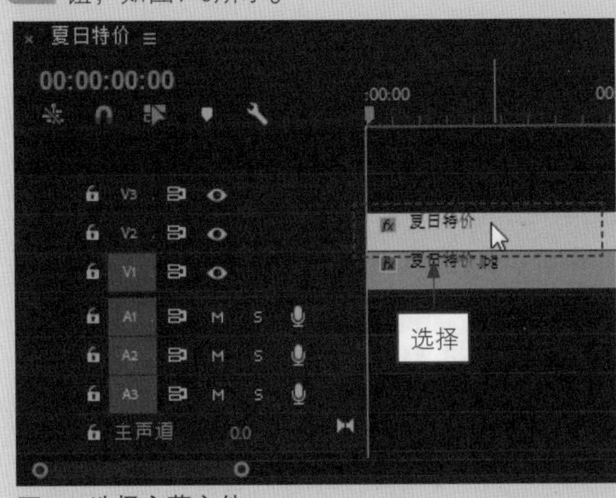

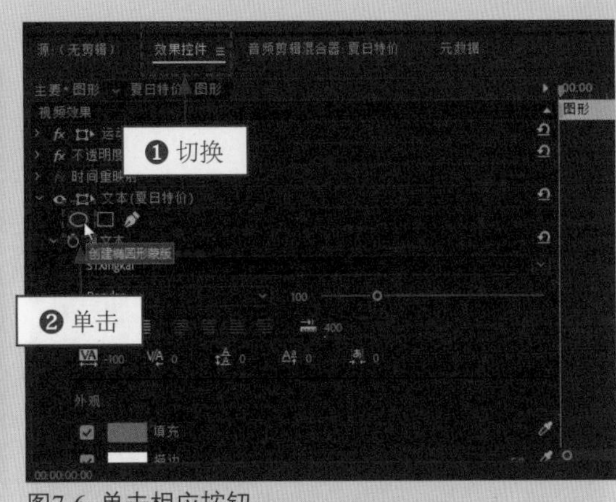

图7-5 选择字幕文件

图7-6 单击相应按钮

STEP 05 执行上述操作后，在“节目监视器”面板中的画面上会出现一个椭圆形，如图7-7所示。

STEP 06 按住鼠标左键拖动图形至字幕文件位置，如图7-8所示。

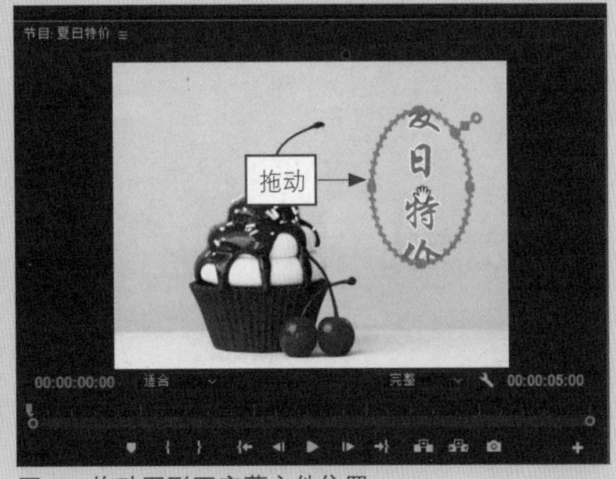

图7-7 “节目监视器”面板

图7-8 拖动图形至字幕文件位置

STEP 07 在“效果控件”面板中的“文本（夏日特价）”选项区域，❶单击“蒙版扩展”左侧的“切换动画”按钮，如图7-9所示，❷在视频的开始处添加一个关键帧。

STEP 08 添加完成后，在“蒙版扩展”右侧的数值文本框中，输入“蒙版扩展”参数值-100，如图7-10所示。

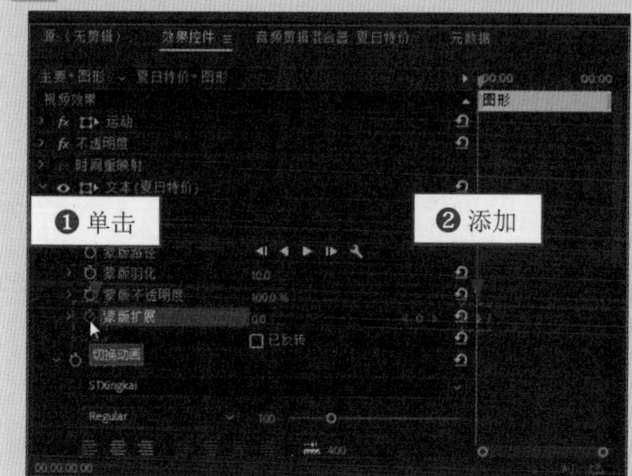

图7-9 单击“切换动画”按钮

图7-10 设置“蒙版扩展”参数

STEP 09 设置完成后，将时间线移至00:00:04:00的位置，如图7-11所示。

STEP 10 在“蒙版扩展”右侧，❶单击“添加/移除关键帧”按钮，如图7-12所示，❷再次添加一个关键帧。

图7-11 移动时间线

图7-12 单击“添加/移除关键帧”按钮

STEP 11 添加完成后，设置“蒙版扩展”参数值为50，如图7-13所示。

STEP 12 执行上述操作后，即可完成椭圆形蒙版动画的设置，如图7-14所示。

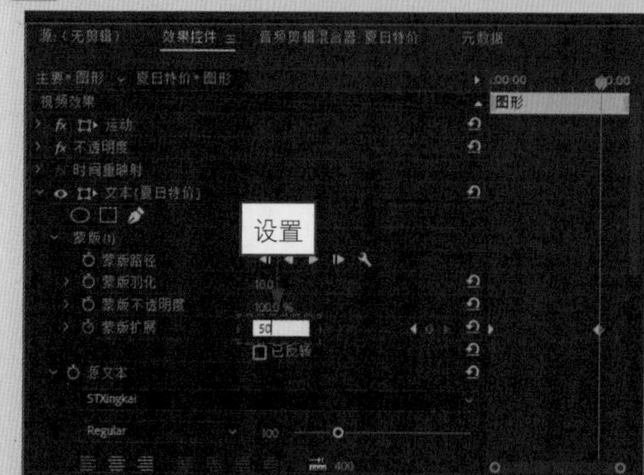

图7-13 设置相应参数

图7-14 完成椭圆形蒙版动画的设置

STEP 13 在“节目监视器”面板中单击“播放-停止切换”按钮，可以查看动画效果，如图7-15所示。

图7-15 查看动画效果

创建4点多边形蒙版动画

在了解如何创建椭圆形蒙版动画后，创建4点多边形蒙版动画就变得十分简单了。下面将介绍创建4点多边形蒙版动画的操作步骤。

创建4点多边形蒙版动画

素材：素材\第7章\传统文化.prproj　效果：效果\第7章\传统文化.prproj

视频：视频\第7章\7.2.2 创建4点多边形蒙版动画.mp4

STEP 01 按快捷键【Ctrl+O】，打开一个项目文件，如图7-16所示。

STEP 02 打开项目文件后，在“节目监视器”面板中查看素材画面，如图7-17所示。

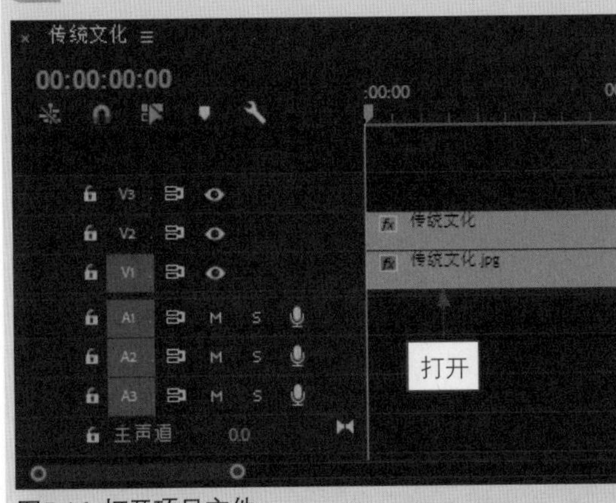

图7-16 打开项目文件

图7-17 查看素材画面

STEP 03 在“时间轴”面板中，选择字幕文件，如图7-18所示。

STEP 04 ❶切换至“效果控件”面板，❷在“文本”选项区域单击“创建4点多边形蒙版”按钮，如图7-19所示。

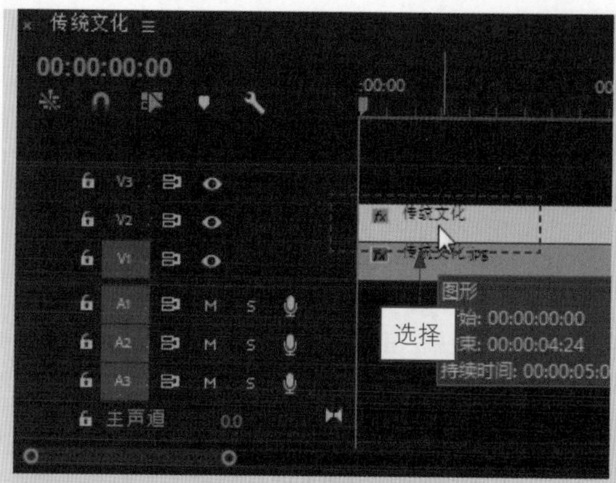

图7-18 选择字幕文件

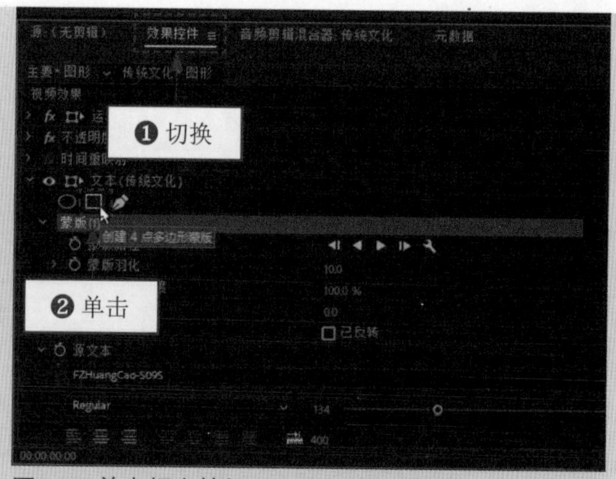

图7-19 单击相应按钮

STEP 05 执行上述操作后，在“节目监视器”面板中的画面上会出现一个矩形，如图7-20所示。

STEP 06 按住鼠标左键，拖动图形至字幕文件位置，如图7-21所示。

图7-20 “节目监视器”面板

图7-21 拖动图形至字幕文件位置

STEP 07 在“效果控件”面板中的“文本”选项区域，❶单击“蒙版扩展”左侧的“切换动画”按钮，如图7-22所示，❷在视频的开始处添加一个关键帧。

STEP 08 添加完成后，在“蒙版扩展”右侧的文本框中，输入“蒙版扩展”参数值180，如图7-23所示。

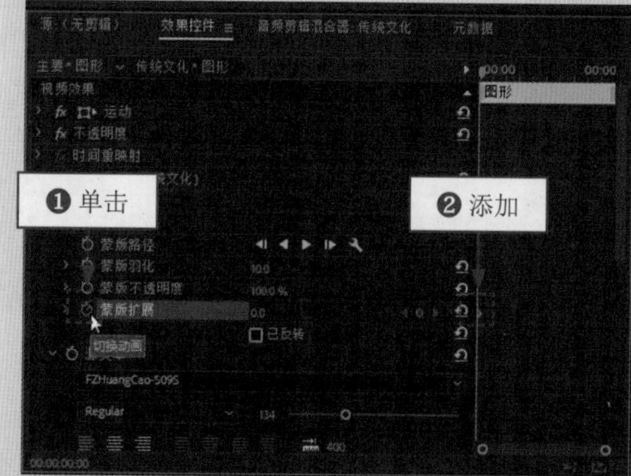

图7-22 单击“切换动画”按钮

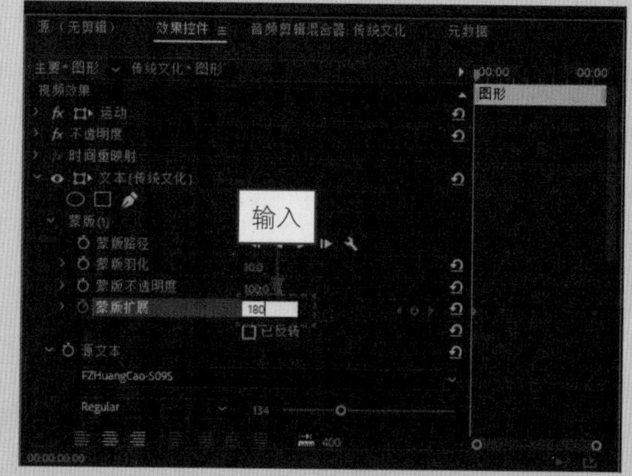

图7-23 输入“蒙版扩展”参数值

STEP 09 设置完成后，将时间线移至00:00:02:00的位置，如图7-24所示。

STEP 10 在“蒙版扩展”右侧，❶单击“添加/移除关键帧”按钮，如图7-25所示；❷再次添加一个关键帧。

图7-24 移动时间线

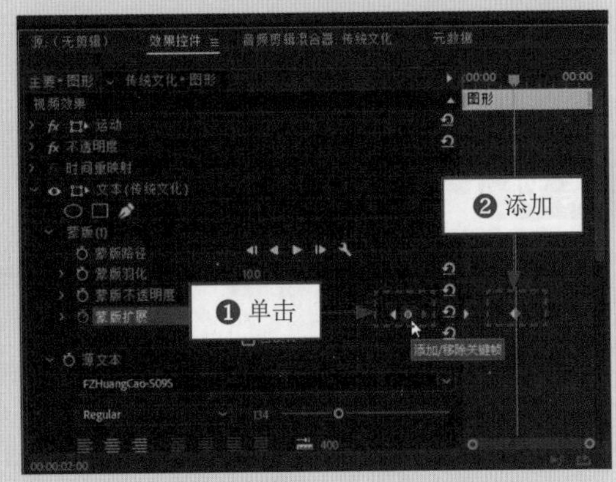

图7-25 再次添加关键帧

STEP 11 添加完成后，设置“蒙版扩展”参数值为-50，如图7-26所示。

STEP 12 用与前面相同的方法，❶在00:00:04:00的位置再次添加一个关键帧，❷并设置“蒙版扩展”参数为180，完成4点多边形蒙版动画的设置，如图7-27所示。

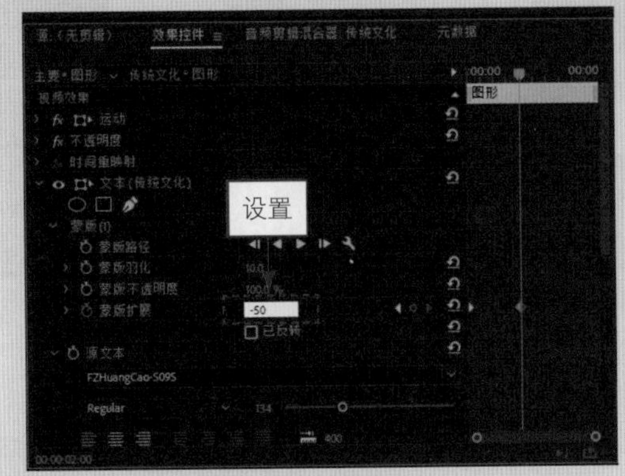

图7-26 设置“蒙版扩展”参数

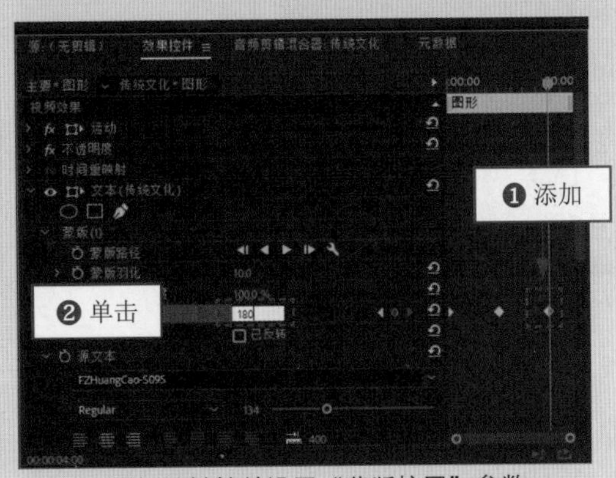

图7-27 添加关键帧并设置“蒙版扩展”参数

STEP 13 在“节目监视器”面板中单击“播放-停止切换”按钮，查看动画效果，如图7-28所示。

图7-28 查看动画效果

7.2.3 创建自由曲线蒙版动画

在Premiere Pro CC 2018中，除了可以创建椭圆形蒙版动画和4点多边形蒙版动画，还可以创建自由曲线蒙版动画，使影视文件内容更加丰富。

应用案例

创建自由曲线蒙版动画

素材：素材\第7章\冬季礼品.prproj　　效果：效果\第7章\冬季礼品.prproj

视频：视频\第7章\7.2.3 创建自由曲线蒙版动画.mp4

STEP 01 按快捷键【Ctrl＋O】，打开一个项目文件，如图7-29所示。

STEP 02 打开项目文件后，在“节目监视器”面板中查看素材画面，如图7-30所示。

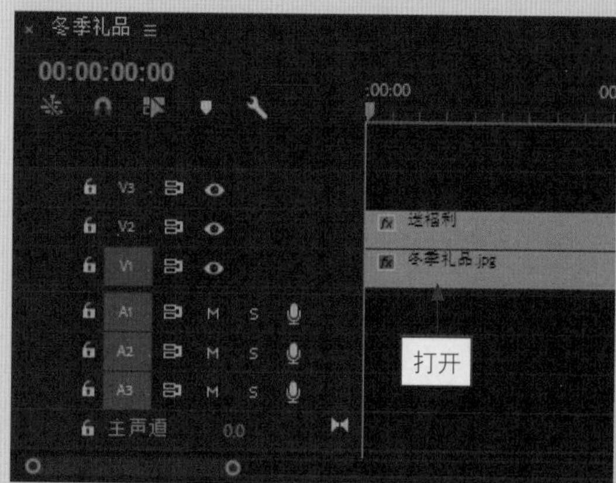

图7-29 打开项目文件

图7-30 查看素材画面

STEP 03 在“时间轴”面板中，选择字幕文件，如图7-31所示。

STEP 04 ❶切换至“效果控件”面板，❷在“文本”选项区域单击“自由绘制贝塞尔曲线”按钮，如图7-32所示。

图7-31 选择字幕文件

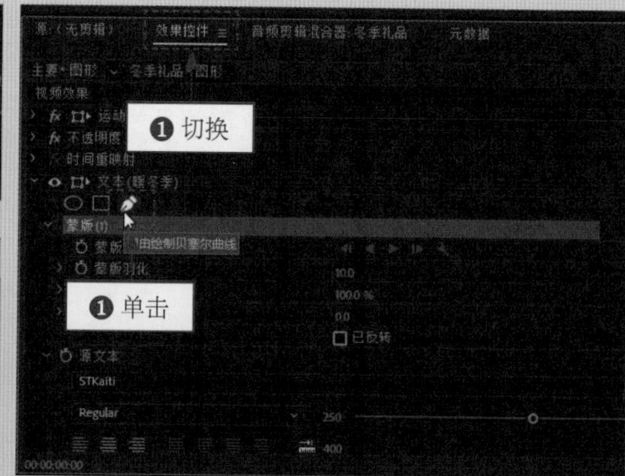

图7-32 单击相应按钮

STEP 05 执行上述操作后，在“节目监视器”面板中的字幕文件四周单击鼠标左键，画面中会出现点线相连的曲线，如图7-33所示。

STEP 06 围绕字幕文件四周继续单击，完成自由曲线蒙版的绘制，如图7-34所示。

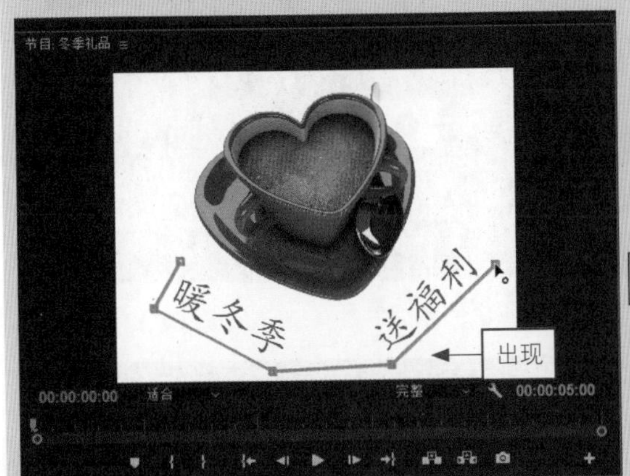

图7-33 出现点线相连的曲线

图7-34 完成自由曲线蒙版的绘制

STEP 07 在“效果控件”面板中的“文本”选项区域，❶单击“蒙版扩展”左侧的“切换动画”按钮，如图7-35所示，❷在视频的开始处添加一个关键帧。

STEP 08 添加完成后，在“蒙版扩展”右侧的文本框中，输入“蒙版扩展”参数值-150，如图7-36所示。

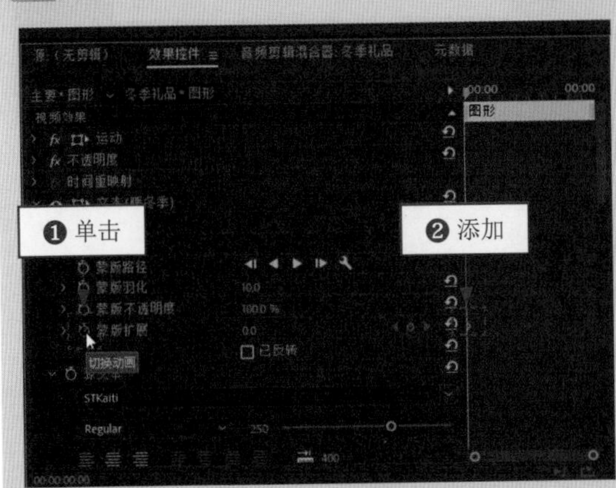

图7-35 单击“切换动画”按钮并添加关键帧

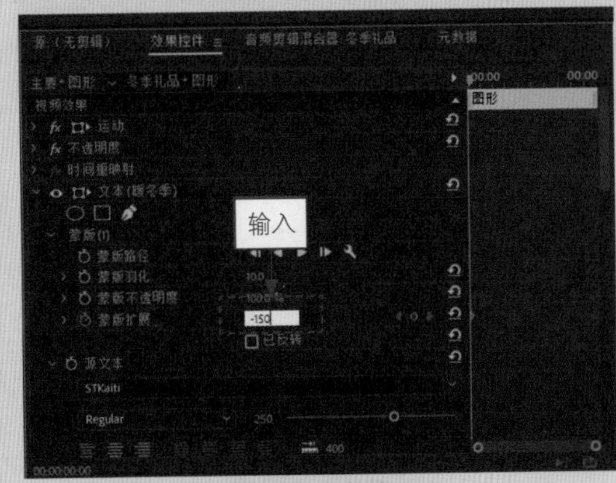

图7-36 输入“蒙版扩展”参数值

STEP 09 设置完成后，将时间线移至00:00:04:00的位置，如图7-37所示。

STEP 10 在“蒙版扩展”右侧，❶单击“添加/移除关键帧”按钮，如图7-38所示，❷再次添加一个关键帧。

STEP 11 添加完成后，设置“蒙版扩展”参数值为0，如图7-39所示。

STEP 12 执行上述操作后，即可完成自由曲线蒙版动画的设置，如图7-40所示。

STEP 13 单击“播放-停止切换”按钮，可以查看动画效果，如图7-41所示。

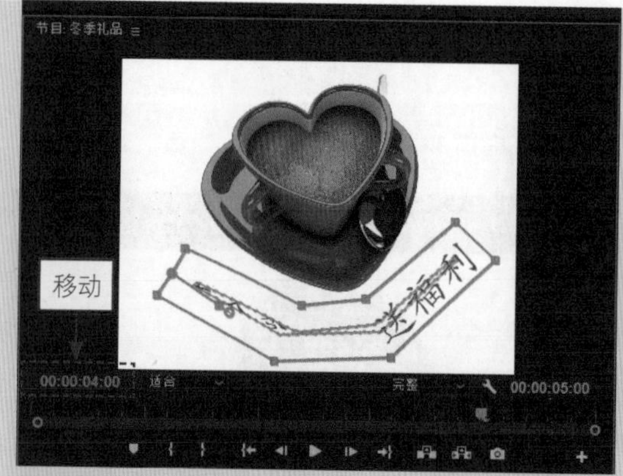

图7-37 移动时间线

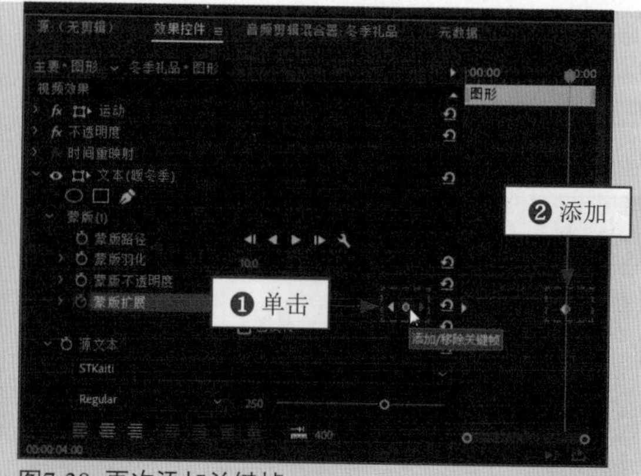

图7-38 再次添加关键帧

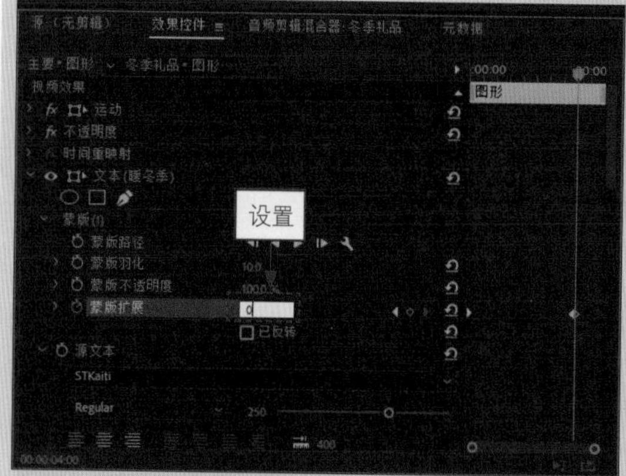

图7-39 设置相应参数

图7-40 完成自由曲线蒙版动画的设置

图7-41 查看动画效果

7.3 制作精彩字幕特效

本节主要介绍精彩字幕特效的制作方法。

7.3.1 制作路径字幕效果

在Premiere Pro CC 2018中，通过设置“效果控件”面板中的属性并添加关键帧，可以制作路径字幕效果。

应用案例

制作路径字幕效果

素材：素材\第7章\精品礼盒.prproj　　效果：效果\第7章\精品礼盒.prproj

视频：视频\第7章\7.3.1　制作路径字幕效果.mp4

STEP 01 按快捷键【Ctrl＋O】，打开一个项目文件，如图7-42所示。

STEP 02 在“节目监视器”面板中，查看打开的项目文件效果，如图7-43所示。

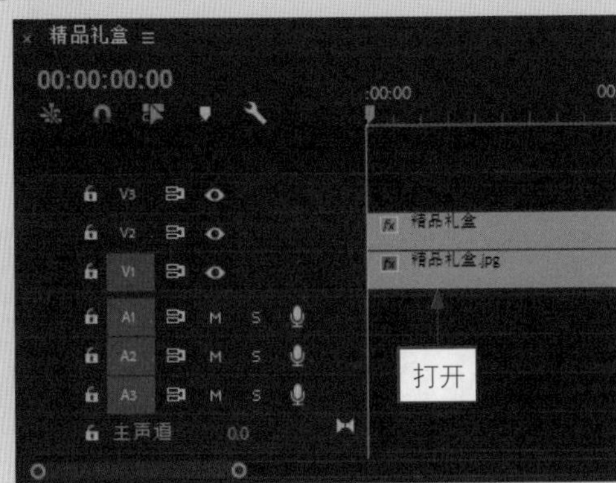

图7-42 打开项目文件

图7-43 查看打开的项目文件效果

STEP 03 在“时间轴”面板中，选择V2轨道中的字幕文件，❶展开“效果控件”面板，❷分别为“运动”选项区域中的“位置”和“旋转”选项，以及“不透明度”选项添加关键帧，如图7-44所示。

STEP 04 将时间线拖至00:00:03:00的位置，❶添加一组关键帧，❷设置“位置”为（350.0，450.0）、“旋转”为10.0°、“不透明度”为85.0%，如图7-45所示。

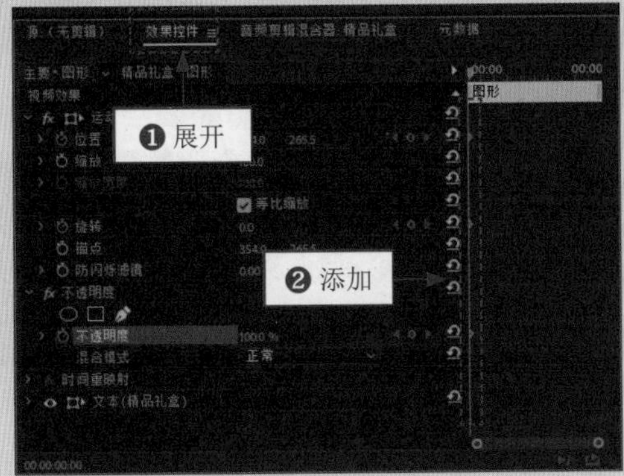

图7-44 添加关键帧

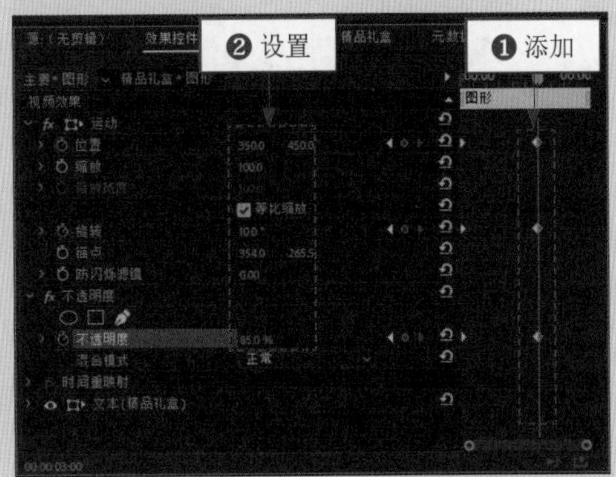

图7-45 添加一组关键帧

STEP 05 制作完成后，单击“节目监视器”面板中的“播放-停止切换”按钮，即可预览字幕路径效果，如图7-46所示。

图7-46 预览路径字幕效果

7.3.2 制作旋转字幕效果

在Premiere Pro CC 2018中，“旋转”字幕效果主要通过设置“运动”特效的“旋转”参数，让字幕在画面中旋转。

应用案例

制作旋转字幕效果

素材：素材\第7章\圣诞快乐.prproj　　效果：效果\第7章\圣诞快乐.prproj

视频：视频\第7章\7.3.2 制作旋转字幕效果.mp4

STEP 01 按快捷键【Ctrl+O】，打开“素材\第7章\圣诞快乐.prproj”文件，如图7-47所示。

STEP 02 在“时间轴”面板中的V2轨道中，选择字幕文件，如图7-48所示。

图7-47 打开项目文件

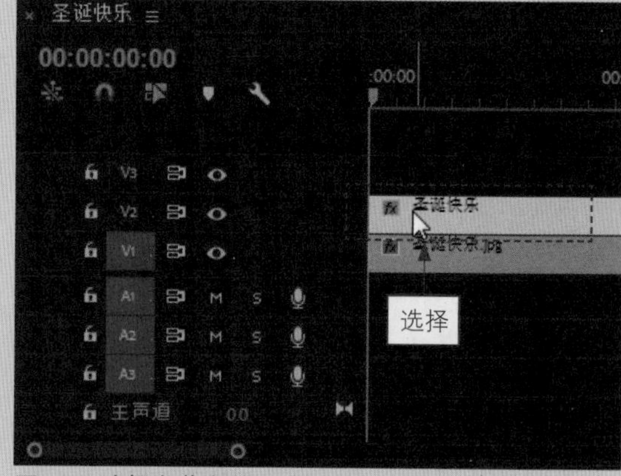

图7-48 选择字幕文件

STEP 03 在“效果控件”面板中，❶展开“运动”选项区域，❷单击“旋转”左侧的“切换动画”按钮，❸添加一个关键帧，如图7-49所示。

STEP 04 ❶将时间线移至00:00:04:00的位置，❷单击“旋转”右侧的“添加/移除关键帧”按钮，❸添加一个关键帧，❹并设置“旋转”参数为360，如图7-50所示。

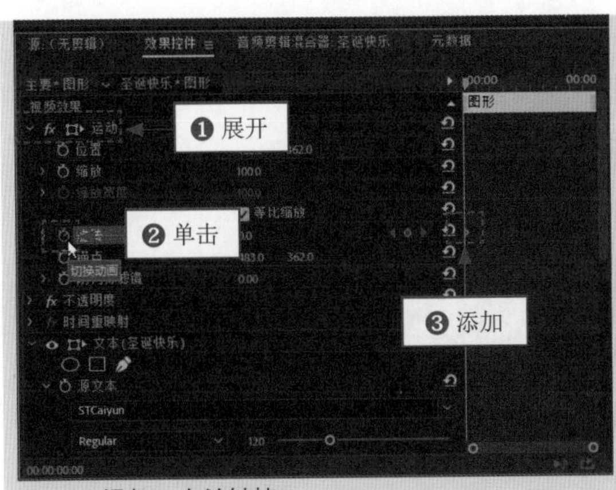

图7-49 添加一个关键帧

图7-50 设置“旋转”参数

STEP 05 制作完成后，单击“节目监视器”面板中的“播放-停止切换”按钮，即可预览字幕旋转效果，如图7-51所示。

图7-51 预览旋转字幕效果

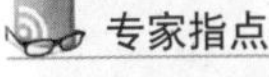
专家指点

在前面提到过，在 Premiere Pro CC 2018 中，任何属性设置都是围绕着“锚点”的，因此在设置字幕旋转效果前，需要确认好“锚点”的位置是否在屏幕的中央，以确保字幕旋转时不会溢出画面。

7.3.3 制作拉伸字幕效果

在Premiere Pro CC 2018中，通过设置“缩放”参数，可以制作字幕拉伸效果，拉伸字幕效果常常用于视频广告中，以聚焦观众眼球。

应用案例

制作拉伸字幕效果

素材：素材\第7章\城市炫舞.prproj　　效果：效果\第7章\城市炫舞.prproj

视频：视频\第7章\7.3.3 制作拉伸字幕效果.mp4

STEP 01 按快捷键【Ctrl+O】，打开“素材\第7章\城市炫舞.prproj”文件，如图7-52所示。

STEP 02 在“时间轴”面板中的V2轨道中，选择字幕文件，如图7-53所示。

图7-52 打开项目文件

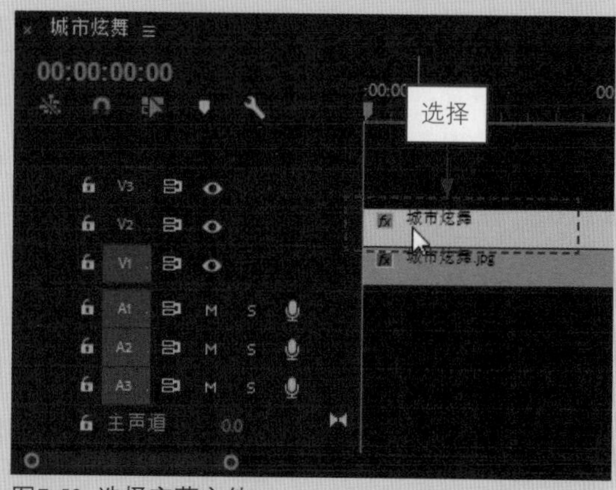

图7-53 选择字幕文件

STEP 03 在“效果控件”面板中，分别为“运动”选项区域中的“位置”和“缩放”选项添加关键帧，如图7-54所示。

STEP 04 添加完成后，设置“缩放”参数为50.0，如图7-55所示。

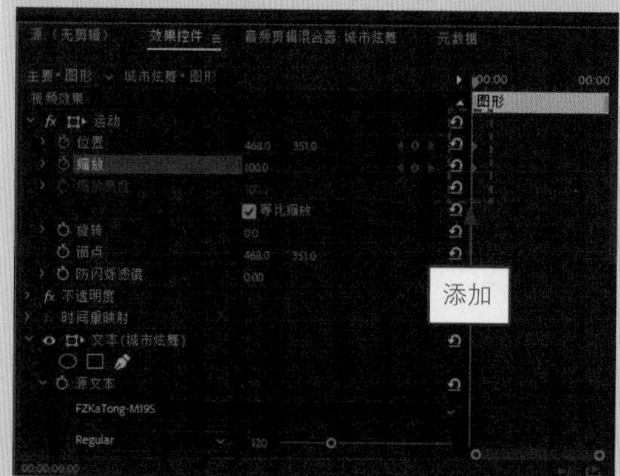

图7-54 添加关键帧

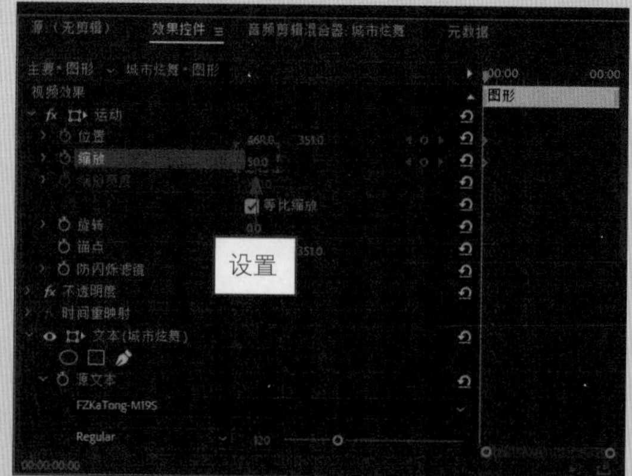

图7-55 设置“缩放”参数

STEP 05 ❶将时间线移至00:00:04:00的位置，❷分别单击“位置”和“缩放”右侧的“添加/移除关键帧”按钮，❸添加关键帧，如图7-56所示。

STEP 06 添加完成后，❶设置“位置”参数为（410，550），❷设置“缩放”参数为120.0，如图7-57所示。

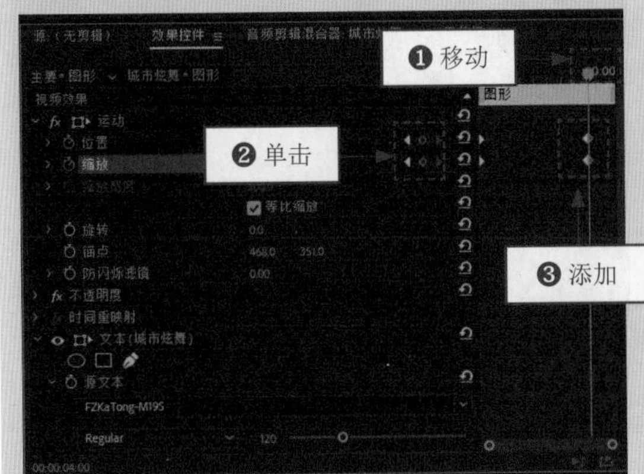

图7-56 添加一个关键帧

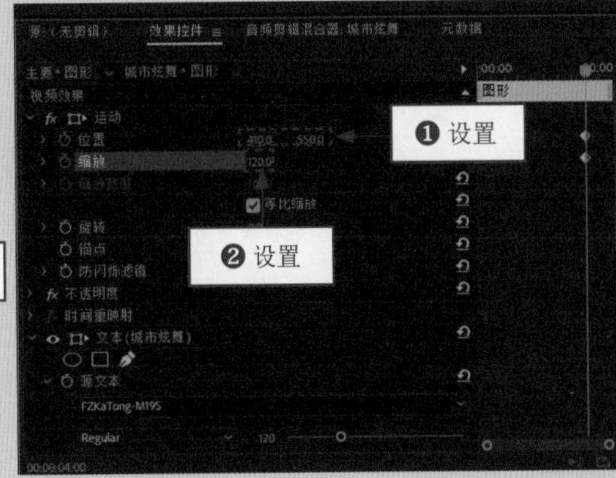

图7-57 设置参数

STEP 07 制作完成后，单击“节目监视器”面板中的“播放-停止切换”按钮，即可预览字幕拉伸效果，如图7-58所示。

图7-58 预览拉伸字幕效果

7.3.4 制作扭曲字幕效果

扭曲效果的字幕主要是运用了“效果”面板中的“弯曲”选项让画面产生扭曲变形，下面介绍具体的操作步骤。

应用案例

制作扭曲字幕效果

素材：素材\第7章\光芒四射.prproj　效果：效果\第7章\光芒四射.prproj

视频：视频\第7章\7.3.4 制作扭曲字幕效果.mp4

STEP 01 按快捷键【Ctrl+O】，打开一个项目文件，如图7-59所示。

STEP 02 在“效果”面板中，❶展开“视频效果”|“扭曲”选项，❷选择“紊乱置换”效果，如图7-60所示。

图7-59 打开项目文件

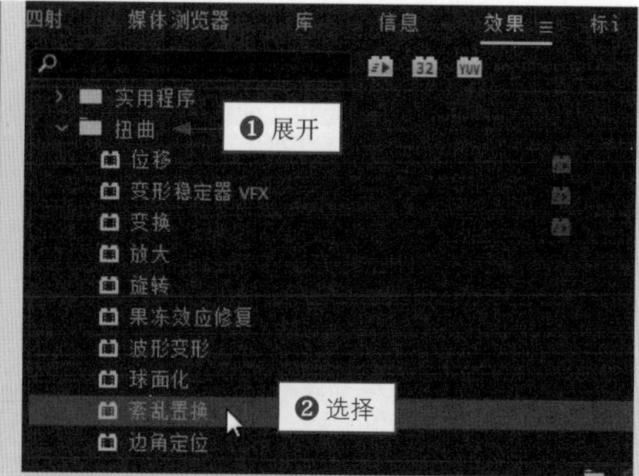

图7-60 选择“紊乱置换”效果

STEP 03 按住鼠标左键，将其拖至V2轨道上的字幕文件上，添加扭曲效果，如图7-61所示。

STEP 04 添加完成后，可以在“节目监视器”中预览画面效果，如图7-62所示。

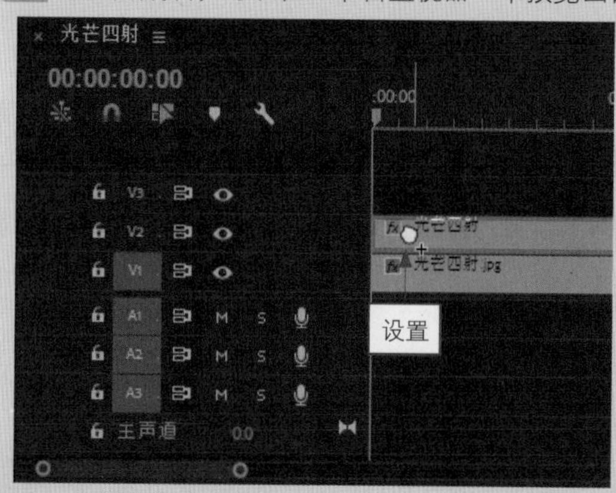

图7-61 添加扭曲特效

图7-62 预览画面效果

STEP 05 在“效果控件”面板中，查看添加“紊乱置换”效果的相应参数，如图7-63所示。

STEP 06 ❶单击“置换”左侧的“切换动画”按钮，❷添加关键帧，如图7-64所示。

图7-63 查看用于设置效果的参数

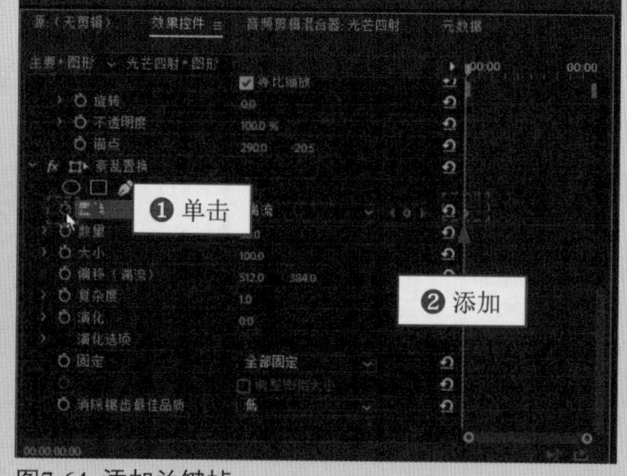

图7-64 添加关键帧

STEP 07 将时间线移至00:00:04:00的位置，如图7-65所示。

STEP 08 设置“置换”为“凸出”，如图7-66所示，添加关键帧，执行操作后，即可制作具有扭曲效果的字幕。

图7-65 移动时间线

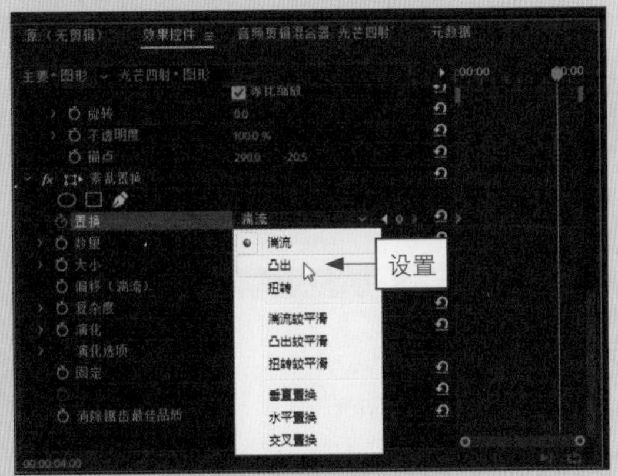

图7-66 设置“置换”为“凸出”

STEP 09 单击“节目监视器”面板中的“播放-停止切换”按钮，即可预览扭曲字幕效果，如图7-67所示。

图7-67 预览扭曲字幕效果

7.3.5 制作淡入淡出字幕效果

在Premiere Pro CC 2018中，通过设置“效果控件”面板中的“不透明度”选项参数，可以制作字幕的淡入淡出效果。

应用案例

制作淡入淡出字幕效果

素材：素材\第7章\美丽城堡.prproj　　效果：效果\第7章\美丽城堡.prproj

视频：视频\第7章\7.3.5　制作淡入淡出字幕效果.mp4

STEP 01 按快捷键【Ctrl+O】，打开一个项目文件，如图7-68所示。

STEP 02 在“时间轴”面板中的V2轨道中，选择字幕文件，如图7-69所示。

图7-68 打开项目文件

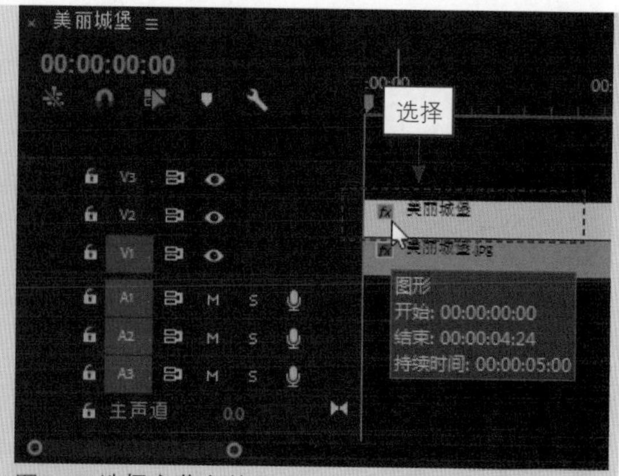

图7-69 选择字幕文件

STEP 03 ❶打开“效果控件”面板，❷在“不透明度”选项区域单击“添加/移除关键帧”按钮，❸添加一个关键帧，如图7-70所示。

STEP 04 执行操作后，设置“不透明度”参数为0.0%，如图7-71所示。

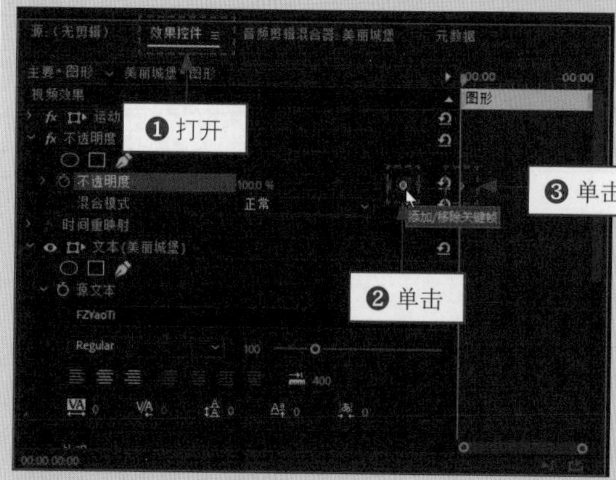

图7-70 添加一个关键帧

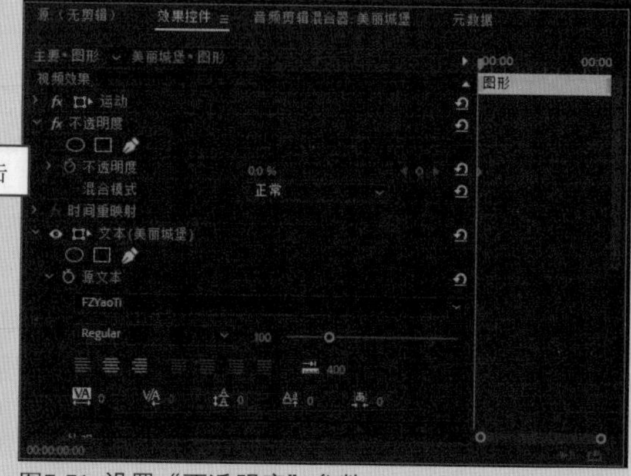
图7-71 设置“不透明度”参数

STEP 05 ❶将时间线移至00:00:02:00的位置，❷再次添加一个关键帧，❸并设置“不透明度”参数为100.0%，如图7-72所示。

STEP 06 用与前面相同的方法，❶在00:00:04:00的位置再次添加一个关键帧，❷并设置“不透明度”参数为0.0%，如图7-73所示。

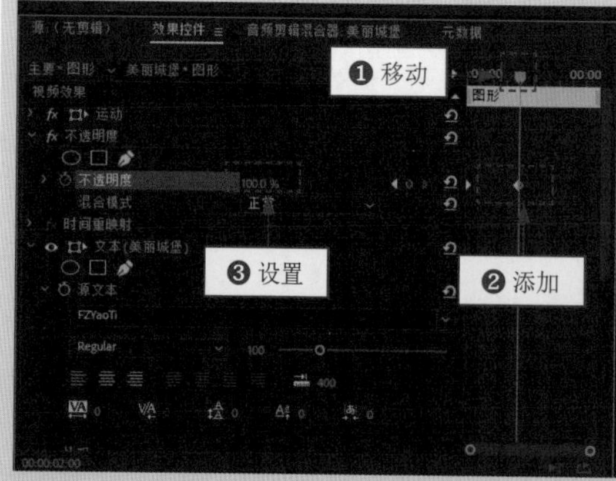

图7-72 添加关键帧并设置“不透明度”参数

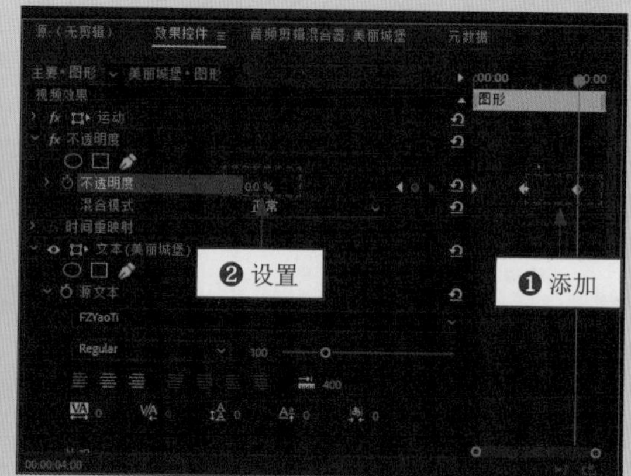

图7-73 添加关键帧并设置“不透明度”参数

STEP 07 制作完成后，单击“节目监视器”面板中的“播放-停止切换”按钮，即可预览字幕的淡入淡出效果，如图7-74所示。

图7-74 预览淡入淡出字幕效果

7.3.6 制作混合字幕效果

在Premiere Pro CC 2018的“效果控件”面板中，展开“不透明度”选项区域，在该选项区域，除了可以通过设置“不透明度”参数制作淡入淡出效果，还可以制作字幕的混合特效，下面介绍具体的操作步骤。

应用案例

制作混合字幕效果

素材：素材\第7章\雪莲盛开.prproj　　效果：效果\第7章\雪莲盛开.prproj

视频：视频\第7章\7.3.6 制作混合字幕效果.mp4

STEP 01 按快捷键【Ctrl+O】，打开一个项目文件，在“节目监视器”面板中可以查看打开的项目文件效果，如图7-75所示。

STEP 02 在“时间轴”面板中的V2轨道中，选择字幕文件，如图7-76所示。

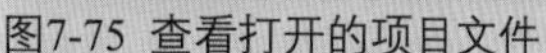
图7-75 查看打开的项目文件

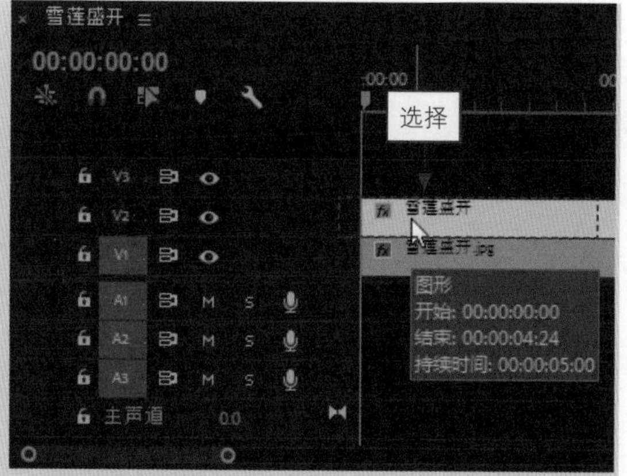

图7-76 选择字幕文件

STEP 03 ❶打开“效果控件”面板，❷在“不透明度”选项区域单击“混合模式”右侧的下拉按钮，❸在弹出的下拉列表中选择“强光”选项，如图7-77所示。

STEP 04 执行操作后，即可完成混合特效的制作，单击“节目监视器”面板中的“播放-停止切换”按钮，即可预览字幕混合特效，如图7-78所示。

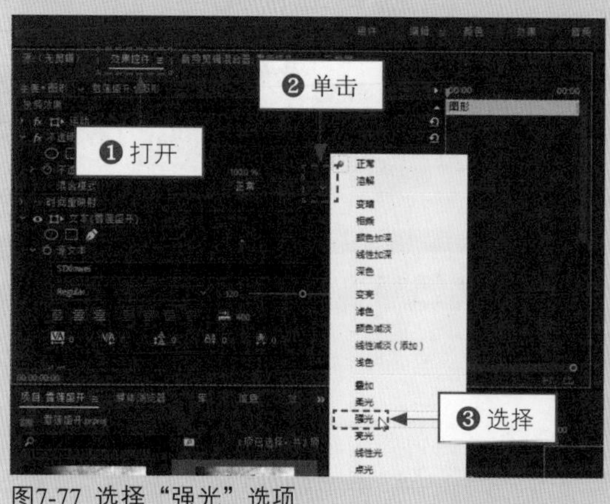

图7-77 选择“强光”选项

图7-78 预览混合字幕特效

7.4 专家支招

学完前面的内容，相信大家都知道通过Premiere Pro CC 2018中“效果控件”面板中的“运动”和“不透明度”选项，制作字幕的动画效果。除此之外，也可以利用字幕文本的“变换”选项区域中的参数，制作字幕的动画效果。

❶在“变换”选项区域单击“位置”左侧的“切换动画”按钮，❷在视频的开始位置和结束位置分别添加一个关键帧，并分别设置相应参数，如图7-79所示。执行上述操作后即可查看制作的动画效果，如图7-80所示。

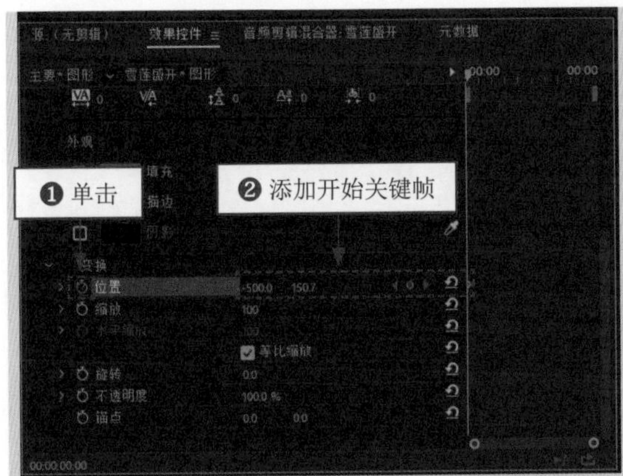

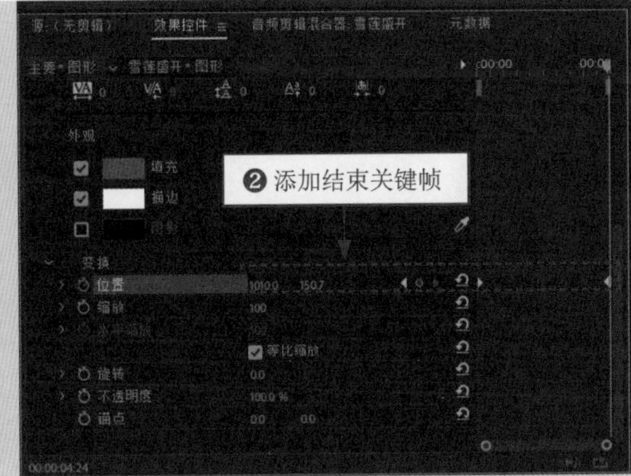

图7-79 添加关键帧并设置参数

图7-80 查看字幕动画效果

7.5 总结拓展

我们都知道，在以前的电影或电视剧中有很多影片都是没有字幕文件的，随着时代的不断前进，如今，字幕已经是影片的重要组成部分，例如，有许多国外影片在国内播放时如果没有字幕翻译，那么能看懂影片的只有一小部分人。

字幕可以让观众了解影片的精髓，解说影片主题，使影片更具渲染力，带动观众情绪。当静态图像无法向人们表达它的主旨时，用户可以为其创建字幕文件点明主旨，将需要表达的意思准确地传达给观众，还可以为静态字幕添加动画效果，使影片文件在播放时更加生动、鲜明，更具艺术特效。

7.5.1 本章小结

添加动态字幕可以让影片更具渲染力，使影片更加生动、有趣，打造出精美的影视大片。本章详细讲解了在Premiere Pro CC 2018中创建并制作动态字幕的方法，包括字幕运动原理、“运动”面板、创建椭圆形蒙版动画、创建自由曲线蒙版动画、制作字幕路径效果、制作字幕旋转效果、制作字幕拉伸效果、制作字幕扭曲效果，以及制作字幕淡入淡出效果等。学完本章内容，读者可以熟练地掌握动态字幕文件的创建，制作出更多精美、华丽的影视大片。

7.5.2 举一反三——制作发光字幕效果

在Premiere Pro CC 2018中，为字幕添加“镜头光晕”效果，可以让字幕文件产生发光的效果，下面介绍具体的操作步骤。

应用案例

举一反三——制作发光字幕效果

素材：素材\第7章\翡翠项链. prproj　　效果：效果\第7章\翡翠项链.prproj

视频：视频\第7章\7.5.2 举一反三——制作发光字幕效果.mp4

STEP 01 按快捷键【Ctrl+O】，打开一个项目文件，如图7-81所示。

STEP 02 打开项目文件后，在“节目监视器”面板中查看素材画面，如图7-82所示。

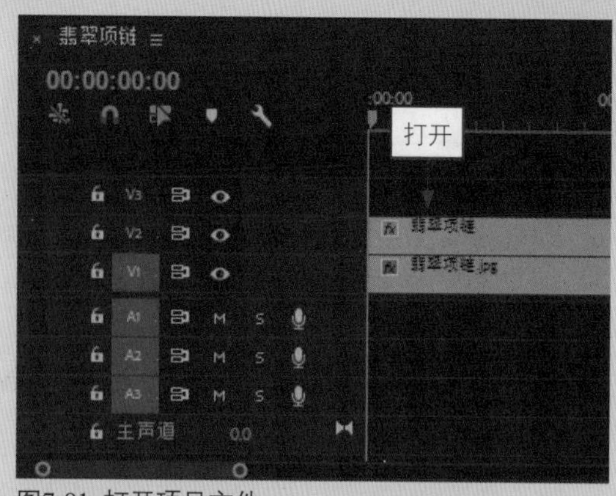

图7-81 打开项目文件

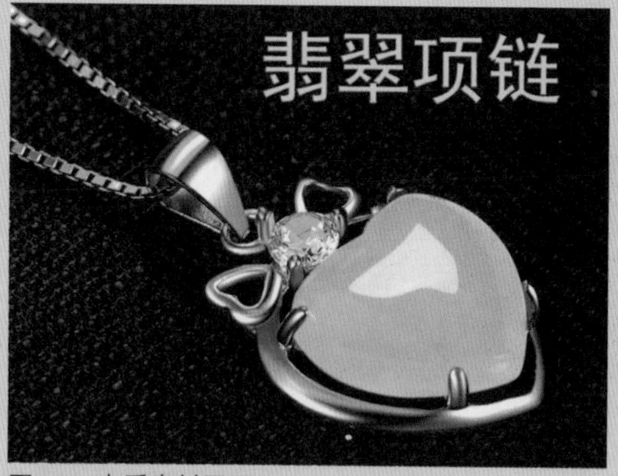

图7-82 查看素材画面

STEP 03 在“效果”面板中，展开“视频效果”|“生成”选项，选择“镜头光晕”选项，如图7-83所示。

STEP 04 将“镜头光晕”视频效果拖至V2轨道上的字幕素材中，如图7-84所示。

STEP 05 ❶将时间线拖至00:00:01:00的位置，❷选择字幕文件，如图7-85所示。

STEP 06 ❶在“效果控件”面板中分别单击“光晕中心”“光晕亮度”“与原始图像混合”左侧的“切换动画”按钮，❷添加第1组关键帧，如图7-86所示。

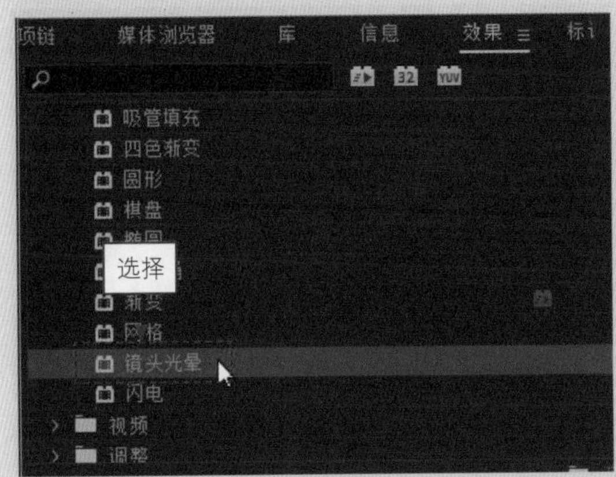

图7-83 选择“镜头光晕”选项

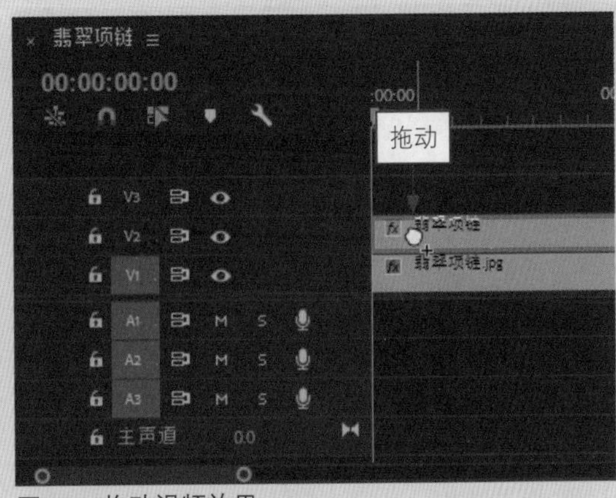

图7-84 拖动视频效果

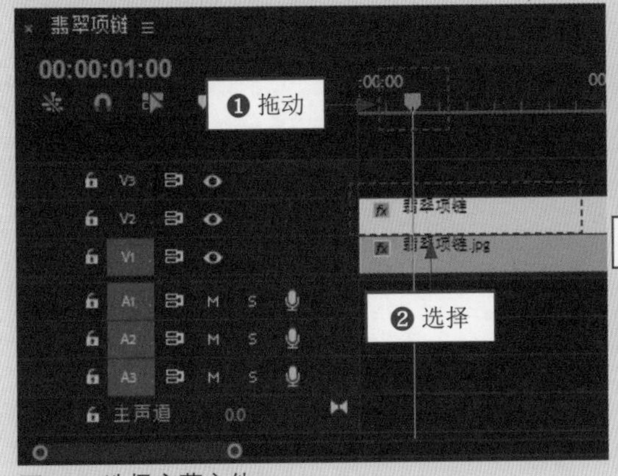

图7-85 选择字幕文件

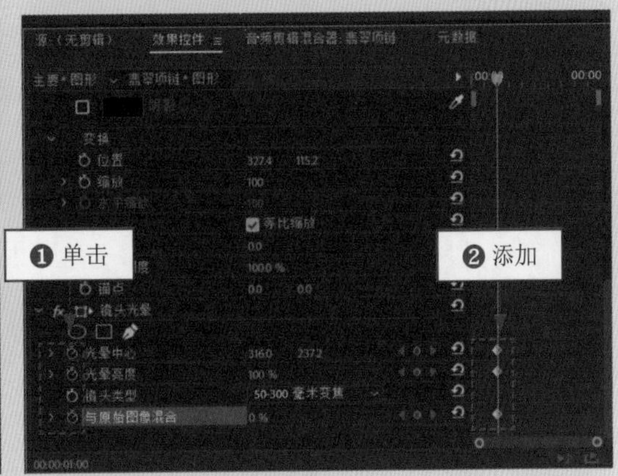

图7-86 添加第二组关键帧

STEP 07 将时间线拖至00:00:03:00的位置，如图7-87所示。

STEP 08 ❶在“效果控件”面板中设置“光晕中心”为（100.0，400.0）、“光晕亮度”为300%、“与原始图像混合”为30%，❷添加第2组关键帧，如图7-88所示。

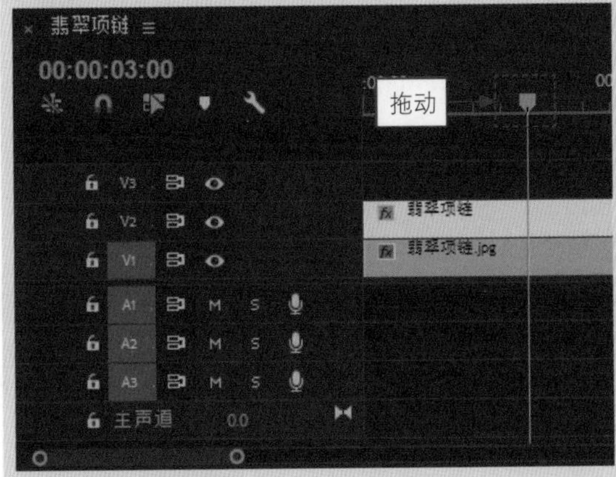

图7-87 拖动时间线

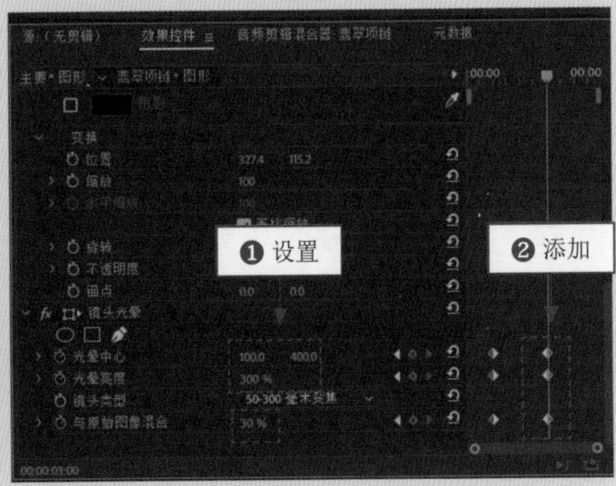

图7-88 添加第2组关键帧

STEP 09 执行操作后，即可制作发光字幕效果，单击“节目监视器”面板中的“播放-停止切换”按钮，即可预览字幕发光效果，如图7-89所示。

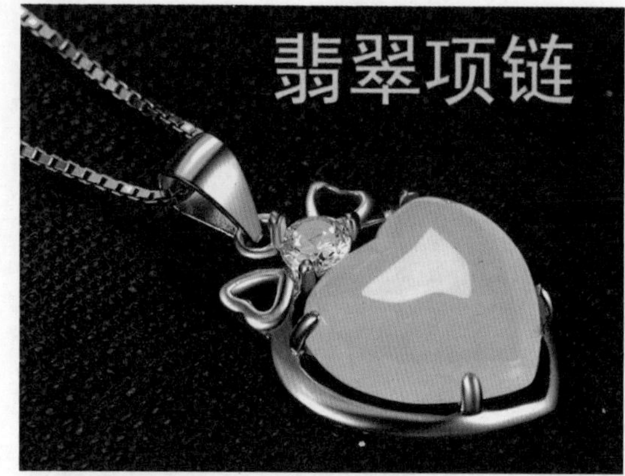

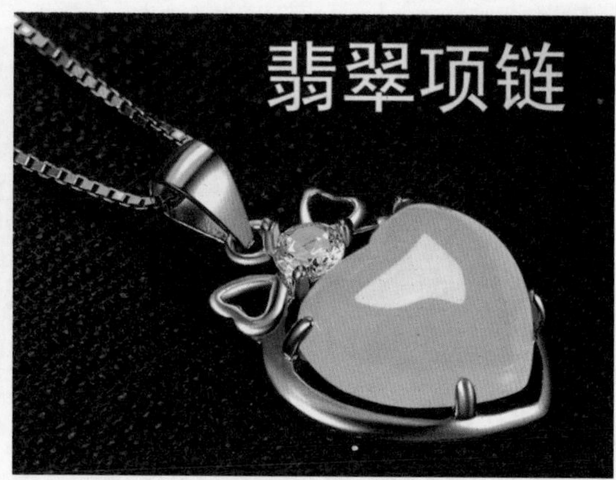

图7-89 查看效果

读书笔记

第8章 聆听心声：音频文件的基础操作

在Premiere Pro CC 2018中，音频的制作非常重要，在影视、游戏及多媒体的制作开发中，音频和视频具有同样重要的地位，音频质量的好坏直接影响到作品的质量。本章主要介绍影视背景音乐的制作方法和技巧。本章将对音频编辑的核心技巧进行讲解，让用户在了解声音的同时，了解如何编辑音频。

本章学习重点

数字音频的定义

音频的基本操作

音频效果的编辑

8.1 数字音频的定义

数字音频是一种利用数字化手段对声音进行录制、存放、编辑、压缩或播放的技术，是随着数字信号处理技术、计算机技术、多媒体技术的发展而形成的一种全新的声音处理手段，主要应用领域是音乐后期制作和录音。

8.1.1 声音的概念

人类听到的所有声音如对话、唱歌、乐器等都可以被称为音频，然而这些音频都需要经过一定的处理。接下来将从声音最基本的概念开始，逐渐深入介绍音频编辑的核心技巧。

1. *声音的产生*

声音是由物体振动产生的，正在发声的物体叫声源，声音以声波的形式传播。声音是一种压力波，当演奏乐器、拍打门或者敲击桌面时，它们的振动会引起介质——空气分子有节奏的振动，使周围的空气产生疏密变化，形成疏密相间的纵波，从而产生了声波，这种现象会一直延续到振动消失为止。

2. *声音的响度*

“响度”是用于表达声音强弱程度的重要指标，其大小取决于声波振幅的大小。响度是人耳判别声音由轻到重的强度等级概念，它不仅取决于声音的强度（如声压级），还与它的频率及波形有关。响度的单位为“宋”，1宋指声压级为40dB、频率为1000Hz且来自听者正前方的平面波形的强度。如果另一个声音听起来比1宋的声音大n倍，即该声音的响度为n宋。

3. *声音的音高*

“音高”用来表示人耳对声音高低的主观感受。通常较大的物体振动所发出的音调较低，而轻巧的物体则可以发出较高的音调。

音调就是通常大家所说的“音高”，它是声音的一个重要物理特性。音调的高低取决于声音频率的高低，频率越高，音调越高，频率越低，音调越低。为了得到影视动画中的某些特殊效果，可以将声音频率变高或者变低。

4. *声音的音色*

“音色”主要是由声音波形的谐波频谱和包络决定的，又称“音品”。音色就好像是绘画中的颜色，发音体和发音环境的不同都会影响声音的质量，声音可

分为基音和泛音，音色是由混入基音的泛音所决定的，泛音越高，谐波越丰富，音色就越有明亮感和穿透力。不同的谐波具有不同的幅值和相位偏移，由此产生各种音色。

不同的音色取决于不同的泛音，每一种乐器、每一个人及所有能发声的物体发出的声音，除了一个基音外，还有许多不同频率（振动的速度）的泛音伴随，正是这些泛音决定了其不同的音色，使人能辨别出不同的乐器甚至不同的人发出的声音。

5. 失真

失真是指声音经录制加工后产生的一种畸变，一般分为非线性失真和线性失真两种。

非线性失真是指声音在经录制加工后出现了一种新的频率，与原声产生了差异。

线性失真则没有产生新的频率，但是原有声音的比例发生了变化，要么增加了高频成分的音量，要么减少了低频成分的音量等。

6. 静音和增益

静音和增益也是声音的表现方式。所谓静音就是无声，在影视作品中没有声音是一种具有积极意义的表现手段。增益是“放大量”的统称，它包括功率的增益、电压的增益和电流的增益。通过调整音响设备的增益量，可以对音频信号电平进行调节，使系统的信号电平处于最佳状态。

8.1.2 声音的类型

在通常情况下，人类能够听到20Hz～20kHz范围内的声音频率。因此，按照内容、频率范围及时间的不同，可以将声音分为“自然音”“纯音”“复合音”“协和音”“噪声”等类型。

1. 自然音

自然音就是指大自然所发出的声音，如下雨、刮风、流水等。之所以称之为“自然音”，是因为其概念与名称相同。自然音是不以人的意志为转移的音之宇宙属性，当地球上还没有出现人类时，这种现象就已经存在。

2. 纯音

“纯音”是指声音中只存在一种频率的声波，此时发出的声音便称为“纯音”。

纯音具有单一频率的正弦波，而一般的声音是由几种频率的波组成的。常见的纯音如金属撞击的声音。

3. 复合音

由基音和泛音结合在一起形成的声音，叫作复合音。复合音是在物体振动时产生的，不仅整体在振动，其中的部分同时也在振动。因此，平时所听到的声音，都不是只有一个声音，而是由许多声音组合而成的，于是便产生了复合音。用户可以试着在钢琴上弹出一个较低的音，用心聆听，不难发现，除了最响的音，还有一些非常弱的声音同时在响，这就是全弦的振动和弦的部分振动所产生的结果。

4. 协和音

协和音也是声音的一种类型，“协和音”同样是由多个音频构成的组合音频，不同之处是构成组合音频的频率是两个单独的纯音。

5. 噪声

噪声是指音高和音强变化混乱、听起来不谐和的声音，是由发音体的不规则振动产生的。噪声主要来源于交通运输、车辆鸣笛、工业噪声、建筑施工、社会噪声（如音乐厅、高音喇叭、早市和人的大声说话）等。

噪声对人的正常听觉有一定的干扰，通常是由不同频率和不同强度的声波无规律组合所形成的声音，即物体无规律的振动所产生的声音。噪声不仅由声音的物理特性决定，而且还与人们的生理和心理状态有关。

8.1.3 应用数字音频

随着数字音频存储和传输功能的提高，许多模拟音频已经无法与之比拟。因此数字音频技术已经广泛应用于数字录影机、调音台及数字音频工作站等音频制作中。

1. 数字录音机

"数字录音机"与模拟录音机相比，增强了剪辑功能和自动编辑功能。数字录音机采用了数字化方式来记录音频信号，因此实现了很高的动态范围和频率响应。

2. 数字调音台

"数字调音台"是一种同时拥有A/D和D/A转换器，以及DSP处理器的音频控制台。

数字调音台作为音频设备的新生力量已经在专业录音领域占据重要席位，特别是近一两年来数字调音台开始涉足扩声场所，足见调音台由模拟向数字转移是不可忽视的潮流。数字调音台主要有个8个功能，下面将具体介绍。

- 操作过程可存储性。
- 信号的数字化处理。
- 数字调音台的信噪比和动态范围高。
- 20bit的44.1kHz取样频率，可以保证20Hz～20kHz范围内的频响不均匀度小于±1dB，总谐波失真小于0.015%。
- 每个通道都可以方便地设置高度质量的数字压缩限制器和降噪扩展器。
- 数字通道的位移寄存器，可以给出足够的信号延迟时间，以便对各声部的节奏同步做出调整。
- 立体声的两个通道的联动调整十分方便。
- 数字使调音台没有故障诊断功能。

3. 数字音频工作站

数字音频工作站以计算机控制的硬磁盘为主要记录媒体，具有很强的功能，性能优异，是良好的人机界面的设备。

数字音频工作站是一种可以根据需要对轨道进行扩充，从而能够方便地进行音频、视频同步编辑的数字音频工作站。

数字音频工作站用于节目录制、编辑、播出时，与传统的模拟方式相比，具有节省人力、物力，提高节目质量、节目资源共享、操作简单、编辑方便，以及播出及时、安全等优点，因此音频工作站的建立可以认为是声音节目制作由模拟走向数字化的必由之路。

8.2 音频的基本操作

音频素材是指可以持续一段时间且含有各种音乐音响效果的声音。用户在编辑音频之前，首先需要了解音频编辑的一些基本操作，如运用"项目"面板添加音频、运用菜单命令删除音频及分割音频文件等。

8.2.1 通过“项目”面板添加音频素材

运用“项目”面板添加音频文件的方法与添加视频素材和图片素材的方法基本相同，下面进行详细介绍。

应用案例

通过“项目”面板添加音频素材

素材：素材\第8章\趴趴熊音乐枕. prproj　　效果：效果\第8章\趴趴熊音乐枕.prproj

视频：视频\第8章\8.2.1 通过“项目”面板添加音频素材.mp4

STEP 01 按快捷键【Ctrl+O】，打开一个项目文件，如图8-1所示。

STEP 02 在“项目”面板上，选择音频文件，如图8-2所示。

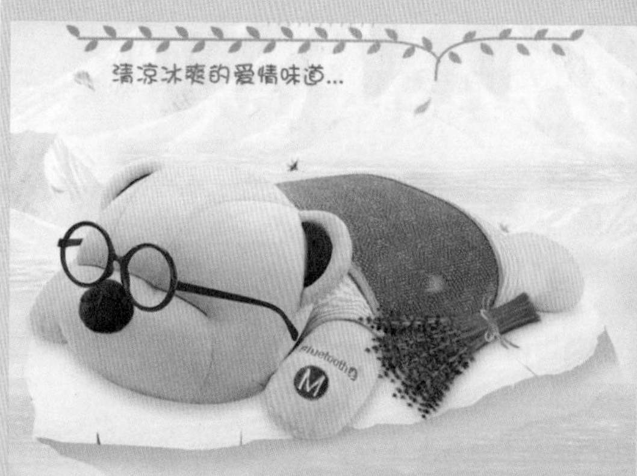

图8-1 打开项目文件

图8-2 选择音频文件

STEP 03 单击鼠标右键，在弹出的快捷菜单中，选择“插入”命令，如图8-3所示。

STEP 04 执行操作后，即可利用“项目”面板添加音频，如图8-4所示。

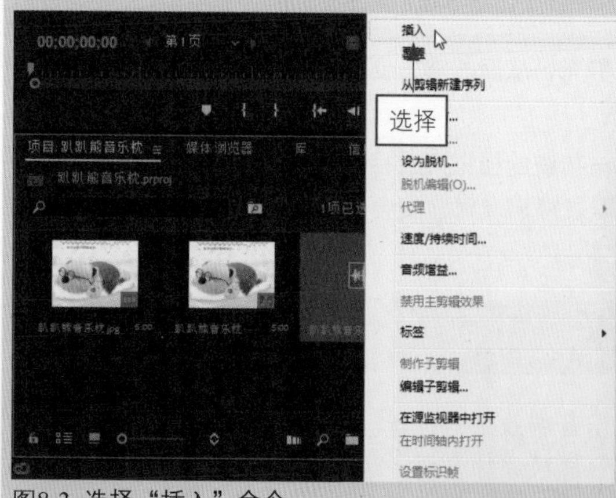

图8-3 选择“插入”命令

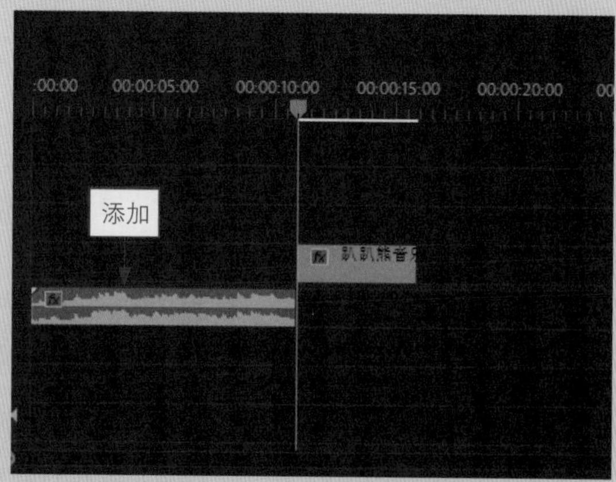

图8-4 添加音频

8.2.2 利用菜单命令添加音频素材

用户在利用“菜单”命令添加音频素材之前，首先需要激活音频轨道，下面介绍利用“菜单”命令添加音频素材的具体操作步骤。

利用“菜单”命令添加音频素材

素材：素材\第8章\寿司海豹. prproj　　效果：效果\第8章\寿司海豹.prproj

视频：视频\第8章\8.2.2 利用“菜单”命令添加音频素材.mp4

STEP 01 按快捷键【Ctrl+O】，打开一个项目文件，如图8-5所示。

STEP 02 选择“文件”|“导入”命令，如图8-6所示。

图8-5 打开项目文件

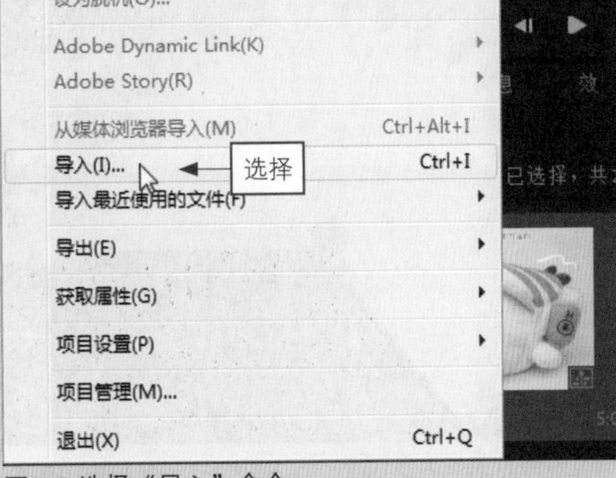

图8-6 选择“导入”命令

STEP 03 弹出“导入”对话框，选择合适的音频文件，如图8-7所示。

STEP 04 单击“打开”按钮，将音频文件拖至“时间轴”面板中，如图8-8所示。

图8-7 选择合适的音频

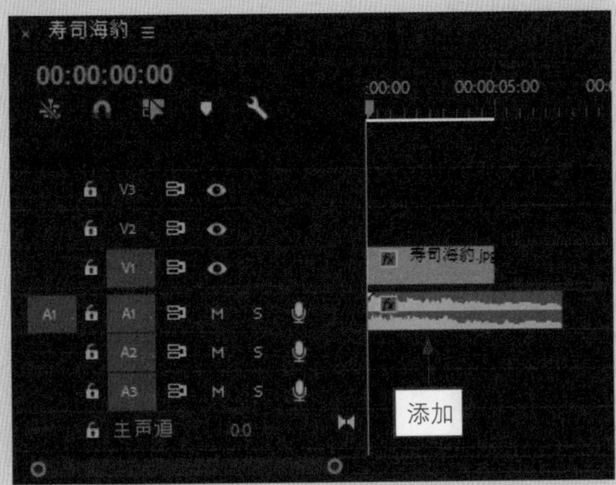

图8-8 添加音频

8.2.3 通过“项目”面板删除音频

用户若想删除多余的音频文件，可以在“项目”面板中进行音频的删除操作。

应用案例

通过“项目”面板删除添加音频

素材：素材\第8章\音乐书灯. prproj　　效果：效果\第8章\音乐书灯.prproj

视频：视频\第8章\8.2.3 通过“项目”面板删除音频.mp4

STEP 01 按快捷键【Ctrl+O】，打开一个项目文件，如图8-9所示。

STEP 02 在“项目”面板上，选择音频文件，如图8-10所示。

图8-9 打开项目文件

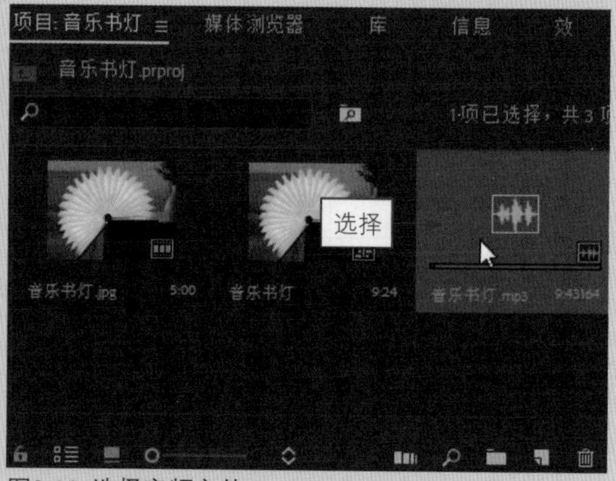

图8-10 选择音频文件

STEP 03 单击鼠标右键，在弹出的快捷菜单中，选择“清除”命令，如图8-11所示。

STEP 04 弹出信息提示框，单击“是”按钮即可，如图8-12所示。

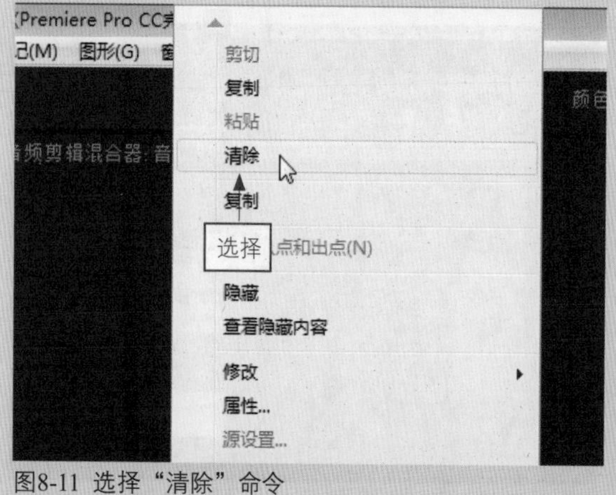

图8-11 选择“清除”命令

图8-12 单击“是”按钮

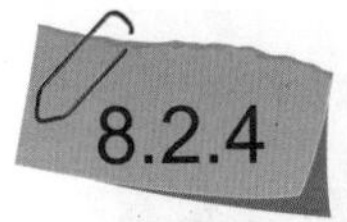

8.2.4 利用“时间轴”面板删除音频

在“时间轴”面板中，用户可以根据需要将轨道上多余的音频文件删除，下面介绍在“时间轴”面板中删除多余音频文件的操作步骤。

应用案例

利用“时间轴”面板删除音频

素材：素材\第8章\音乐礼盒.prproj　　效果：效果\第8章\音乐礼盒.prproj

视频：视频\第8章\8.2.4 利用“时间轴”面板删除音频.mp4

STEP 01 按快捷键【Ctrl+O】，打开一个项目文件，如图8-13所示。

STEP 02 在“时间轴”面板中，选择A2轨道上的素材，如图8-14所示。

图8-13 打开项目文件

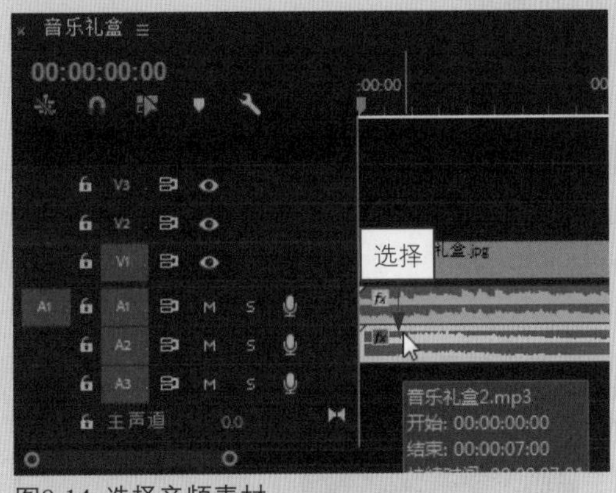

图8-14 选择音频素材

STEP 03 按【Delete】键，即可删除音频文件，如图8-15所示。

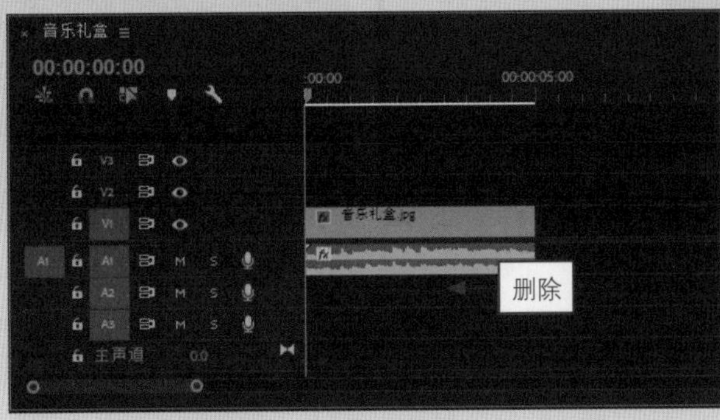

图8-15 删除音频文件

8.2.5 利用菜单命令添加音频轨道

用户在添加音频轨道时，可以通过选择“序列”菜单中的“添加轨道”命令来完成。通过菜单命令添加音频轨道的具体方法是：选择“序列”|“添加轨道”命令，如图8-16所示。在弹出的“添加轨道”对话框中，设置“视频轨道”的“添加”参数为“0视频轨道”、“音频轨道”的“添加”参数为“1音频轨道”，如图8-17所示。单击“确定”按钮，即可完成音频轨道的添加。

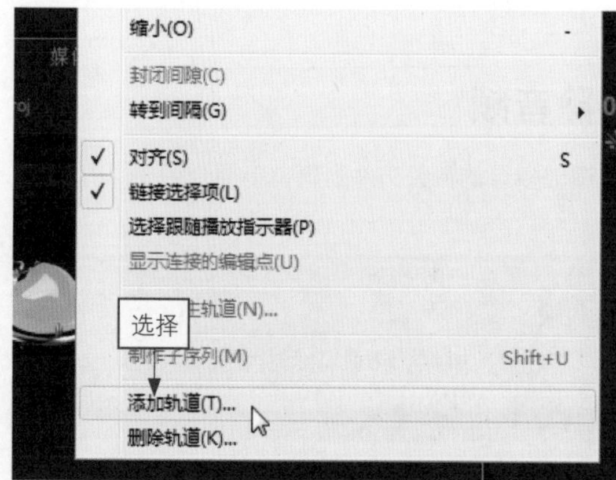

图8-16 选择“添加轨道”命令

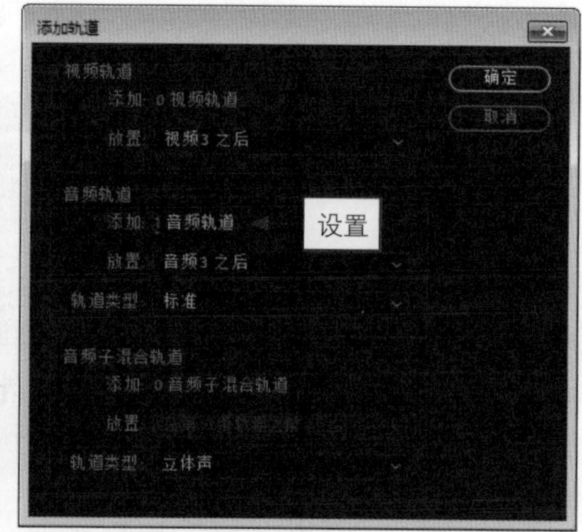

图8-17 “添加轨道”对话框

8.2.6 通过“时间轴”面板添加音频轨道

在默认情况下，软件会自动创建3个音频轨道和1个主音轨，当用户添加的音频素材过多时，可以选择性地添加1个或多个音频轨道。

通过“时间轴”面板添加音频轨道的具体方法是：选择“时间轴”面板中的A1轨道，单击鼠标右键，在弹出的快捷菜单中选择“添加轨道”命令，如图8-18所示，弹出“添加轨道”对话框，用户可以选择需要添加的音频数量，并单击“确定”按钮，此时用户可以在“时间轴”面板中查看添加的音频轨道，如图8-19所示。

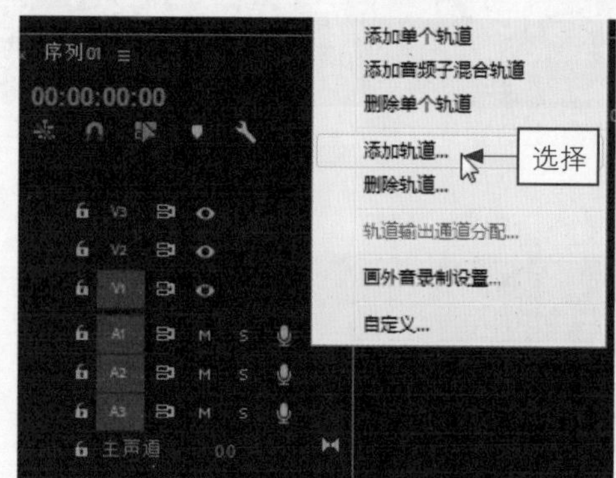

图8-18 选择“添加轨道”命令

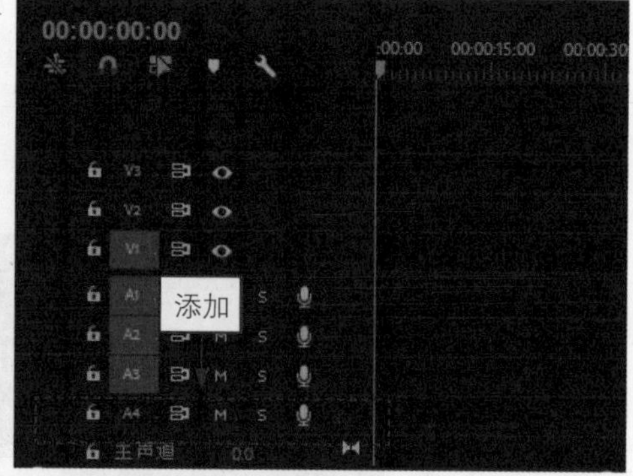

图8-19 查看添加的音频轨道

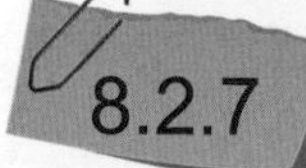

8.2.7 使用“剃刀工具”分割音频文件

分割音频文件是指使用“剃刀工具”将音频素材分割成两段或多段音频素材，这样可以让用户更好地将音频与其他素材相结合。

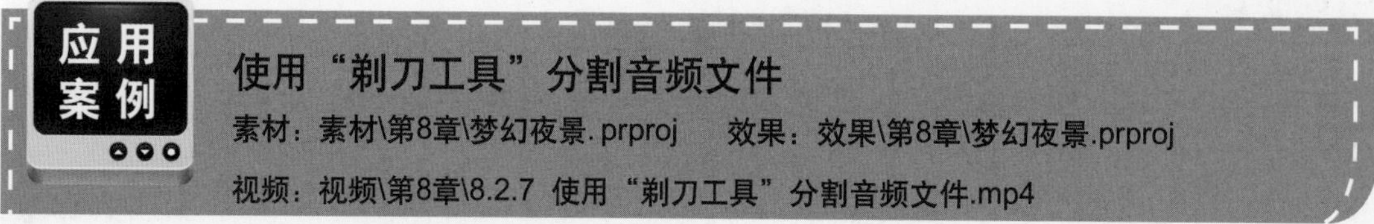

应用案例

使用“剃刀工具”分割音频文件

素材：素材\第8章\梦幻夜景.prproj　　效果：效果\第8章\梦幻夜景.prproj

视频：视频\第8章\8.2.7 使用“剃刀工具”分割音频文件.mp4

STEP 01 按快捷键【Ctrl+O】，打开一个项目文件，如图8-20所示。

STEP 02 在“时间轴”面板中，选择“剃刀工具”，如图8-21所示。

图8-20 打开项目文件

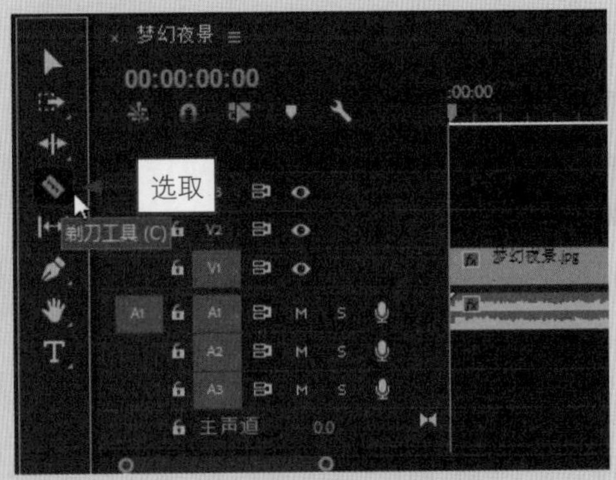

图8-21 选择“剃刀工具”

STEP 03 在音频文件上的合适位置单击，即可分割音频文件，如图8-22所示。

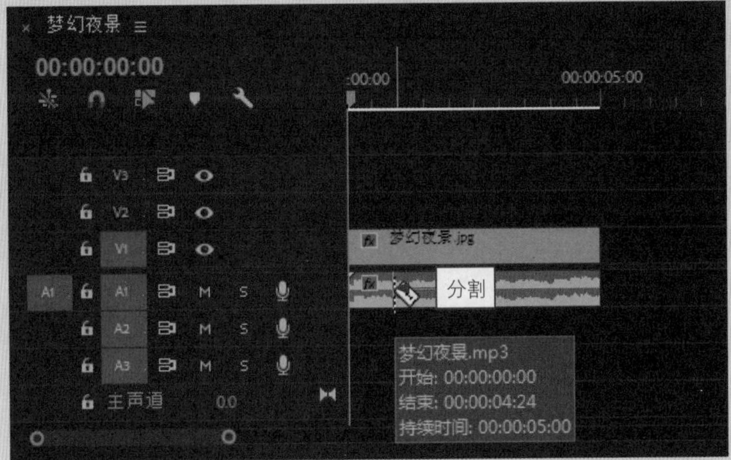

图8-22 分割音频文件

STEP 04 依次单击音频文件上的其他位置，即可分割其他位置，如图8-23所示。

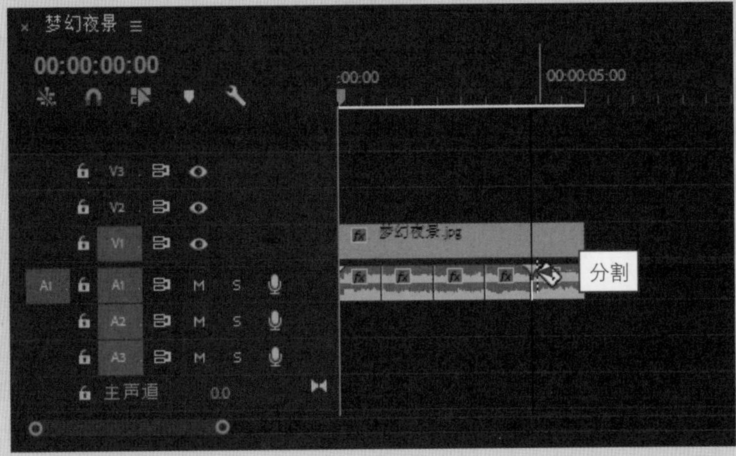

图8-23 分割其他位置

8.2.8 删除部分音频轨道

在制作影视文件时，当用户添加的音频轨道过多时，可以删除部分音频轨道。下面将介绍如何删除音频轨道。

应用案例

删除部分音频轨道

素材：素材\第8章\河边小孩.prproj　　效果：效果\第8章\河边小孩.prproj

视频：视频\第8章\8.2.8 删除部分音频轨道.mp4

STEP 01 按快捷键【Ctrl+O】，打开一个项目文件，如图8-24所示。

STEP 02 在"节目监视器"面板中，查看打开的项目文件，如图8-25所示。

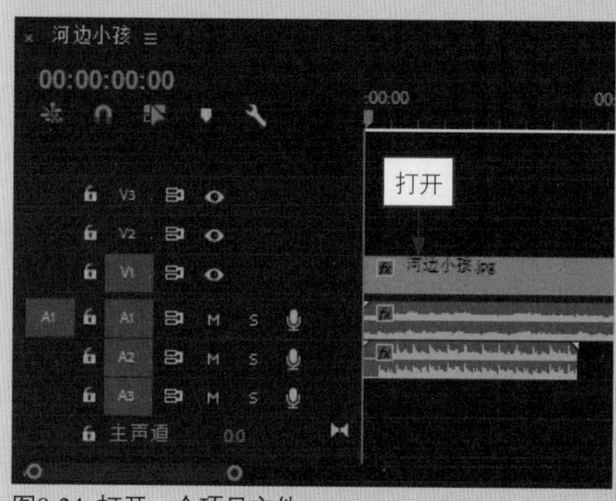

图8-24 打开一个项目文件

图8-25 查看项目文件

STEP 03 选择"序列"|"删除轨道"命令，如图8-26所示。

STEP 04 弹出"删除轨道"对话框，选中"删除音频轨道"复选框，如图8-27所示。

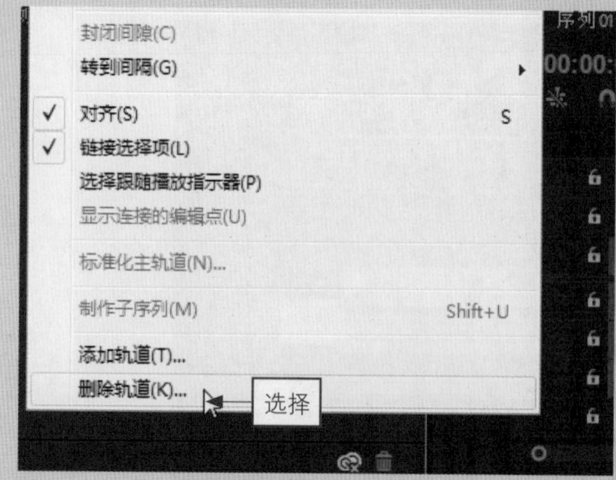

图8-26 选择"删除轨道"命令

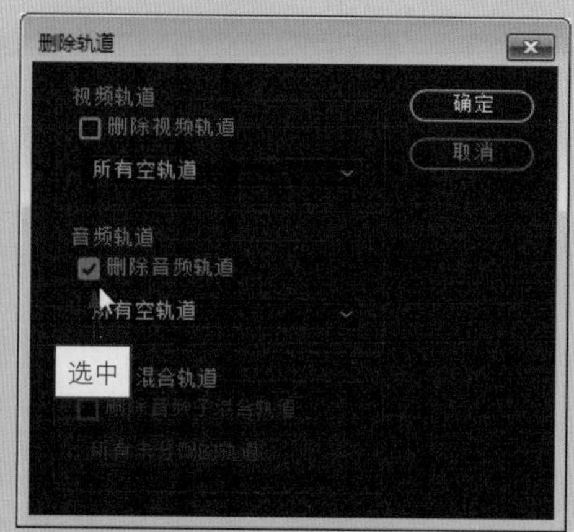

图8-27 选中"删除音频轨道"复选框

STEP 05 设置删除“音频2”轨道，如图8-28所示。

STEP 06 单击“确定”按钮，即可删除音频轨道，如图8-29所示。

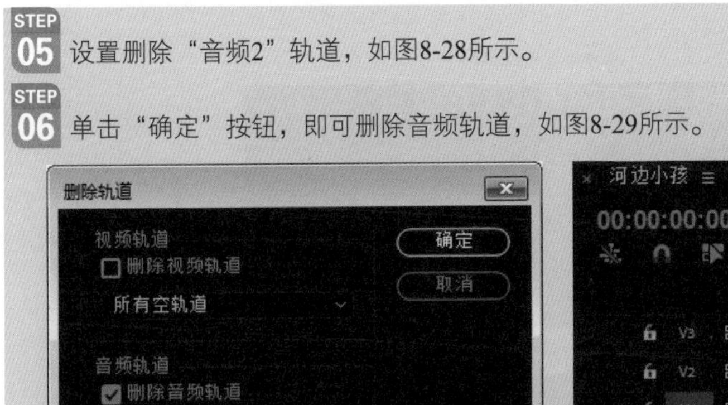

图8-28 设置需要删除的轨道

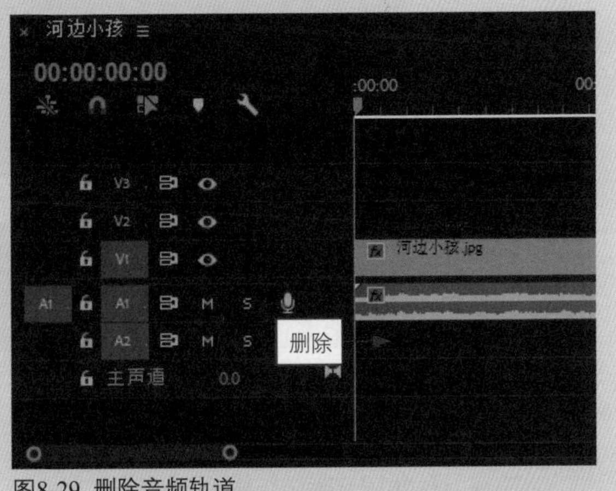

图8-29 删除音频轨道

8.3 音频效果的编辑

在Premiere Pro CC 2018中，用户可以对音频素材进行适当的处理，让音频达到更好的视听效果。本节将详细介绍编辑音频效果的方法。

8.3.1 添加音频过渡效果

在Premiere Pro CC 2018中，系统为用户预设了“恒定功率”“恒定增益”“指数淡化”3种音频过渡效果。

应用案例

添加音频过渡效果

素材：素材\第8章\音乐1.prproj　效果：效果\第8章\音乐1.prproj

视频：视频\第8章\8.3.1 添加音频过渡效果.mp4

STEP 01 按快捷键【Ctrl+O】，打开项目文件，如图8-30所示。

图8-30 打开项目文件

STEP 02 在“效果”面板中，❶依次展开“音频过渡”|“交叉淡化”选项，❷选择“指数淡化”选项，如图8-31所示。

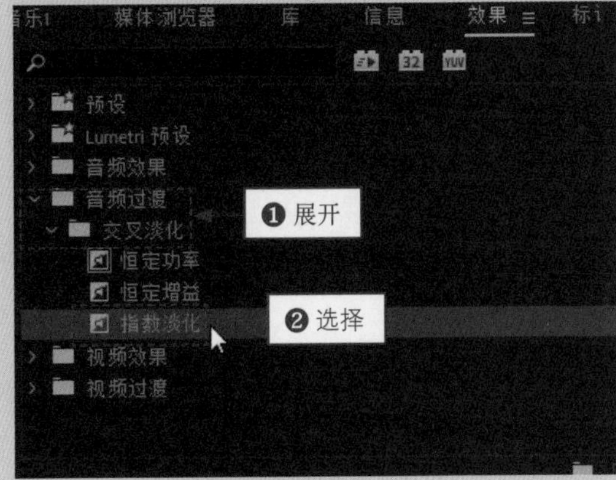

图8-31 选择“指数淡化”选项

STEP 03 将其拖至A1轨道上，如图8-32所示，即可添加音频过渡效果。

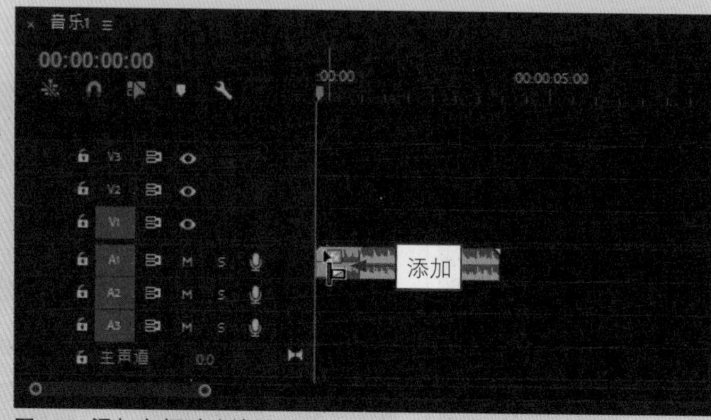

图8-32 添加音频过渡效果

8.3.2 添加音频效果

由于Premiere Pro CC 2018是一款视频编辑软件，因此在音频效果的编辑方面并不是很突出，但系统仍然提供了大量的音频特效。

应用案例 添加音频效果

素材：素材\第8章\音乐2.prproj　　效果：效果\第8章\音乐2.prproj

视频：视频\第8章\8.3.2 添加音频效果.mp4

STEP 01 按快捷键【Ctrl+O】，打开项目文件，如图8-33所示。

STEP 02 ❶在“效果”面板中展开“音频效果”选项；❷在展开的列表中选择“带通”选项，如图8-34所示。

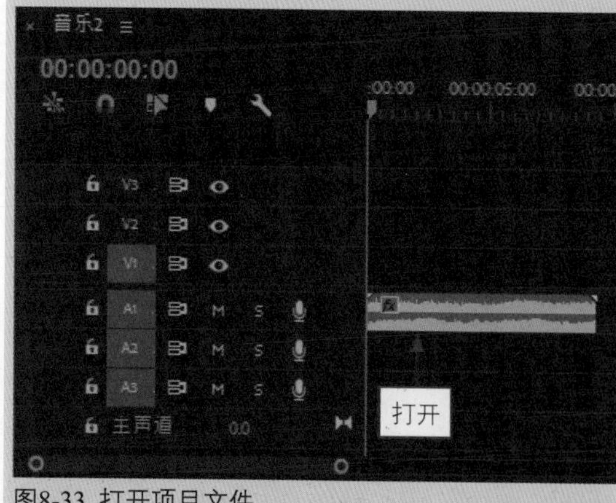

图8-33 打开项目文件

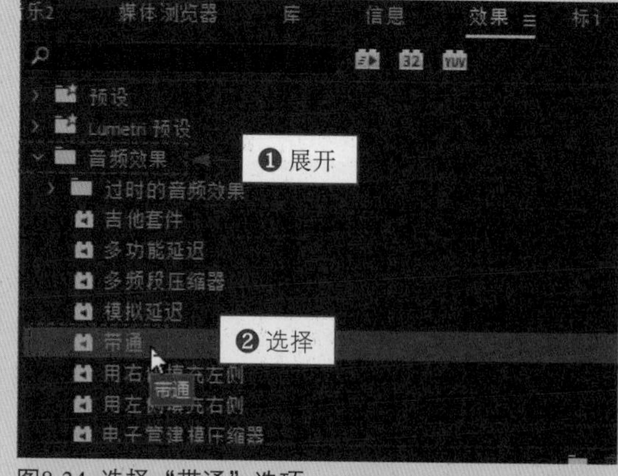

图8-34 选择“带通”选项

STEP 03 将其拖至“时间轴”面板中的A1轨道上，添加音频效果，如图8-35所示。

STEP 04 在“效果控件”面板中，查看各项参数，如图8-36所示。

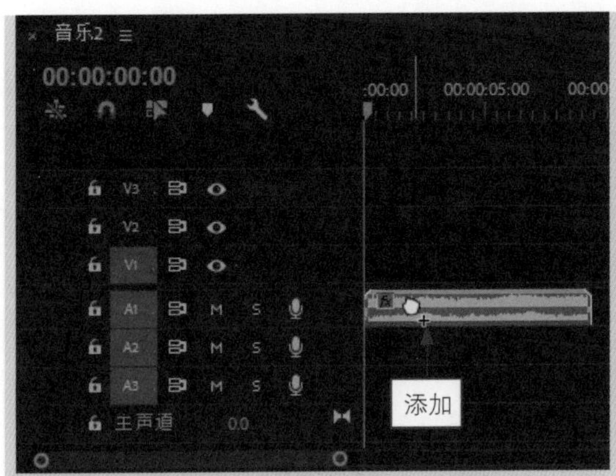

图8-35 添加音频效果

图8-36 查看各项参数

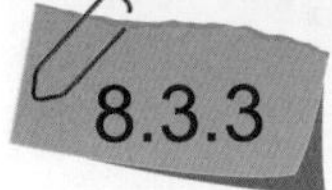

通过“效果控件”面板删除音频效果

如果用户对添加的音频效果不满意，可以选择删除音频效果。运用“效果控件”面板删除音频效果的具体方法是：❶选择“效果控件”面板中的音频效果，单击鼠标右键，在弹出的快捷菜单中，❷选择“清除”命令，如图8-37所示，❸即可删除添加的音频效果，如图8-38所示。

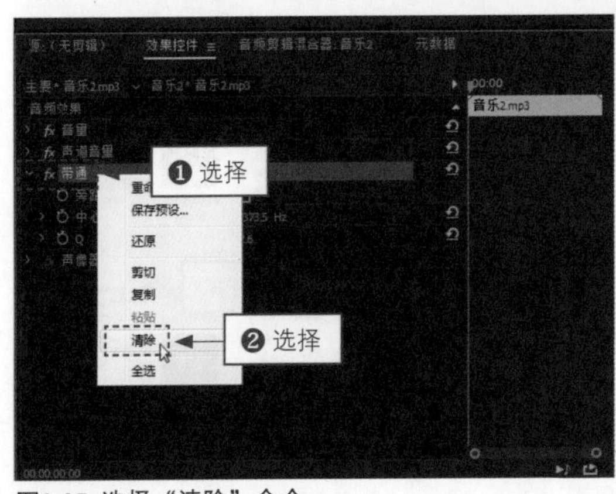

图8-37 选择“清除”命令

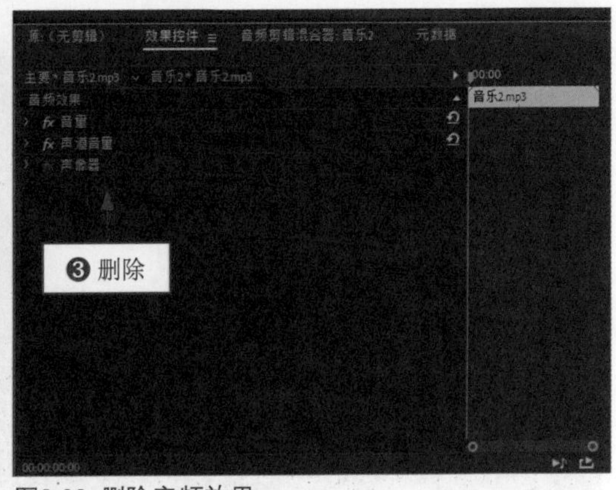

图8-38 删除音频效果

 **专家指点**

除了运用上述方法删除音频效果，还可以在选择音频效果的情况下，按【Delete】键。

设置音频增益

在使用Premiere Pro CC 2018调整音频时，往往会使用多个音频素材。因此，用户需要通过调整增益来控制音频的最终效果。

设置音频增益

素材：素材\第8章\悬浮音响.prproj　　效果：效果\第8章\悬浮音响.prproj

视频：视频\第8章\8.3.4　设置音频增益.mp4

STEP 01 按快捷键【Ctrl+O】，打开项目文件，如图8-39所示。

STEP 02 在“节目监视器”面板中查看打开的项目文件，如图8-40所示。

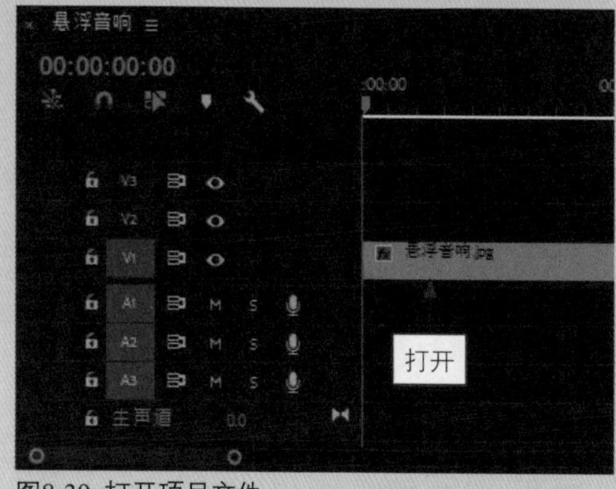

图8-39 打开项目文件

图8-40 查看项目文件

STEP 03 在“项目”面板中的空白位置单击鼠标右键，在弹出的快捷菜单中选择“导入”命令，如图8-41所示。

STEP 04 在弹出的“导入”对话框中，❶选择相应的音频素材文件，❷单击“打开”按钮，即可将音频素材导入“项目”面板中，如图8-42所示。

图8-41 选择“导入”命令

图8-42 单击“打开”按钮

STEP 05 导入音频素材后，在“项目”面板中将音频素材文件拖至“时间轴”面板中的A1轨道上，添加音频素材，如图8-43所示。

图8-43 添加音频素材

STEP 06 ❶选择添加的音频素材并单击鼠标右键，❷在弹出的快捷菜单中选择“速度/持续时间”命令，如图8-44所示。

STEP 07 在“剪辑速度/持续时间”对话框中，设置“持续时间”为00:00:05:00，如图8-45所示。

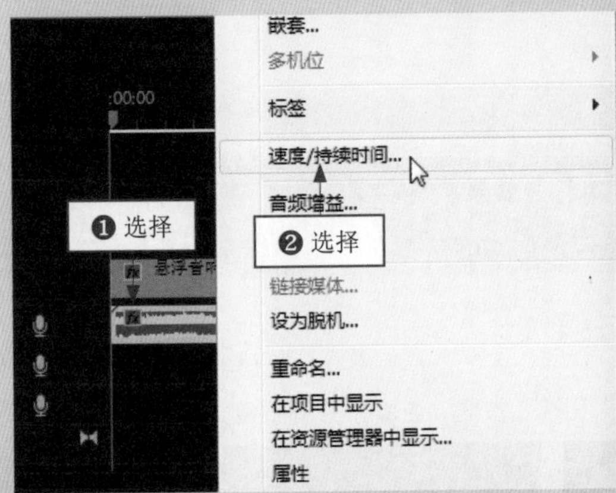

图8-44 选择“速度/持续时间”命令

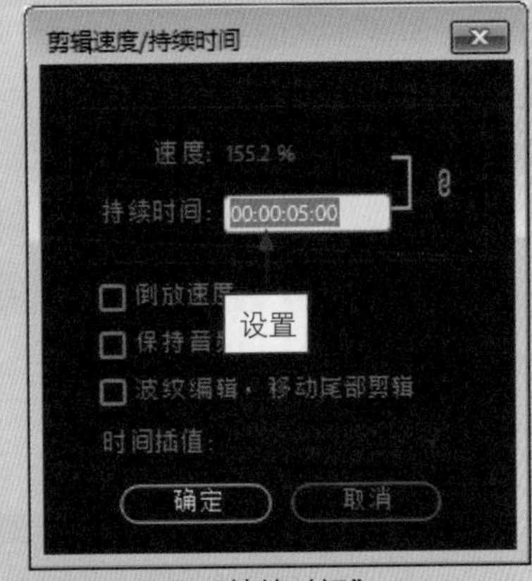

图8-45 设置“持续时间”

STEP 08 执行上述操作后，即可更改音频文件的时长，选择更改时长后的音频文件，如图8-46所示。

STEP 09 选择“剪辑”|“音频选项”|“音频增益”命令，如图8-47所示。

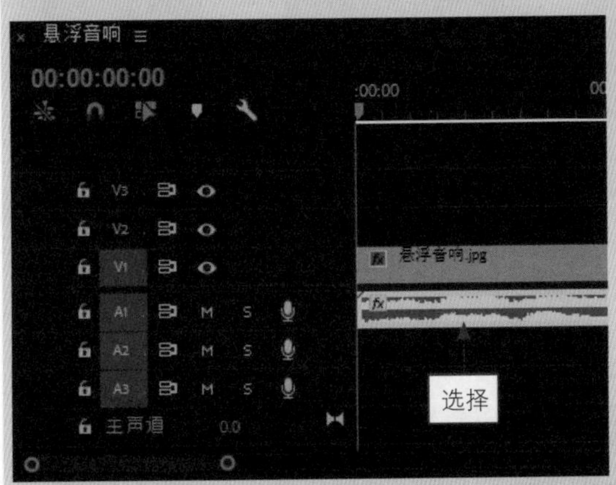

图8-46 选择音频文件

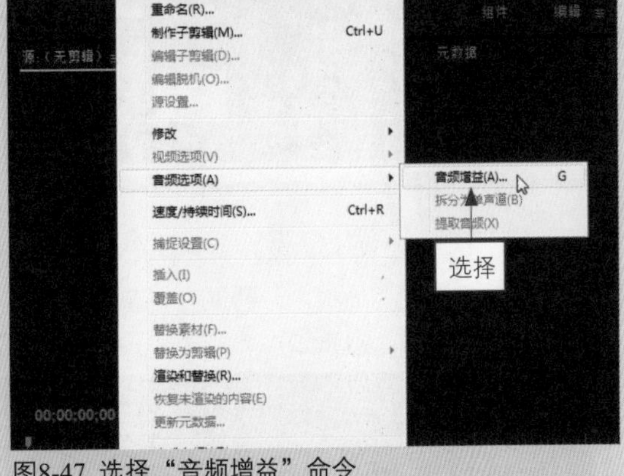

图8-47 选择“音频增益”命令

STEP 10 弹出“音频增益”对话框，❶选中“将增益设置为”单选按钮，❷并将其设置为12dB，❸单击“确定”按钮，如图8-48所示，即可设置音频的增益。

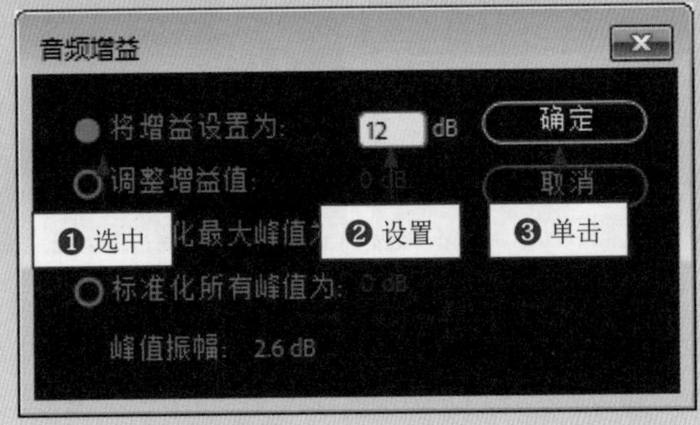

图8-48 设置相关参数

8.3.5 设置音频淡化

淡化效果可以让音频随着播放的背景音乐逐渐变弱，直到完全消失。淡化效果需要通过两个以上的关键帧来实现。

应用案例

设置音频淡化

素材：素材\第8章\棉花糖机.prproj　效果：效果\第8章\棉花糖机.prproj

视频：视频\第8章\8.3.4 设置音频淡化.mp4

STEP 01 按快捷键【Ctrl+O】，打开项目文件，如图8-49所示。

STEP 02 在“节目监视器”面板中，单击“播放-停止切换”按钮，查看打开的项目文件，如图8-50所示。

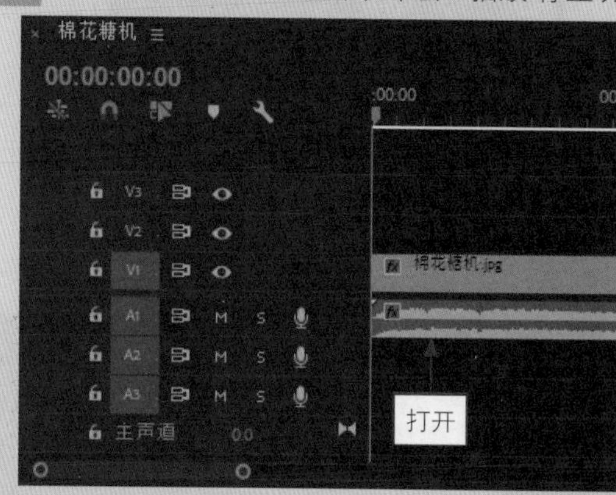

图8-49 打开项目文件

图8-50 查看项目文件

STEP 03 选择“时间轴”面板中的音频素材，如图8-51所示。

STEP 04 在“效果控件”面板中，❶展开“音频效果”下的“音量”选项，❷双击“级别”选项左侧的“切换动画”按钮，❸添加一个关键帧，如图8-52所示。

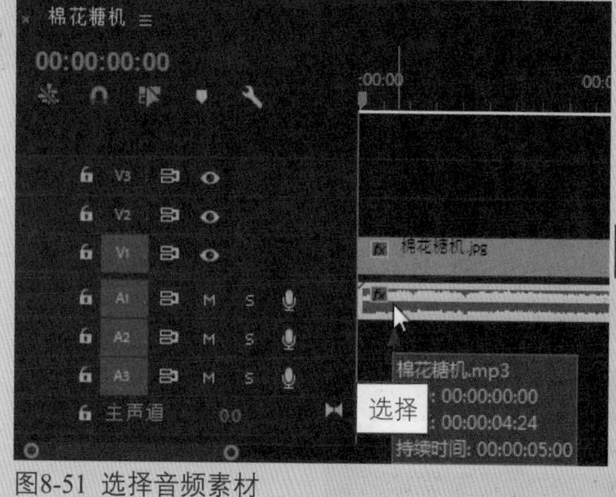

图8-51 选择音频素材

图8-52 添加一个关键帧

STEP 05 拖动时间线至00:00:04:00的位置，如图8-53所示。

STEP 06 在“音量”设置界面中，❶设置“级别”选项的参数为-300.0dB，❷添加另一个关键帧，如图8-54所示，即可完成对音频素材的淡化设置。

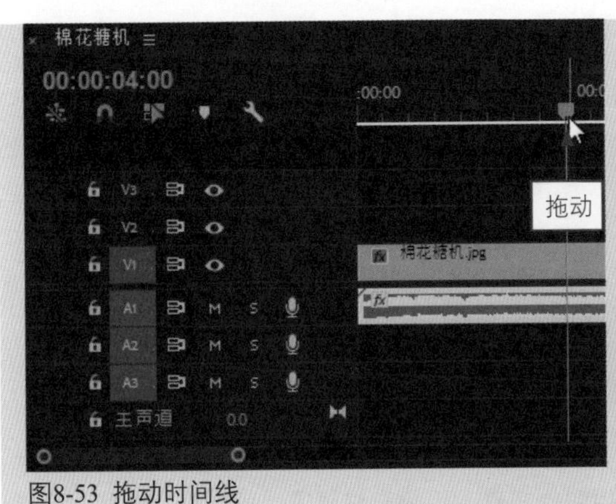

图8-53 拖动时间线

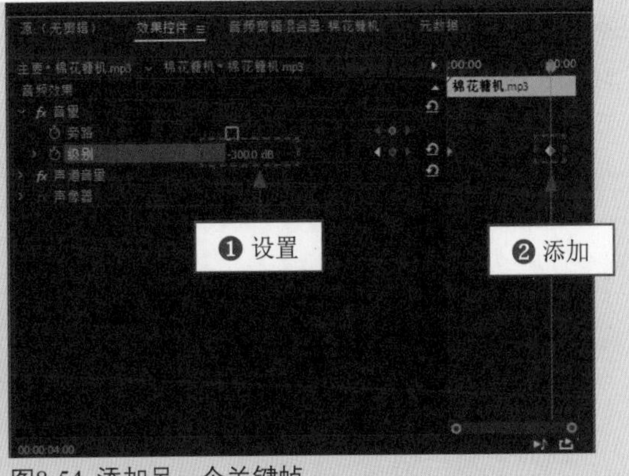

图8-54 添加另一个关键帧

8.4 专家支招

在Premiere Pro CC 2018中，调整音频素材文件的播放时长与调整图像素材文件的方法是通用的。❶例如，在“工具栏”中单击“选择工具”按钮，然后在“时间轴”面板中，❷选择A1轨道中的音频素材，❸将鼠标指针移至音频素材的末端，此时鼠标指针显示为可编辑图标样式，如图8-55所示，❹按住鼠标左键向左或向右拖动，❺即可调整音频素材文件的播放时长，如图8-56所示。

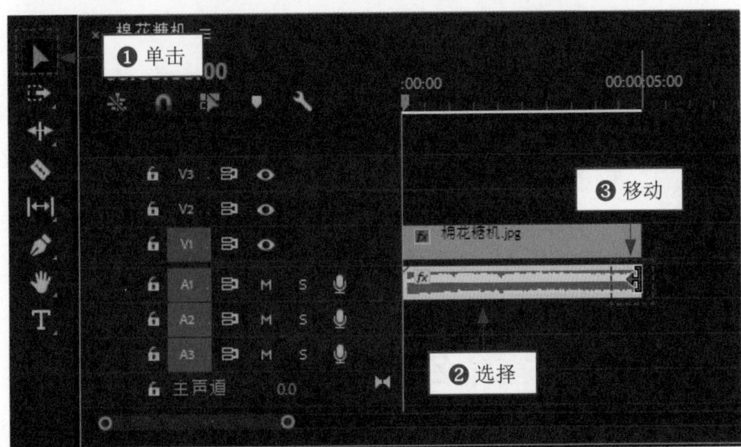

图8-55 鼠标指针显示为可编辑图标样式

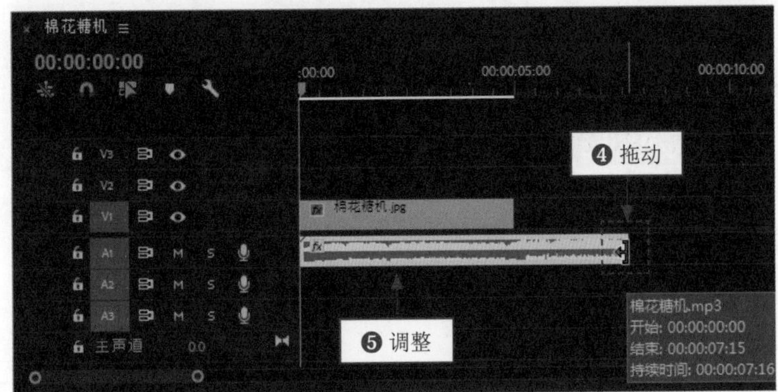

图8-56 调整音频素材文件的播放时长

专家指点

音频素材的持续时间是指音频的播放长度，当用户设置音频素材的出入点后，即可改变音频素材的持续时间。用鼠标拖动音频素材来延长或缩短音频的持续时间，是最简单、方便的操作方法。然而，这种方法很可能会影响音频素材的完整性。因此，用户可以使用“速度 / 持续时间”命令来实现。

当用户在调整素材长度时，向左拖动鼠标可以缩短持续时间，向右拖动鼠标则可以延长持续时间。如果该音频处于最长持续时间状态，则无法继续增加其长度。

8.5 总结拓展

如今是数码时代，人们经常会给电视、电影添加背景音乐，即使是静态图像的广告、游戏宣传片等，商家也会为自己的广告添加相匹配的背景音乐，以烘托主题，渲染影片气氛，带动观众情绪，引导观众置身于场景角色之中。例如，为影片添加一段优美的钢琴曲作为背景音乐，会让人放松心情；在影片中添加一段轻快诙谐的快节奏歌曲作为背景音乐，可以让人心情愉悦；在影片中添加一段诡异的音频文件，也会令人毛骨悚然；如果给影片添加一段大气磅礴、荡气回肠的背景音乐，哪怕观众是个小女孩，也能够代入角色，感受那激荡人心的英雄气魄。添加不同的背景音乐，可以给观众带来不同的效果感受，为影片文件带来生机，这就是音乐的魅力。因此，学会音频文件的基础操作，对用户日后制作出精彩的影片文件有着非常大的帮助。

8.5.1 本章小结

音乐的魅力是无限的，它在影片文件中具有非常重要的作用。本章详细讲解了Premiere Pro CC 2018中关于音频文件的基础操作，包括数字音频的定义、通过“项目”面板添加音频素材、利用菜单命令添加音频素材、通过“项目”面板删除音频、利用“时间轴”面板删除音频、使用“剃刀工具”分割音频文件、添加音频效果、设置音频增益及设置音频淡化等。学完本章内容，用户可以熟练地掌握背景音频文件的添加和音频效果的编辑，为以后制作出打动人心的影片文件打下非常好的基础。

8.5.2 举一反三——重命名音频轨道

在Premiere Pro CC 2018中，为了更好地管理音频轨道，用户可以为新添加的音频轨道设置名称，接下来将介绍如何重命名音频轨道。

应用案例

举一反三——重命名音频轨道

素材：素材\第8章\飞天旅行.prproj　　效果：效果\第8章\飞天旅行.prproj

视频：视频\第8章\8.5.2 举一反三——重命名音频轨道.mp4

STEP 01 按快捷键【Ctrl+O】，打开一个项目文件，如图8-57所示。

STEP 02 打开项目文件后，在“节目监视器”面板中查看素材画面，如图8-58所示。

专家指点

在轨道上双击，展开轨道上的隐藏内容，如果直接用鼠标在轨道名称上单击，是不会出现文本框的。

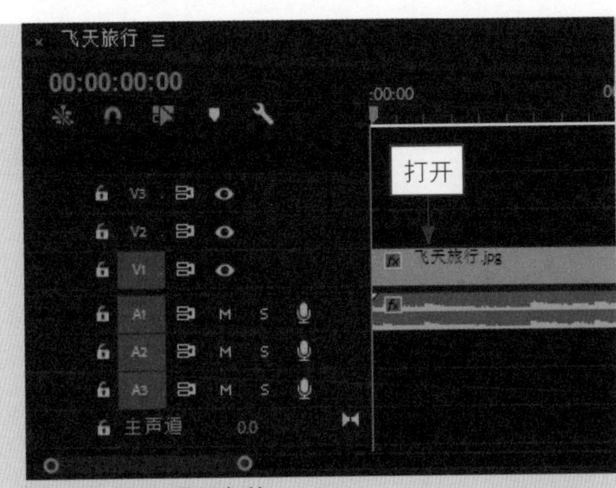

图8-57 打开项目文件

图8-58 查看素材画面

STEP 03 在"时间轴"面板中，双击A1轨道，如图8-59所示。

STEP 04 单击鼠标右键，在弹出的快捷菜单中，选择"重命名"命令，如图8-60所示。

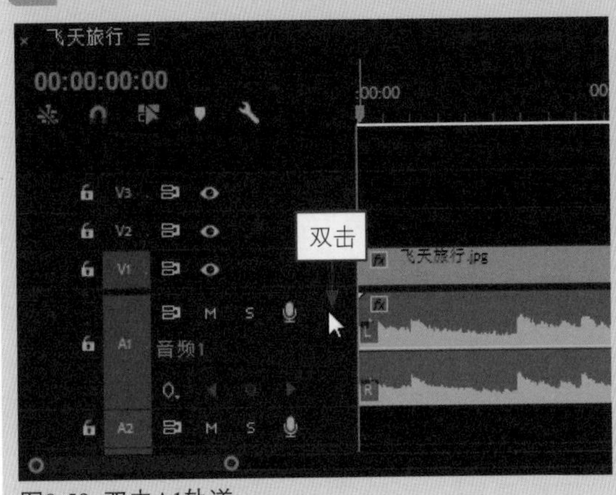

图8-59 双击A1轨道

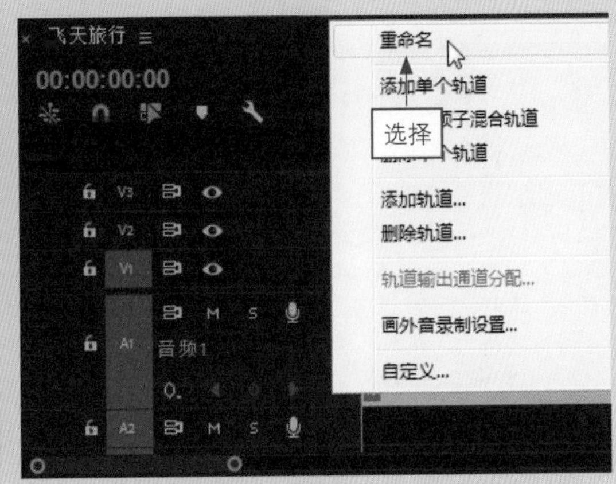

图8-60 选择"重命名"命令

STEP 05 在文本框中，输入名称"音频轨道"，如图8-61所示。

STEP 06 然后按【Enter】键确认，即可完成轨道的重命名操作，如图8-62所示。

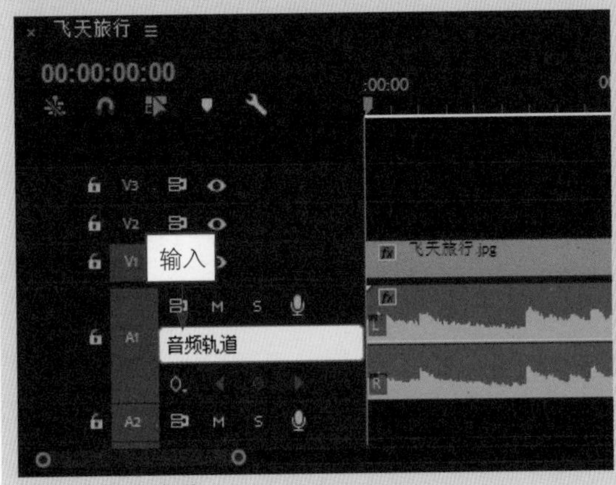

图8-61 输入名称

图8-62 重命名轨道

读书笔记

第9章　音乐享受：处理与制作音频特效

在Premiere Pro CC 2018中，为影片添加优美动听的音乐，可以使制作的影片更加吸引人。声音能够带给影视节目更加强烈的震撼和冲击力，一部精彩的影视节目离不开音乐。因此，音频的编辑是影视节目编辑必不可少的一个环节。本章主要介绍背景音乐特效的制作方法和技巧。

本章学习重点

- 认识音轨混合器
- 音频效果的处理
- 制作立体声音频效果
- 常用音频的精彩应用
- 其他音频效果的制作

9.1 认识音轨混合器

音轨混合器是Premiere Pro CC 2018为制作高质量音频效果准备的多功能音频处理平台。本书介绍音轨混合器的一些基本功能，并运用这些功能调整音频素材。

9.1.1 了解音轨混合器

音轨混合器是由许多音频轨道控制器和播放控制器组成的。在Premiere Pro CC 2018中，选择“窗口”|“音轨混合器”命令，展开音轨混合器面板，如图9-1所示。

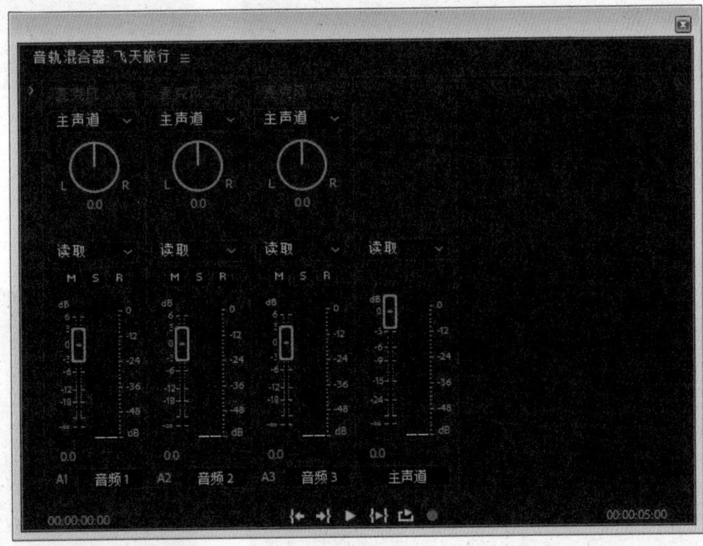

图9-1 音轨混合器面板

专家指点

在默认情况下，音轨混合器面板中只会显示当前“时间轴”面板中激活的音频轨道。如果用户需要在音轨混合器面板中显示其他轨道，则必须将序列中的轨道激活。

9.1.2 音轨混合器的基本功能

音轨混合器主要用来对音频文件进行修改与编辑操作。下面介绍音轨混合器面板中各主要参数的基本功能。

- “自动模式”下拉列表框：主要用来调节音频素材和音频轨道，如图9-2所示。当调节对象是音频素材时，调节只会对当前素材有效，如果调节对象是音频轨道，则音频特效将应用于整个音频轨道。
- “轨道控制”按钮组：包括“静音轨道”按钮、“独奏轨”按钮、“激活录制轨”按钮等，如图9-3所示。这些按钮的主要作用是在预览音频时，使其指定的轨道完全以静音或独奏的方式进行播放。

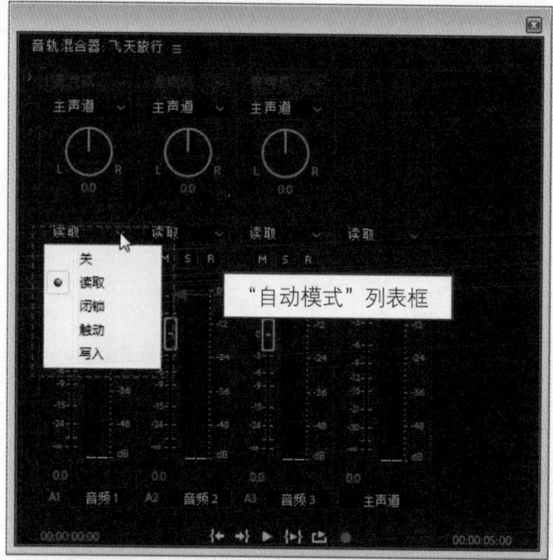

图9-2 “自动模式”下拉列表框

图9-3 “轨道控制”按钮组

- “声道调节”滑轮：可以用来调节只有左、右两个声道的音频素材，当用户向左拖动滑轮时，将提升左声道音量；反之，当用户向右拖动滑轮时，将提升右声道音量，如图9-4所示。
- “音量控制器”按钮：分别控制着音频素材播放的音量，如图9-5所示，以及素材播放的状态。

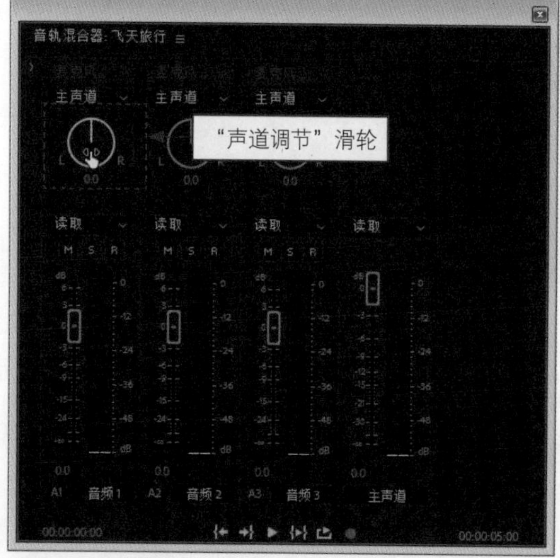

图9-4 “声道调节”滑轮

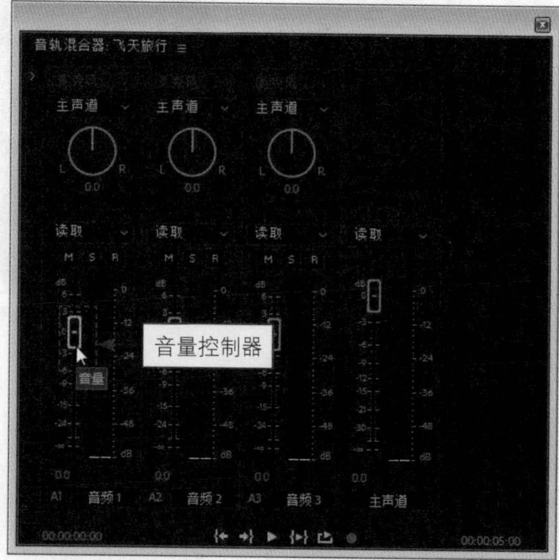

图9-5 音量控制器

9.1.3 音轨混合器的面板菜单

前面介绍了音轨混合器面板中的各项参数，接下来将介绍音轨混合器的面板菜单。

在音轨混合器面板中，单击面板右上角的☰，将弹出面板菜单，如图9-6所示。

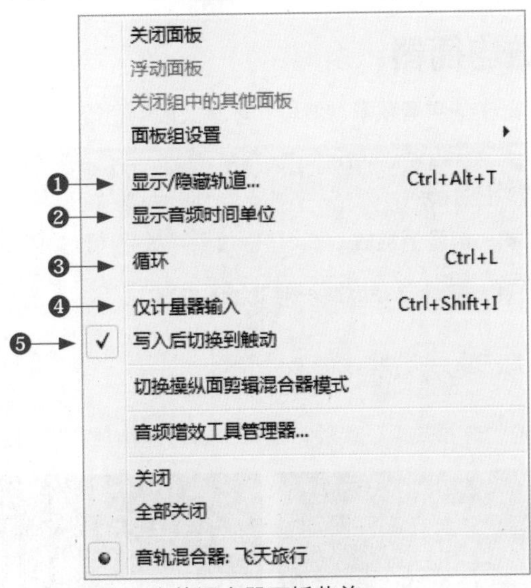

图9-6 音轨混合器面板菜单

❶ **显示/隐藏轨道：**该命令可以设置“音轨混合器”面板中轨道的隐藏或者显示。选择该选项，或按快捷键【Ctrl＋Alt+T】，弹出“显示/隐藏轨道”对话框，如图9-7所示，在该对话框左侧的列表中，处于选中状态的轨道属于显示状态，未被选中的轨道则处于隐藏的状态。

❷ **显示音频时间单位：**选择该命令，可以在“时间轴”窗口的时间标尺上显示音频单位，如图9-8所示。

❸ **循环：**选择该命令，则系统会循环播放音乐。

❹ **仅计量器输入：**如果在VU表上显示硬件输入电平，而不是轨道电平，则选择该命令来监控音频，以确定是否所有的轨道都被录制。

❺ **写入后切换到触动：**选择该命令，则回放结束后，或一个回放循环完成后，所有的轨道设置将从记录模式转换到接触模式。

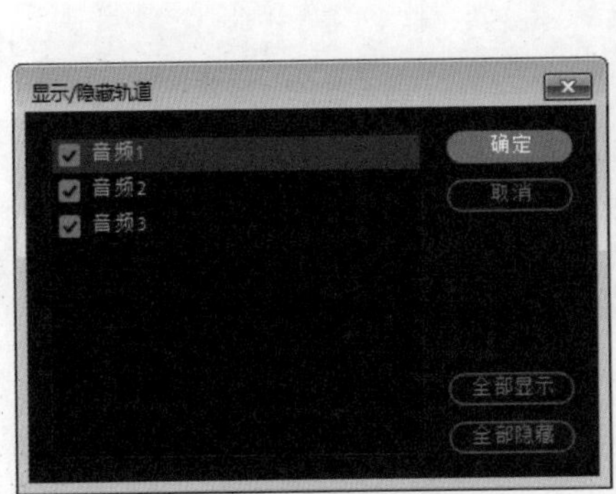

图9-7 “显示/隐藏轨道”对话框

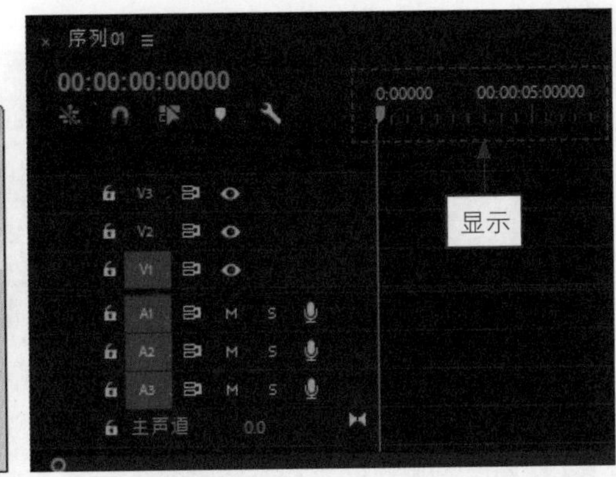

图9-8 显示音频单位

9.2 音频效果的处理

在Premiere Pro CC 2018中，用户可以对音频素材进行适当的处理，通过对音频高低音的调节，让素材具有更好的视听效果。

9.2.1 处理参数均衡器

EQ特效用于平衡音频素材中的声音频率、波段和多重波段均衡等内容。

应用案例

处理参数均衡器

素材：素材\第9章\爱情绽放.prproj　　效果：效果\第9章\爱情绽放.prproj

视频：视频\第9章\9.2.1 处理参数均衡器.mp4

STEP 01 按快捷键【Ctrl+O】，打开项目文件，如图9-9所示。

STEP 02 在“效果”面板中，展开“音频效果”选项，选择“参数均衡器”选项，如图9-10所示。

图9-9 打开项目文件

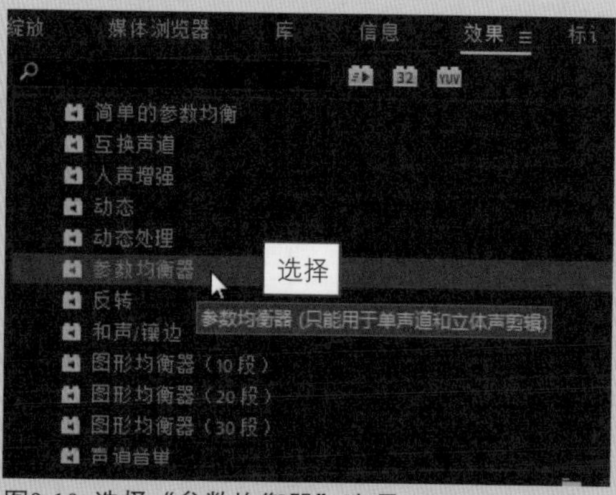

图9-10 选择“参数均衡器”选项

STEP 03 将其拖至A1轨道上，添加音频特效，如图9-11所示。

STEP 04 在“效果控件”面板中，单击“编辑”按钮，如图9-12所示。

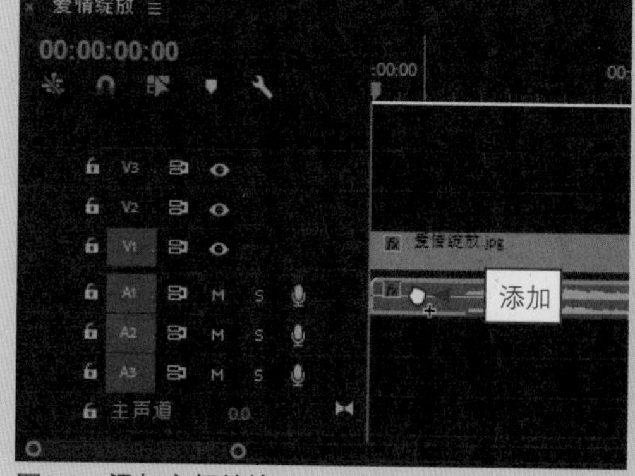

图9-11 添加音频特效

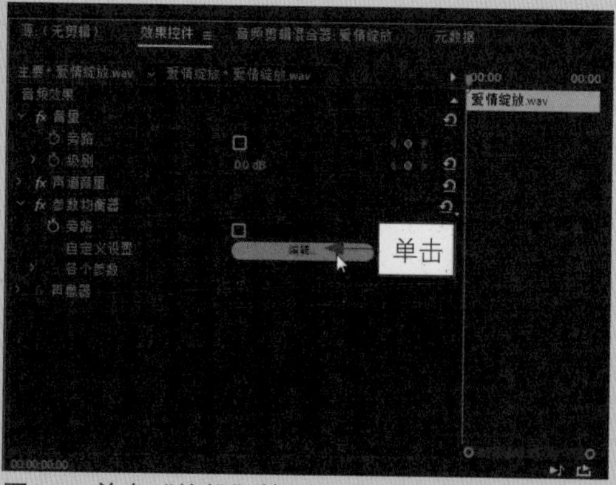

图9-12 单击“编辑”按钮

STEP 05 弹出剪辑效果编辑器 - 参数均衡器: 音频 1，爱情绽放.wav，效果 3，00:00:00:00 对话框，选中“宽度”单选按钮，调整控制点，如图9-13所示，即可处理参数均衡器。

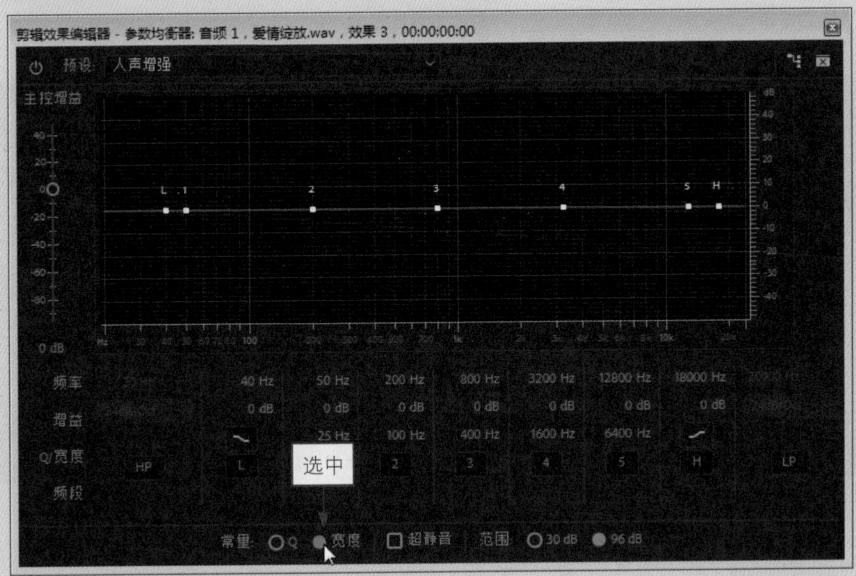

图9-13 调整控制点

9.2.2 处理高低音转换

在Premiere Pro CC 2018中，高低音之间的转换是利用“动态”特效对组合的或独立的音频进行调整的。

处理高低音转换

素材：素材\第9章\游泳比赛.prproj　　效果：效果\第9章\游泳比赛.prproj

视频：视频\第9章\9.2.2 处理高低音转换.mp4

STEP 01 按快捷键【Ctrl+O】，打开项目文件，如图9-14所示。

STEP 02 在“效果”面板中，展开“音频效果”选项，在其中选择“动态”选项，如图9-15所示。

图9-14 打开项目文件

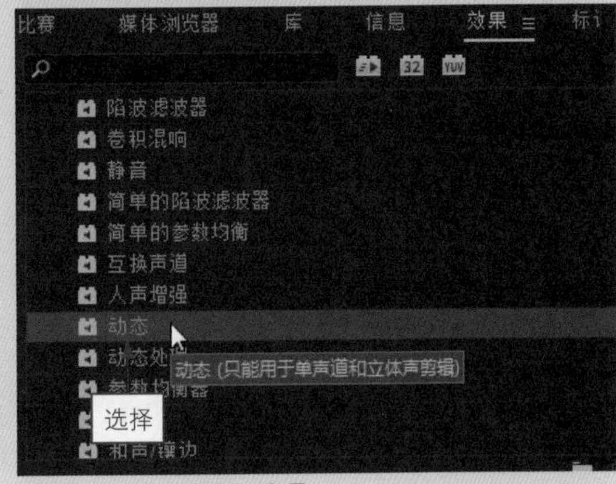

图9-15 选择“动态”选项

STEP 03 将其拖至A1轨道上，添加音频特效，如图9-16所示。

STEP 04 在“效果控件”面板中，单击“自定义设置”选项右边的“编辑”按钮，如图9-17所示。

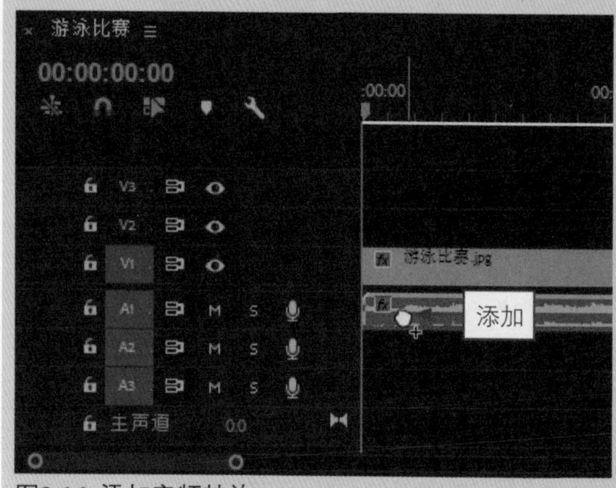

图9-16 添加音频特效

图9-17 单击“编辑”选项

STEP 05 弹出剪辑效果编辑器 - 动态: 音频 1，游泳比赛.wav，效果 3，00:00:00:00对话框，如图9-18所示。

STEP 06 单击“预设”选项右侧的下拉按钮，在弹出的下拉列表中选择“中等压缩”选项，如图9-19所示。

图9-18 剪辑效果编辑器

图9-19 选择合适的选项

STEP 07 ❶展开“各个参数”选项，❷单击每一个参数前面的“切换动画”按钮，❸添加关键帧，如图9-20所示。

STEP 08 ❶将时间线移至00:00:04:00的位置，❷单击“动态”选项右侧的“预设”按钮，在弹出的下拉列表中选择“软剪辑”选项，❸此时系统将自动插入一组关键帧，如图9-21所示，设置完成后，将时间线移至开始位置，单击“播放-停止切换”按钮，用户可以听出原本柔弱的部分变得具有一定的力度，而原来具有力度的后半部分，也因为设置了“软剪辑”效果而变得柔和了。

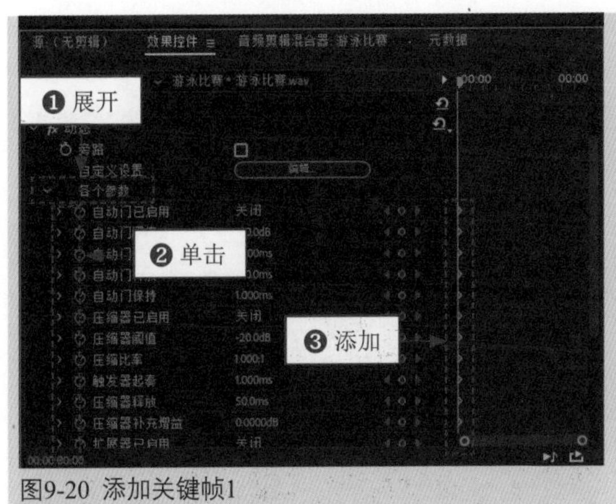

图9-20 添加关键帧1

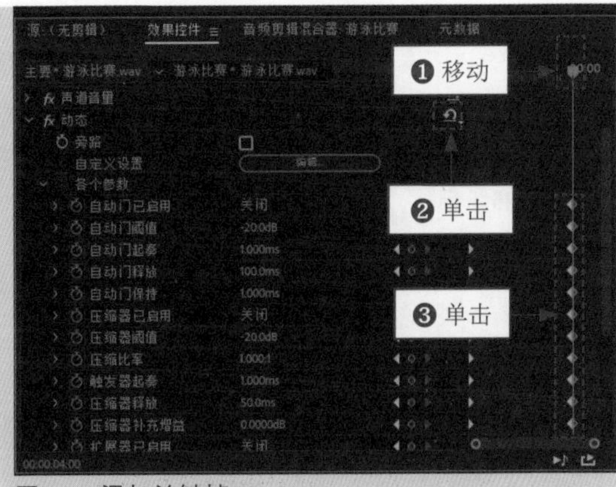

图9-21 添加关键帧2

专家指点

尽管可以压缩音频素材的声音到一个更小的动态播放范围，但是对于扩展而言，如果超过了音频素材所能提供的范围，就不能再进一步扩展了，除非降低原始素材的动态范围。

9.2.3 处理声音的波段

在Premiere Pro CC 2018中，可以利用“多频段压缩器（旧版）”特效设置声音波段，该特效可以对音频的高、中、低3个波段进行压缩控制，让音频的效果更加理想。

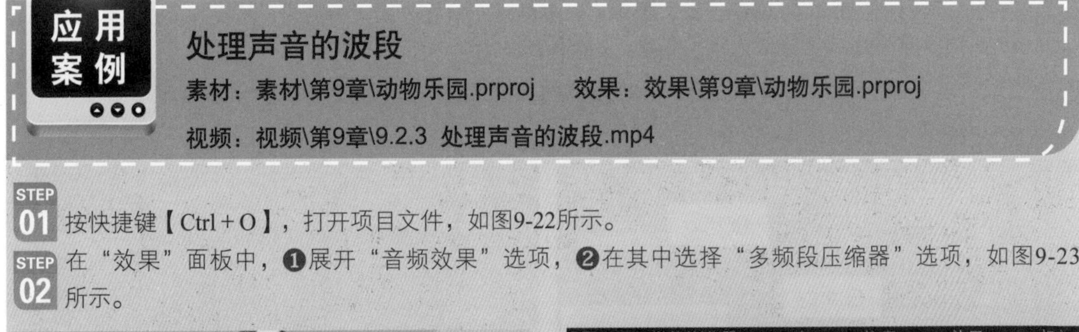
应用案例

处理声音的波段

素材：素材\第9章\动物乐园.prproj 效果：效果\第9章\动物乐园.prproj

视频：视频\第9章\9.2.3 处理声音的波段.mp4

STEP 01 按快捷键【Ctrl+O】，打开项目文件，如图9-22所示。

STEP 02 在“效果”面板中，❶展开“音频效果”选项，❷在其中选择“多频段压缩器”选项，如图9-23所示。

图9-22 打开项目文件

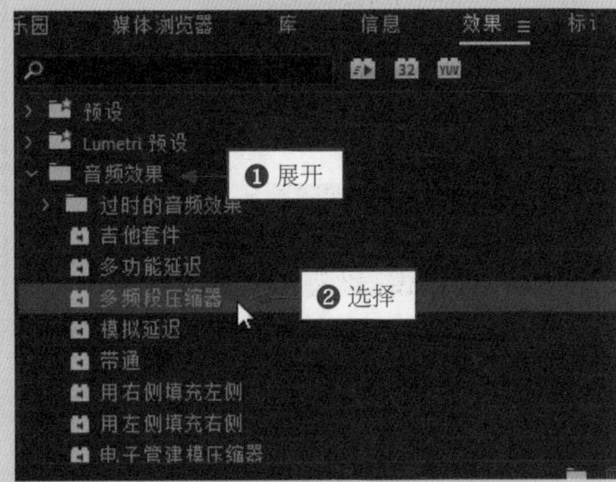

图9-23 选择“多频段压缩器”选项

STEP 03 为音乐素材添加音频特效，在“效果控件”面板中，❶展开“各个参数”选项，❷单击每一个参数前面的“切换动画”按钮，❸添加关键帧，如图9-24所示。

STEP 04 单击“自定义设置”右边的“编辑”按钮，弹出**剪辑效果编辑器 - 多频段压缩器: 音频 1，动物乐园.wav，效果 3，00:00:00:00**对话框，设置“交叉”选项右侧“高”的参数为12000，具体的波段参数设置如图9-25所示。

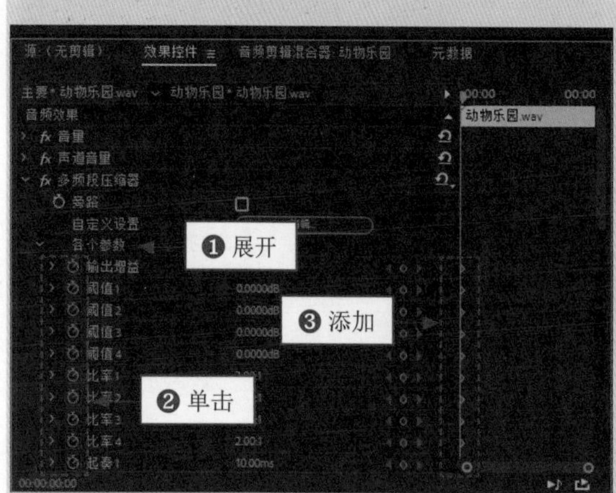

图9-24 添加关键帧

图9-25 设置波段

STEP 05 ❶将时间线移至00:00:04:00的位置，❷单击“多频段压缩器”选项右侧的“预设”按钮，❸在弹出的下拉列表中选择“提高人声”选项，如图9-26所示。

STEP 06 此时，系统可在编辑线所在的位置自动为素材添加关键帧，如图9-27所示，播放音乐，即可听到修改后的音频效果。

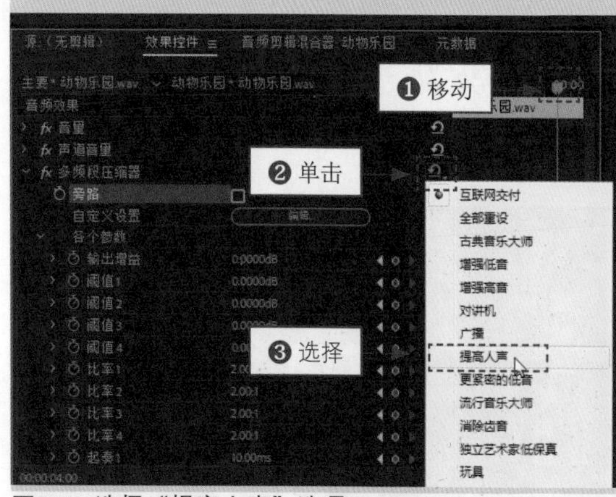

图9-26 选择“提高人声”选项

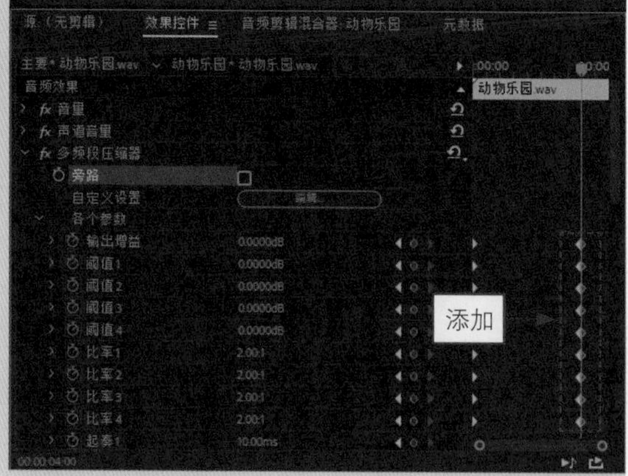

图9-27 添加关键帧

9.3 制作立体声音频效果

Premiere Pro CC 2018拥有强大的立体音频处理能力，在使用的素材为立体声道时，Premiere Pro CC 2018可以在两个声道间实现立体声音频效果。本节主要介绍立体声音频效果的制作方法。

导入视频素材

在制作立体声音频效果之前，用户首先需要导入一段音频或有声音的视频素材，并将其拖至“时间轴”面板中。

导入视频素材

素材：素材\第9章\风云变幻.mp4　　效果：效果\第9章\风云变幻.prproj

视频：视频\第9章\9.3.1 导入视频素材.mp4

STEP 01 新建一个项目文件，选择“文件”|“导入”命令，如图9-28所示。

STEP 02 弹出“导入”对话框，❶在其中选择相应的视频素材，❷单击“打开”按钮，如图9-29所示，导入视频素材文件。

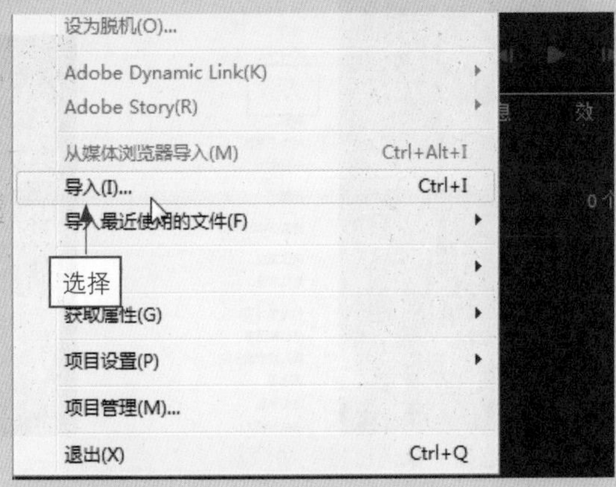

图9-28 选择“导入”命令

图9-29 单击“打开”按钮

STEP 03 在“项目”面板中，选择导入的视频素材，如图9-30所示。

STEP 04 然后将选择的视频素材拖至“时间轴”面板中，即可添加视频素材，如图9-31所示。

图9-30 选择导入的视频素材

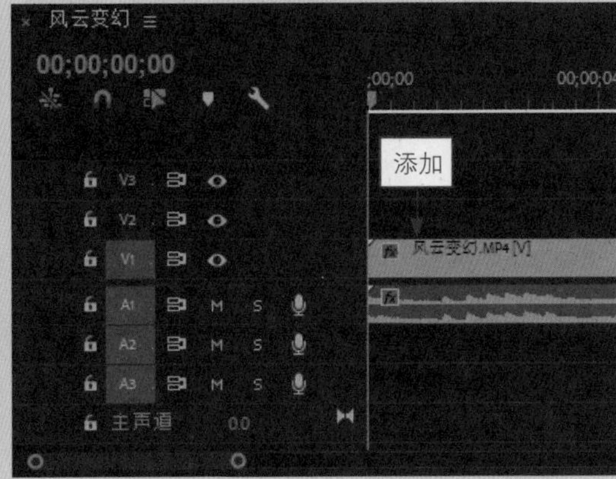

图9-31 添加视频素材

9.3.2 视频与音频的分离

在导入一段视频后，接下来需要对视频素材文件的音频与视频进行分离。

应用案例 视频与音频的分离

素材：无　　效果：效果\第9章\风云变幻1.prproj

视频：视频\第9章\9.3.2 视频与音频的分离.mp4

STEP 01 打开上一节的文件，选择视频，如图9-32所示。

STEP 02 单击鼠标右键，弹出快捷菜单，选择“取消链接”命令，如图9-33所示。

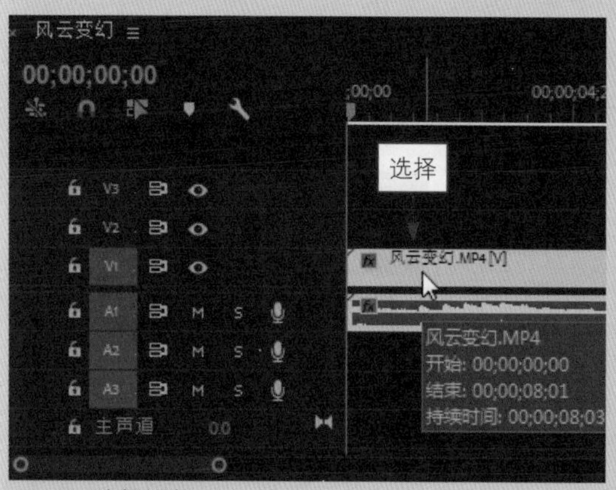

图9-32 选择视频

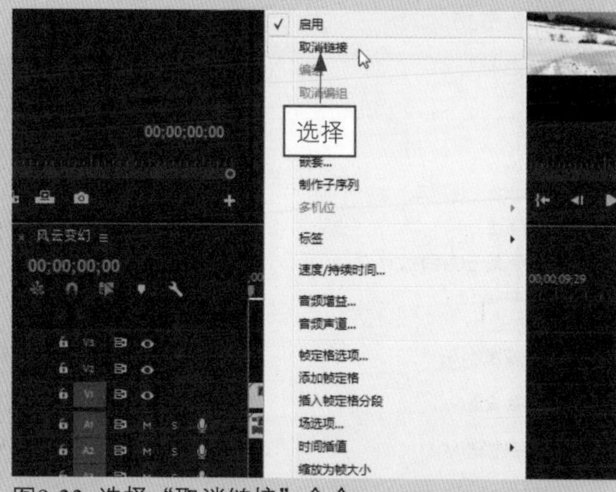

图9-33 选择“取消链接”命令

STEP 03 执行操作后，即可解除音频和视频之间的链接，如图9-34所示。

STEP 04 设置完成后，将时间线移至素材的开始位置，在“节目监视器”面板中，单击“播放-停止切换”按钮，预览视频效果，如图9-35所示。

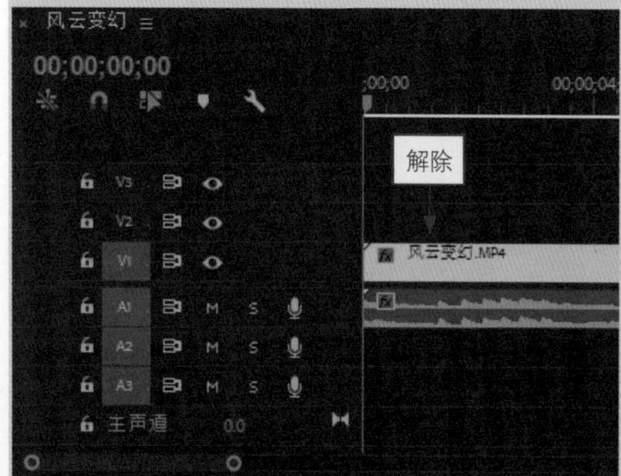

图9-34 解除音频和视频之间的链接

图9-35 预览效果

9.3.3 为分割的音频添加特效

在Premiere Pro CC 2018中，分割音频素材后，就可以为分割的音频素材添加音频特效了。

应用案例

为分割的音频添加特效

素材：无　　效果：效果\第9章\风云变幻2.prproj

视频：视频\第9章\9.3.3 为分割的音频添加特效.mp4

STEP 01 打开上一节的文件，❶在“效果”面板中展开“音频效果”选项，❷选择“多功能延迟”选项，如图9-36所示。

STEP 02 将其拖至A1轨道中的音频素材上，拖动时间线至00:00:02:00的位置，如图9-37所示。

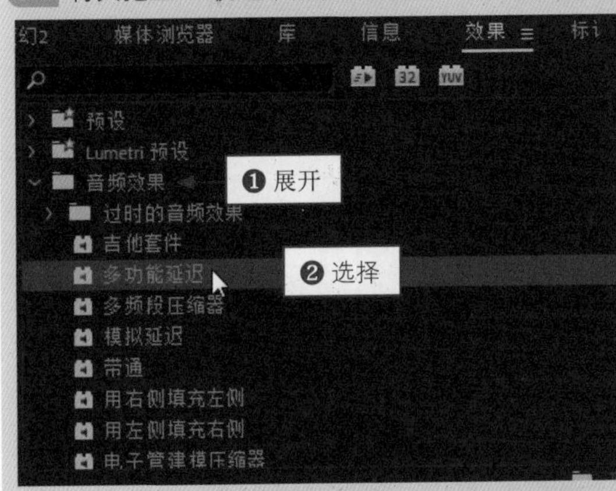

图9-36 选择“多功能延迟”选项

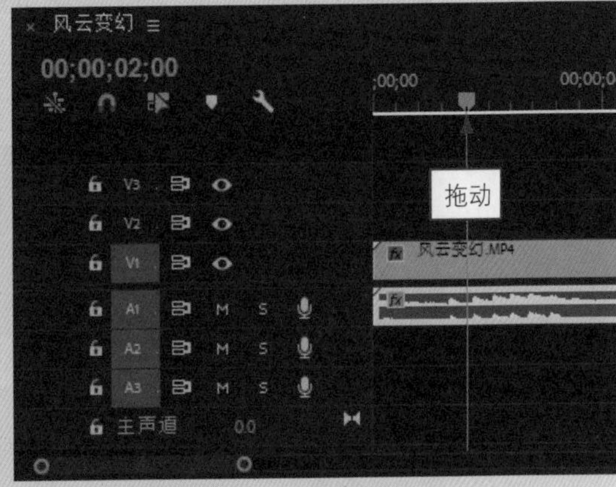

图9-37 拖动时间线

STEP 03 ❶在“效果控件”面板中展开“多功能延迟”选项，❷选中“旁路”复选框，❸并设置“延迟1”为1.000秒，如图9-38所示。

STEP 04 ❶拖动时间线至00:00:04:00的位置，❷单击“旁路”和“延迟1”左侧的“切换动画”按钮；❸添加关键帧，如图9-39所示。

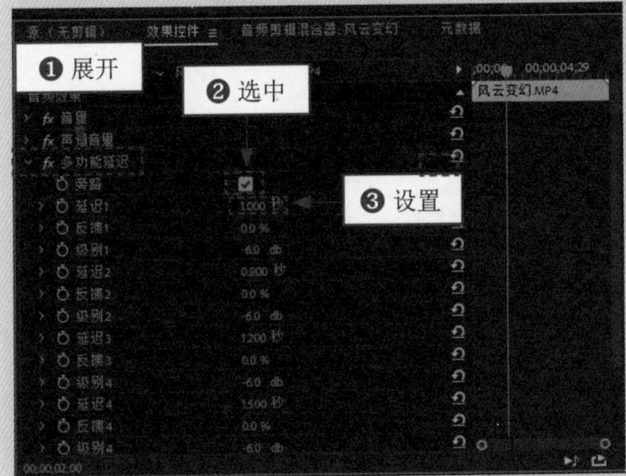

图9-38 设置参数值

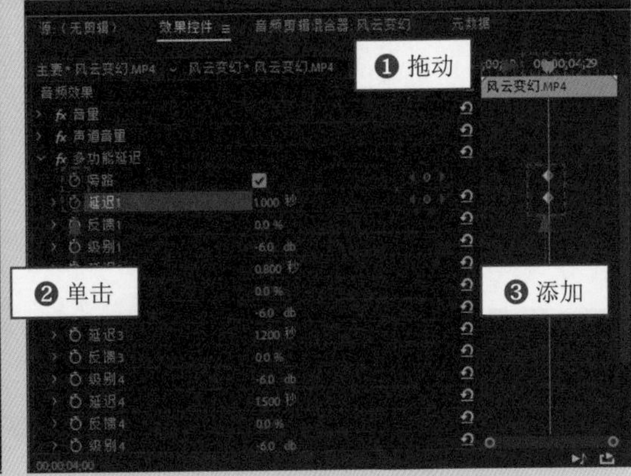

图9-39 添加关键帧

STEP 05 执行上述操作后，在"效果控件"面板中取消选中"旁路"复选框，并将时间线拖至00:00:07:00的位置，如图9-40所示。

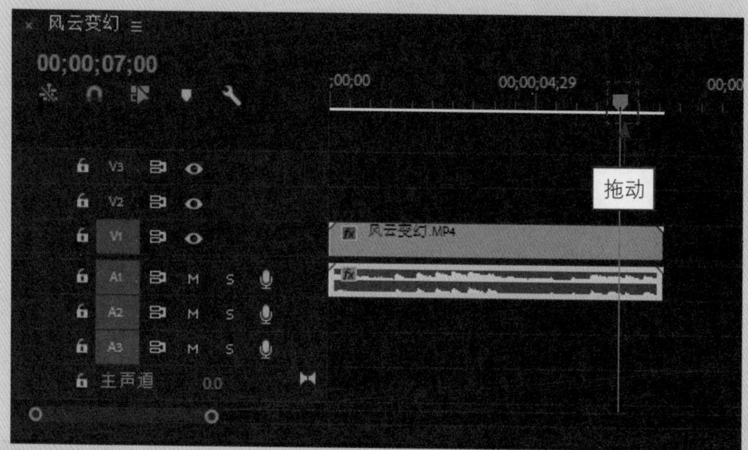

图9-40 拖动时间线

STEP 06 执行操作后，❶选中"旁路"复选框，❷添加第2个关键帧，如图9-41所示，即可添加音频特效。

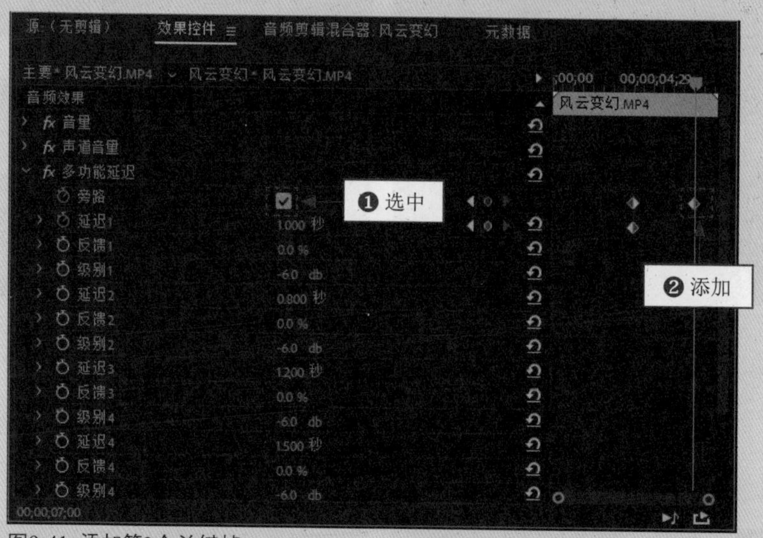

图9-41 添加第2个关键帧

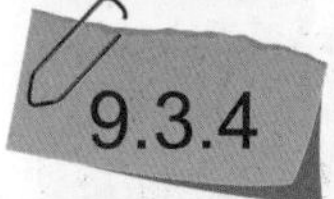

9.3.4 音频混合器的设置

在Premiere Pro CC 2018中，完成音频特效的添加后，接下来将使用音轨混合器来控制添加的音频特效。

应用案例

音频混合器的设置

素材：无　　效果：效果\第9章\风云变幻3.prproj

视频：视频\第9章\9.3.4 音频混合器的设置.mp4

STEP 01 打开一节的文件，❶展开“音轨混合器：风云变幻”面板，❷在其中设置A1选项的参数为3.1，❸“左/右平衡”为10.0，如图9-42所示。

STEP 02 执行操作后，单击“音轨混合器：风云变幻”面板底部的“播放-停止切换”按钮，即可播放音频，如图9-43所示。

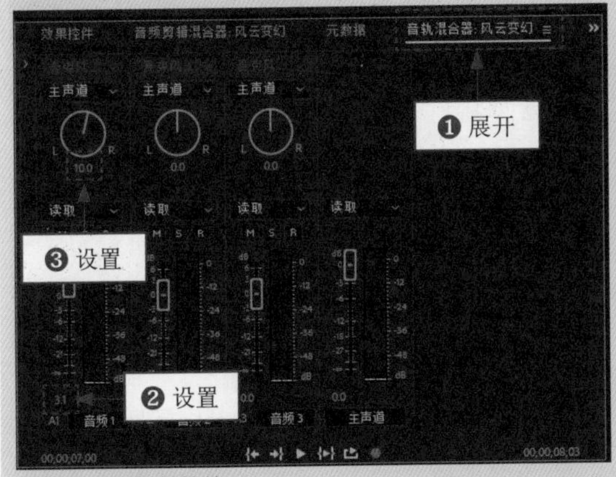

图9-42 设置参数值

图9-43 播放音频

STEP 03 在“节目监视器”面板中，单击“播放-停止切换”按钮，预览效果，如图9-44所示。

图9-44 预览效果

9.4 常用音频的精彩应用

在Premiere Pro CC 2018中，音频在影片中是不可或缺的元素，用户可以根据需要制作常用的音频效果。本节主要介绍常用音频效果的制作方法。

9.4.1 制作音量特效

用户在导入一段音频素材后，对应的“效果控件”面板中将会显示“音量”选项，用户可以根据需要制作音量特效。

应用案例

制作音量特效

素材：素材\第9章\樱花盛开.prproj　　效果：效果\第9章\樱花盛开.prproj

视频：视频\第9章\9.4.1 制作音量特效.mp4

STEP 01 按快捷键【Ctrl+O】，打开项目文件，如图9-45所示。

图9-45 打开项目文件

STEP 02 在“项目”面板中选择图像素材，将其添加到“时间轴”面板中的V1轨道上，在“节目监视器”面板中可以查看素材画面，如图9-46所示。

图9-46 查看素材画面

STEP 03 选择V1轨道上的素材文件，❶切换至“效果控件”面板，❷设置“缩放”为120.0，如图9-47所示。

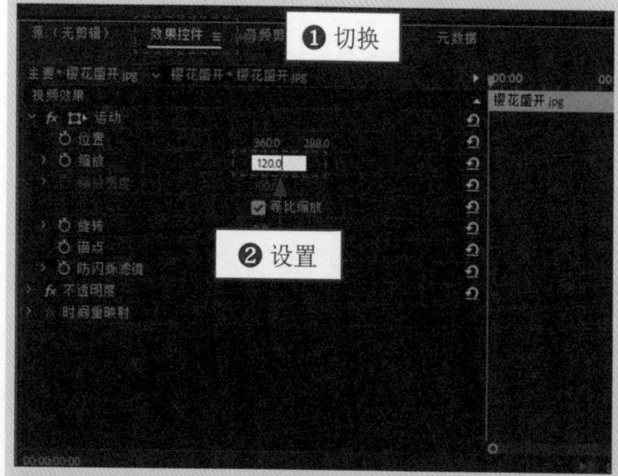

图9-47 设置“缩放”为120.0

STEP 04 在“项目”面板中选择音频素材，将其添加到“时间轴”面板中的A1轨道上，如图9-48所示。

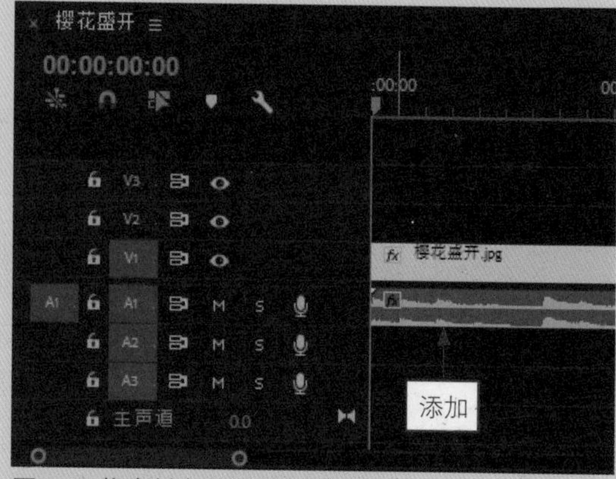

图9-48 将素材文件添加到A1轨道上

STEP 05 将鼠标指针移至音频素材的结尾处，按住鼠标左键向左拖动，调整素材文件的持续时间与图像素材的持续时间一致，如图9-49所示。

STEP 06 选择A1轨道上的素材文件，拖动时间线至00:00:03:00的位置，❶切换至“效果控件”面板，在“音量”选项下，❷单击“级别”选项右侧的“添加/移除关键帧”按钮，如图9-50所示。

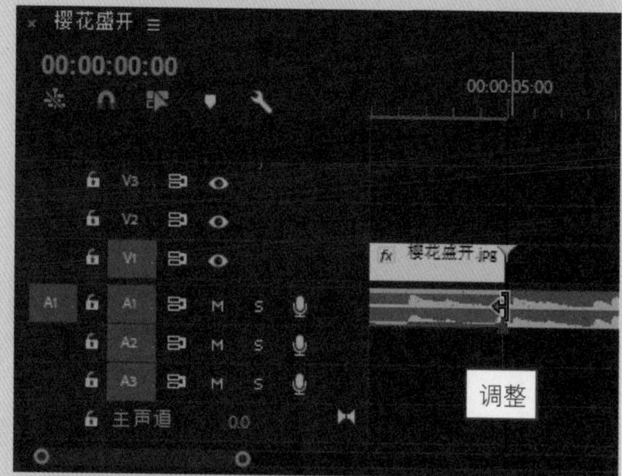

图9-49 调整素材持续时间

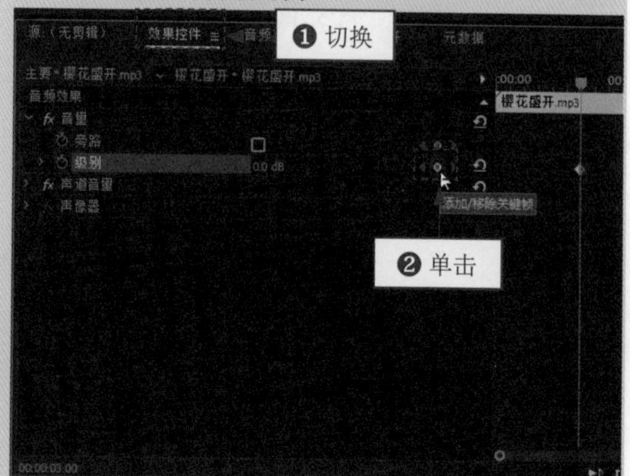

图9-50 单击相应按钮

STEP 07 ❶拖动时间线至00:00:04:00的位置，❷设置“级别”参数为-20.0dB，如图9-51所示。

STEP 08 将鼠标指针移至A1轨道上，❶双击鼠标左键，❷展开轨道并显示音量调整效果，如图9-52所示，单击“播放-停止切换”按钮，试听音量效果。

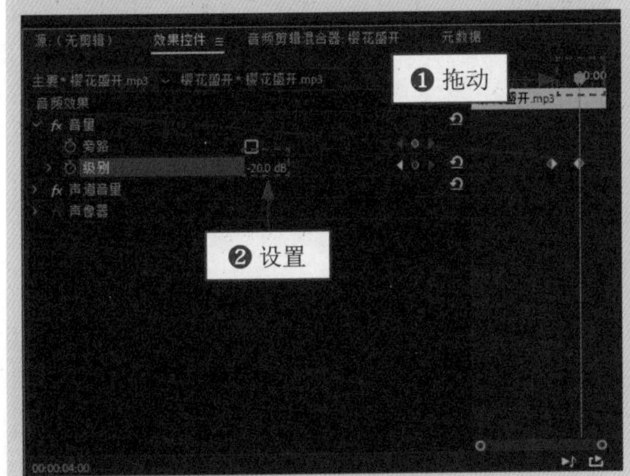

图9-51 设置“级别”为-20.0dB

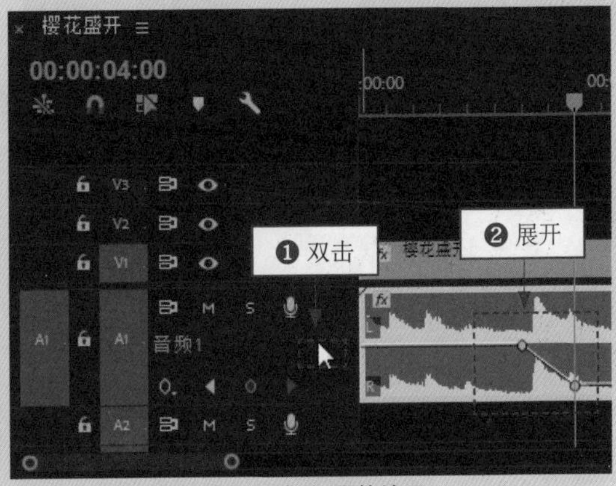

图9-52 展开轨道并显示音量调整效果

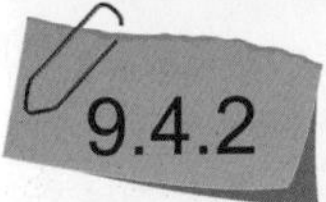

9.4.2 制作降噪特效

在Premiere Pro CC 2018中，可以通过“自适应降噪”特效来降低音频素材中的机器噪声、环境噪声和外音等不应有的杂音。

应用案例

制作降噪特效

素材：素材\第9章\功夫小子.prproj　　效果：效果\第9章\功夫小子.prproj

视频：视频\第9章\9.4.2 制作降噪特效.mp4

STEP 01 按快捷键【Ctrl+O】，打开“素材\第9章\功夫小子.prproj”文件，如图9-53所示。

STEP 02 在“项目”面板中选择“功夫小子.jpg”素材文件，并将其添加到“时间轴”面板中的V1轨道上，如图9-54所示。

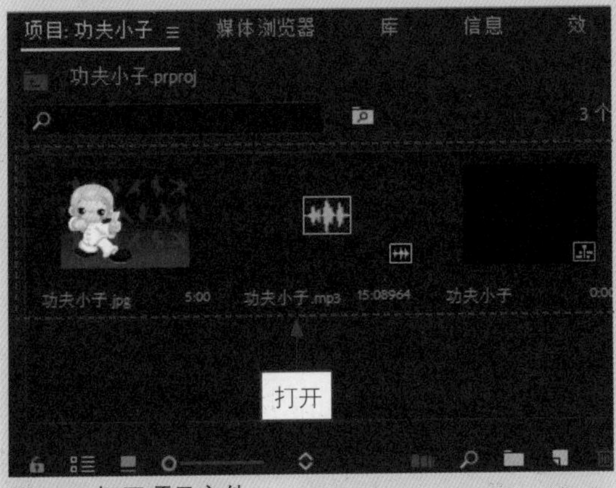

图9-53 打开项目文件

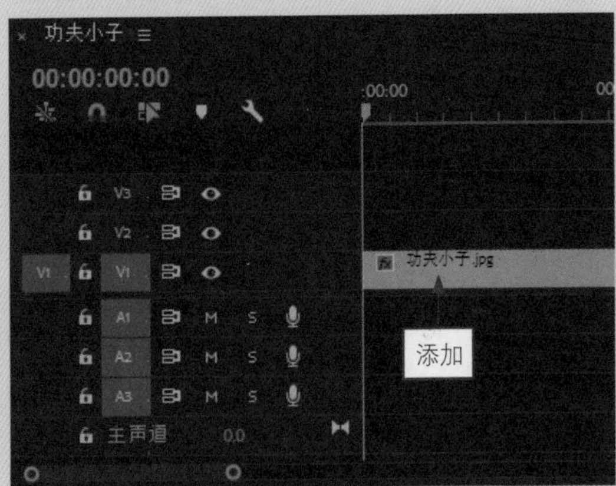

图9-54 添加素材文件

STEP 03 选择V1轨道上的素材文件，❶切换至“效果控件”面板；❷设置“缩放”为100.0，如图9-55所示。

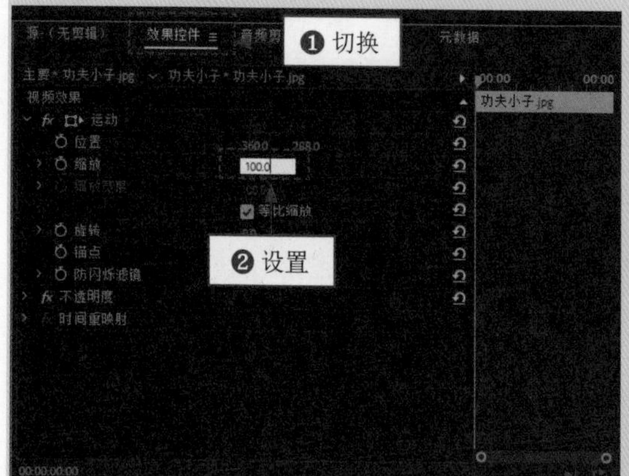

图9-55 设置“缩放”为100.0

STEP 04 设置视频缩放效果后，在“节目监视器”面板中单击“播放-停止切换”按钮，可以查看素材画面，如图9-56所示。

图9-56 查看素材画面

STEP 05 将“功夫小子.mp3”素材文件添加到“时间轴”面板中的A1轨道上，在“工具”面板中选择“剃刀工具”，如图9-57所示。

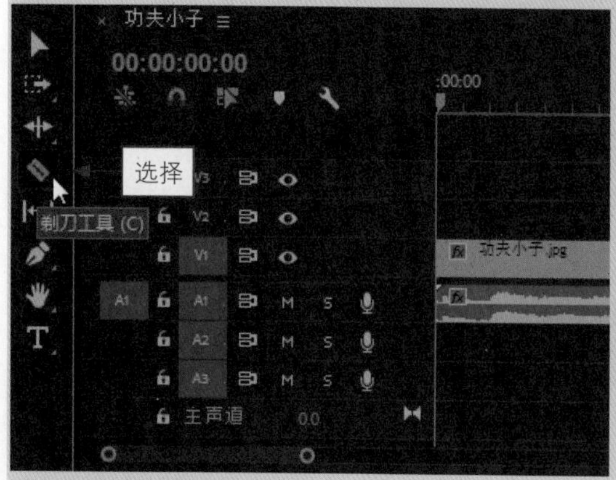

图9-57 选择“剃刀工具”

STEP 06 ❶拖动时间线至00:00:05:00的位置，将鼠标指针移至A1轨道上时间线的位置，❷单击鼠标左键，如图9-58所示。

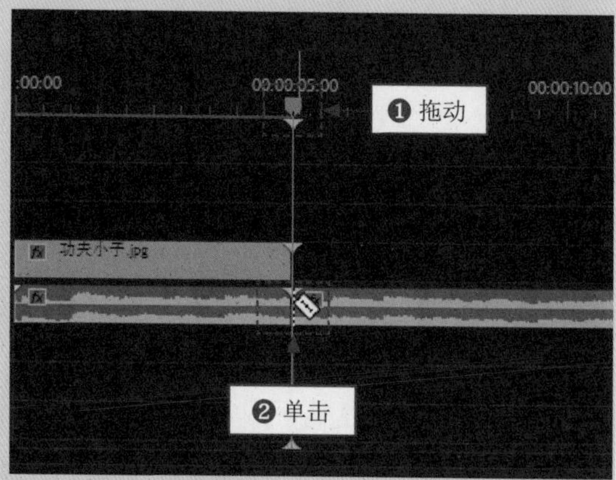

图9-58 单击鼠标左键

STEP 07 执行操作后，即可分割相应的素材文件，如图9-59所示。

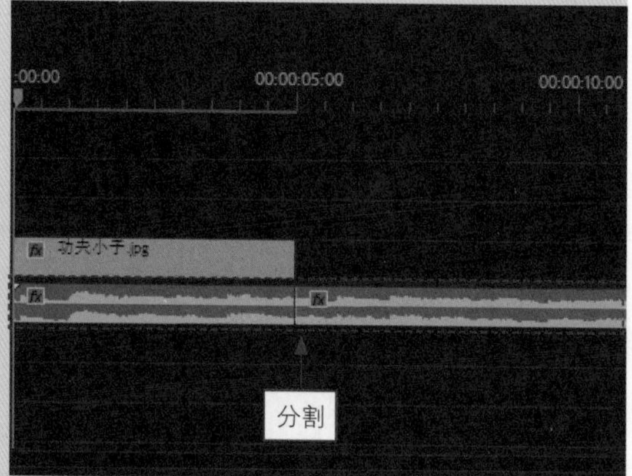

图9-59 分割素材文件

STEP 08 在“工具”面板中选择“选择工具”，选择A1轨道上的第2段音频素材文件，按【Delete】键删除该素材文件，如图9-60所示。

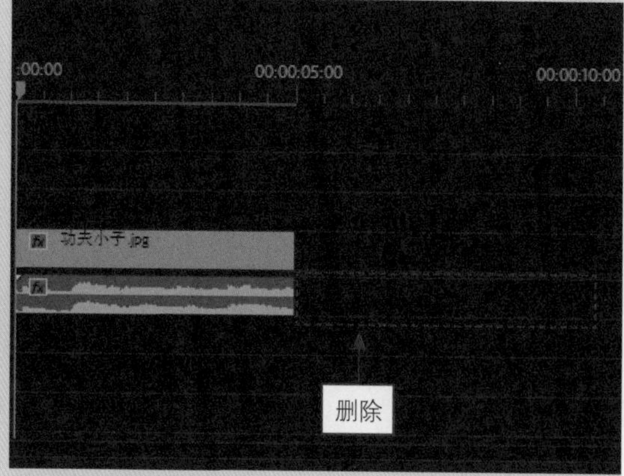

图9-60 删除素材文件

STEP 09 选择A1轨道上的素材文件，在“效果”面板中展开“音频效果”选项，双击“自适应降噪”选项，如图9-61所示，即可为选择的音频素材添加“自适应降噪”音频效果。

STEP 10 在“效果控件”面板中，❶展开“自适应降噪”选项，❷单击“自定义设置”选项右侧的“编辑”按钮，如图9-62所示。

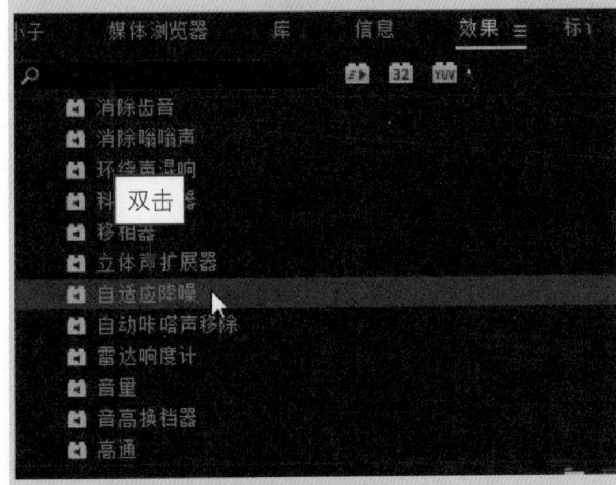

图9-61 双击“自适应降噪”选项

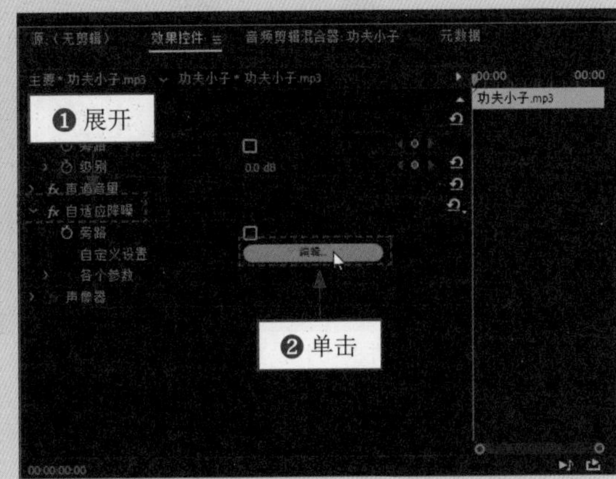

图9-62 单击“编辑”按钮

专家指点

使用摄像机拍摄的素材，常常会出现一些电流的声音，当用户在使用 Premiere Pro CC 2018 处理影片文件时，便可以添加“自适应降噪”或者“消除嗡嗡声”特效来消除这些噪声。

STEP 11 在弹出的**剪辑效果编辑器 - 自适应降噪: 音频 1，功夫小子.mp3，效果 3，00:00:00:00**对话框中，❶选中“高品质模式（较慢）”复选框，❷设置“降噪幅度”参数为20.00dB，❸设置“噪声量”参数为30.00%，❹单击“关闭”按钮，如图9-63所示。关闭对话框后，在“节目监视器”面板中，单击“播放-停止切换”按钮，试听降噪后的效果。

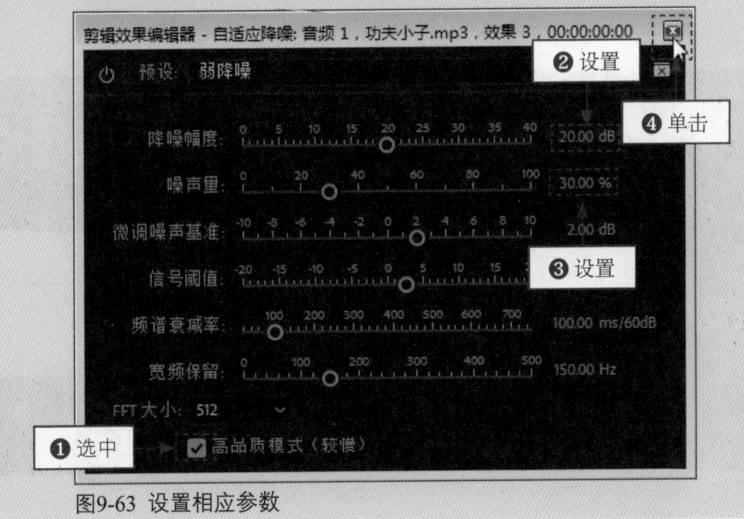

图9-63 设置相应参数

专家指点

❶ 用户也可以在“效果控件”面板中展开“各个参数”选项，❷ 在“降噪幅度”与“噪声量”选项的右侧输入数字，设置降噪参数，如图 9-64 所示。

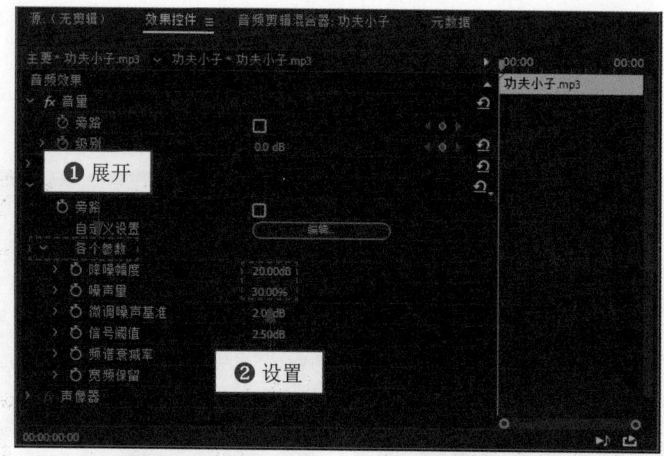

图9-64 设置降噪参数

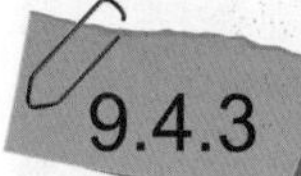

9.4.3 制作平衡特效

在Premiere Pro CC 2018中，通过添加“平衡”特效，可以对素材进行音量的提升或衰减，下面将介绍制作平衡特效的操作方法。

应用案例

制作平衡特效

素材：素材\第9章\亲近自然.prproj　　效果：效果\第9章\亲近自然.prproj

视频：视频\第9章\9.4.3 制作平衡特效.mp4

STEP 01 按快捷键【Ctrl+O】，打开一个项目文件，如图9-65所示。

STEP 02 在“节目监视器”面板中可以查看素材画面，如图9-66所示。

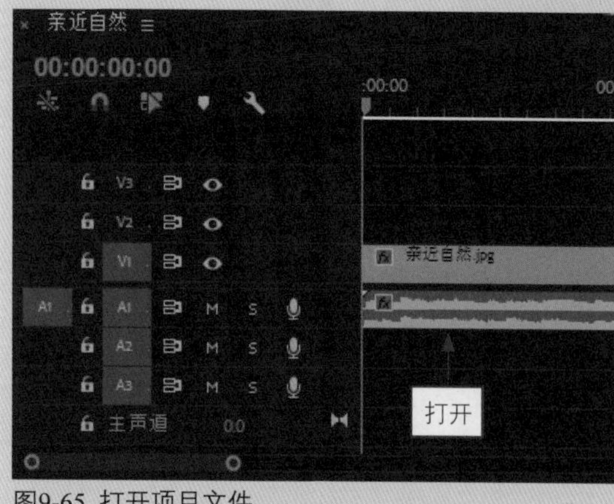

图9-65 打开项目文件

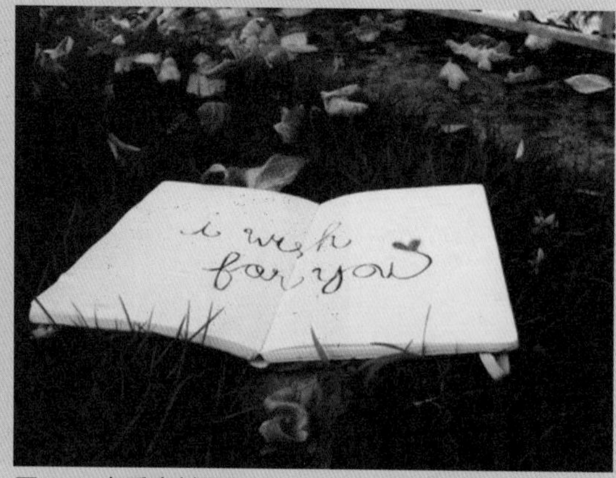
图9-66 查看素材画面

STEP 03 选择A1轨道上的素材文件，在“效果”面板中展开“音频效果”选项，双击“平衡”选项，如图9-67所示，即可为选择的素材添加“平衡”音频效果。

STEP 04 ❶在“效果控件”面板中展开“平衡”选项，❷选中“旁路”复选框；❸设置“平衡”为50.0，如图9-68所示，单击“播放-停止切换”按钮，试听平衡效果。

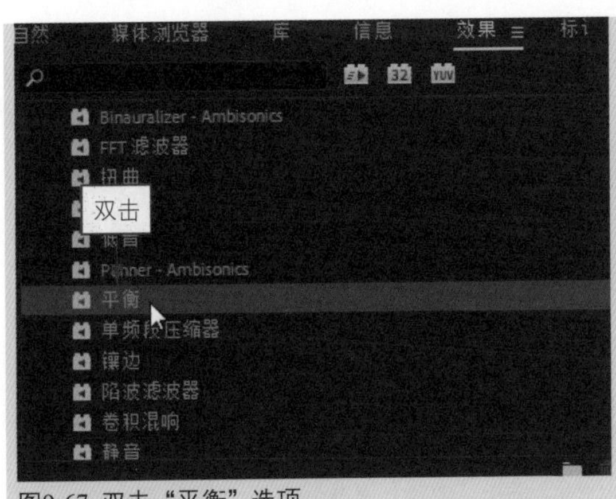

图9-67 双击“平衡”选项

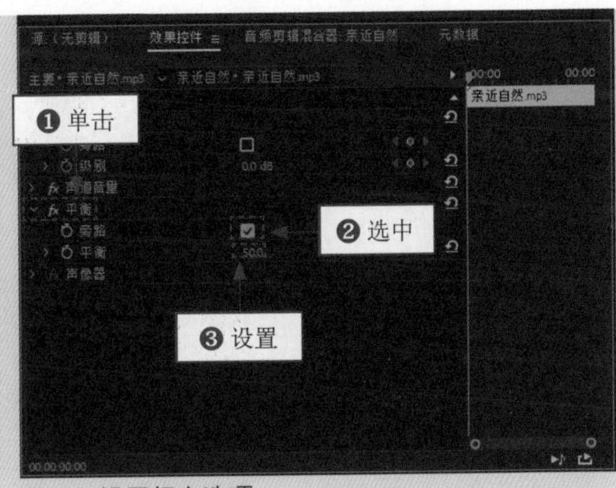

图9-68 设置相应选项

9.4.4 制作延迟特效

在Premiere Pro CC 2018中，“延迟”音频效果是室内声音特效中常用的一种效果，下面介绍制作延迟特效的操作方法。

应用案例

制作延迟特效

素材：素材\第9章\心之束缚.prproj　　效果：效果\第9章\心之束缚.prproj

视频：视频\第9章\9.4.4 制作延迟特效.mp4

STEP 01 按快捷键【Ctrl+O】，打开一个项目文件，如图9-69所示。

STEP 02 在“节目监视器”面板中可以查看素材画面，如图9-70所示。

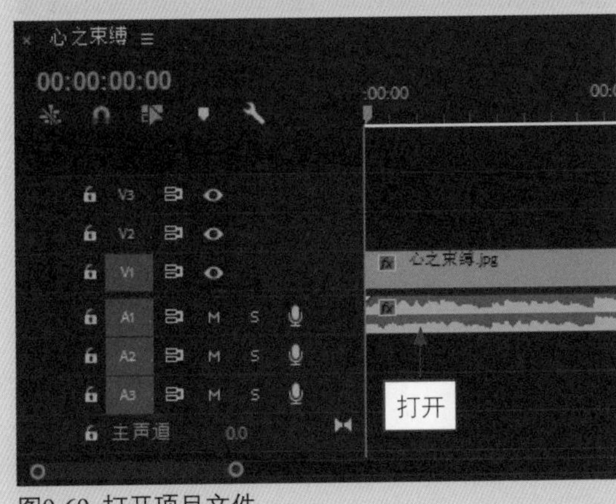

图9-69 打开项目文件

图9-70 查看素材画面

STEP 03 选择A1轨道上的素材文件，在“效果”面板中展开“音频效果”选项，双击“延迟”选项，如图9-71所示，即可为选择的素材添加“延迟”音频效果。

STEP 04 拖动时间线至开始位置，❶在“效果控件”面板中展开“延迟”选项，❷单击“旁路”复选框左侧的“切换动画”按钮，❸并选中“旁路”复选框，如图9-72所示。

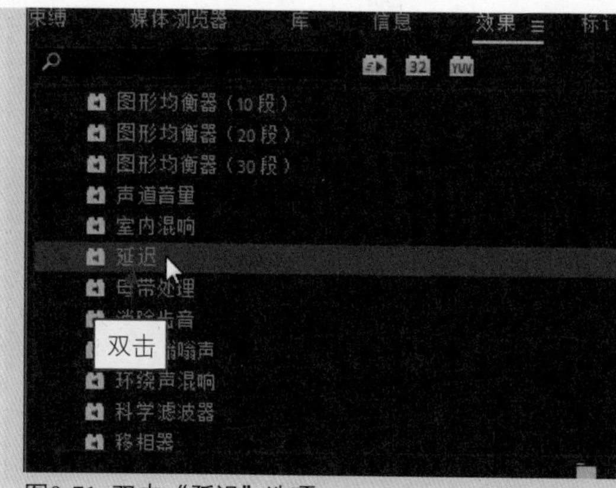

图9-71 双击“延迟”选项

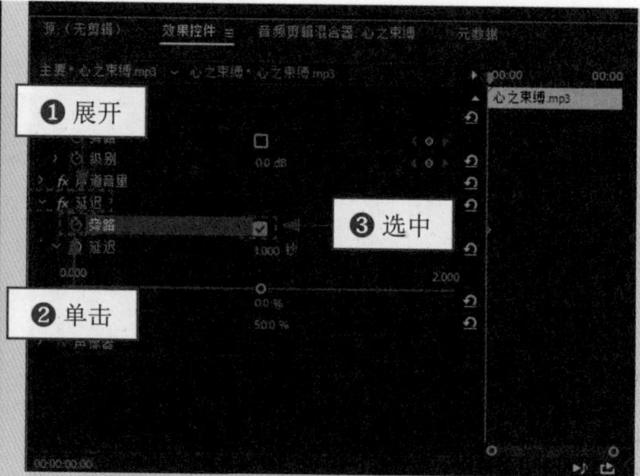

图9-72 选中“旁路”复选框

STEP 05 ❶拖动时间线至00:00:01:00的位置，❷取消选中“旁路”复选框，如图9-73所示。

STEP 06 ❶拖动时间线至00:00:04:00的位置，❷再次选中“旁路”复选框，如图9-74所示。单击“播放-停止切换”按钮，试听延迟特效。

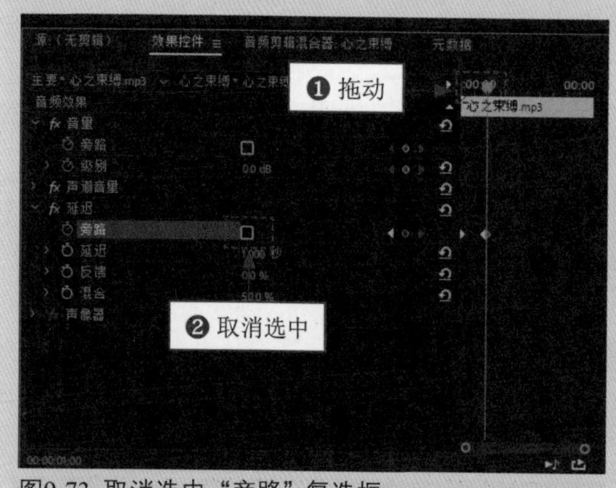

图9-73 取消选中“旁路”复选框

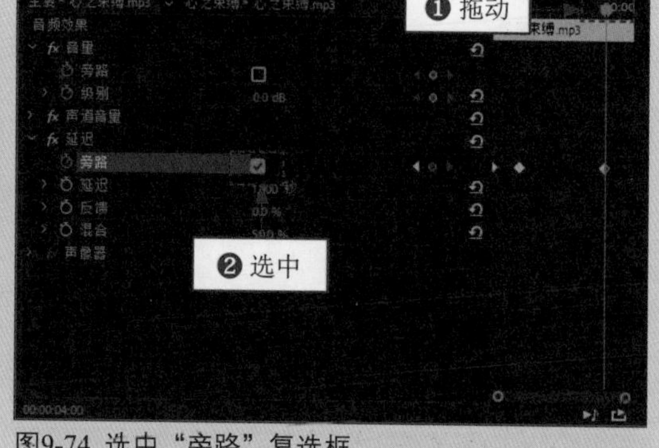

图9-74 选中“旁路”复选框

专家指点

声音是以一定的速度进行传播的，当遇到障碍物后就会反射回来，与原声之间形成差异。在前期录音或后期制作中，用户可以利用延时器来模拟不同的延时时间的反射声，从而造成一种空间感。运用“延迟”特效可以为音频素材添加回声效果，回声的长度可根据需要进行设置。

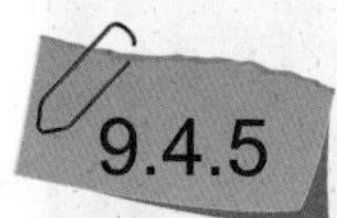

9.4.5 制作混响特效

在Premiere Pro CC 2018中，“室内混响”特效可以模拟房间内部的声波传播方式，是一种室内回声效果，能够体现出真实的宽阔的回声效果。

应用案例

制作混响特效

素材：素材\第9章\可爱小孩.prproj　　效果：效果\第9章\可爱小孩.prproj

视频：视频\第9章\9.4.5 制作混响特效.mp4

STEP 01 按快捷键【Ctrl+O】，打开一个项目文件，如图9-75所示。

STEP 02 在“节目监视器”面板中可以查看素材画面，如图9-76所示。

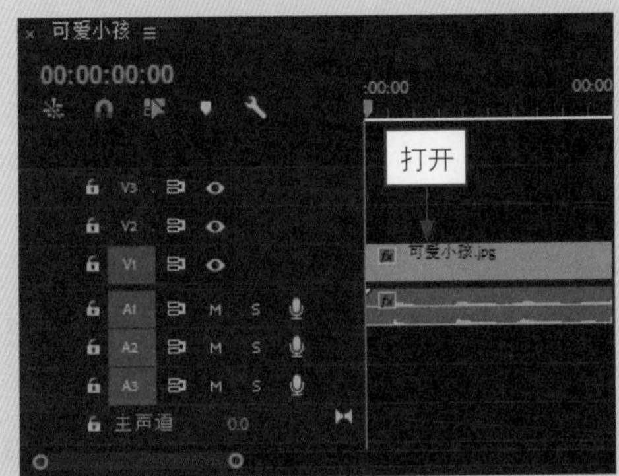

图9-75 打开项目文件

图9-76 查看素材画面

STEP 03 选择A1轨道上的素材文件，在“效果”面板中展开“音频效果”选项，双击“室内混响”选项，如图9-77所示，即可为选择的素材添加“室内混响”音频效果。

STEP 04 ❶拖动时间线至00:00:01:00的位置，❷在“效果控件”面板中展开“室内混响”选项，❸单击“旁路”复选框左侧的“切换动画”按钮，❹并选中“旁路”复选框，如图9-78所示。

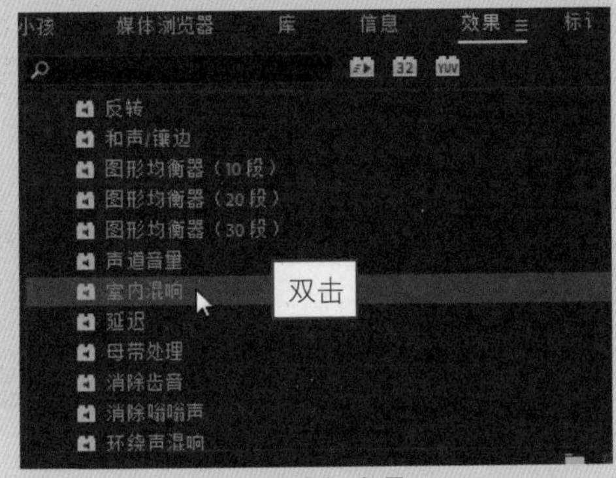

图9-77 双击“室内混响”选项

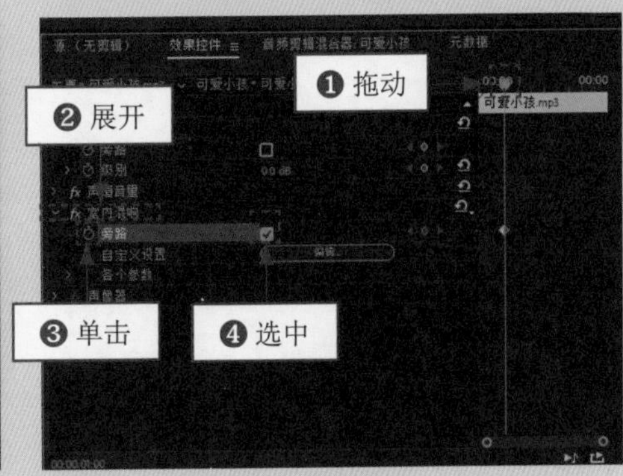

图9-78 选中“旁路”复选框

STEP 05 ❶拖动时间线至00:00:04:00的位置，❷取消选中“旁路”复选框，如图9-79所示。最后单击“播放-停止切换”按钮，试听混响特效。

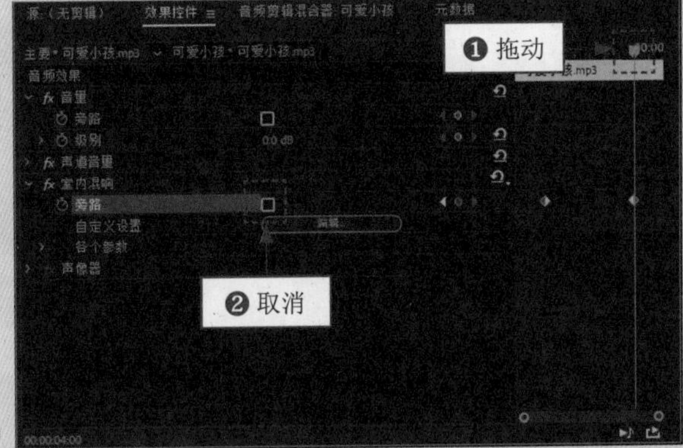

图9-79 取消选中“旁路”复选框

9.5 其他音频效果的制作

在了解了一些常用的音频效果后，接下来将介绍如何制作一些并不常用的音频效果，如“和声/镶边”特效、“自动咔哒声移除”特效、低通特效及高音特效等。

9.5.1 制作合成特效

对于仅包含单一乐器或语音的音频来说，运用“和声/镶边”特效可以获得较好的合成效果。

应用案例

制作合成特效

素材：素材\第9章\乐享所致.prproj　　效果：效果\第9章\乐享所致.prproj

视频：视频\第9章\9.5.1 制作合成特效.mp4

STEP 01 按快捷键【Ctrl+O】，打开一个项目文件，如图9-80所示。

STEP 02 在“效果”面板中，选择“和声/镶边”选项，如图9-81所示。

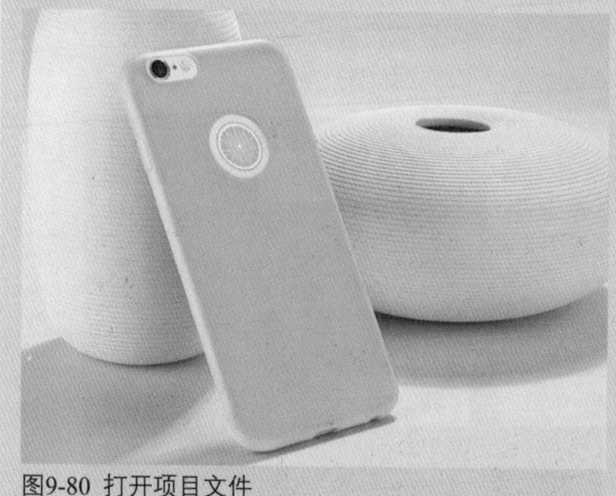

图9-80 打开项目文件

图9-81 选择“和声/镶边”选项

STEP 03 将“和声/镶边”效果拖动至A1轨道的音频素材上，即可添加合成特效，如图9-82所示。

STEP 04 ❶在“效果控件”面板中展开“和声/镶边”选项，❷单击“自定义设置”选项右侧的“编辑”按钮，如图9-83所示。

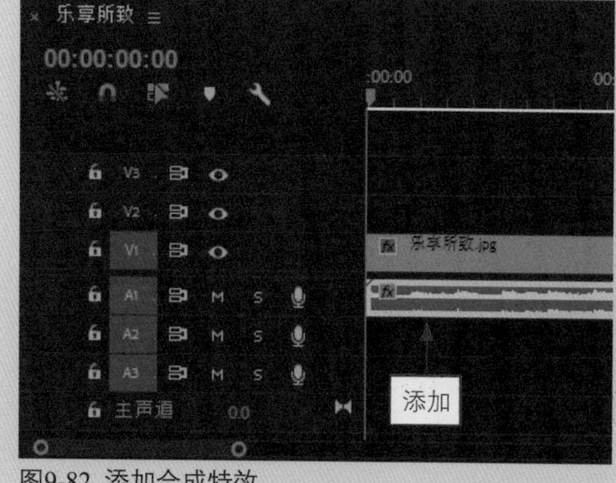

图9-82 添加合成特效

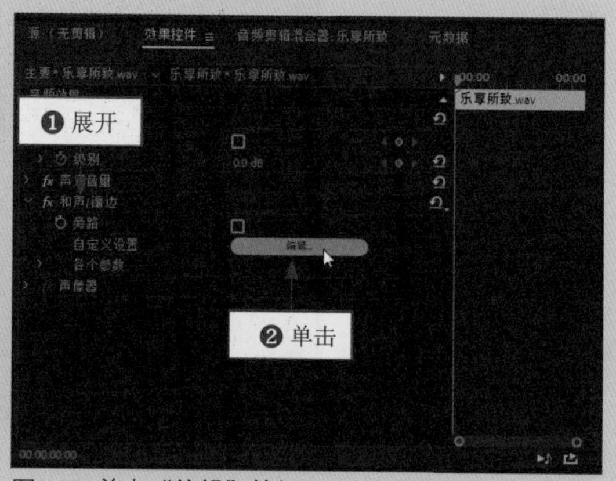

图9-83 单击“编辑”按钮

STEP 05 弹出剪辑效果编辑器 - 和声/镶边: 音频 1，乐享所致.wav，效果 3对话框，设置“速度”为7.60Hz、“宽度”为22%、强度为40%、“瞬态”为15%，如图9-84所示，关闭对话框，单击“播放-停止切换”按钮，试听效果。

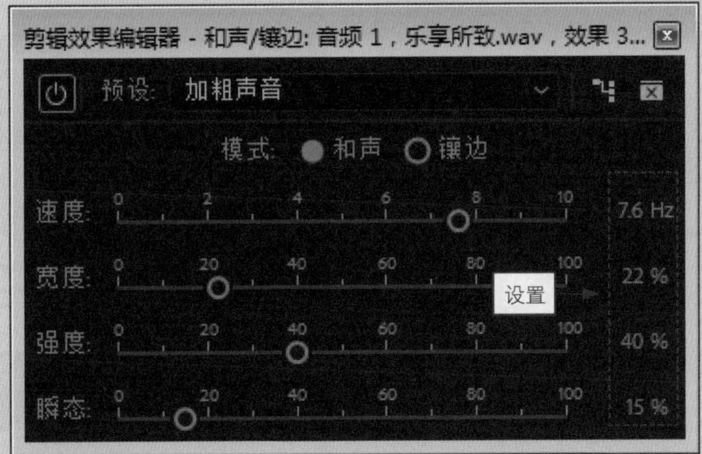

图9-84 设置相应参数

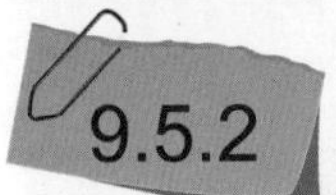

9.5.2 制作反转特效

在Premiere Pro CC 2018中，“反转”特效可以模拟房间内部的声音情况，具有宽阔、真实的效果。

应用案例

制作反转特效

素材：素材\第9章\广告项目.prproj　　效果：效果\第9章\广告项目.prproj

视频：视频\第9章\9.5.2 制作反转特效.mp4

STEP 01 按快捷键【Ctrl+O】，打开一个项目文件，如图9-85所示。

STEP 02 在“项目”面板中选择图像素材文件，并将其添加到“时间轴”面板中的V1轨道上，如图9-86所示。

图9-85 打开项目文件

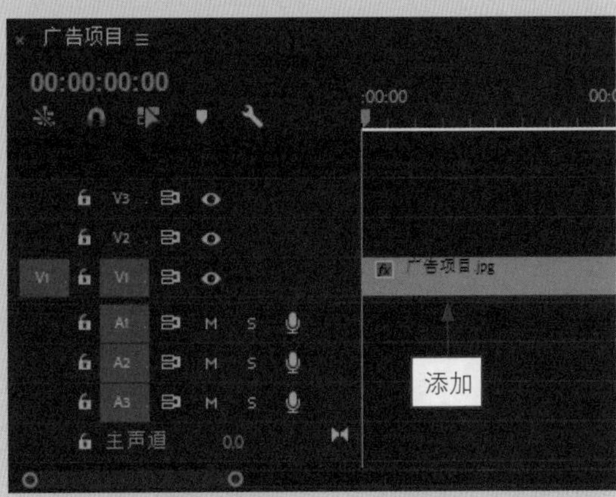

图9-86 添加图像素材文件

STEP 03 选择V1轨道上的素材文件，在“节目监视器”面板中可以查看素材画面，如图9-87所示。

图9-87 查看素材画面

STEP 04 将音频素材添加到“时间轴”面板中的A1轨道上，如图9-88所示。

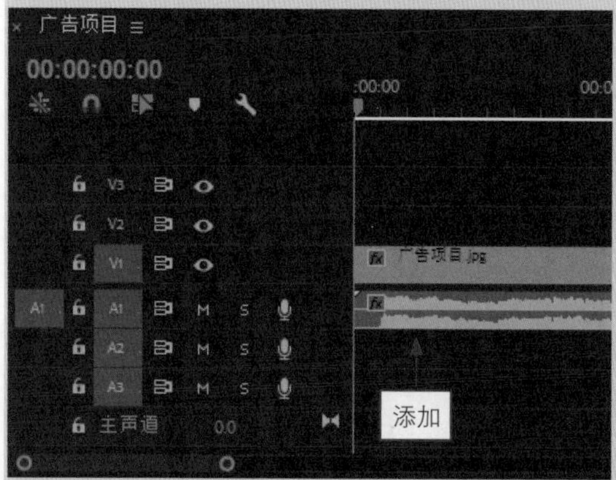

图9-88 添加音频素材文件

STEP 05 拖动时间线至00:00:05:00的位置，使用“剃刀工具”分割A1轨道上的素材文件，如图9-89所示。

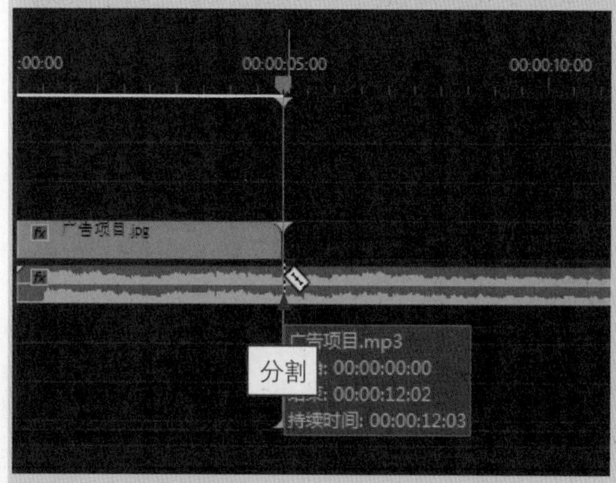

图9-89 分割素材文件

STEP 06 在“工具箱”中选取“选择工具”，选择A1轨道上的第2段音频素材文件，按【Delete】键删除素材文件，选择A1轨道上的第1段音频素材文件，如图9-90所示。

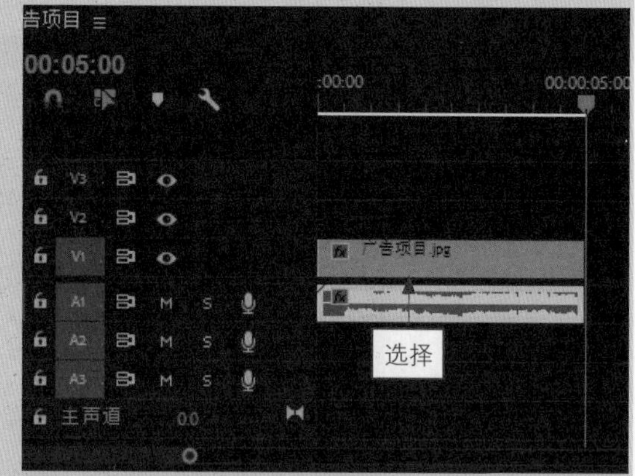

图9-90 选择第1段音频素材文件

STEP 07 在“效果”面板中展开“音频效果”选项，双击“反转”选项，如图9-91所示，即可为选择的素材添加“反转”音频效果。

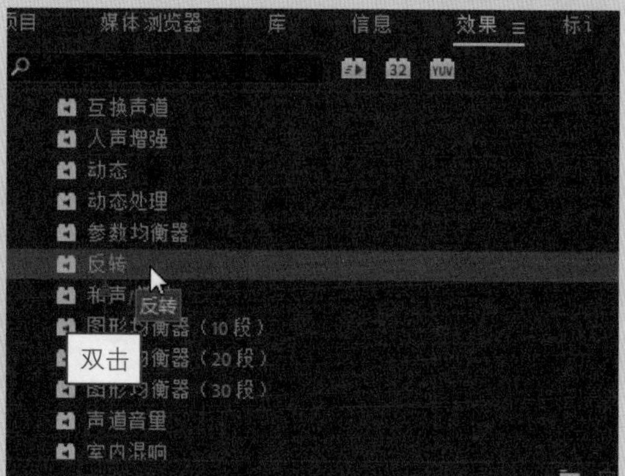

图9-91 双击“反转”选项

STEP 08 在“效果控件”面板中，❶展开“反转”选项，❷选中“旁路”复选框，如图9-92所示。最后单击“播放-停止切换”按钮，试听反转特效。

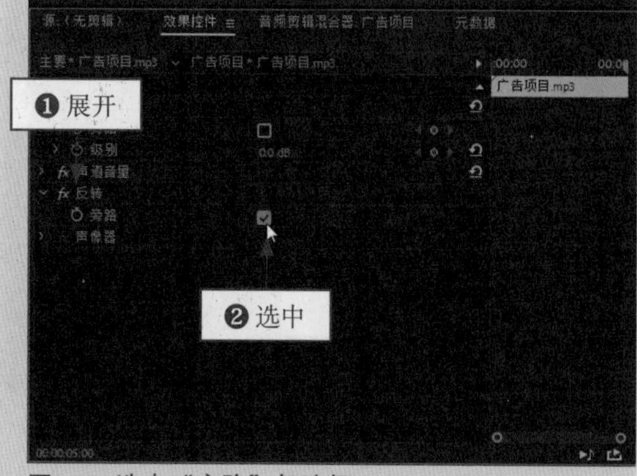

图9-92 选中“旁路”复选框

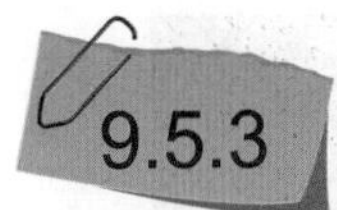

9.5.3 制作低通特效

在Premiere Pro CC 2018中，“低通”特效主要是用于去除音频素材中的高频部分。

应用案例

制作低通特效

素材：素材\第9章\快乐一夏.prproj　　效果：效果\第9章\快乐一夏.prproj

视频：视频\第9章\9.5.3 制作低通特效.mp4

STEP 01 按快捷键【Ctrl+O】，打开一个项目文件，如图9-93所示。

STEP 02 在“项目”面板中选择图像素材文件，并将其添加到“时间轴”面板中的V1轨道上，如图9-94所示。

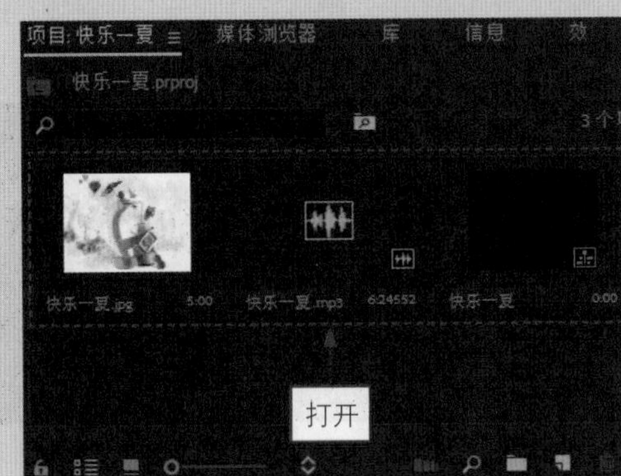

图9-93 打开项目文件

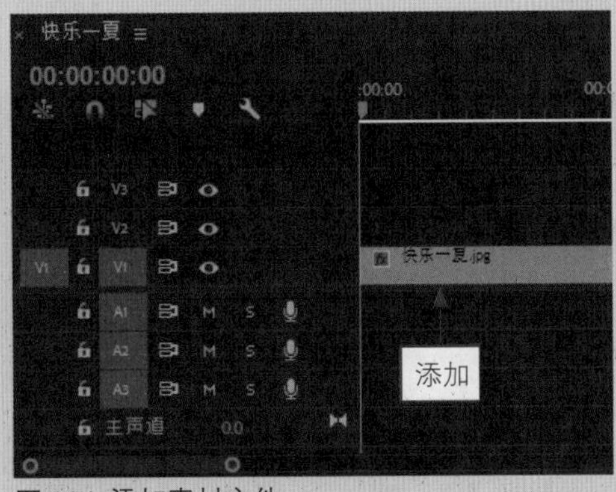

图9-94 添加素材文件

STEP 03 选择V1轨道上的素材文件，在“节目监视器”面板中可以查看素材画面，如图9-95所示。

STEP 04 将音频素材文件添加到“时间轴”面板中的A1轨道上，如图9-96所示。

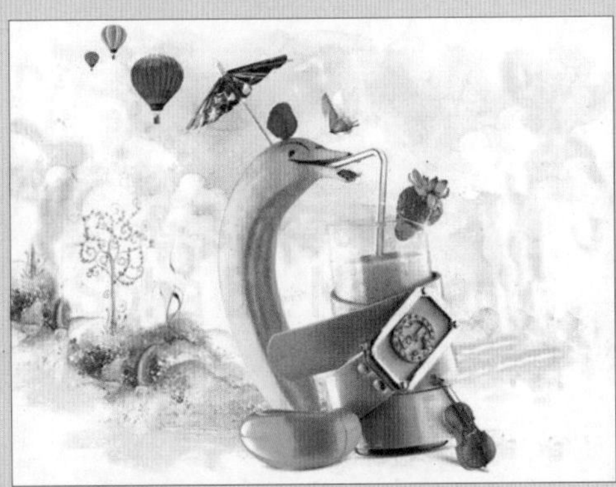
图9-95 查看素材画面

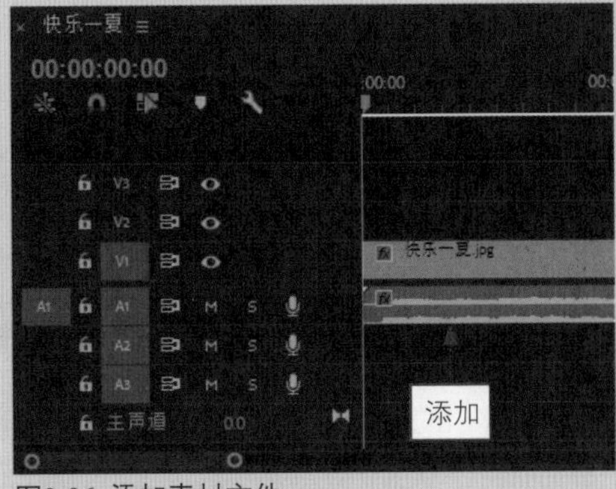

图9-96 添加素材文件

STEP 05 拖动时间线至00:00:05:00的位置，使用“剃刀工具”分割A1轨道上的素材文件，运用“选择工具”选择A1轨道上的第2段音频素材文件并将其删除，如图9-97所示。

STEP 06 选择A1轨道上的素材文件，在“效果”面板中展开“音频效果”选项，双击“低通”选项，如图9-98所示，即可为选择的素材添加“低通”音频效果。

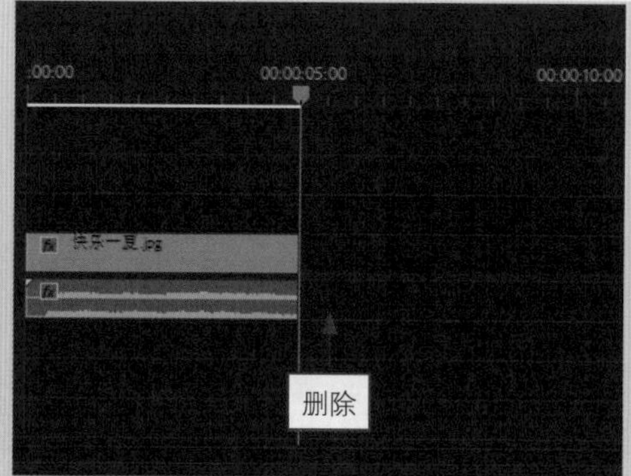

图9-97 删除素材文件

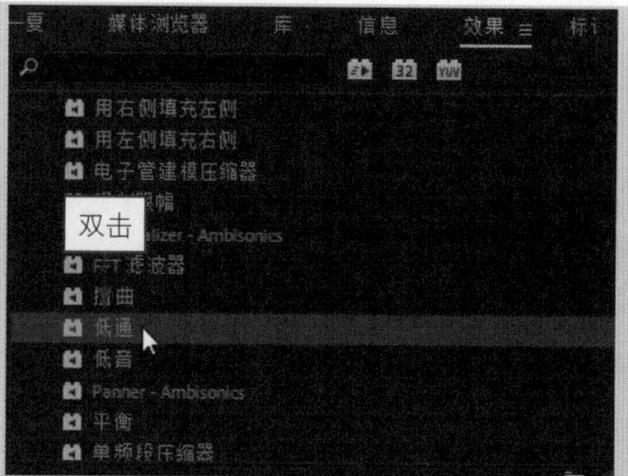

图9-98 双击“低通”选项

STEP 07 拖动时间线至开始位置，❶在“效果控件”面板中展开“低通”选项，❷单击“屏蔽度”选项左侧的“切换动画”按钮，❸添加一个关键帧，如图9-99所示。

STEP 08 ❶将时间线拖动至00:00:03:00的位置，❷设置“屏蔽度”为300.0Hz，❸再次添加一个关键帧，如图9-100所示。最后单击“播放-停止切换”按钮，试听低通特效。

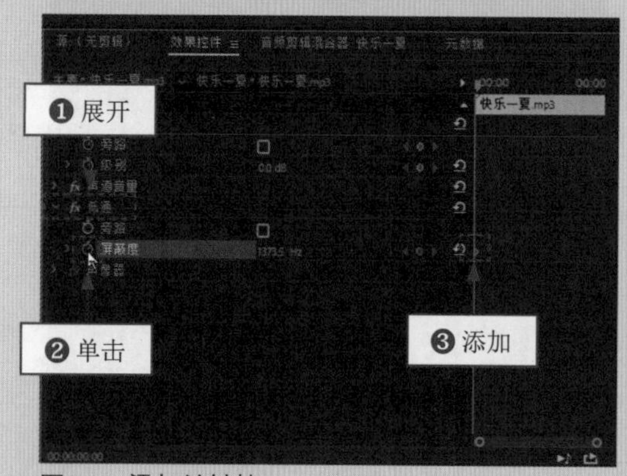

图9-99 添加关键帧1

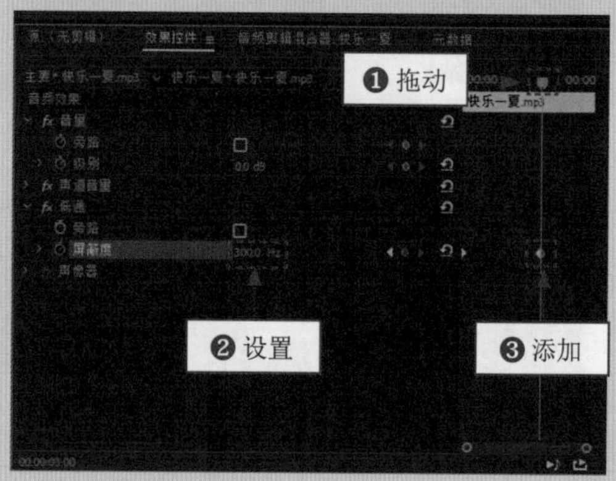

图9-100 添加关键帧2

9.5.4 制作高通特效

在Premiere Pro CC 2018中，“高通”特效主要用于去除音频素材中的低频部分。

制作高通特效

素材：素材\第9章\创意广告.prproj　　效果：效果\第9章\创意广告.prproj

视频：视频\第9章\9.5.4 制作高通特效.mp4

STEP 01 按快捷键【Ctrl+O】，打开一个项目文件，如图9-101所示。

STEP 02 在“效果”面板中，选择“高通”选项，如图9-102所示。

STEP 03 按住鼠标左键，将其拖至A1轨道的音频素材上，释放鼠标左键，即可添加“高通”特效，如图9-103所示。

STEP 04 ❶在“效果控件”面板中展开“高通”选项，❷设置“屏蔽度”为3500.0Hz，如图9-104所示，执行操作后，即可添加“高通”特效。

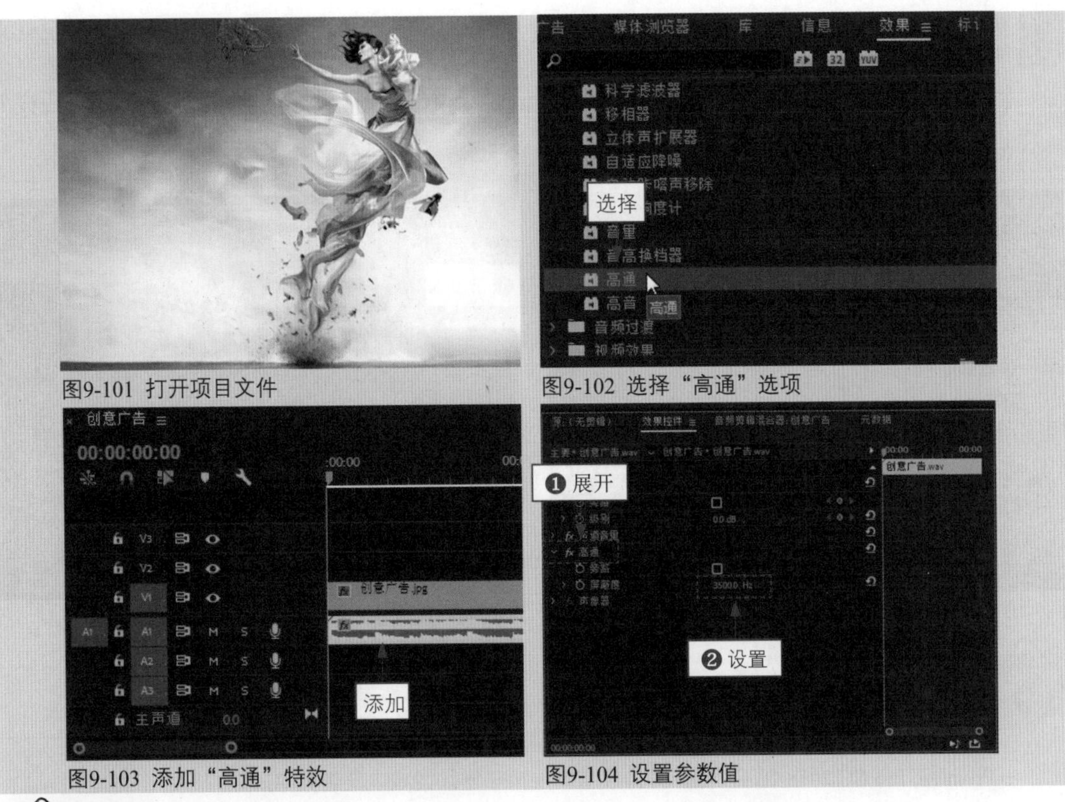

图9-101 打开项目文件　图9-102 选择“高通”选项
图9-103 添加“高通”特效　图9-104 设置参数值

9.5.5 制作高音特效

在Premiere Pro CC 2018中，“高音”特效用于对素材音频中的高音部分进行处理，可以增加也可以衰减重音部分，同时又不影响素材的其他音频部分。

应用案例

制作高音特效

素材：素材\第9章\雪糕广告.prproj　　效果：效果\第9章\雪糕广告.prproj

视频：视频\第9章\9.5.5 制作高音特效.mp4

STEP 01 按快捷键【Ctrl+O】，打开一个项目文件，如图9-105所示。

STEP 02 在“效果”面板中，选择“高音”选项，如图9-106所示。

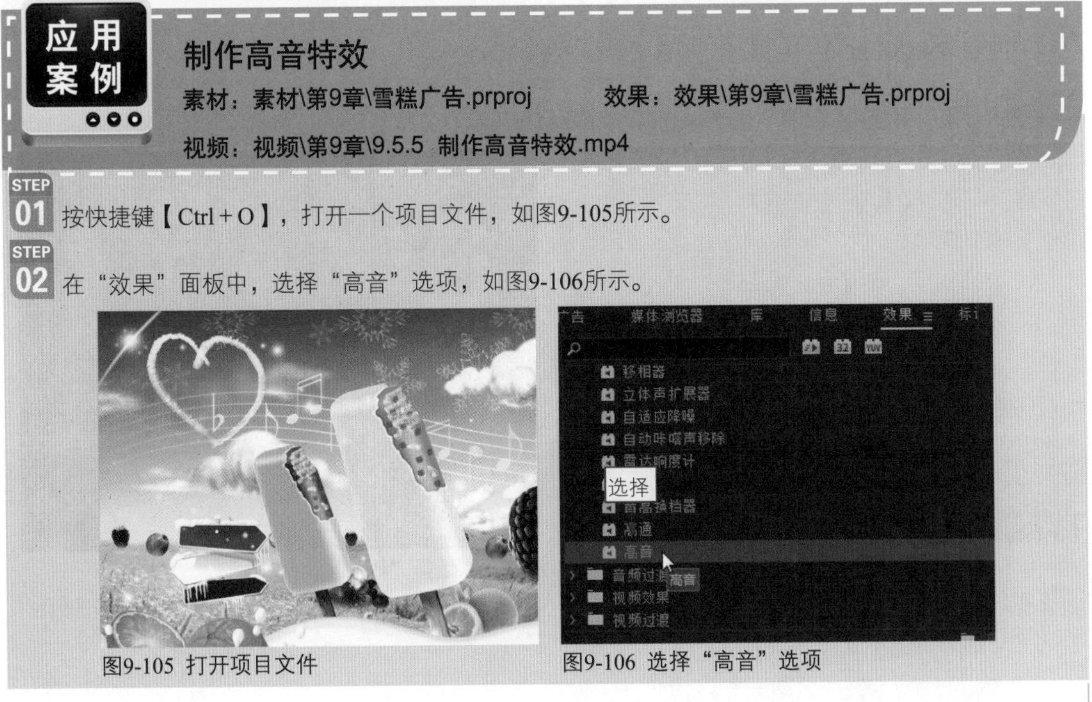

图9-105 打开项目文件　图9-106 选择“高音”选项

STEP 03 按住鼠标左键，将其拖至A1轨道的音频素材上，释放鼠标左键，即可添加“高音”特效，如图9-107所示。

STEP 04 ❶在“效果控件”面板中展开“高音”选项，❷设置“提升”为20.0dB，如图9-108所示，执行操作后，即可制作高音特效。

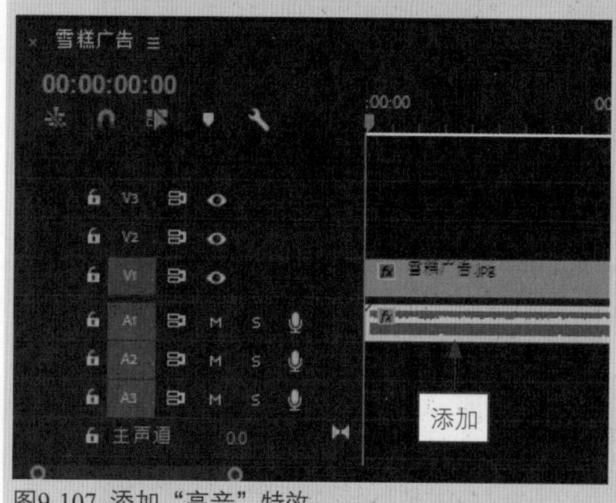

图9-107 添加“高音”特效

❶展开
❷设置

图9-108 设置参数值

9.5.6 制作低音特效

在Premiere Pro CC 2018中，“低音”特效主要是用于增加或减少低音频率。

应用案例

制作低音特效

素材：素材\第9章\田园风光.prproj　　效果：效果\第9章\田园风光.prproj

视频：视频\第9章\9.5.6 制作低音特效.mp4

STEP 01 按快捷键【Ctrl+O】，打开一个项目文件，如图9-109所示。

STEP 02 在“效果”面板中，选择“低音”选项，如图9-110所示。

图9-109 打开项目文件

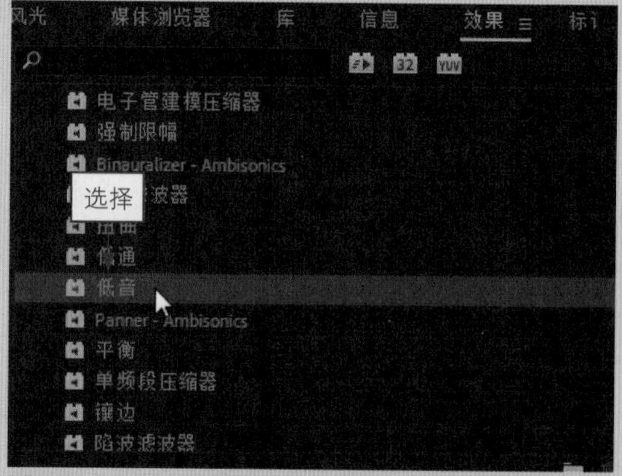

图9-110 选择“低音”选项

STEP 03 按住鼠标左键，将其拖至A1轨道的音频素材上，释放鼠标左键，即可添加“低音”特效，如图9-111所示。

STEP 04 ❶在“效果控件”面板中展开“低音”选项，❷设置“提升”为-9.0dB，如图9-112所示。执行操作后，即可制作低音特效。

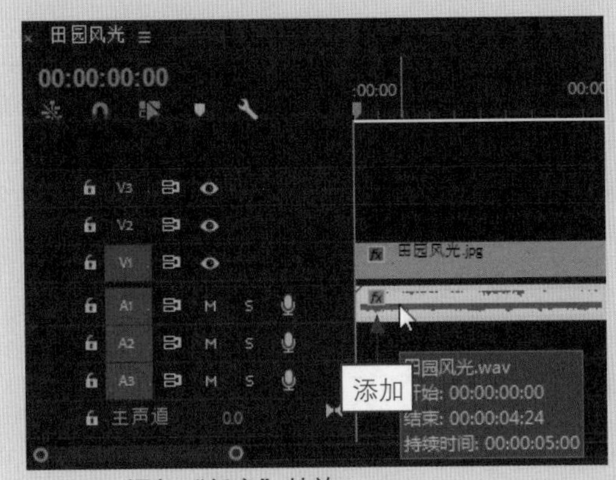

图9-111 添加“低音”特效

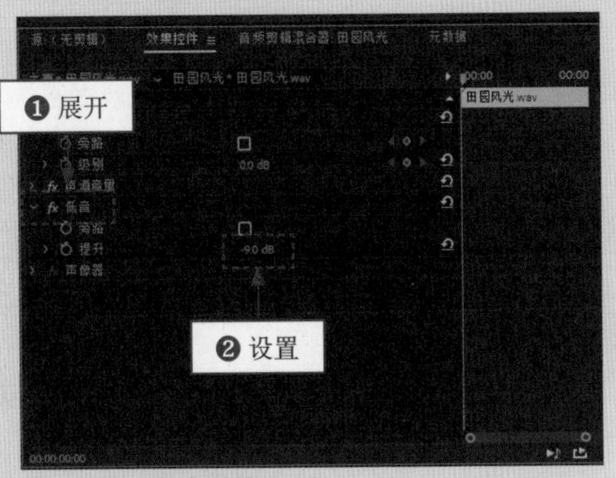

图9-112 设置参数值

9.6 专家支招

在Premiere Pro CC 2018中，“音频效果”面板中的效果都做了新的改进，在“音频效果”面板中，有一个“过时的音频效果”文件夹，展开该文件夹，在“过时的音频效果”文件夹中的效果都是之前版本中的常用效果，在Premiere Pro CC 2018中已经有新的效果替换，但为了方便老用户使用，也将其保留了下来，如图9-113所示。

当用户使用这些旧版的特效时，会弹出“音频效果替换”对话框，提醒用户目前添加的是旧版效果，是否要添加为新版效果，并显示新旧效果的名称，如图9-114所示，旧版效果为“Dynamics（过时）”，新效果为“动态”，用户单击“是”按钮即可添加并替换为新的音频效果。

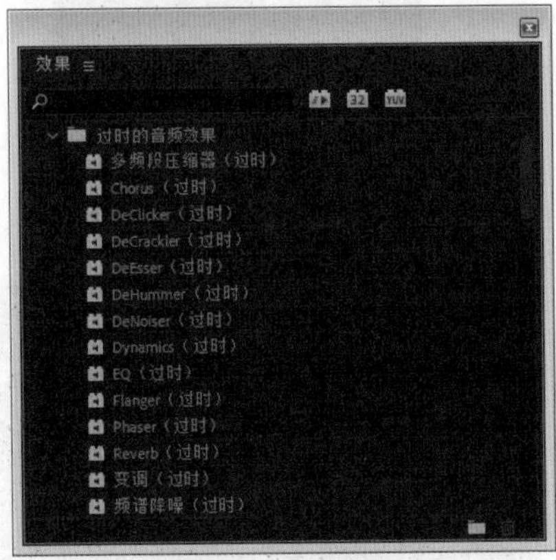

图9-113 之前版本中的常用特效

图9-114 “音频效果替换”对话框

9.7 总结拓展

一部好的影片，必然要有与之相匹配的背景音乐，因此，在制作影片的过程中，音乐的编辑处理是必不可少的一个重要环节。背景音乐可以增加影片的完整性，渲染观看氛围，给观众带来听觉上的享受，因此，如何处理与制作音频特效也是一门必学的课程。在Premiere Pro CC 2018中，用户可以在“音频效果”面板中选择需要的效果，将其添加至音频文件中，制作出恰到好处的音频文件。

9.7.1 本章小结

为影片文件添加一段与之相匹配的背景音乐，可以起到渲染影片氛围、引起观众情感共鸣的作用。本章主要讲解了音频的编辑处理与音频特效的制作技巧，包括了解音轨混合器、音轨混合器的基本功能、处理参数均衡器、处理高低音转换、视频与音频的分离、为分割的音频添加特效、音频混合器的设置、制作音量特效、制作延迟特效、制作合成特效、制作高音特效等，相信通过本章的学习，读者已经熟练掌握了处理与制作音频特效的方法，能够更快地制作与影片文件匹配的背景音乐。

9.7.2 举一反三——制作自动咔嗒声移除特效

在Premiere Pro CC 2018中，"自动咔嗒声移除"特效可以消除音频中无声部分的背景噪声，下面介绍具体的操作步骤。

应用案例

举一反三——制作自动咔嗒声移除特效

素材：素材\第9章\计算机广告.prproj　　效果：效果\第9章\计算机广告.prproj

视频：视频\第9章\9.7.2 制作自动咔嗒声移除特效.mp4

STEP 01 按快捷键【Ctrl+O】，打开一个项目文件，如图9-115所示。

图9-115 打开项目文件

STEP 02 在"效果"面板中，选择"自动咔嗒声移除"选项，如图9-116所示。

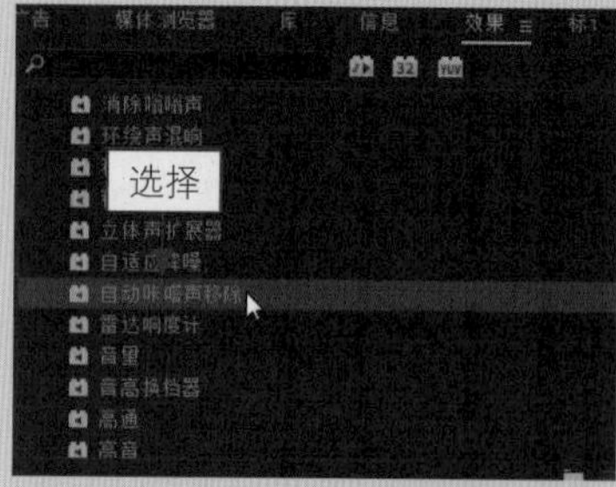

图9-116 选择"自动咔嗒声移除"选项

STEP 03 按住鼠标左键，将其拖至A1轨道的音频素材上，释放鼠标左键，即可添加音频特效，如图9-117所示。

STEP 04 在"效果控件"面板中，单击"自定义设置"选项右侧的"编辑"按钮，如图9-118所示。

STEP 05 弹出剪辑效果编辑器 - 自动咔嗒声移除: 音频 1，电脑广告.wav，效果 3，00:00:00:00对话框，设置"阈值"为45.00、"复杂性"为28.00，如图9-119所示，执行操作后，即可制作自动咔嗒声移除特效。

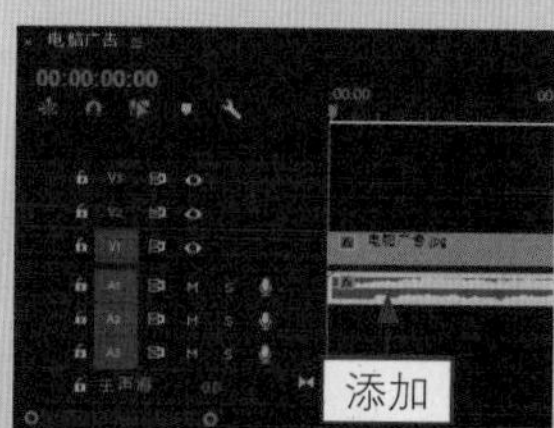

图9-117 添加音频特效

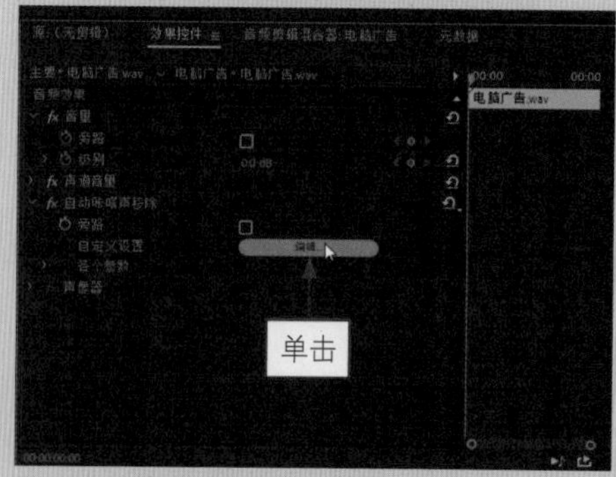

图9-118 单击"编辑"按钮

图9-119 设置参数值

第10章　拼接瞬间：影视覆叠特效的制作

在Premiere Pro CC 2018中，所谓覆叠特效，是Premiere Pro CC 2018提供的一种视频编辑方法，即在将视频素材添加到视频轨中之后，对视频素材的大小、位置及不透明度等属性进行调节，从而产生的视频画面叠加效果。本章主要介绍影视覆叠特效的制作方法与技巧。

本章学习重点

- Alpha 通道与遮罩
- 常用叠加效果的应用
- 其他叠加方式

10.1 Alpha通道与遮罩

Alpha通道是图像的灰度图层，利用Alpha通道可以将视频轨道中的图像、文字等素材与其他视频轨道中的素材进行组合。本节主要介绍Premiere Pro CC 2018中的Alpha通道与遮罩特效。

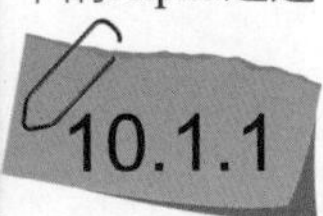

10.1.1 Alpha通道的定义

通道就如同摄影胶片一样，主要作用是记录图像内容和颜色信息，然而随着图像颜色模式的改变，通道的数量也会随之改变。

在Premiere Pro CC 2018中，颜色模式主要以RGB模式为主，Alpha通道可以把所需要的图像分离出来，让画面达到最佳的透明效果。为了让读者更好地理解通道，接下来将通过同样由Adobe公司开发的Photoshop来进行介绍。

在启动Photoshop后，打开一幅颜色模式为RGB的图像。接下来，选择“窗口”|“通道”命令，展开RGB颜色模式下的“通道”面板，此时“通道”面板中除了RGB混合通道，还有“红”“绿”“蓝”3个专色通道，如图10-1所示。

当用户打开一幅颜色模式为CMYK的素材图像时，“通道”面板中的专色通道将变为青色、洋红、黄色及黑色，如图10-2所示。

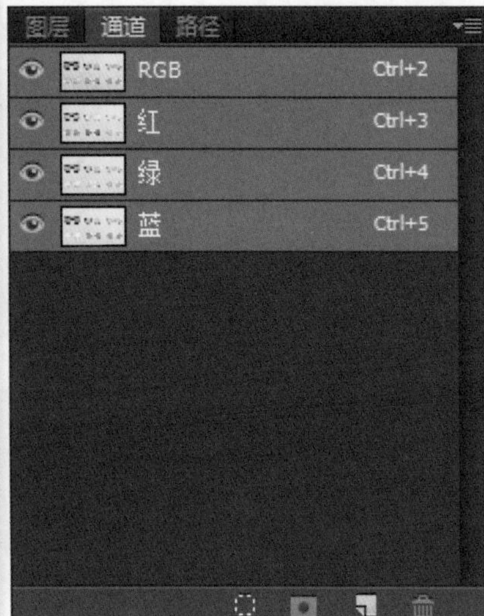

图10-1 RGB素材图像的通道

图10-2 CMYK素材图像的通道

通过Alpha通道进行视频叠加

在Premiere Pro CC 2018中，一般情况下，利用通道进行视频叠加的方法很简单，用户可以根据需要运用Alpha通道进行视频叠加。Alpha通道信息都是静止的图像信息，因此需要运用Photoshop这类图像编辑软件来生成带有通道信息的图像文件。

在创建完带有通道信息的图像文件后，接下来只需要将带有Alpha通道信息的文件拖入Premiere Pro CC 2018的“时间轴”面板中的视频轨道上即可，视频轨道中编号较低的内容将自动透过Alpha通道显示出来。

应用案例

通过Alpha通道进行视频叠加

素材：素材\第10章\清新淡雅.prproj　　效果：效果\第10章\清新淡雅.prproj

视频：视频\第10章\10.1.2 通过Alpha通道进行视频叠加.mp4

STEP 01 按快捷键【Ctrl+O】，打开一个项目文件，如图10-3所示。

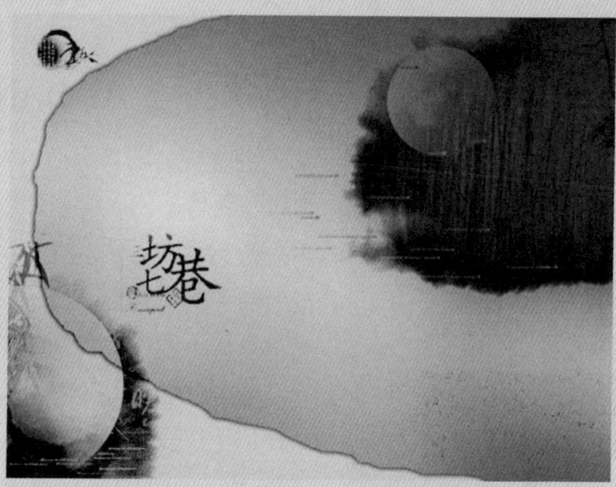

图10-3 打开项目文件

STEP 02 在“项目”面板中将素材分别添加至V1和V2轨道上，拖动控制条调整视图，选择V2轨道上的素材，❶在“效果控件”面板中展开“运动”选项，❷设置“缩放”为510.0，如图10-4所示。

STEP 03 ❶在“效果”面板中展开“视频效果”|“键控”选项，❷选择“Alpha调整”视频效果，如图10-5所示，按住鼠标左键，将其拖至V2轨道的素材上，即可添加Alpha调整视频效果。

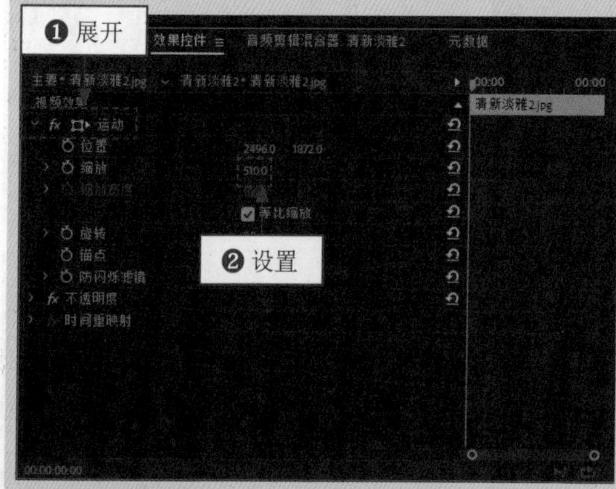

图10-4 设置缩放值

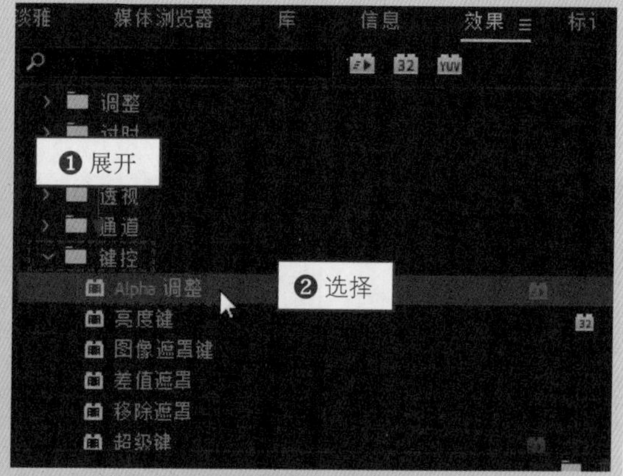

图10-5 选择“Alpha调整”视频效果

STEP 04 将时间线移至素材的开始位置，在“效果控件”面板中展开“Alpha调整”选项，单击“不透明度”“反转Alpha”“仅蒙版”3个选项左侧的“切换动画”按钮，如图10-6所示。

STEP 05 ❶然后将时间线拖至00:00:02:00的位置，❷设置“不透明度”为20.0%，❸添加关键帧，如图10-7所示。

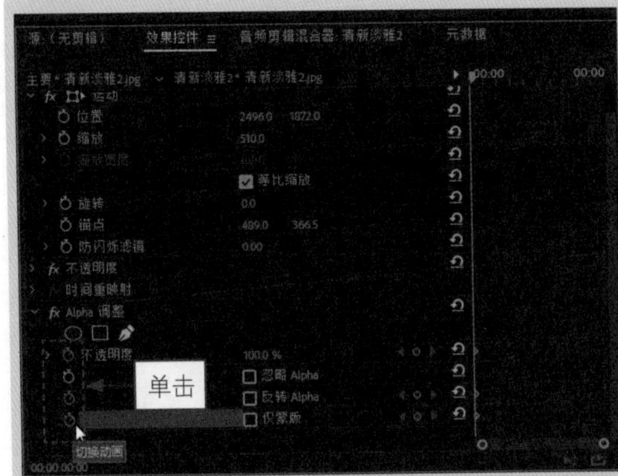

图10-6 单击“切换动画”按钮

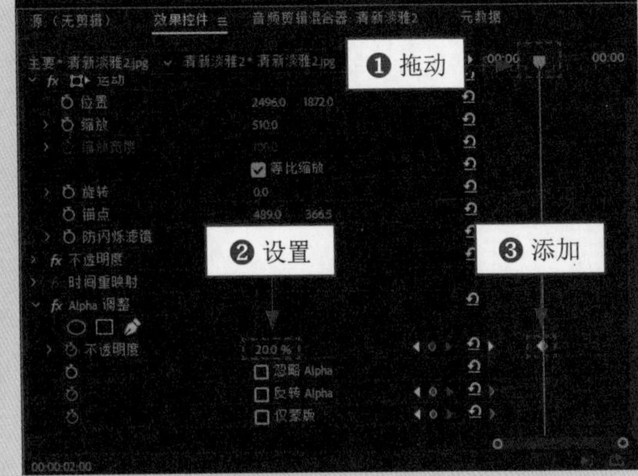

图10-7 添加关键帧

STEP 06 设置完成后，将时间线移至素材的开始位置，在“节目监视器”面板中单击“播放-停止切换”按钮，即可预览视频叠加后的效果，如图10-8所示。

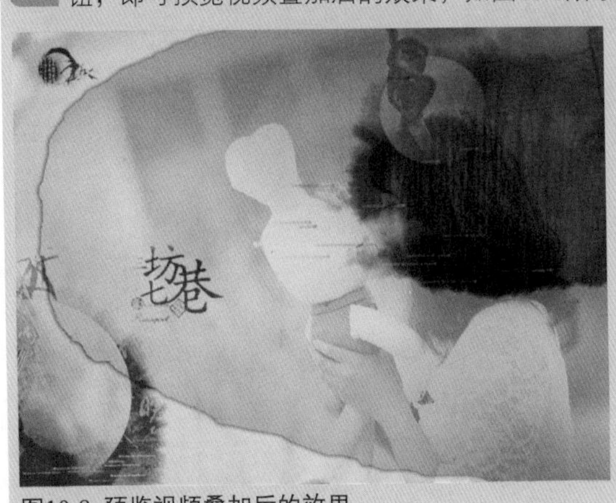

图10-8 预览视频叠加后的效果

10.1.3 了解遮罩的概念

遮罩是一种能够根据自身灰阶的不同，有选择地隐藏素材画面中的内容。在Premiere Pro CC 2018中，遮罩的主要作用是隐藏顶层素材画面中的部分内容，并显示下一层画面中的内容。

1. 亮度键

“亮度键”特效用于将叠加图像的灰度值设置为透明。“亮度键”用来去除素材画面中较暗的部分图像，所以该特效常用于画面明暗差异特别明显的素材中。

2. 非红色键

“非红色键”特效的主要作用是把背景颜色变为透明色，不仅可以去除蓝色背景，还可以去除绿色背景。

3. 图像遮罩键

“图像遮罩键”特效可以用一幅静态的图像作为蒙版。在Premiere Pro CC 2018中，“图像遮罩键”特效是将素材作为遮罩的范围，或者为图像导入一张带有Alpha通道的图像素材来指定遮罩的范围。

4. 差值遮罩

“差值遮罩”特效的主要作用是将两个图像的相同区域进行叠加。“差值遮罩”特效是指对比两个相似的图像剪辑，并去除图像剪辑在画面中的相似部分，最终只留下有差值的图像内容。

5. 移除遮罩

“移除遮罩”特效在Alpha通道效果中的作用并不大，其主要作用是移除颜色的边纹，移除素材画面中的白色或黑色边纹。

6. 轨道遮罩键

“轨道遮罩键”特效是把当前素材上方轨道的图像或者影片作为透明用的蒙版，可以使用任何素材片断或者静止的图像作为轨道蒙版，可以通过像素的亮度值来定义轨道遮罩的透明度。

7. 颜色键

“颜色键”特效用于对需要透明的颜色设置透明效果。“颜色键”特效主要用于大量相似色的素材画面中，其作用是隐藏素材画面中指定的色彩范围。

10.2 常用叠加效果的应用

在Premiere Pro CC 2018中，可以通过对素材不透明度的设置，制作出各种混合叠加的效果。“不透明度”叠加是将一个素材的部分显示在另一个素材画面上，利用半透明的画面来呈现下一张画面。本节主要介绍常用叠加效果的使用方法。

10.2.1 应用“不透明度”效果

在Premiere Pro CC 2018中，用户可以直接在“效果控件”面板中降低或提高素材的不透明度，这样可以让两个轨道的素材同时显示在画面中。

应用案例

应用“不透明度”效果

素材：素材\第10章\唐韵古风.prproj　　效果：效果\第10章\唐韵古风.prproj

视频：视频\第10章\10.2.1 应用“不透明度”效果.mp4

STEP 01 按快捷键【Ctrl+O】，打开一个项目文件，并查看项目效果，如图10-9所示。

STEP 02 在V2轨道上，选择视频素材，如图10-10所示。

STEP 03 在“效果控件”面板中，❶展开“不透明度”选项，❷单击“不透明度”选项左侧的“切换动画”按钮，❸添加关键帧，如图10-11所示。

STEP 04 ❶将时间线移至00:00:04:00的位置，❷设置“不透明度”为50.0%，❸添加关键帧，如图10-12所示。

STEP 05 用与上面相同的方法，分别在00:00:06:00、00:00:08:00和00:00:09:00的位置，为素材添加关键帧，并分别设置“不透明度”为10.0%、40.0%和80.0%，设置完成后，将时间线移至素材的开始位置，在“节目监视器”面板中，单击“播放-停止切换”按钮，预览不透明度叠加效果，如图10-13所示。

图10-9 打开项目文件

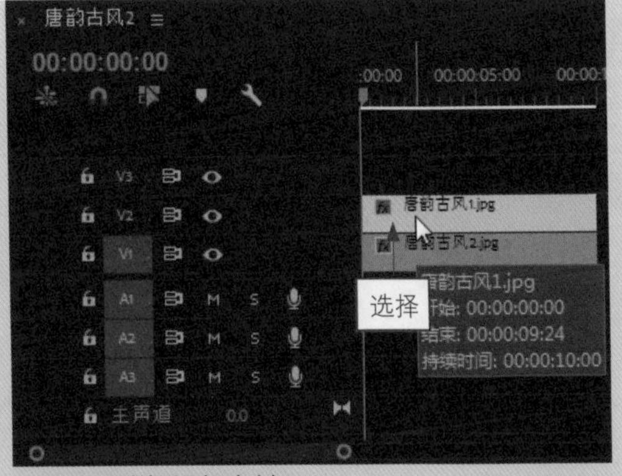

图10-10 选择视频素材

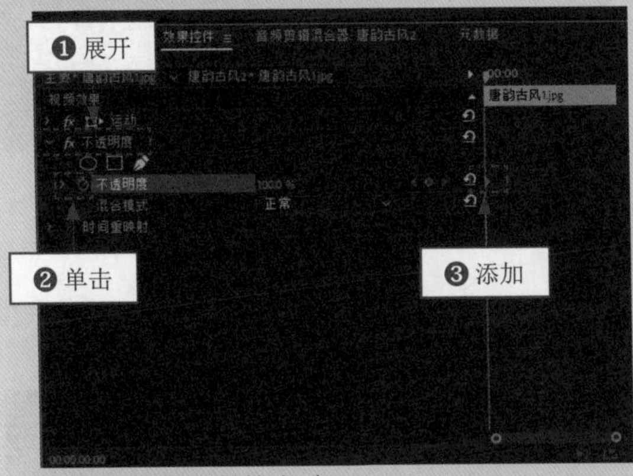

图10-11 添加关键帧（1）

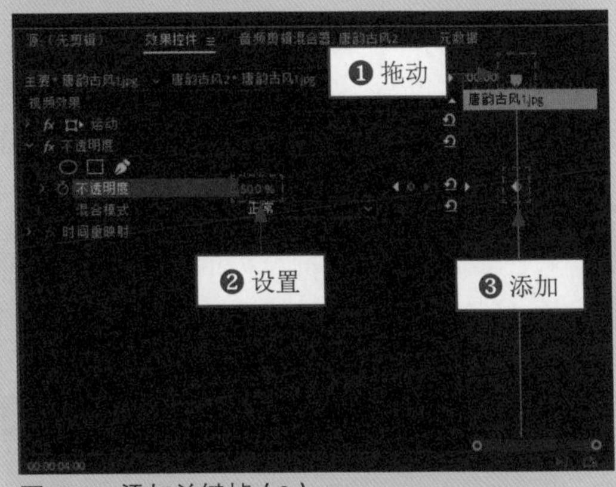

图10-12 添加关键帧（2）

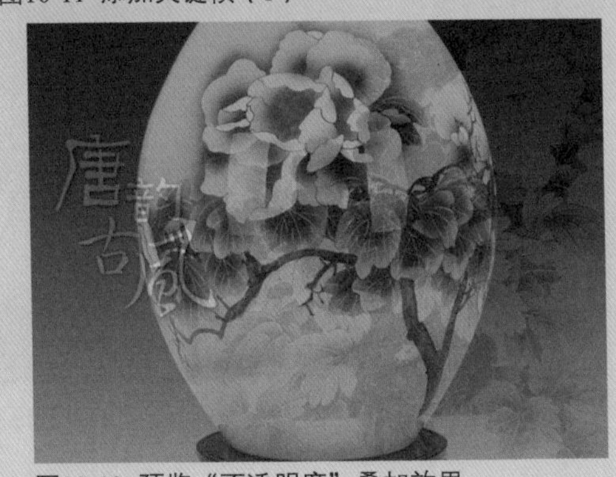

图10-13 预览“不透明度”叠加效果

10.2.2 应用“非红色键”效果

“非红色键”特效可以将图像上的背景变成透明色，下面将介绍运用“非红色键”效果的操作方法。

应用案例

应用“非红色键”效果

素材：素材\第10章\数码光圈.prproj　　效果：效果\第10章\数码光圈.prproj

视频：视频\第10章\10.2.2 应用“非红色键”效果.mp4

STEP 01 按快捷键【Ctrl+O】，打开一个项目文件，如图10-14所示。

STEP 02 在“效果”面板中，选择“键控”|“非红色键”选项，如图10-15所示。

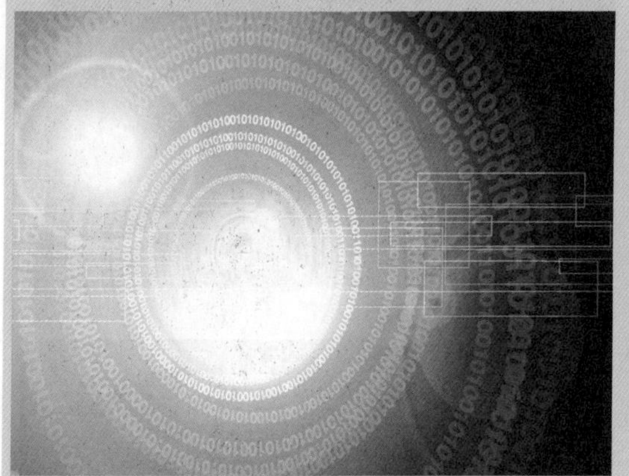
图10-14 打开项目文件

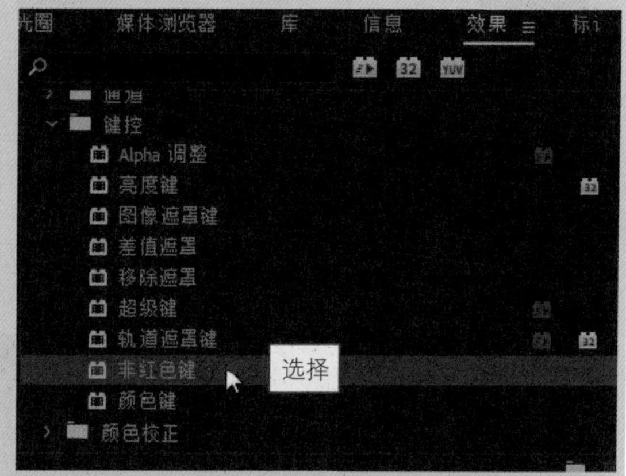

图10-15 选择“非红色键”选项

STEP 03 按住鼠标左键，将其拖至V2的视频素材上，如图10-16所示。

STEP 04 在“效果控件”面板中，设置“阈值”为70.0%、“屏蔽度”为1.5%，即可运用“非红色键”效果叠加素材，效果如图10-17所示。

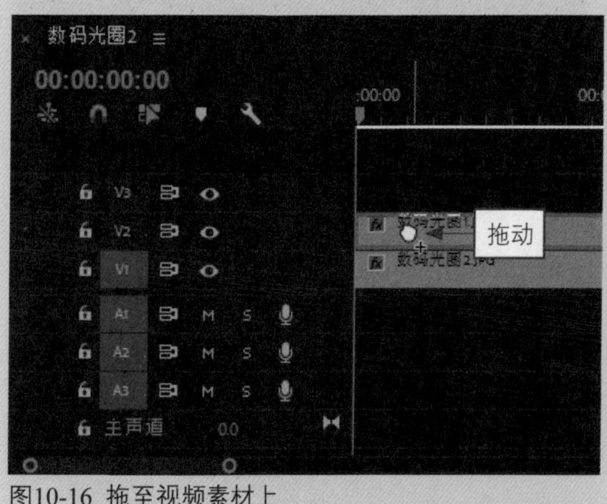

图10-16 拖至视频素材上

图10-17 “非红色键”效果

10.2.3 应用“颜色键”效果

在Premiere Pro CC 2018中，用户可以运用“颜色键”特效制作出一些比较特别的效果叠加。下面介绍如何使用“颜色键”来制作特殊效果。

应用案例

应用“颜色键”效果

素材：素材\第10章\有机水果.prproj　　效果：效果\第10章\有机水果.prproj

视频：视频\第10章\10.2.3 应用“颜色键”效果.mp4

STEP 01 按快捷键【Ctrl+O】，打开一个项目文件，如图10-18所示。

STEP 02 在“效果”面板中，选择“键控”|“颜色键”选项，如图10-19所示。

图10-18 打开项目文件

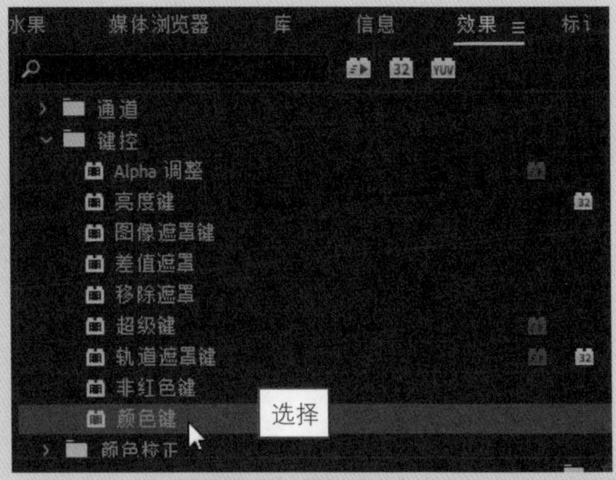

图10-19 选择“颜色键”选项

STEP 03 按住鼠标左键，将其拖至V2的素材图像上，添加视频效果，如图10-20所示。

STEP 04 在“效果控件”面板中，设置“主要颜色”为绿色（RGB参数值为45、144、66）、“颜色容差”为50，如图10-21所示。

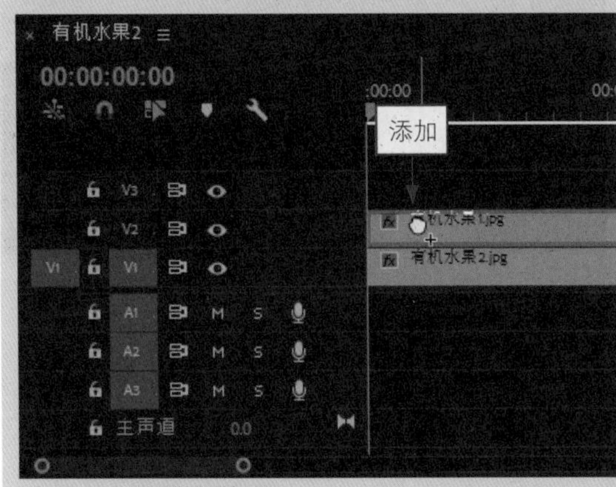

图10-20 添加视频效果

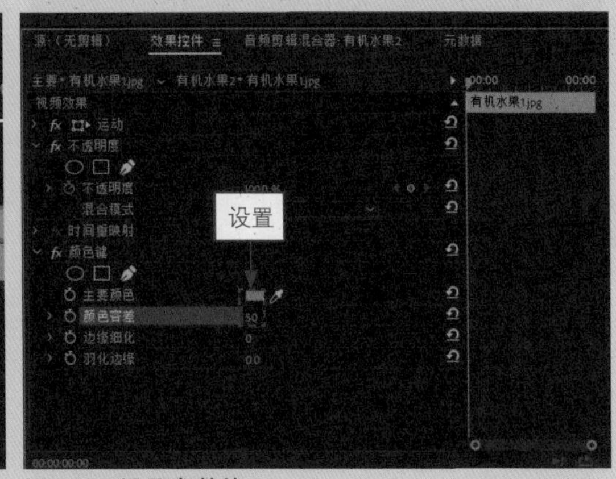

图10-21 设置参数值

❶ **颜色容差**：该选项主要用于扩展所选颜色的范围。

❷ **边缘细化**：该选项能够在选定色彩的基础上，扩大或缩小“主要颜色”的范围。

❸ **羽化边缘**：该选项可以在图像边缘产生平滑过渡，其参数越大，羽化的效果越明显。

STEP 05 执行上述操作后，即可运用“颜色键”效果叠加素材，效果如图10-22所示。

图10-22 运用“颜色键”叠加素材的效果

10.2.4 应用“亮度键”效果

在Premiere Pro CC 2018中，“亮度键”用于抠出图层中指定明亮度或亮度的所有区域。下面将介绍添加“亮度键”特效来去除背景中黑色区域的方法。

应用案例

应用“亮度键”效果

素材：素材\第10章\有机水果.prproj　　效果：效果\第10章\有机水果1.prproj

视频：视频\第10章\10.2.3 应用“亮度键”效果.mp4

STEP 01 以上一个效果为例，在“效果”面板中，依次展开“键控”|“亮度键”选项，如图10-23所示。

STEP 02 按住鼠标左键，将其拖至V2的素材图像上，添加视频效果，如图10-24所示。

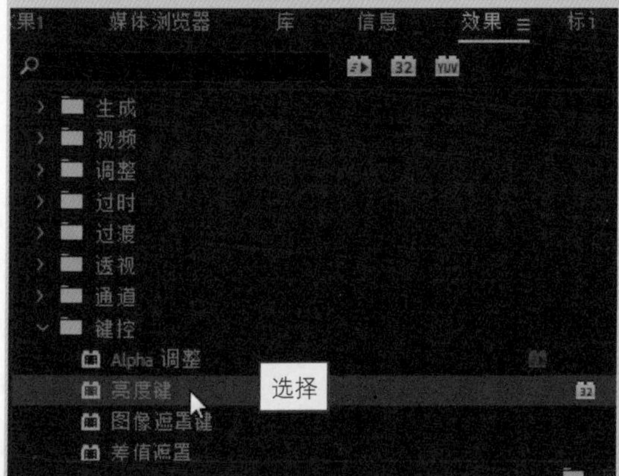

图10-23 选择“亮度键”选项

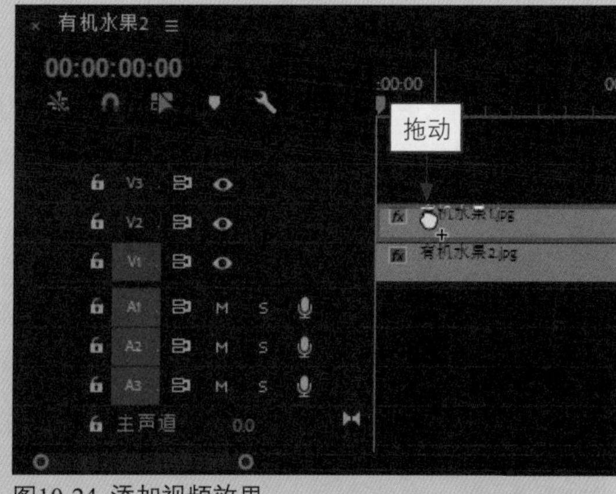

图10-24 添加视频效果

STEP 03 在“效果控件”面板中，设置“阈值”“屏蔽度”均为100.0%，如图10-25所示。

STEP 04 执行上述操作后，即可应用“亮度键”叠加素材，如图10-26所示。

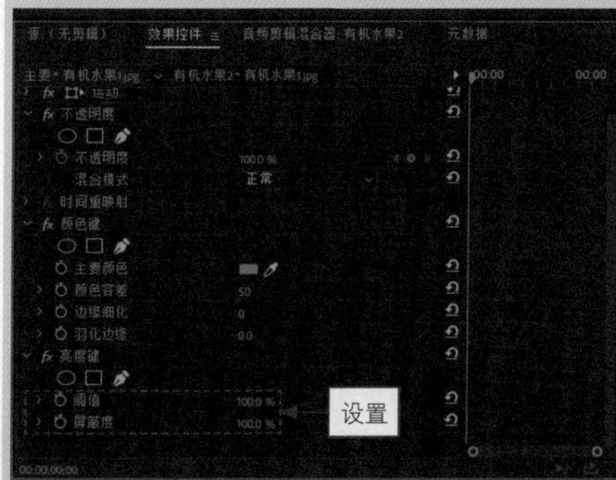

图10-25 设置相应的参数

图10-26 预览视频效果

10.3 其他叠加方式

在Premiere Pro CC 2018中，除了上一节介绍的叠加方式外，还有“字幕”叠加、“淡入淡出”叠加及“RGB差值键”叠加等，这些叠加方式都是相当实用的。本节主要介绍应用这些叠加方式的基本操作方法。

10.3.1 制作字幕叠加

在Premiere Pro CC 2018中，华丽的字幕效果往往会让整个影视素材显得更加耀眼。下面介绍制作字幕叠加的方法。

应用案例

制作字幕叠加

素材：素材\第10章\彩色花纹.prproj　　效果：效果\第10章\彩色花纹.prproj

视频：视频\第10章\10.3.1 制作字幕叠加.mp4

STEP 01 按快捷键【Ctrl+O】，打开一个项目文件，如图10-27所示。

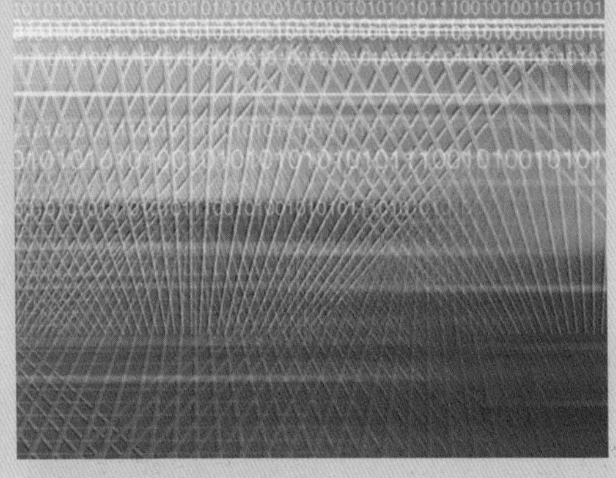

图10-27 打开项目文件

STEP 02 在“效果控件”面板中，设置V1轨道素材的“缩放”为100.0，如图10-28所示。

STEP 03 按快捷键【Ctrl+T】，在“节目监视器”面板中会出现一个“新建文本图层”文本框，如图10-29所示。

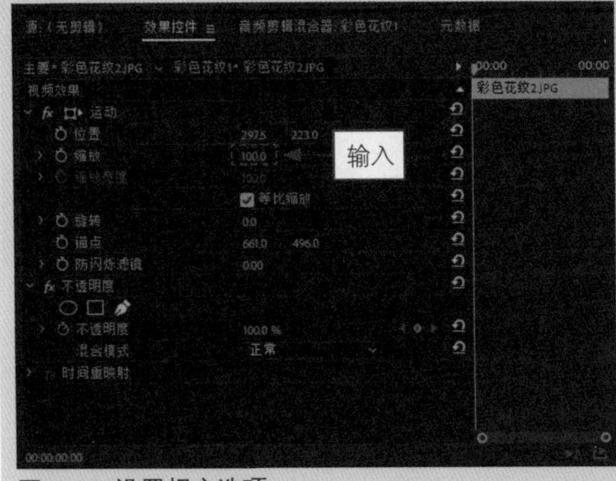

图10-28 设置相应选项

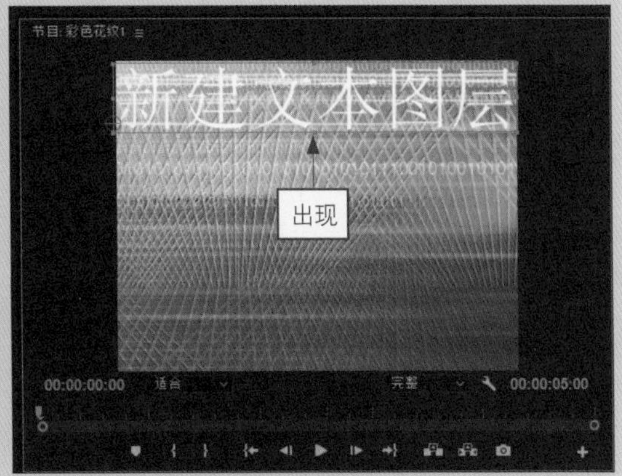

图10-29 显示“新建文本图层”文本框

专家指点

在创建字幕的时候，Premiere Pro CC 2018 中会自动加上 Alpha 通道，所以也能带来透明叠加的效果。在需要进行视频叠加的时候，利用字幕创建工具制作出文字或者图形的可叠加视频内容，然后利用“时间轴”面板进行编辑即可。

STEP 04 在文本框中输入需要的字幕文字，并调整字幕位置，如图10-30所示。

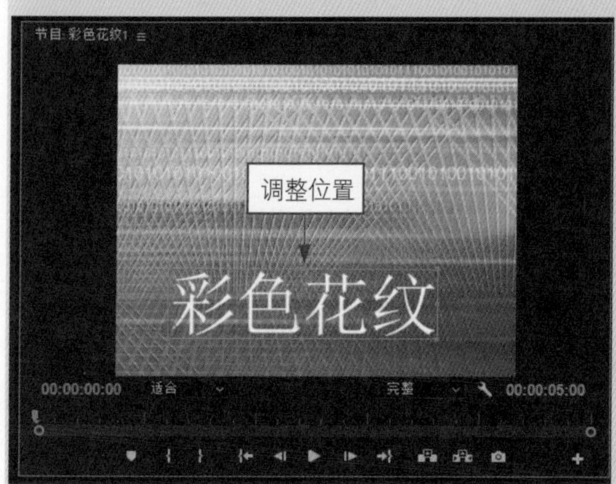

图10-30 调整字幕位置

STEP 05 输入完成后，在“效果控件”面板中设置文本的字体属性，如图10-31所示。

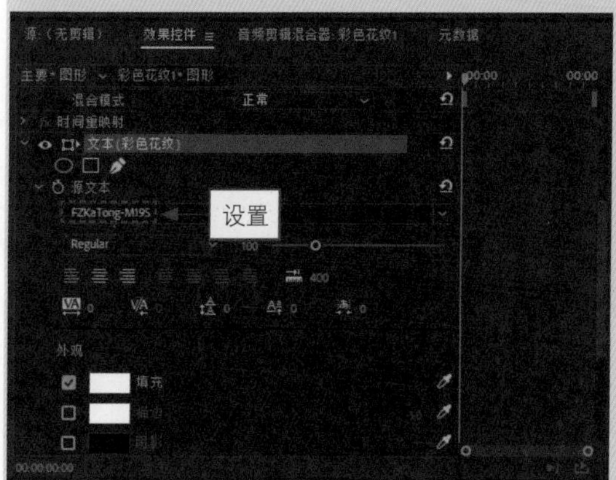

图10-31 设置文本的字体属性

STEP 06 选择V2轨道中的素材，❶在“效果”面板中展开“视频效果”|“键控”选项，❷选择“轨道遮罩键”视频效果，如图10-32所示。

STEP 07 按住鼠标左键，将其拖至V2轨道中的素材上，在“效果控件”面板中展开“轨道遮罩键”选项，设置“遮罩”为“视频3”，如图10-33所示。

STEP 08 在面板中展开“运动”选项，设置“缩放”为45.0、“位置”为（400.0，-10.0），如图10-34所示。

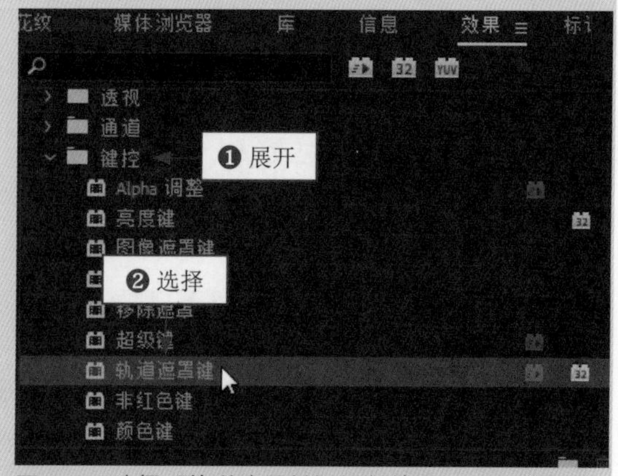

图10-32 选择“轨道遮罩键”视频效果

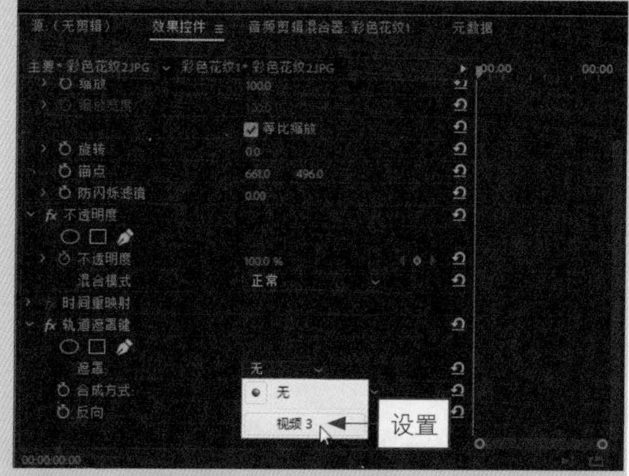

图10-33 设置“遮罩”为“视频3”

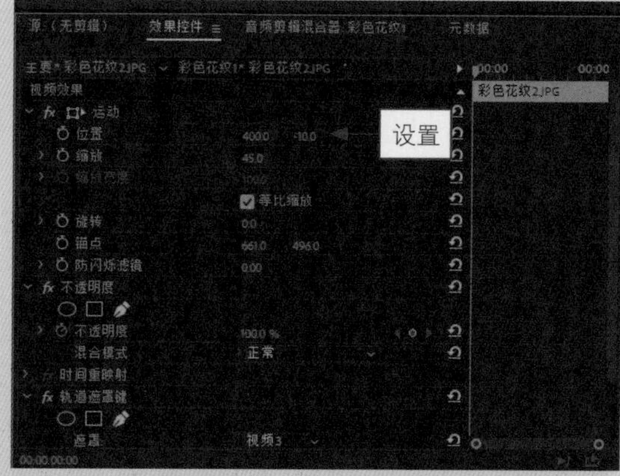

图10-34 设置相应参数

STEP 09 执行上述操作后，即可完成字幕叠加的制作，在“节目监视器”面板中可以查看最终效果，如图10-35所示。

图10-35 字幕叠加效果

10.3.2 制作颜色透明叠加

在Premiere Pro CC 2018中，“超级键”特效主要用于将视频素材中的一种颜色做透明处理。下面介绍运用“超级键”的方法。

应用案例

制作颜色透明叠加

素材：素材\第10章\舞动翅膀.prproj　　效果：效果\第10章\舞动翅膀.prproj

视频：视频\第10章\10.3.2 制作颜色透明叠加.mp4

STEP 01 按快捷键【Ctrl+O】，打开一个项目文件，并查看打开的项目效果，如图10-36所示。

STEP 02 将“项目”面板中的两个图像素材分别添加至“时间轴”面板中的V1和V2轨道中，如图10-37所示。

STEP 03 选择V2轨道中的素材文件，在“效果控件”面板中，设置“缩放”参数为130.0，如图10-38所示。

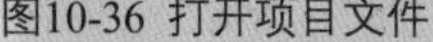
图10-36 打开项目文件

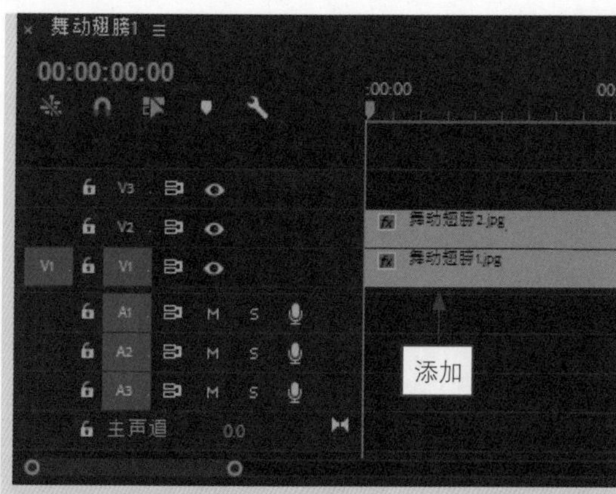

图10-37 添加图像素材

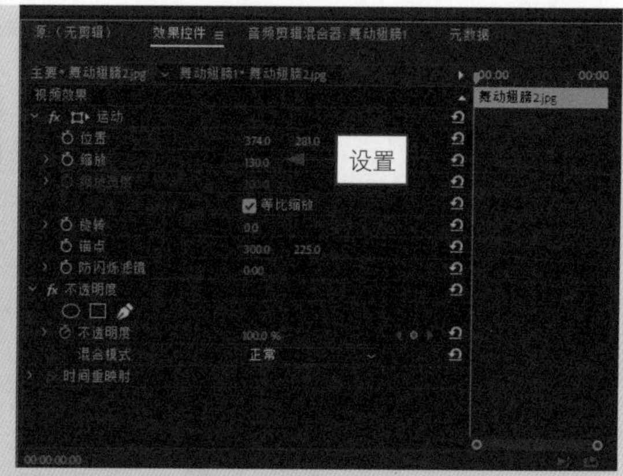

图10-38 设置“缩放”参数

STEP 04 ❶在“效果”面板中展开“视频效果”|“键控”选项，❷再选择“超级键”视频效果，如图10-39所示。

STEP 05 按住鼠标左键，将其拖至V2轨道的素材上，如图10-40所示，释放鼠标左键，即可添加视频效果。

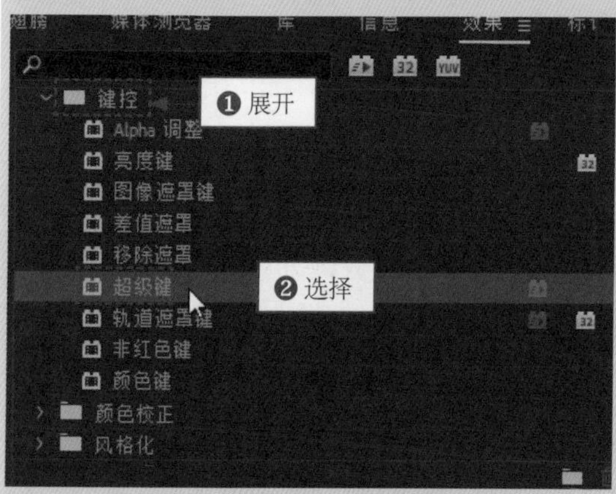

图10-39 选择“RGB差值键”视频效果

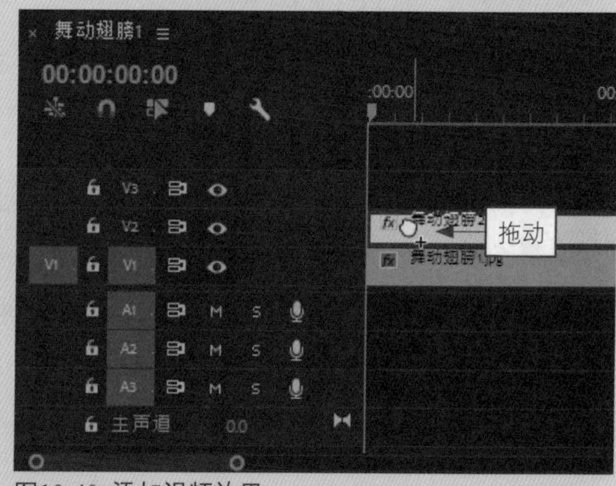

图10-40 添加视频效果

STEP 06 在“效果控件”面板中展开“超级键”选项，设置“主要颜色”为紫色（RGB参数值为180、135、224），如图10-41所示。

STEP 07 执行上述操作后，即可运用“超级键”制作叠加效果，在“节目监视器”面板中可以预览其效果，如图10-42所示。

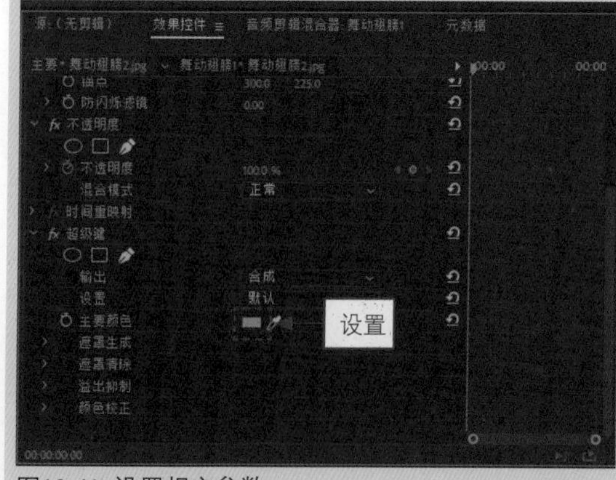

图10-41 设置相应参数

图10-42 预览效果

制作淡入淡出叠加

在Premiere Pro CC 2018中，淡入淡出叠加效果通过对两个或两个以上的素材文件添加“不透明度”特效，并为素材添加关键帧实现素材之间的叠加转换。下面介绍制作淡入淡出叠加的方法。

制作淡入淡出叠加

素材：素材\第10章\空山鸟语.prproj　　效果：效果\第10章\空山鸟语.prproj

视频：视频\第10章\10.3.3 制作淡入淡出叠加.mp4

STEP 01 按快捷键【Ctrl+O】，打开一个项目文件，并查看项目效果，如图10-43所示。

图10-43 打开项目文件

STEP 02 依次将“项目”面板中的两个图像素材添加至“时间轴”面板中的V1和V2轨道中，如图10-44所示。

STEP 03 选择V2轨道中的素材，❶在“效果控件”面板中展开“不透明度”选项，❷设置“不透明度”为0.0%，❸添加关键帧，如图10-45所示。

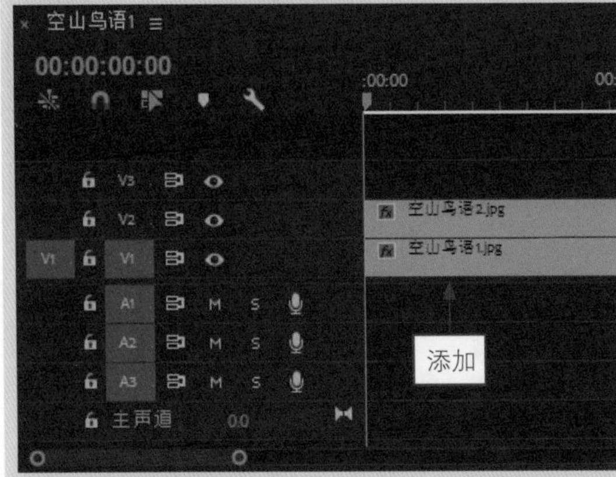

图10-44 添加图像素材

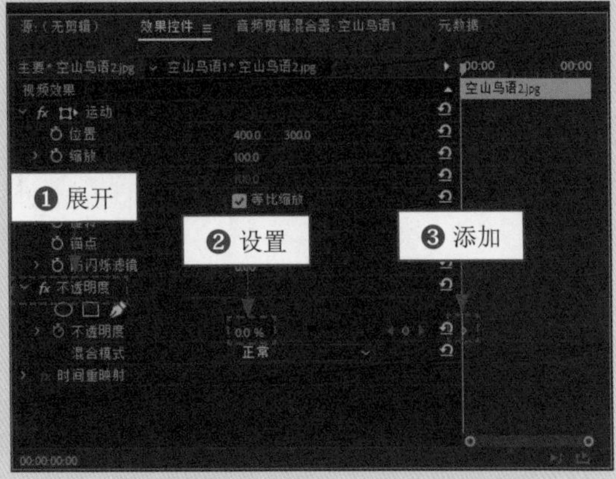

图10-45 添加关键帧（1）

专家指点

在 Premiere Pro CC 2018 中，淡出就是一段视频剪辑结束时由亮变暗的过程，淡入是指一段视频剪辑开始时由暗变亮的过程。淡入淡出叠加效果会增加影视内容本身的一些主观气氛，而不像无技巧剪接那么生硬。另外，Premiere Pro CC 2018 中的淡入淡出在影视转场特效中也被称为溶入溶出或者渐隐渐显。用户在制作时如果出现参数错误的情况，可以单击"重置参数"按钮，重新设置参数。

STEP 04 ❶将时间线拖至00:00:02:00的位置，❷设置"不透明度"为100.0%，❸添加第2个关键帧，如图10-46所示。

STEP 05 ❶将时间线拖至00:00:04:00的位置，❷设置"不透明度"为0.0%，❸添加第3个关键帧，如图10-47所示。

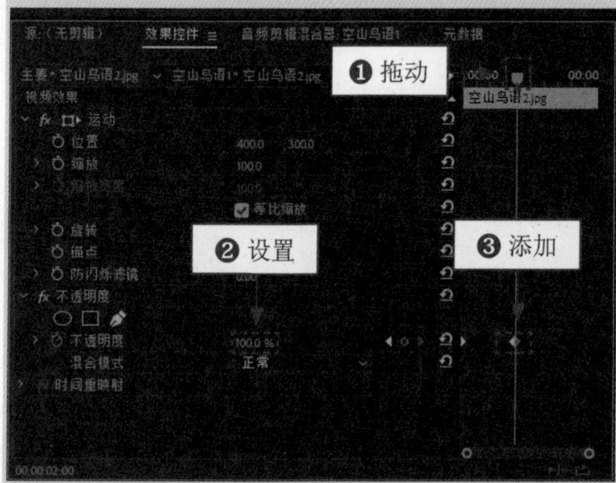

图10-46 添加关键帧（2）

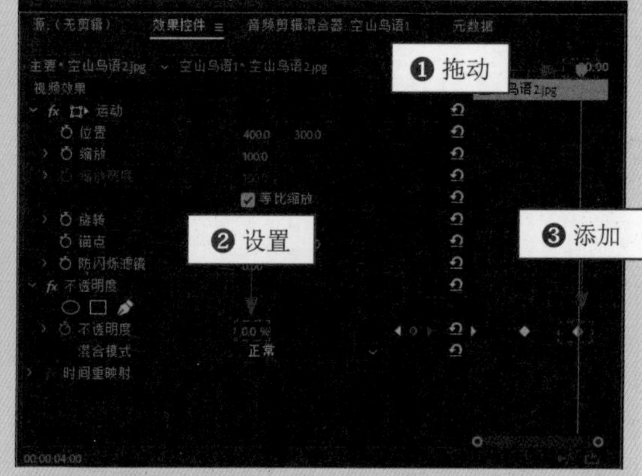

图10-47 添加关键帧（3）

STEP 06 执行上述操作后，将时间线移至素材的开始位置，在"节目监视器"面板中单击"播放-停止切换"按钮，即可预览淡入淡出叠加效果，如图10-48所示。

图10-48 预览淡入淡出叠加效果

10.3.4 制作差值遮罩叠加

在Premiere Pro CC 2018中，"差值遮罩"特效的作用是将两幅图像素材进行差异值对比，可以将两幅图像素材相同的区域进行叠加并去除无差异的部分，留下有差异的部分。下面对"差值遮罩"特效的制作进行介绍。

应用案例

制作差值遮罩叠加

素材：素材\第10章\旧时光景.prproj　　效果：效果\第10章\旧时光景.prproj

视频：视频\第10章\10.3.4 制作差值遮罩叠加.mp4

STEP 01 按快捷键【Ctrl+O】，打开一个项目文件，并查看项目效果，如图10-49所示。

图10-49 打开项目文件

STEP 02 依次将“项目”面板中的两个图像素材添加至“时间轴”面板中的V1和V2轨道中，如图10-50所示。

STEP 03 选择V2轨道中的图像素材，在“效果控件”面板中，设置“缩放”为60.0，如图10-51所示。

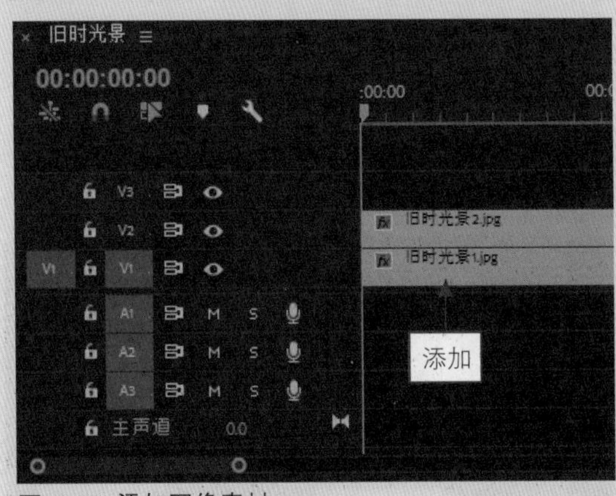

图10-50 添加图像素材

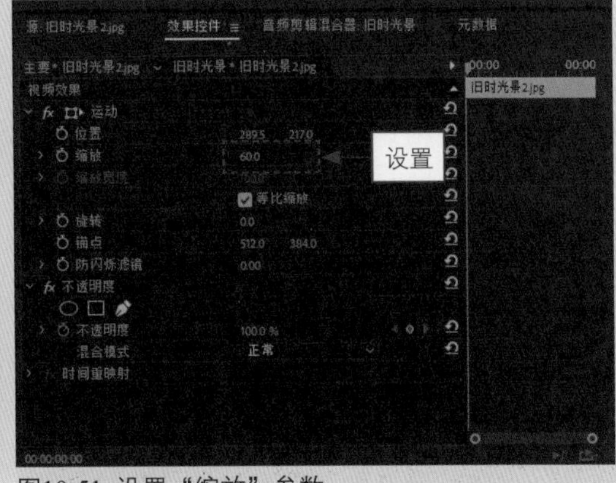

图10-51 设置“缩放”参数

STEP 04 ❶在“效果”面板中展开“视频效果”|“键控”选项，❷选择“差值遮罩”视频效果，如图10-52所示。

STEP 05 按住鼠标左键，将其拖至V2轨道的素材上，如图10-53所示，释放鼠标左键，即可添加视频效果。

STEP 06 在“效果控件”面板中，❶展开“差值遮罩”选项面板，❷设置“差值图层”为“视频1”，如图10-54所示。

STEP 07 ❶单击“匹配容差”和“匹配柔和度”左侧的“切换动画”按钮，❷添加关键帧，❸并设置“匹配容差”参数为0.0%，效果如图10-55所示。

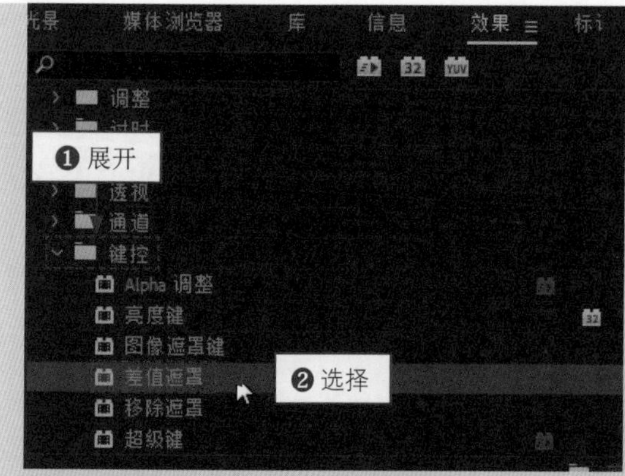

图10-52 选择“差值遮罩”视频效果

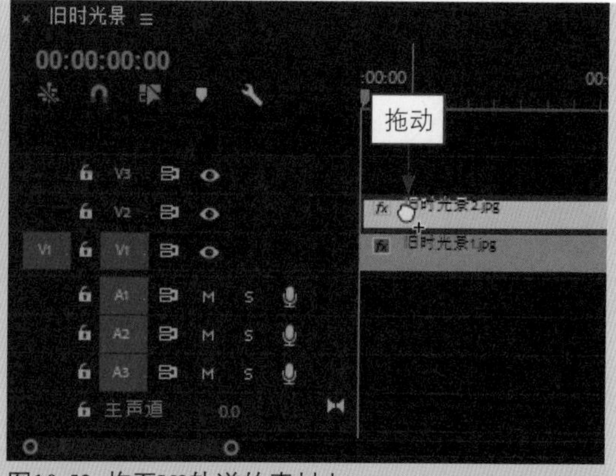

图10-53 拖至V2轨道的素材上

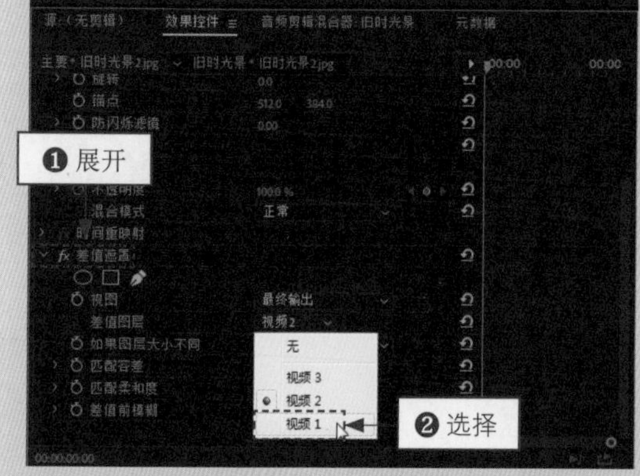

图10-54 设置“差值图层”为“视频1”

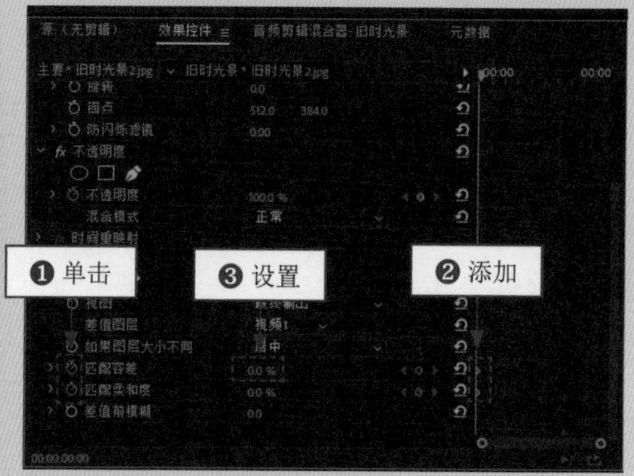

图10-55 设置“匹配容差”参数

STEP 08 执行上述操作后，设置“如果图层大小不同”为“伸缩以合适”，如图10-56所示。

STEP 09 ❶将时间线拖至00:00:02:00的位置，❷设置“匹配容差”为20.0%、“匹配柔和度”为10.0%，❸再次添加关键帧，如图10-57所示。

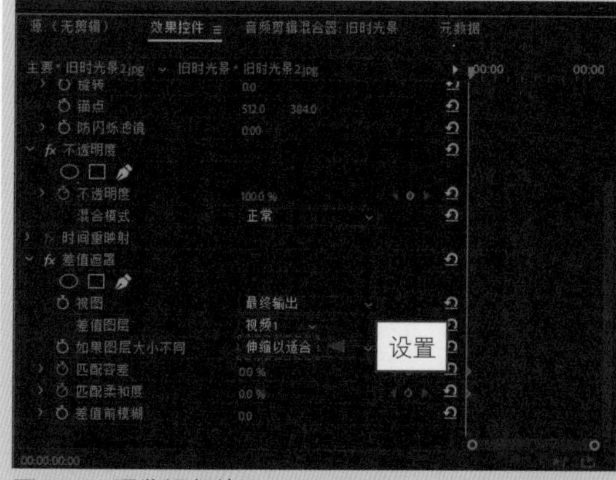

图10-56 预览视频效果

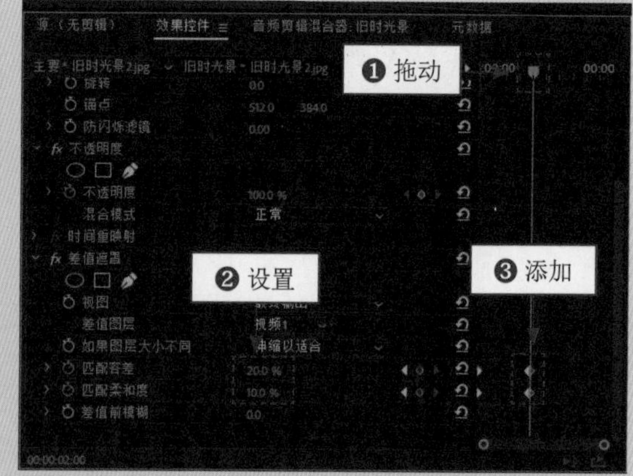

图10-57 再次添加关键帧

STEP 10 设置完成后，在“节目监视器”面板中，单击“播放-停止切换”按钮，即可预览制作的叠加效果，如图10-58所示。

图10-58 预览制作的叠加效果

10.3.5 制作局部马赛克遮罩效果

在Premiere Pro CC 2018中，“马赛克”视频效果通常用于遮盖人物脸部，下面介绍制作局部马赛克遮罩效果的方法。

应用案例

制作局部马赛克遮罩效果

素材：素材\第10章\约会情景.prproj　　效果：效果\第10章\约会情景.prproj

视频：视频\第10章\10.3.5 制作局部马赛克遮罩效果.mp4

STEP 01 按快捷键【Ctrl+O】，打开一个项目文件，并查看项目效果，如图10-59所示。

STEP 02 在“效果”面板中，展开“视频效果”|“风格化”选项，选择“马赛克”视频效果，如图10-60所示。

图10-59 查看项目效果

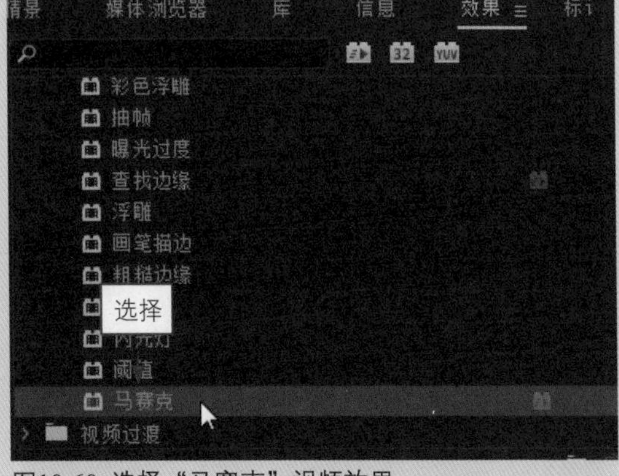

图10-60 选择“马赛克”视频效果

STEP 03 按住鼠标左键，将其拖至“时间轴”面板中V1轨道的图像素材上，释放鼠标左键，即可添加视频效果，如图10-61所示。

STEP 04 在“效果控件”面板中，❶展开“马赛克”选项，❷在其中选择“创建椭圆形蒙版”工具，如图10-62所示。

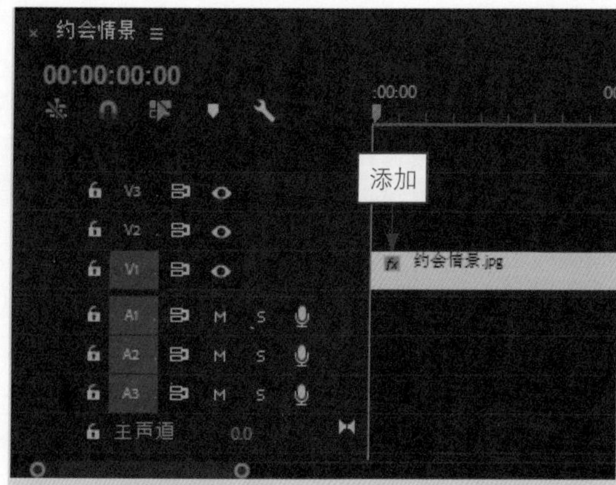

图10-61 添加视频效果

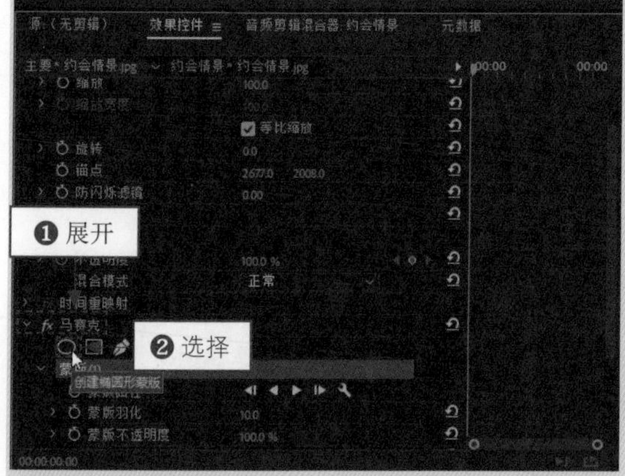

图10-62 创建关键帧

专家指点

当用户为动态视频素材制作"马赛克"视频效果时，可以单击"蒙版路径"右侧的"向前跟踪"按钮，跟踪局部遮罩的马赛克区域。

STEP 05 然后在"节目监视器"面板中的图像素材上，调整椭圆形蒙版的遮罩大小与位置，如图10-63所示。

图10-63 调整遮罩大小和位置

STEP 06 调整完成后，在"效果控件"面板中，设置"水平块"为50.0、"垂直块"为50.0，如图10-64所示。

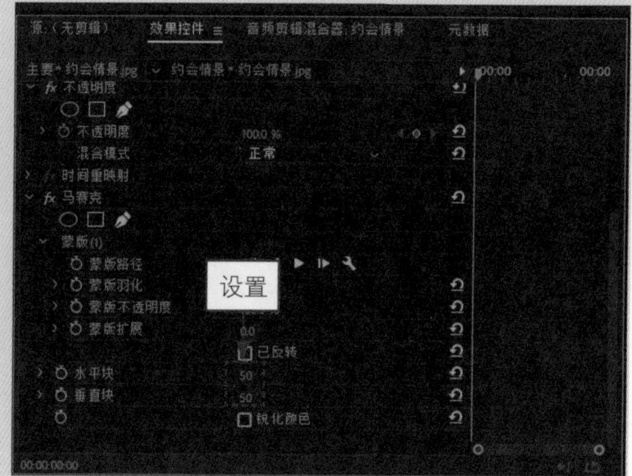

图10-64 设置相应参数

STEP 07 执行上述操作后，将时间线拖至素材的开始位置，如图10-65所示。

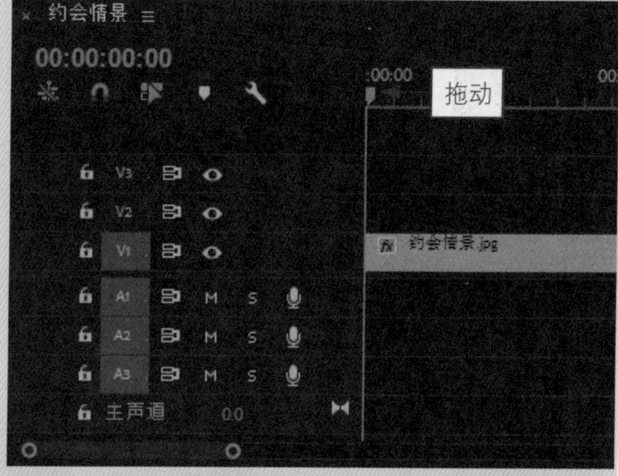

图10-65 将时间线拖至开始位置

STEP 08 在"节目监视器"面板中单击"播放-停止切换"按钮，即可预览局部马赛克遮罩效果，如图10-66所示。

图10-66 预览"马赛克"视频效果

10.4 专家支招

在Premiere Pro CC 2018的“节目监视器”面板中，可以将图像素材画面放大或缩小以查看效果，如图10-67所示。

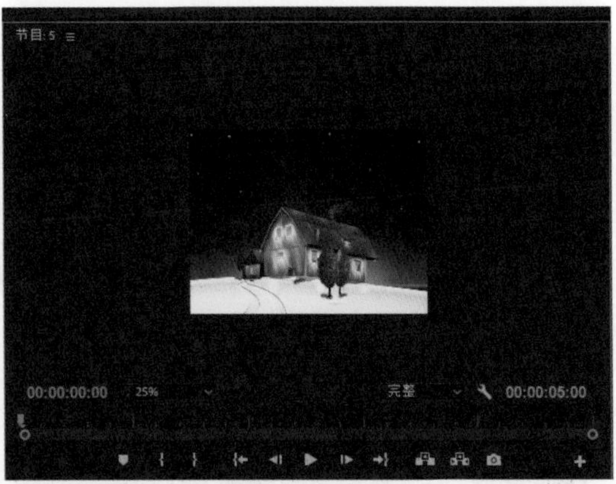

图10-67 放大或缩小素材画面的效果

在“节目监视器”面板下方单击“选择缩放级别”下拉按钮，如图10-68所示，在弹出的下拉列表中，选择相应的素材缩放比例，即可查看相应比例的素材画面效果。

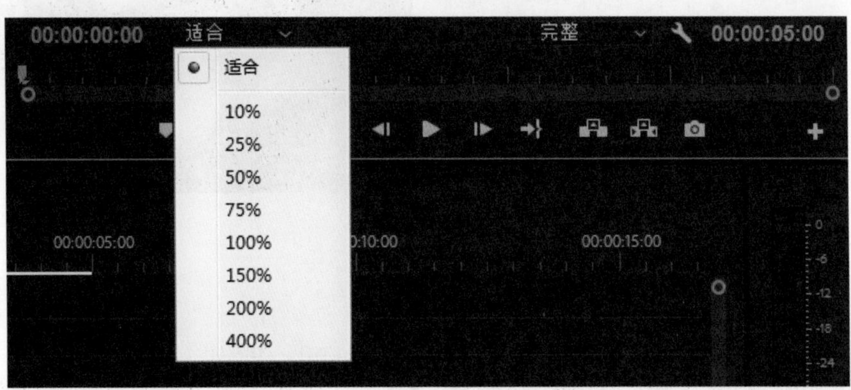

图10-68 “选择缩放级别”下拉列表

10.5 总结拓展

在电视或电影中，经常能看到播放一段视频的同时往往还嵌套着另外一段视频画面，这就是覆叠效果，为影视文件制作覆叠特效，可以给视频带来创意和想象空间，为影片增添更多的乐趣。在Premiere Pro CC 2018中，用户可以将视频特效轻松地应用到影片文件中进行覆叠效果的制作。

10.5.1 本章小结

在Premiere Pro CC 2018中，应用覆叠特效可以为影片文件制作画面叠加效果，使不同轨道中的视频与图像素材画面相互交织，组合成各式各样的视觉效果，在有限的空间中，创造了更加丰富的画面内容。本章主要介绍了制作影视覆叠特效的方法，其中包括Alpha通道与遮罩、应用“不透明度”特效、应用“非红色键”特效、应用“亮度键”特效、制作字幕叠加、制作颜色透明叠加、制作淡入淡出叠加、制作差值遮罩叠加、制作局部马赛克遮罩效果等，这对用户在制作影视视频叠加效果时，提供了非常好的基础应用，使影片更加具有观赏性。

10.5.2 举一反三——应用“设置遮罩”叠加效果

在Premiere Pro CC 2018中，应用“设置遮罩”效果可以通过图层、颜色通道制作遮罩叠加效果。下面介绍运用“设置遮罩”效果的方法。

应用案例

举一反三——应用“设置遮罩”叠加效果

素材：素材\第10章\游戏场景.prproj　　效果：效果\第10章\游戏场景.prproj

视频：视频\第10章\10.5.2 应用“设置遮罩”叠加效果.mp4

STEP 01 按快捷键【Ctrl+O】，打开一个项目文件，并查看项目效果，如图10-69所示。

图10-69 查看项目效果

STEP 02 在“项目”面板中，选择两幅图像素材，如图10-70所示。

STEP 03 将选择的素材依次添加至“时间轴”面板中的V1和V2轨道中，如图10-71所示。

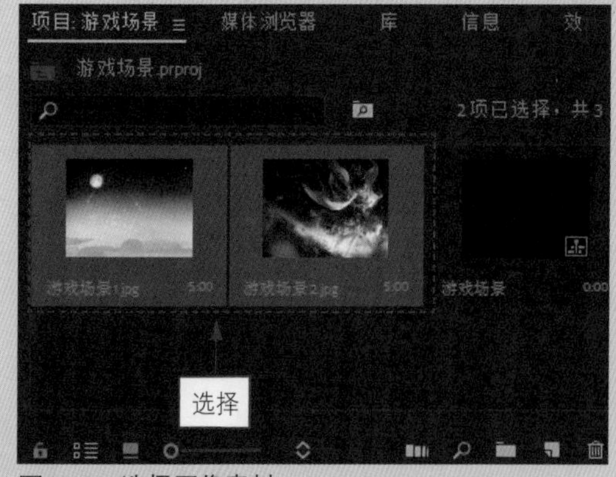

图10-70 选择图像素材

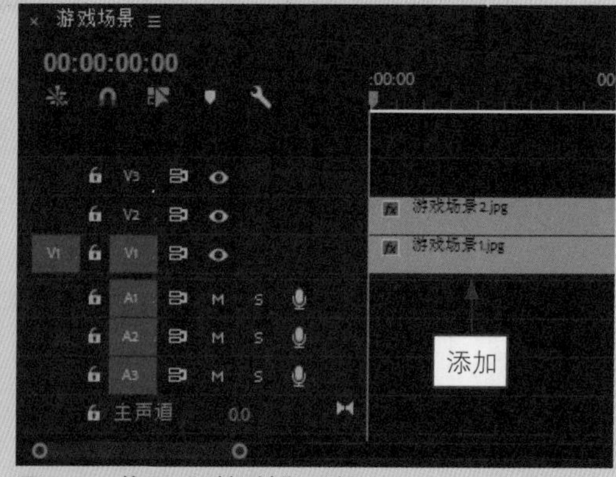

图10-71 拖至“时间轴”面板

STEP 04 ❶在“效果”面板中展开“视频效果”|“通道”选项，❷选择“设置遮罩”视频效果，如图10-72所示。

STEP 05 按住鼠标左键，将其拖至V2轨道的素材上，如图10-73所示，释放鼠标左键，即可添加视频效果。

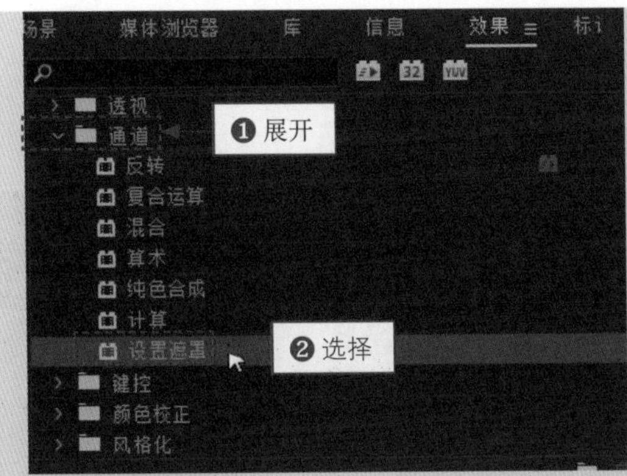

图10-72 选择“设置遮罩”视频效果

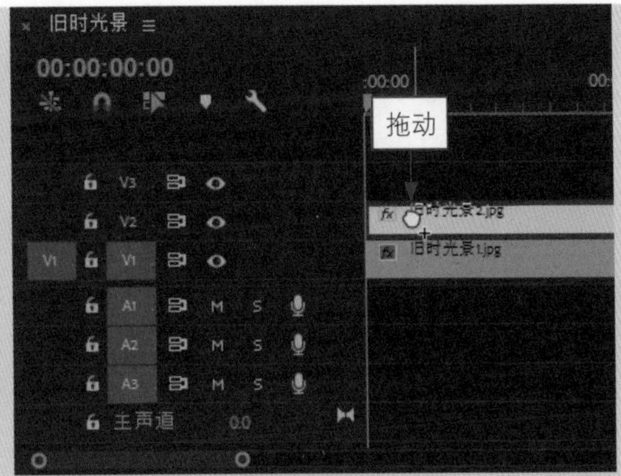

图10-73 拖动至V2轨道的素材上

STEP 06 在“效果控件”面板中，展开“设置遮罩”选项，如图10-74所示。

STEP 07 ❶单击“用于遮罩”左侧的“切换动画”按钮，❷添加关键帧，如图10-75所示。

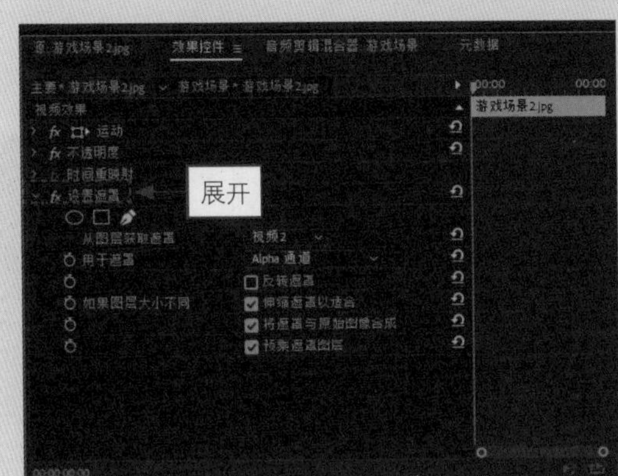

图10-74 展开“设置遮罩”选项

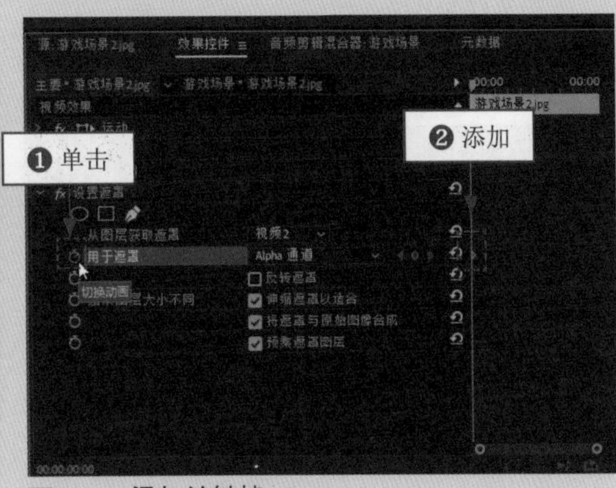

图10-75 添加关键帧

STEP 08 执行上述操作后，将时间线移至00:00:02:00的位置，如图10-76所示。

STEP 09 ❶然后设置“用于遮罩”为“红色通道”，❷再次添加关键帧，如图10-77所示。

图10-76 移动时间线至相应位置

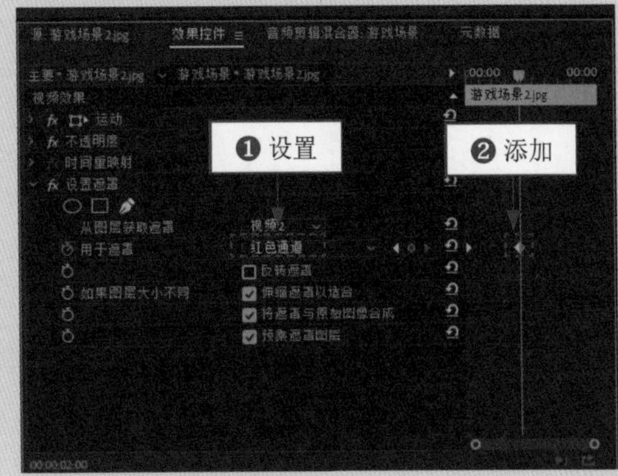

图10-77 再次添加关键帧

STEP 10 用与上面相同的方法，将时间线移至00:00:04:00的位置，如图10-78所示。

STEP 11 然后设置“用于遮罩”为“蓝色通道”，如图10-79所示，添加关键帧。

图10-78 移动时间线的位置

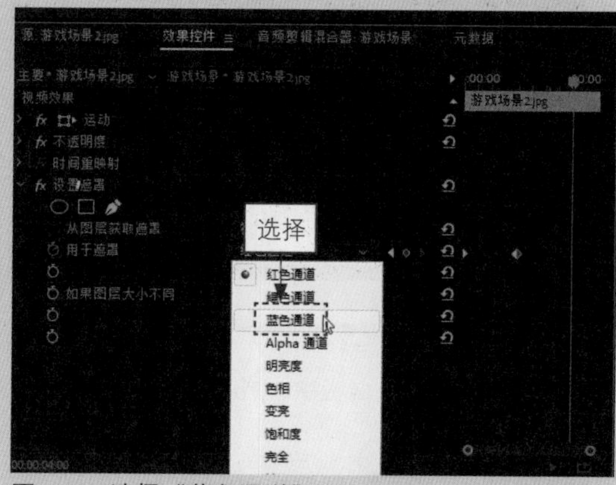

图10-79 选择“蓝色通道”

STEP 12 设置完成后，在“节目监视器”面板中，单击“播放-停止切换”按钮，即可预览制作的叠加效果，如图10-80所示。

图10-80 预览制作的叠加效果

读书
笔记

第11章　奇妙视界：视频运动效果的制作

动态效果是指在原有的视频画面中合成或创建移动、变形和缩放等运动效果。在Premiere Pro CC 2018中，为静态的素材加入适当的运动效果，可以让画面活动起来，显得更加逼真、生动。本章主要介绍影视运动效果的制作方法与技巧，让画面效果更为精彩。

本章学习重点

运动关键帧的设置

制作运动特效

制作画中画特效

11.1 运动关键帧的设置

在Premiere Pro CC 2018中，关键帧可以帮助用户控制视频或音频特效的变化，并形成一个变化的过渡效果。

11.1.1 通过“时间轴”面板快速添加关键帧

用户在“时间轴”面板中可以针对应用于素材的任意特效添加关键帧，也可以指定添加关键帧的可见性。

应用案例　通过“时间轴”面板快速添加关键帧

素材：素材\第11章\果子酱.prproj

效果：效果\第11章\果子酱.prproj

视频：视频\第11章\11.1.1 通过“时间轴”面板快速添加关键帧.mp4

STEP 01 按快捷键【Ctrl＋O】，打开一个项目文件，在“时间轴”面板中为某个轨道上的素材文件添加关键帧之前，首先需要展开相应的轨道，将鼠标指针移至V1轨道“切换轨道输出”按钮右侧的空白处，如图11-1所示。

图11-1 将鼠标指针移至空白处

STEP 02 双击鼠标左键即可展开V1轨道，如图11-2所示。用户也可以向上滚动鼠标滚轮展开轨道，继续向上滚动滚轮，显示关键帧控制按钮。注意：向下滚动鼠标滚轮，可以最小化轨道。

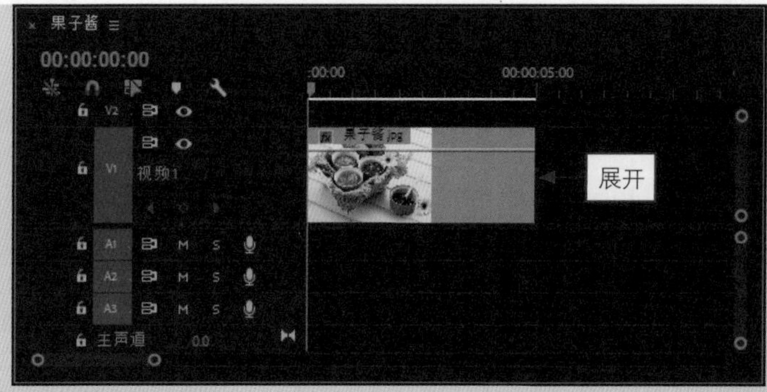

图11-2 展开V1轨道

STEP 03 选择"时间轴"面板中的对应素材，❶在素材名称左侧的"不透明度"按钮fx上单击鼠标右键，❷在弹出的快捷菜单中选择"运动"|"缩放"命令，如图11-3所示。

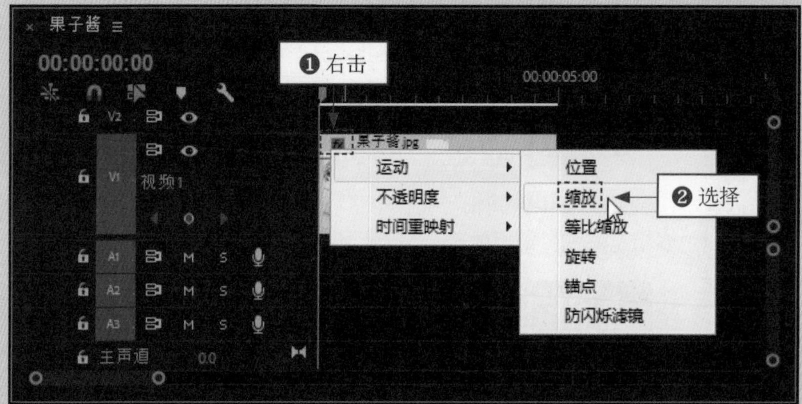

图11-3 选择"缩放"命令

STEP 04 将鼠标指针移至连接线的合适位置，按住【Ctrl】键，当鼠标指针呈白色带+号的形状时，❶单击鼠标左键，❷即可添加关键帧，如图11-4所示。

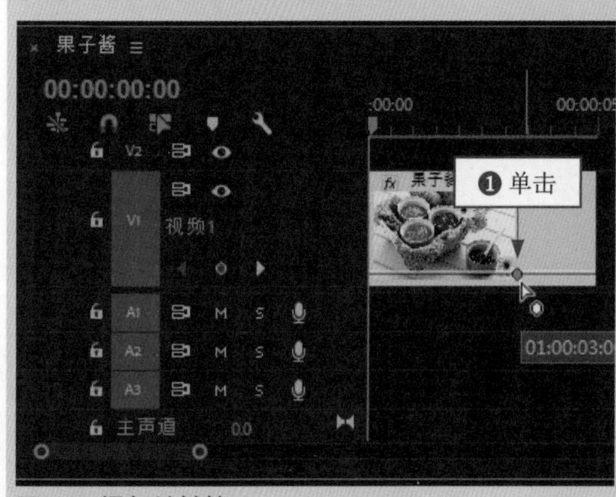

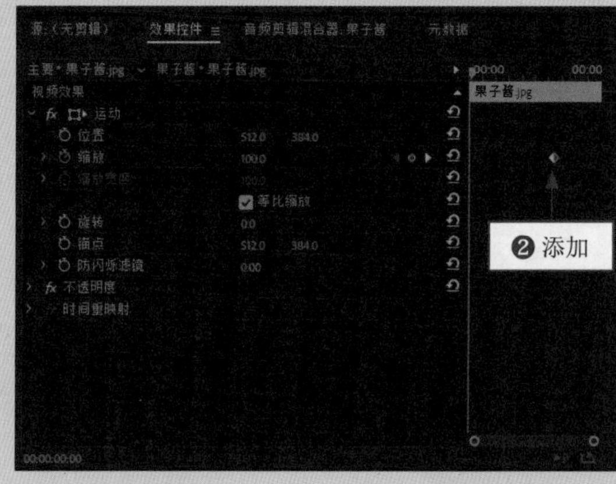

图11-4 添加关键帧

11.1.2 通过效果控件添加关键帧

在"效果控件"面板中除了可以添加各种视频和音频特效外，还可以通过设置选项参数的方法创建关键帧。

应用案例　通过效果控件添加关键帧

素材：素材\第11章\真爱永恒.prproj　　效果：效果\第11章\真爱永恒.prproj

视频：视频\第11章\11.1.2 通过效果控件添加关键帧.mp4

STEP 01 按快捷键【Ctrl＋O】，打开一个项目文件，如图11-5所示。

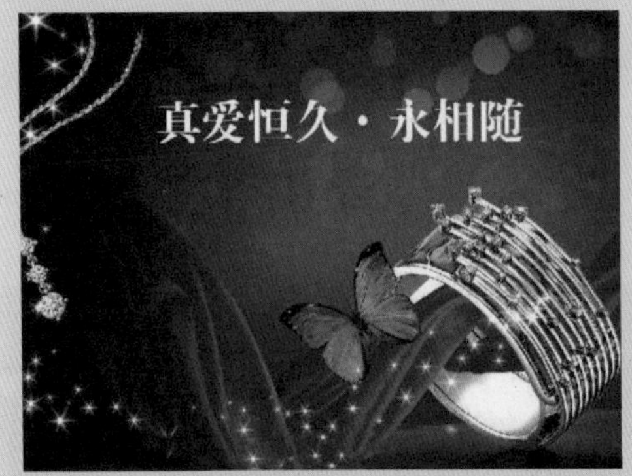

图11-5 打开一个项目文件

STEP 02 选择“时间轴”面板中的素材，❶并展开“效果控件”面板，❷单击“旋转”选项左侧的“切换动画”按钮，如图11-6所示。

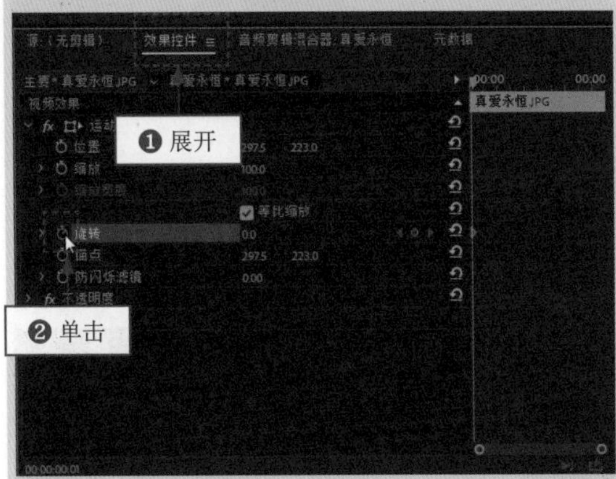

图11-6 单击“切换动画”按钮

STEP 03 ❶拖动时间线至合适位置，❷并设置“旋转”选项为30°，❸即可添加对应选项的关键帧，如图11-7所示。

STEP 04 在“时间轴”面板中也可以指定展开轨道后关键帧的可见性。❶单击“时间轴显示设置”按钮，❷在弹出的列表中选择“显示视频关键帧”选项，如图11-8所示。

STEP 05 取消选中该选项，即可在“时间轴”面板中隐藏关键帧，效果如图11-9所示。

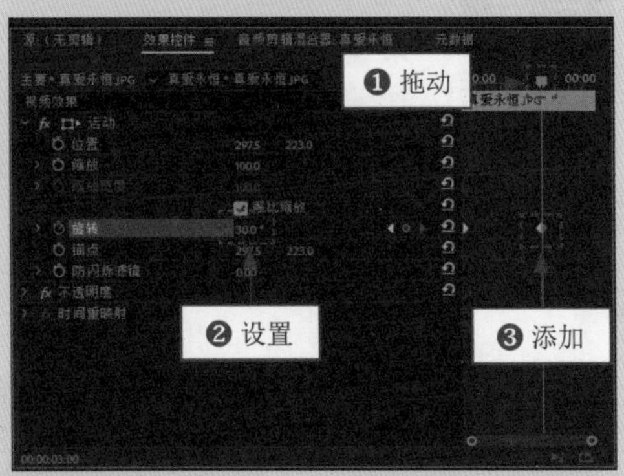

图11-7 添加关键帧

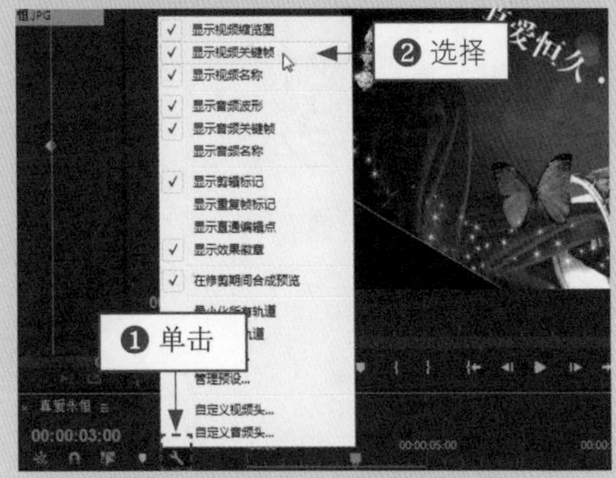

图11-8 选择“显示视频关键帧”选项

图11-9 隐藏关键帧的效果

11.1.3 关键帧的调节

用户在添加完关键帧后，可以适当调节关键帧的位置和属性，这样可以使运动效果更加流畅。在Premiere Pro CC 2018中，调节关键帧同样可以通过“时间轴”和“效果控件”面板来完成。

应用案例

关键帧的调节

素材：素材\第11章\加湿风扇.prproj　　效果：效果\第11章\加湿风扇.prproj

视频：视频\第11章\11.1.3 关键帧的调节.mp4

STEP 01 按快捷键【Ctrl+O】，打开一个项目文件，如图11-10所示。

STEP 02 在“效果控件”面板中，用户只需要选择需要调节的关键帧，如图11-11所示。

图11-10 打开一个项目文件

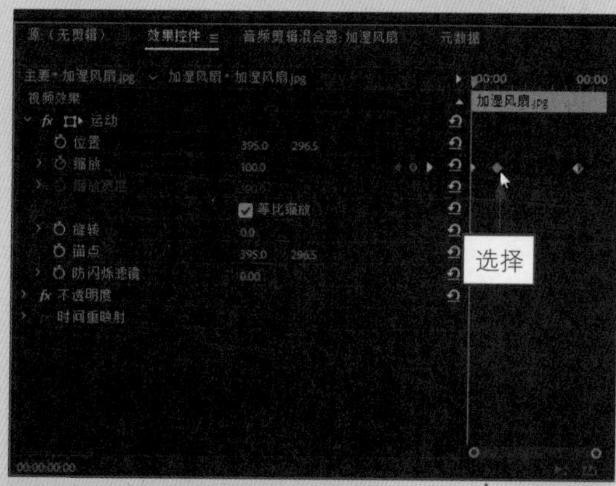

图11-11 选择需要调节的关键帧

STEP 03 然后按住鼠标左键将其拖至合适位置，即可完成关键帧的调节，如图11-12所示。

STEP 04 在“节目监视器”面板中，将时间线移至所需关键帧的位置，可以查看素材画面效果，如图11-13所示。

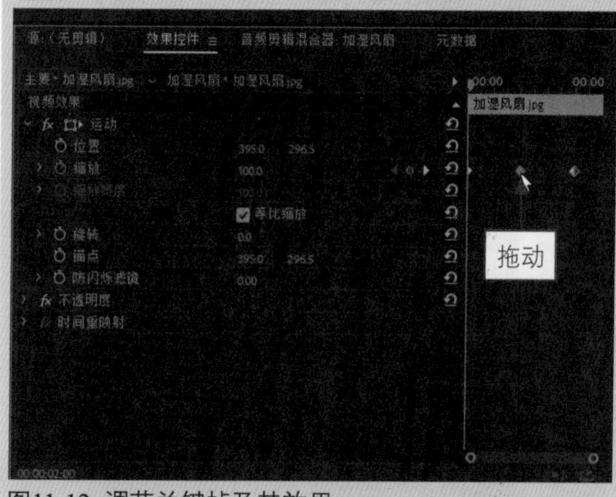

图11-12 调节关键帧及其效果

图11-13 查看素材画面效果

STEP 05 在“时间轴”面板中调节关键帧时，不仅可以调整其位置，同时可以调节其参数。当用户向下拖动关键帧的参数线时，则对应参数将减少，如图11-14所示。

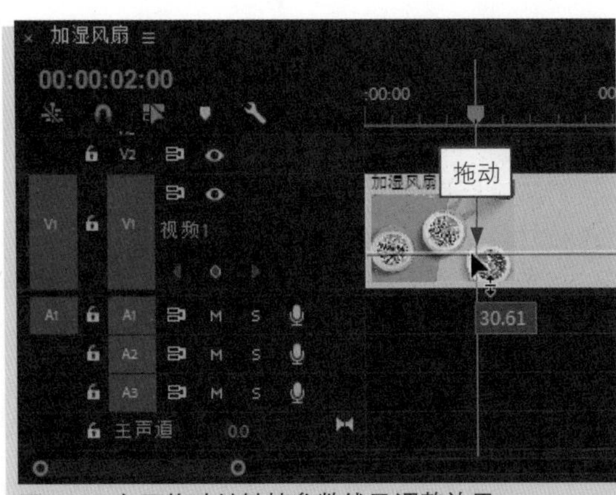

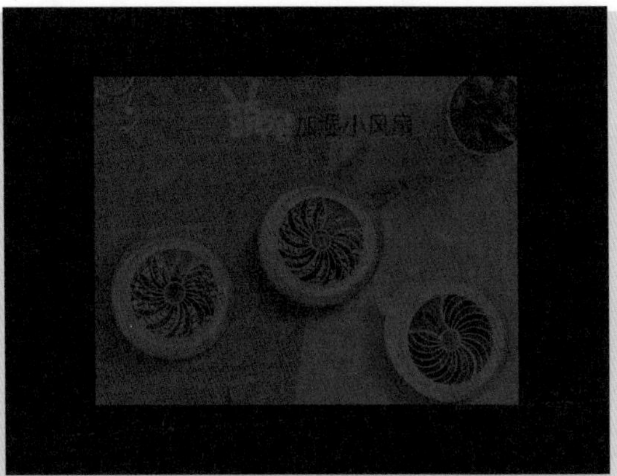

图11-14 向下拖动关键帧参数线及调整效果

STEP 06 反之，用户向上拖动关键帧的参数线，对应参数将增加，如图11-15所示。

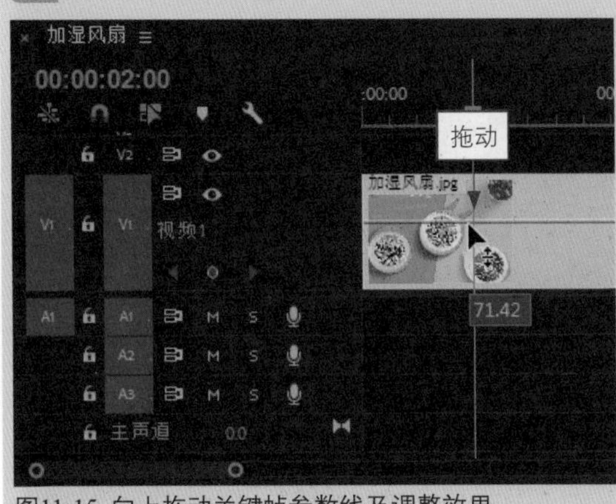

图11-15 向上拖动关键帧参数线及调整效果

专家指点

在“时间轴”面板中，展开V1轨道，素材上关键帧的参数线默认状态为“不透明度”效果参数，用户可以在参数线上添加关键帧，通过拖动关键帧可以调节关键帧所在位置的“不透明度”参数值。

11.1.4 关键帧的复制和粘贴

当用户需要创建多个相同参数的关键帧时，可以使用复制与粘贴关键帧的方法快速添加关键帧。

应用案例

关键帧的复制和粘贴

素材：素素材\第11章\冬季雪景.prproj　　效果：效果\第11章\冬季雪景.prproj

视频：视频\第11章\11.1.4 关键帧的复制和粘贴.mp4

STEP 01 按快捷键【Ctrl+O】，打开一个项目文件，如图11-16所示。

STEP 02 ❶选择需要复制的关键帧后，单击鼠标右键，在弹出的快捷菜单中，❷选择“复制”命令，如图11-17所示。

图11-16 打开一个项目文件

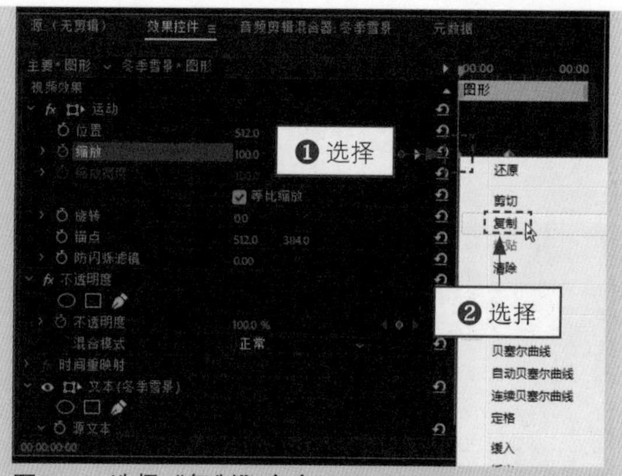

图11-17 选择“复制”命令

STEP 03 接下来，拖动时间线至合适的位置，如图11-18所示。

STEP 04 在“效果控件”面板内单击鼠标右键，在弹出的快捷菜单中，选择“粘贴”命令，执行操作后，即可复制一个相同的关键帧，效果如图11-19所示。

图11-18 拖至合适位置

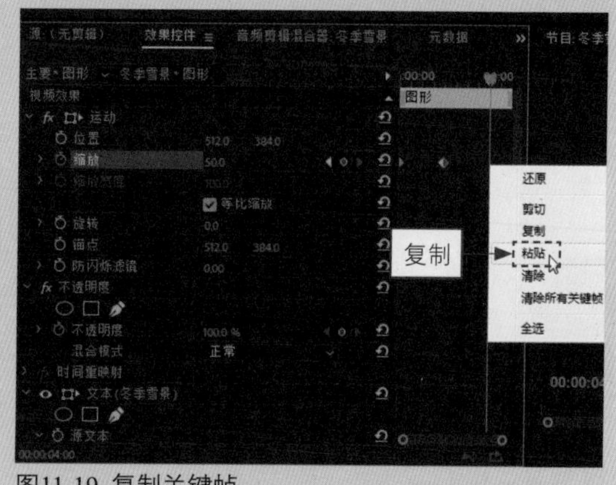

图11-19 复制关键帧

STEP 05 在“节目监视器”面板中，单击“播放-停止切换”按钮，查看制作的效果，如图11-20所示。

图11-20 查看效果

专家指点

在 Premiere Pro CC 2018 中，用户还可以通过以下两种方法复制和粘贴关键帧：

❶ 选择“编辑”|“复制”命令或者按快捷键【Ctrl + C】，复制关键帧。

❷ 选择“编辑”|“粘贴”命令或者按快捷键【Ctrl + V】，粘贴关键帧。

11.1.5 关键帧的切换

在Premiere Pro CC 2018中，用户可以在已添加的关键帧之间进行快速切换。

应用案例

关键帧的切换

素材：素材\第11章\枫林小道.prproj　　效果：效果\第11章\枫林小道.prproj

视频：视频\第11章\11.1.5 关键帧的切换.mp4

STEP 01 按快捷键【Ctrl＋O】，打开一个项目文件，如图11-21所示。

STEP 02 在“时间轴”面板中，选择已添加关键帧的素材，如图11-22所示。

图11-21 打开项目文件

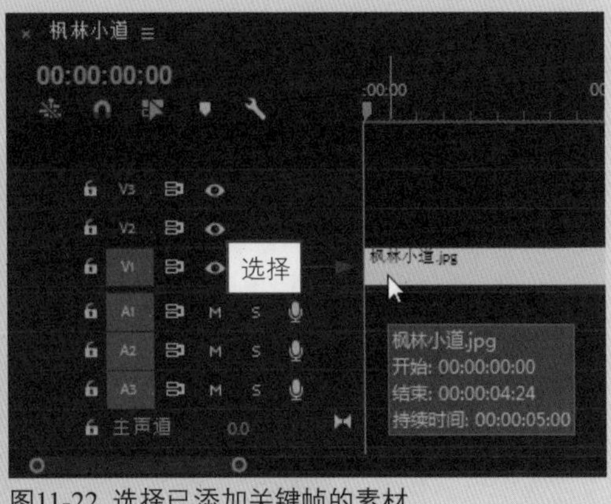

图11-22 选择已添加关键帧的素材

STEP 03 在“效果控件”面板中，❶单击“转到下一关键帧”按钮，❷即可快速切换至下一关键帧，如图11-23所示。

STEP 04 在“节目监视器”面板中，可以查看转到下一关键帧的效果，如图11-24所示。

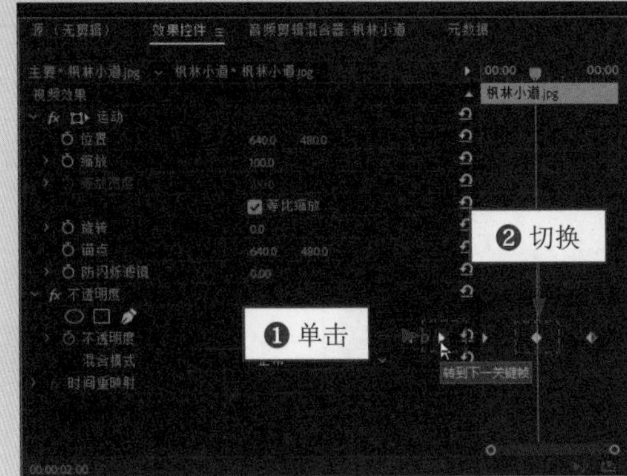

图11-23 切换至下一关键帧

图11-24 查看转到下一关键帧的效果

STEP 05 当用户单击“转到上一关键帧”按钮时，如图11-25所示，即可切换至上一关键帧。

STEP 06 在“节目监视器”面板中，可以查看转到上一关键帧的效果，如图11-26所示。

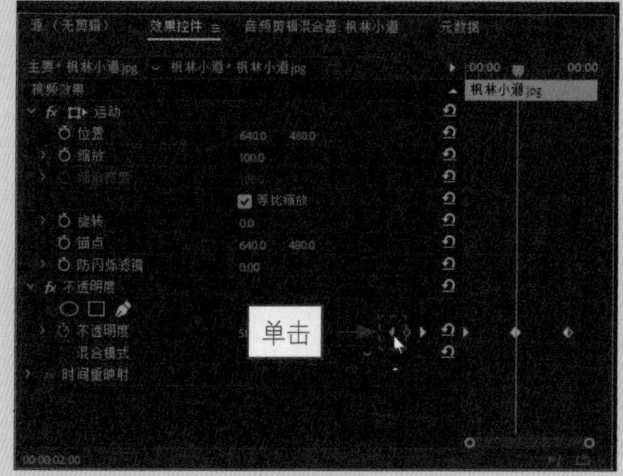

图11-25 转到上一关键帧效果

图11-26 查看转到上一关键帧效果

 专家指点

在 Premiere Pro CC 2018 中，当用户对添加的关键帧不满意时，可以将其删除，并重新添加新的关键帧。用户在删除关键帧时，可以在“效果控件”面板选中需要删除的关键帧，单击鼠标右键，在弹出的快捷菜单中选择“清除”命令，即可删除关键帧，如图 11-27 所示。

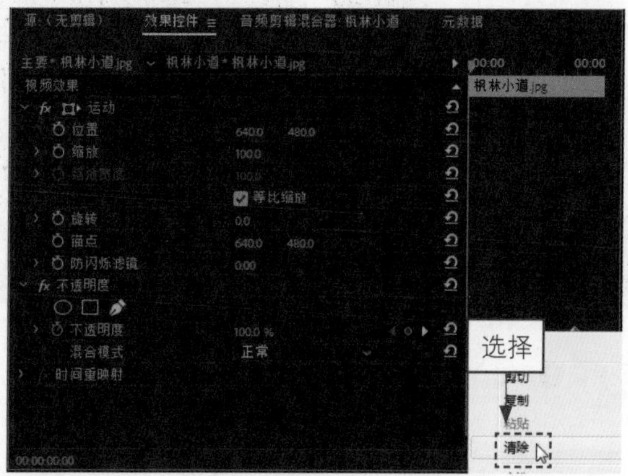

图11-27 选择“清除”命令

如果用户需要删除素材中的所有关键帧，除了运用上述方法外，还可以直接单击“效果控件”面板中对应选项左侧的“切换动画”按钮，此时，系统将弹出信息提示框，如图 11-28 所示。单击“确定”按钮，即可清除素材中的所有关键帧。

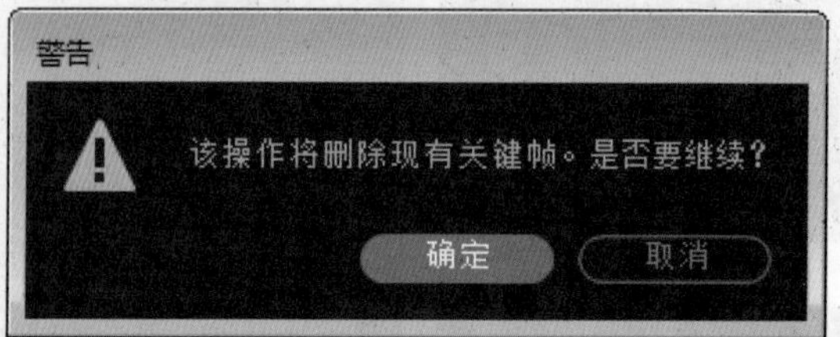

图11-28 信息提示框

11.2 制作运动特效

通过前面关键帧内容的介绍，相信读者已经了解运动效果的基本制作原理了。本节开始对制作运动效果的一些基本操作进行介绍，使读者逐渐熟练掌握各种运动特效的制作方法。

11.2.1 飞行运动特效

在制作运动特效的过程中，用户可以通过设置“位置”选项参数得到一段镜头飞过的画面效果。下面将介绍飞行运动特效的操作方法。

应用案例

飞行运动特效

素材：素材\第11章\三维动画.prproj　　效果：效果\第11章\三维动画.prproj

视频：视频\第11章\11.2.1 飞行运动特效.mp4

STEP 01 按快捷键【Ctrl+O】，打开一个项目文件，如图11-29所示。

STEP 02 选择V2轨道上的素材文件，❶在“效果控件”面板中单击“位置”选项左侧的“切换动画”按钮，❷设置“位置”为（650.0、120.0）、“缩放”为80.0，如图11-30所示。

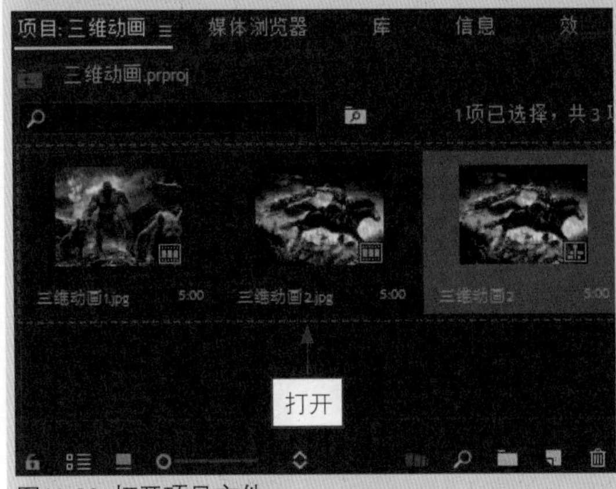

图11-29 打开项目文件

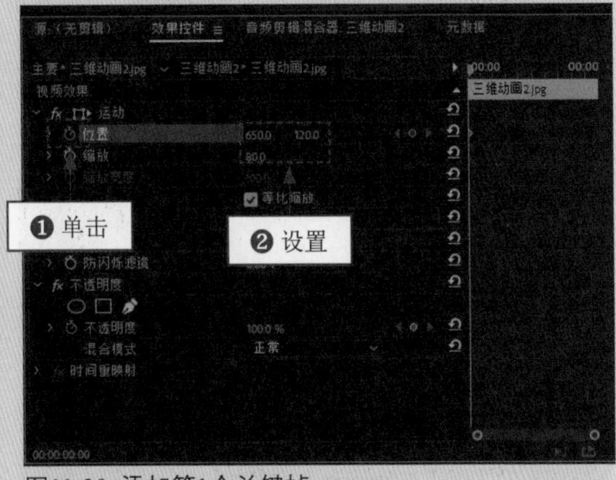

图11-30 添加第1个关键帧

专家指点

在Premiere Pro CC 2018中，经常会制作一些在镜头画面的上面飞过其他镜头，同时两个镜头的视频内容照常进行的效果，这就涉及到运动方向的设置。在Premiere Pro CC 2018中，视频运动方向的设置可以在“效果控件”面板的“运动”特效中实现，而“运动”特效是视频素材自带的特效，不需要在“效果”面板中选择特效即可进行应用。

STEP 03 ❶拖动时间线至00:00:02:00的位置，❷在“效果控件”面板中设置“位置”为（155.0、370.0），如图11-31所示，添加第二个关键帧。

STEP 04 ❶拖动时间线至00:00:04:00的位置，❷在“效果控件”面板中设置“位置”为（600.0、770.0），添加第3个关键帧，如图11-32所示。

STEP 05 执行操作后，即可制作飞行运动效果，将时间线移至素材的开始位置，在“节目监视器”面板中，单击“播放-停止切换”按钮，即可预览飞行运动效果，如图11-33所示。

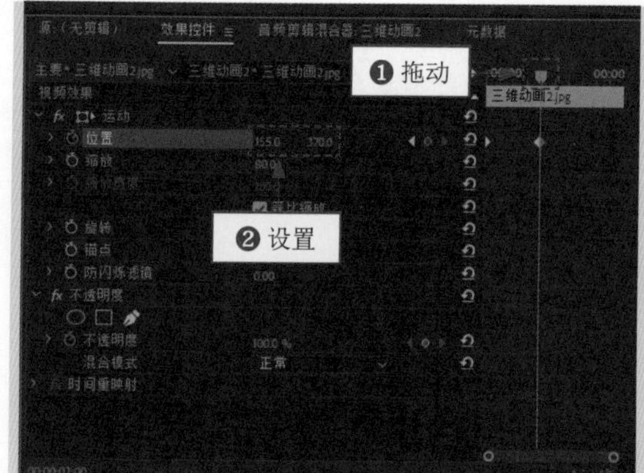

图11-31 添加第二个关键帧

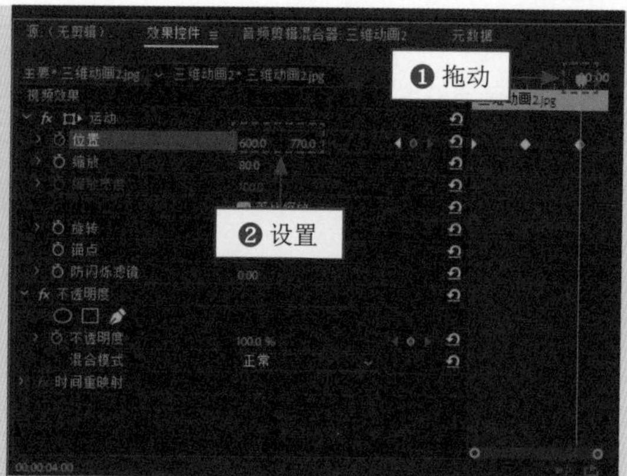

图11-32 添加第3个关键帧

图11-33 预览视频效果

11.2.2 缩放运动特效

缩放运动效果是指对象以从小到大或从大到小的形式展现在观众的眼前。

应用案例

缩放运动特效

素材：素材\第11章\饮料广告.prproj　　效果：效果\第11章\饮料广告.prproj

视频：视频\第11章\11.2.2 缩放运动特效.mp4

STEP 01 按快捷键【Ctrl+O】，打开一个项目文件，如图11-34所示。

STEP 02 选择V1轨道上的素材文件，在“效果控件”面板中设置“缩放”为55.0，如图11-35所示。

图11-34 打开项目文件

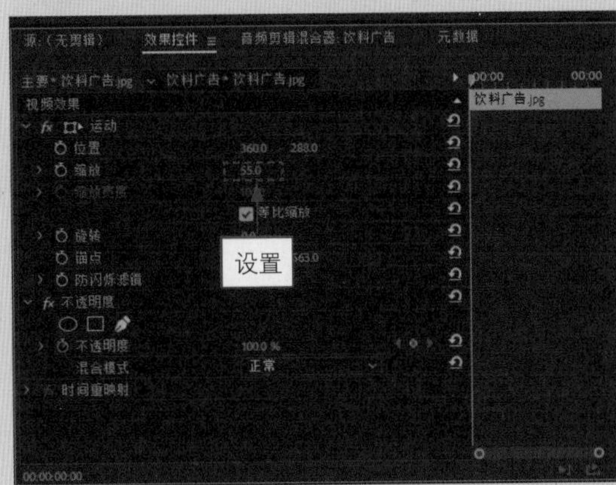

图11-35 设置“缩放”为55.0

STEP 03 设置视频缩放效果后，在“节目监视器”面板中可以查看素材画面，效果如图11-36所示。

STEP 04 选择V2轨道上的素材，在“效果控件”面板中，❶单击“位置”“缩放”“不透明度”选项左侧的“切换动画”按钮，❷设置“位置”为（360.0、288.0）、“缩放”为0.0、“不透明度”为0.0%，❸添加第1组关键帧，如图11-37所示。

图11-36 查看素材画面

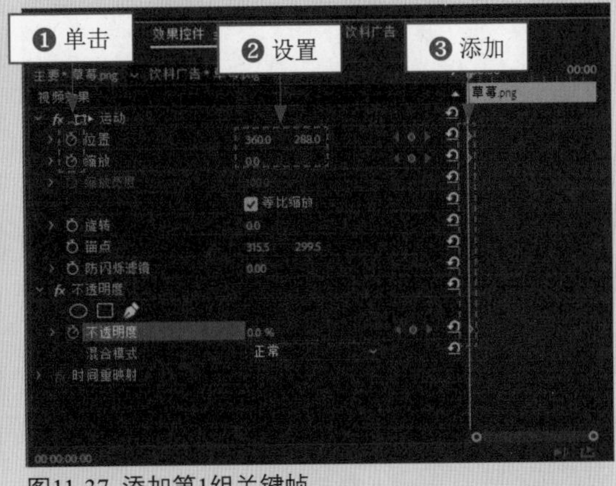

图11-37 添加第1组关键帧

STEP 05 ❶拖动时间线至00:00:02:00的位置，❷设置“缩放”为80.0、“不透明度”为100.0%，❸添加第2组关键帧，如图11-38所示。

STEP 06 ❶单击“位置”选项右侧的“添加/移除关键帧”按钮，❷即可再次添加关键帧，如图11-39所示。

STEP 07 ❶拖动时间线至00:00:04:00的位置，❷选择“运动”选项，如图11-40所示。

STEP 08 执行操作后，在“节目监视器”面板中显示运动控件，如图11-41所示。

STEP 09 在“节目监视器”面板中，单击运动控件的中心并拖动，调整素材位置，拖动素材四周的控制点，调整素材大小，如图11-42所示。

STEP 10 切换至“效果”面板，❶展开“视频效果”|“透视”选项，❷使用鼠标左键双击“投影”选项，如图11-43所示，即可为选择的素材添加投影效果。

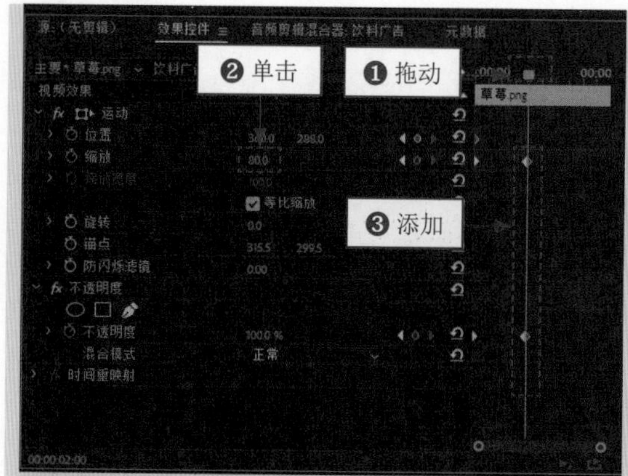

图11-38 添加第2组关键帧

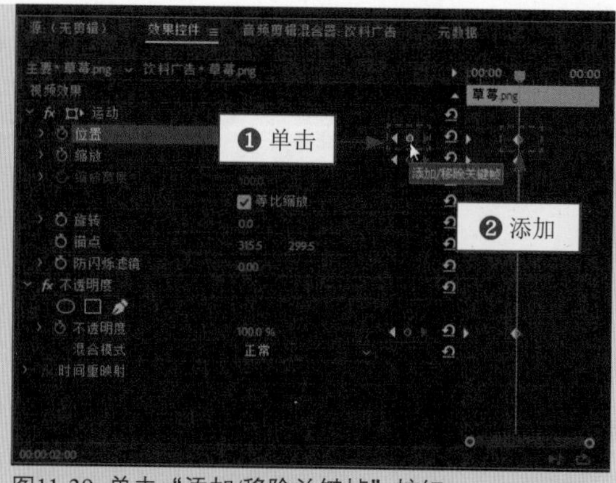

图11-39 单击“添加/移除关键帧”按钮

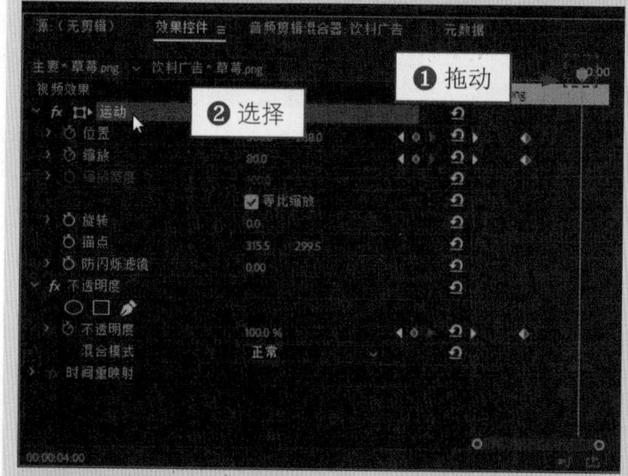

图11-40 选择“运动”选项

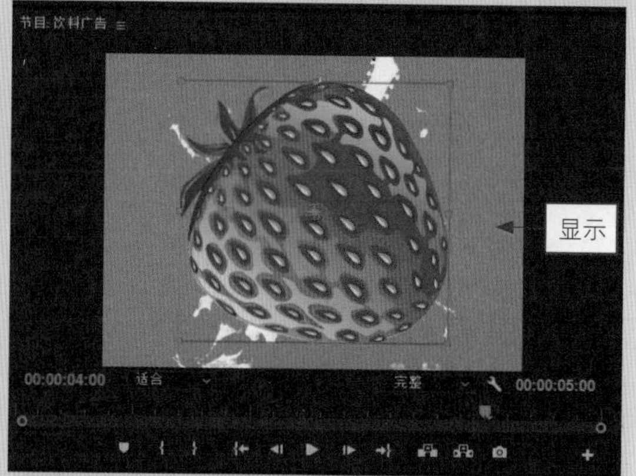

图11-41 显示运动控件

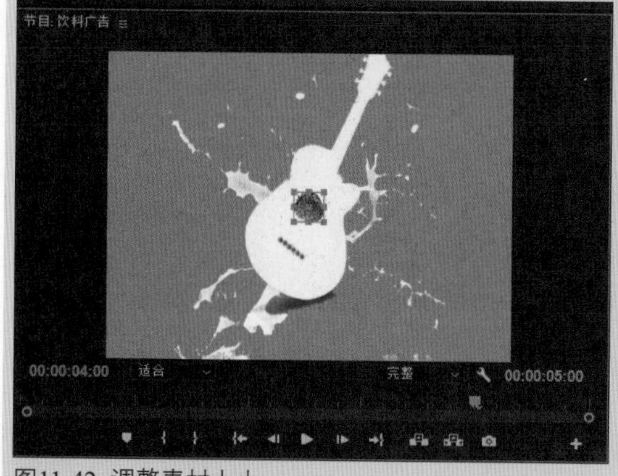
图11-42 调整素材大小

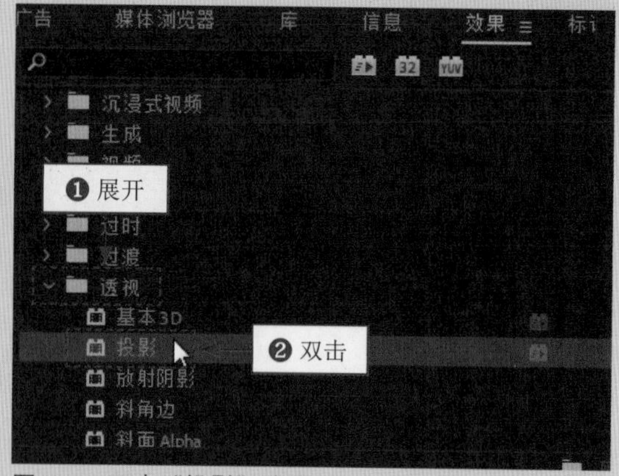

图11-43 双击“投影”选项

STEP 11 在“效果控件”面板中展开“投影”选项，设置“距离”为20.0、“柔和度”为15.0，如图11-44所示。

STEP 12 单击“播放-停止切换”按钮，预览视频缩放效果，如图11-45所示。

专家指点

在影视节目中，缩放运动效果运用得比较频繁，该效果不仅操作简单，而且制作的画面对比较强，表现力丰富。

在工作界面中，为影片素材制作缩放运动效果后，如果对效果不满意，可以展开“特效控制台”面板，在其中设置“缩

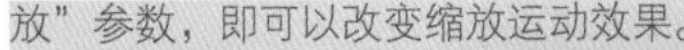
放”参数，即可以改变缩放运动效果。

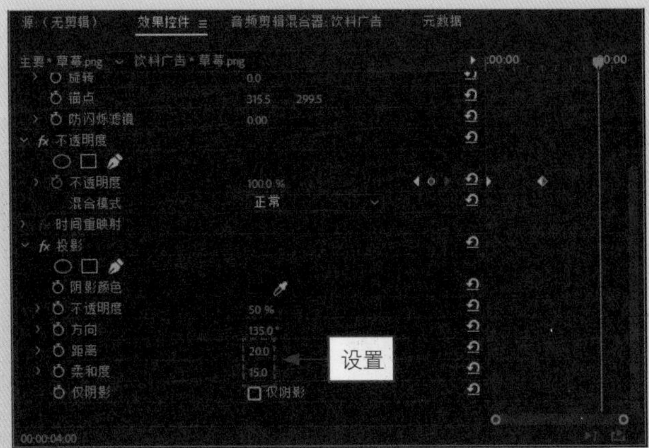

图11-44 设置相应选项

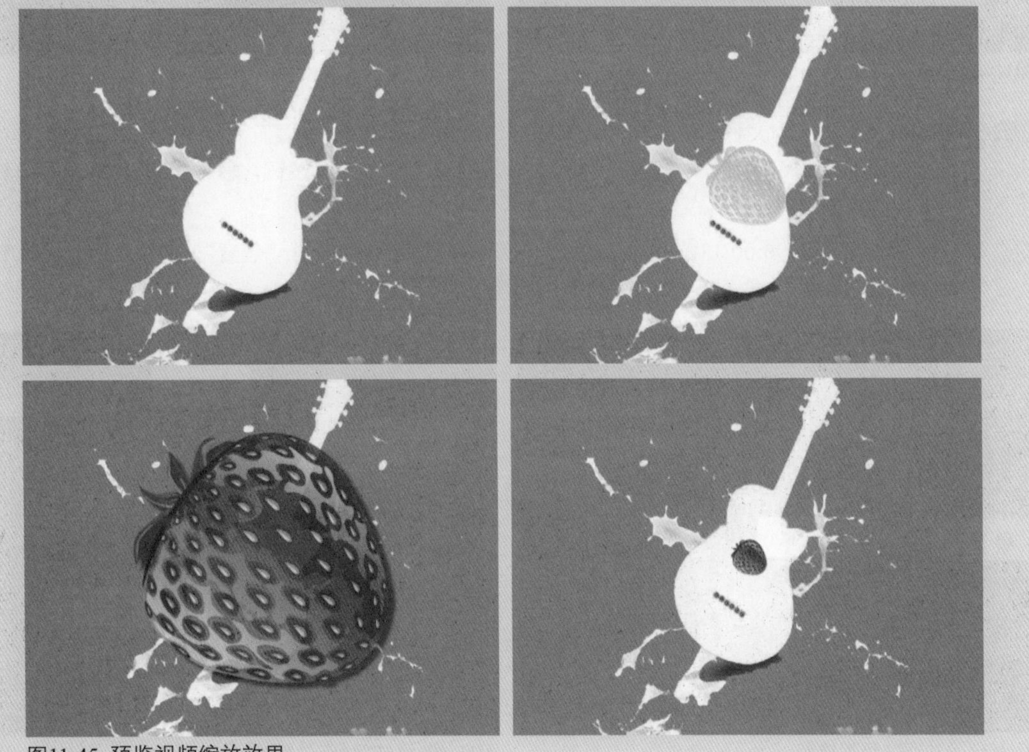

图11-45 预览视频缩放效果

11.2.3 旋转降落特效

在Premiere Pro CC 2018中，制作旋转运动效果时可以将素材围绕指定的轴进行旋转。

旋转降落特效

素材：\素材\第11章\可爱小猪.prproj　　效果：效果\第11章\可爱小猪.prproj

视频：视频\第11章\11.2.3 旋转降落特效.mp4

STEP 01 按快捷键【Ctrl+O】，打开一个项目文件，如图11-46所示。

STEP 02 在“项目”面板中选择素材文件，分别添加到“时间轴”面板中的V1与V2轨道上，如图11-47所示。

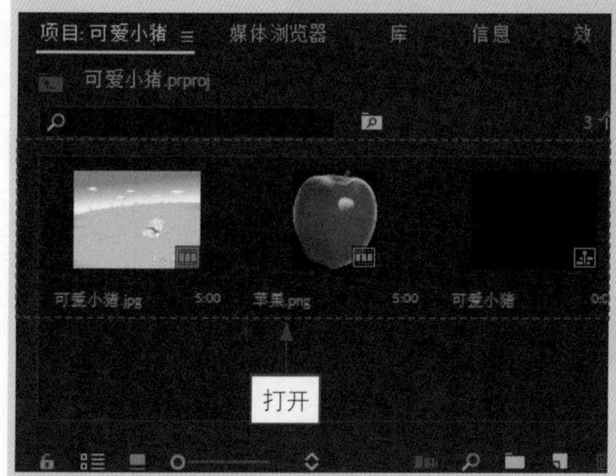

图11-46 打开项目文件

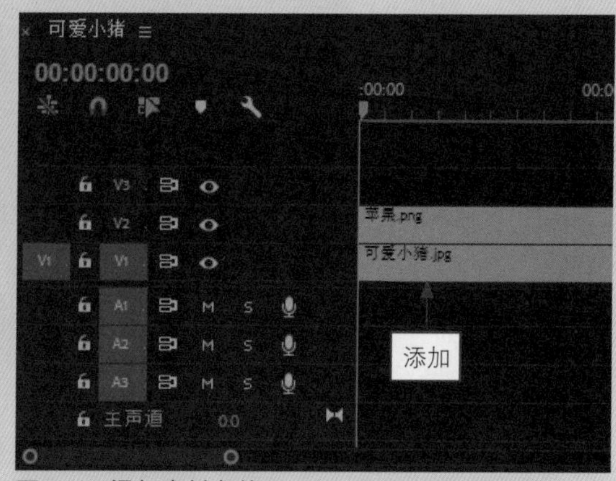

图11-47 添加素材文件

STEP 03 选择V2轨道上的素材文件，切换至“效果控件”面板，❶设置“位置”为（360.0、-30.0）、“缩放”为9.5，❷单击“位置”与“旋转”选项左侧的“切换动画”按钮，❸添加关键帧，如图11-48所示。

STEP 04 ❶拖动时间线至00:00:00:13的位置；❷在“效果控件”面板中设置“位置”为（360.0、50.0）、“旋转”为-180.0°，❸添加第2组关键帧，如图11-49所示。

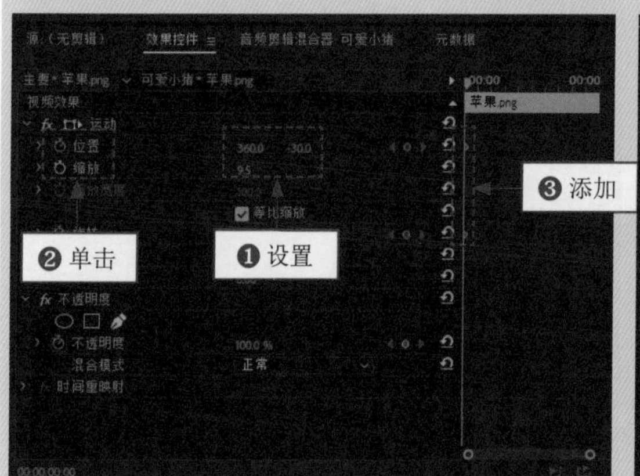

图11-48 添加第1组关键帧

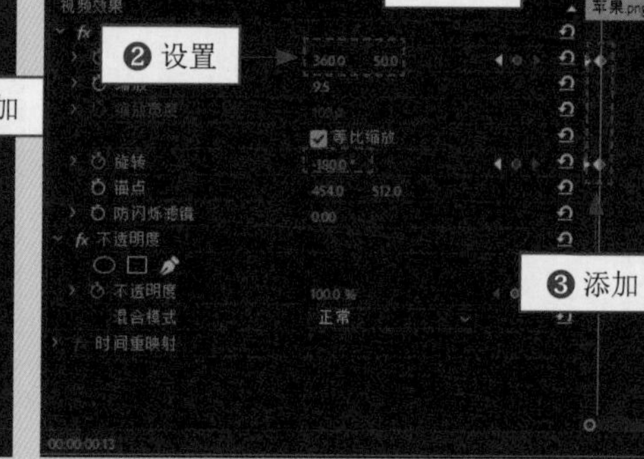

图11-49 添加第2组关键帧

专家指点

在“效果控件”面板中，“旋转”选项用于设置对象以自己的轴心为基准进行旋转，用户可对对象进行任意角度的旋转。

STEP 05 ❶拖动时间线至00:00:03:00的位置，❷在“效果控件”面板中设置“位置”为（700.0、500.0）、“旋转”为2.0°，❸添加关键帧，如图11-50所示。

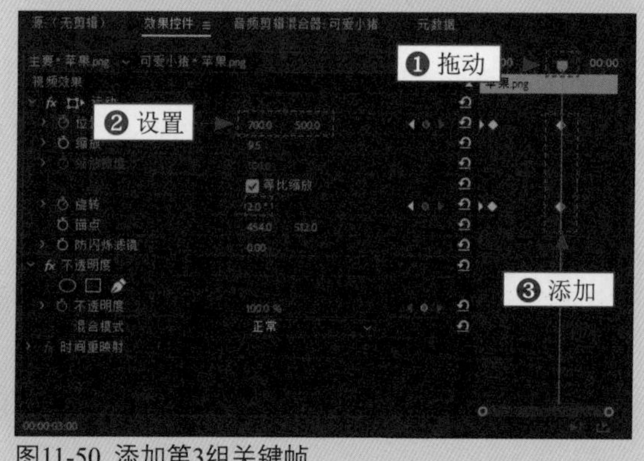

图11-50 添加第3组关键帧

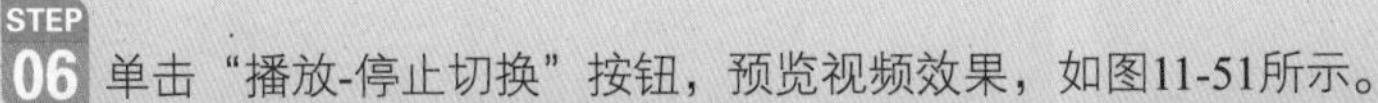

STEP 06 单击“播放-停止切换”按钮，预览视频效果，如图11-51所示。

图11-51 预览视频效果

11.2.4 镜头推拉特效

在视频节目中，制作镜头的推拉效果可以增加画面的视觉冲击力。下面介绍如何制作镜头的推拉效果。

应用案例

镜头推拉特效

素材：\素材\第11章\爱的婚纱.prproj　　效果：效果\第11章\爱的婚纱.prproj

视频：视频\第11章\11.2.4 镜头推拉特效.mp4

STEP 01 按快捷键【Ctrl+O】，打开一个项目文件，在“项目”面板中可以查看，如图11-52所示。

STEP 02 在“项目”面板中选择“爱的婚纱.jpg”素材文件，并将其添加到“时间轴”面板中的V1轨道上，如图11-53所示。

图11-52 打开项目文件

图11-53 添加素材文件

STEP 03 选择V1轨道上的素材文件，在“效果控件”面板中设置“缩放”为120.0，如图11-54所示。

STEP 04 然后将“爱的婚纱.png”素材文件添加到“时间轴”面板中的V2轨道上，如图11-55所示。

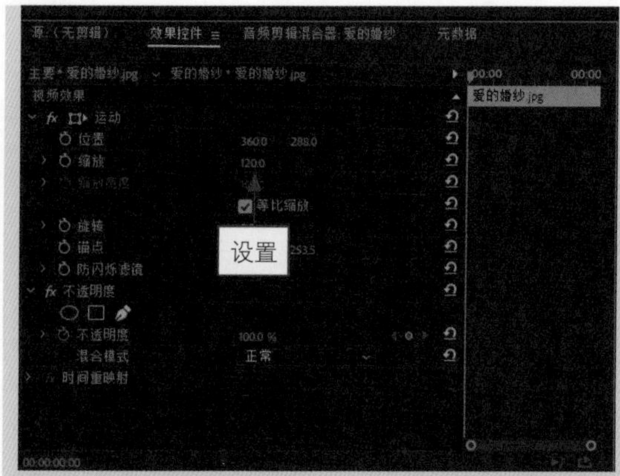

图11-54 设置“缩放”选项

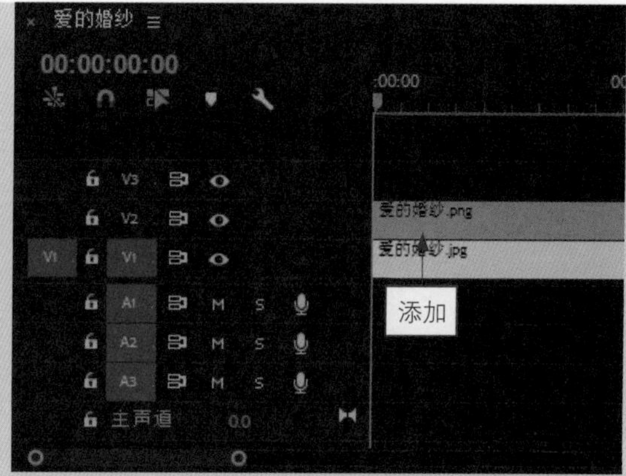

图11-55 添加素材文件

STEP 05 选择V2轨道上的素材，❶在“效果控件”面板中单击“位置”与“缩放”选项左侧的“切换动画”按钮，❷设置“位置”为（111.0、90.0）、“缩放”为11.0，❸添加第1组关键帧，如图11-56所示。

STEP 06 ❶拖动时间线至00:00:02:00的位置，❷设置“位置”为（600.0、90.0）、“缩放”为25.0，❸添加第2组关键帧，如图11-57所示。

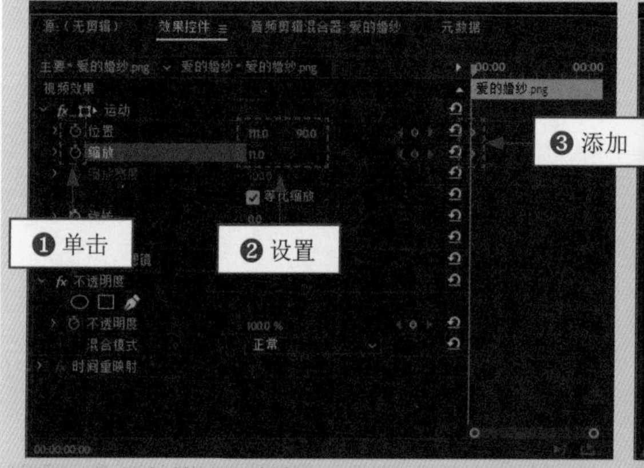

图11-56 添加第1组关键帧

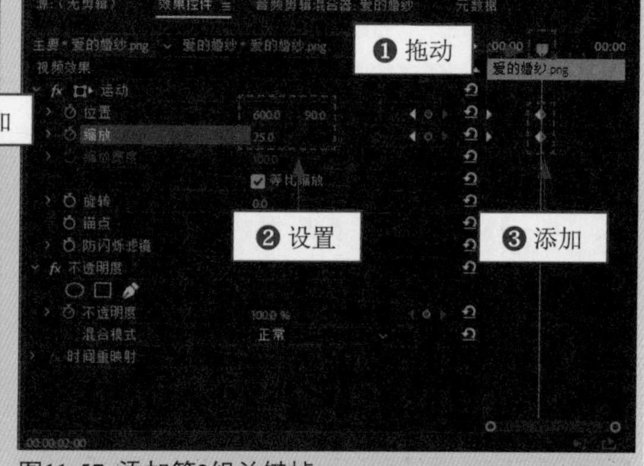

图11-57 添加第2组关键帧

STEP 07 ❶拖动时间线至00:00:04:00的位置，❷设置“位置”为（350.0、160.0）、“缩放”为30.0，❸添加第3组关键帧，如图11-58所示。

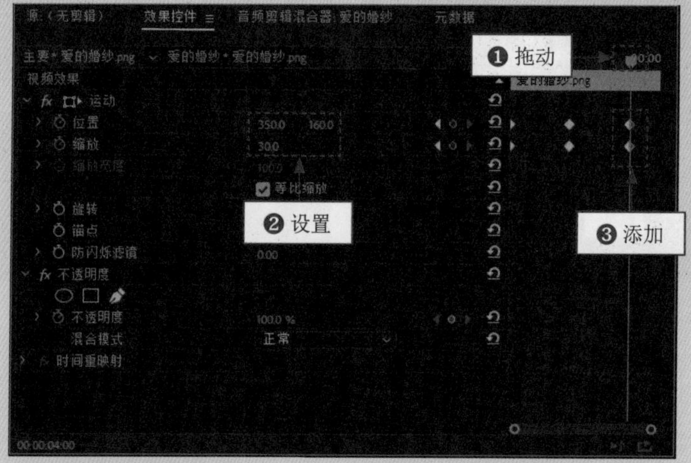

图11-58 添加第3组关键帧

STEP 08 单击“播放-停止切换”按钮，预览视频效果，如图11-59所示。

图11-59 预览视频效果

11.2.5 字幕飘浮特效

字幕飘浮效果主要是通过调整字幕的位置来制作的，然后为字幕添加透明效果来制作飘浮的效果。

应用案例

字幕漂浮特效

素材：素材\第11章\机甲战斗.prproj　　效果：效果\第11章\机甲战斗.prproj

视频：视频\第11章\11.2.5 字幕飘浮特效.mp4

STEP 01 按快捷键【Ctrl+O】，打开一个项目文件，如图11-60所示。

STEP 02 在“项目”面板中选择“机甲战斗.jpg”素材文件，并将其添加到“时间轴”面板中的V1轨道上，如图11-61所示。

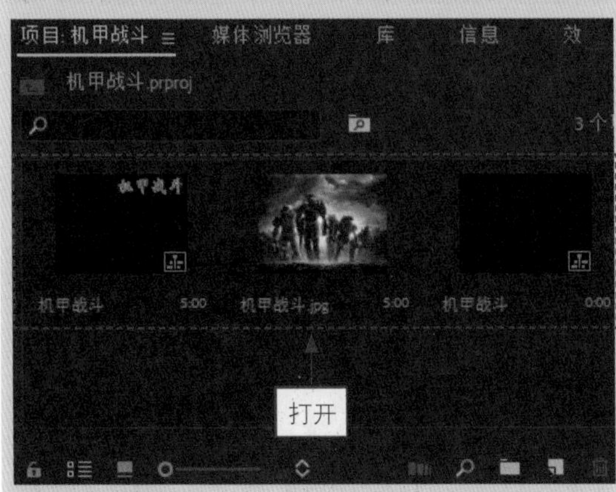

图11-60 打开项目文件

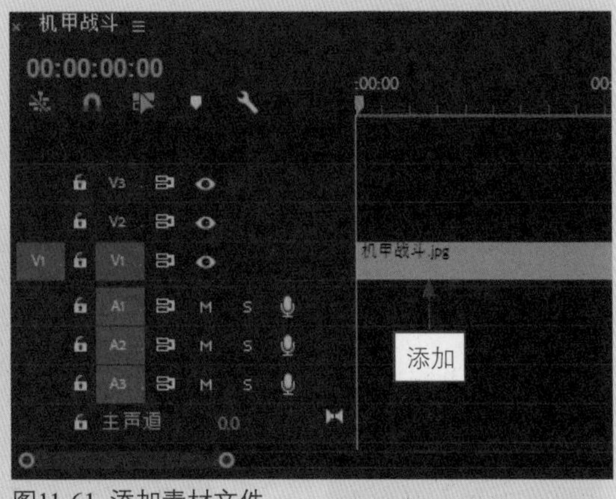

图11-61 添加素材文件

STEP 03 选择V1轨道上的素材文件，在“效果控件”面板中设置“缩放”为145.0，如图11-62所示。

STEP 04 将“机甲战斗”字幕文件添加到“时间轴”面板中的V2轨道上，调整素材的区间位置，如图11-63所示。

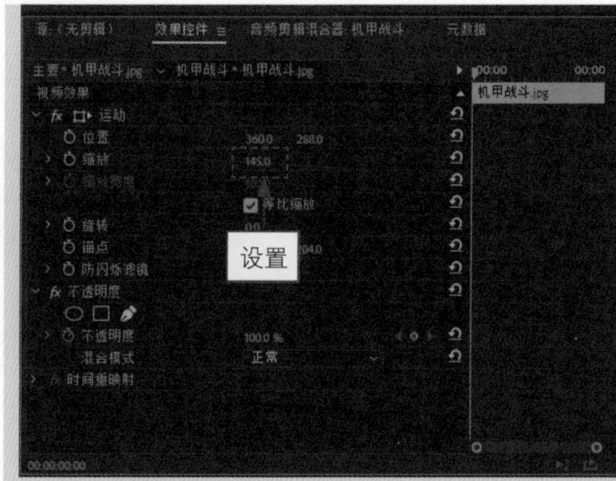

图11-62 设置“缩放”为145.0

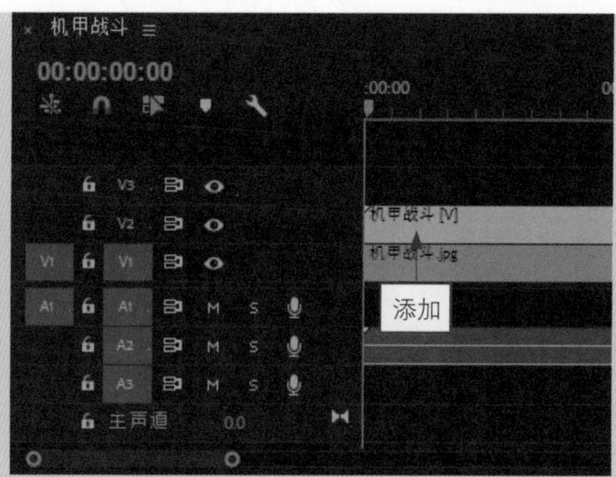

图11-63 添加字幕文件

STEP 05 在“时间轴”面板中添加素材后，在“节目监视器”面板中可以查看素材画面，如图11-64所示。

STEP 06 选择V2轨道上的素材，切换至“效果”面板，❶展开“视频效果”|“扭曲”选项，❷双击“波形变形”选项，如图11-65所示，即可为选择的素材添加波形变形效果。

图11-64 查看素材画面

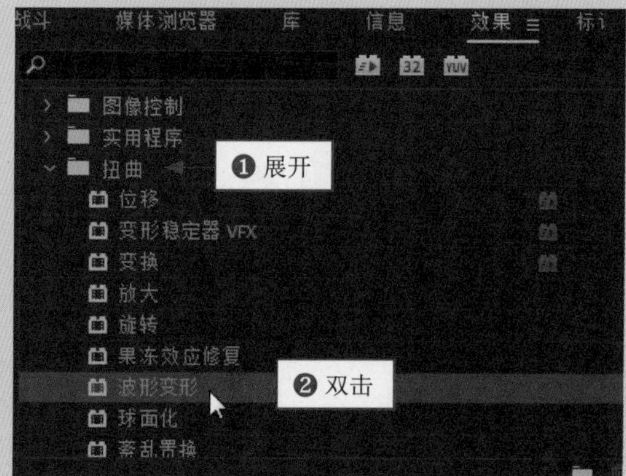

图11-65 双击“波形变形”选项

STEP 07 在“效果控件”面板中，❶单击“位置”与“不透明度”选项左侧的“切换动画”按钮，❷设置“位置”为（150.0、280.0）、“不透明度”为50.0%，❸添加第1组关键帧，如图11-66所示。

STEP 08 ❶拖动时间线至00:00:02:00的位置，❷设置“位置”为（350.0、300.0）、“不透明度”为70.0%，❸添加第2组关键帧，如图11-67所示。

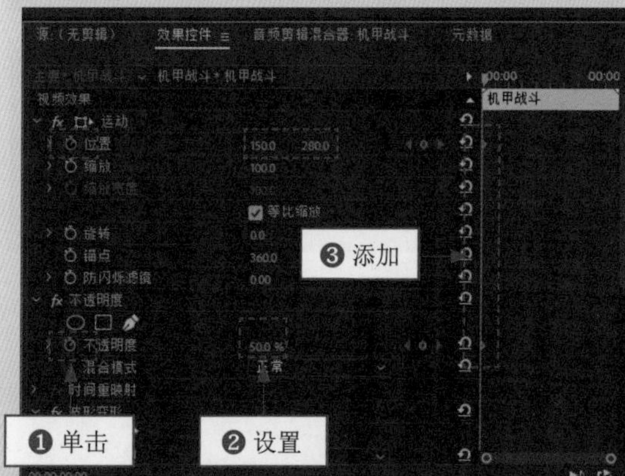

图11-66 添加第1组关键帧

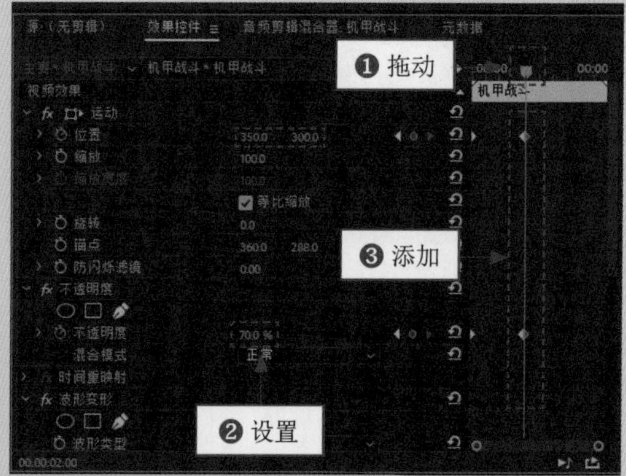

图11-67 添加第2组关键帧

专家指点

在 Premiere Pro CC 2018 中，字幕飘浮效果是指为文字添加波浪特效后，通过设置相关的参数，模拟水波流动效果，用户可以根据需要，在“效果控件”面板中调整关键帧参数。

STEP 09 ❶拖动时间线至00:00:04:00的位置，❷设置“位置”为（370.0、320.0）、“不透明度”为100.0%，❸添加第3组关键帧，如图11-68所示。

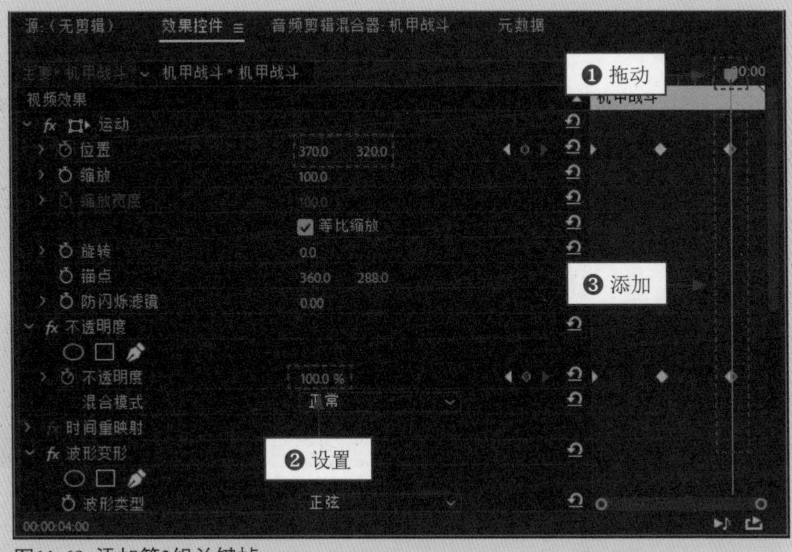

图11-68 添加第3组关键帧

STEP 10 制作完成后，将时间线拖至开始位置，在“节目监视器”面板中，单击“播放-停止切换”按钮，预览视频效果，如图11-69所示。

图11-69 预览视频效果

11.2.6 字幕逐字输出特效

在Premiere Pro CC 2018中，用户可以通过“裁剪”特效制作字幕逐字输出效果。下面介绍制作字幕逐字输出效果的操作方法。

应用案例

字幕逐字输出特效

素材：素材\第11章\幸福恋人.prproj　　效果：效果\第11章\幸福恋人.prproj

视频：视频\第11章\11.2.6 字幕逐字输出特效.mp4

STEP 01 按快捷键【Ctrl+O】，打开一个项目文件，如图11-70所示。

STEP 02 在“项目”面板中选择“幸福恋人.jpg”素材文件，并将其添加到“时间轴”面板中的V1轨道上，如图11-71所示。

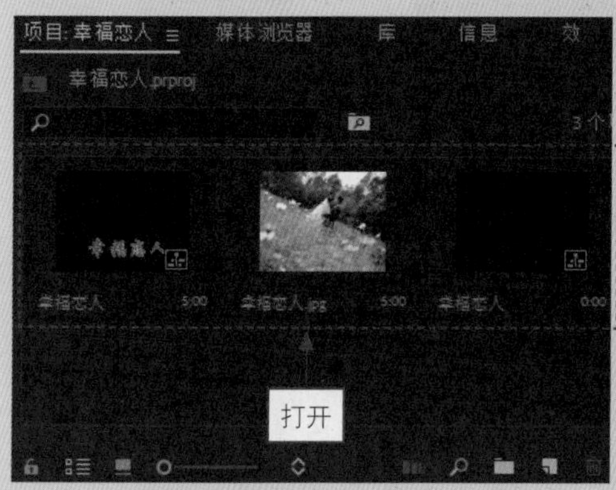

图11-70 打开项目文件

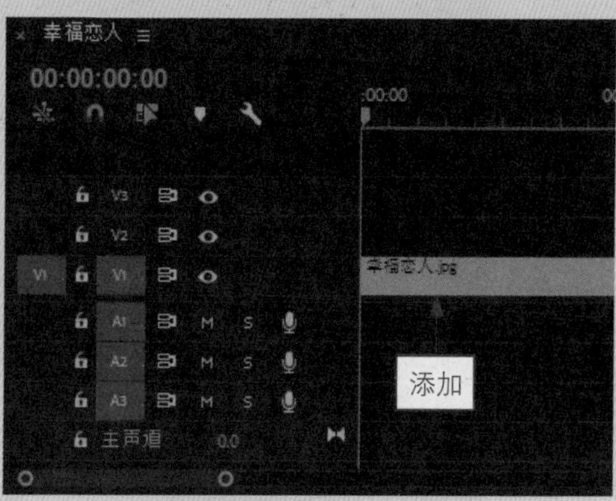

图11-71 添加素材文件

STEP 03 选择V1轨道上的素材文件，在“效果控件”面板中设置“缩放”为15.0，如图11-72所示。

STEP 04 将“幸福恋人”字幕文件添加到“时间轴”面板中的V2轨道上，选择V2轨道中的素材文件，如图11-73所示。

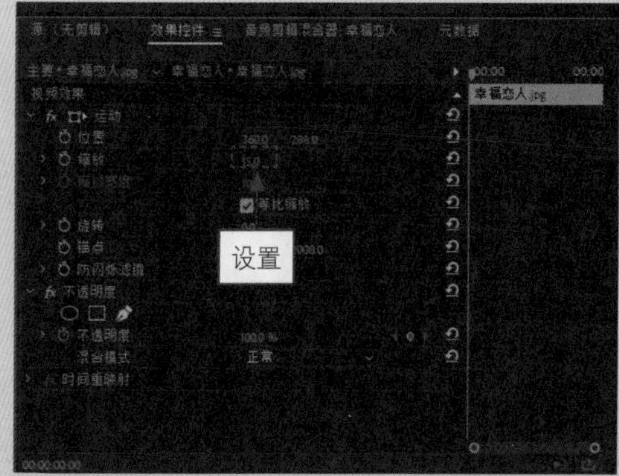

图11-72 设置“缩放”为15.0

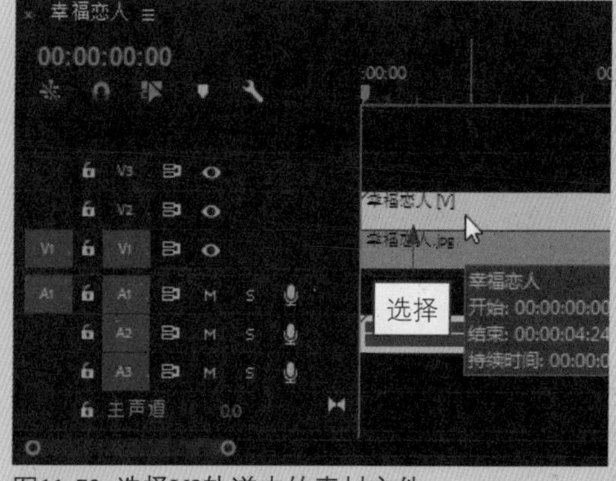

图11-73 选择V2轨道中的素材文件

STEP 05 切换至“效果”面板，❶展开“视频效果”|“变换”选项，❷使用鼠标左键双击“裁剪”选项，如图11-74所示，即可为选择的素材添加裁剪效果。

STEP 06 在“效果控件”面板中展开“裁剪”选项，❶拖动时间线至00:00:00:12的位置，❷单击“右侧”与“底部”选项左侧的“切换动画”按钮，❸设置“右侧”为100.0%、“底部”为81.0%；❹添加第1组关键帧，如图11-75所示。

STEP 07 执行上述操作后，在“节目监视器”面板中可以查看素材画面，如图11-76所示。

STEP 08 ❶拖动时间线至00:00:01:00的位置，❷设置“右侧”为65.0%、“底部”为10.0%，❸添加第2组关键帧，如图11-77所示。

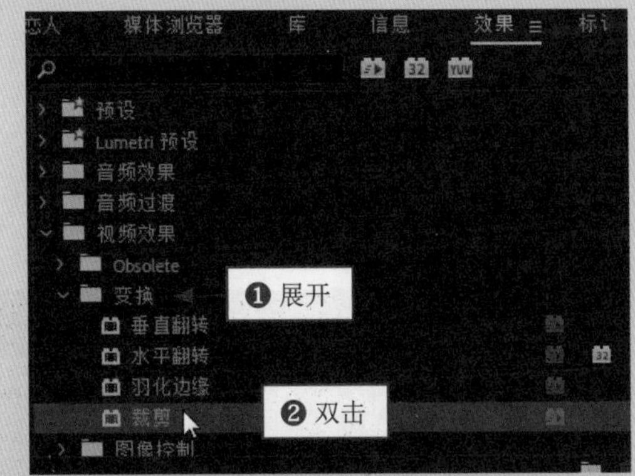

图11-74 双击“裁剪”选项

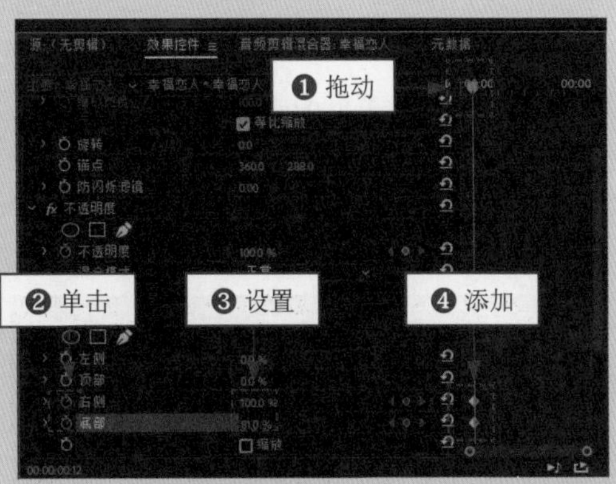

图11-75 添加第1组关键帧

图11-76 查看素材画面

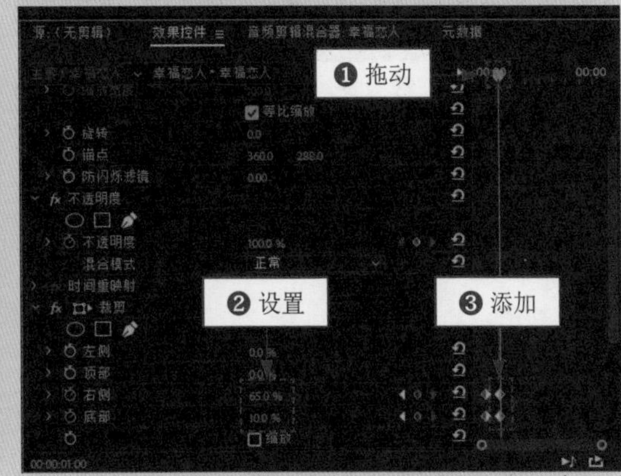

图11-77 添加第2组关键帧

STEP 09 ❶拖动时间线至00:00:02:00的位置，❷设置“右侧”为45.0%、“底部”为10.0%，❸添加第3组关键帧，如图11-78所示。

STEP 10 ❶拖动时间线至00:00:03:00的位置，❷设置“右侧”为30.0%、“底部”为10.0%，❸添加第4组关键帧，如图11-79所示。

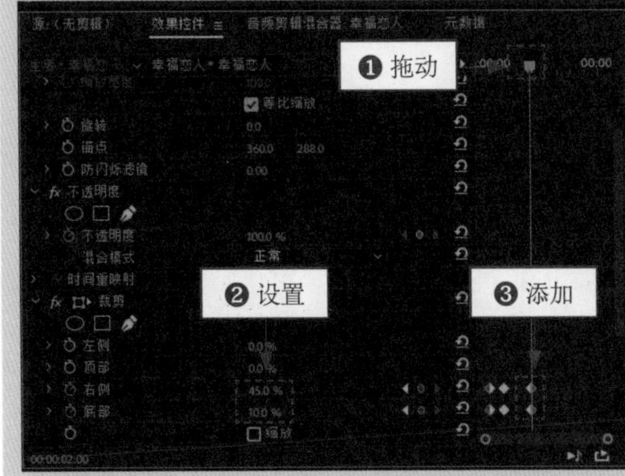

图11-78 添加第3组关键帧

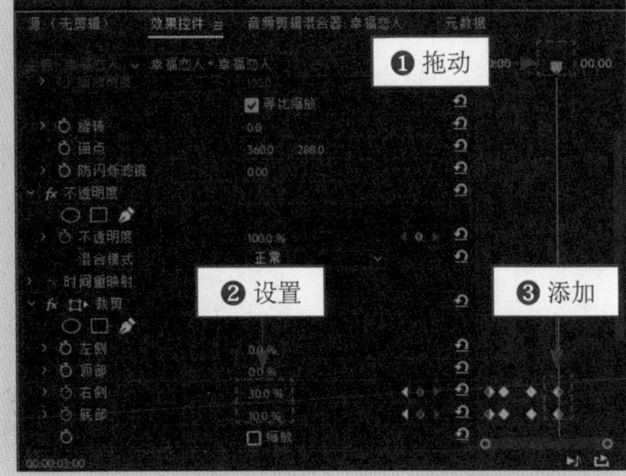

图11-79 添加第4组关键帧

专家指点

在 Premiere Pro CC 2018 中，“裁剪”效果中的其他功能也可以应用，例如“左侧”和“顶部”，用户可在“效果控件”面板中的“裁剪”选项下中通过添加关键帧，并设置关键帧相关参数进行应用。

STEP 11 ❶拖动时间线至00:00:04:00的位置，❷设置“右侧”为15.0%、“底部”为10.0%，❸添加第5组关键帧，如图11-80所示。

STEP 12 ❶拖动时间线至00:00:04:20的位置，❷设置“右侧”为0.0%、“底部”为0.0%，❸添加第6组关键帧，如图11-81所示。

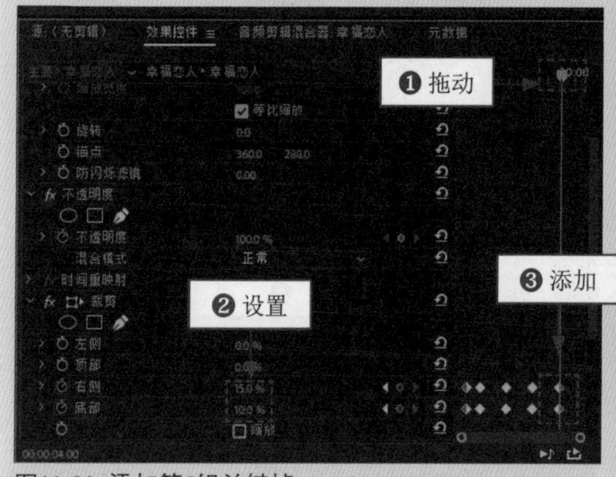

图11-80 添加第5组关键帧

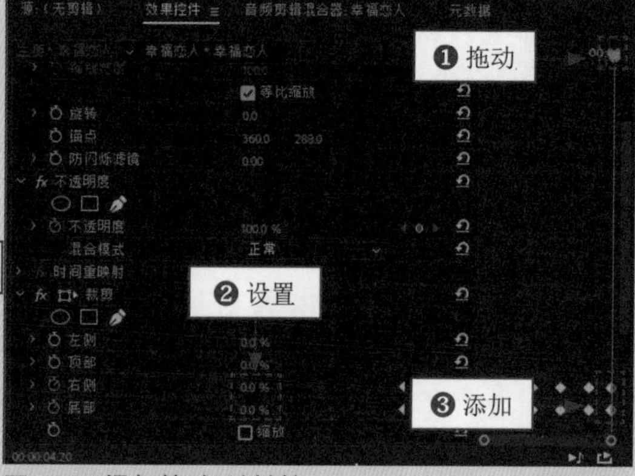

图11-81 添加第6组关键帧

STEP 13 单击“播放-停止切换”按钮，预览视频效果，如图11-82所示。

图11-82 预览视频效果

11.3 制作画中画特效

画中画效果是在影视节目中常用的技巧之一，是利用数字技术，在同一屏幕上显示两个画面。本节将详细介绍画中画的相关基础知识，以及在Premiere Pro CC 2018中制作画中画效果方法，以供读者学习、掌握。

11.3.1 认识画中画效果

画中画效果是指在正常观看的主画面上，同时插入一个或多个经过压缩的子画面，以便在欣赏主画面的同时，观看其他影视效果。通过数字化处理，生成景物远近不同、具有强烈视觉冲击力的全景图像，给人一种身在画中的全新视觉享受。

画中画效果不仅可以同步显示多个不同的画面，还可以显示两个或多个内容相同的画面效果，让画面产生万花筒般的特殊效果。

1. 画中画在天气预报中的应用

随着计算机的普及，画中画效果逐渐成为天气预报节目常用的播放技巧。几乎大部分天气预报节目都运用了画中画效果来进行播放。工作人员通过后期制作，将两个画面合成至一个背景中，得到最终的天气预报效果。

2. 画中画在新闻播报中的应用

画中画效果在新闻播放节目中的应用也十分广泛。在新闻联播中，常常会看到节目主持人的右上角占据一个新的画面，这些画面通常是为了配合主持人报道新闻的。

3. 画中画在影视广告宣传中的应用

影视广告是非常奏效而且覆盖面较广的广告传播方法之一。

随着数码科技的发展，这种画中画效果被许多广告产业搬上了银幕，加入了画中画效果的宣传动画，常常可以表现出更加明显的宣传效果。

4. 画中画在显示器中的应用

如今网络电视不断普及，大屏显示器随之出现，画中画在显示器中的应用也并非人们想象中的那么“鸡肋”。在市场上，以华硕VE276Q和三星P2370HN为代表的带有画中画功能显示器的出现，得到了用户的一致认可，同时也将显示器的娱乐性进一步增强。

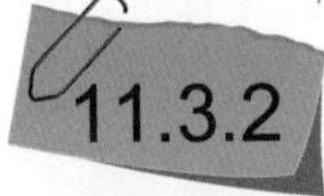

11.3.2 导入制作画中画特效的素材

画中画是指以高科技为载体，将普通的平面图像转化为层次分明、全景多变的精彩画面。在Premiere Pro CC 2018中，制作画中画运动效果之前，首先需要导入影片素材，下面进行具体介绍。

导入制作画中画特效的素材

素材：素材\第11章\3D视频.prproj　　效果：效果\第11章\3D视频.prproj

视频：视频\第11章\11.3.2 导入制作画中画特效的素材.mp4

STEP 01 按快捷键【Ctrl+O】，打开一个项目文件，如图11-83所示。

图11-83 打开项目文件

STEP 02 在“时间轴”面板上，将导入的素材分别添加至V1和V2轨道上，拖动控制条调整视图，如图11-84所示。

STEP 03 将时间线移至00:00:06:00的位置，将V2轨道上的素材向右拖至6秒处，设置时长，如图11-85所示。

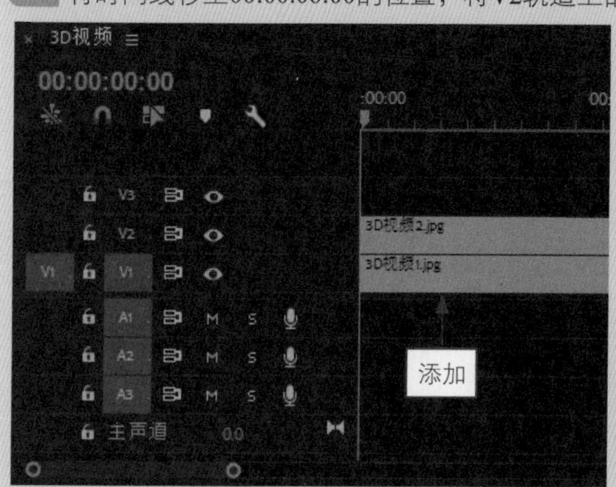

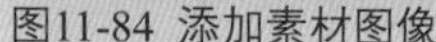

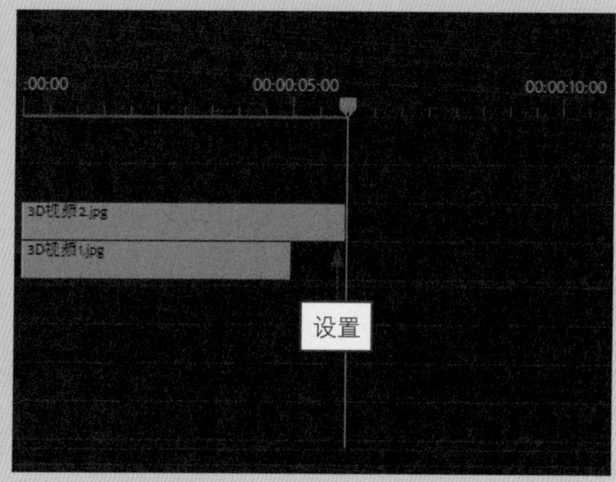

图11-84 添加素材图像

图11-85 设置时长

11.3.3 画中画特效的制作

在添加完素材后，用户可以继续对画中画素材设置运动效果。接下来介绍如何设置画中画特效的属性。

应用案例

画中画特效的制作

素材：无　　效果：效果\第11章\3D视频2.prproj

视频：视频\第11章\11.3.3 画中画特效的制作.mp4

STEP 01 打开上一节中导入的项目文件，将时间线移至素材的开始位置，选择V1轨道上的素材，如图11-86所示。

STEP 02 在“效果控件”面板中，❶单击“位置”和“缩放”左侧的“切换动画”按钮，❷添加一组关键帧，如图11-87所示。

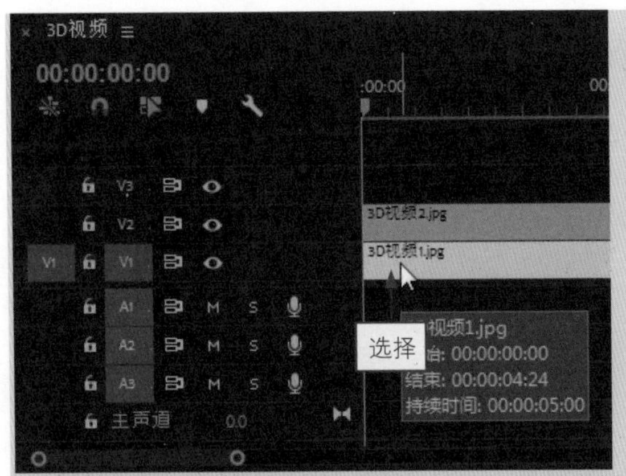

图11-86 选择V1轨道上的素材

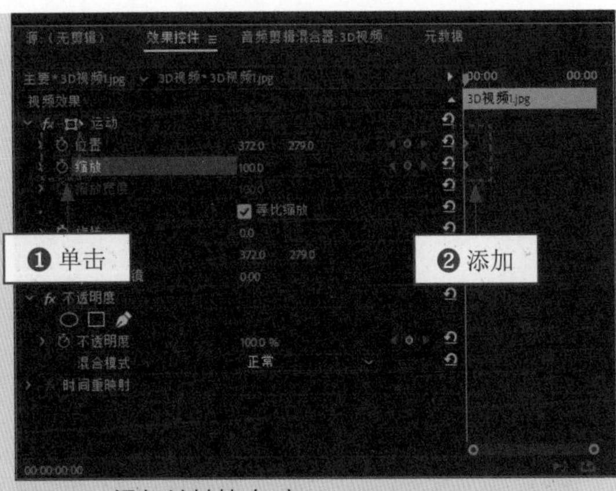

图11-87 添加关键帧（1）

STEP 03 关键帧添加完成后，选择V2轨道上的素材文件，设置“缩放”为20.0，如图11-88所示。

STEP 04 在“节目监视器”面板中，将选择的素材拖至面板左上角，❶单击“位置”和“缩放”左侧前的“切换动画”按钮，❷添加关键帧，如图11-89所示。

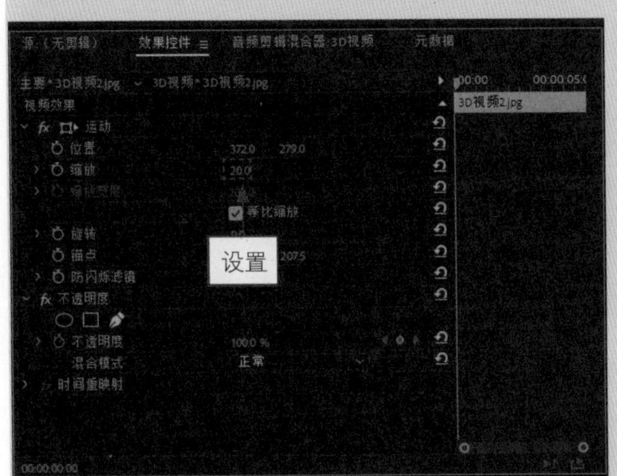

图11-88 设置“缩放”为20.0

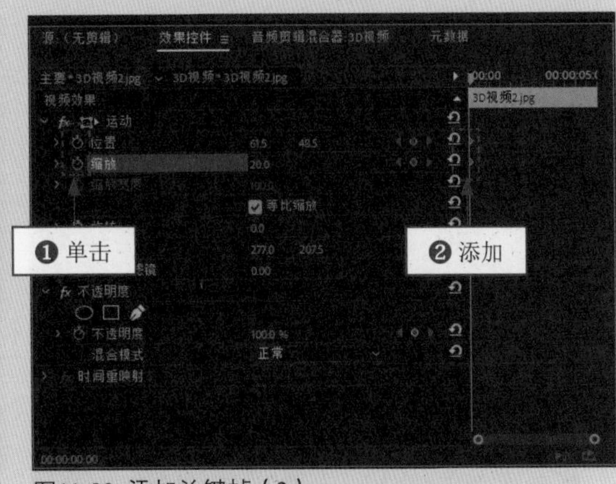

图11-89 添加关键帧（2）

STEP 05 将时间线移至00:00:00:20的位置，选择V2轨道中的素材，在“节目监视器”面板中沿水平方向向右拖动素材，系统会自动添加一个关键帧，如图11-90所示。

STEP 06 将时间线移至00:00:01:00的位置，选择V2轨道中的素材，在“节目监视器”面板中沿垂直方向向下拖动素材，系统会自动添加一个关键帧，如图11-91所示。

图11-90 水平向右拖动素材

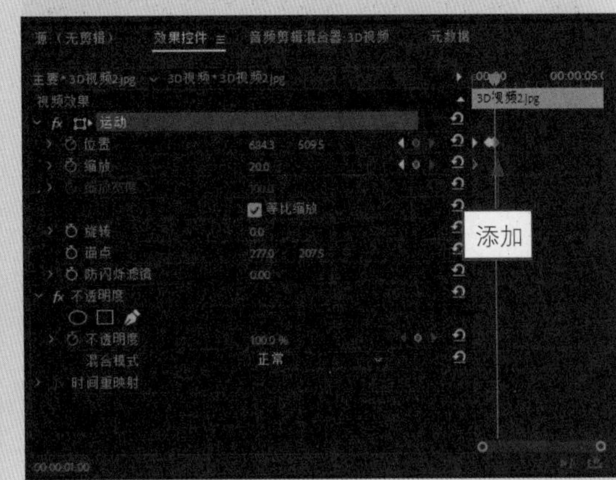

图11-91 添加关键帧（3）

STEP 07 将“3D视频1”素材图像添加至V3轨道00:00:01:00的位置，如图11-92所示。

STEP 08 选择V3轨道上的素材，将时间线移至00:00:01:05的位置，如图11-93所示。

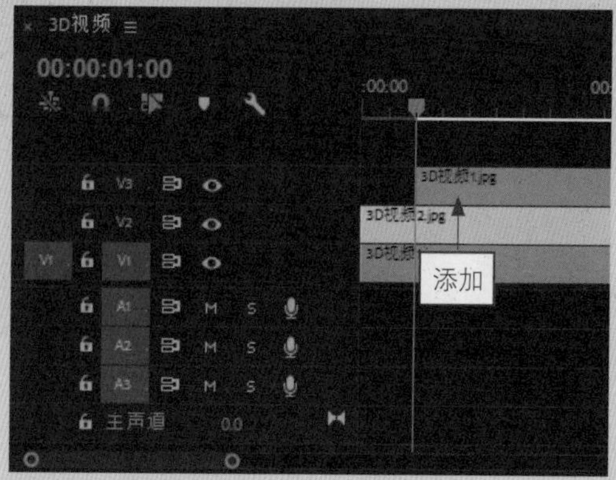

图11-92 添加素材图像

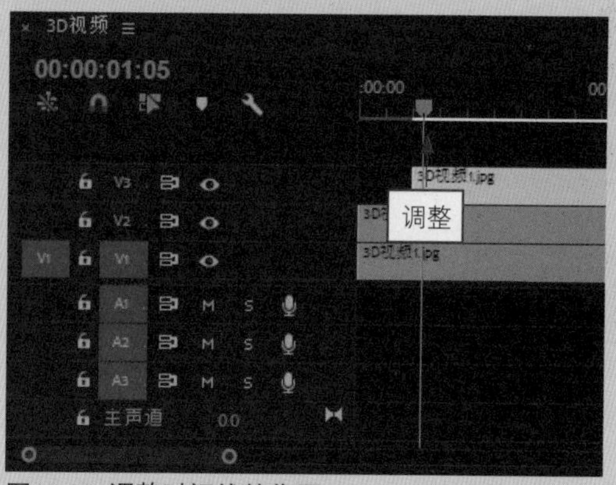

图11-93 调整时间线的位置

STEP 09 在“效果控件”面板中，展开“运动”选项，❶设置“缩放”为40.0，❷在“节目监视器”面板中向右上角拖动素材，❸单击“位置”和“缩放”左侧的“切换动画”按钮，❹添加一组关键帧，如图11-94所示。

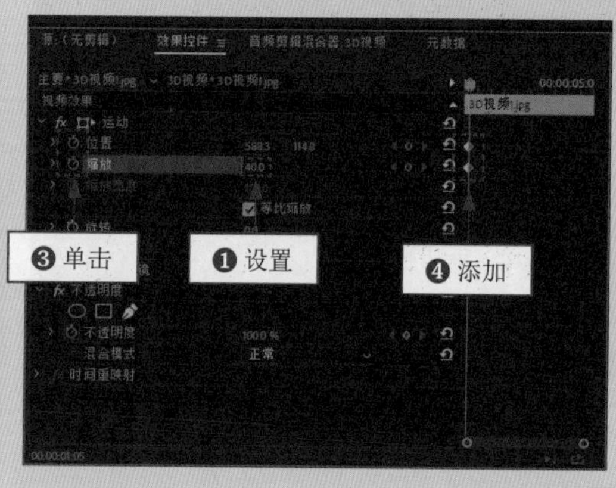

图11-94 添加关键帧（4）

STEP 10 单击“播放-停止切换”按钮，即可预览画中画效果，如图11-95所示。

图11-95 预览画中画效果

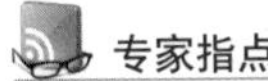
专家指点

画中画效果其实就是画里有画，给图片增加层次感，增加深度、内涵，让人记忆犹新、深有感触。

11.4 专家支招

在Premiere Pro CC 2018的“时间轴”面板中，在V1轨道和V2轨道中分别添加两幅素材图像，会产生覆叠遮罩效果，V2轨道中的素材文件会将V1轨道中的素材文件覆盖，因此在“节目监视器”面板中，只能看到V2轨道中的素材，如图11-96所示。

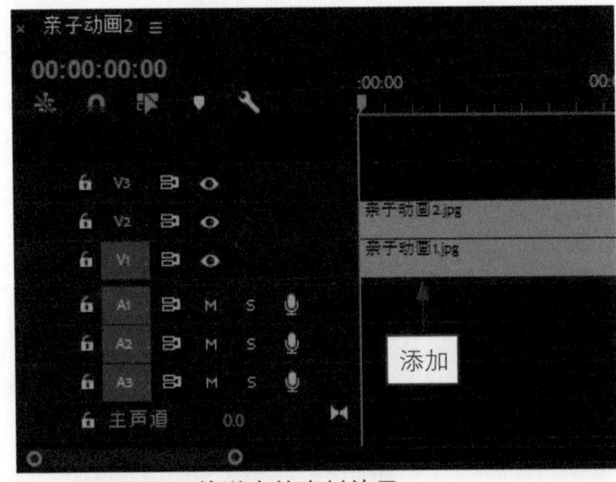

图11-96 显示V2轨道中的素材效果

在“时间轴”面板中，单击V2轨道中右侧的“切换轨道输出”按钮，在“节目监视器”面板中即可显示V1轨道中的素材文件，如图11-97所示，用户可以用相同的方法在不同的轨道中单击“切换轨道输出”按钮，可以切换查看另一个轨道中的素材画面效果。

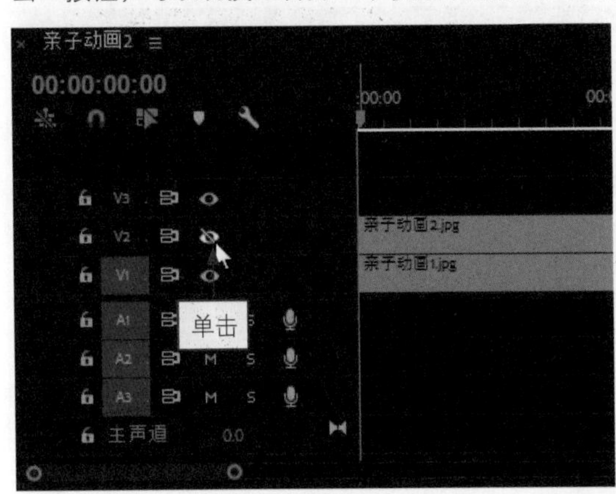

图11-97 显示V1轨道中的素材效果

11.5 总结拓展

我们在广告片中经常可以看到一些视频画面飞行、镜头推拉、旋转及缩放等运动特效。在Premiere Pro CC 2018中，用户可以在静态图像的基础上，为其添加关键帧，设置“位置”“缩放”“旋转”“不透明度”及“方向”等参数，使静态图像产生飞行、旋转等运动画面效果，使视频效果更加生动多姿。

11.5.1 本章小结

在Premiere Pro CC 2018中，为了创造了更加丰富的画面内容，用户可以通过运动关键帧参数的设置、调节等，给观众带来精彩奇妙的视觉效果。本章主要介绍了视频运动效果的制作方法，其中包括通过“时间轴”面板快速添加关键帧、通过效果控件添加关键帧、关键帧的调节、关键帧的复制和粘贴、关键帧的切换，以及飞行运动特效、缩放运动特效、旋转降落特效、镜头推拉特效、字幕飘浮特效、字幕逐字输出特效和画中画特效的制作等。学完本章内容，读者可以利用添加关键帧及对相关参数的灵活应用，制作出令人惊叹的影视作品，为观众带来不一样的奇妙视界。

11.5.2 举一反三——字幕立体旋转特效

在Premiere Pro CC 2018中，用户可以通过“基本3D”特效制作字幕立体旋转效果。下面介绍制作字幕立体旋转效果的操作方法。

应用案例

举一反三——字幕立体旋转特效

素材：素材\第11章\汽车广告.prproj　　效果：效果\第11章\汽车广告.prproj

视频：视频\第11章\11.5.2 字幕立体旋转特效.mp4

STEP 01 按快捷键【Ctrl+O】，打开一个项目文件，如图11-98所示。

STEP 02 在“项目”面板中选择“汽车广告.jpg”素材文件，并将其添加到“时间轴”面板中的V1轨道上，如图11-99所示。

图11-98 打开一个项目文件

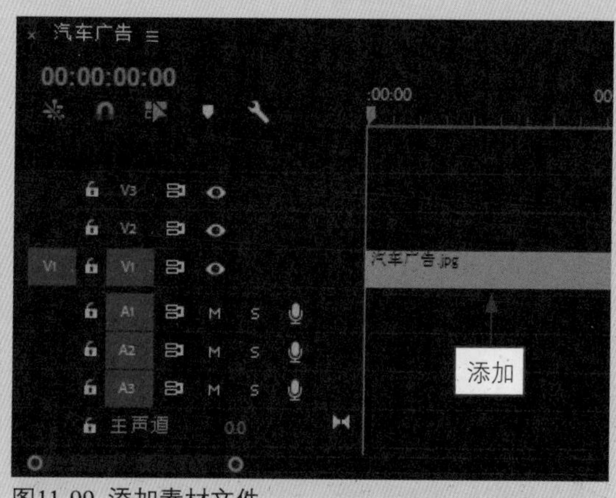

图11-99 添加素材文件

STEP 03 选择V1轨道上的素材文件，在“效果控件”面板中设置“缩放”为185.0，如图11-100所示。

STEP 04 将“项目”面板中的“乐享生活”字幕文件添加到“时间轴”面板中的V2轨道上，如图11-101所示。

STEP 05 选择V2轨道上的素材，在“效果控件”面板中设置“位置”为（360.0、260.0），如图11-102所示。

STEP 06 切换至“效果”面板，❶展开“视频效果”|“透视”选项，❷使用鼠标左键双击“基本3D”选项，如图11-103所示，即可为选择的素材添加“基本3D”效果。

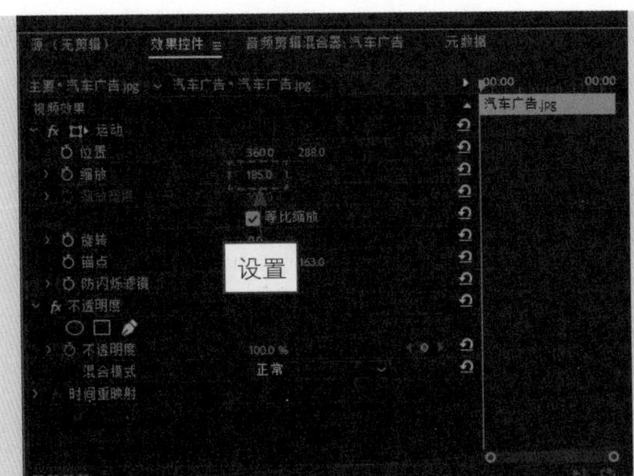

图11-100 设置“缩放”为185.0

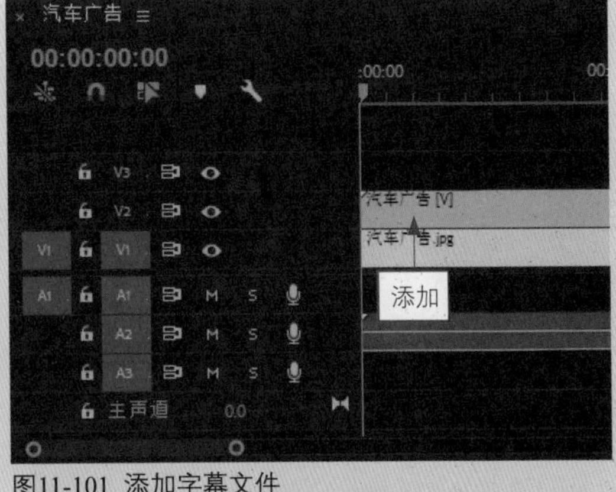

图11-101 添加字幕文件

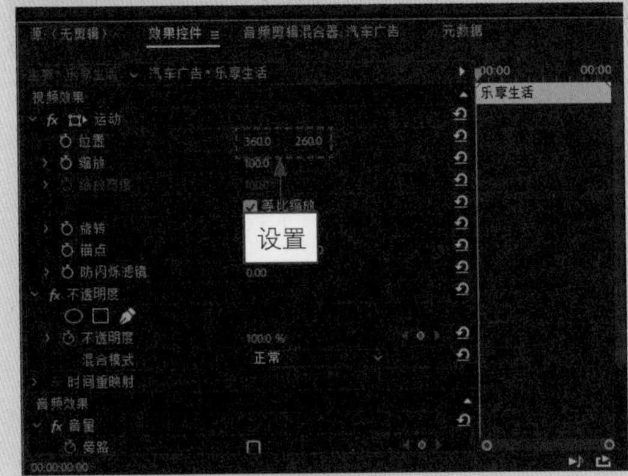

图11-102 设置“位置”参数

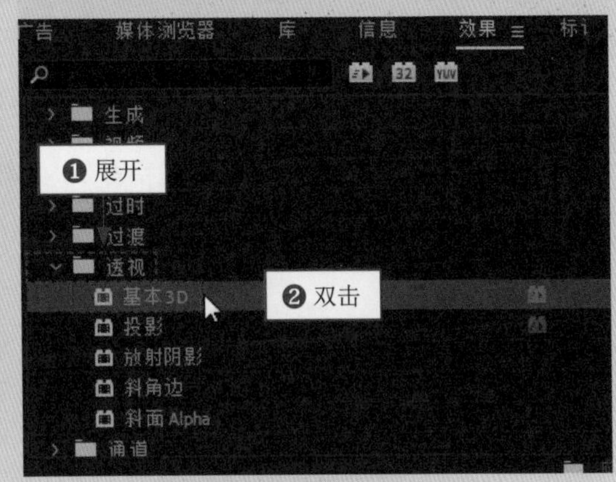

图11-103 双击“基本3D”选项

STEP 07 在“效果控件”面板中展开“基本3D”选项，❶单击“旋转”“倾斜”“与图像的距离”选项左侧的“切换动画”按钮，❷设置“旋转”为0.0°、“倾斜”为0.0°、“与图像的距离”为100.0，❸添加第1组关键帧，如图11-104所示。

STEP 08 ❶拖动时间线至00:00:01:00的位置，❷设置“旋转”为100.0°、“倾斜”为0.0°、“与图像的距离”为200.0，❸添加第2组关键帧，如图11-105所示。

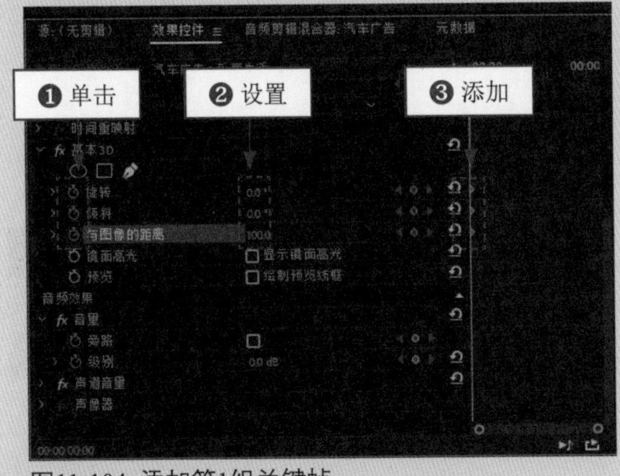

图11-104 添加第1组关键帧

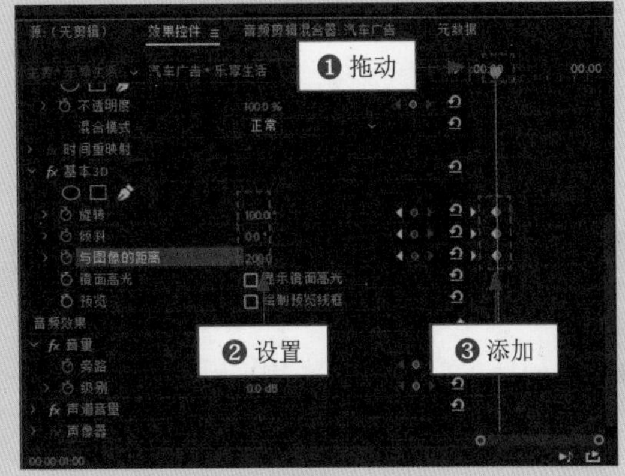

图11-105 添加第2组关键帧

STEP 09 ❶拖动时间线至00:00:02:00的位置，❷设置“旋转”为100.0°、“倾斜”为100.0°、“与图像的距离”为100.0，❸添加第3组关键帧，如图11-106所示。

STEP 10 ❶拖动时间线至00:00:03:00的位置，❷设置“旋转”为2.0°、“倾斜”为2.0°、“与图像的距离”为0.0，❸添加第4组关键帧，如图11-107所示。

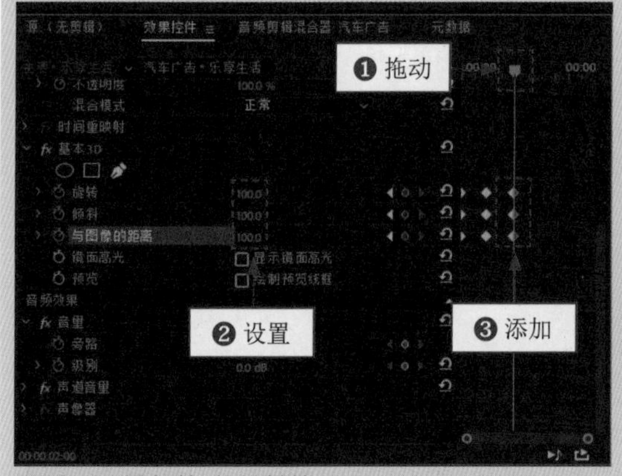

图11-106 添加第3组关键帧

图11-107 添加第4组关键帧

STEP 11 单击“播放-停止切换”按钮，预览字幕立体旋转视频效果，如图11-108所示。

图11-108 预览字幕立体旋转视频效果

第12章　一键生成：设置与导出视频文件

在Premiere Pro CC 2018中，当用户完成一段影视内容的编辑，并且对编辑的效果感到满意时，可以将其输出为各种不同格式的文件。在导出视频文件时，用户需要对视频的格式、预设、输出名称和位置，以及其他选项进行设置，本章主要介绍如何设置影片输出的参数，并输出各种不同格式的文件。

本章学习重点

视频参数的设置

设置影片导出参数

导出影视文件

12.1 视频参数的设置

在导出视频文件时，用户需要对视频的格式、预设、输出名称和位置，以及其他选项进行设置。本节将介绍“导出设置”对话框及导出视频所需要设置的参数。

12.1.1 视频预览区域

视频预览区域主要用来预览视频效果，下面将介绍设置视频预览区域的操作方法。

应用案例

设置视频预览区域

素材：素材\第12章\中秋月饼.prproj　　效果：无

视频：视频\第12章\12.1.1 设置视频预览区域.mp4

STEP 01 按快捷键【Ctrl+O】，打开一个项目文件，如图12-1所示。

图12-1 打开项目文件

STEP 02 在Premiere Pro CC 2018中，选择“文件”|“导出”|“媒体”命令，如图12-2所示。

STEP 03 即可弹出“导出设置”对话框，拖动对话框底部的时间线即可查看导出的影视效果，如图12-3所示。

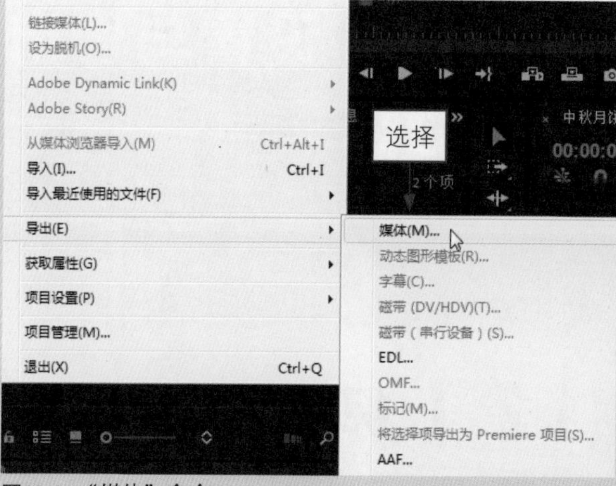

图12-2 “媒体”命令

图12-3 查看影视效果

STEP 04 单击对话框左上角的“源”|“裁剪输出视频”按钮，视频预览区域中的画面将显示4个调节点，拖动其中的某个点，即可裁剪输出视频的范围，如图12-4所示。

图12-4 裁剪视频输出范围

12.1.2 参数设置区域

参数设置区域中的各项参数决定着影片的最终效果，用户可以在这里设置视频的相关参数，下面进行具体介绍。

参数设置区域

素材：素材\第12章\中秋月饼.prproj　　效果：无

视频：视频\第12章\12.1.2 参数设置区域.mp4

STEP 01 以上一节（12.1.1）中的素材为例，❶在“导出设置”对话框中，单击“格式”选项右侧的下三角按钮，❷在弹出的下拉列表中选择MPEG4作为当前导出的视频格式，如图12-5所示。

STEP 02 根据导出视频格式的不同，设置“预设”选项，❶单击“预设”选项右侧的下三角按钮，❷在弹出的下拉列表中选择3GPP 352×288 H.263选项，如图12-6所示。

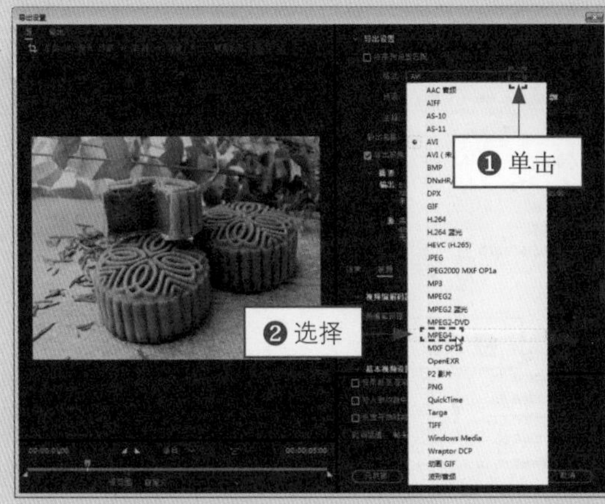

图12-5 设置导出格式

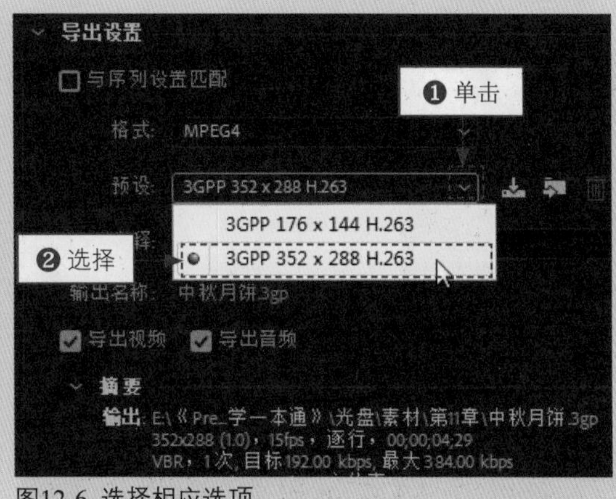

图12-6 选择相应选项

STEP 03 单击“输出名称”右侧的超链接，如图12-7所示。

STEP 04 弹出“另存为”对话框，❶设置文件名和存储位置，❷单击“保存”按钮，如图12-8所示，即可完成视频参数的设置。

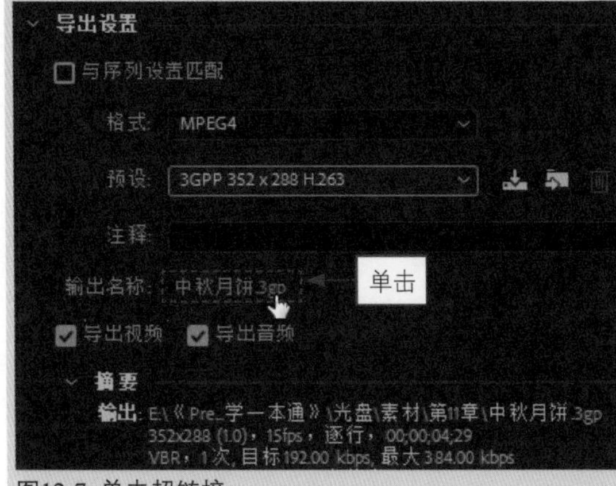

图12-7 单击超链接

图12-8 单击“保存”按钮

12.2 设置影片导出参数

当用户完成Premiere Pro CC 2018中的各项编辑操作后，即可将项目导出为各种格式类型的音频文件。本节将详细介绍影片导出参数的设置方法。

12.2.1 音频参数

通过Premiere Pro CC 2018可以将素材输出为音频，接下来将介绍导出MP3格式的音频文件需要进行的设置。

首先，❶需要在“导出设置”对话框中设置“格式”为MP3，❷并设置“预设”为“MP3 256kbps高品质”，如图12-9所示。接下来，用户只需要设置导出音频的文件名和保存位置，单击“输出名称”右侧相应的超链接，弹出“另存为”对话框，❸设置文件名和存储位置，❹单击“保存”按钮，即可完成音频参数的设置，如图12-10所示。

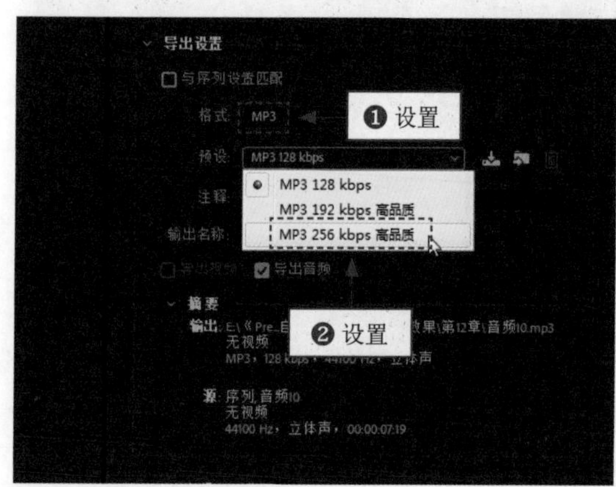

图12-9 设置“预设”选项

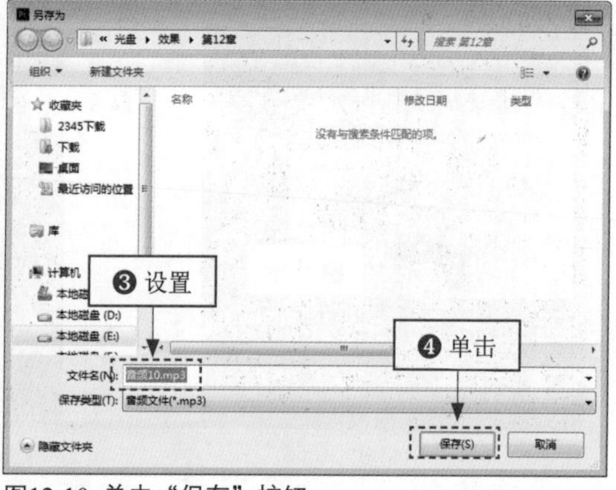

图12-10 单击“保存”按钮

12.2.2 效果参数

在Premiere Pro CC 2018中，“SDR遵从情况”是相对于HDR（高动态图像）而言的，其作用是可以将HDR图像转换为SDR图像文件的一种设置。

HDR所包含的色彩细节方面非常丰富，需要可以支持高动态图像格式的视频播放显示器来进行查看，用普通的显示器来播放HDR图像文件，显示的画面会失真，SDR图像文件则在正常标准范围内，使用普通的视频播放显示器即可查看图像文件。在Premiere Pro CC 2018中，将HDR文件转换为SDR图像文件，可以设置“亮度”“对比度”“软阈值”等参数。

在“导出设置”对话框中设置“SDR遵从情况”参数的方法非常简单。首先，❶用户需要设置导出视频的“格式”为AVI。接下来，切换至“效果”选项卡，❷选中“SDR遵从情况”复选框，❸设置“亮度”为20、“对比度”为10、“软阈值”为80，如图12-11所示。设置完成后，用户可以在视频预览区域单击“导出”按钮，加载完成后，❹用户即可在输出文件夹中播放并查看图像效果，如图12-12所示。

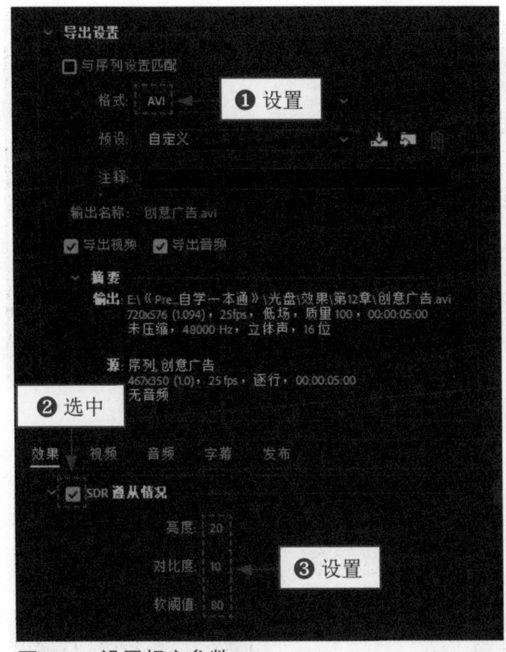

图12-11 设置相应参数

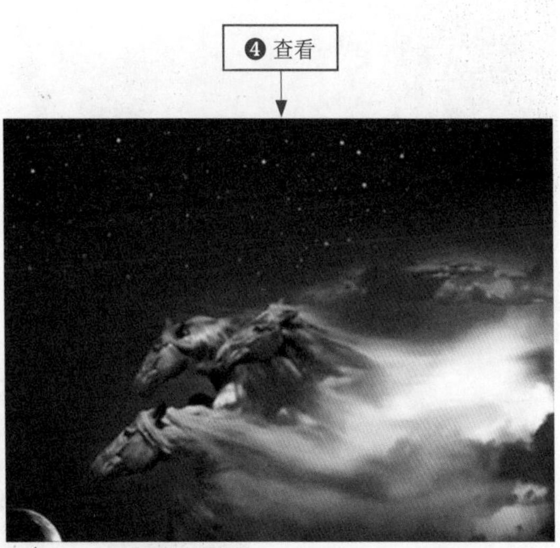

图12-12 查看图像效果

专家指点

在Premiere Pro CC 2018的编辑器中，用户还可以在“效果”面板中的“视频”选项卡中选择“SDR遵从情况”效果，将其添加至“时间轴”面板中相应的图像素材上，在“效果控件”面板中，设置“亮度”“对比度”“软阈值”的参数，这样就无须在“导出设置”对话框中设置参数了。

12.3 导出影视文件

随着视频文件格式的增加，Premiere Pro CC 2018会根据所选文件的不同，调整不同的视频输出选项，以便用户更为快捷地调整视频文件的设置。本节主要介绍Premiere Pro CC 2018中影视文件的导出方法。

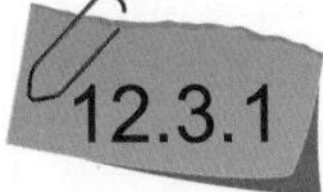

12.3.1 编码文件的导出

编码文件就是现在常见的AVI格式的文件，这种格式的文件兼容性好、调用方便、图像质量好。

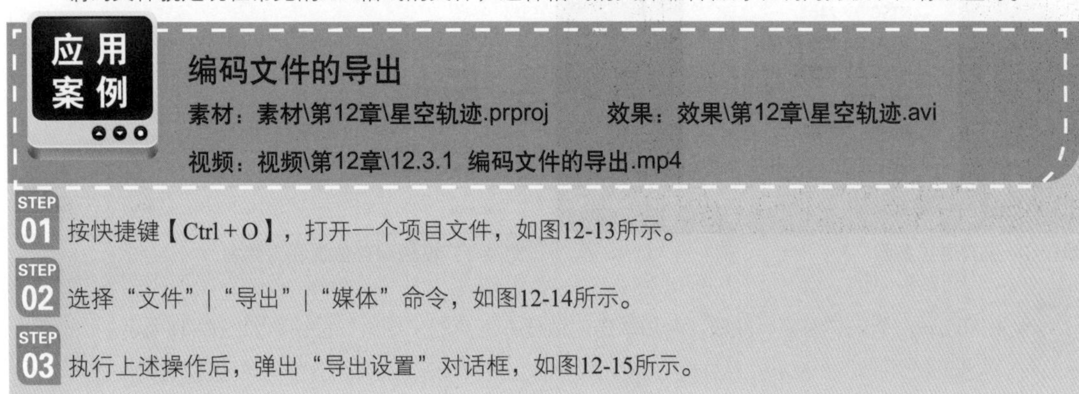

应用案例

编码文件的导出

素材：素材\第12章\星空轨迹.prproj　　效果：效果\第12章\星空轨迹.avi

视频：视频\第12章\12.3.1 编码文件的导出.mp4

STEP 01 按快捷键【Ctrl+O】，打开一个项目文件，如图12-13所示。

STEP 02 选择“文件”|“导出”|“媒体”命令，如图12-14所示。

STEP 03 执行上述操作后，弹出“导出设置”对话框，如图12-15所示。

图12-13 打开项目文件

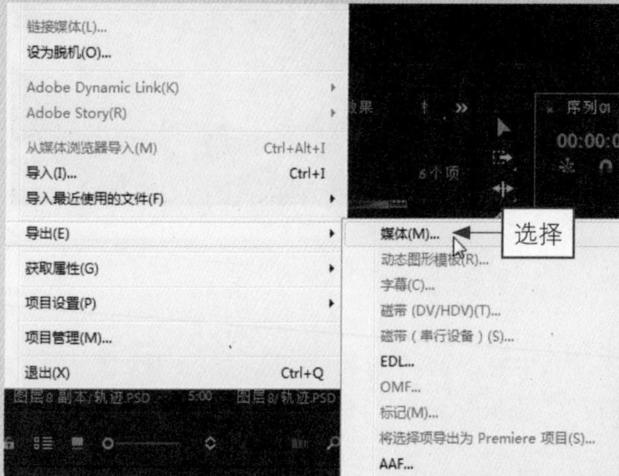

图12-14 选择“媒体”命令

图12-15 “导出设置”对话框

STEP 04 在“导出设置”选项区域设置“格式”为AVI、“预设”为“NTSC DV宽银幕”，如图12-16所示。

STEP 05 单击“输出名称”右侧的超链接，弹出“另存为”对话框，在其中设置保存位置和文件名，如图12-17所示。

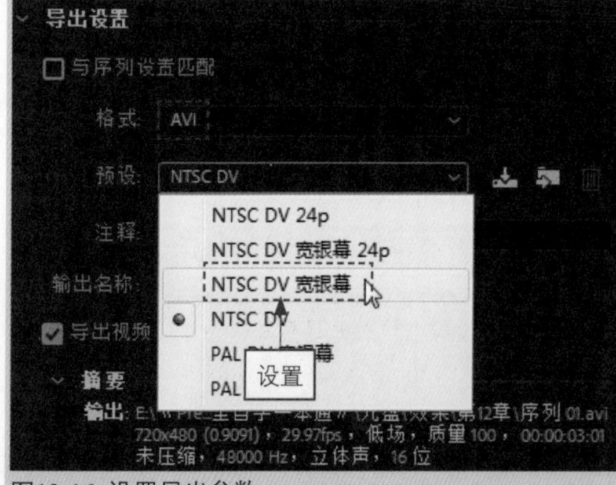

图12-16 设置导出参数

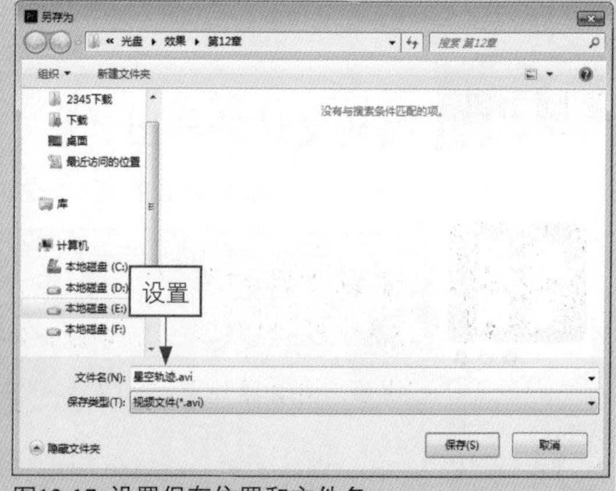

图12-17 设置保存位置和文件名

STEP 06 设置完成后，单击“保存”按钮，然后单击对话框右下角的“导出”按钮，如图12-18所示。

STEP 07 执行上述操作后，弹出“编码 序列01”对话框，开始导出编码文件，并显示导出进度，如图12-19所示，导出完成后，即可完成编码文件的导出。

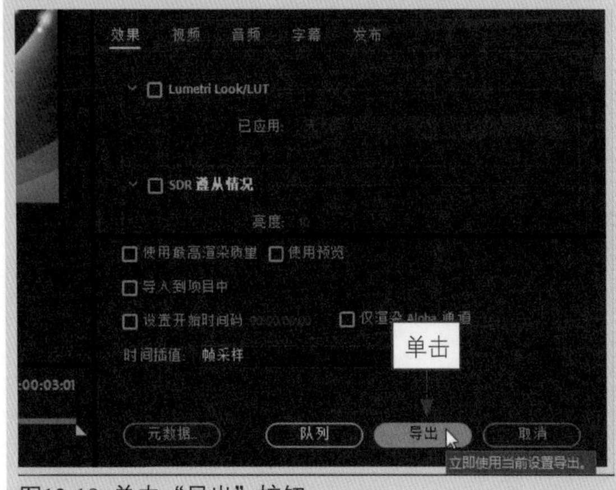

图12-18 单击“导出”按钮

图12-19 显示导出进度

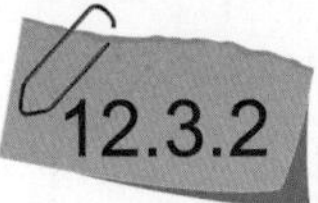

12.3.2 EDL文件的导出

在Premiere Pro CC 2018中，用户不仅可以将视频导出为编码文件，还可以根据需要将其导出为EDL视频文件。

应用案例

EDL文件的导出

素材：素材\第12章\陶瓷餐具.prproj　　效果：效果\第12章\陶瓷餐具.edl

视频：视频\第12章\12.3.2 EDL文件的导出.mp4

STEP 01 按快捷键【Ctrl+O】，打开一个项目文件，并查看项目效果，如图12-20所示。

STEP 02 选择“文件”|“导出”| EDL命令，如图12-21所示。

图12-20 打开项目文件

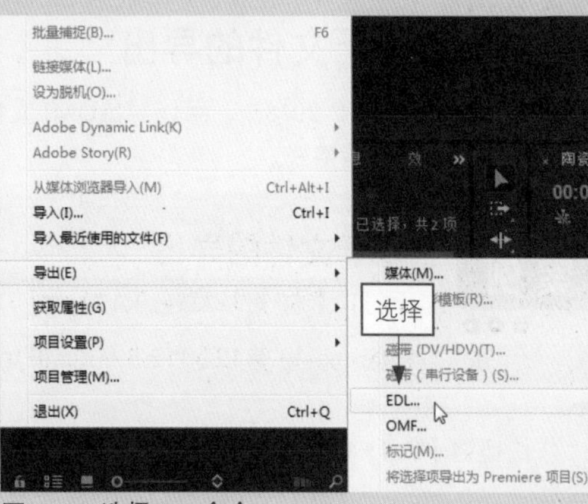

图12-21 选择EDL命令

专家指点

在 Premiere Pro CC 2018 中，EDL 是一种广泛应用于视频编辑领域的编辑交换文件，其作用是记录用户对素材的各种编辑操作。这样，用户便可以在所有支持 EDL 文件的编辑软件内共享编辑项目，或通过替换素材来实现影视节目的快速编辑与输出。

STEP 03 弹出“EDL导出设置（CMX 3600）”对话框，单击“确定”按钮，如图12-22所示。

STEP 04 弹出“将序列另存为 EDL”对话框，设置文件名和保存路径，如图12-23所示。

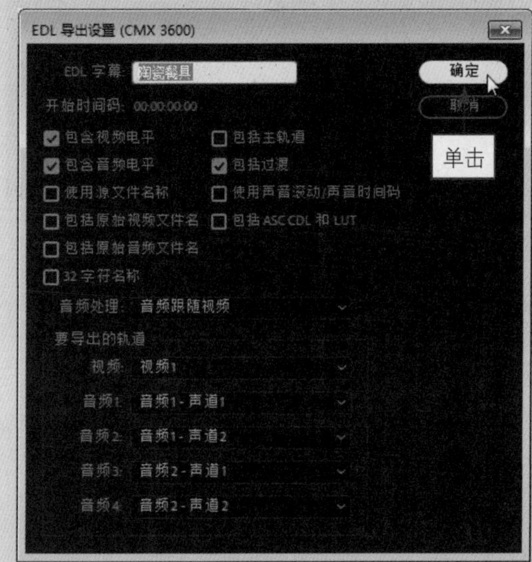

图12-22 单击“确定”按钮

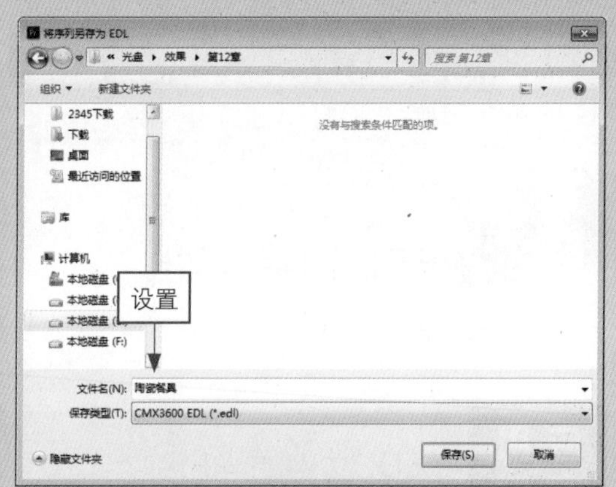

图12-23 设置文件名和保存路径

STEP 05 单击“保存”按钮，即可导出EDL文件。

专家指点

在导出 EDL 文件时只保留两轨的初步信息，因此在用到两轨道以上的视频时，两轨道以上的视频信息便会丢失。

12.3.3 OMF文件的导出

在Premiere Pro CC 2018中，可以导出OMF文件。OMF是由Avid推出的一种音频封装格式，是能够被多种专业的音频封装格式。

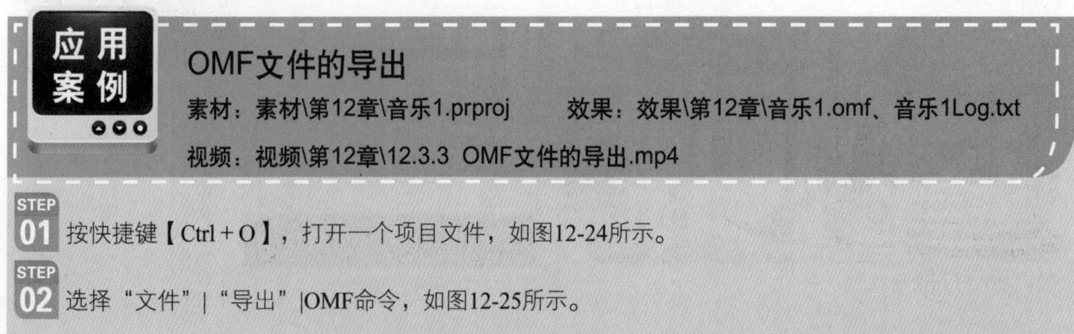

应用案例

OMF文件的导出

素材：素材\第12章\音乐1.prproj　　效果：效果\第12章\音乐1.omf、音乐1Log.txt

视频：视频\第12章\12.3.3 OMF文件的导出.mp4

STEP 01 按快捷键【Ctrl＋O】，打开一个项目文件，如图12-24所示。

STEP 02 选择“文件”|“导出”|OMF命令，如图12-25所示。

图12-24 打开项目文件

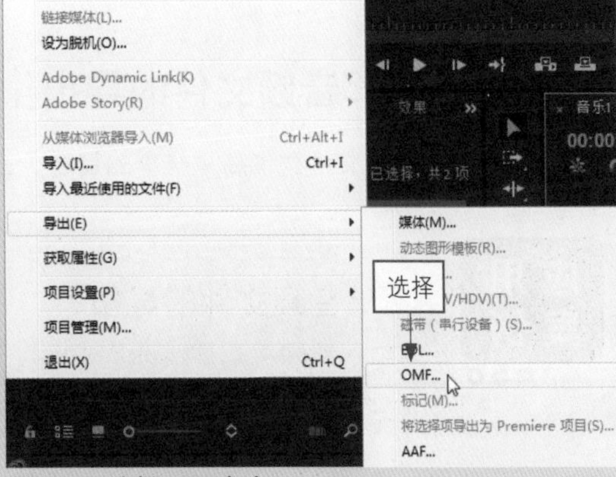

图12-25 选择OMF命令

STEP 03 弹出“OMF导出设置”对话框，单击“确定”按钮，如图12-26所示。

STEP 04 弹出“将序列另存为 OMF”对话框，设置文件名和保存位置，如图12-27所示。

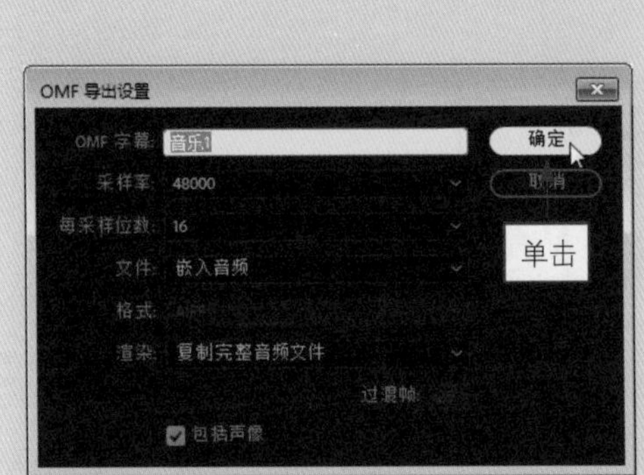

图12-26 单击“确定”按钮

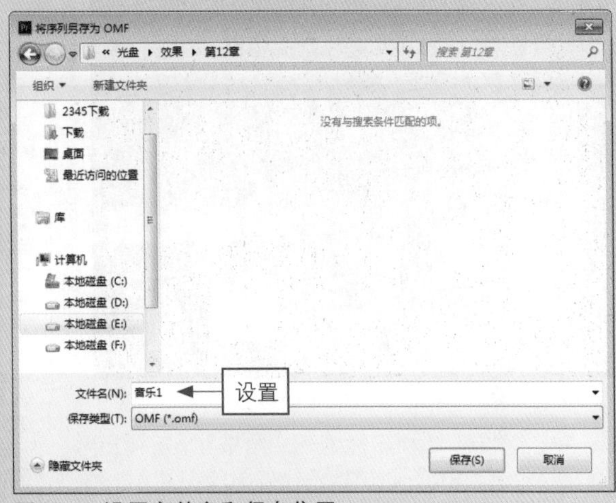

图12-27 设置文件名和保存位置

STEP 05 单击“保存”按钮，弹出“将媒体文件导出到 OMF 文件夹”对话框，并显示输出进度，如图12-28所示。

STEP 06 输出完成后，弹出“OMF 导出信息”对话框，显示OMF的输出信息，单击“确定”按钮即可，如图12-29所示。

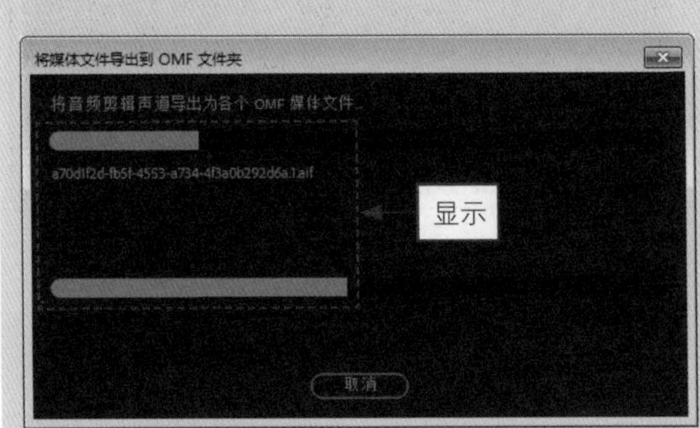

图12-28 显示输出进度

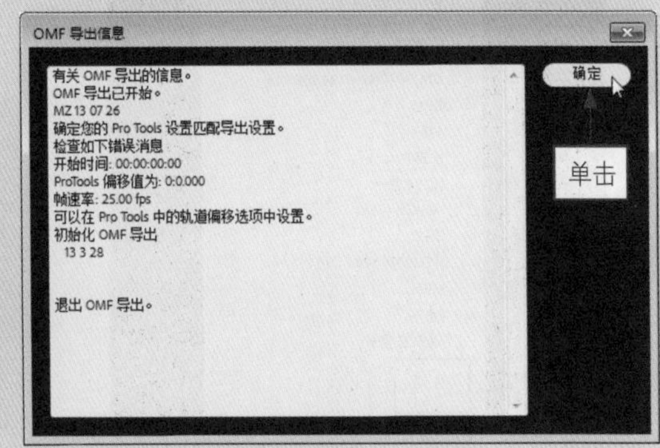

图12-29 显示OMF导出信息

12.3.4 MP3音频文件的导出

MP3格式的音频文件凭借高采样率的音质、占用空间少的特性，成为了目前最为流行的音乐文件之一。

应用案例

MP3音频文件的导出

素材：素材\第12章\音乐2.prproj　　效果：效果\第12章\音乐2.mp3

视频：视频\第12章\12.3.4 MP3音频文件的导出.mp4

STEP 01 按快捷键【Ctrl+O】，打开一个项目文件，如图12-30所示，选择"文件"|"导出"|"媒体"命令，弹出"导出设置"对话框。

图12-30 打开项目文件

STEP 02 单击"格式"选项右侧的下三角按钮，在弹出的下拉列表中选择MP3选项，如图12-31所示。

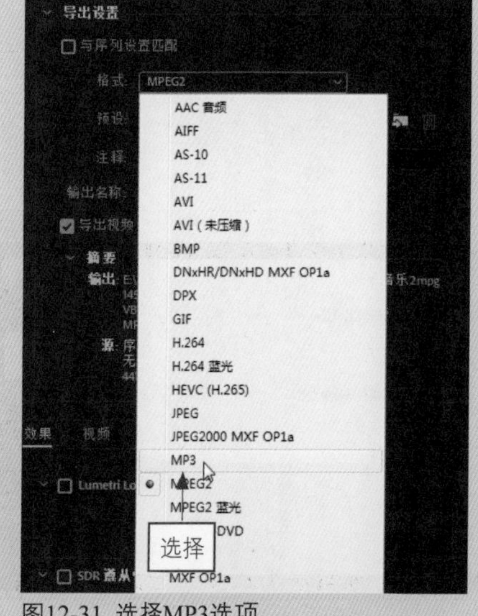

图12-31 选择MP3选项

STEP 03 单击"输出名称"右侧的超链接，弹出"另存为"对话框，❶设置保存位置和文件名，❷单击"保存"按钮，如图12-32所示。

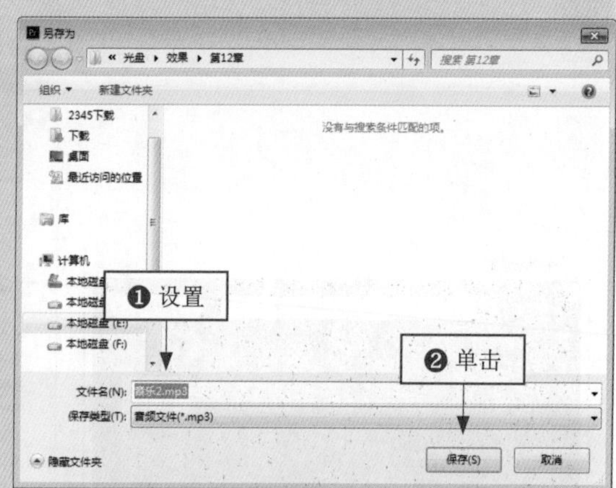

图12-32 单击"保存"按钮

STEP 04 返回相应的对话框，单击"导出"按钮，弹出"编码 音乐2"对话框，显示导出进度，如图12-33所示。

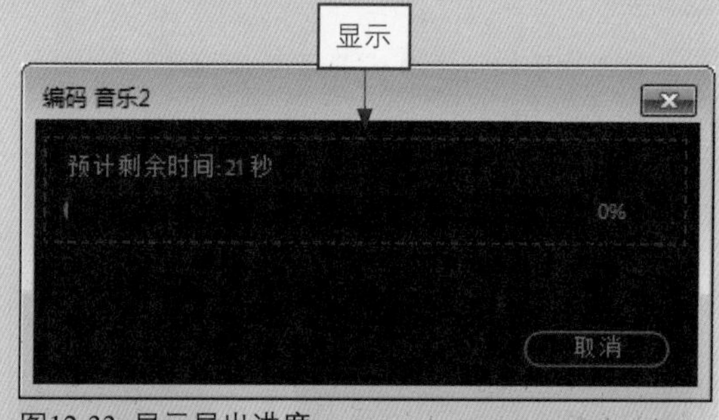

图12-33 显示导出进度

STEP 05 导出完成后，即可完成MP3音频文件的导出。

12.3.5 WAV音频文件的导出

在Premiere Pro CC 2018中，用户不仅可以将音频文件转换成MP3格式，还可以将其转换为WAV格式的音频文件。

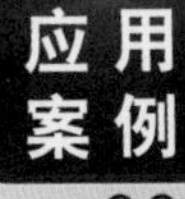

应用案例

WAV音频文件的导出

素材：素材\第12章\音乐3.prproj　　效果：效果\第12章\音乐3.wav

视频：视频\第12章\12.3.5 WAV音频文件的导出.mp4

STEP 01 按快捷键【Ctrl＋O】，打开一个项目文件，如图12-34所示，选择“文件”|“导出”|“媒体”命令，弹出“导出设置”对话框。

STEP 02 单击“格式”选项右侧的下三角按钮，在弹出的下拉列表中选择“波形音频”选项，如图12-35所示。

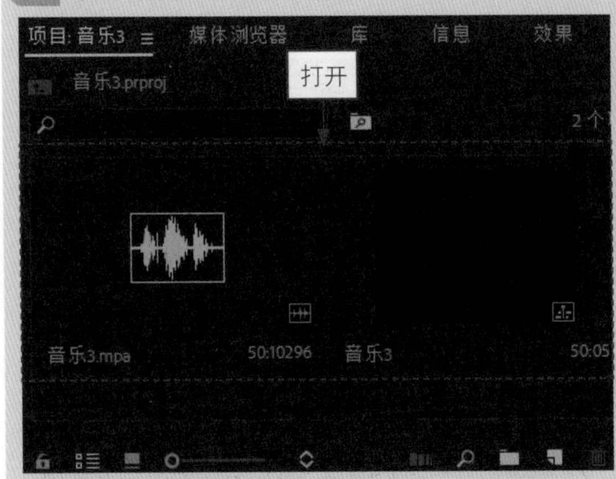

图12-34 打开项目文件

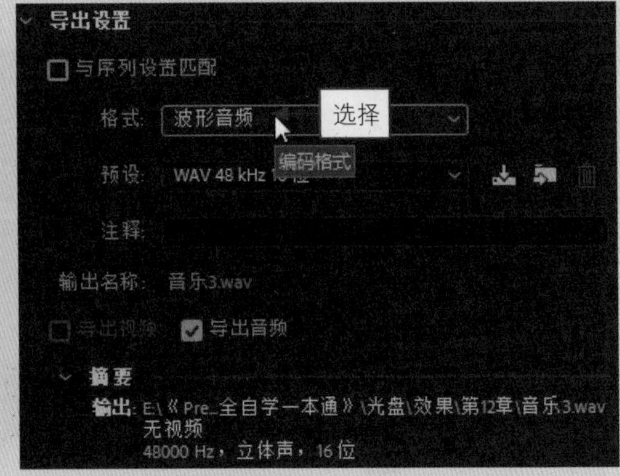

图12-35 选择合适的选项

STEP 03 单击“输出名称”右侧的超链接，弹出“另存为”对话框，❶设置保存位置和文件名，❷单击“保存”按钮，如图12-36所示。

STEP 04 返回相应的对话框，单击“导出”按钮，弹出“编码 音乐3”对话框，并显示导出进度，如图12-37所示。

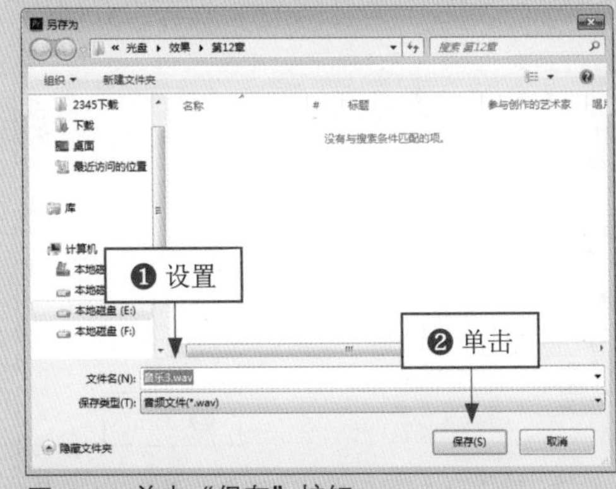

图12-36 单击“保存”按钮

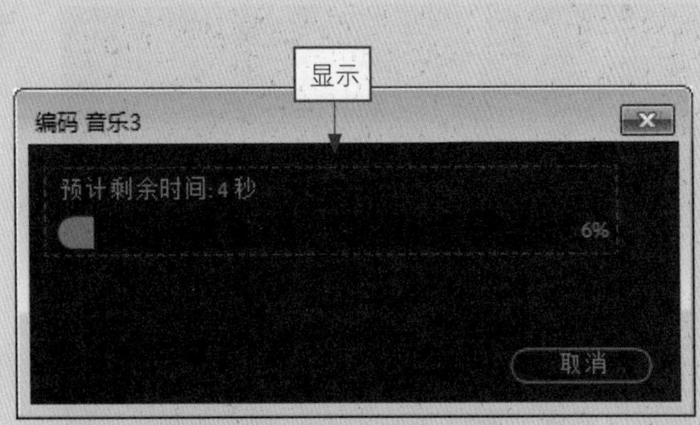

图12-37 显示导出进度

STEP 05 导出完成后，即可完成WAV音频文件的导出。

12.3.6 视频文件格式的转换

随着视频文件格式的多样化，许多文件格式无法在指定的播放器中打开，此时用户可以根据需要对视频文件格式进行转换。

应用案例

视频文件格式的转换

素材：素材\第12章\自然风光.prproj　　效果：效果\第12章\自然风光.wmv

视频：视频\第12章\12.3.6 视频文件格式的转换.mp4

STEP 01 按快捷键【Ctrl+O】，打开一个项目文件，如图12-38所示，选择“文件”|“导出”|“媒体”命令，弹出“导出设置”对话框。

STEP 02 单击“格式”选项右侧的下三角按钮，在弹出的下拉列表中选择Windows Media选项，如图12-39所示。

图12-38 打开项目文件

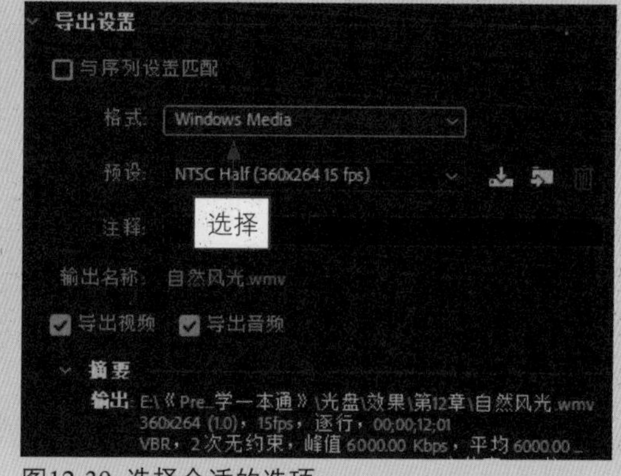

图12-39 选择合适的选项

STEP 03 取消选中“导出音频”复选框，然后单击“输出名称”右侧的超链接，如图12-40所示。

STEP 04 弹出“另存为”对话框，❶设置保存位置和文件名，❷单击“保存”按钮，如图12-41所示。设置完成后，单击“导出”按钮，弹出“编码 序列01”对话框，并显示导出进度，导出完成后，即可完成视频文件格式的转换。

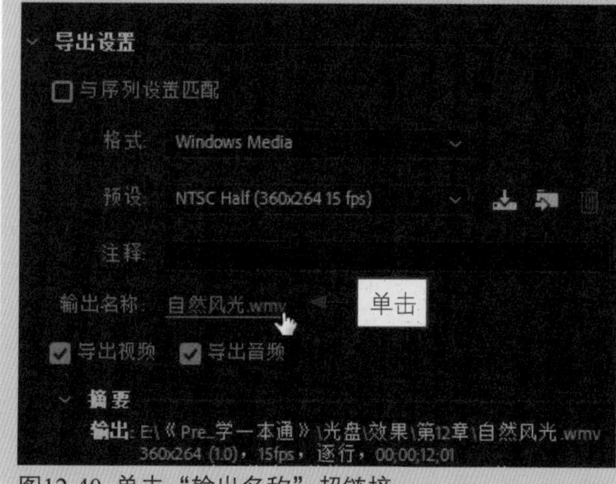

图12-40 单击“输出名称”超链接

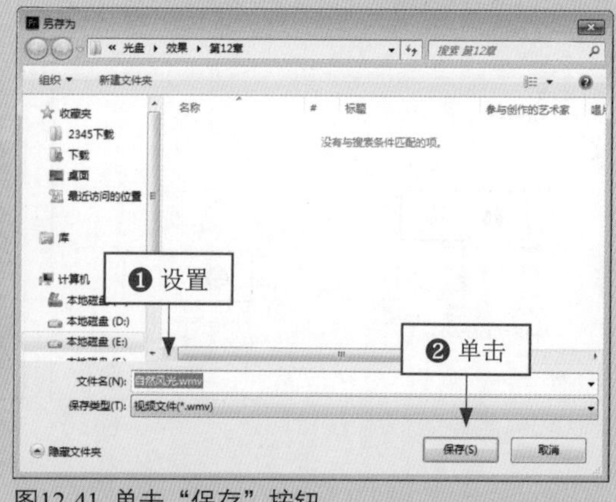

图12-41 单击“保存”按钮

12.4 专家支招

在Premiere Pro CC 2018中的“导出设置”对话框中，通过拖动视频预览区域显示的4个调节点，可以裁剪输出视频的范围。除此之外，还可以通过设置预览区域上方的各项参数来确定输出视频的范围，如图12-42所示。

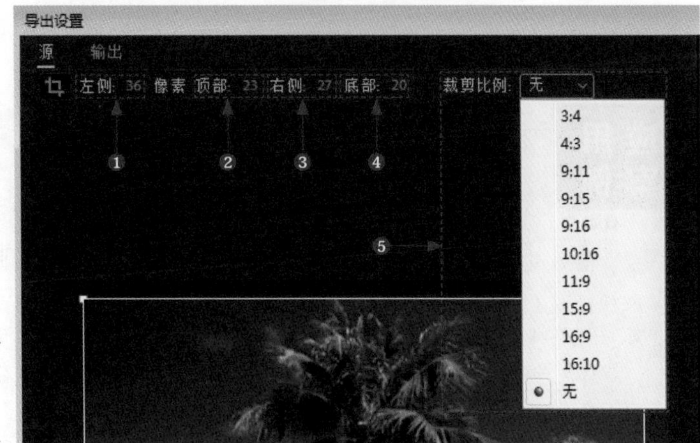

图12-42 设置裁剪输出视频的范围参数

下面介绍视频预览区域上方各项参数的含义。

❶ **左侧**：在该选项右侧的文本框中输入相应的参数，即可调节预览区域左侧的调节线范围，参数值大，调节线向右缩小画面范围，参数值小，调节线则向左扩大画面范围。

❷ **顶部**：在该选项右侧的文本框中输入相应的参数，即可调节预览区域最上方的调节线范围，参数值大，调节线则向下缩小画面范围，参数值小，调节线则向上扩大画面范围。

❸ **右侧**：在该选项右侧的文本框中输入相应的参数，即可调节预览区域右方的调节线范围，参数值大，调节线则向左边缩小画面范围，参数值小，调节线则向右边扩大画面范围。

❹ **底部**：在该选项右侧的文本框中输入相应的参数，即可调节预览区域最下方的调节线范围，参数值大，调节线则向上方缩小画面范围，参数值小，调节线则向下方扩大画面范围。

❺ **裁剪比例**：单击该选项右侧的下拉按钮，在弹出的下拉列表中有10种裁剪比例选项和“无”选项，选择相应的裁剪比例选项，下方的裁剪区域则转变为相应的大小，用户拖动调节点时，裁剪区域呈比例进行扩缩。

12.5 总结拓展

当用户在Premiere Pro CC 2018中将一段影视视频文件编辑制作完成后，便可以将制作的项目文件导出为不同格式的影视文件。在导出视频时，可以在“导出设置”对话框中设置视频输出的格式、预设、输出名称和输出位置等参数。学会如何将制作好的影视文件导出，是使用Premiere Pro CC 2018的一项必不可少的技能。

12.5.1 本章小结

本章主要介绍了在Premiere Pro CC 2018中，将效果文件导出为不同格式的视频文件的操作方法，其中包括视频预览区域、参数设置区域、音频参数、效果参数、编码文件的导出、EDL文件的导出、OMF文件的导出、MP3音频文件的导出、WAV音频文件的导出，以及视频文件格式的转换等。学完本章内容后，读者可以结合前面章节中所学的知识，将自己制作的视频文件，完整地导出为各种格式的文件。

12.5.2 举一反三——JPG图像文件的导出

在Premiere Pro CC 2018中，除了可以将项目文件导出为各种格式的视频文件，还可以将项目文件导出为JPG格式的图像文件，下面介绍具体操作步骤。

应用案例

举一反三——JPG图像文件的导出

素材：素材\第12章\游戏角色.prproj　　效果：效果\第12章\游戏角色.jpg

视频：视频\第12章\12.5.2 JPG图像文件的导出.mp4

STEP 01 按快捷键【Ctrl+O】，打开一个项目文件，如图12-43所示，选择“文件”|“导出”|“媒体”命令，弹出“导出设置”对话框。

图12-43 打开项目文件

STEP 02 单击“格式”右侧的下三角按钮，在弹出的下拉列表中，选择JPEG选项，如图12-44所示。

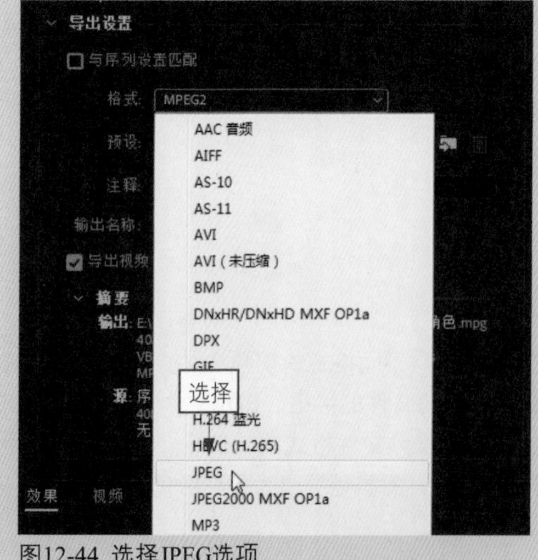

图12-44 选择JPEG选项

STEP 03 单击“输出名称”右侧的超链接，弹出“另存为”对话框，❶设置保存位置和文件名，❷单击“保存”按钮，如图12-45所示。

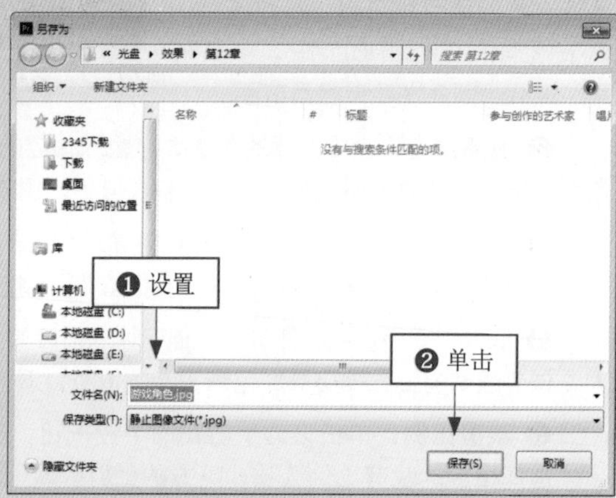

图12-45 单击“保存”按钮

STEP 04 设置完成后，单击“导出”按钮，弹出“编码 游戏角色”对话框，并显示导出进度，如图12-46所示。

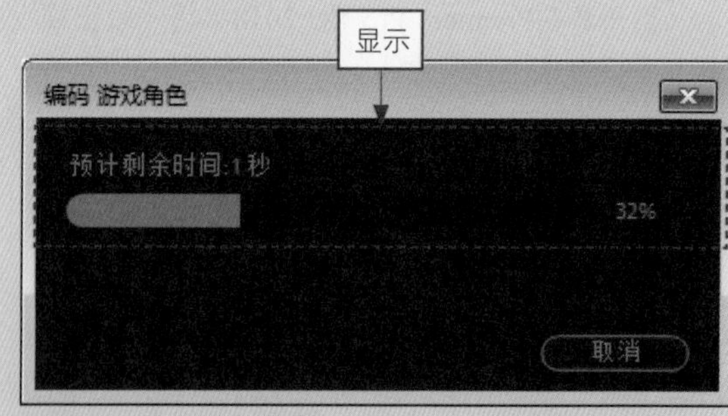

图12-46 显示导出进度

STEP 05 导出完成后，即可完成JPEG图像文件的导出。

第13章 综合案例：商业广告的设计实战

随着广告行业的不断发展，商业广告的宣传手段也逐渐从单纯的平面宣传模式走向了多元化的多媒体宣传模式。视频广告比静态图像更加商业化，本章将重点介绍3个综合案例，使用户对各种操作更加熟练，在使用Premiere Pro CC 2018时更加得心应手。

本章学习重点

制作戒指广告

制作婚纱相册

制作儿童相册

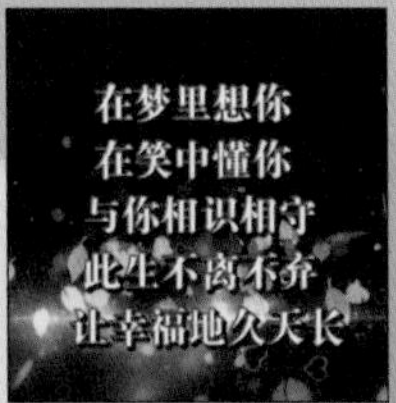

13.1 制作戒指广告

戒指是爱情的象征，它不仅是装饰自身的物件，更是品位、地位的体现。本实例主要介绍制作戒指广告的具体步骤，效果如图13-1所示。

图13-1 戒指广告效果

13.1.1 导入广告素材文件

用户在制作宣传广告前，首先需要一个合适的背景图片，这里选择了一张戒指的场景图作为背景，可以为整个广告视频增加浪漫的氛围。在选择背景图像后，用户可以导入分层图像，以增添戒指广告的特色。下面将介绍导入广告素材的操作方法。

应用案例

导入广告素材文件

素材：素材\第13章\戒指广告\图片1.jpg、图片2.psd、图片3.png　　效果：无

视频：视频\第13章\13.1.1 导入广告素材文件.mp4

STEP 01 ❶新建一个名为“戒指广告”的项目文件；❷单击“确定”按钮，如图13-2所示。

STEP 02 选择“文件”|“新建”|“序列”选项，新建一个序列，选择“文件”|“导入”命令，弹出“导入”对话框，在其中选择合适的素材图像，如图13-3所示。

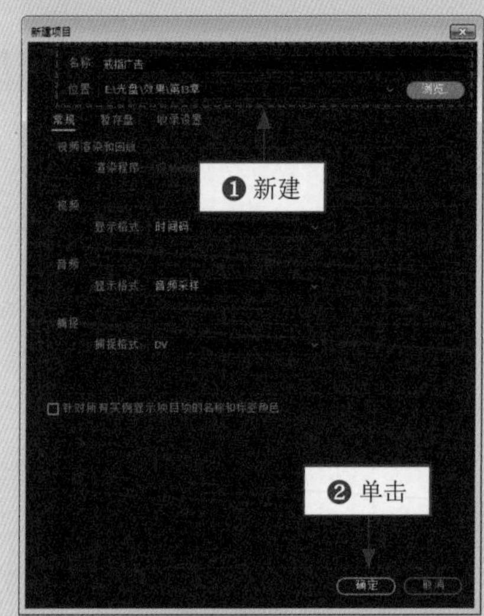

图13-2 单击“确定”按钮

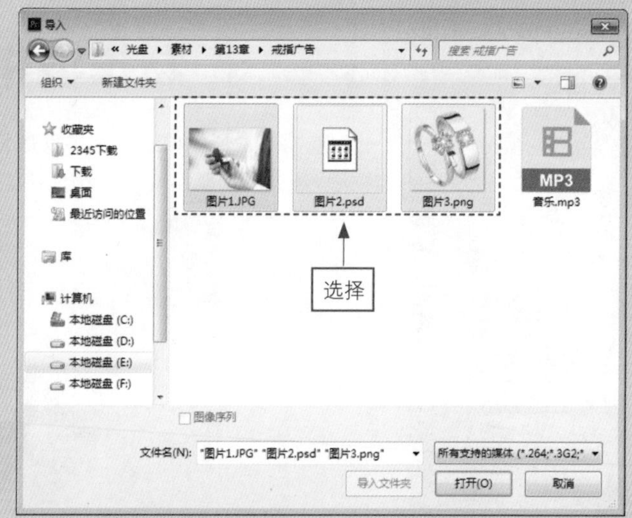

图13-3 选择合适的素材图像

STEP 03 单击对话框下方的“打开”按钮，弹出“导入分层文件：图片2”对话框，单击“确定”按钮，即可将选择的图像文件导入到“项目”面板中，如图13-4所示。

STEP 04 将导入的图像文件依次拖至“时间轴”面板中的V1、V2和V3轨道上，如图13-5所示。

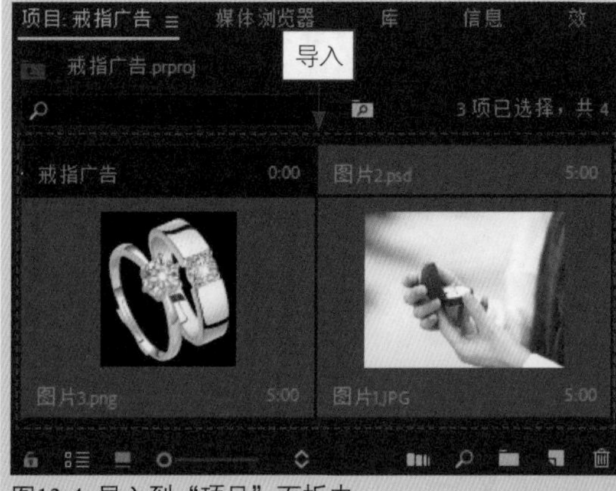

图13-4 导入到“项目”面板中

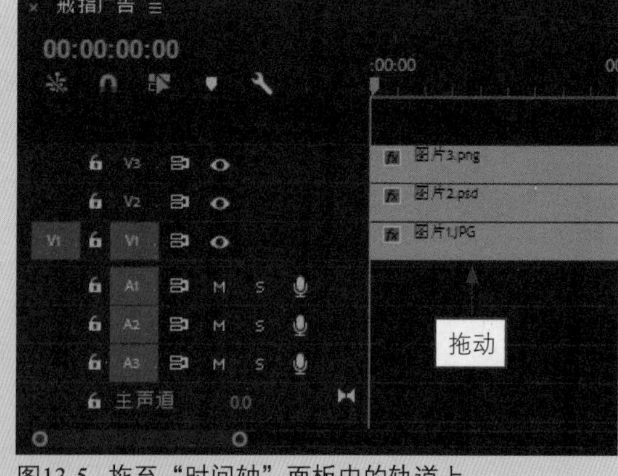

图13-5 拖至“时间轴”面板中的轨道上

STEP 05 选择V1轨道中的素材文件，展开“效果控件”面板，设置“缩放”为16.0，如图13-6所示。

STEP 06 在“节目监视器”面板中单击“播放-停止切换”按钮，即可预览图像效果，如图13-7所示。

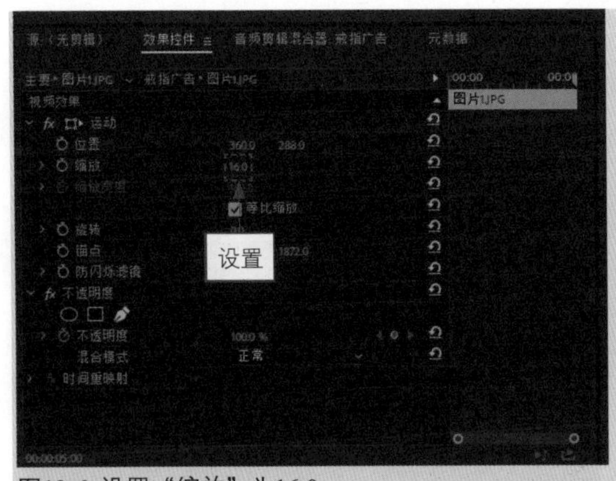

图13-6 设置“缩放”为16.0

图13-7 预览图像效果

专家指点

在戒指宣传广告中，不能缺少戒指，否则不能体现出戒指广告的主题。因此，用户在选择素材文件时，需要结合主题意境，以求达到最好的视觉效果。

13.1.2 制作戒指广告背景

对于广告来说，静态背景不免显得过于呆板，闪光背景可以为静态的背景图像增添动感效果，让背景更加具有吸引力，用户还可以为“戒指”素材添加一种若隐若现的效果，以体现出朦胧感。本节将详细介绍制作动态的戒指广告背景的操作方法，以及制作闪光背景的操作方法。

应用案例

制作戒指广告背景

素材：无　　效果：无　　视频：视频\第13章\13.1.2 制作戒指广告背景.mp4

STEP 01 选择V2轨道中的素材文件，在“效果控件”面板中，❶单击“缩放”和“旋转”左侧的“切换动画”按钮，❷添加第1组关键帧，如图13-8所示。

STEP 02 ❶将时间线调整至00:00:04:00的位置，❷设置“缩放”为120.0、“旋转”为50.0°，❸添加第2组关键帧，如图13-9所示。

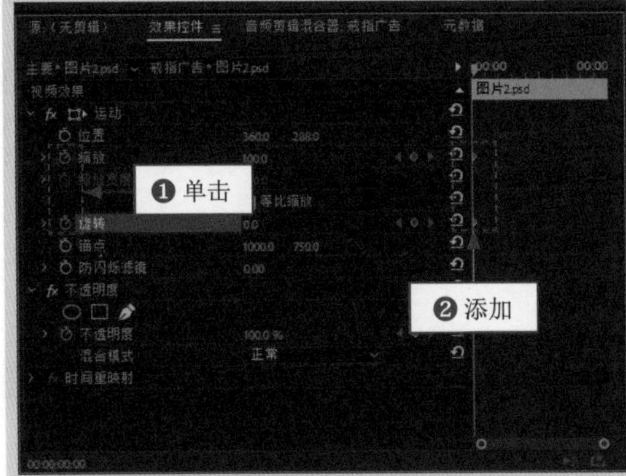

图13-8 添加第1组关键帧

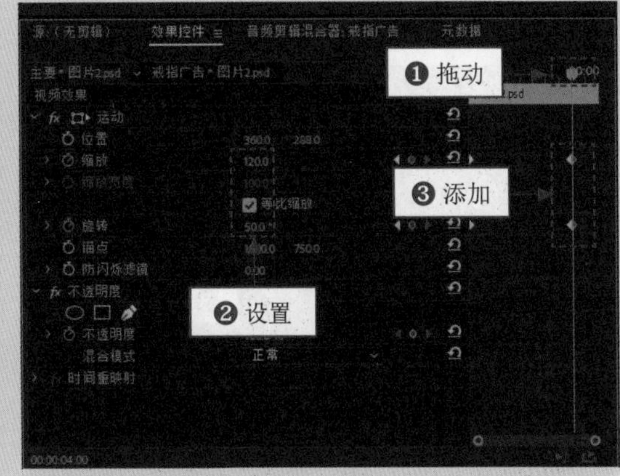

图13-9 添加第2组关键帧

STEP 03 选择“时间轴”面板中V3轨道中的素材文件，如图13-10所示。

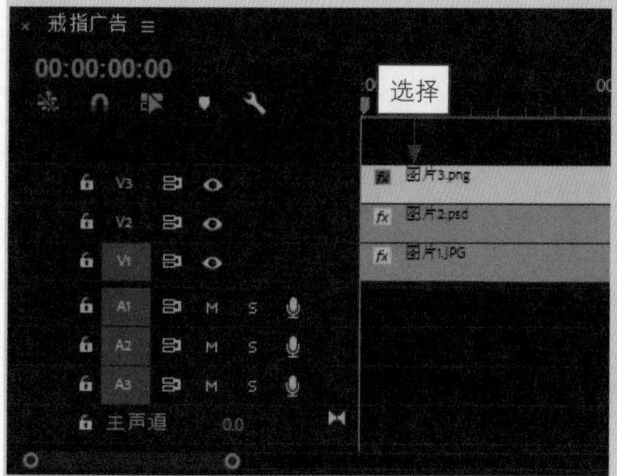

图13-10 选择V3轨道中的素材文件

STEP 04 展开“效果控件”面板，在其中设置“位置”为（550.0、160.0）、“缩放”为80，如图13-11所示。

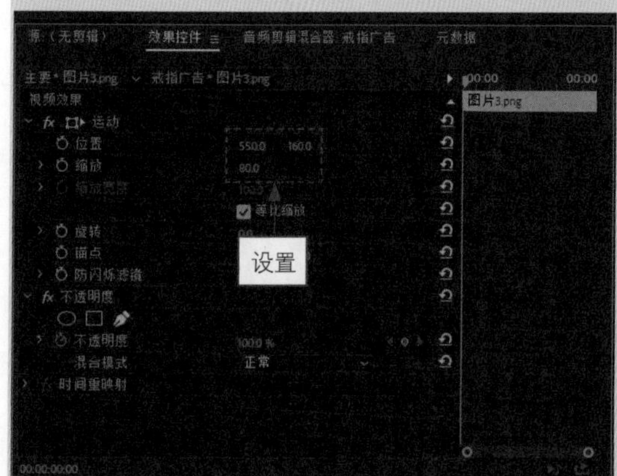

图13-11 设置“位置”和“缩放”参数

STEP 05 设置完成后，❶单击“不透明度”左侧的“切换动画”按钮，❷设置“不透明度”参数为0.0%，❸添加一个关键帧，如图13-12所示。

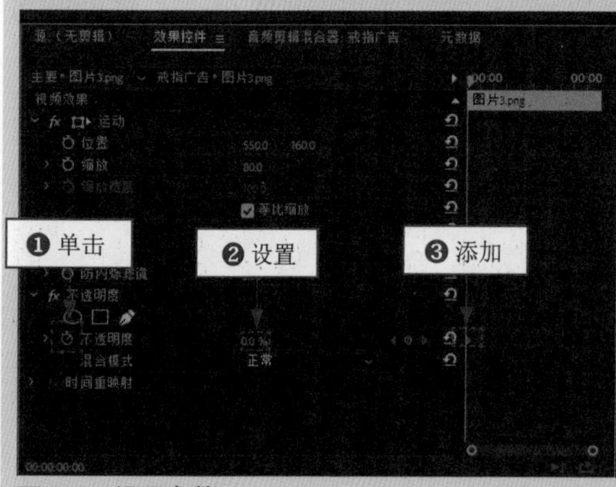

图13-12 设置参数

STEP 06 ❶将时间线调整至00:00:01:15的位置，❷设置“不透明度”为100.0%，❸添加关键帧，如图13-13所示，即可制作若隐若现的效果。

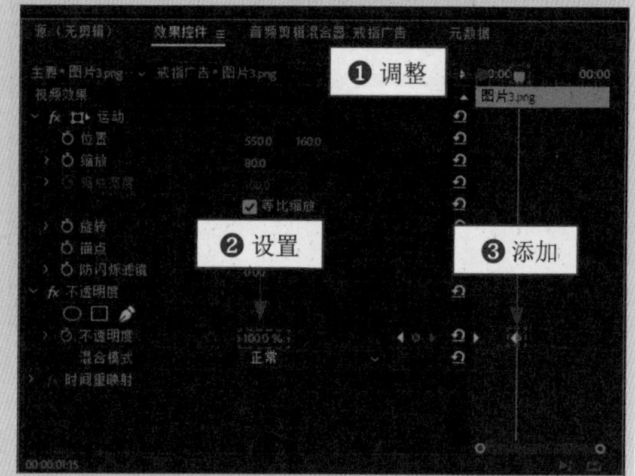

图13-13 添加关键帧

STEP 07 在“节目监视器”面板中单击“播放-停止切换”按钮，即可预览广告背景效果，如图13-14所示。

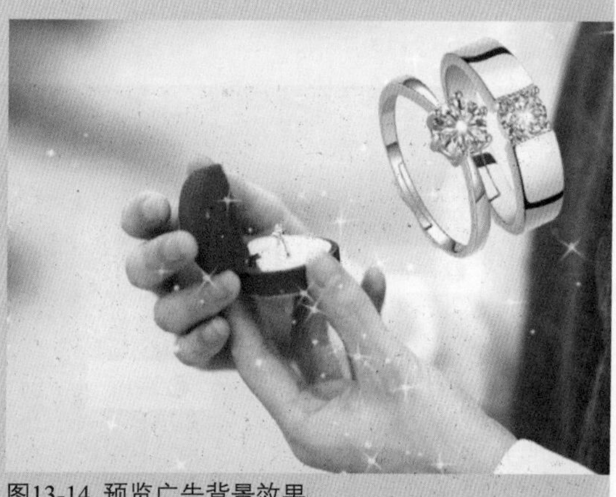

图13-14 预览广告背景效果

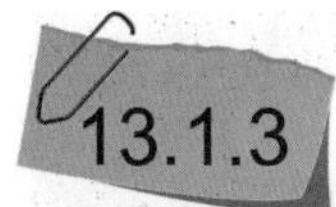

13.1.3 制作广告字幕特效

当用户完成了对戒指广告背景的所有编辑操作后，就可以为广告画面添加产品的店名和宣传语等信息了，这样才能体现出广告的价值。添加字幕效果后，用户可以根据个人的爱好为字幕添加动态效果。本节将详细介绍制作广告字幕特效的操作方法。

应用案例

制作广告字幕特效

素材：无　　效果：无　　视频：视频\第13章\13.1.3 制作广告字幕特效.mp4

STEP 01 ❶将时间线调整至00:00:00:10的位置，单击“文字工具”按钮，在“节目监视器”面板的画面中单击鼠标左键，即可新建一个字幕文本框，在其中输入店名“宝莱帝珠宝”，❷在“时间轴”面板中调整字幕文件的持续时间，如图13-15所示。

STEP 02 在“效果控件”面板中，❶设置字幕文件的“字体”为STLiti；在“外观”选项区域，❷选中“填充”复选框，❸设置颜色为白色，❹然后选中“描边”复选框，❺单击色块，在弹出的“拾色器”对话框中设置RGB为（100，68，196），单击“确定”按钮，❻设置“描边宽度”为8.0，如图13-16所示。

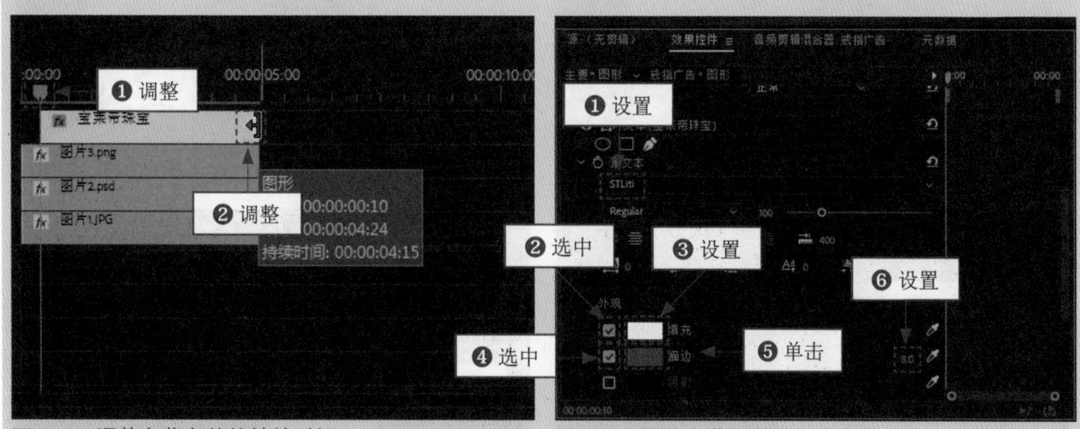

图13-15 调整字幕文件的持续时间　　图13-16 设置字幕文件的相应参数

STEP 03 在“变换”选项区域，❶单击“位置”“缩放”“不透明度”左侧的“切换动画”按钮，❷并设置“位置”为（280.0，300.0）、“缩放”为10、“不透明度”为0.0%，❸添加第1组关键帧，如图13-17所示。

STEP 04 ❶将时间线调整至00:00:04:00的位置，❷设置“位置”为（113.7，512.8）、“缩放”为100、“不透明度”为100.0%，❸添加第2组关键帧，如图13-18所示。

STEP 05 在“节目监视器”面板中，单击“播放-停止切换”按钮，即可预览图像效果，如图13-19所示。

STEP 06 用与上面相同的方法，将时间线调整至00:00:00:10的位置，在“节目监视器”面板的画面中单击鼠标左键，再次添加一个与产品信息相关的字幕文件，并在“时间轴”面板中调整字幕文件的持续时间，如图13-20所示。

STEP 07 在“效果控件”面板中，❶设置字幕文件的“字体”为STXinwei，❷设置“字体大小”为70，如图13-21所示。

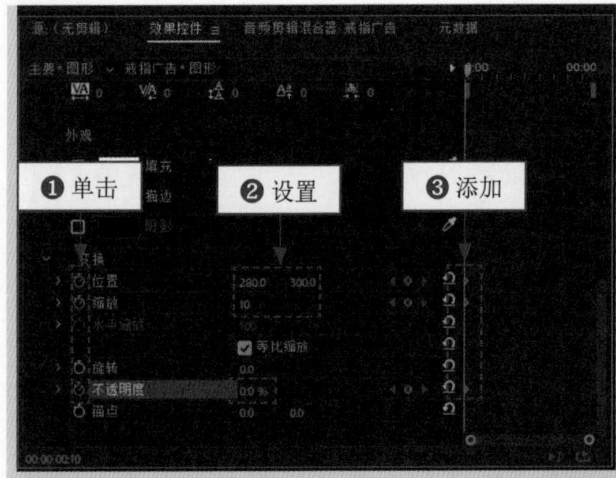

图13-17 添加第1组关键帧

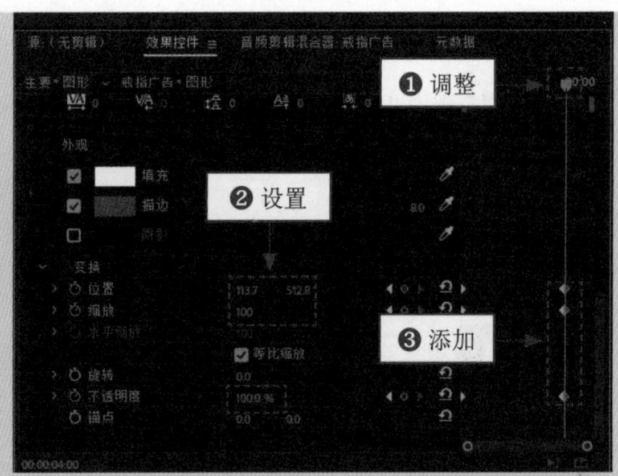

图13-18 添加第2组关键帧

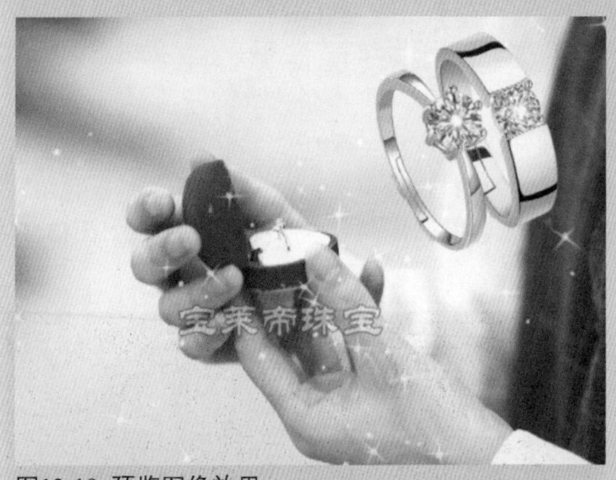

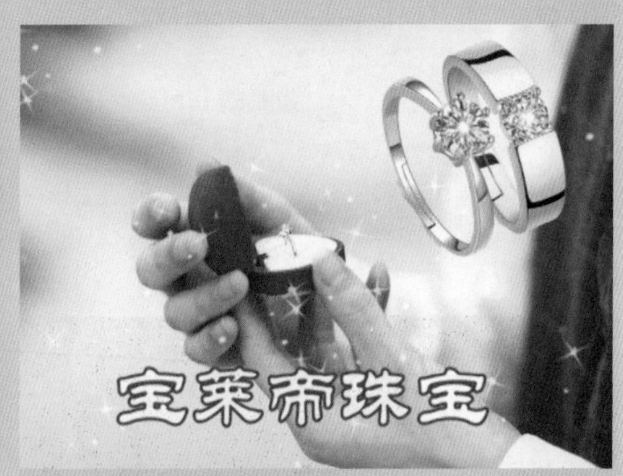

图13-19 预览图像效果

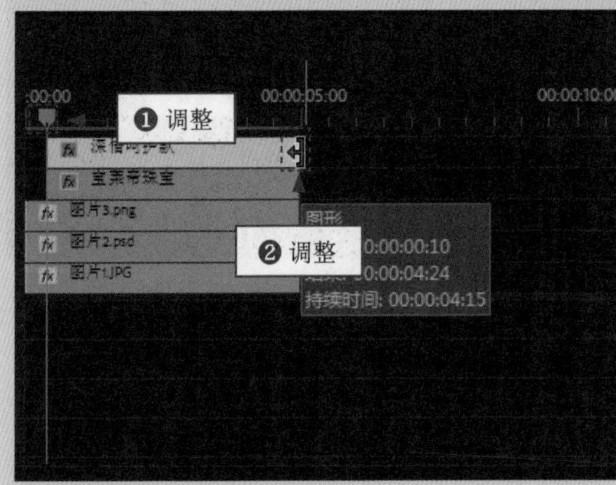

图13-20 调整字幕文件的“持续时间”

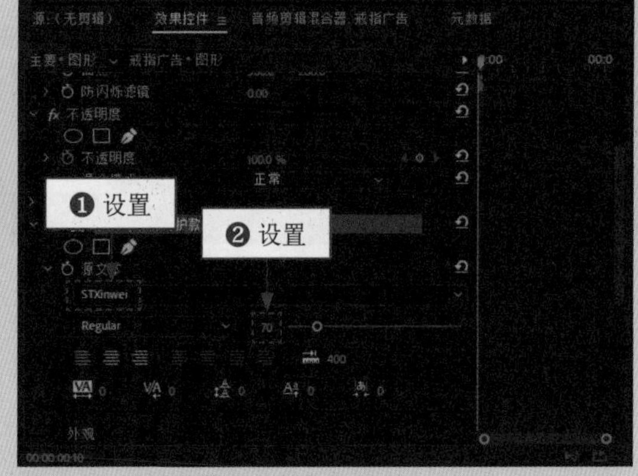

图13-21 设置字幕文件的相应参数

STEP 08 在“外观”选项区域，❶选中“填充”复选框，❷设置颜色为白色，❸然后选中“描边”复选框，❹单击色块，在弹出的“拾色器”对话框中设置RGB为（243，7，62），单击“确定”按钮，❺设置“描边宽度”为5.0，如图13-22所示。

STEP 09 在“变换”选项区域，❶单击“位置”“缩放”“旋转”“不透明度”左侧的“切换动画”按钮，❷并设置“位置”为（280.0，300.0）、“缩放”为10、“旋转”为0.0°、“不透明度”为0.0%，❸添加第1组关键帧，如图13-23所示。

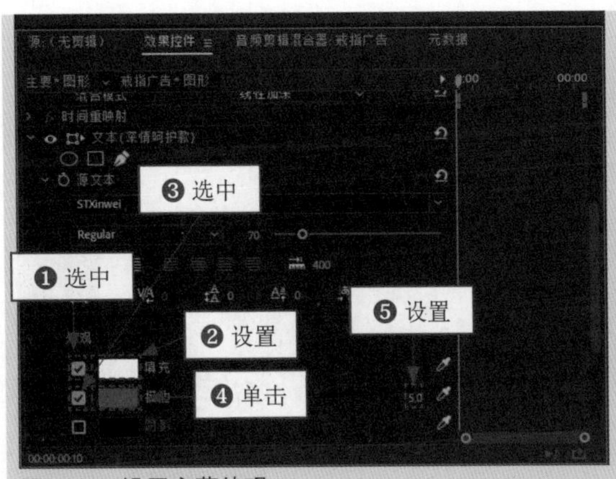

图13-22 设置字幕外观

图13-23 添加第1组关键帧

STEP 10 ❶调整时间线至00:00:02:20的位置，❷设置“位置”为（80.0，150.0）、“缩放”为50、“旋转”为-1×0.0°、“不透明度”为100.0%，❸添加第2组关键帧，如图13-24所示。

STEP 11 ❶将时间线调整至00:00:04:00的位置，❷设置“位置”为（52.0，86.0）、“缩放”为100、“不透明度”为100.0%，❸添加第3组关键帧，如图13-25所示。

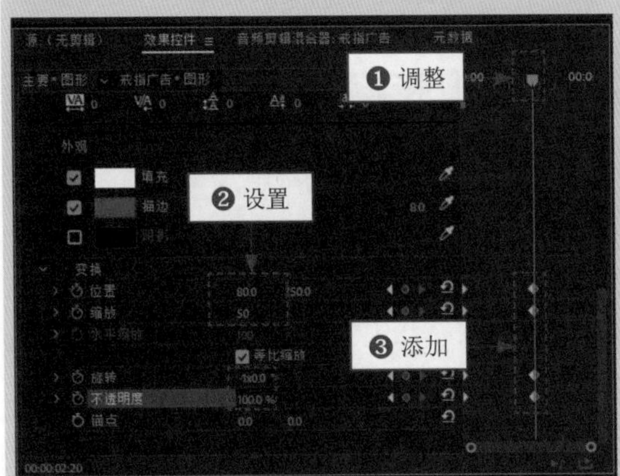

图13-24 添加第2组关键帧

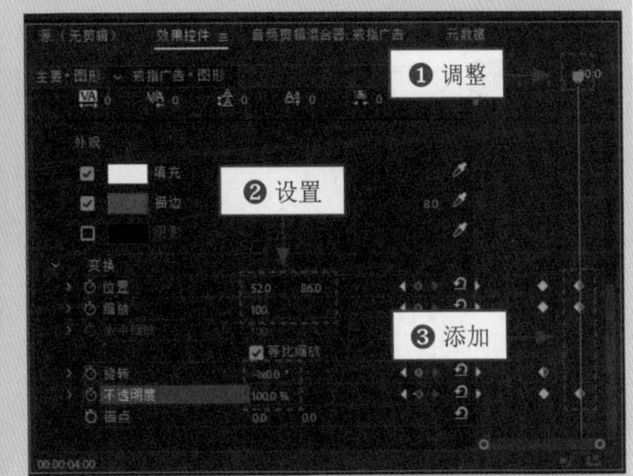

图13-25 添加第3组关键帧

STEP 12 将时间线拖至开始位置，在“节目监视器”面板中，单击“播放-停止切换”按钮，即可预览制作的视频效果，如图13-26所示。

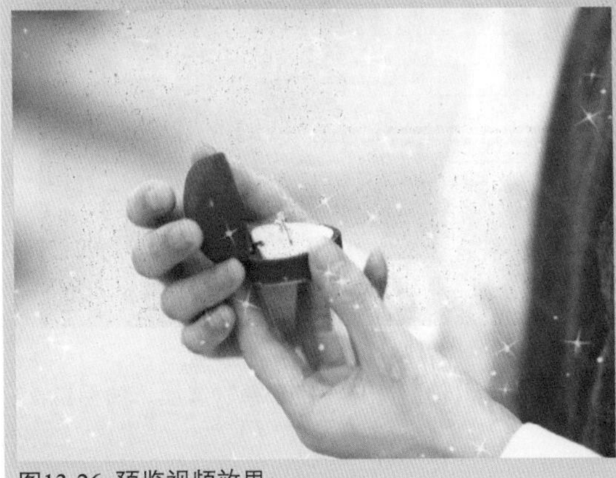

图13-26 预览视频效果

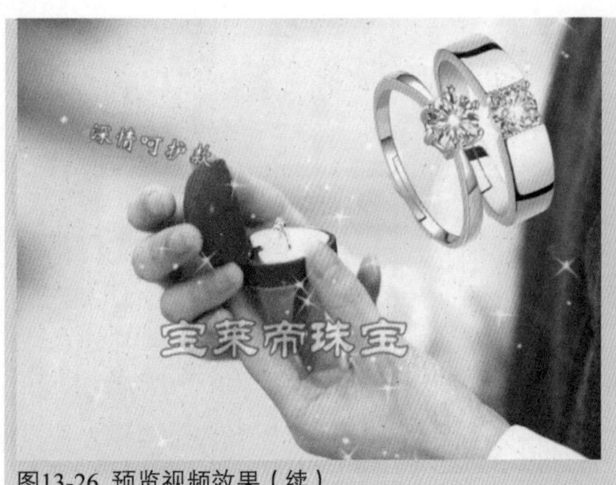

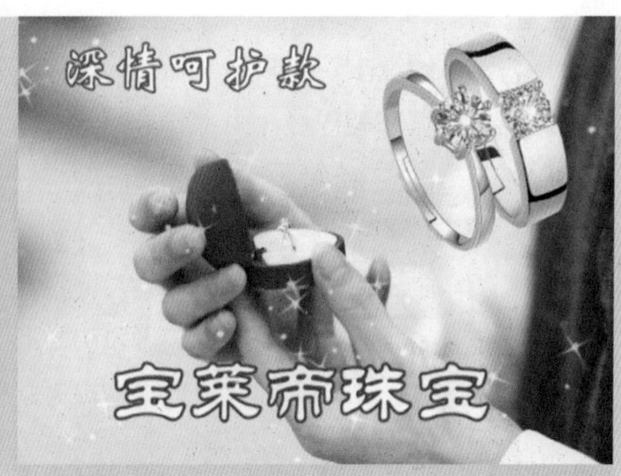

图13-26 预览视频效果（续）

13.1.4 戒指广告的后期处理

在Premiere Pro CC 2018中制作完戒指广告的整体效果后，为了增加影片的震撼效果，可以为广告添加音频效果。本节将详细介绍戒指广告的后期处理。

应用案例

戒指广告的后期处理

素材：无　　　　效果：效果\第13章\戒指广告.prproj

视频：视频\第13章\13.1.4 戒指广告的后期处理.mp4

STEP 01 选择“文件”|“导入”命令，弹出“导入”对话框，❶选择合适的音乐文件，❷单击“打开”按钮，如图13-27所示，将选择的音乐文件导入到“项目”面板中。

STEP 02 选择导入的“音乐”素材，将其添加至“A1”轨道上，并调整音乐的长度为00:00:05:00，如图13-28所示。

图13-27 单击“打开”按钮

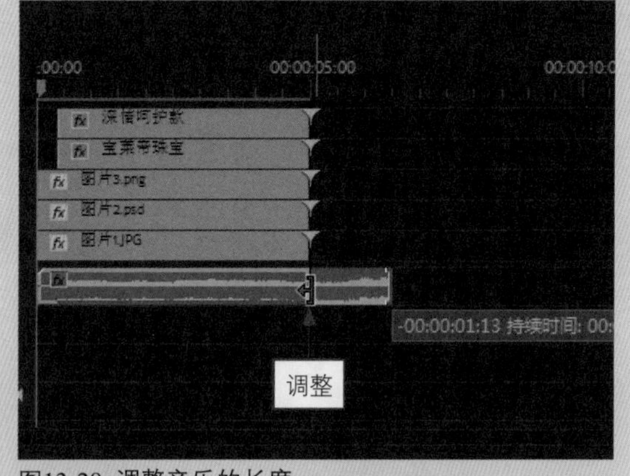

图13-28 调整音乐的长度

STEP 03 在“效果”面板中，❶展开“音频过渡”|“交叉淡化”选项，❷选择“恒定功率”选项，如图13-29所示。

STEP 04 按住鼠标左键，将其拖至A1轨道上音乐素材的开始和结尾处，添加音频特效，如图13-30所示，即可完成制作。

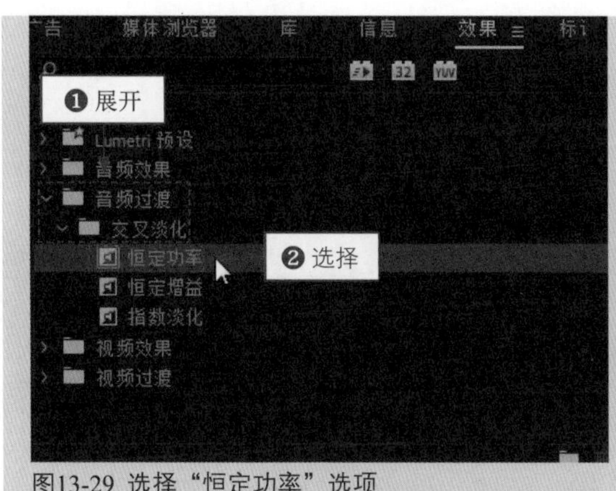

图13-29 选择“恒定功率”选项

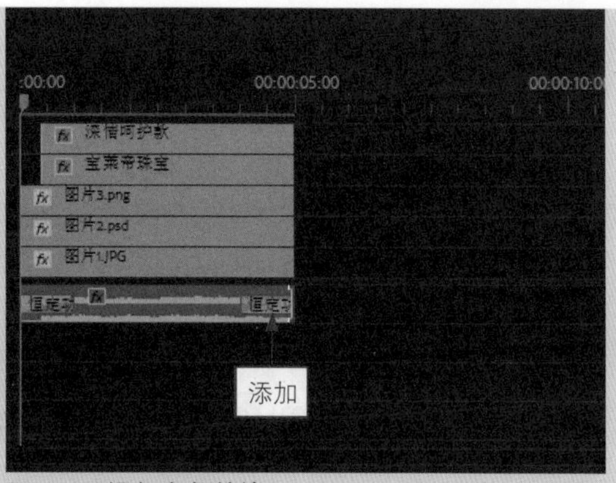

图13-30 添加音频特效

13.2 制作婚纱相册

在制作婚纱相册之前，首先带领读者预览婚纱相册视频的画面效果，如图13-31所示，本节将详细介绍制作婚纱相册的片头效果、动态效果、片尾效果，以及编辑与输出视频后期等方法，帮助读者更好地学习相册的制作方法。

图13-31 案例效果

13.2.1 制作婚纱相册片头效果

随着数码科技的不断发展和数码相机的进一步普及，人们逐渐开始为婚纱相册制作绚丽的片头，让原本单调的婚纱效果变得更加丰富。下面介绍制作婚纱片头效果的具体操作。

应用案例

制作婚纱相册片头效果

素材：素材\第13章\婚纱相册\婚纱相册.prproj　　效果：无

视频：视频\第13章\13.2.1 制作婚纱相册片头效果.mp4

STEP 01 按快捷键【Ctrl+O】，打开一个项目文件，在“项目”面板中将“视频1.mpg”素材文件拖至V1轨道中，如图13-32所示，并设置其“持续时间”为00:00:10:00。

STEP 02 选择“文字工具”按钮，在“节目监视器”面板的画面中单击鼠标左键，即可新建一个字幕文本框，在其中输入项目主题“《美 满 姻 缘》”，如图13-33所示。

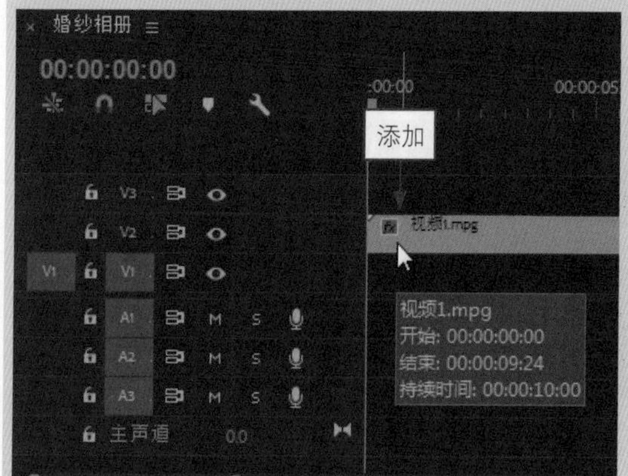

图13-32 添加素材文件

图13-33 输入项目主题

STEP 03 在“效果控件”面板中，❶设置字幕文件的“字体”为FZDaBiaoSong-B06S，❷设置“字体大小”为85，如图13-34所示。

STEP 04 在“外观”选项区域，❶单击“填充”色块，在弹出的“拾色器”对话框中设置RGB为（246，237，6），单击“确定”按钮，❷然后选中“描边”复选框，❸单击色块，在弹出的“拾色器”对话框中设置RGB为（238，20，20），单击“确定”按钮，❹设置“描边宽度”为2.0，❺选中“阴影”复选框，在“阴影”下方的选项区域，❻设置“距离”为7.0，如图13-35所示。

STEP 05 在“变换”选项区域，设置“位置”为（146.7，311.1），如图13-36所示。

STEP 06 在“效果”面板中，❶展开“视频效果”|“变换”选项，❷选择“裁剪”选项，如图13-37所示，双击鼠标左键，即可为字幕文件添加“裁剪”效果。

STEP 07 在“效果控件”面板中的“裁剪”选项区域，❶单击“右侧”和“底部”左侧的“切换动画”按钮，❷并设置“右侧”参数为100.0%、“底部”参数为100.0%，❸添加第1组关键帧，如图13-38所示。

STEP 08 ❶将时间线调整至00:00:04:00的位置，❷设置“右侧”参数为20.0%、“底部”参数为10.0%，❸添加第2组关键帧，如图13-39所示。

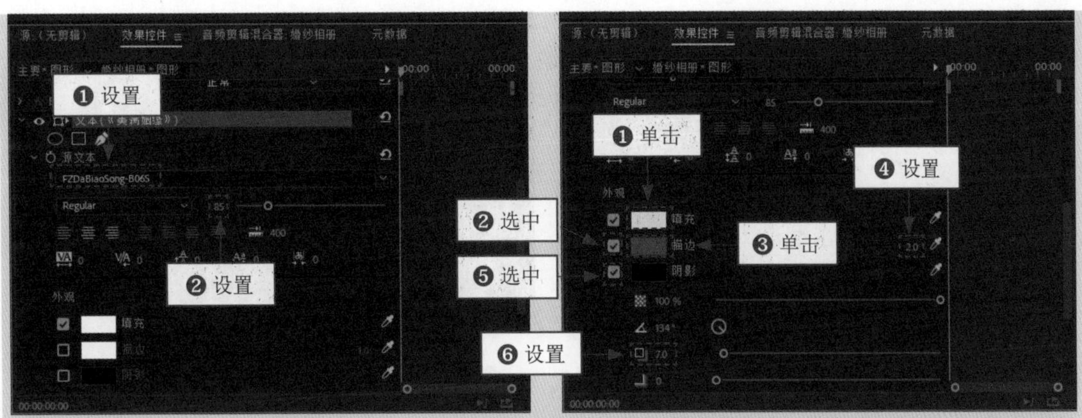

图13-34 设置字幕文件的相应参数

图13-35 设置字幕文件的“外观”参数

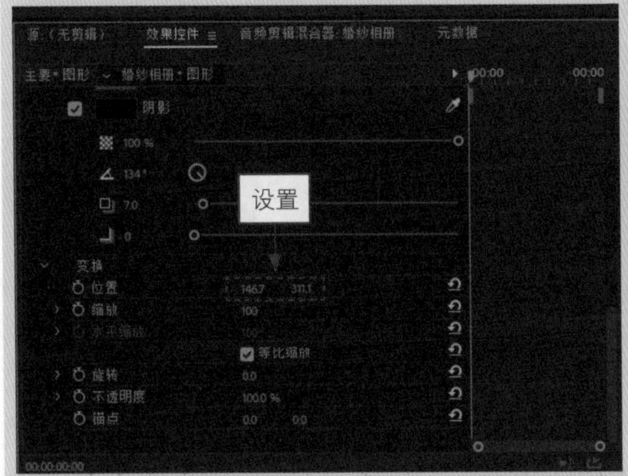

图13-36 设置“位置”参数

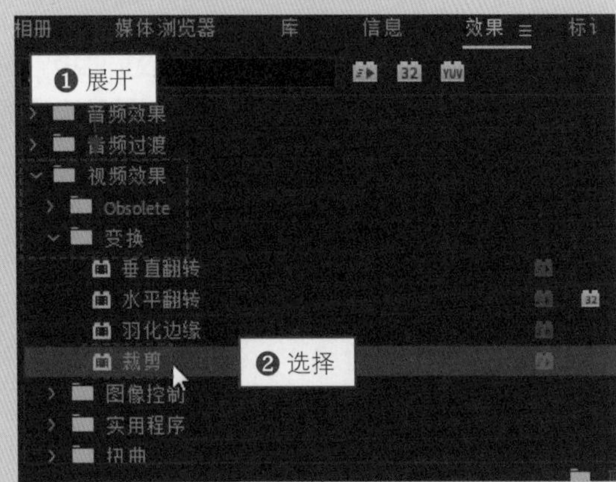

图13-37 选择“剪裁”选项

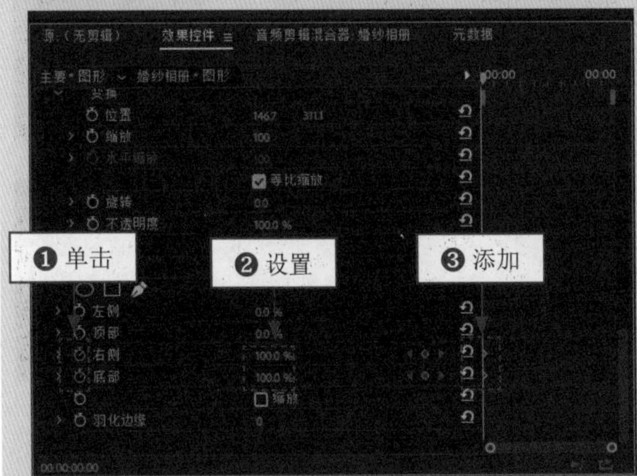

图13-38 添加第1组关键帧

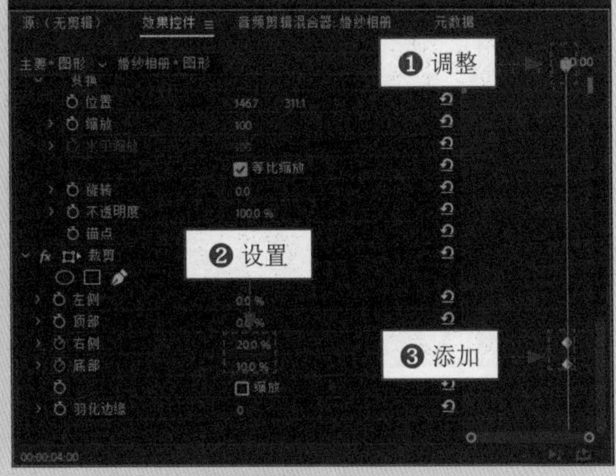

图13-39 添加第2组关键帧

STEP 09 在“节目监视器”面板中，单击“播放-停止切换”按钮，即可预览婚纱相册片头效果，如图13-40所示。

图13-40 预览婚纱相册片头效果

13.2.2 制作婚纱相册动态效果

婚纱相册是以照片预览为主的视频动画，因此需要准备大量的婚纱照片素材，并为照片添加相应的动态效果，下面介绍制作婚纱相册动态效果的操作方法。

应用案例

制作婚纱相册动态效果

素材：无　　效果：无　　视频：视频\第13章\13.2.2 制作婚纱相册动态效果.mp4

STEP 01 在“项目”面板中，选择并拖动“视频2.mpg”素材文件至V1轨道中的合适位置，添加背景素材，如图13-41所示，并设置时长为00:00:44:13。

STEP 02 在“项目”面板中，选择并拖动1.jpg素材文件至V2轨道中的合适位置，设置持续时间为00:00:04:00，如图13-42所示，再选择添加的素材文件。

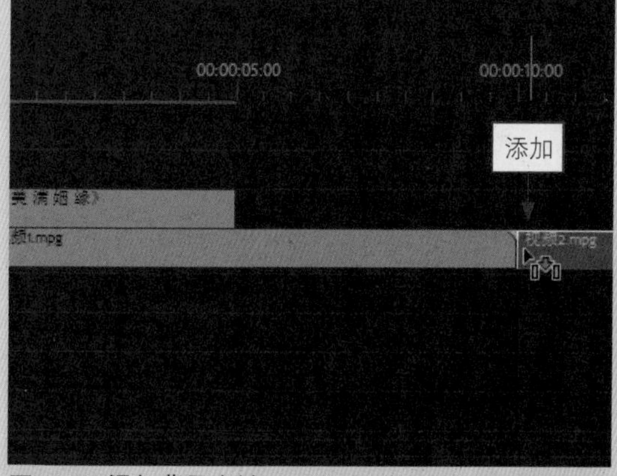

图13-41 添加背景素材

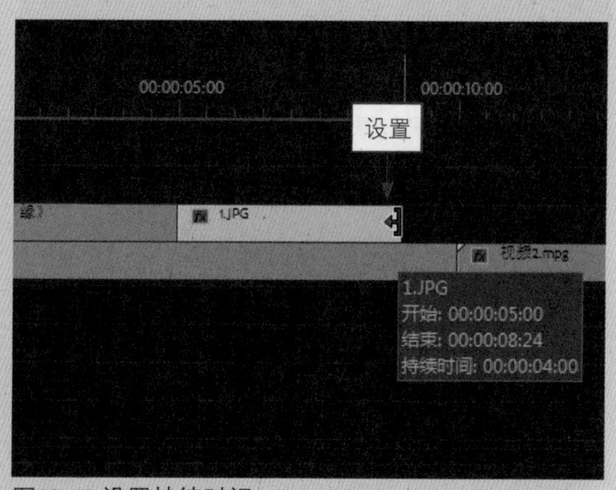

图13-42 设置持续时间

STEP 03 ❶调整时间线至00:00:05:00的位置；在“效果控件”面板中，❷单击“位置”和“缩放”左侧的“切换动画”按钮，❸并设置“位置”为（360.0，288.0）、“缩放”为60.0，❹添加第1组关键帧，如图13-43所示。

STEP 04 ❶调整时间线至00:00:07:13的位置，❷设置“位置”为（360.0，320.0）、“缩放”为80.0，❸添加第2组关键帧，如图13-44所示。

STEP 05 ❶在“效果”面板中展开“视频过渡”|“溶解”选项，❷选择“交叉溶解”过渡效果，如图13-45所示。

STEP 06 将“交叉溶解”过渡效果拖至V2轨道中的1.jpg素材上，并设置时长与图像素材一致，如图13-46所示。

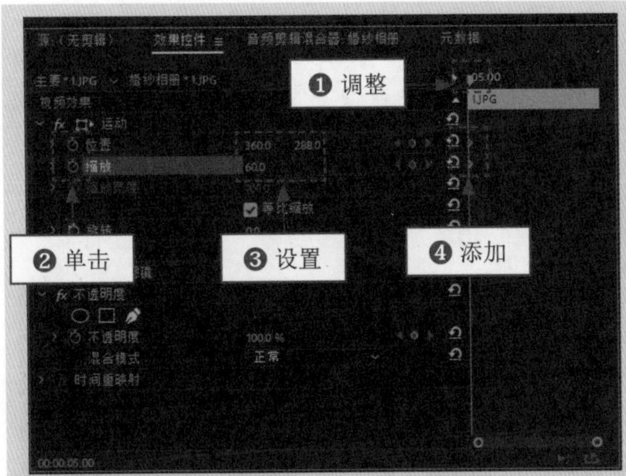

图13-43 添加第1组关键帧

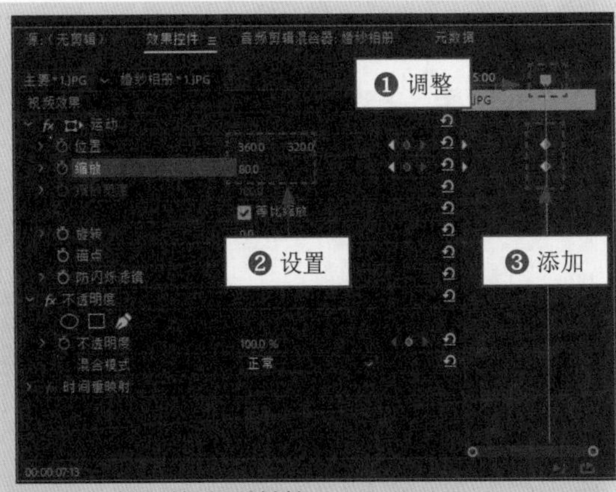

图13-44 添加第2组关键帧

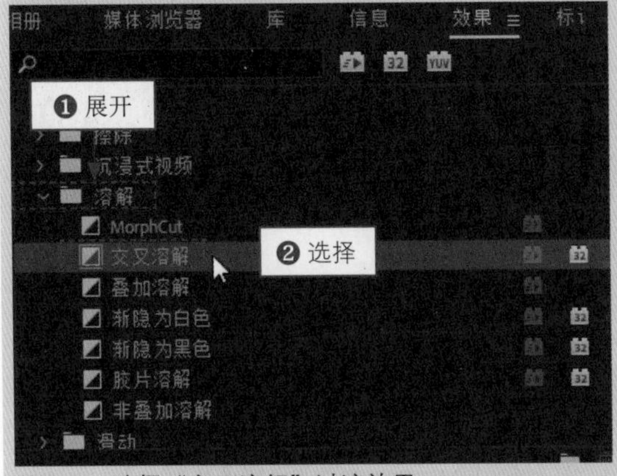

图13-45 选择“交叉溶解”过渡效果

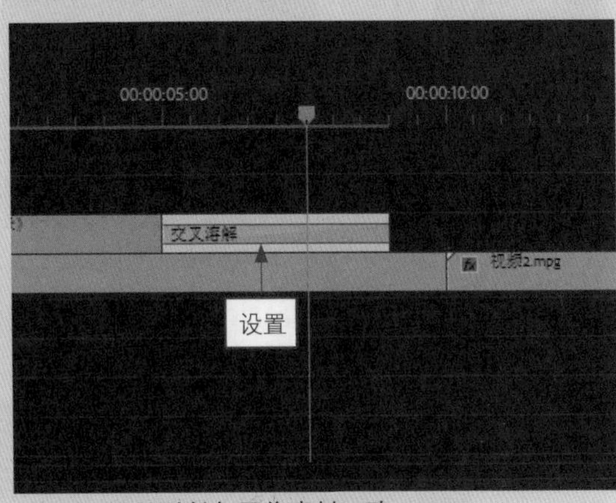

图13-46 设置时长与图像素材一致

STEP 07 选择“文字工具”按钮，在“节目监视器”面板的画面中单击鼠标左键，新建一个字幕文本框，在其中输入标题字幕“美丽优雅”，在“时间轴”面板中选择添加的字幕文件，调整至合适位置并设置时长与1.jpg一致，如图13-47所示。

STEP 08 在“效果控件”面板中，❶设置字幕文件的“字体”为FZDaBiaoSong-B06S，❷设置“字体大小”为71，如图13-48所示。

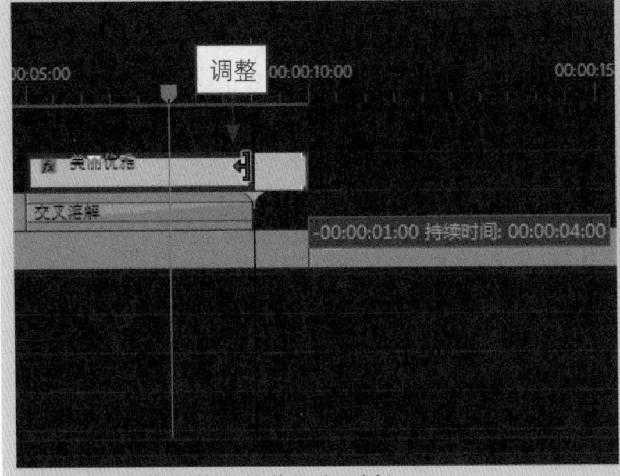

图13-47 调整字幕文件位置与时长

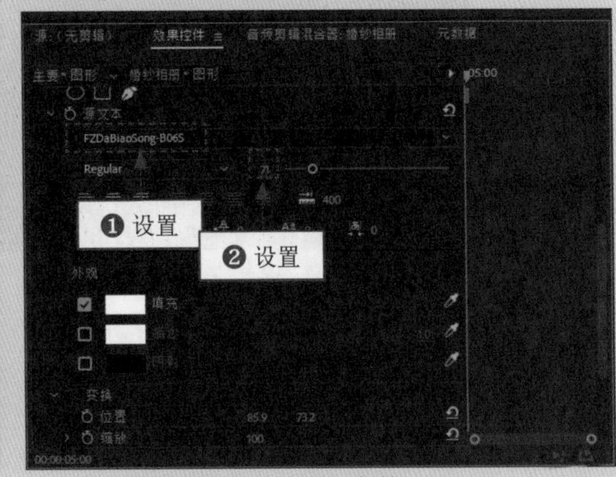

图13-48 设置字幕文件的相应参数

STEP 09 在“外观”选项区域，❶设置“填充”颜色为白色，❷然后选中“描边”复选框，❸单击色块，在弹出的“拾色器”对话框中设置RGB为（238，20，20），单击“确定”按钮，❹设置“描边宽度”为5.0，❺选中“阴影”复选框，在“阴影”下方的选项区域，❻设置“距离”为7.0，如图13-49所示。

STEP 10 在“变换”选项区域，❶单击“位置”和“不透明度”左侧的“切换动画”按钮，❷并设置“位置”参数为（-220.0，50.0）、“不透明度”参数为70.0%，❸添加第1组关键帧，如图13-50所示。

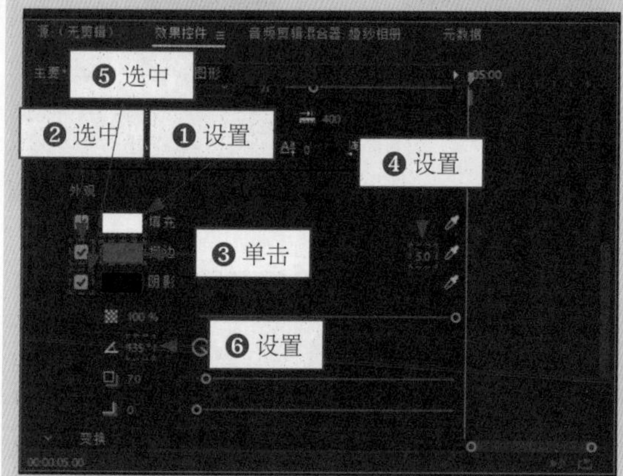

图13-49 设置字幕文件的“外观”参数

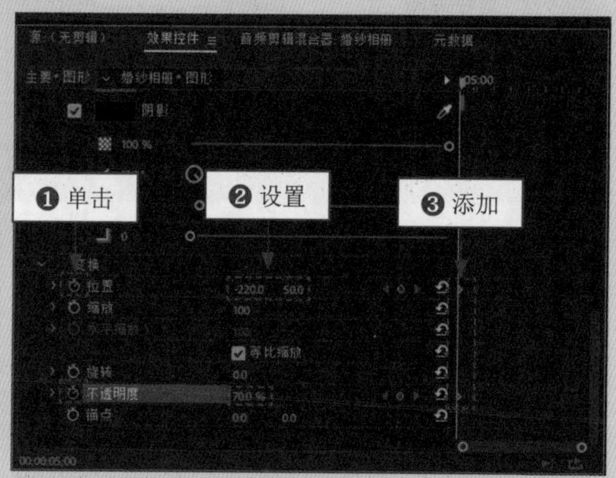

图13-50 添加第1组关键帧

STEP 11 ❶将时间线调整至00:00:07:13的位置，❷设置“位置”参数为（53.6，115.1）、“不透明度”参数为100.0%，❸添加第2组关键帧，如图13-51所示。

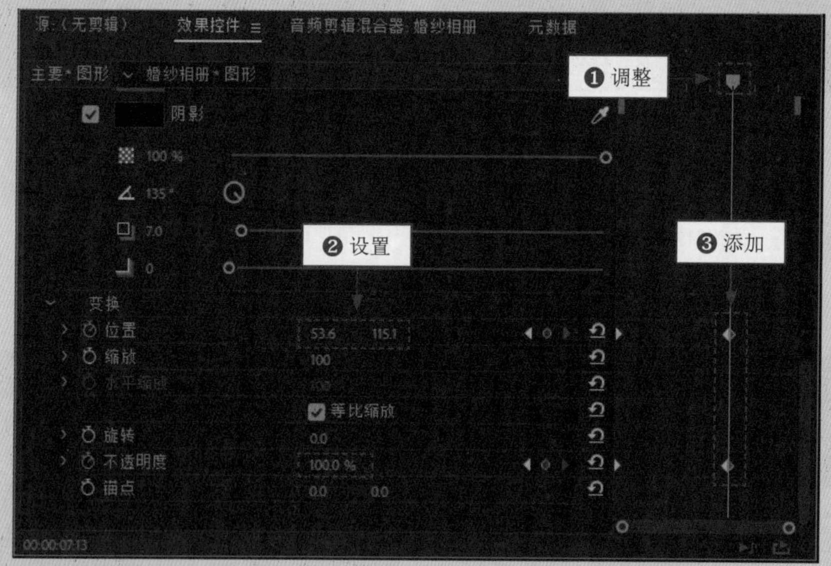

图13-51 添加第2组关键帧

STEP 12 用与前面相同的方法，在“项目”面板中，依次选择2.jpg~10.jpg图像素材，将它们拖至V2轨道中的合适位置，设置运动效果，并添加“交叉溶解”过渡效果及字幕文件，“时间轴”面板如图13-52所示。

STEP 13 在“节目监视器”面板中，单击“播放-停止切换”按钮，即可预览婚纱相册动态效果，如图13-53所示。

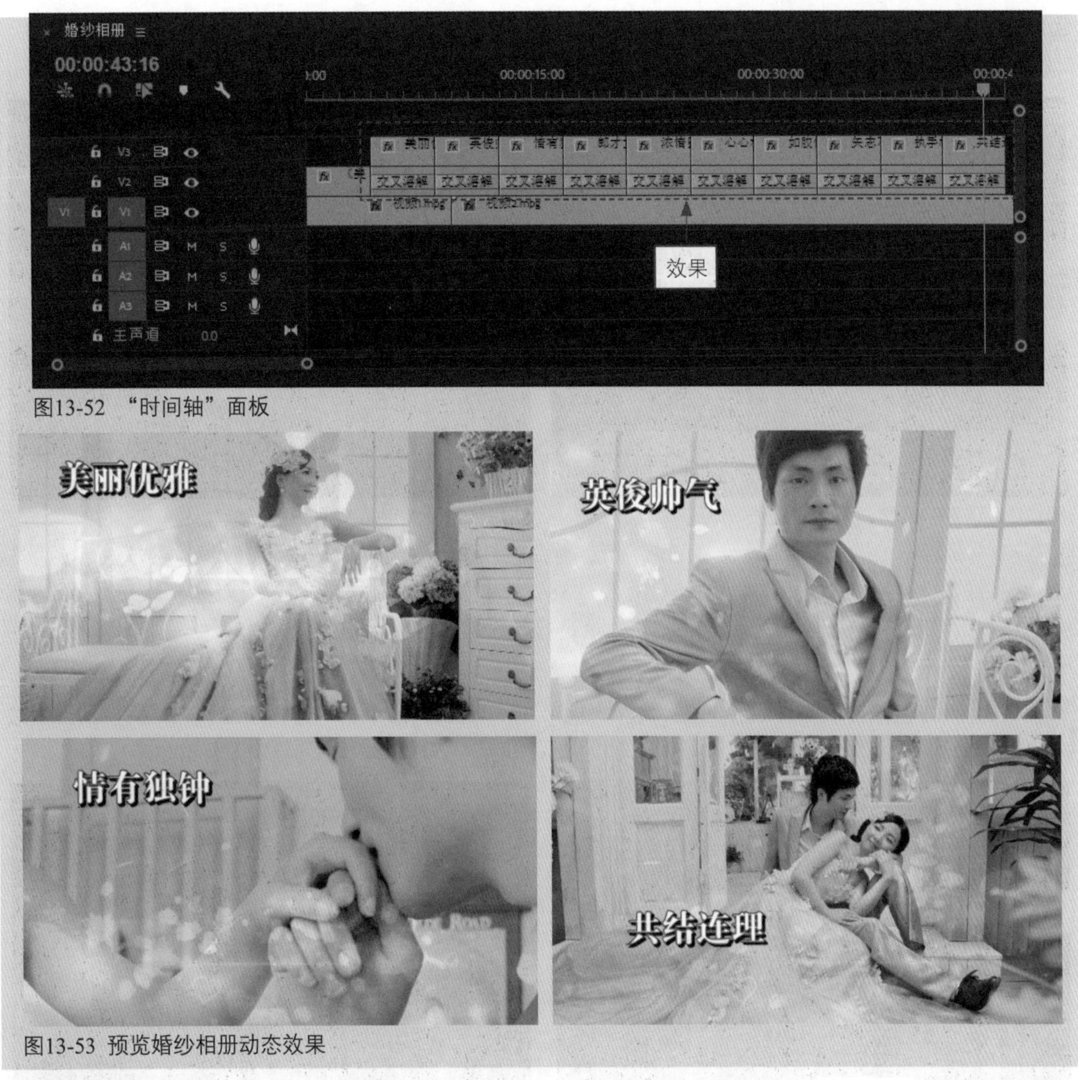

图13-52 “时间轴”面板

图13-53 预览婚纱相册动态效果

13.2.3 制作婚纱相册片尾效果

在Premiere Pro CC 2018中，当相册的基本编辑接近尾声时，便可以开始制作相册视频的片尾了，下面主要为婚纱相册视频的片尾添加字幕效果，再次点明视频的主题。

应用案例 制作婚纱相册片尾效果

素材：无　　效果：无　　视频：视频\第13章\13.2.3 制作婚纱相册片尾效果.mp4

STEP 01 单击“文字工具”按钮，在“节目监视器”面板的画面中单击鼠标左键，新建一个字幕文本框，在其中输入片尾字幕，在“时间轴”面板中选择添加的字幕文件，调整至合适位置并设置时长为00:00:09:13，如图13-54所示。

STEP 02 在“效果控件”面板中，❶设置字幕文件的“字体”为FZDaBiaoSong-B06S，❷设置“字体大小”为60，如图13-55所示。

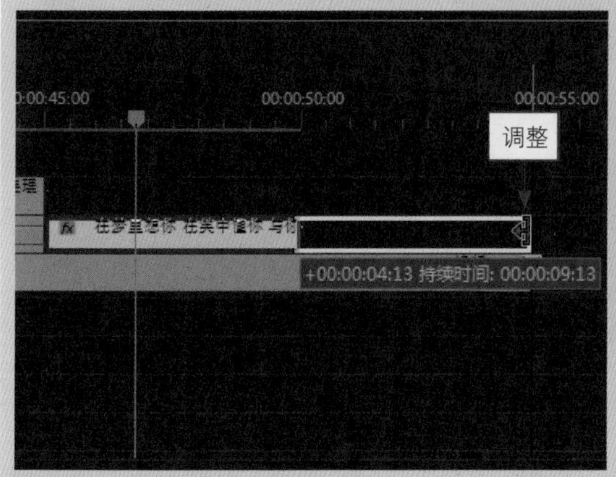

图13-54 调整字幕文件位置与时长

图13-55 设置字幕文件的相应参数

STEP 03 在“外观”选项区域，❶设置“填充”颜色为白色，❷然后选中“描边”复选框，❸单击色块，在弹出的“拾色器”对话框中设置RGB为（238，20，20），单击“确定”按钮，❹设置“描边宽度”为5.0，❺选中“阴影”复选框，在“阴影”下方的选项区域，❻设置“距离”为7.0，如图13-56所示。

STEP 04 将时间线调整至00:00:45:00的位置，在“变换”选项区域，❶单击“位置”左侧的“切换动画”按钮，❷并设置“位置”参数为（230.0，650.0），❸添加第1组关键帧，如图13-57所示。

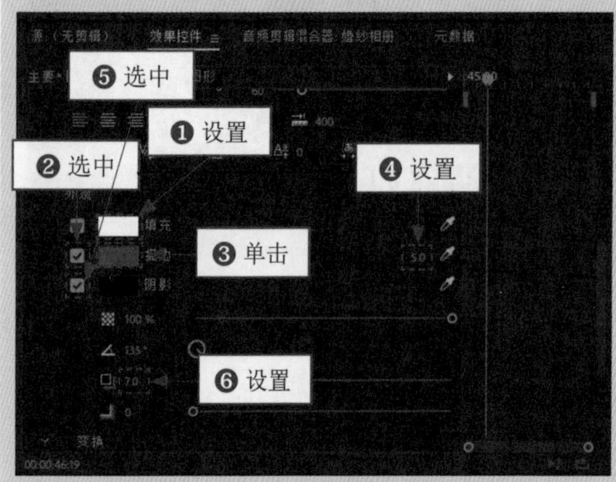

图13-56 设置字幕文件的“外观”参数

图13-57 添加第1组关键帧

STEP 05 ❶将时间线调整至00:00:48:00的位置，设置“位置”参数为（230.0，160.0），添加第2组关键帧，❷然后在00:00:51:00的位置，设置相同的参数，❸添加第3组关键帧，如图13-58所示。

STEP 06 ❶将时间线调整至00:00:54:11的位置，❷设置“位置”参数为（230.0，-350.0），❸添加第4组关键帧，如图13-59所示。

专家指点

在Premiere Pro CC 2018中，当两组关键帧的参数值一致时，可以直接复制前一组关键帧，在相应位置粘贴即可添加下一组关键帧。

STEP 07 在“节目监视器”面板中，单击“播放-停止切换”按钮，即可预览婚纱相册片尾效果，如图13-60所示。

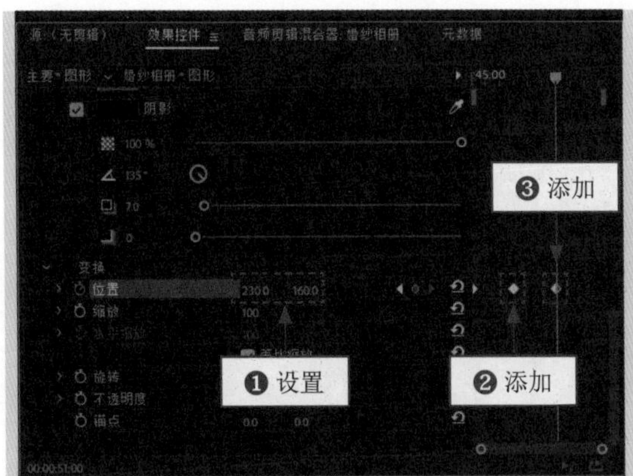

图13-58 添加第3组关键帧

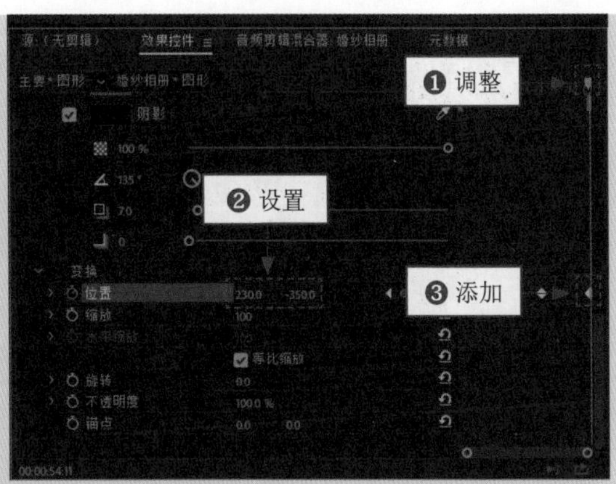

图13-59 添加第4组关键帧

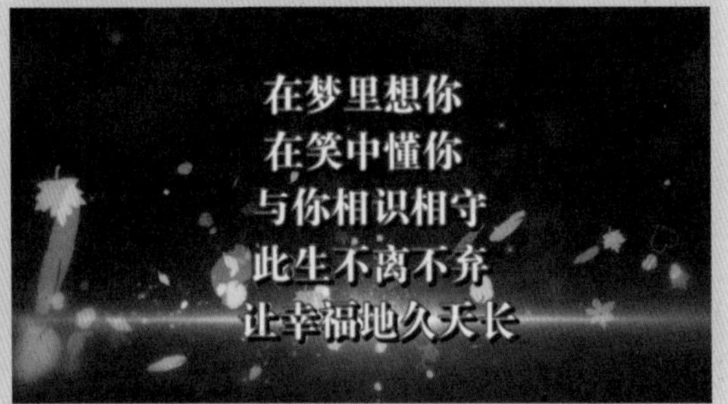

图13-60 预览婚纱相册片尾效果

13.2.4 编辑背景音乐与输出视频

相册的背景画面与主体字幕动画制作完成后，即可进行视频背景音乐的编辑与视频的输出操作了。

应用案例 编辑背景音乐与输出视频

素材：无　　效果：视频\第13章\婚纱视频.prproj、婚纱视频.avi

视频：视频\第13章\13.2.4 编辑背景音乐与输出视频.mp4

STEP 01 将时间线调整至开始位置，在“项目”面板中选择音乐素材，按住鼠标左键，将其拖至A1轨道中，调整音乐的时间长度，如图13-61所示。

STEP 02 在“效果”面板中展开“音频过渡”|“交叉淡化”选项，选择“恒定功率”过渡效果，按住鼠标左键，将其拖至音乐素材的起始点与结束点，添加音频过渡效果，如图13-62所示。

STEP 03 按快捷键【Ctrl＋M】，弹出“导出设置”对话框，单击“输出名称”右侧的“婚姻相册.avi”超链接，如图13-63所示。

STEP 04 弹出“另存为”对话框，在其中设置视频文件的保存位置和文件名，单击“保存”按钮，返回“导出设置”对话框，单击对话框右下角的“导出”按钮，弹出“渲染所需音频文件”对话框，开始导出编码文件，并显示导出进度，如图13-64所示，稍后即可导出婚纱相册视频。

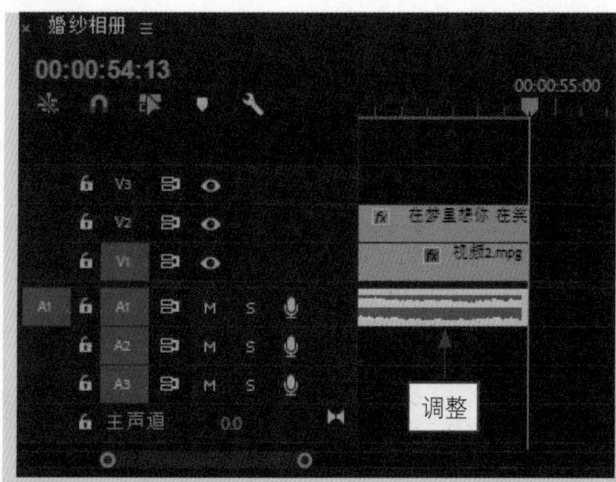

图13-61 调整时间长度

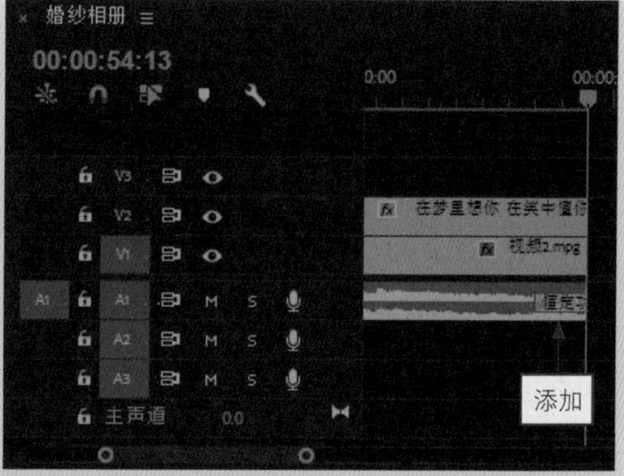

图13-62 添加音频过渡效果

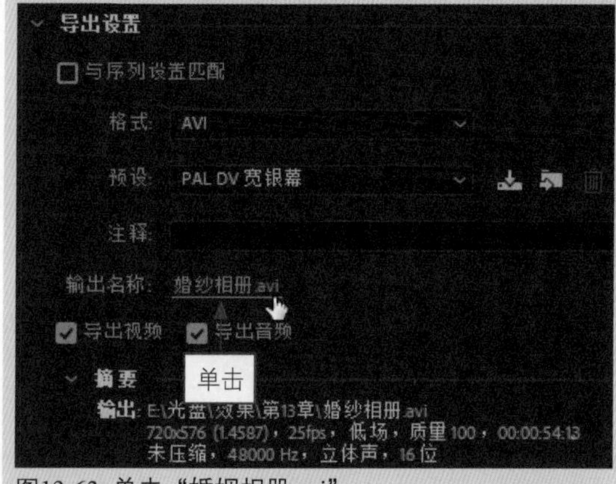

图13-63 单击"婚姻相册.avi"

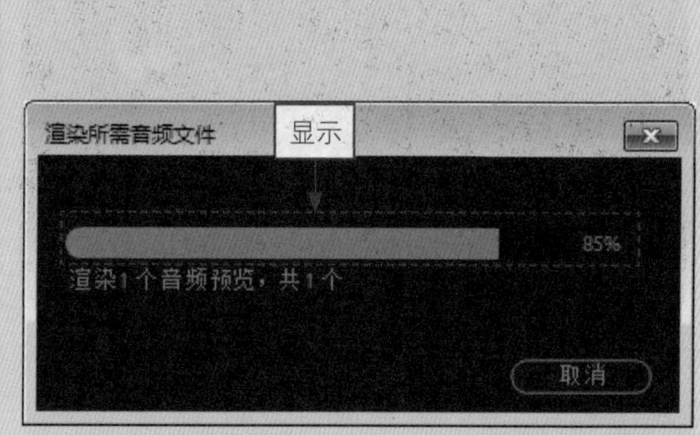

图13-64 显示导出进度

13.3 制作儿童相册

制作儿童生活相册首先要在Premiere Pro CC 2018中新建项目并创建序列，导入需要的素材；然后将素材分别添加至相应的视频轨道中，使用相应的素材制作相册片头效果，制作美观的字幕并创建关键帧；将照片素材添加至相应的视频轨道中，添加合适的视频过渡效果并制作照片运动效果，制作出精美的动感相册效果；最后制作相册片尾，添加背景音乐，输出视频。本节制作的儿童生活相册画面效果如图13-65所示。

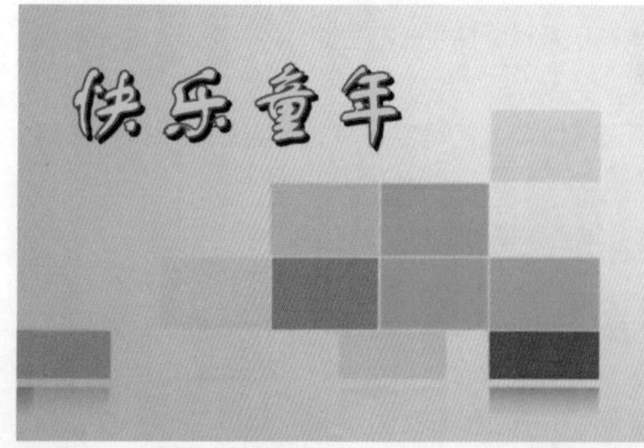

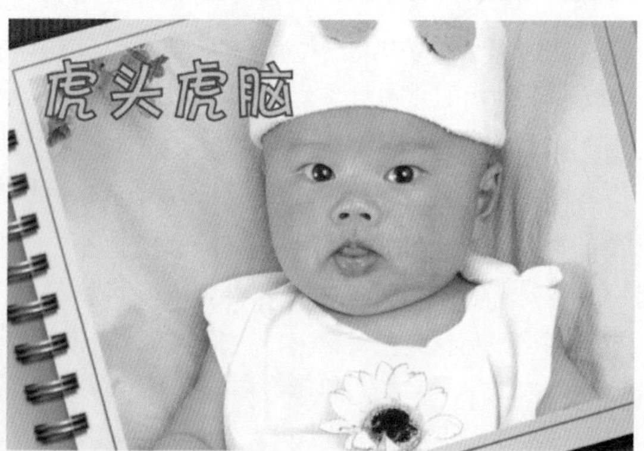

图13-65 儿童生活相册效果

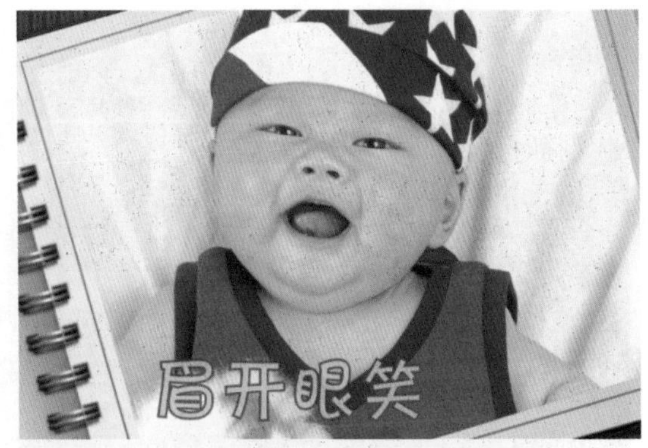

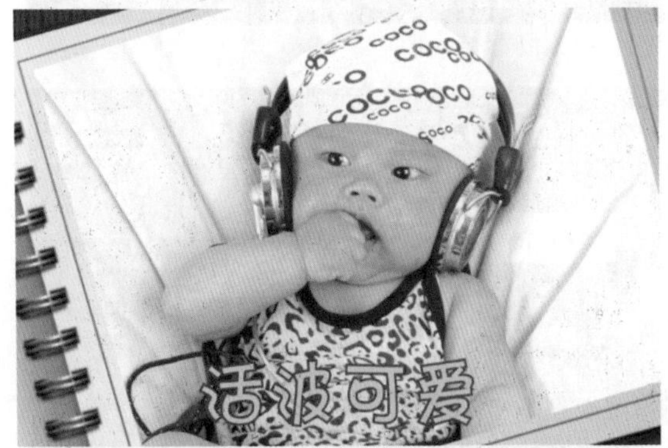

图13-65 儿童生活相册效果（续）

13.3.1 制作儿童相册片头效果

制作儿童生活相册的第一步，就是制作出能够突出相册主题、形象绚丽的相册片头效果。下面介绍制作相册片头效果的操作方法。

应用案例

制作儿童相册片头效果

素材：素材\第13章\儿童相册\儿童相册.prproj　　效果：无

视频：视频\第13章\13.3.1 制作儿童相册片头效果.mp4

STEP 01 按快捷键【Ctrl+O】，打开一个项目文件，在“项目”面板中将“片头.wmv”素材文件拖至V1轨道中，如图13-66所示，并设置其持续时间为00:00:05:00。

STEP 02 选择“文字工具”按钮，在“节目监视器”面板的画面中单击鼠标左键，即可新建一个字幕文本框，在其中输入项目主题“快乐童年”，如图13-67所示。

STEP 03 在“效果控件”面板中，❶设置字幕文件的“字体”为FZShuTi，❷设置“字体大小”为100，如图13-68所示。

STEP 04 在“外观”选项区域，❶单击“填充”色块，在弹出的“拾色器”对话框中设置RGB为（220，220，30），单击“确定”按钮，❷然后选中“描边”复选框，❸单击色块，在弹出的“拾色器”对话框中设置RGB为（240，20，20），单击“确定”按钮，❹设置“描边宽度”为5.0，❺选中“阴影”复选框，在“阴影”下方的选项区域，❻设置“距离”为6.5，如图13-69所示。

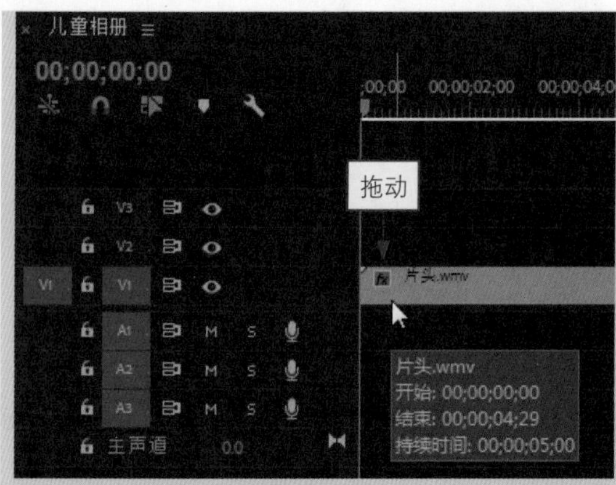

图13-66 将素材文件拖至V1轨道中

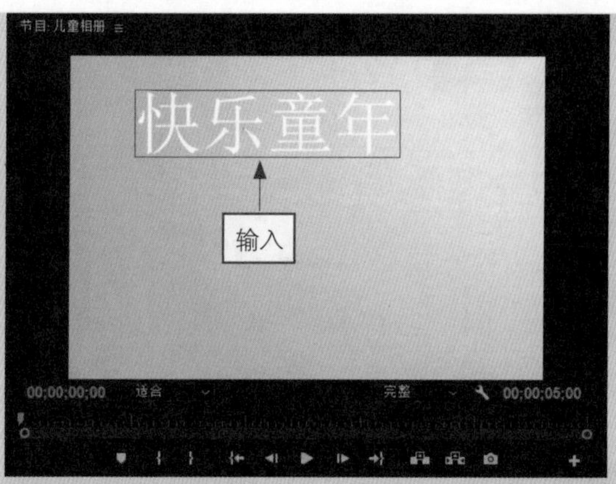

图13-67 输入项目主题

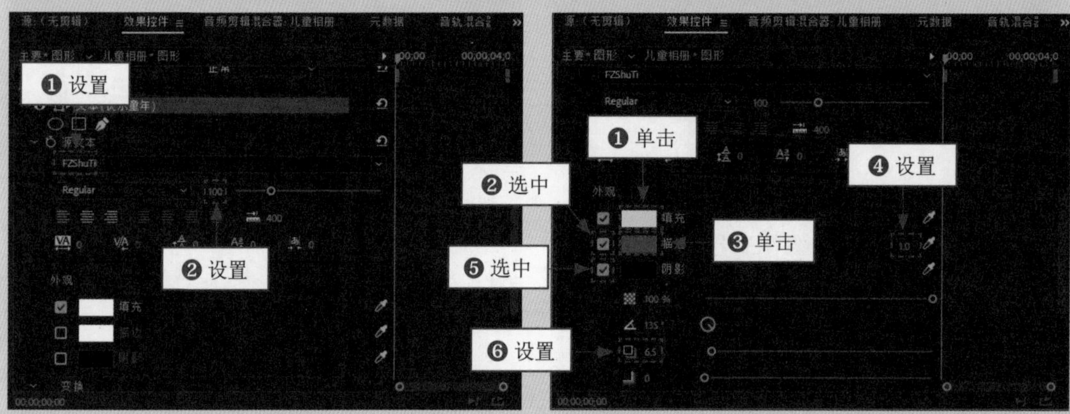

图13-68 设置字幕文件的相应参数

图13-69 设置字幕文件的"外观"参数

STEP 05 在"变换"选项区域，❶单击"位置"左侧的"切换动画"按钮，❷并设置"位置"参数为（155.0，580.0），❸添加第1组关键帧，如图13-70所示。

STEP 06 ❶将时间线调整至00:00:02:00的位置，❷设置"位置"参数为（5.0，270.0），❸添加第2组关键帧，如图13-71所示。

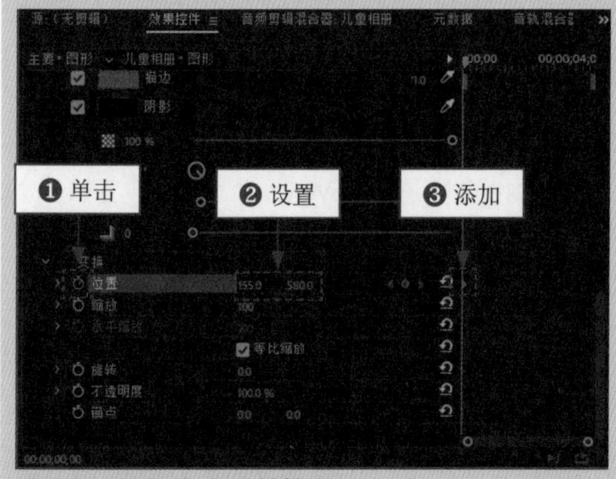

图13-70 添加第1组关键帧

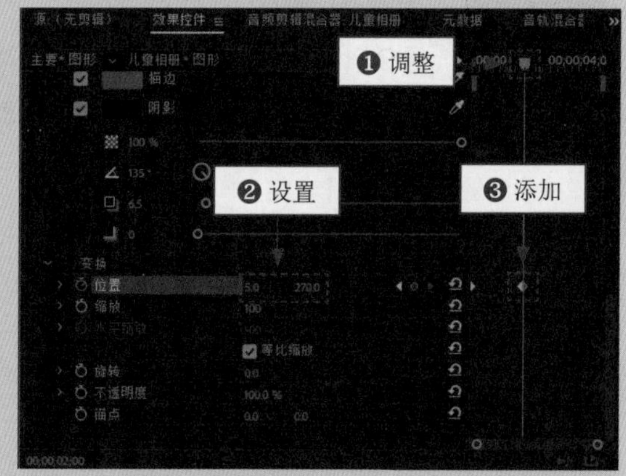

图13-71 添加第2组关键帧

STEP 07 ❶将时间线调整至00:00:03:00的位置；❷设置"位置"参数为（30.0，80.0），❸添加第3组关键帧，如图13-72所示。

STEP 08 ❶将时间线调整至00:00:04:00的位置，❷设置“位置”参数为（50.0，140.0），❸添加第4组关键帧，如图13-73所示。

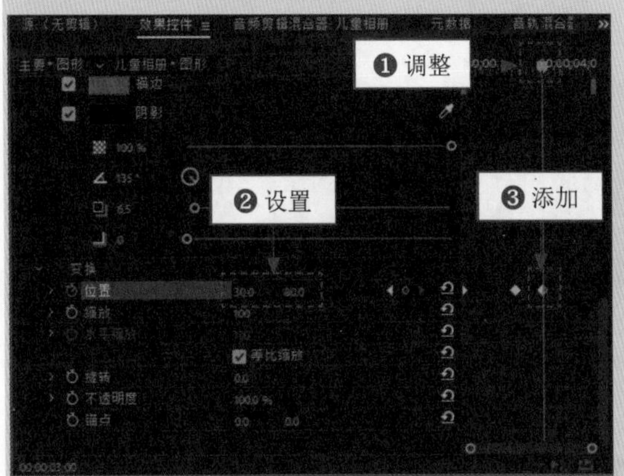

图13-72 添加第3组关键帧

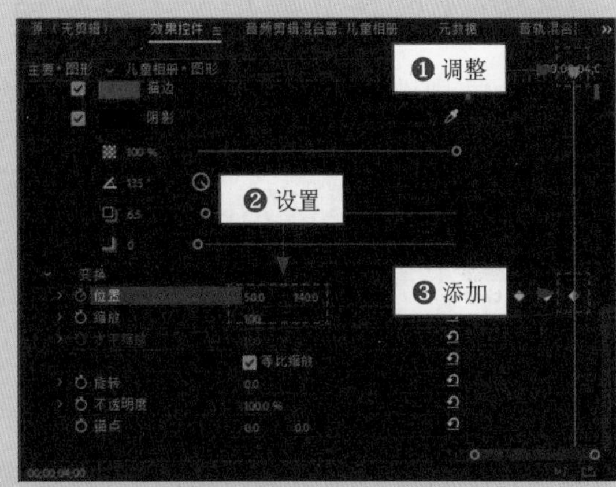

图13-73 添加第4组关键帧

STEP 09 在“效果”面板中，❶展开“视频过渡”|“溶解”选项，❷选择“渐隐为黑色”过渡效果，如图13-74所示。

STEP 10 按住鼠标左键，将过渡效果分别添加至V1轨道中的素材文件和V2轨道中的字幕文件的结束位置，如图13-75所示。

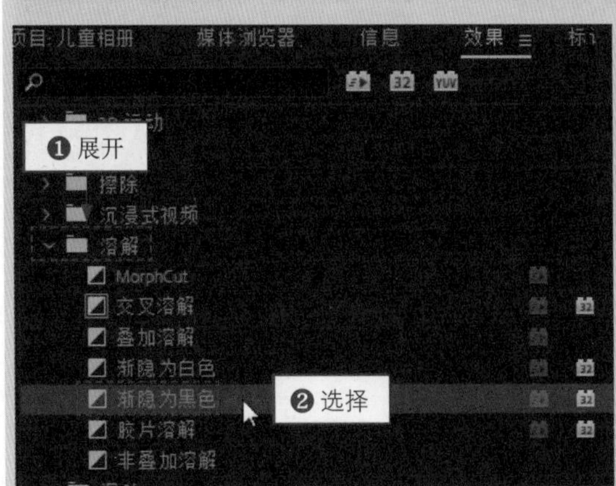

图13-74 选择“渐隐为黑色”过渡效果

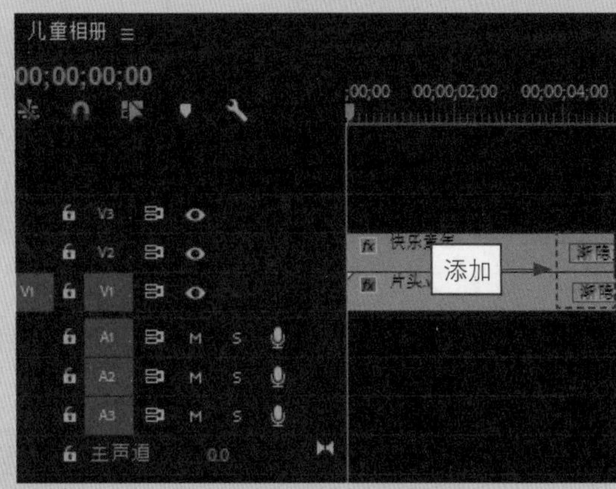

图13-75 添加“渐隐为黑色”过渡效果

STEP 11 在“节目监视器”面板中，单击“播放-停止切换”按钮，即可预览儿童相册片头效果，如图13-76所示。

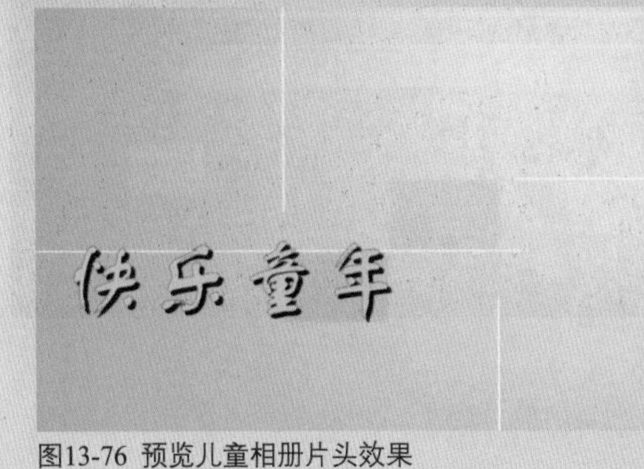

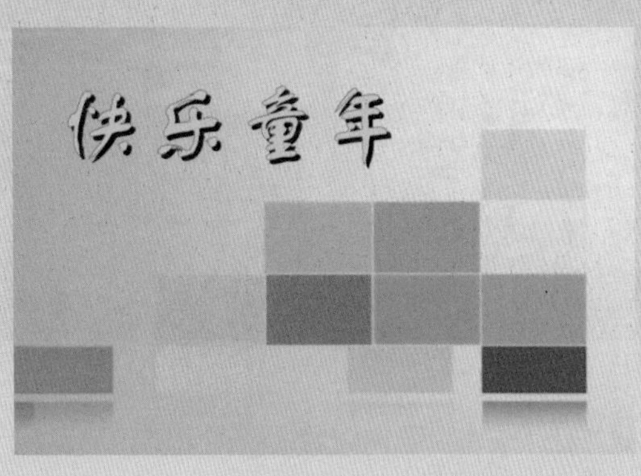

图13-76 预览儿童相册片头效果

13.3.2 制作儿童相册主体效果

在制作相册片头后，接下来就可以制作儿童生活相册的主体效果。本例首先在儿童照片之间添加各种视频过渡效果，然后为照片添加旋转、缩放等运动特效。下面介绍制作儿童相册主体效果的操作方法。

应用案例

制作儿童相册主体效果

素材：无　　效果：无　　视频：视频\第13章\13.3.2 制作儿童相册主体效果.mp4

STEP 01 在“项目”面板中选择8张儿童照片素材文件，将其添加到V1轨道上的“片头.wmv”素材文件后面，如图13-77所示。

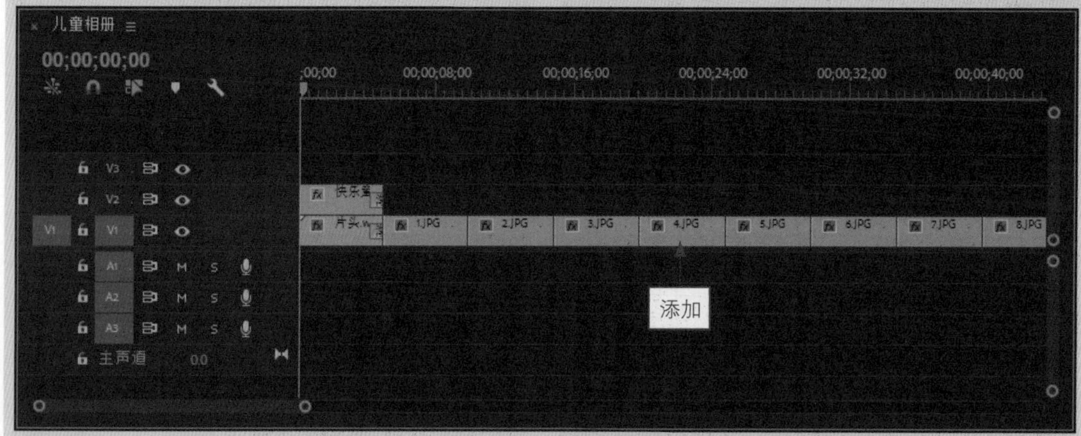

图13-77 添加素材文件

STEP 02 将“儿童相框.png”素材文件添加到V2轨道上的字幕文件后面，调整素材文件的持续时间与V1轨道上的素材持续时间一致，如图13-78所示。

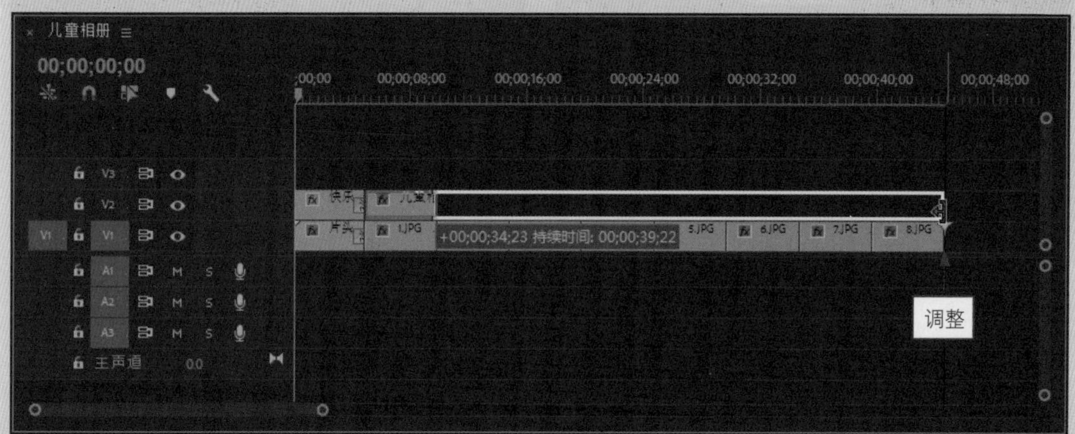

图13-78 调整素材的持续时间

STEP 03 选择“儿童相框.png”素材文件，在“效果控件”面板展开“运动”选项，设置“缩放”为115.0，如图13-79所示。

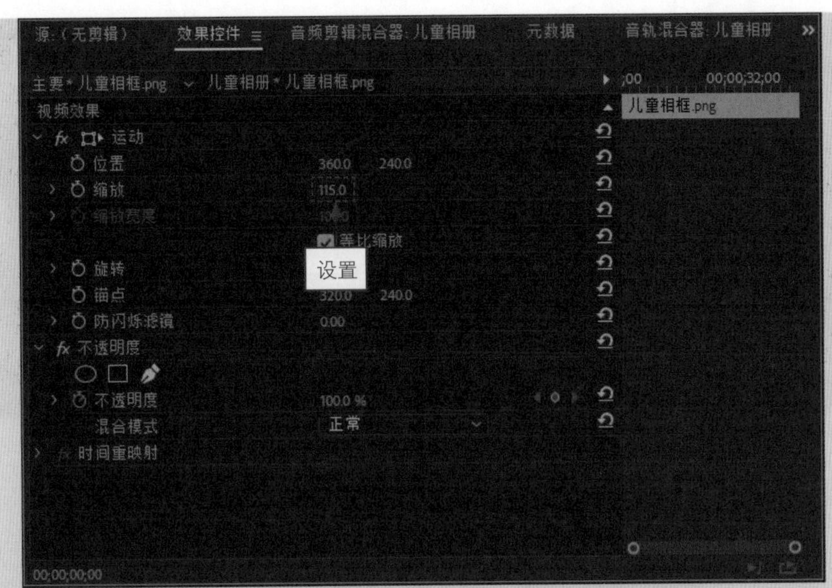

图13-79 设置“缩放”为115.0

STEP 04 在“效果”面板中，依次展开“视频过渡”|“3D运动”|“擦除”|“滑动”选项，分别将“翻转”“百叶窗”“中心拆分”“双侧平推门”“油漆飞溅”“水波块”“风车”视频过渡效果添加到V1轨道上的8张照片素材之间，如图13-80所示。

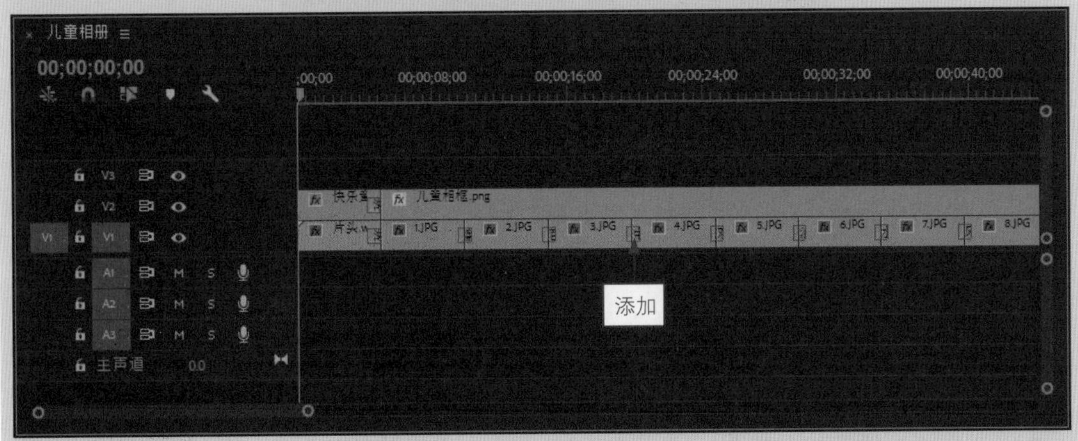

图13-80 添加视频过渡

STEP 05 选择1.jpg素材文件，❶拖动时间线至00:00:05:00的位置，在“效果控件”面板中，❷单击“位置”选项左侧的“切换动画”按钮，❸并设置“位置”参数为（360.0，240.0），❹添加第1组关键帧，如图13-81所示。

STEP 06 ❶调整时间线至00:00:08:00的位置，❷单击“缩放”选项左侧的“切换动画”按钮，并设置“缩放”为38.0、“位置”为（360.0，280.0），❸添加第2组关键帧，如图13-82所示。

STEP 07 调整时间线至00:00:09:17的位置，设置“缩放”为15.0，添加第3组关键帧，如图13-83所示。

STEP 08 在“节目监视器”面板中，单击“播放-停止切换”按钮，即可预览制作的图像运动效果，如图13-84所示。

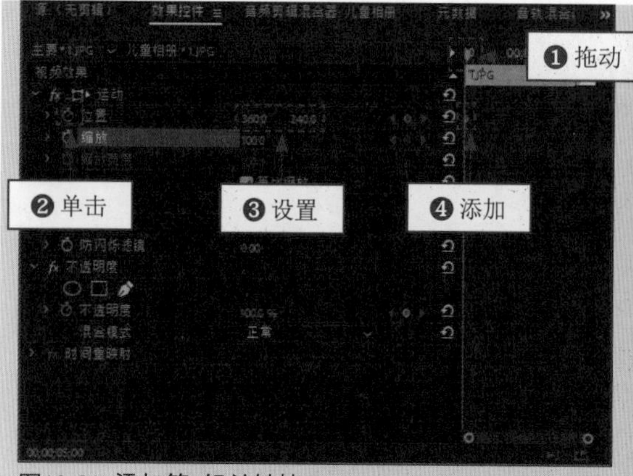

图13-81 添加第1组关键帧

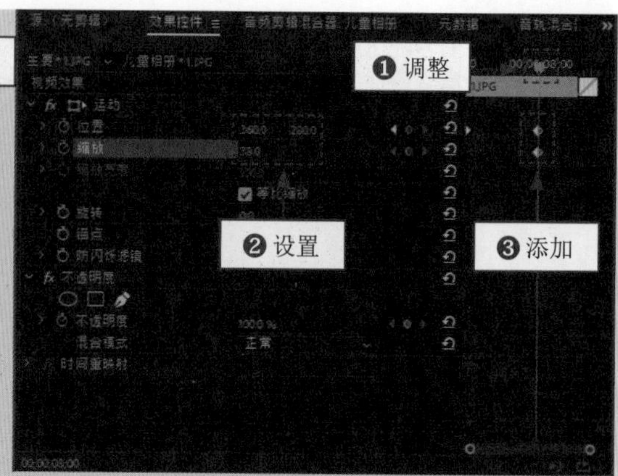

图13-82 添加第2组关键帧

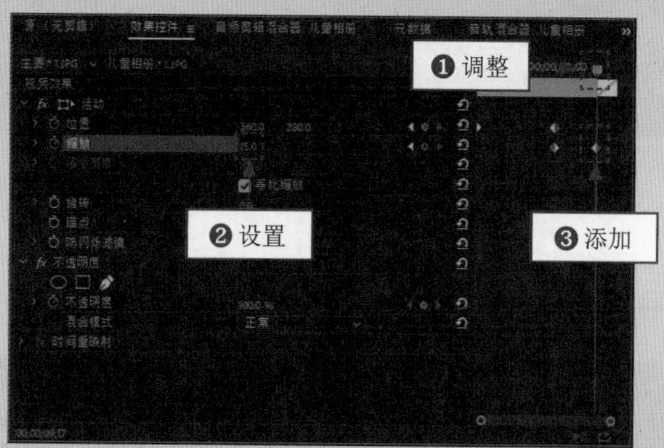

图13-83 添加第3组关键帧

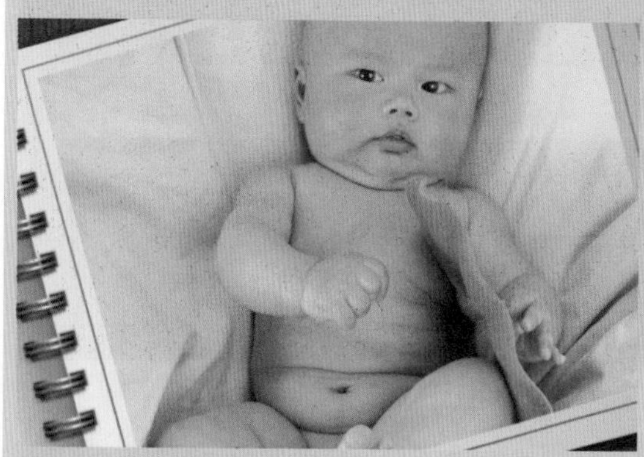

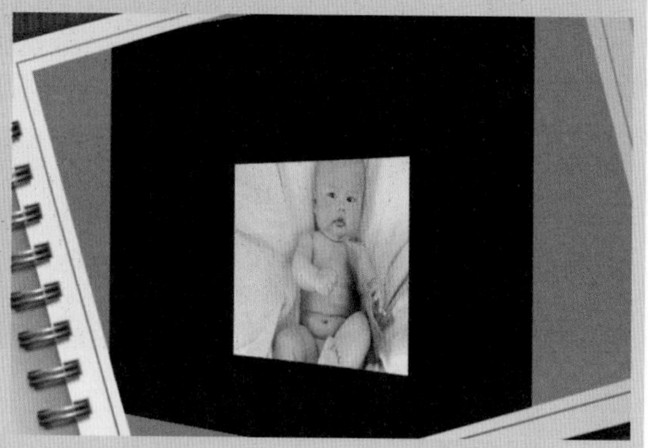
图13-84 预览制作的运动效果

STEP 09 选择2.jpg素材文件，❶拖动时间线至00:00:10:13的位置；在“效果控件”面板中，❷单击“缩放”选项左侧的“切换动画”按钮，❸并设置“缩放”参数为15.0，❹添加第1组关键帧，如图13-85所示。

STEP 10 ❶调整时间线至00:00:12:00的位置，❷设置“缩放”为36.0，❸添加第2组关键帧，如图13-86所示。

STEP 11 用与前面相同的方法为其他6张照片素材添加运动效果关键帧，在“节目监视器”面板中，单击“播放-停止切换”按钮，即可预览儿童相册主体效果，如图13-87所示。

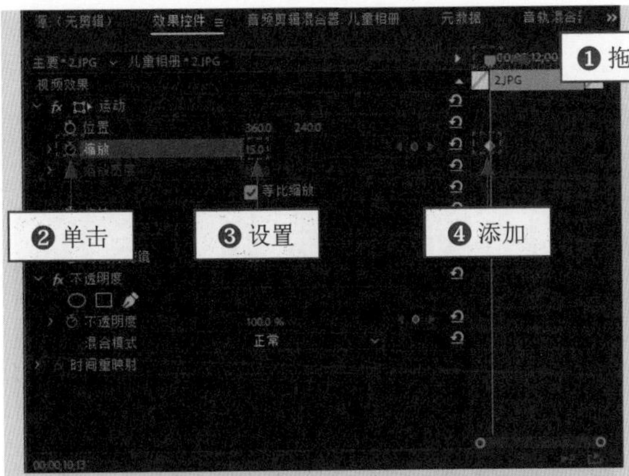

图13-85 添加第1组关键帧

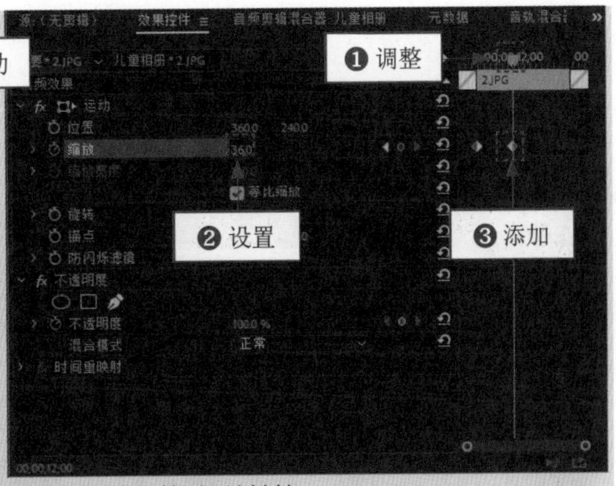

图13-86 添加第2组关键帧

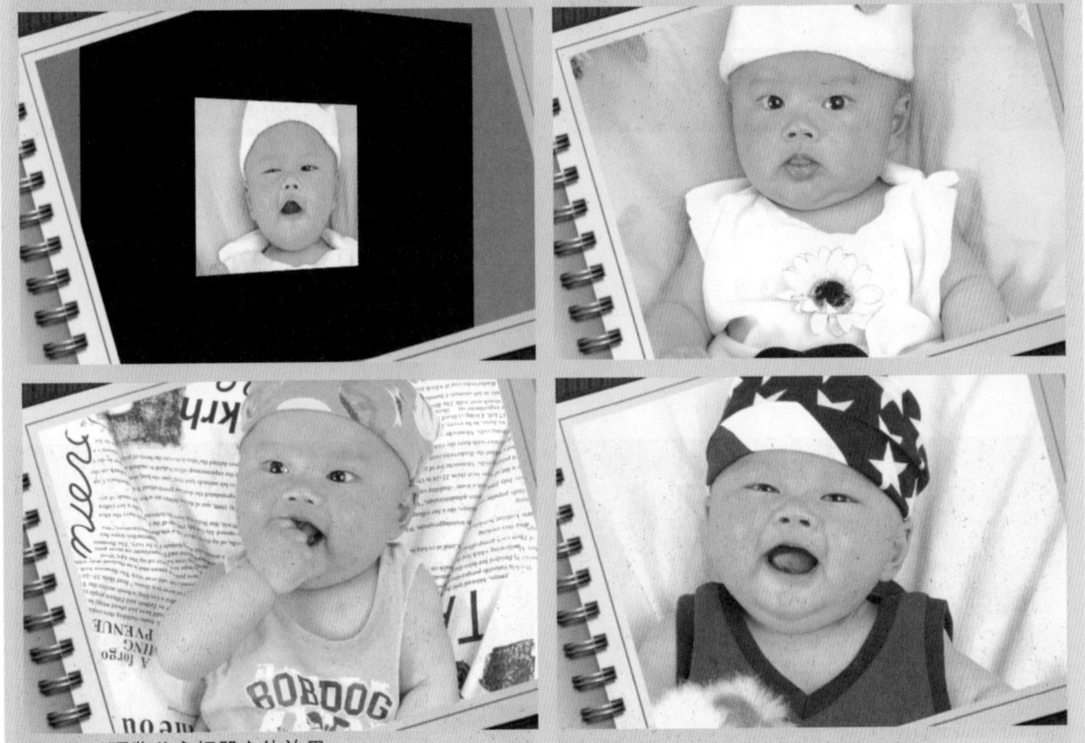
图13-87 预览儿童相册主体效果

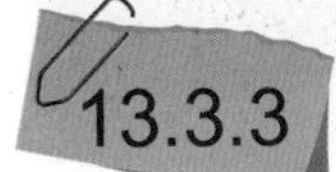

13.3.3 制作儿童相册字幕效果

为儿童相册制作完主体效果后，即可为儿童相册添加与之相匹配的字幕文件。下面介绍制作儿童相册字幕效果的操作方法。

应用案例

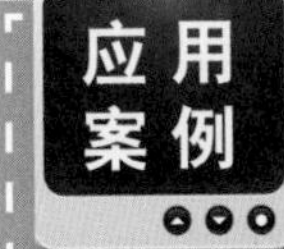

制作儿童相册字幕效果

素材：无　　效果：无　　视频：视频\第13章\13.3.3 制作儿童相册字幕效果.mp4

STEP 01 将时间线调整至00:00:05:00的位置，单击“文字工具”按钮，在“节目监视器”面板的画面中单击鼠标左键，新建一个字幕文本框，在其中输入标题字幕“天真无邪”，如图13-88所示。

STEP 02 在“时间轴”面板中选择添加的字幕文件，调整至合适的位置，并设置时长与1.jpg一致，如图13-89所示。

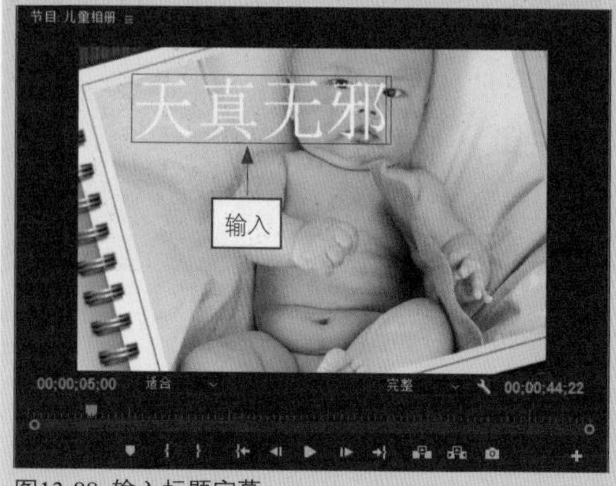

图13-88 输入标题字幕

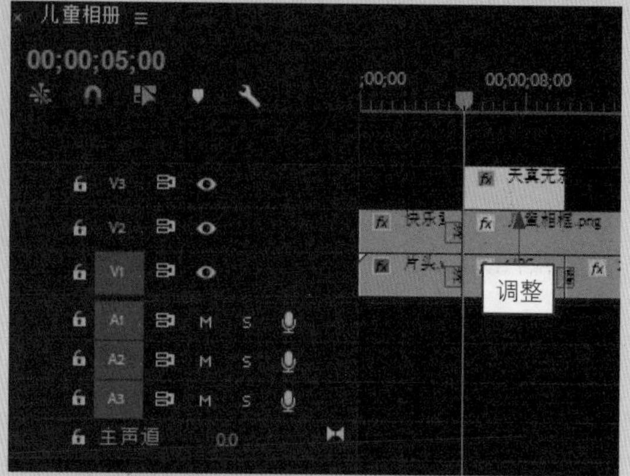

图13-89 调整字幕文件位置与时长

STEP 03 在“效果控件”面板中，❶设置字幕文件的“字体”为FZKaTong-M19S，❷设置“字体大小”为80，如图13-90所示。

STEP 04 在“外观”选项区域，❶单击“填充”色块，在弹出的“拾色器”对话框中设置RGB为（220，220，30），单击“确定”按钮，❷然后选中“描边”复选框，❸单击色块，在弹出的“拾色器”对话框中设置RGB为（220，20，20），单击“确定”按钮，❹设置“描边宽度”为5.0，如图13-91所示。

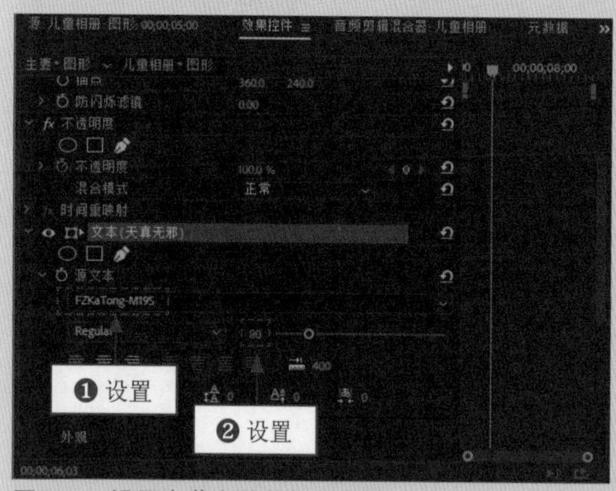

图13-90 设置字幕文件的相应参数

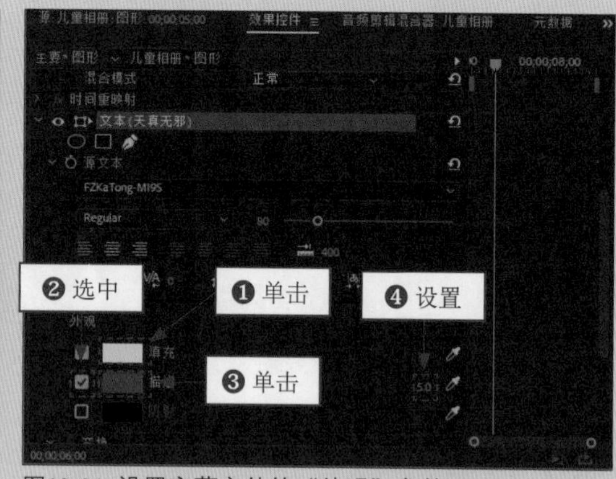

图13-91 设置字幕文件的“外观”参数

STEP 05 在“效果”面板中，❶展开“视频效果”|“变换”选项，选择“裁剪”效果，❷双击鼠标左键，如图13-92所示，即可为字幕文件添加“裁剪”效果。

STEP 06 在“变换”和“裁剪”选项区域，❶设置“位置”参数为（161.5，452.2），❷单击“不透明度”“右侧”“底部”选项左侧的“切换动画”按钮，❸并设置“不透明度”参数为100.0%、“右侧”参数为80.0%、“底部”参数为10.0%，❹添加第1组关键帧，如图13-93所示。

STEP 07 ❶将时间线调整至00:00:08:00的位置，❷设置“不透明度”参数为100.0%、“右侧”参数为30.0%、“底部”参数为0.0%，❸添加第2组关键帧，如图13-94所示。

STEP 08 ❶将时间线调整至00:00:09:00的位置，❷设置“不透明度”参数为0.0%，❸添加第3组关键帧，如图13-95所示。

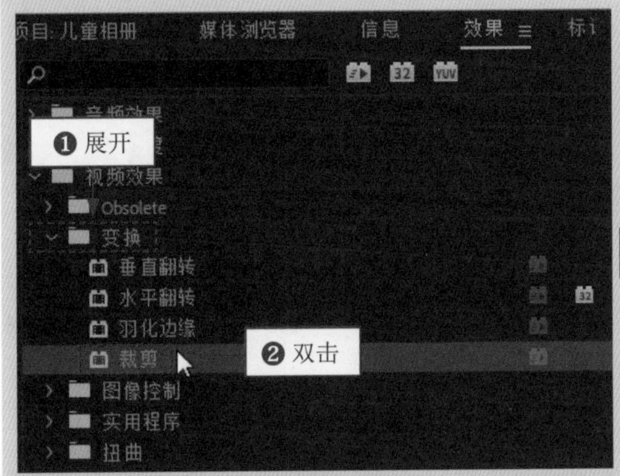

图13-92 双击“裁剪”效果

图13-93 添加第1组关键帧

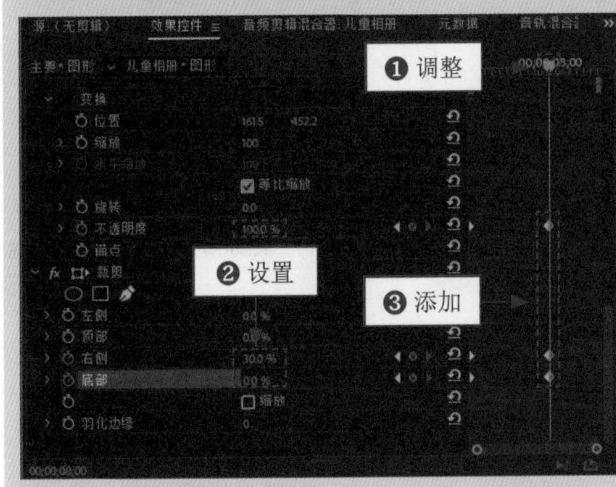

图13-94 添加第2组关键帧

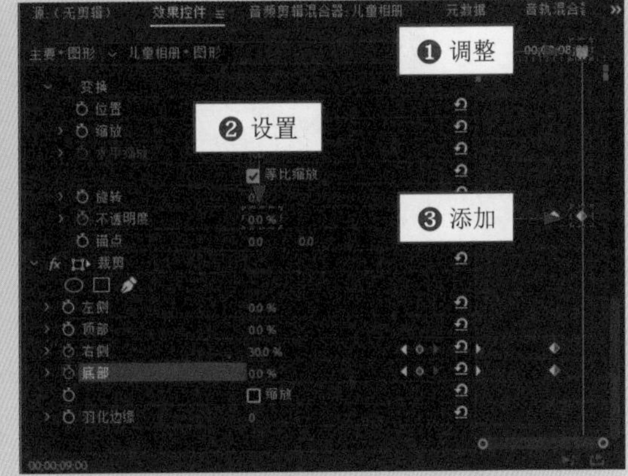

图13-95 添加第3组关键帧

STEP 09 用与前面相同的操作方法，为其他7张照片素材添加相匹配的字幕文件，调整字幕文件时长与照片素材一致，并为字幕文件添加运动特效关键帧，“时间轴”面板如图13-96所示。

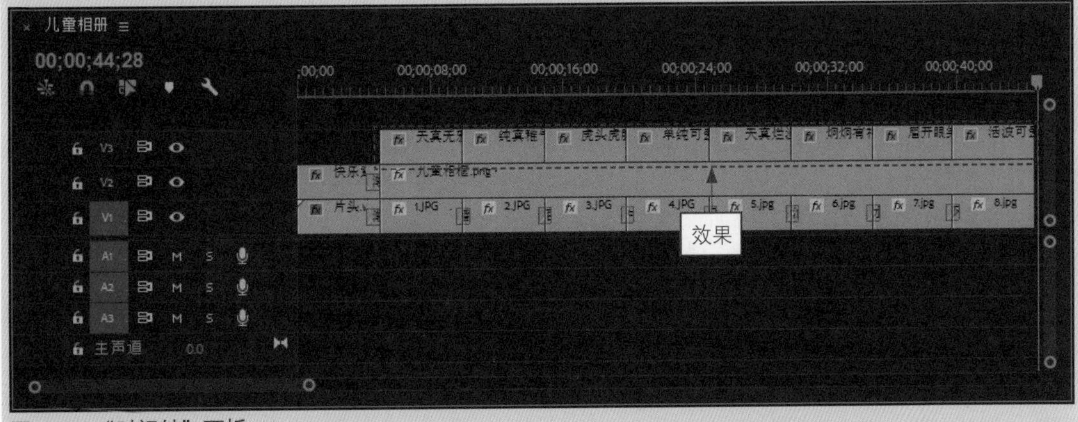

图13-96 “时间轴”面板

STEP 10 在“节目监视器”面板中，单击“播放-停止切换”按钮，即可预览儿童相册字幕效果，如图13-97所示。

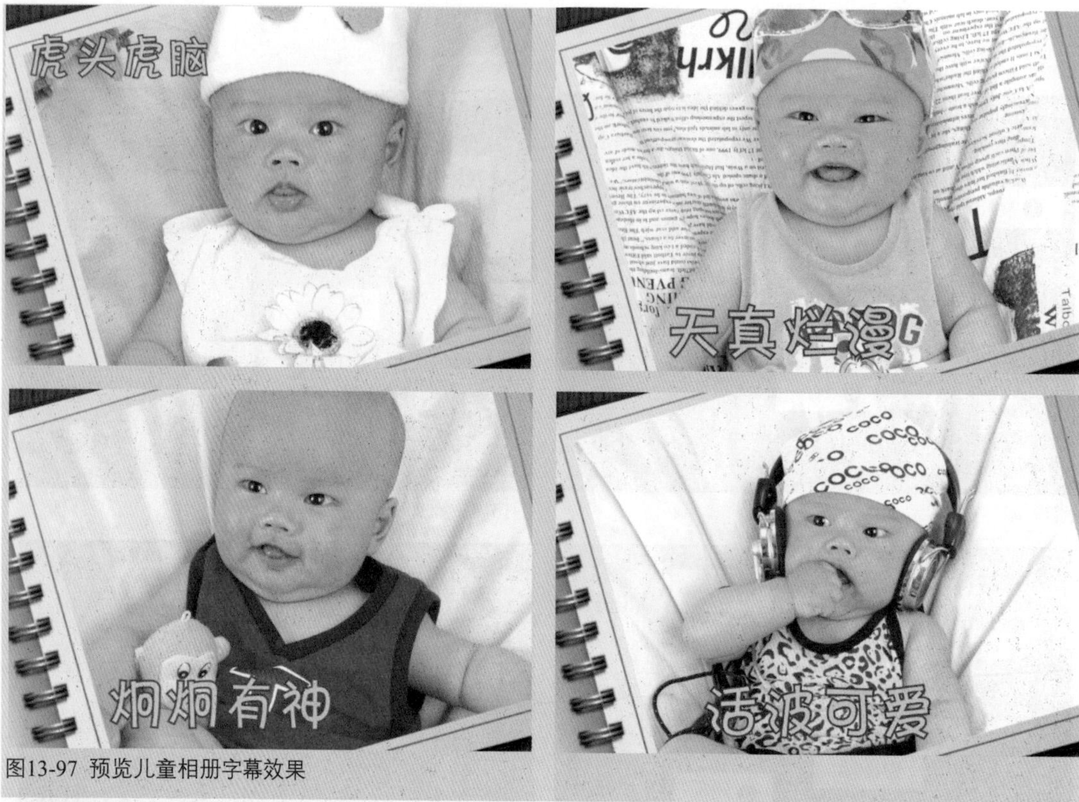

图13-97 预览儿童相册字幕效果

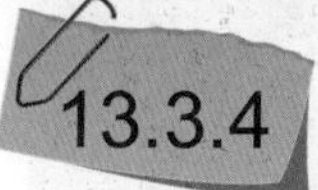

13.3.4 制作儿童相册片尾效果

主体字幕文件制作完成后，即可开始制作儿童相册片尾效果。下面介绍制作儿童相册片尾效果的操作方法。

应用案例

制作儿童相册片尾效果

素材：无　　效果：无　　视频：视频\第13章\13.3.4 制作儿童相册片尾效果.mp4

STEP 01 将“片尾.wmv”素材文件添加到V1轨道上的8.jpg素材文件后面，如图13-98所示。

STEP 02 将时间线调整至00:00:44:22的位置，单击“文字工具”按钮，在“节目监视器”面板的画面中单击鼠标左键，新建一个字幕文本框，在其中输入需要的片尾字幕文件，如图13-99所示。

STEP 03 在“时间轴”面板中选择添加的字幕文件，调整至合适的位置，并设置时长为00:00:04:00，如图13-100所示。

STEP 04 在“效果控件”面板中，❶设置字幕文件的“字体”为FZKaTong-M19S，❷“字体大小”为70，如图13-101所示。

STEP 05 在“外观”选项区域，❶单击“填充”色块，在弹出的“拾色器”对话框中设置RGB为（220，220，30），❷然后选中“描边”复选框，❸单击色块，在弹出的“拾色器”对话框中设置RGB为（220，20，20），单击“确定”按钮，❹设置“描边宽度”为5.0，如图13-102所示。

STEP 06 在“变换”选项区域，❶单击“位置”“缩放”“不透明度”选项左侧的“切换动画”按钮，❷并设置“位置”参数为（220.0，470.0）、“缩放”参数为50、“不透明度”参数为0.0%，❸添加第1组关键帧，如图13-103所示。

图13-98 添加素材文件

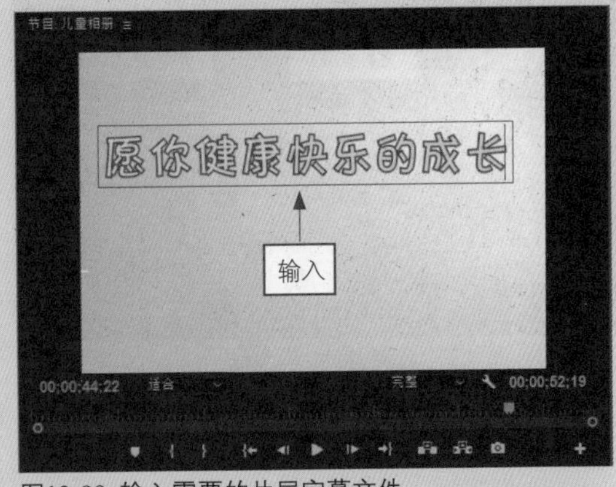

图13-99 输入需要的片尾字幕文件

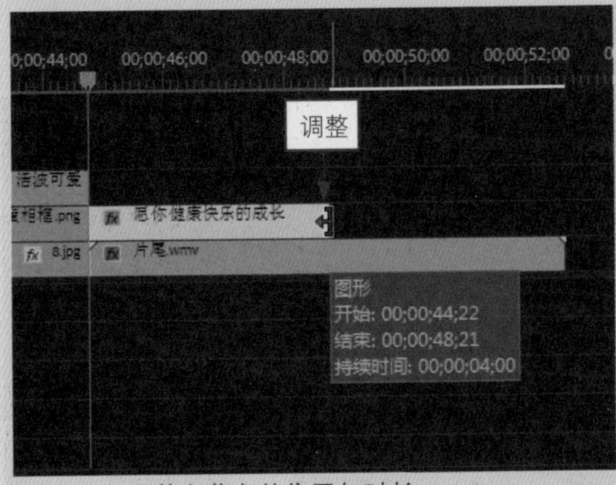

图13-100 调整字幕文件位置与时长

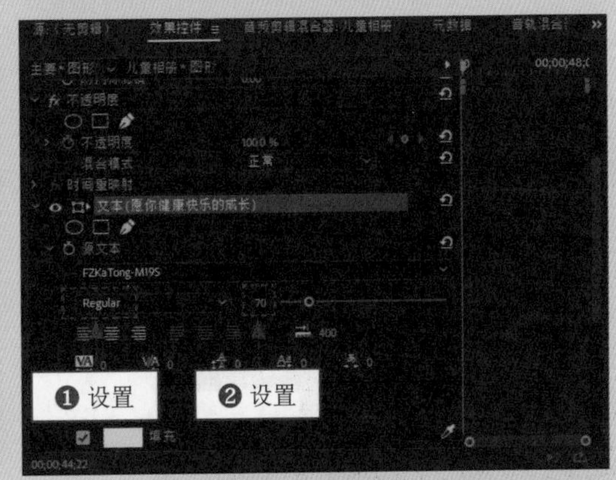

图13-101 设置字幕文件的相应参数

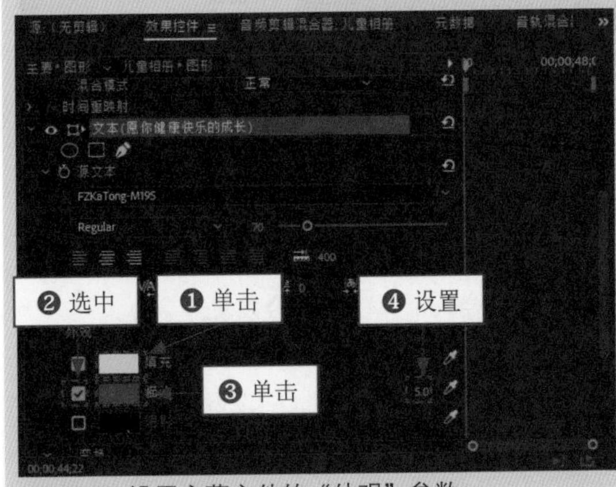

图13-102 设置字幕文件的“外观”参数

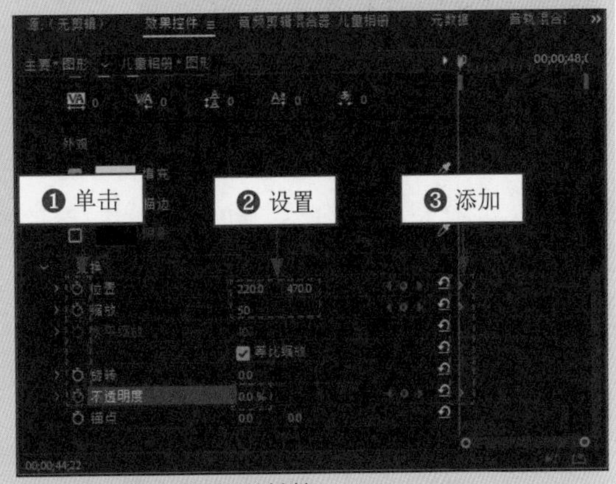

图13-103 添加第1组关键帧

STEP 07 ❶将时间线调整至00:00:45:10的位置，❷设置“位置”参数为（120.0，180.0），❸添加第2组关键帧，如图13-104所示。

STEP 08 ❶将时间线调整至00:00:46:00位置，❷设置“位置”参数为（45.0，240.0）、“缩放”参数为100、“不透明度”参数为100.0%，❸添加第3组关键帧，如图13-105所示。

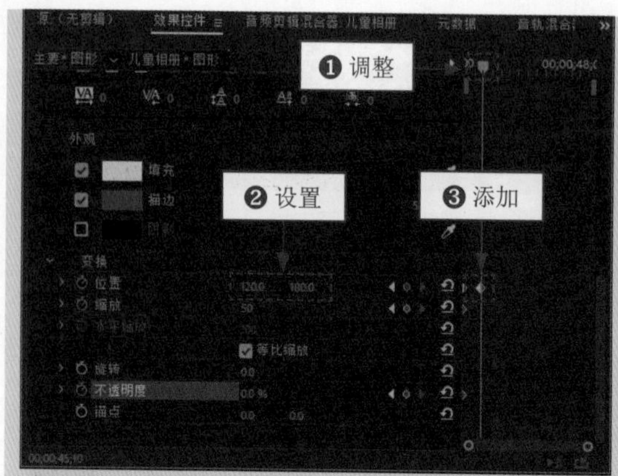

图13-104 添加第2组关键帧

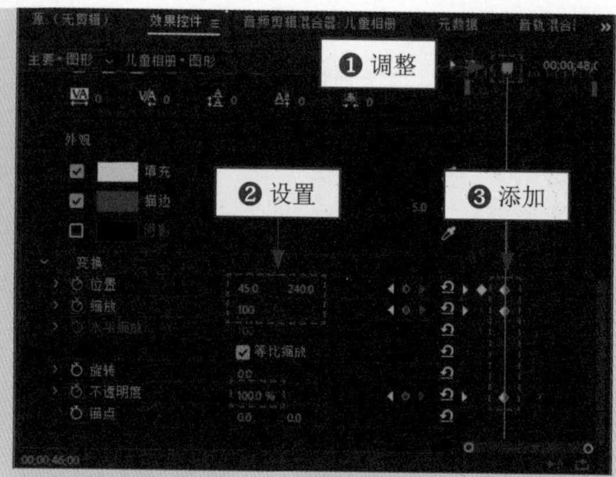

图13-105 添加第3组关键帧

STEP 09 ❶将时间线调整至00:00:48:00的位置，❷选择上一组关键帧，单击鼠标右键，❸在弹出的快捷菜单中选择“复制”命令，如图13-106所示。

STEP 10 在时间线上单击鼠标右键，在弹出的快捷菜单中选择“粘贴”命令，如图13-107所示，分别将“位置”“缩放”“不透明度”的第3组关键帧参数粘贴至所在时间线的位置，添加第4组关键帧。

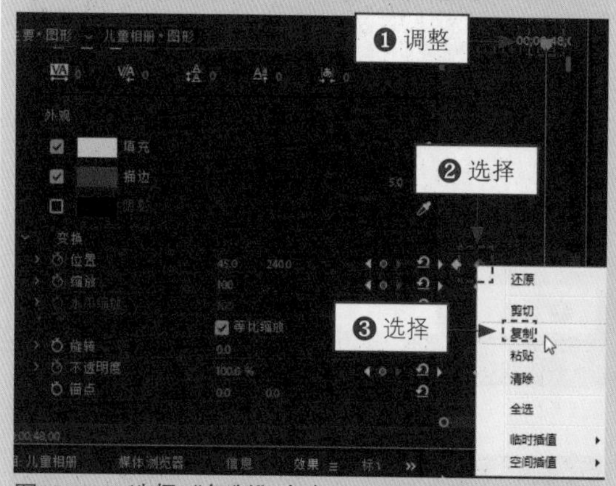

图13-106 选择“复制”命令

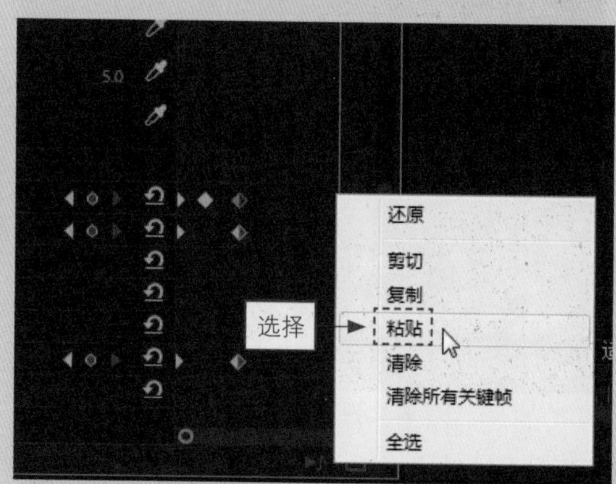

图13-107 选择“粘贴”命令

STEP 11 ❶将时间线调整至00:00:48:21的位置，❷设置“位置”参数为（730.0，5.0），❸添加第5组关键帧，如图13-108所示。

STEP 12 用与前面相同的方法，在00:00:48:22的位置，再次添加一个相应的字幕文件，并设置时长为00:00:03:27，如图13-109所示。

STEP 13 在“效果控件”面板中，❶设置字幕文件的“字体”为FZKaTong-M19S，❷设置“字体大小”为70，如图13-110所示。

STEP 14 在“外观”选项区域，❶单击“填充”色块，在弹出的“拾色器”对话框中设置RGB为（220，220，30），❷然后选中“描边”复选框，❸单击色块，在弹出的“拾色器”对话框中设置RGB为（220，20，20），单击“确定”按钮，❹设置“描边宽度”为5.0，如图13-111所示。

STEP 15 在“变换”选项区域，❶单击“位置”“缩放”“不透明度”选项左侧的“切换动画”按钮，❷并设置“位置”参数为（220.0，470.0）、“缩放”参数为50、“不透明度”参数为0.0%，❸添加第1组关键帧，如图13-112所示。

STEP 16 ❶将时间线调整至00:00:49:10的位置，❷设置“位置”参数为（120.0，180.0），❸添加第2组关键帧，如图13-113所示。

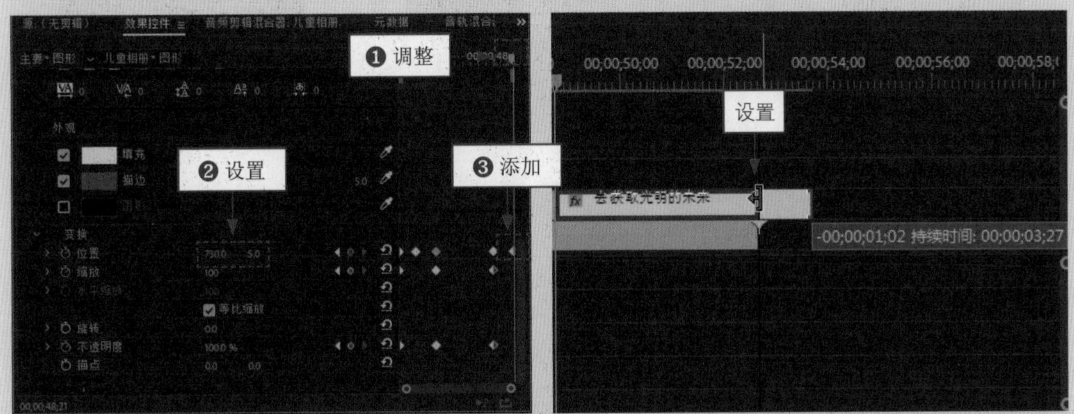

图13-108 添加第5组关键帧

图13-109 设置字幕时长

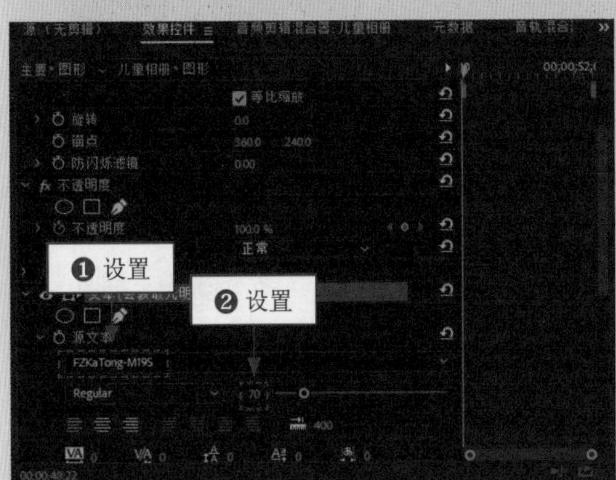

图13-110 设置字幕文件的相应参数

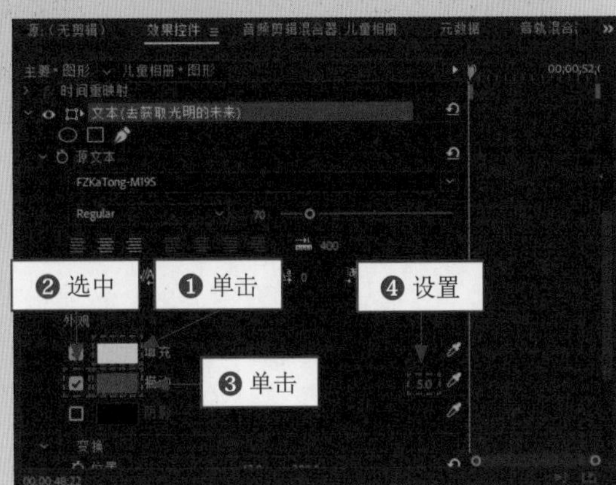

图13-111 设置字幕文件的“外观”参数

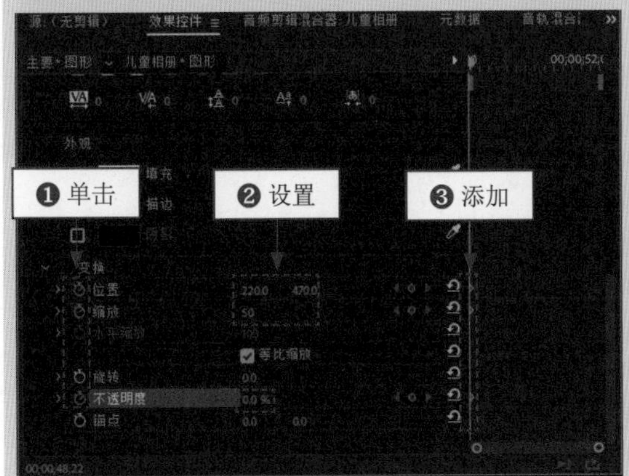

图13-112 添加第1组关键帧

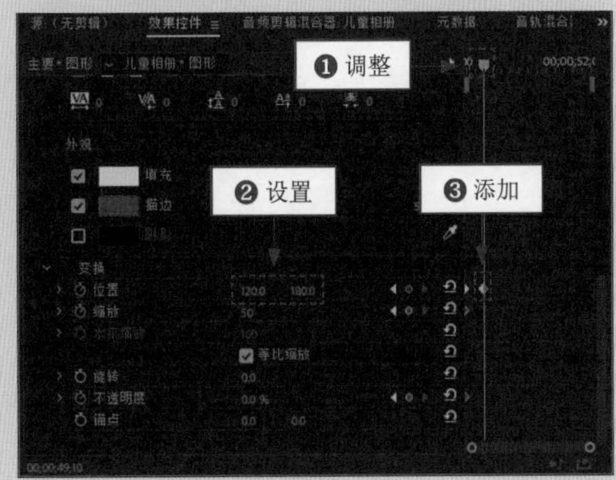

图13-113 添加第2组关键帧

STEP 17 ❶将时间线调整至00:00:50:00的位置，❷设置“位置”参数为（60.0，220.0）、“缩放”参数为100、“不透明度”参数为100.0%，❸添加第3组关键帧，如图13-114所示。

STEP 18 在“节目监视器”面板中，单击“播放-停止切换”按钮，即可预览儿童相册片尾效果，如图13-115所示。

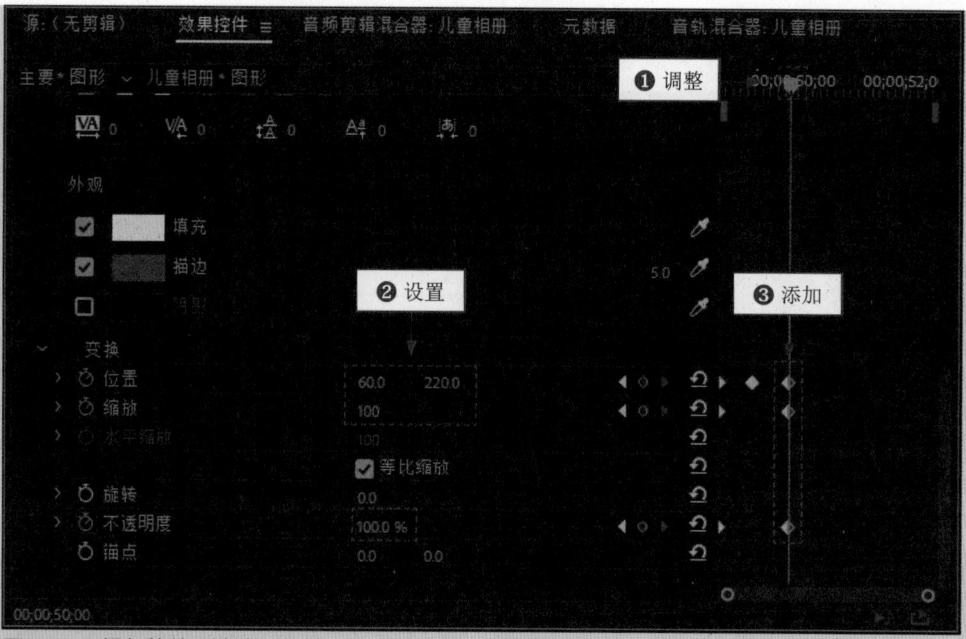

图13-114 添加第3组关键帧

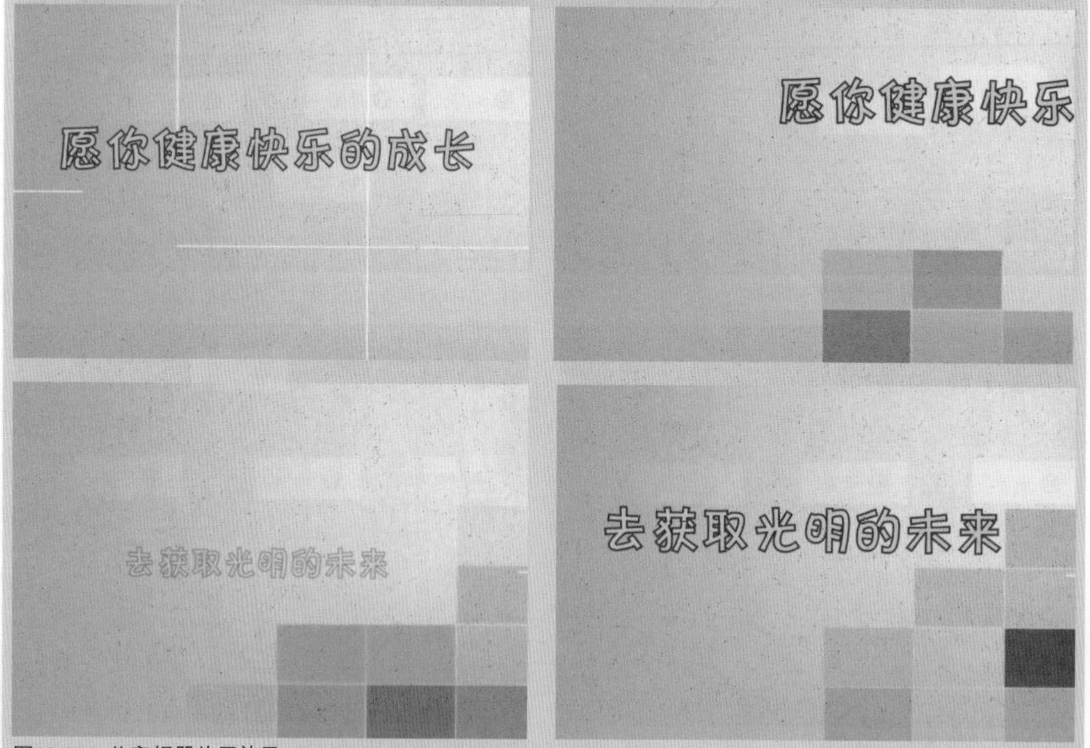

图13-115 儿童相册片尾效果

13.3.5 视频文件的编辑与输出

在制作相册片尾效果后，接下来就可以为相册添加音乐效果。添加适合儿童相册主题的音乐素材，并且在音乐素材的开始与结束位置添加音频过渡效果。下面介绍为相册添加音乐效果的操作方法。

视频文件后期的编辑与输出

素材：无　　效果：效果\第13章\儿童相册.prproj、儿童相册.avi

视频：视频\第13章\13.3.5 视频文件后期的编辑与输出.mp4

STEP 01 将时间线移至开始的位置，在"项目"面板中，将"音乐.mpa"素材添加到"时间轴"面板中的A1轨道上，如图13-116所示。

STEP 02 将时间线移至00:00:52:19的位置，选择"剃刀工具"，在时间线上单击鼠标左键，将音乐素材分割为两段，如图13-117所示。

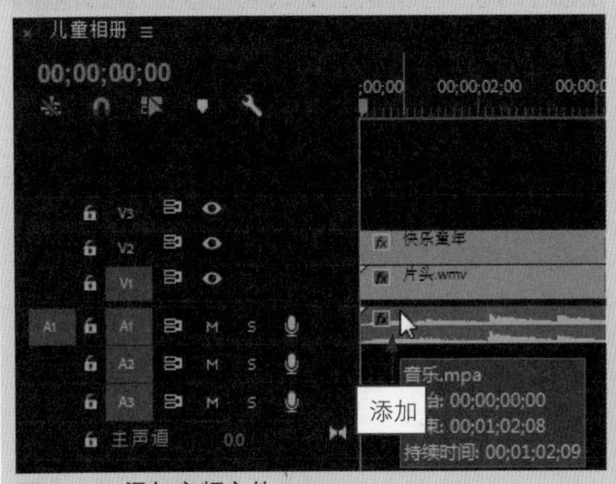

图13-116 添加音频文件

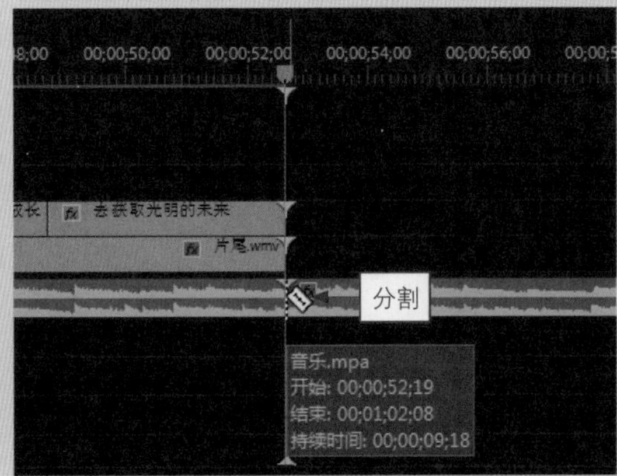

图13-117 将音乐素材分割为两段

STEP 03 单击"选择工具"按钮，选择分割的第2段音乐素材，按【Delete】键将其删除，如图13-118所示。

STEP 04 ❶在"效果"面板中展开"音频过渡"|"交叉淡化"选项，❷选择"指数淡化"选项，如图13-119所示。

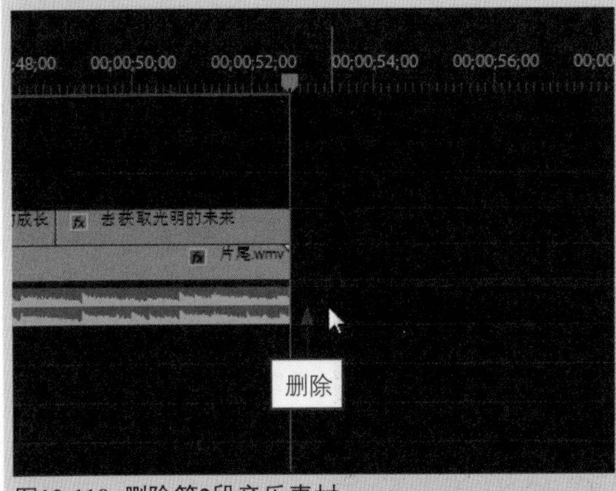

图13-118 删除第2段音乐素材

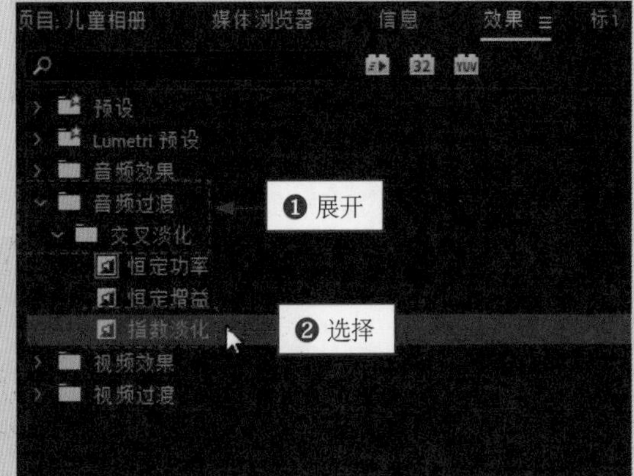

图13-119 选择"指数淡化"选项

STEP 05 将选择的音频过渡效果添加到"片头.wmv"的开始位置，制作音乐素材的淡入效果，如图13-120所示。

STEP 06 将选择的音频过渡效果添加到"片头.wmv"的结束位置，制作音乐素材的淡出效果，如图13-121所示。

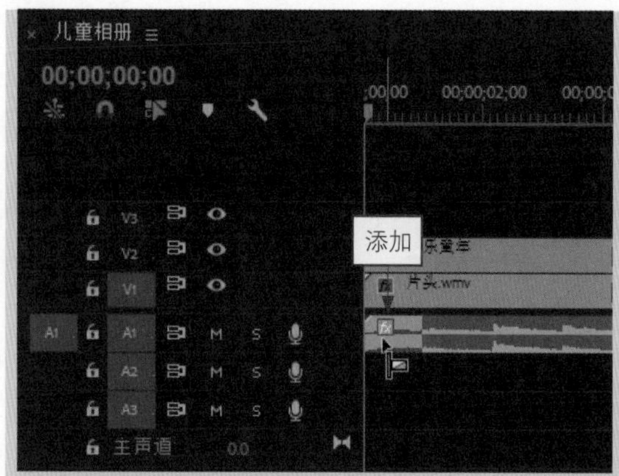

图13-120 制作音乐素材的淡入效果

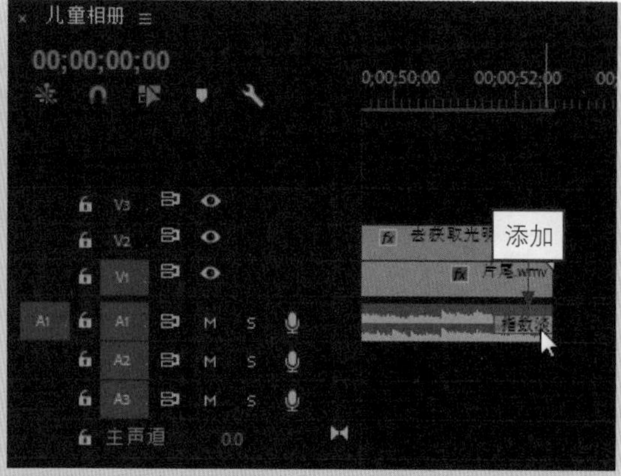

图13-121 制作音乐素材的淡出效果

STEP 07 在“节目监视器”面板中，单击“播放-停止切换”按钮，试听音乐并预览视频效果。

STEP 08 按快捷键【Ctrl+M】，弹出“导出设置”对话框，单击“格式”选项右侧的下拉按钮，在弹出的下拉列表中选择AVI选项，如图13-122所示。

STEP 09 单击“输出名称”右侧的“儿童相册.avi”超链接，弹出“另存为”对话框，在其中设置视频文件的保存位置和文件名，单击“保存”按钮，如图13-123所示。

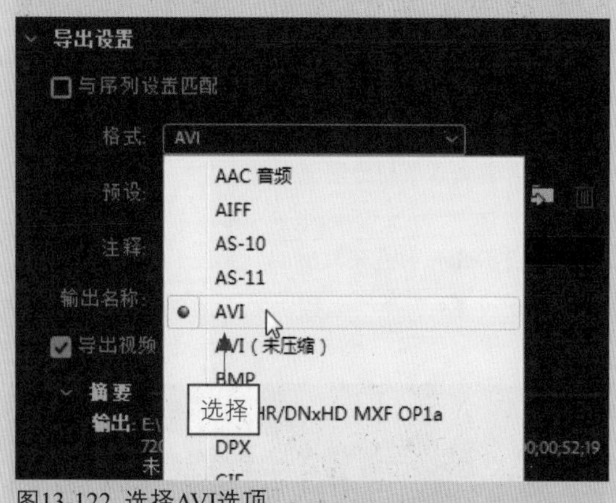

图13-122 选择AVI选项

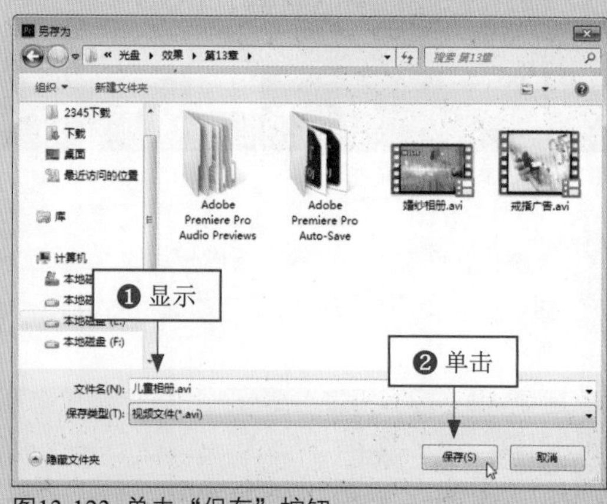

图13-123 单击“保存”按钮

STEP 10 返回“导出设置”对话框，单击对话框右下角的“导出”按钮，如图13-124所示。

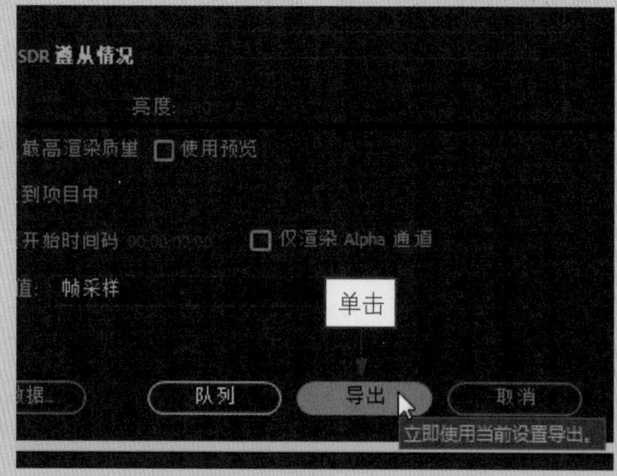

图13-124 单击“导出”按钮

STEP 11 弹出“编码 儿童相册”对话框，开始导出编码文件，并显示导出进度，如图13-125所示，稍后即可导出儿童生活相册。

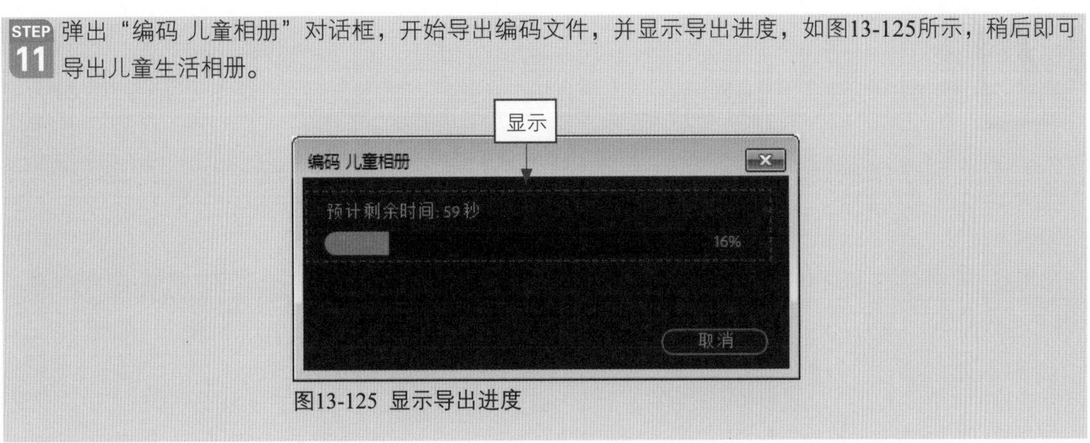

图13-125 显示导出进度

读书笔记

读书
笔记